Win-Q

바이오화학제품제조
산업기사 필기

KB210955

시대에듀

합격에 윙크[Win-Q]하다

Win-Q

[바이오화학제품제조산업기사] 필기

Always with you

사람이 길에서 우연하게 만나거나 함께 살아가는 것만이 인연은 아니라고 생각합니다.

책을 펴내는 출판사와 그 책을 읽는 독자의 만남도 소중한 인연입니다.

시대에듀는 항상 독자의 마음을 헤아리기 위해 노력하고 있습니다.

늘 독자와 함께하겠습니다.

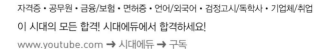

머리말

바이오화학제품제조 분야의 전문가를 향한 첫 발걸음!

전 세계적으로 환경에 대한 문제가 중요하게 떠오르고 있고 환경에 유해한 물질에 대한 관심이 뜨겁습니다. 우리나라는 바이오에너지를 국가 전략 과제로 선정하여 2030년까지 탄소 배출 40% 감축, 2050 탄소 중립을 목표로 추진하고 있습니다. 또한 정부에서 발표한 '5차 신재생에너지 기술개발 및 이용·보급 기본 계획'에 따르면, 바이오에너지가 온실가스 감축, 생물다양성 보호, 자원순환 등에 기여하는 한편, 식량 경합성이나 토지용도 변경 등이 없는 방향으로 이용되도록 가이드라인을 설정하고 있습니다. 그로 인해 바이오에너지에 대한 연구와 보급에 힘쓰고 바이오화학제품에 대한 관심이 집중되며 투자가 늘고 있는 상황입니다.

이에 4차 산업혁명에 발맞추어 바이오화학제품에 대한 기술 확보와 실무 인력의 중요성이 커지고 있습니다.

본 수험서는 바이오화학제품제조산업기사 시험에 대비하여 단기간에 최상의 효과를 거둘 수 있도록 다음 부분에 역점을 두어 구성했습니다.

첫째, 문제의 핵심을 간결하면서도 자세히 설명하고, 요점 정리를 하면서 효율적으로 공부할 수 있도록 구성했습니다.

둘째, 생물공학기사와 화학분석기사 기출문제를 연구하여 예상문제를 다루었고 문제풀이를 통한 반복학습으로 이론 습득을 완전하게 할 수 있도록 하였습니다.

셋째, 바이오화학제품제조산업기사의 양성과 수요, 관심도가 커져 감에 따라 바이오화학제품제조산업기사 시험을 준비하는 수험생의 합격률을 향상시킬 수 있는 요구에 발맞춰 한국산업인력공단의 출제 기준에 부합한 핵심이론과 최근 6년간의 기출복원문제 분석 및 상세한 해설로 구성하였습니다.

수험생 여러분의 꾸준한 노력과 본 수험서의 정성을 통해 합격의 기쁨을 누리시길 바랍니다. 다소 미비한 점은 계속 수정·보완해 가며 항상 수험생 여러분과 함께 노력하겠습니다. 또한 출판에 도움을 주신 시대에듀의 모든 임직원 여러분께 깊은 감사를 전합니다.

편저자 씀

시험안내

개 요

범용바이오화학소재, 특수바이오화학제품 등을 제조하는 자격으로, 필기(배양준비, 배양 및 회수, 바이오화학제품 품질관리, 바이오화학제품 환경·시설관리) 및 실기(바이오화학제품 미생물 배양 및 분석 실무)시험에서 100점을 만점으로 60점 이상 받은 자에게 부여하는 자격이다.

진로 및 전망

향후 바이오에너지연구 및 개발자의 고용은 증가할 전망이다. 바이오에너지는 현지 환경에서 가장 구하기 쉬운 바이오매스를 활용하므로 타 신재생에너지와 대비했을 때 안전성이 매우 높은 편이다. 정부의 발표에 따르면, 전체 에너지 중 신재생에너지가 차지하는 비중이 커지는 가운데, 2030년에는 바이오에너지 비중도 2010년의 10배 이상으로 커질 전망이다. 바이오에너지는 사용하는 원료와 기술 그리고 생산되는 에너지 형태가 다양한 만큼, 연구를 통해 바이오에너지 관련 원천 기술력 확보와 수출에 주력한다면 유망 분야로 성장할 가능성이 높다. 또한 동남아 등지에서 관련 해외 사업이 활발하게 추진되는 등 해외 진출 기회가 많은 편이고, 대체에너지 개발의 중요성 확대로 바이오에너지가 주목받고 있다는 점에서 향후 바이오에너지연구 및 개발자의 고용은 점차 증가할 것으로 보인다.

시험일정

구분	필기원서접수 (인터넷)	필기시험	필기합격 (예정자)발표	실기원서접수	실기시험	최종 합격자 발표일
제3회	7.21~7.24	8.9~9.1	9.10	9.22~9.25	11.1~11.21	12.24

※ 상기 시험일정은 시행처의 사정에 따라 변경될 수 있으니, www.q-net.or.kr에서 확인하시기 바랍니다.

시험요강

❶ 시행처 : 한국산업인력공단
❷ 관련 학과 : 대학 및 전문대학의 생명공학, 바이오화학 관련 학과
❸ 시험과목
  ㉠ 필기 : 1. 배양 준비 2. 배양 및 회수 3. 바이오화학제품 품질관리 4. 바이오화학제품 환경·시설관리
  ㉡ 실기 : 바이오화학제품 미생물 배양 및 분석 실무
❹ 검정방법
  ㉠ 필기 : 객관식 4지 택일형, 과목당 20문항(과목당 30분)
  ㉡ 실기 : 복합형[필답형(2시간, 50점) + 작업형(2시간 정도, 50점)]
❺ 합격기준
  ㉠ 필기 : 100점을 만점으로 과목당 40점 이상, 전 과목 평균 60점 이상
  ㉡ 실기 : 100점을 만점으로 하여 60점 이상

출제기준

필기과목명	주요항목	세부항목	세세항목
배양 준비	균주보관	동결ㆍ건조	• 미생물 특성 • 미생물 배지 • 동결ㆍ건조 작업 • 균주보관 조건 • 동결ㆍ건조 원리
		미생물 배양	• 미생물 접종 및 배양 • 미생물 정상성장 확인
		오염 확인	• 무균채취 • 현미경 검경 • 고체배양법
	배양원료 준비	저울 기능 확인	• 저울 사용방법 • 저울 점검 및 관리
		원료 칭량 및 배지 제조	• 원료 칭량 • 배지 제조
	배양시스템 멸균	멸균방법	• 멸균원리 • 멸균기의 종류 및 특성 • 멸균기 운전 및 점검
		배지 멸균	• 배지 멸균 이해
		멸균 여부 확인	• 무균시료 채취 • 오염 여부 확인
	원ㆍ부재료 준비	원ㆍ부재료 입출고 및 저장관리	• 원ㆍ부재료 선정 및 관리 • 원ㆍ부재료 특성에 따른 보관
배양 및 회수	배 양	배양조건 및 배양기 확인	• 미생물 배양 특성 및 배양 조건 • 배양장비 작동 확인 및 제어 • 미생물 배양기의 이해 • 배양공정 이해
		배양기 운전	• 종균배양 및 생산배양 특성 • 배양기 운전 및 관리
	회 수	회수조건 확인	• 배양액 성상에 따른 배양액 균체 회수방법 • 회수 운전조건
		균체 분리	• 균체량 측정 • 균체 분리 방법
		생산물 농도 측정	• 시료 채취 및 전처리 • 생산물 농도 및 순도 측정

시험안내

필기과목명	주요항목	세부항목	세세항목
바이오화학제품 품질관리	품질분석	품질관리 표준서 확인	• 시료 이화학적 특성 및 품질규격
		분석 작업 수행	• 분석기기 작동방법 및 원리 • 검량곡선 및 검체 분석 • 분석기기 유지 및 관리
		분석결과 확인	• 제품 품질규격 • 분석결과 해석, 통계처리, 유효성 확인 • 분석결과보고서
	시험물질관리	표준품 관리	• 표준품 특성 및 관리
		시약 · 시액 관리	• 시약 · 시액 제조 • 시약 · 시액 관리
		검체 관리	• 검체 채취 • 검체 보관 및 관리
바이오화학제품 환경 · 시설관리	환경 · 안전점검	안전교육	• 위험요소 파악 • 응급처치 요령 • 위험물안전관리법에 따른 환경안전 관리
		환경관리대책 수립	• LMO 운영기준에 의한 미생물 폐기
	시설 관리	시설 및 장비 관리	• 시설물 점검 및 현황 파악 • 장비 점검 및 현황 파악
		유틸리티 관리	• 유틸리티 점검 및 현황 파악
	환경모니터링	작업장 청정도 시험	• 청정도 관리규정 • 작업장 청정도 시험 방법 • 부유균 시험 • 낙하균 시험 • 표면균 시험
		환경모니터링용 배지 및 장비 관리	• 배지 성능확인 및 시험 • 작업장 오염균주 확인 • 부유입자계수기 · 공기포집기 사용방법
	설비 유지보수	일상점검	• 일상점검 계획 • 청결상태 관리
		정기점검	• 정기점검 계획 • 설비 유지보수 일정 관리

핵심이론 04 | 미생물의 종류 - 방선균

① 정의 : 토양·식물체·동물체·하천·해수 등에 균 사체 및 포자체로 존재하는 미생물로 세균에 가까운 원핵생물, 즉 세균의 방선균목으로 분류한다.

② 특징
  ㉠ 분지된 사상의 균으로서 곰팡이와 세균의 중간의 특징을 가진 미생물이다.
  ㉡ 세포의 크기가 세균과 비슷하며 세포가 마치 곰팡이의 균사처럼 실 모양으로 연결되어 발육하며 그 끝에 포자를 형성한다.
  ㉢ 토양 중 세균 다음으로 많은 미생물로서 Streptomyces 속이 가장 많으며 대부분 호기성이고, 중성 내지 알칼리성을 좋아하는 유기영양성이다.
  ㉣ 토양 중 방선균은 각종 유기물의 분해, 특히 난분해성 유기물 분해에 중요한 역할을 하며 스트렙토마이신이나 테트라사이클린 같은 항생물질을 만들기도 한다.
  ㉤ 토양 속 동식물의 사체를 분해하여 무기물로 변환시켜 토양을 비옥하게 만드는가 하면, 감자 더뎅이병이나 고구마 잘록병 등의 원인이 되기도 한다.
  ㉥ 비타민 B_{12} 및 프로테아제를 생산하는 것도 있다.

③ 증식 : 무성적으로 균사가 절단되어 구균과 간균이 함께 증식하며 균사 선단에 분생포자 형성, 토양 중에서 생육조건이 양호할 때는 균사가 신장하지만, 대부분 포자로서 존재한다.

④ 종류
  ㉠ Mycobacterium 속 : Mycobacterium tuberculosis (결핵균)
  ㉡ Streptomyces 속
    • Streptomyces griseus : Streptomycin 생산균, 젤라틴 등의 단백질 분해력 강함
    • Streptomyces aureofaciens : Aureomycin 생산균

    • Streptomyces venezuelae : Chloramphenicol 생산균
    • Streptomyces kanamyceticus : Kanamycin 생산균

자주 출제된 문제

4-1. 항생물질과 생산균이 잘못 연결된 것은?
① Kanamycin - Streptomyces kanamyceticus
② Chloramphenicol - Streptomyces venezuelae
③ Streptomycin - Streptomyces aureus
④ Teramycin - Streptomyces rimosus

4-2. 실모양의 균사가 분지하여 방사상으로 성장하는 특징이 있는 미생물로 다양한 항생물질을 생산하는 균은?
① 초산균
② 방선균
③ 프로피온산균
④ 연쇄상구균

|해설|
4-1
Streptomycin을 ...
4-2
방선균 : 사상체 형 ...
하는 원핵생물로 대 ...
tomyces, 식물 뿌리 ...
Frankia가 있다.

필수적으로 학습해야 하는 중요한 이론들을 각 과목별로 분류하여 수록하였습니다.
시험과 관계없는 두꺼운 기본서의 복잡한 이론은 이제 그만! 시험에 꼭 나오는 이론을 중심으로 효과적으로 공부하십시오.

제 2 회 적중모의고사

제1과목 배양준비

01 일반적인 미생물 배양 시 단일 탄소원으로만 사용되기에 가장 적합한 배지 성분은?
① 펩 톤
② 당 밀
③ 대두박
④ 효모 추출물

|해설|
• 탄소원 : 당밀, 전분, 옥수수시럽, 제지폐기액
• 질소원 : 대두박, 효모추출액, 주정박류, 옥수수침지액, 암모니아

03 다음의 세포 영양소 중 다량 영양소(Macronutrient)에 해당하는 것은?
① 비타민, 호르몬과 같은 생장인자(Growth Factor)
② 주요 대사과정에 작용하는 효소의 보조인자
③ 세포가 주로 10^{-4}M 농도 이하로 필요로 하는 영양소
④ 종속영양주(Heterotroph) 세포가 에너지원으로 이용하는 영양소

|해설|
• 다량 영양소
  - 10^{-4}M 농도 이상 필요한 영양소
  - C, H, O, S, P, Mg, K
• 미량 영양소
  - 10^{-4}M 농도 이하 필요한 영양소

2024년 제 3 회 최근 기출복원문제

제1과목 배양준비

01 균주 보관 중 오염을 확인하는 방법으로 적절하지 않은 것은?
① 선택 배지를 사용하여 배양한다.
② PCR검사를 이용하여 유전자를 검출한다.
③ 특정 pH 지시약을 포함한 배지를 사용한다.
④ 현미경으로 직접 관찰한다.

|해설|
PCR검사는 DNA를 증폭하여 특정 유전자를 검출하는 기법으로 오염되었던 균주의 유전자 확인을 위해 사용되는 것은 아니며 균주의 오염 여부는 주로 미생물학적 방법을 사용한다.

03 미생물의 정상적 성장을 확인하는 방법이 아닌 것은?
① 염색체 관찰
② 흡광도 측정
③ 건조중량 측정
④ 집락 계수

|해설|
미생물의 정상적인 성장을 확인하는 일반적인 방법은 흡광도 측정, 건조중량 측정, 집락 계수 등이 있고 염색체 관찰은 미생물의 유전적 특성을 확인하는 방법이다.

04 자외선 살균법의 특징으로 옳은 것은?

적중모의고사 및 과년도+최근 기출복원문제

최신 경향의 문제들을 철저히 분석하여 꼭 풀어봐야 할 문제로 구성된 적중모의고사를 수록하였습니다. 중요한 이론을 최종 점검하고 새로운 유형의 문제에 대비할 수 있습니다. 최근에 출제된 기출복원문제를 수록하여 가장 최신의 출제경향을 파악하고 새롭게 출제된 문제의 유형을 익혀 처음 보는 문제들도 모두 맞힐 수 있도록 하였습니다.

이 책의 목차

빨리보는 간단한 키워드 ─────────

빨간키

▌ **원핵세포**

- DNA가 핵양체라 불리는 지역에 응축한다.
- 막으로 둘러싸인 소기관이 없다.
- DNA와 결합한 히스톤이 없다.
- 플라겔린으로 구성된 편모를 가진다.
- 70S 리보솜을 가진다.
- 미세소관을 비롯한 세포골격이 거의 없다.
- 대부분 스테롤이 없다.
- 세포벽은 펩타이도글리칸과 같은 복잡한 구성으로 되어 있다.

▌ **진핵세포**

- DNA가 이중막의 핵 안에 있다.
- 다양한 세포소기관들이 막으로 둘러싸여 있다.
- DNA와 결합한 히스톤이 있다.
- '9+2' 구조의 미세소관으로 구성된 편모를 가진다.
- 80S 리보솜을 가진다.
- 미세소관을 비롯한 세포골격이 있다.
- 세포막에 스테롤이 있다.
- 세포벽은 화학적으로 단순한 중합체로 구성되어 있다.

  ※ 진핵세포
  - 동물세포에만 있는 구조 : 리소좀, 중심립이 있는 중심체, 편모(식물의 정자에 존재하기도 함)
  - 식물세포에만 있는 구조 : 엽록체, 액포, 세포벽, 원형질 연락사

▌ **미생물의 균체성분**

- 수 분
  - 곰팡이 85%, 세균 80%, 효모 75% 정도 함유되어 있다.
  - 미생물을 액체 배양한 후 여과하거나 원심분리시켜 얻어진 습윤균체(Wet Cell Mass)를 건조기에서 항량이 되도록 건조하면 건조균체(Dry Cell Mass)가 된다.

- 유기물
  - 건조균체는 단백질, 탄수화물, 지방, 핵산 등이 함유되어 있다.
  - 단백질 : 세균, 효모, 단세포로 된 조류(Algae)의 단백질 함량은 건물량의 약 50%로 비슷하며 단백질의 대부분은 효소 성분이다.
- 무기질 : 대표 무기질은 인이며, 칼슘·칼륨·마그네슘·철·황·아연·염소 등이 상당량 존재하며 그 외 미량 원소도 함유되어 있다.
- 미생물 생육에 필요한 영양분 : 에너지원, 탄소원, 질소원, 무기질, 비타민 등

▮ 미생물 증식의 세대기간

- 세균이 분열하고 나서 다음에 분열할 때까지의 소요시간이다.
- 세대시간으로 세균의 생육속도를 나타내며 미생물의 종류, 배지 조성이나 배양조건 등에 따라 달라진다.
- 공식 : 총균수 = 초기 균수 × 2^n (n : 세대수)

▮ 미생물의 증식곡선

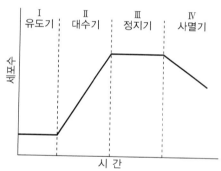

- 유도기(Lag Phase) : 접종 후 미생물의 수가 증가하지 않는 구간으로, 새로운 배양조건에 적응하는 시기로 영양분 이용을 위한 효소의 합성과 RNA 함량 증가, 증식하기 전 크기의 증가가 이루어진다. 시간은 접종하는 미생물의 상태, 수, 배지 및 배양조건에 따라 결정된다.
- 대수기(Logarithmic Phase) : 미생물의 수가 기하급수적으로 증가하는 시기로 성장속도는 배양온도, 수분활성도, pH 등의 물리적·화학적·생물학적 인자에 따라 결정되며, 세로의 크기는 일정하고 생리적으로 예민하고 대수기를 통해 세대기간을 구할 수 있다.
- 정지기(Stationary Phase) : 미생물의 수가 순수 증가하지 않는 기간으로 미생물의 증식이 멈춘 것이 아니라 세균 증식과 사멸 속도가 동일한 것이다.
- 사멸기(Death Phase) : 미생물의 사멸로 미생물 수가 감소하는 기간이다.

▌ 미생물의 증식과 환경

- 수 분
  - 미생물의 세포는 75~85%가 물로 되어 있으며, 세포 내에서 화학반응의 장이 되므로 반드시 필요하다.
  - 결합수는 미생물이 이용할 수 없다. 미생물이 이용가능한 것은 자유수이다.
- 산소 : 곰팡이와 효모는 생육에 산소가 필요하지만 세균은 요구도가 다르다.
  - 편성호기성균 : 산소가 있어야만 생육
  - 통성호기성균 : 산소가 있거나 없거나 생육
  - 미호기성균 : 산소분압이 대기압보다 낮은 곳에서 생육
  - 편성혐기성균 : 산소가 없어야 생육
- 이산화탄소 : 독립 영양균의 탄소원으로 대부분의 미생물에 생육 저해물질로 작용한다.
- pH
  - 곰팡이와 효모는 약산성(pH 5.0~6.5), 세균은 중성과 약알칼리(pH 7.0~7.5)에서 잘 생육한다.
  - 미생물의 생육, 체내대사, 화학적 활성도에 영향을 준다.
- 염 류
  - 미생물의 효소반응, 균체 내 삼투압 조절 등의 역할을 한다.
  - 호염균 : 소금 농도 2% 이상에서 잘 생육하는 균으로, 장염 비브리오균이 대표적이다.
- 온도 : 미생물의 생육, 효소 조성, 화학적 조성, 영양 요구 등에 가장 큰 영향을 준다.
  - 저온균의 발육 최적온도 : 20~30℃
  - 중온균의 발육 최적온도 : 30~40℃
  - 고온균의 발육 최적온도 : 50~60℃
  - 효모의 발육 최적온도 : 25~32℃
  - 곰팡이의 발육 최적온도 : 20~35℃
- 압력 : 보통 1기압에서 생활하며, 높은 압력(400기압 이상)에서 대사성이 높은 심해세균으로 호압세균도 있다.
- 광선 : 태양광선은 광합성미생물을 제외한 미생물의 생육을 저해하고, 가장 살균력이 강한 범위는 2,400~2,800 Å이다.

▌ 미생물의 증식도 측정

- 건조균체량 : 배양액을 여과나 원심분리하여 균체를 모아 건조시킨 후 건조균체 칭량이다.
- 총균계수법 : 혈구계수반을 이용해 현미경으로 생균과 사균 모두 계수하는 방법이다.
- 생균계수법 : 미생물 평판 배양 후 미생물계수기로 직접 계수하는 방법이다.
- 비탁법 : 배양된 미생물을 증류수에 희석해 광전비색계를 이용하여 균체량을 정확히 측정한다.
- DNA 정량법 : DNA 양을 정량하여 미생물 증식도 정확히 측정한다.
- 균체질소량 : 균체의 질소량을 정량하여 균체량으로 환산하여 측정한다.

- 원심침전법 : 원심분리기로 분리한 균체를 생리식염수로 세척하고 다시 원심분리를 3회 반복하여 침전된 균체량을 측정한다. 비탁법과 병행하여 정확한 균체량을 측정한다.

▌ 세 균

- 일반적으로 크기가 $2.0 \sim 1.5 \times 1.0 \sim 0.5 \mu m$, 한 개의 세포 무게는 $10^{-12} g$이다.
- 단세포로 되어 있으며 보통 균열에 의해 증식한다.
- 형태 : 기본 형태는 구균, 간균, 나선균이다.
- 산소를 필요로 하는 호기성균과 산소가 있을 경우 생육저해를 받는 혐기성균이 있다.
- 편모 : 주로 세균에만 있는 운동기관으로, 편모 유무와 종류는 세균의 분류기준이 된다.

▌ Gram 염색

- 시료를 Crystal Violet으로 염색하고 아이오딘 용액으로 염색이 더 잘되도록 한다(착색). 알코올로 세척하고(탈색) 대비염색으로 빨간색인 Safranin으로 염색한 후에 관찰한다.
- 그람 양성균 : 자주색 – 젖산균, 연쇄상구균, 쌍구균, 리스테리아, *Staphylococcus* 속 등
- 그람 음성균 : 적자색 – 살모넬라, 캠필로박터, 대장균, 장염 비브리오, 콜레라 등
- 그람 염색의 차이가 생기는 이유는 세포벽의 구조 중 펩타이도글리칸의 차이 때문이며, 염색성에 따라 화학구조, 생리적 성질, 항생물질에 대한 감수성, 영양요구성 등이 다르다.

▌ 방선균

토양·식물체·동물체·하천·해수 등에 균사체 및 포자체로 존재하는 미생물로 세균에 가까운 원핵생물, 즉 세균의 방선균목으로 분류한다.

- 분지된 사상의 균으로서 곰팡이와 세균의 중간의 특징을 가진 미생물이다.
- 세포의 크기가 세균과 비슷하며 세포가 마치 곰팡이의 균사처럼 실 모양으로 연결되어 발육하며 그 끝에 포자를 형성한다.
- 무성적으로 균사가 절단되어 구균과 간균이 함께 증식하며 균사 선단에 분생포자 형성, 토양 중에서 생육조건이 양호할 때는 균사가 신장하지만, 대부분 포자로서 존재한다.
- 토양 중 세균 다음으로 많은 미생물로서 *Streptomyces* 속이 가장 많으며 대부분 호기성이고, 중성 내지 알칼리성을 좋아하는 유기영양성이다.
- 토양 중 방선균은 각종 유기물의 분해, 특히 난분해성 유기물 분해에 중요한 역할을 하며 스트렙토마이신이나 테트라사이클린 같은 항생물질을 만들기도 한다.
- 토양 속 동식물의 사체를 분해하여 무기물로 변환시켜 토양을 비옥하게도 하고, 감자 더뎅이병이나 고구마 잘록병 등의 원인이 되기도 한다.
- 비타민 B₁₂ 및 프로테아제를 생산하는 것도 있다.

▋ 곰팡이의 구조

- 균사 : 실모양의 관에 다핵의 세포질로 된 구조이다.
  - 곰팡이의 영양섭취와 발육에 관련 있다.
  - 단단한 세포벽으로 되어 있고, 엽록소가 없다.
  - 유성 및 무성번식으로 증식한다.
  - 균사는 격벽이 있는 것과 없는 것이 있으며, 균사 격벽의 유무는 분류의 지표가 된다.
- 균총 : 균사의 집합체인 균사체와 포자 형성기관인 자실체 전체를 균총이라 하며, 균총색은 포자색에 따른다.
- 포자 : 곰팡이의 번식과 생식을 담당한다.

▋ 곰팡이의 번식

- 유성생식 : 2개의 다른 개체가 접합 등의 방법으로 세포핵이 융합하여 유성포자를 형성한다. 접합포자, 자낭포자, 난포자, 담자포자가 있다.
- 무성생식 : 세포핵의 융합 없이 분열에 의해 무성포자를 형성한다. 분생포자, 분절포자, 출아포자, 포자낭포자, 후막포자가 있다.

▋ 효 모

- 진핵세포를 갖는 고등미생물로 핵막, 인, 미토콘드리아가 있다.
- 알코올 발효능이 강함 : 맥주효모, 청주효모, 빵효모, 알코올 등을 제조할 때 사용한다.
- 과일의 과피, 과즙, 수액, 토양, 해수 등 자연계에 널리 분포되어 있다.

▋ 조류(Algae)

원생생물계에 속하는 진핵생물군으로 대부분 광합성 색소를 가지고 독립 영양생활을 하며 외형적 · 기능적으로는 뿌리 · 줄기 · 잎이 구별되지 않으며 포자로 번식한다.

▋ 균주보관

- 균주의 생물 활성이 유지되어야 한다.
- 세포의 사멸은 균주의 보관 과정에서 일어날 수 있으므로 세포의 사멸이 최소화될 수 있는 방법을 고려해야 하며 보관된 균주는 주기적으로 생물 활성을 확인해야 한다.
- 보관기간 동안 균주의 특성이 유지되어야 한다.
- 균주가 순수하게 유지되며 보관하기 위하여 연속적인 보관 과정의 오염 기회를 최소화한다.
- 보관 균주에 고유번호를 부여하여 관리하며 관련 자료들은 반드시 기록물로 유지 · 관리한다.

▌ 균주 보관방법

- 계대배양법
  - 일정 기간마다 새로운 배지에 옮겨 심어 배양하면서 보존하는 방법이다.
  - 시간이 지나면서 배지가 건조해지므로 일정 기간마다 이식해야 한다.
  - 보관 중 잡균의 오염과 반복적 이식에 의한 돌연변이의 생성 가능성 등의 단점이 있다.
  - 특별히 보관조건이 정해져 있지 않은 일반 세균은 한천배지를 사용하여 계대배양하고 냉장 상태에서 보관한다.
- 유동 파라핀 중층법
  - 한천사면배지에 이식하여 배양한 후 멸균한 유동 파라핀을 무균적으로 넣어 중층하여 보관한다.
  - 유동 파라핀에 의한 중층은 배지의 건조방지와 산소 공급 차단으로 대사 활성을 억제시킨다.
  - 고순도 백색 유동 파라핀(중성, 비중 0.8~0.9)을 121℃에서 1~2시간 고압증기멸균하고, 110~170℃에서 1~2시간 건조하여 수분 제거 후 중층 높이는 한천사면의 상단으로부터 1cm 정도로 한다.
  - 저온 또는 실온에서 1~수년간 보관 가능하다.
- 동결 보존법
  - 동결로 대사 활동을 정지시켜 세포를 휴지 상태로 만들어 장기간 보존한다.
  - −80~−20℃로 온도를 낮추어 보존하는 방법과 액체질소에 의한 초저온(−196℃) 상태에서 보존하는 방법 등이 있다.
  - 미생물을 적정한 평판 고체배지에서 배양하고 10% 글리세롤을 1mL씩 동결튜브에 분주하고 멸균시킨다. 멸균된 동결튜브에 균주번호 및 제조연월일 등을 기재하고 순수 배양된 미생물 균체를 백금이로 긁어 동결튜브에 현탁한 후 −80℃ 냉동고나 액체질소에 넣어 보존한다.
  - 평판 고체배지에서 잘 자라지 않는 미생물의 경우에는 액체 배양 후 원심분리하여 균체만을 모아 사용한다.
- 동결건조법
  - 세포를 동결하여 수분의 이동을 억제하고 대사 활성을 정지시킨 후 진공 상태에서 대부분의 수분을 승화시키고 나머지 얼지 않은 수분은 증발시키는 방법이다.
  - 세포는 휴지 상태에 도달할 때까지 저온, 탈수 등의 과정을 거치게 되어 일부가 사멸하거나 종류에 따라 장해를 받으므로 이를 최소화하기 위해 적당한 보호 물질을 첨가하여 실시한다.

▌ 동결건조의 특징

- 원료를 빙점 이하의 온도로 동결시킴으로써, 얼음 상태에서 승화에 의해 재료 내의 수분이 제거되는 방법이므로 재료 성상의 물리적 · 화학적 변화가 극도로 작고, 다시 수분을 가함으로써 복원성이 좋은 건조시료를 얻을 수 있다.
- 건조에 의한 수축이나 형태 변화가 거의 없으며 조직구조가 파괴되지 않고 다공질 상태로 건조되어 다시 수분을 주고 2~3분이면 원형 상태로 복원된다.
- 수분 함량이 5% 이하로 건조되어 보존성이 우수하고 가벼워 운반이 편리하다.

- 열에 민감한 물질인 경우 손상을 최소화한다.

▌ 동결건조의 장단점

- 장 점
  - 보존에 사용한 포자가 직접 발아하는 것으로 형태상 또는 생리적 성질의 변화 없이 장기간 보존이 가능하다.
  - 잡균의 혼입 우려가 없다.
  - 저장이 용이하며 방법이 상대적으로 간단하다.
  - 건조된 세포주가 산소, 습기, 빛에 노출되지 않으면 대부분의 미생물과 박테리오파지는 30년 이상 보존할 수 있으며, 일반 세균은 거의 성상의 변화 없이 10년 이상 보존 가능하다.
- 단점 : 고가의 장비가 요구되며 에너지 비용이 높고 시간이 오래 걸린다.

▌ 미생물 배양 조건

- 배지 성분 : 배지는 미생물의 증식에 필요한 각종 영양소를 골고루 함유하는 물질을 키우는 곳이다. 영양소에는 탄소원, 질소원, 무기염류 및 생리활성물질로 나누어지며 필요에 따라 반드시 넣어 주어야 하는 생육인자가 있다.
- pH 및 온도
  - 미생물의 종류와 성질에 따라 배지의 최적 pH가 서로 다르며 일반적으로 곰팡이나 효모용 배지는 pH 5.0~6.0, 세균용 배지는 pH 7.0~8.0으로 조절한다.
  - 미생물의 종류에 따라 배양 최적 온도가 다르지만 흙과 같은 자연 상태에서 분리된 미생물은 대체로 25~35℃, 대장균을 비롯한 인체로부터 분리된 미생물은 대개 30~37℃에서 잘 자란다.
- 산소 공급 여부
  - 편성호기성 : 미생물 증식에 산소가 필수적이며 산소 부족 시 증식이 정지되고 결국 사멸하게 된다(대부분의 세균은 증식에 산소 필요).
  - 통성혐기성 : 산소의 유무에 상관없이 증식이 가능하다.
  - 편성혐기성 : 산소에 노출되면 증식하지 못하고 사멸한다.

▌ 접종 및 배양

- 접종 : 균주를 증식시키기 위해 적절한 배지에 심는 것이다.
- 배양 : 미생물을 배지에 접종하여 미생물 개체를 성장 및 번식하게 하는 과정이다.
  - 접종 때에는 보이지 않았던 미생물은 배양을 통해서 성장 및 번식하여 눈으로 보인다.
  - 배지 속 미생물의 모습은 고체배지의 경우에는 일반적으로 둥근 집락을 형성하는데 이를 콜로니라고 한다.
  - 액체배양의 경우에는 배양액의 탁도가 점점 높아지는 것을 눈으로 확인할 수 있으며 배양을 성공적으로 수행하기 위해 미생물 종의 특성에 맞춰 온도나 pH 및 그 밖의 배양 환경을 알맞게 유지시켜 주어야 한다.

▌ 고체배양법

- 분산도말법(Spread Plate Method) : 시료 속 균의 종류나 양을 알아볼 때 사용한다.
  - 보통 지름이 90mm인 페트리 접시를 사용하며, 0.1mL 이하의 균을 접종하는 것이 좋다.
  - 한 페트리 접시당 100~300개의 콜로니가 자라게 시료를 희석하거나 농축하여 접종하는 것으로, 이 시료 속 균의 대표성을 가질 수 있다.
  - 분산도말을 할 경우 멸균된 삼각 유리봉을 사용한다.
- 평판도말법(Streak Plate Method) : 균을 순수 분리할 때와 고체배지에 있는 균을 새로운 고체배지에 옮길 때 많이 사용하며, 멸균된 백금이나 멸균된 면봉을 사용하여 멸균된 고체배지에 균을 접종한다.
- 주입평판법(Pour Plate Method) : 깨끗한 담수와 같이 시료 속에 균이 적어 접종할 시료의 양이 0.1mL를 초과할 경우나 미호기성균이나 혐기성균을 순수 분리할 때 사용한다.
  - 페트리 접시에 0.1mL 정도의 균체 시료를 넣고 한천이 함유된 배지를 충분히 식힌 후 페트리 접시에 부어 골고루 퍼지게 하여 굳히거나 충분히 식힌 배지에 균체 희석액을 섞어 주고 페트리 접시에 부어 굳힌 후 균을 배양하는 방법이다.
- 천자배양법(Stab Culture Method) : 고층배지에 균을 묻힌 백금선 등을 이용하여 수직으로 배지 밑바닥까지 찔러 식균하여 배양하는 방법이다.
  - 미생물의 생리적 특성을 조사할 경우 부분적인 혐기 조건을 만들어 주거나 생성된 기체의 확산을 막기 위해 접종하는 방법으로 분리한 균의 운동성을 조사할 경우에도 사용한다.
  - 순수 분리된 세균을 고체배지에 한 달 이상 보관하고자 할 때 이용하기도 한다.
- 사면배양법(Slant Culture Method) : 균의 생리·생화학적 특성을 조사하거나 접종균으로 계속 사용하기 위하여 균을 보관할 때 배양하는 방법으로, 한천이 마를 경우가 있으므로 한 달 이상은 균을 보관하기가 곤란하다.

▌ 액체배양법

- 진탕배양법(Shaking Culture Method) : 호기성균을 보다 활발하게 증식시키기 위하여 액체배지에 통기하는 방법을 이용한다.
  - 왕복진탕기(120~140rpm)나 회전진탕기(150~300rpm) 위에 배지가 든 면전 플라스크를 고정시켜 놓고 항온에서 배양한다.
- 발효조 배양(Jar Fermentor) : 발효조 배양에 의한 통기교반배양은 발효조 내의 스파저를 통해서 무균 공기가 주입됨과 동시에 교반축이 회전하므로 충분히 호기적인 상태를 유지할 수 있다.

▌ 현미경

- 광학현미경 : 가시광선이 시료와 유리렌즈를 차례로 통과하면서 빛의 굴절을 통해 시료의 이미지가 확대된 것을 눈으로 관찰할 수 있다.
  - 명시야 광학현미경 : 밝은 배경에 어두운 상이 나타나는 것을 관찰하며 태양이나 전등으로부터 나온 빛을 집광렌즈로 표본에 집중시켜 대물렌즈와 대안렌즈를 거치면서 상을 확대하여 관찰한다.
  - 암시야 광학현미경 : 배경을 어둡게 하고 물체만 빛에 반사되어 밝게 나타나도록 하며 미생물의 운동성 또는 나선균의 관찰에 편리하다.
  - 위상차 현미경 : 각 세포 성분의 굴절 계수의 차이에 의해 다르게 굴절 또는 반사되어 입체적으로 세포의 미세 구조 관찰이 가능하다.
  - 형광 현미경 : 로다민, 오라민 등과 같은 형광 물질을 사용하여 미생물 또는 항원−항체 반응 등의 관찰이 가능하다.
- 전자현미경 : 광원은 전자이며 광학현미경보다 100배 이상 높은 해상력과 분해능을 가지고 있어 세포의 아주 미세한 내부 구조까지 관찰할 수 있다.
  - 투과 전자현미경 : 전자현미경의 물체를 통과한 빔은 자기콘덴서를 거쳐 굴절되어 영상이 확대되며 세포 내부구조를 관찰하기 쉽고 금속, 염류 등 전자친화성이 강한 물질로 염색 또는 코팅하면 보다 선명한 영상을 형성하여 관찰하기가 쉽다.
- 주사 전자현미경 : 주사된 빔으로부터 반사된 전자는 전자집중기에 모여 전류증폭기로 보내 영상을 형성하며 시료의 표면 관찰 및 입체 구조 관찰에 용이하다.

▌ 광학현미경의 구조

- 받침대 : 현미경 전체를 받쳐 준다.
- 재물대 : 슬라이드 글라스를 놓는 부분으로 가운데에 빛이 통과하는 구멍이 있다.
- 경통 : 대물렌즈를 통과한 빛이 대안렌즈로 가는 통로이다.
- 조동나사 및 미동나사 : 경통을 상하로 움직이게 하여 초점이 맞도록 해 주는 장치이다.
  - 조동나사로 대강의 상을 찾은 후 미동나사를 이용하여 상을 선명하게 한다.
  - 저배율로 관찰 후 고배율의 대물렌즈로 바꾸어 관찰할 때 초점은 거의 맞으며 이것을 '동고초점'이라 하고 미동나사를 약간 조정하면 선명한 상을 찾을 수 있다.
- 대안렌즈(접안렌즈) : 경통 위쪽 끝에 있으며 대물렌즈에 의해 확대된 실상을 다시 확대하여 허상을 만들어 눈으로 관찰할 수 있도록 해 준다.
- 대물렌즈 : 경통 아래쪽 끝에 있으며 시료의 일차 실상을 만들고 현미경의 해상력은 대물렌즈가 결정한다. 배율은 대안렌즈와 대물렌즈의 배율을 곱하여 결정하며 시료를 관찰한 후 결과를 쓸 때 반드시 배율을 적어야 한다.
- 반사경 : 경각의 맨 아래쪽에 있는 장치로 오목거울과 볼록거울이 각 면에 붙어 있어 필요에 따라 집광기 쪽으로 빛의 방향을 조절할 수 있으며 현미경에 전구가 붙어 있어 인공광을 빛으로 사용할 경우에는 반사경이 없다.

▍ 고체배지에서 오염 여부 확인

- 분산도말법
  - 채취한 배양액 시료 속에 어떤 종류의 균이 존재하는지를 확인하고자 할 때 사용하며, 오염 여부를 관찰하기 위해서는 페트리 접시 고체배지에 약 0.1mL 정도의 배양액을 점적하고 멸균된 삼각 유리봉으로 분산도말하고 배양한 후 고체배지 표면에 생성된 콜로니의 형태와 색깔 모양 등을 확인함으로써 오염 여부를 판단하는 방법이다.
  - 한 가지 모양의 균일한 콜로니가 생성되었으면 오염되지 않은 것이나 서로 다른 색의 콜로니 또는 다른 모양의 형태를 가진 콜로니가 동일 페트리 접시에서 관찰되면 오염된 것으로 판단한다.
- 평판도말법 : 백금이로 배양액을 취하고 고체배지 표면에 스트리킹하여 배양한 후 분산도말법과 동일한 방법으로 확인하고 판단한다.
- 주입평판법
  - 분산도말법과 달리 고체배지의 표면에 균을 접종하지 않고 40℃ 정도로 식힌 고체배지에 배양액 시료를 무균적으로 넣어 주고 충분히 혼합한 후 바로 멸균된 페트리 접시에 부어 골고루 퍼지게 하여 굳힌 후 배양하는 방법이다.
  - 배지의 표면 외에도 배지 속에서 자라는 미생물까지도 확인할 수 있으며, 오염 여부의 판단은 분산도말법의 방법과 동일하다.

▍ 균주 보존기법

- 계대배양법 : 배지에 균주를 직접 배양하는 방법을 통해 균주의 활성을 유지한 상태에서 진행되는 보존방법이다.
  - 5℃ 이하의 낮은 온도에서 배양하며 일정 기간이 경과하면 새로운 배지로 균주를 이동하며 배양한다.
  - 단기 보존 시에 많이 사용하며 보존방법은 쉬운 반면, 오염의 가능성이 높으며 균주 자체의 변이가 나타날 수 있다는 단점이 있다.
- 냉동 보존법 : 균주의 장기 보존을 위해서 많이 사용하는 방법이다.
  - 균주를 영하 60℃ 이하의 온도로 냉동하여 보존하며 초저온 냉동고가 필요하다.
  - 냉동과정에서 균주세포가 파괴될 가능성이 높기 때문에 글리세롤 등 냉동보호제를 배양액에 섞어 준다.
- 동결 건조법 : 냉동 보존법과 비슷하지만 배지 내의 수분을 제거한 이후에 냉동 보존하는 점이 다르며, 더 장기간 균주를 보존할 수 있다는 장점이 있다.

▍ 생산균주 구분

사용 목적에 따라서 구분한다.
- 주생산균주 : 제품 생산에 직접 사용되는 균주로 균주의 활성 유지가 매우 중요하다.
- 작업생산균주 : 미생물 공정의 가장 핵심이며 작업생산균주는 신규 제품 생산이나 균주 개발을 통한 공정 개선을 위해 개발단계에서 필요하다.

■ 균주의 보관방법 결정

- 단기방법 : 계대배양법
- 장기방법 : 냉동 보존법, 동결 건조법

■ 배지 원료의 보관방법

- 원료 보관소 : 온도는 20~25℃, 습도는 60~70%를 유지하는 것이 바람직하다.
- 원료 물질의 보관
  - 성상에 따라 외부로 누출되지 않도록 주의하여 보관한다.
  - 위험물은 온도 변화 등에 의하여 누출되지 않도록 용기를 주의하여 밀봉하여 수납한다.
  - 배지 원료의 온도 안정성에 따라 보관소 내 선반 등에 보관할 수 있으나, 냉장 또는 냉동을 요하는 원료 물질의 경우 적절한 온도의 냉장고 또는 냉동고에 보관해야 한다.
  - 위험하게 취급되는 원료 물질은 물질안전보건자료나 다른 정보를 통한 위험성이나 반응성을 검토하여 보관방법을 결정해야 한다.
  - 원료별로 적당한 공간을 두고 구획하여 보관하고 로트별, 입고일 등으로 구분하여 보관한다.

■ 미생물 멸균은 크게 저온살균(Pasteurization)과 고온살균(Sterilization)으로 나뉜다.

- 저온살균 : 미생물을 사멸시켜 가공식품의 저장 기간을 연장하는 데 목적이 있으며 저온살균 후에는 반드시 냉장 상태에서 보관해야 한다.
- 고온살균 : 미생물 수를 통계적으로 무의미한 수준까지 낮추어 실온에서도 장기간 저장이 가능하게 하는 공정이다.

■ 고압증기멸균법

- 고압증기멸균기 : 멸균온도, 시간, 배기를 자동적으로 조절하며 약 121℃($1.0kg/cm^2$), 15분의 멸균조건에서 주로 배지류 및 열에 안정한 물질을 멸균하는 데 사용한다.
- 배지나 시료의 멸균은 포화수증기에 의한 고압증기멸균법이 적합하며 적절한 멸균을 위해서는 수증기가 내부로 쉽게 침투될 수 있도록 해야 한다.

■ 멸균기 작동 시 주의사항

- 멸균기의 압력을 한 번에 올리면 터질 우려가 있으므로 단계적으로 공기를 제거하고 단계적으로 온도를 올려 주어야 한다.
- 뚜껑을 열고 먼저 적당량의 물을 넣는데 이때 사용하는 물은 증류수로 하되 이온 교환 수지를 거친 물은 피하는 것이 좋다.

- 뚜껑을 닫은 후 온도를 맞추고(121℃) 시간을 조절하는 데 최소 15분은 되어야 완전히 멸균할 수 있으며 용액의 부피가 큰 경우에는 충분히 시간을 주어야 한다.
- 정해진 시간이 지나면 자동으로 압력이 빠지므로 설정한 시간이 지난 후 뚜껑을 열면 되는데 너무 높은 온도에서 무리하게 열면 수증기가 강하게 나올 수 있으므로 주의한다.

▌ 공멸균
발효조 내부와 주변 배관을 미리 멸균하는 것이다.

▌ 배지멸균
- 배지멸균은 발효조에 조제된 배지를 채우고, 채워진 배지와 주변 배관을 멸균하는 것이다.
- 배지멸균의 4단계 : 멸균 준비단계, 온도 상승 및 배지 멸균단계, 공기여과장치 멸균단계, 냉각 및 배지멸균 종료단계로 진행한다.

▌ 무균 시료 채취작업 - 멸균 여부 확인
- 외부 미생물이나 물질에 의해 오염되지 않도록 하는 샘플링 작업을 한다.
- 시험방법은 원칙적으로 무균 조작이어야 하며 동시에 청결을 유지해야 한다.
- 무균 시료 채취 전 준비사항
  - 무균 작업대의 청결 및 살균
  - 시료 채취할 준비물 용기, 기구, 용액 등의 멸균
  - 실험복 청결
- 무균 시료 채취 시 주의사항
  - 작업 전 반드시 자외선을 끄고 작업한다.
  - 알코올램프 사용 시 화상에 주의한다.
  - 시료 채취기구, 용기, 용액은 반드시 멸균 또는 살균한다.
  - 작업 완료 후 무균 작업대, 실험실 청결 유지 및 개인 위생 철저히 관리한다.

▌ 고체배양법을 통한 오염 여부 확인
- 표준평판배양법 : 표준평판배지에 시료를 혼합·응고시켜 배양하거나 또는 시료를 평판배지에 도말해 배양한 후 형성된 미생물의 집락수를 계수하여 시료 중의 미생물의 생균수를 산술하는 방법이다.
- 건조필름법 : 시료를 건조필름배지에 접종하면 수분을 흡수해 한천배지와 같이 겔을 형성하여 미생물이 집락을 형성하며, 이를 통해 오염 여부를 확인한다.

▌ 멸균 확인방법

- 생물학적 지표체(BI)
  - 멸균 방법 중 가장 내성이 큰 표준화된 생존 미생물의 균주를 이용한 멸균감시 방법으로 멸균을 확인하는 가장 확실하고 신뢰할 수 있는 방법이다.
  - 세균아포를 포함한 모든 미생물의 생존 유무를 확인함으로써 멸균 여부를 증명하기 위해 사용한다.
  - 특정 멸균법에 대해 강한 저항성을 나타내는 지표균을 이용해 만들어진 것으로 해당 멸균법의 멸균 조건의 결정 및 멸균공정관리에 이용한다.
- 화학적 지표체(CI)
  - 멸균처리의 유무를 구별하기 위해 이용한다.
  - 색이 변화하는 멸균공정관리에 이용한다.
  - 진공형 멸균 장치의 진공 배기능력시험을 실시하는 경우에 보비와 딕 타입을 이용한다.
- 선량계 : 멸균공정관리는 주로 흡수선량을 측정한다.

▌ 미생물을 지표로 하는 멸균조건 설정법

- Half-cycle법 : 피멸균물 위에 존재하는 미생물 부하수나 검출균의 해당 멸균법에 대한 저항성에 관계없이 BI에 포함된 106개의 지표균 모두를 사멸시키는 처리시간의 2배 멸균시간을 채용하는 방법이다.
- Overkill법 : 10^{-6}개 이하의 무균성 보증 수준을 얻을 수 있는 조건에서 멸균을 시행하는 것을 전제로 하며, 보통 D값이 1.0 이상의 균수를 알고 있는 BI를 이용해 지표균을 10^{-12}개(12D) 감소시키는 것과 동등한 멸균조건을 적용하는 방법이다.
- 생물학적 지표체(BI)와 미생물 부하 병용법 : 평균 미생물 부하수에 3배의 표준편차를 더한 것을 보통 최대 미생물 부하수로 보고 목표로 하는 무균 보증 수준을 근거로 BI를 이용해 멸균 시간(또는 멸균 선량)을 산출하는 방법이다.
- 절대 미생물 부하법 : 해당 멸균법에 대한 가장 저항성이 강한 균을 선택한 후 그 균의 D값을 이용해 피멸균물의 미생물 부하수를 근거로 멸균조건을 설정하는 방법이다.

▌ D값

일정 조건하에서 멸균법을 실시하였을 때의 미생물 사멸률을 나타내며, 최초의 균수를 90% 사멸시켜 생잔균수를 1/10로 감소시키는 데에 소요된 처리시간(분)을 표현한 값이다.

▌ 멸균기의 평가방법

- 멸균 실행결과의 일상적인 평가방법 : 생물학적 지표체를 사용하는 방법이 유일하며, 화학적 지표체는 공정 확인의 수단이다.

- 정기적인 실험을 통한 평가방법 : 유효성 평가(Validation)가 사용되며 멸균기 장비에 대한 확인과 멸균공정의 성능에 대한 확인과정을 평가한다.
  - 1단계 설치 적격성 : 멸균기의 구조와 설치조건의 타당성을 측정하고 확인하는 단계
  - 2단계 작동 적격성 : 멸균기 작동 상태의 적합 여부를 측정하고 확인하는 단계
  - 3단계 성능 적격성 : 실제로 멸균하고자 하는 대상물을 체임버에 넣고 사이클을 운영해 열 분포, 열 침투, 멸균 파라미터, 생물학적 지표체, 화학적 지표체 등에 의한 실험을 하여 적격성 여부를 확인한다.

▌멸균 확인 체계

- 생물학적 지표체 검사
  - 해당 멸균 방법에 가장 내성이 큰 표준화된 생존 미생물의 균주를 이용한 멸균과정의 감시 방법으로 멸균을 확인할 수 있는 가장 확실한 방법이다.
  - 세균 아포를 포함한 모든 미생물의 생존 유무를 확인하여 멸균 여부 증명을 위해 사용한다.
- 보비-딕 검사(Bowie & Dick Test)
  - 진공 시스템의 효율을 측정하기 위해 사용한다.
  - 체임버 내의 공기 누출도 탐지할 수 있다.
- 센서 교정시험
  - 온도 로거(Logger)를 사용하며, 시험 기준은 ±1.0℃이다.
  - 멸균기의 최소 온도는 90℃, 최대 온도는 130℃이며, 기준 온도는 121℃이다.
- 스팀 질시험
  - 스팀발생기에서 얻어진 습스팀 혼합물은 포화수의 2%에 해당하는 습스팀과 98%의 건스팀으로 구성된다.
  - 건스팀의 백분율이 97% 이하로 떨어지지 않아야 한다.
  - 불응축 가스시험, 고열증기시험, 증기건조도시험이 있다.
- 공기누출시험
  - 진공 상태에서 멸균기 체임버 내에 누출되는 공기의 양이 멸균물품으로 증기가 침투하지 못하게 하는 수준을 초과하는지 여부, 건조 시 멸균기가 재오염될 가능성의 여부를 확인한다.
  - 모든 멸균과정에서 진공을 이용해 공기를 제거하는 경우 진공기 간에 멸균기 체임버로 누출되는 공기로 인한 압력 상승률이 0.13kPa/min(1.3mbar/min)을 초과해서는 안 된다.
- 온도분포시험
  - 빈 체임버 시험 : 멸균기의 빈 체임버 상태에서 최소 온도지점을 찾기 위한 시험으로 재현성 확보를 위해 3회 실시한다.
  - 최소 적재 시 최소 온도지점 확인시험
  - 최대 적재 시 최대 온도지점 확인시험

- 열침투시험
  - 멸균기 안의 적재물이 설정온도에서 열 침투가 이루어져 멸균이 이루어지는지를 확인하는 시험이다.
  - 최소 체임버 시험 : 최소 맵핑 상태에서 스팀 침투를 측정하는 시험
  - 최대 체임버 시험 : 최대 맵핑 상태에서 스팀 침투를 측정하는 시험

▌ 물질안전보건자료(MSDS)

- 대상 화학물질이 가지는 유해성, 위험성, 위험상황 발생 시 응급조치요령, 취급방법 등을 포함하는 자료이다.
- MSDS는 목표로 하는 제품의 생산 활동에 포함되는 모든 화학물질(원·부재료)과 제품 자체별로 작성한다.
- MSDS의 작성 및 비치대상 화학물질
  - 물리적 위험물질 : 폭발성 물질, 인화성 물질, 에어로졸, 물 반응성 물질, 산화성 물질, 고압가스, 자기반응성 물질, 자연발화성 물질, 자기발열성 물질, 유기과산화물, 금속 부식성 물질
  - 건강 및 환경 유해물질 : 급성 독성물질, 피부 부식성 또는 자극성 물질, 심한 눈 손상성 또는 자극성 물질, 호흡기 과민성 물질, 피부 과민성 물질, 발암성 물질, 생식세포 변이원성 물질, 생식독성 물질, 특정 표적장기 독성물질(1회 노출), 특정 표적장기 독성물질(반복 노출), 흡인 유해성 물질, 수생환경 유해성 물질, 오존층 유해성 물질
- 벌 칙
  - 500만원 이하의 과태료 부과
    ⓐ 물질안전보건자료를 게시하지 아니하거나 갖추어 두지 아니한 자
    ⓑ 물질안전보건자료, 화학물질의 명칭·함유량 또는 변경된 물질안전보건자료를 제출하지 아니한 자
    ⓒ 국외제조자로부터 물질안전보건자료에 적힌 화학물질 외에는 분류기준에 해당하는 화학물질이 없음을 확인하는 내용의 서류를 거짓으로 제출한 자
    ⓓ 물질안전보건자료를 제공하지 아니한 자
    ⓔ 고용노동부장관에게 제출한 물질안전보건자료를 해당 물질안전보건자료대상물질을 수입하는 자에게 제공하지 아니한 자
  - 300만원 이하의 과태료 부과 : 물질안전보건자료의 변경 내용을 반영하여 제공하지 아니한 자

▌ 원·부재료 품질관리 공통 사항

- 입고 전 원·부재료별 품질 기준에 따른 품질검사를 실시한다.
- 원료별 보관조건에 맞는 보관 장소 마련 및 청결을 유지한다.
- 장·단기 사용 원료를 구분하여 선입·선출이 가능하도록 보관한다.
- 원·부재료 보관 장소에 점검일지를 비치하여 정기적 점검 및 미비사항을 보완한다.

▋ 배양조건

배지의 안정성, 희석률, pH, 온도, 산소요구량, 교반속도 등이 해당된다.

- 배지의 안정성 : 여러 성분들이 상호 간 반응하지 않고 물리적·화학적으로 고유한 특성을 유지하는 것으로, 주요 요인에는 각 성분 간의 반응과 열에 의한 멸균조건, 배지의 pH, 산소, 빛 등이 있다.
- 희석률 : 미생물을 연속 배양하는 경우 희석률이 재조합 DNA 생산물 생성에 큰 영향을 준다.
- pH : 미생물은 일정한 pH 범위 내에서만 생장할 수 있고 생장에 최적 pH가 있다.
- 온도 : 미생물은 온도에 특히 민감하며, 생장 가능한 온도 범위를 벗어나면 생장 속도가 저하한다. 생장에 필요한 최저 온도와 최고 온도가 있고, 그 사이 범위에서 생장 속도가 가장 빠르게 나타나는 최적 온도가 있다.
- 산소요구량 : 배양기에서는 물에 녹은 상태인 용존산소 형태로 공급된다. 호기성 배양에서는 산소가 대량으로 소비되는 기질의 하나이며, 산소가 호기적인 세포 대사의 질과 양으로 지배하기 때문에 중요하다.
- 기타 : 수분 함량, 용질농도, 삼투압, 평형 상대습도, 수분 활성 등

▋ 배양기

물과 미생물, 세포 등을 일정한 온도에서 배양하기 위한 기구나 방을 말한다.

- 발효기(Fermenter) 또는 발효조 : 미생물을 발현 숙주로 하여 대량 배양하는 배양기이다.
- 생물반응기(Bioreactor) : 동식물 세포를 발현 숙주로 하여 대량 배양하는 배양기이다.

▋ 발효기 배양방법

- 회분식 배양(Batch Culture)
  - 대량으로 미생물을 배양하는 일반적인 방법이다.
  - 통기 배양 시 공기를 주입하고 배출하는 것을 제외하면 배양기 내의 모든 배지 성분 및 생성된 대사물질의 유출입이 차단된 폐쇄계 배양방법이다.
- 유가식 배양(Fed-batch Culture)
  - 배지를 계속 유입한다는 점은 연속식 배양과 같지만 배양액을 유출시키지 않기 때문에 배양액의 부피는 계속적으로 증가한다.
  - 초기에는 기질 농도가 높아 저해현상이 나타나고 점차 기질이 소모되는 현상이 나타나기 때문에 기질의 농도를 적절히 유지하여 세포 증식 및 원하는 산물의 생산을 지속적으로 유지하는 배양방법이다.

- 연속식 배양(Continuous Culture) : 배양기 내로 신선한 배지를 일정 속도로 계속 유입시켜 세포를 증식시키는 동시에 배양액을 지속적으로 유출시켜 배양액의 부피를 일정하게 유지하는 열린계 배양방법이다.

▌ 배양 상태 분석

- 배양 접종 후 2시간마다 샘플링하여 세포 생장곡선을 그린다.
- 매일 일정 시간에 pH 변화, 환원당 정량값, 균체량, 통기량, 배지 첨가량, 기타 첨가량, 거품 형성 유무, 산·염기 첨가량, 항생력, 요소 A 첨가량 등을 기록하여 분석한다.

▌ 배지의 무균시험

- 무균시험을 위해 배지를 조제하여 사용하거나 배지 성능시험에 적합한 경우에는 동등한 시판배지도 쓸 수 있다.
- 무균시험용으로는 액상티오글리콜산배지, 대두 카세인 소화배지를 많이 사용한다.

▌ 시료의 무균시험

- 멤브레인 필터법 : 여과 가능한 제품에 적용한다(예 여과 가능한 수성, 알코올성 또는 유성의 제품 및 이 시험 조건에서 항균력이 없는 수성 또는 유성의 용제에 혼화 또는 용해하는 제품).
- 직접법 : 시험법에 규정된 시료의 용량이 배지 용량의 10%를 넘지 않도록 배지에 직접 접종하는 방법이다.

▌ 미생물 한도시험

- 생균수 시험 : 호기조건에서 증식할 수 있는 중온성의 세균 및 진균을 정량적으로 측정하는 방법이며, 원료 또는 제제가 규정된 미생물학적 품질 규격에 적합 여부를 판정하는 것을 주목적으로 한다.
  - 멤브레인 필터법 : $\phi 0.45 \mu m$ 이하의 멤브레인 필터를 사용하며, 필터의 재질은 검체의 성분에 의하여 세균 포집능력이 영향을 받지 않도록 주의하여 선택한다.
  - 한천평판법 : 각 배지에 대해 적어도 2개의 평판을 써서 시험하며, 결과는 각 평판의 측정균수의 평균값을 사용한다.
- 특정 미생물시험
  - 규정된 조건에서 검출할 수 있는 특정 미생물이 존재하지 않거나 그 존재가 한정적인지를 판정하는 방법이다.
  - 원료나 제제가 이미 정해진 미생물학적 품질 규격에 적합한지의 여부를 판정하는 것을 주목적으로 한다.
  - 생균 제제는 세균시험을 제외한다.
  - 특정 미생물 : 대장균, 살모넬라, 녹농균, 황색포도상구균 등
  - 효능·효과에 '소독'이 명시된 품목

▌ 배양기 유지보수

- 배양기 점검 : 배양용기, Head Plate의 각종 볼트 조임 상태 등을 주기적으로 점검한다.
- 각종 센서 및 전극점검
  - pH 전극, DO 전극은 수시로 파손 유무를 확인하여 새로운 것으로 교체하여 사용한다.
  - 온도센서는 표준온도계 값과 비교하여 오차가 허용범위 내에 있지 않으면 새로운 것으로 교체한 후 사용한다.
- 유틸리티 점검 : 배양 전후 가스 공급 상태, 냉각수 공급 상태, 전원 공급 상태 등 각종 유틸리티를 점검한다.
- 기타 점검 : 배양에 사용된 1회용 소모품, 산·염기, 탄소원, 질소원 등은 상태를 수시로 점검하여 폐기하거나 멸균하여 사용하도록 한다.

▌ 생산물 회수방법

생산물의 크기 및 성질에 따라 선택한다.

- 세포 자체가 생산물일 경우 : 여과, 응집, 원심분리 등의 방법을 사용하여 세포를 회수한다.
- 세포 외 성분이 생산물일 경우 : 우선 세포 또는 불요성 성분을 제거하고 생산물이 포함된 배지를 추출, 침전, 한외여과, 흡착, 크로마토그래피 등의 방법을 이용해 생산물을 분리하여 회수한다.
- 세포 내 성분이 생산물일 경우 : 여과, 응집 및 원심분리 등과 같은 방법을 이용해 세포를 회수한 후 회수된 세포를 파쇄하여 세포 외 성분의 경우와 동일하게 생산물을 회수한다.

▌ 세포 파쇄방법

- 물리적 방법 : 초음파처리, 균질기, 볼 밀 등이 있다.
- 생물학적 방법 : 라이소자임과 같은 효소를 이용하여 세포벽을 용해한다.
- 화학적 방법 : 계면활성제, 유기성 용매, 알칼리성 용매를 이용하여 세포벽과 세포막을 파쇄한다.
- 이외에 세포를 천천히 동결한 후에 해동시키는 과정을 통해 세포막을 파쇄하는 방법과 삼투압을 이용해 파쇄하는 방법이 있다.

▌ 생산물의 정성분석

생산물의 성분 확인방법으로 고성능액체크로마토그래피(HPLC), 박막크로마토그래피(TLC), 효소를 이용한 반응법, 전기영동법 등이 있다.

- 저분자 물질 : 가스크로마토그래피, 고성능액체크로마토그래피, 질량분석기 등을 사용한다.
- 고분자 물질 : 다양한 크로마토그래피 사용으로 단일 물질로 분리하여 각 성분을 분석한다.

▌ 생산물의 정량분석

- 생산물의 농도 분석을 통해 대상 성분의 정량적인 함유량을 측정하는 방법이다.
- 고성능액체크로마토그래피, 가스크로마토그래피, 액체크로마토그래피, 이온크로마토그래피 등을 통해 분석한다.

▌ 여과를 통한 균체 분리

- 심층 필터 : 유리, 털, 부직포 등과 같은 섬유상으로 존재된 것을 말하며, 입자가 굴곡되는 공간을 통과하면서 흡착되어 제거된다.
- 고성능 필터 : 여과할 입자보다 작은 공극을 가진 막으로 되어 있으며, 이는 막을 통과하지 못하고 표면 자체에서 제거된다.
- 심층여과 : 배양액으로부터 곰팡이 또는 효모의 균체를 분리하기 위한 방법이다.
  - 가압여과 : 여과판과 틀을 교대로 겹쳐서 조립하는 간단한 구조로, 슬러리는 틀로 전달되어 통과한 여액이 판의 홈을 타고 배출구로 나오는 방식이며 단위 여과 면적에 대해 가장 경제적이고 설치 면적도 가장 작게 차지한다.
  - 회전식 진공 여과 : 대량의 슬러리를 연속적으로 처리할 때 주로 사용하며, 내부가 여러 칸으로 분할되어 있고 여과기 안의 슬러리는 회전 드럼의 외부로부터 내부의 진공압에 의해 회전 드럼 주위의 금속제 또는 섬유제 등 여과제에 흡입되고 드럼이 회전하는 동안 여과제를 통과하여 집액기에 모인다.
- 고성능 여과
  - 전량 여과 : 모든 유체가 필터를 통과하는 방식으로, 필터가 쉽게 막히며 고점도의 용액을 여과하는 데 있어 많은 문제점이 발생된다.
  - 교차흐름 여과 : 유체의 여과 방향이 필터의 표면과 수평으로 이루어져 흐르며 필터의 기공 크기보다 작은 유체만 필터를 통과하는 방식으로, 전량 여과보다 쉽게 막히지 않는 장점이 있으며 고점도의 물질 여과에 많이 사용한다.

▌ 원심분리를 이용한 균체 분리

- Basket형 원심분리
  - 곰팡이균체나 결정의 분리에 적합한다.
  - 회전 Basket의 원통 표면이 다공판으로 되어 있고 Basket 안에 여과제를 포함한다.
- 다실형 원심분리
  - 많은 칸막이로 이루어져 있으며 Basket 안의 공간을 충분히 이용할 수 있다.
  - 구조가 복잡하여 기계적 강도를 높일 수 없고 분리에 많은 시간이 소요된다.
- 경사분리형 원심분리
  - 거친 물질을 연속적으로 분리하는 데 가장 적합하나 기계 균형의 문제로 고회전이 필요한 원심분리에는 사용이 제한된다.
  - 내벽에 모이는 슬러지는 나선형 스크루에 의해 끝으로 이동하여 배출되고, 여액은 내벽의 경사를 통해 반대쪽으로 이동하여 배출된다.

- 디스크형 원심분리
  - 액을 공급하는 중심축에 스테인리스로 된 디스크를 장착하여 분리하는 장치로, 액을 중심축으로부터 공급하면 비교적 무거운 미생물이나 여액은 디스크 안쪽을 통해 끝으로 이동하고, 비교적 가벼운 물질은 중심축 주위에 모여 밖으로 배출되는 원리이다.
  - 중심축으로부터 자동적으로 간격을 두고 분리하여 배출할 수 있는 장점이 있다.
- 관형 원심분리
  - 큰 원심력을 이용할 수 있으며 탈수성이 좋고 세척에도 용이하다.
  - 가벼운 액과 무거운 액의 분리, 고체 입자와 가벼운 액의 분리, 고체 입자와 무거운 액 분리 등 다양한 조합의 물질을 선택적으로 분리할 수 있는 장점이 있다.

■ 총균수 측정법

- Thoma의 혈구계 : 가로세로 $50\mu m$ 간격으로 정방형의 구획선이 그려져 있으며, 각 구획의 세포수를 파악하여 평균값을 구한다.
- Coulter Counter : 전해질을 포함한 현탁액을 흡입시켜 전극을 걸고 일정 전류를 흐르게 하여 세포 부피에 따라 생성된 전압의 Pulse를 계산하여 측정하는 것이다.
- 평판계수법(집락계수법)
  - 생균수 측정에서 가장 많이 사용하는 방법으로 널리 이용되며 도말평판법과 주입평판법이 있다.
  - 일정 배수로 희석한 배양액을 한천배지에 접종하면 미생물이 증식하여 형성되는 집락수를 세는 방법으로, 그 결과는 집락형성단위(cfu ; colony forming unit)로 표시한다.
  - 도말평판법 : 희석한 배양액을 도말봉을 사용해 한천배지에 골고루 도말한다.
  - 주입평판법 : 희석한 배양액을 피펫으로 평판 위에 주입하고 녹은 배지를 첨가하여 잘 섞어 주며, 형성되는 집락수는 30~300개 정도로 적절히 희석하는 것이 중요하다.

■ 생산물의 농도 분석

- 분율(Fraction) : 전체 시료 중에서 포함되고 있는 분석 대상 성분의 양을 단순한 비율로 나타내며, 분석 대상 성분의 양을 무게나 부피로 표현한다.
  - 백분율(%) : 전체 시료를 100으로 했을 때 분석 대상 성분을 100과의 비로 나타내며, 무게-부피 분율(w/v), 무게-무게 분율(w/w), 부피-부피 분율(v/v)이 있다.
  - 백만분율(ppm) : 전체 양의 백만분의 1을 단위로 하는 비율로, 기체 또는 액체 속에 다른 물질이 포함되는 비율을 나타내는 경우 등에 사용하며, $1.0ppm(w/v) = 10^{-6}g/mL = 1\mu g/mL = 1mg/L$ 등의 단위를 사용한다.
- 몰농도(M ; Molarity, mol/L) : 용액 1L에 녹아 있는 용질의 몰수로 나타내는 농도이다.

$$몰농도(mol/L) = \frac{용질의\ 몰수(mol)}{용액의\ 부피(L)}$$

• 노르말 농도(N ; Normality) : 용액 1L에 녹아 있는 용질의 g당량수를 나타낸 농도이다.

$$노르말 \ 농도(N) = \frac{당량수}{용액의 \ 부피(L)}$$

▌ 분광광도계

• 빛의 흡수현상을 이용하여 일정한 파장에서 시료용액의 흡광도를 측정하면 그 파장에서 빛을 흡수하는 물질의 양(농도)을 정량한다.
• 흡광광도법
  - 분광광도계를 사용하여 시료용액의 흡광도를 측정하고 목적성분을 정량한다.
  - 주로 자외선(180~320nm) 및 가시광선(320~800nm) 영역에서 빛의 흡수를 이용한다.
  - 흡광도는 흡광물질의 농도에 비례하므로, 농도를 알고 있는 표준 시료의 용액에 대한 흡광도를 확인하고 이를 기준으로 미지 농도 시료에 대한 농도를 알 수 있다.

▌ 질량분석기

• 이미 알고 있는 성분에 대한 정량분석과 기존 검출기로는 불가능했던 미지의 성분에 대한 분자 구조 분석 및 화학적 특성을 확인할 수 있다.
• 질량분석기에 투입된 시료가 여러 방법으로 이온화되면 이온이 질량 대 전하 비율(m/z Ratio)에 따라 분리되며, 이온은 하전입자를 검출할 수 있는 장치로 검출된 후 결과는 스펙트럼 형태로 표시된다.

▌ HPLC(High Performance Liquid Chromatography)

용액 속에 혼합된 시료 성분이 이동상과 고정상 사이를 흐르면서 흡착, 분배, 이온 교환 또는 분자 크기 배제작용 등에 의해 각각의 단일 성분으로 분리되는 것으로 주로 분리, 정성, 정량 등의 분석 목적에 사용한다.

▌ 폴리아크릴아마이드 겔 전기영동장치

• 전기영동(용액 중의 전하를 띤 물질이 전기장 내에서 이동하는 현상)에 폴리아크릴아마이드 겔을 지지체로서 사용하는 방법이다.
• 분자량 결정, 각 성분의 정량, 정제 등에 이용되며 단백질이나 핵산의 분리 분석에도 이용한다.

▌ **분석장비의 종류**

- pH 미터 : 시료가 들어 있는 용액의 산도를 측정한다.
- 전도도계 : 전류를 운반할 수 있는 능력으로서 시료용액의 이온 세기를 측정한다.
- 저울 : 시료물질의 질량을 측정한다.
- 크로마토그래피 : 시료와 칼럼에 충전된 매질과의 상호작용을 통해 성분 및 함량을 분석하며, 액체크로마토그래피(LC), 고속 액체크로마토그래피(HPLC), 초고속 액체크로마토그래피(UPLC), 가스크로마토그래피(GC) 등이 있다.
- 분광광도계 : 물질에 빛을 통과시킬 때 흡광도와 투과율의 차이를 나타내는 특성을 이용하여 농도를 측정한다.
- 질량분석기 : 시료 분자로부터 생성된 분자이온의 질량수로부터 분자량을 얻을 수 있으며, 분절이온이 생기는 형태로부터 분자 구조에 관한 정보를 얻을 수 있다.
- 원소분석기 : 유기물질과 무기물질의 원소 구성을 결정하며 C, H, O, N, S의 양(%)을 결정하여 미지 물질의 분자식에 관한 정보와 기지 물질의 순도를 확인할 수 있다.
- 전기영동장치 : 망상 구조를 가지는 겔층에 전하를 띠는 물질을 로딩하고 전류를 흘리면 각 물질은 고유의 전하량과 크기를 가지고 있으므로 각각 다르게 이동하다가 멈춘다.
- 기타 : 원심분리기, 인큐베이터, 클린벤치, 항온수조, 교반기 등이 있다.

▌ **검정(Test)**

정상 상태 검정이란 질량, 길이, 부피, 밀도, 온도, 압력 등을 분석하는 기기 또는 장비를 공인기관의 기준값에 적합한지를 시험하는 것이다.

▌ **교정(Calibration)**

정상 상태 교정이란 질량, 길이, 부피, 밀도, 온도, 압력 등을 분석하는 기기 또는 장비를 공인기관의 기준과 비교·측정하여 맞추는 것이다.

▌ **보정(Correction)**

정상 상태 pH 미터 등의 기기가 나타내는 데이터를 정확하게 하기 위해 표준용액으로 교정하는 것이다.

▌ 설치 적격성 평가(IQ ; Installation Qualification)

- 장비 원산 내용 및 확인, 장비의 규격, 사용 조건과 안치, 장비 인도 및 문서자료, 장비 안전성 체크, 조립 및 설치, 요약 보고 등이 포함된다.
- 제조 공정 및 품질관리에 사용하는 장비 및 그 부속 시스템이 올바르게 설치되었는지 규격서와 실물을 대조하여 현장에서 검증한 후 문서화한다.

▌ 운전 적격성 평가(OQ ; Operation Qualification)

- 안전성 검사, 예비 가동 체크, 성능 검사, 교정, 기술 전수, 요약 보고 등이 포함된다.
- 장비 및 시스템이 설치된 장소에서 예측된 운전 범위 내에 의도한 대로 운전하는 것을 검증하고 문서화한다.

▌ 성능 적격성 평가(PQ ; Performance Qualification)

장비 및 그 부속 시스템이 설정된 품질기준에 맞는 제품을 제조할 수 있는지 또는 요구되는 기능에 적합한 성능을 실제상황에서 나타내는지를 검증하고 문서화한다.

▌ 통계학의 기본 용어

- 모집단 : 생산된 전체 제품을 말한다.
- 시료(샘플) : 모집단을 대표하여 추출된 일군의 대상을 말한다.
- 변수 : 분석하는 데 있어서 특별히 관심을 갖는 특성을 말한다.
- 대푯값 : 자료의 중심화 경향값으로 최빈값, 중앙값, 평균값 등이 있다.
- 산포도(Variability)
  - 대푯값을 중심으로 자료들이 흩어져 있는 정도를 의미하고, 하나의 수치로서 표현되며 수치가 작을수록 자료들이 대푯값에 밀집되어 있고, 클수록 자료들이 대푯값을 중심으로 멀리 흩어져 있다.
  - 범위, 분산, 표준편차 등으로 표시하며, 분포의 형태로는 정규분포와 표준 정규분포가 있다.

▌ 평균값

전체 사례의 값들을 더한 후 그 값을 총사례수로 나누어 구한다.

$$\bar{x} = \frac{(x_1 + x_2 + \cdots + x_n)}{n}$$

▌ 분산(Variance, s^2)

평균으로부터 자료들이 얼마나 떨어져 있는지를 나타내며, 편차제곱을 평균한 것이다.

$$s^2 = \frac{(X_1 - \overline{X})^2 + (X_2 - \overline{X})^2 + \cdots + (X_n - \overline{X})^2}{(n-1)}$$

■ 표준편차(Standard Deviation, s)

분산의 제곱근이다.

$$s = \sqrt{s^2} = \sqrt{\frac{(X_1 - \overline{X})^2 + (X_2 - \overline{X})^2 + \cdots + (X_n - \overline{X})^2}{(n-1)}}$$

■ 범 위

산포도로 나타낼 경우에도 치우침이 있어서 보정해 주어야 하는 측도로 측정값 중에 최댓값과 최솟값의 차이이다.

$R = X_{최대} - X_{최소}$

■ 정규분포

- 자료의 중심값 근처에서 빈도가 높은 반면에 중심값에서 멀어질수록 빈도가 낮아지는 경향의 분포로, 종모양의 좌우대칭 곡선을 나타낸다.
- 모평균(μ)과 모표준편차(σ)를 사용하여 다음과 같이 나타낸다.
  - $\mu \pm \sigma = 68.3\%$
  - $\mu \pm 2\sigma = 95.4\%$
  - $\mu \pm 3\sigma = 99.7\%$

■ 표준정규분포

평균을 0, 표준편차를 1로 표준화시킨 정규분포이다.

■ 상관 분석

- 두 개의 변량에 대해 서로 상관되는 인자항목들이 어떤 관련성이 있고, 그 관련성이 어느 정도인지를 수치적으로 분석하는 것이다.
- 실제 관측된 값과 모형의 결과를 서로 비교할 때 상관 분석을 통하여 모형의 적합성 정도를 표현하기도 한다.
- 두 변수가 독립이 아니라면 어떤 연관성을 가지게 되며, 변수 사이의 연관성은 방향을 갖게 되고 두 변수 간의 선형 연관성은 공분산으로 나타낼 수 있다.

■ 상관계수(r)

상관계수 r는 항상 부등식 $-1 \le r \le 1$을 만족한다.

- 양의 상관관계 : $r > 0$
- 음의 상관관계 : $r < 0$
- 무상관 : $r = 0$

▌ 모상관계수(ρ)

- 모집단에 대해서 모집단 크기를 넣어 계산한 상관계수이다.
- 두 변수 x, y가 모두 정규분포를 가질 때 x와 y 간의 모상관계수 ρ는 다음과 같다.

$$\rho = \frac{\sigma_{xy}}{\sigma_x \sigma_y}$$

- 일반적으로 ρ의 분포는 $\rho = 0$일 때 좌우대칭이고, ρ가 커질수록 비뚤어진 형태를 나타낸다.

▌ 회귀 분석

- 둘 또는 그 이상의 변수 사이의 관계, 특히 변수 사이의 인과관계를 분석하는 추측통계의 한 분야로 회귀 분석은 특정 변수값의 변화와 다른 변수값의 변화가 가지는 수학적 선형의 함수식을 파악함으로써 상호관계를 추론한다.
- 인과관계가 있는 독립변수와 종속변수 사이의 함수식을 분석대상으로 한다.

▌ 분산 분석

두 개 이상 집단들의 평균 간 차이에 대한 통계적 유의성을 검증하여 특성을 비교하는 방법이다.

▌ 관리상한선(UCL) 및 관리하한선(LCL)

공정 중 또는 최종 제품에 대해 실제 품질 규격을 관리하는 선으로, 규격보다 까다로운 품질 규격이다.

- 중심선(CL) $= \mu$(평균값)
- 관리상한선(UCL) $= \mu + 3\dfrac{\sqrt{\sigma}}{n}$
- 관리하한선(LCL) $= \mu - 3\dfrac{\sqrt{\sigma}}{n}$

▌ 품질관리

- 제조 규격을 맞추어 요구 품질을 달성하고, 제품의 효율적 생산과 불량률을 감소시키기 위하여 필요한 모든 노력을 하는 일이다.
- 제조방법을 표준화시키고, 데이터의 통계적 결과로 판정하고 관리할 뿐만 아니라 피드백을 통해서 미리 예방하고 관리하는 것이 중요하다.

▌ 4M

제품의 품질에 영향을 주는 생산의 주요소이다.

- 원료(Materials) : 재료와 자재
- 기계(Machine) : 설비와 장치
- 사람(Man) : 작업자와 감독자
- 기술(Method) : 작업 방법

▌ 불량품

- 고객의 불만족이나 부적합을 발생시키는 것을 불량품 또는 결함이라 하고, 제품의 효율성을 떨어뜨리는 요소가 되므로 품질관리에서 매우 중요하다.
- 불량품은 제조 품질의 문제로서 설계나 규격에는 문제가 없으나 규격을 벗어나는 경우로, 제조공정 검사나 제품검사 등의 평가를 통해 품질을 관리해야 한다.
  - 현재 불량 : 눈으로 보아서 알 수 있는 분명한 불량으로, 각 공정의 현재 불량의 바람직한 수준은 0~0.1%이어야 한다.
  - 잠재 불량 : 각 공정별로 명확히 정의가 내려져 있으며, 0% 수준이어야 한다.

▌ 품질 관리 수준

- 제품의 관리 규격에는 제조 규격, 검사 규격, 제품 규격, 작업 표준, 점검 기준 등 명시해야 한다.
- 품질 수준으로는 공정능력지수 C_p, C_{pk}가 각 공정 모두 1.33 이상이어야 한다.
- 단기 공정능력지수
  - C_p : 규격에 대한 프로세스의 변동관계를 나타내며, 고정 능력을 파악하기 위한 좋은 지표라고 할 수 있으나 공정의 치우침을 감안하지 못한다는 한계가 있다.
  - C_{pk} : C_p의 단점을 해소하기 위해 개발된 지표이며 공정의 치우침을 감안하여 계산한다는 것이 다른 점이다.

▌ 체크시트(Check Sheet)

- 공정으로부터 필요한 자료를 수집하는 데 가장 흔하게 사용되는 도구로, 종류별 데이터를 취하거나 확인 단계에서 누락, 착오 등을 없애기 위해 간단히 체크하여 결과를 알 수 있도록 만든 도표이다.
- 자료를 쉽게 체계적으로 수집하며 유용한 정보로 쉽게 변형시킬 수 있고, 수집된 자료는 히스토그램, 파레토도, 관리도 등을 작성하는 데 사용된다.
  - 조사용 체크시트 : 분포 상태, 결정, 불량 항목 등의 발생 정도를 조사하는 데 사용한다.
  - 확인용 체크시트 : 작업 수행 시 사고 및 착오를 방지하고자 사용한다.

▌ 히스토그램(Histogram)

- 데이터가 존재하는 범위를 몇 개의 구간으로 나누어 각 구간에 포함되는 데이터의 발생 도수를 고려하여 도형화한 것이다.
- 막대그래프 또는 도수분포표라고 하며, 공정상태의 정보를 정리하여 결론을 내릴 수 있다는 장점이 있다.
- 데이터를 크기순으로 배열하고 각 범위에 대한 도수를 그림이나 표로 작성하므로 분산이나 분포 형태를 쉽게 볼 수 있는 데이터 정리 방법으로 데이터의 분포 또는 산포 상태를 알 수 있으며, 평균과 표준편차를 구해 모집단을 예측할 수 있는 특징이 있다.

▌파레토도(Pareto Diagram)

- 현장 문제 제품의 불량품, 결점, 클레임, 고장 등의 발생 현상을 원인별로 데이터를 분류하여 영향이 큰 것부터 순서대로 정리해 놓아 그 크기를 막대그래프로 나타낸 그림이다.
- 소수의 불량 항목이 전체 불량의 대부분을 차지한다는 파레토 법칙에 근거한다.
- 중요 정도에 따라 분류하여 가장 중요한 것을 먼저 해결하는 분석 도구 방법으로, 개선 항목의 우선순위 결정, 문제점의 원인 파악, 개선효과의 확인 등을 얻을 수 있다.
- 특 징
  - 어떤 항목이 가장 문제가 되는지를 알 수 있다.
  - 문제 크기와 순위를 한눈에 파악할 수 있다.
  - 전체에서의 해당 항목의 분포를 파악할 수 있다.
  - 복잡한 계산 없이 쉽게 그림으로 작성할 수 있다.

▌특성요인도

- 어떤 일의 원인과 결과가 서로 어떤 연관이 있고 영향을 미치고 있는지 한눈에 알 수 있게 불량 항목에 대한 여러 가지 잠재적 원인을 생선뼈 또는 나뭇가지 모양으로 표시한 후 자료를 수집하여 잠재 원인들을 각각 분석함으로써 불량 원인을 나타내는 기법이다.
- 원인과 결과를 알 수 있으므로 문제 해결에 구조적인 접근이 가능하다.
- 불량 원인은 작업자, 원자재, 기계장비, 작업방법의 큰 가지를 토대로 계통적으로 세부 가지를 쳐서 나타낸다.

▌표준화

- 대량 생산공정에서 재료와 제조 방법에 대한 합리적인 기준을 정하고 일정화함으로써 생산성 제고와 불량품의 발생률을 최소화시킨다.
- 생산에 관련된 모든 공정에 표준을 작성하며 재료 구입에 필요한 시방서, 검사방법, 작업 수행에서의 기술적 조건, 장비·설비의 조작방법, 제조공정의 관리, 제조 품질의 검사방법 등의 사항이 포함된다.
- 표준화를 통해 작업의 안정화와 품질 향상으로 불량품을 줄여야 하며, 표준화 실현은 생산 과정의 모든 부문에서 표준이나 규격이 체계화되고 문서화되어야 한다.

▌작업 표준의 내용

- QC 공정표
  - 공정 순서와 각 공정별 관리 포인트, 관리방법 등을 기재하며, 관리 포인트로는 관리항목과 품질 특성을 포함한다.
  - 관리방법에는 시기, 시험방법, 사용장비명, 관리방식, 검사방식, 규격, 제조 기준 등의 항목이 있고 표준 시간, 이상조치 방법, 문서 개정내용 등이 공정표에 기재된다.

- 작업지도서 : 신제품 생산, 신입 작업자, 작업방법 변경 등 현장 관리자가 안정된 생산을 위해 표준작업의 교육자료로 다음 사항을 기재해야 한다.
  - 사용하는 재료, 장비, 설비 등
  - 작업 표준시간
  - 작업 순서와 포인트, 요령, 작업의 성패를 좌우하는 요인 등
  - 작업 분해도 및 제품 품질의 도해
  - 이상 발생 시 처리방법
- 작업지시서 : 작업자의 준수사항을 적은 것으로, 공정의 주요 포인트와 작업 개시 전과 이상 발생 시 확인할 내용을 기재한다.
  - 생산 제품의 품질 내용을 기재한다(특성, 판단기준, 확인 방법 등).
  - 품질과 작업의 안정성에서 지켜야 할 중요 조건 및 이상 발생 시 처리방법을 기재한다.

▌ 품질 개선을 위한 프로젝트

- GMP 준수
  - 우수 의약품 제조 및 품질관리 기준으로 인위적인 과오를 최소화하고, 의약품의 오염과 품질 저하를 방지하며, 고도의 의약품 품질 보장 체계를 확립한다.
  - 제품의 품질 보장과 모든 제조공정과 작업관리가 과학적 검증에 의해 표준화된 작업관리를 수행하여 의약품의 유효성, 안전성, 안정성 등을 보장하고 수요자 보호에 적극 대응하는 제도이다.
- 밸리데이션(Validation) 실시
  - 공정이나 시험법 등을 과학적 근거와 타당성으로 설계하고 목적에 맞게 기능하고 있는지 검증하고 문서화하는 것이다.
  - GMP와 같이 의약품 제조에 있어 품질을 확보하기 위한 작업관리, 기술관리의 개념이며 품질 확보를 위한 시스템이다.
- 품질 감사(Quality Audit)
  - 품질활동 및 관련 결과가 계획된 절차를 이행하는지와 절차가 효과적으로 실행되고 목적을 달성하는 데 적합한지를 결정하기 위한 체계적이고 독립적인 조사과정이다.
  - 감사대상에 따라 품질시스템, 공정 품질, 제품 품질, 서비스 품질 등으로 분류한다.
  - 감사 과정 : 감사계획 → 문서 검토 → 체크리스트 작성 → 감사 실시 → 감사결과 기록 → 부적합 보고서 → 종료 회의 → 시정 조치 → 감사보고서 작성
- 시정조치(CAR ; Corrective Action Report) : CAR에 의해 진행되며 원인 조사, 부적합의 수평 전개, 재발 방지대책 수립 및 실시, 유효성 확인 등이 포함된다.

▌ PDCA 사이클

대표적인 불량 방지대책이며, 계획(Plan) – 실행(Do) – 점검(Check) – 조치(Action)를 의미하고 생산 공정상의 관리 체크리스트를 작성하여 관찰·분석하고 우수한 방법으로 표준화하여 관리한다.

▌ 품질관리계획서

- 제품 또는 시설이 정상적으로 가동한다는 확증을 얻기 위해 실시하는 작업으로 설계, 재료 구입, 제작공정, 시험·검사, 측정시험기기의 교정, 시정조치, 기록의 보관 등 품질관리계획에 대한 사항이 명시된 문서이다.
- 품질관리 수행에 필요한 계획과 방침이 명시되어야 하며 품질관리 매뉴얼을 활용하는 것이 편리하고, 제품의 보관·이동 시에도 주의한다.

▌ 6시그마 운동

- 시그마(σ)라는 통계 척도를 사용하여 모든 프로세스의 품질 수준을 정량적으로 평가·발전시켜 문제 해결, 품질 혁신, 고객 만족을 달성하기 위한 종합적인 기업 경영전략이며, 사이클 시간 단축, 불량 축소, 고객 만족이 핵심이다.
- 시그마의 개념 : 규격에 맞는 제품 생산 시 규격에서 벗어나면 불량품이고 최대한 기준에 맞추어 생산하면 불량품이 나올 확률이 감소한다는 것이다(6시그마는 제품 백만 개 중 3~4개 정도로 불량품 발생).

▌ 품질 분임조 활동 및 피드백

- 품질 분임조 : 같은 작업장 내에서 자발적으로 참여한 소수의 그룹이 품질개선이나 생산성 향상을 위해 주기적으로 모임을 갖는 비공식적 조직활동을 말한다.
- 제안의 차원을 넘어 각종 문제점에 대해 조치를 취하고 해결방안을 모색할 수 있으며, 품질 분임조의 활동에서 개선되는 문제는 피드백을 통하여 품질 수준을 높일 수 있는 프로세서 개선으로 이어진다.

▌ 불량품 방지 대책을 위한 제안제도

브레인스토밍, 브레인라이팅, 특성 열거법, 결점 열거법 등으로 개선안을 도출한다.

▌ 불량품 처리방법

- 폐기 : 불량 재고를 폐기하는 것이다.
- 정상 사용 : 불량인 채로 그냥 사용하는 경우로 불량에 대한 정보들만 관리되고 재고 수량은 변동이 없다.
- 품목 대체 : 불량인 제품을 해체하여 일부는 사용하고 일부는 폐기하며, 불량보고서는 불량 원인별, 처리방법별, 품목별, 수량별, 공정별 등으로 통계를 내어 보고할 수 있다.

품질관리기준서

- 효율적 품질관리를 위해 검체 채취방법, 시험방법, 시험결과의 평가 및 전달, 시험자료의 기록 및 보존 등에 관한 절차를 표준화하여 문서화한다.
- 품질관리기준서 포함 사항
  - 시험지시서 : 품명, 제조 또는 관리번호, 제조 연월일, 시험지시번호, 지시자 및 지시 연월일, 시험항목 및 기준 등을 포함한다.
  - 검체 채취자, 채취량, 채취 장소, 채취방법 및 무균 여부 등 채취 시 주의사항과 오염 방지대책
  - 주성분 및 완제품 등 보관용 검체의 관리, 안정성 시험, 표준품 및 시약관리
  - 시험 시설 및 시험기구의 점검, 시험결과를 관련 부서에 통지하는 방법

제형에 따른 공정 검사항목

- 과립제 : 함습도, 혼합도
- 정제 : 경도, 두께, 마손도, 중량 편차, 붕해도
- 연고제 : 중량 편차, 미생물 수
- 액제 : pH, 비중, 이물 검사, 용량 편차, 미생물 수
- 주사제(액상) : pH, 발열성 물질, 무균, 불용성 물질, 용량 편차

함습도

- 고형제제의 함유 수분은 흡착수, 자유수 및 결정수 등의 형태로 존재하며, 보통 결정수 이탈 온도 이하의 온도에서 건조함량을 측정한다.
- 건조함량(%) = 시료 수분의 무게 / 함습 시료의 총무게

경 도

고형제제 중 특히 소정 또는 나정의 품질 특성으로, 파괴 강도와 같은 정적 압력에 대한 기계적 강도로 평가한다.

마손도

진동이나 충격을 가했을 때 생기는 정제의 마모 정도를 나타낸다.

공정 관리도

- 공정의 상태를 나타내는 특성치에 관한 그래프로, 공정이 관리 상태(안정 상태)에 있는지 여부를 판별하고 공정을 안정 상태로 유지함으로써 제품 품질을 균일화하고 보증하기 위한 프로세서의 통계적 관리방법이다.
- 중심선(CL), 관리상한선(UCL), 관리하한선(LCL)을 설정하고 공정의 운영 상태를 분석한다.

▌ 공정능력의 평가

- 공정능력을 정보로 활용하기 위해서 품질특성 분포의 6σ를 추정하여 공정능력으로 정하는 6σ에 의한 방법, 공정능력지수에 의한 방법, 공정능력비에 의한 방법이 있다.

- 규격을 규격상한(USL) – 규격하한(LSL), 공정능력치를 6σ라 하면 공정능력지수 C_p는 다음과 같다.

$$공정능력지수(C_p) = \frac{설계허용범위(USL-LSL)}{공정능력치(6\sigma)}$$

C_p를 높이는 방법은 설계 마진의 확보 및 공정의 산포를 줄이기 위한 공정설계활동을 동시에 진행하는 것이며, C_p의 해석은 C_p값이 1과 비교하여 달라진다.

- $C_p > 1$: 공정분포는 규격치를 만족하는 능력이 있다.
- $C_p = 1$: 공정분포는 규격치 한계 내에 들어 있다.
- $C_p < 1$: 공정분포는 규격치를 만족하는 능력이 없다.

▎ **환경 · 안전관리 체크리스트 작성**

• 목적 : 바이오화학 소재 제품 생산을 위해 생산 작업장 내에서 사용되는 설비의 환경 · 안전 관련 위험성을 조기에 발견하여 재해를 미연에 방지한다.

• 체크리스트 : 모든 항목을 빠짐없이 점검 · 확인할 수 있도록 점검대상이 될 항목을 사전에 정해 두고 이에 따라 점검 · 확인하는 것이다.

▎ **미생물 폐기**

• 바이오화학제품 생산에 사용된 미생물은 유전자변형생물체로, 취급 및 관리 시 밀폐 운영이 필요하며, 사용 후 폐기 시에도 멸균과정을 거쳐 폐기하여 환경에 영향을 주지 않도록 한다.

• 미생물 멸균 방법

  – 화염멸균 : 미생물을 직접 화염에 접촉시켜 멸균시킨다.

  – 건열멸균 : 오븐 등을 통하여 160℃ 이상 고온에서 1~2시간의 열처리를 통하여 멸균시킨다.

  – 고압증기멸균 : 고압반응기를 활용하여 121℃에서 15분간 멸균(일반적)시킨다.

  – 여과멸균 : 특정 공극 크기를 가진 막을 이용하여 멸균시킨다.

  – 가스멸균 : 멸균 특성을 갖는 특정 화학물질을 가스 형태로 활용하는 멸균 방법이다.

  – 방사선멸균 : 감마선 등 방사선 조사를 통한 멸균 방법이다.

▎ **유전자변형생물체(LMO) 의료폐기물**

• 생물학적 활성을 제거해 폐기해야 하므로 활성 제거 전후를 구분하여 표시한 후 보관하고 유전자변형생물체 폐기물임을 알리는 표지를 부착한다.

• 표지에는 폐기물의 종류, 폐기일자, 수량, 무게, 책임자 등을 기록하며 의료폐기물이나 지정 폐기물은 정해진 용기에 구분하여 표지를 부착하고 날짜를 준수하여 보관한다.

• 불활성화 조치방법 : 관리자의 판단에 따라 적절한 방법을 선택한다.

  – 고압증기멸균 : 121℃ 고온에서 15분간 처리(일반적 방법)하며 멸균하고자 하는 세균 및 바이러스의 특성에 따라 온도 및 시간을 조절한다.

  – 락스 등의 화학처리

  – 자외선 살균 등

▌ 설비관리의 4대 목적

- 신뢰성 확보 : 고장 없이 생산량을 생산한다.
- 보전성 확보 : 고장을 조기조치하여 보전하기 쉽다.
- 경제성 : 신뢰성, 보전성 향상을 위해 비용을 최소화한다.
- 가용성과 유용성 : 신뢰성과 보전성을 합한 개념으로 필요조건에서 사용될 확률

▌ 설비관리의 3대 측면(관리기능)

- 기술적인 측면 : 보전 표준을 설정하고 표준에 따라 보전계획을 수립하며 계획을 실시한 후 결과를 기록·보고한다.
- 경제적인 측면
  - 작은 보전비로 많은 수익을 올리기 위한 목표(보전방침)를 설정하고 목표 달성을 위해 보전활동의 모든 분야에 대한 경제성 계산을 하여 다음 보전계획을 수행하는 데 필요한 보전비의 예산 편성과 예산 통제를 한다.
  - 보전비의 실적을 기록 후 보전효과를 체크한다.
- 인간적인 측면 : 보전요원의 인력관리 및 교육, 훈련지원을 통한 보전 기능을 향상시킨다.

▌ 설비관리의 기법

- 테로테크놀로지(Terotechnology) : 종합설비, 공학설비를 설계하는 데에서부터 운전 유지에 이르기까지 라이프 사이클을 대상으로 경제성을 추구하는 기술이다.
- 로지스틱스(Logistics) : 공정 흐름에 대한 관리를 하는 기법이다.
- TPM(Total Productive Maintenance) : 생산 시스템의 효율의 극한을 추구한다.

▌ 유틸리티 설비

- 유틸리티 : 제품 생산에 필요한 직간접적 요소로 일을 할 수 있는 능력으로서 에너지를 이용 가능한 형태로 변환하여 공급하는 원동력이다.
- 종류 : 전력, 용수, 압축공기(Air), 스팀 등이 있다.

▌ 환경 모니터링

- 대기, 물, 토양 및 지하수의 오염 현황 및 그 위해성을 모니터링 하는 것으로, 광학적 원리를 포함한 물리·화학적 측정기술과 생물학적 측정기술이 모니터링 방법의 근간이 된다.
- 대기, 수질, 토양 등 환경 변화 상태 및 환경 사고를 센서와 유무선 네트워크를 통해 통합 모니터링하여 환경 변화를 분석 및 예측, 모니터링된 환경정보 파악, 환경오염 사고를 포함한 환경 이슈에 대해 종합적으로 대응 및 관리하는 기술이다.

▌ 부유균 측정법

- Air Sampler라는 장비를 사용하여 일정 부피의 공기를 채집하고 미생물 배지를 접촉시켜 배양시킴으로써 미생물의 오염도를 측정한다.
- 배양조건
  - 세균 : 30~35℃, 72시간
  - 진균 : 20~25℃, 5일 이상

▌ 낙하균 시험법

- 페트리 접시를 이용하여 부유입자 측정 개수와 동일하게 측정함을 원칙으로 하며, 청정실의 크기 및 구획이 명확하지 않은 곳은 그 수를 조정할 수 있다.
- 측정위치 : 벽에서 30cm 떨어지고 바닥 높이에서 측정하는 것을 원칙으로 하며, 부득이한 경우 바닥에서 20~30cm 높은 위치에서 측정한다.
- 측정시간 : 4시간, 비교적 청정도가 높은 작업실은 청정도가 낮은 작업실보다 노출시간을 더 연장할 수 있다.
- 배양조건
  - 세균 : 30~35℃, 72시간
  - 진균 : 20~25℃, 5일 이상

▌ Contact Plate Method(표면균 시험법)

- 준비된 배지를 열어 측정하고자 하는 표면에 배지의 전면이 닿도록 접촉시킨다.
- 배양조건
  - 세균 : 30~35℃, 72시간
  - 진균 : 20~25℃, 5일 이상

▌ Swabbing Method(표면균 시험법)

- 멸균한 생리식염수를 거즈 또는 탈지면에 적시고 측정하고자 하는 표면을 20~30° 각도로 4~5회 문질러 샘플을 채취한다.
- 샘플 채취 후 멸균 생리식염수가 든 병에 샘플을 넣고 혼합한 후 시료액을 배지에 분주 및 도말한다. 이때 시료액이 혼탁하면 시료액을 희석한 후 도말한다.
- 고르지 못한 기계 표면에 대하여 적용하며, 세균검출용 Plate로 Contact Test를 할 수 없는 곳에 사용한다.
- 배양조건
  - 세균 : 30~35℃, 72시간
  - 진균 : 20~25℃, 5일 이상

┃ 손끝균 시험법

- 시험방법 : 준비된 세균 검출용 배지를 작업자마다 각각 손바닥 전체와 손가락 앞부분으로 나누어 표면을 누른다.
- 배양조건
  - 세균 : 30~35℃, 72시간
  - 진균 : 20~25℃, 5일 이상

┃ 청정실 내에서의 주의사항

- 공기가 나오는 구역에서는 물품을 놓거나 작업하지 않아야 한다. 공기순환을 방해하여 청정실의 미세입자 제거를 어렵게 하기 때문이다.
- 불필요한 말이나 행동을 하지 않아야 한다. 공기순환 및 입자 유발, 특히 뛰어다니는 행동은 불필요한 입자를 유발한다.
- 청정실용 의복은 항상 규정된 착의상태를 유지한다. 불편하다는 이유로 잘 지켜지지 않으며, 잠재적 오염의 원인이다.
- 작업장소는 최대한 깨끗하게 유지하며, 작업대에 기대지 않는다.
- 제조공정에 사용되는 물품을 제외하고 개인물품은 소지하지 않는다.
- 적절한 교육 및 자격인정을 통해 청정실 작업 인원을 결정한다. 작동시스템의 '작업자 교육 및 모니터링' 절차와 연계하여 세부사항을 수립한다.

┃ 에어필터의 관리

- 프리필터 : 일반적으로 3개월마다 교체 또는 세척한다.
- 미디엄필터 : 일반적으로 1년마다 교체하거나, 공기조화 시스템 가동 시 필터 전후의 차압이 최초 측정 수치의 2배 이상 되는 경우 교체할 수 있다.
- 헤파필터 : 일반적으로 3년마다 교체하거나, 공기조화 시스템 가동 시 필터 전후의 차압이 최초 측정 수치의 2배 이상 되는 경우 교체할 수 있다.

교육은 우리 자신의 무지를 점차 발견해 가는 과정이다.

– 윌 듀란트 –

Win-Q

PART 01

핵심이론

#출제 포인트 분석   #자주 출제된 문제   #합격 보장 필수이론

핵심이론 01 | 미생물의 분류

① 미생물의 분류 : 생물

	원생 생물계	
진핵세포 생물계 (Eucaryote)	조류(Algae) 진균류(Eumycetes ; Fungi〈Molds, Yeasts〉) 원충 · 원생동물(Protozoa) 점균류(Slime Molds)	
원핵세포 생물계 (Procaryote)	광합성균문 (Photobacteria) 비광합성균문 (Scotobacteria)	남조류(Cyanobacteria) 광합성 세균 (Rhodospirillales) 세균(Bacteria) 리케차(Rickettsia) 몰리큐트(Mollicutes) (마이코플라스마〈Myco- plasma〉)
비세포성 병원체 (진핵생물도 원핵생물도 아님)	바이러스(Viruses) 프리온(Prion)	

② 원핵세포와 진핵세포 비교

원핵세포	진핵세포
• DNA가 핵양체라 불리는 지역에 응축한다. • 막으로 둘러싸인 소기관이 없다.	• DNA가 이중막의 핵 안에 있다. • 다양한 세포소기관들이 막으로 둘러싸여 있다.
• DNA와 결합한 히스톤이 없다. • 플라겔린으로 구성된 편모를 가진다. • 70S 리보솜을 가진다. • 미세소관을 비롯한 세포골격이 거의 없다. • 대부분 스테롤이 없다. • 세포벽은 펩타이도글리칸과 같은 복잡한 구성으로 되어 있다.	• DNA와 결합한 히스톤이 있다. • '9+2' 구조의 미세소관으로 구성된 편모를 가진다. • 80S 리보솜을 가진다. • 미세소관을 비롯한 세포골격이 있다. • 세포막에 스테롤이 있다. • 세포벽은 화학적으로 단순한 중합체로 구성으로 되어 있다.

※ 진핵세포

- 동물세포에만 있는 구조 : 리소좀, 중심립이 있는 중심체, 편모(식물의 정자에 있기도 함)
- 식물세포에만 있는 구조 : 엽록체, 액포, 세포벽, 원형질 연락사

[원핵세포의 구조]

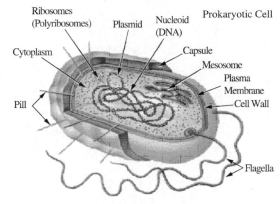

[진핵세포의 구조]

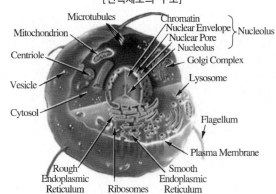

③ 미생물의 명명법

- ㉠ Linne의 이명법에 의해 속(Genus), 종(Species)으로 표기한다.
- ㉡ 반드시 라틴어로 표기하고, 이탤릭체로 써야 한다(이탤릭체를 사용하지 못할 경우에 밑줄).
- ㉢ 속명 + 종명 + 변종 + 발견자 순으로 표기한다.
- ㉣ 속명은 대문자, 종명은 소문자로 표기한다.
  - 예 *E. coil*, *Bacillus subtilis*

자주 출제된 문제

1-1. 원핵세포(Prokaryotic Cell)의 설명이 아닌 것은?

① 세포벽은 Muco 복합체로 되어 있다.
② 핵막이 없다.
③ 인이 있다.
④ 미토콘드리아 대신 Mesosome을 가지고 있다.

1-2. 진핵세포의 설명이 아닌 것은?

① 효모와 곰팡이는 진핵세포로 되어 있다.
② 핵막이 있다.
③ Mitochondria가 있다.
④ 메소좀을 가지고 있다.

1-3. 미생물의 명명법에 관한 설명 중 틀린 것은?

① 종명은 라틴어의 실명사로 쓰고 대문자로 시작한다.
② 학명은 속명과 종명을 조합한 이명법을 사용한다.
③ 세균과 방선균은 국제세균명명규약에 따른다.
④ 속명 및 종명은 이탤릭체로 표기한다.

|해설|

1-1

원핵세포의 특징 : 생물을 이루고 있는 세포 가운데 막으로 둘러싸인 세포기관, 즉 핵·미토콘드리아·색소체 등을 갖지 않은 세포이다.

• 핵막, 인, 미토콘드리아가 없다.
• 핵을 가지지 않아 핵양체를 이룬다.
• Mesosome에 호흡효소를 가지고 있다.
• 세포벽은 펩타이도글리칸이라는 Mucocomplex로 되어 있다.

1-2

진핵세포 : 핵막, 인, 미토콘드리아를 가지고 있다. 곰팡이, 효모, 조류, 원생동물 등이 고등 미생물군에 속한다.

1-3

이명법 : 속(Genus)명 다음에 종(Species)명을 써서 생물의 한 종을 나타내는 방법으로, 라틴어로 기재하며 속명은 대문자, 종명은 소문자, 이탤릭체로 표기한다.

정답 1-1 ③ **1-2** ④ **1-3** ①

핵심이론 02 | 미생물 일반

① 미생물의 균체 성분

　㉠ 수 분

　　• 곰팡이 85%, 세균 80%, 효모 75% 정도 함유되어 있다.

　　• 미생물을 액체 배양한 후 여과하거나 원심분리시켜 얻어진 습윤균체(Wet Cell Mass)를 건조기에서 항량이 되도록 건조하면 건조균체(Dry Cell Mass)가 된다.

　㉡ 유기물 : 건조균체는 단백질, 탄수화물, 지방, 핵산 등이 함유되어 있다.

　　• 단백질

　　　– 세균, 효모, 단세포로 된 조류(Algae)의 단백질 함량은 건물량의 약 50%로 비슷하다.

　　　– 단백질의 대부분은 효소 성분이다.

　㉢ 무기질 : 대표 무기질은 인이며, 칼슘·칼륨·마그네슘·철·황·아연·염소 등이 상당량 존재하며 그 외 미량 원소도 함유되어 있다.

　㉣ 미생물 생육에 필요한 영양분 : 에너지원, 탄소원, 질소원, 무기질, 비타민 등

② 미생물 증식의 세대기간

　㉠ 세균이 분열하고 나서 다음에 분열할 때까지의 소요시간이다.

　㉡ 세대시간으로 세균의 생육속도를 나타내며 미생물의 종류, 배지 조성이나 배양조건 등에 따라 달라진다.

　㉢ 공식 : 총균수 = 초기 균수 $\times 2^n$ (n : 세대수)

③ 미생물의 증식곡선

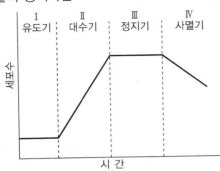

ㄱ 유도기(Lag Phase) : 접종 후 미생물의 수가 증가
하지 않는 구간으로, 새로운 배양조건에 적응하는
시기이다. 영양분 이용을 위한 효소의 합성과
RNA 함량 증가, 증식하기 전 크기의 증가가 이루
어진다. 시간은 접종하는 미생물의 상태, 수, 배지
및 배양조건에 따라 결정된다.

ㄴ 대수기(Logarithmic Phase) : 미생물의 수가 기하
급수적으로 증가하는 시기이다. 성장속도는 배양온
도, 수분활성도, pH 등의 물리적·화학적·생물학
적 인자에 따라 결정되며, 세로의 크기는 일정하고
생리적으로 예민하다. 대수기를 통해 세대기간을 구
할 수 있다.

ㄷ 정지기(Stationary Phase) : 미생물의 수가 순수
증가하지 않는 기간으로 미생물의 증식이 멈춘 것
이 아니라 세균 증식과 사멸속도가 동일한 것이다.

ㄹ 사멸기(Death Phase) : 미생물의 사멸로 미생물
수가 감소하는 기간이다.

④ 미생물의 증식과 환경
ㄱ 수 분
• 미생물의 세포는 75~85%가 물로 되어 있으며,
세포 내에서 화학반응의 장이 되므로 반드시 필
요하다.
• 결합수는 미생물이 이용할 수 없다. 미생물이 이
용 가능한 것은 자유수이다.

ㄴ 산 소
• 곰팡이와 효모는 생육에 산소가 필요하지만 세
균은 요구도가 다르다.
• 산소요구도에 따른 세균의 분류
- 편성호기성균 : 산소가 있어야만 생육
- 통성호기성균 : 산소가 있거나 없거나 생육
- 미호기성균 : 산소분압이 대기압보다 낮은 곳
에서 생육
- 편성혐기성균 : 산소가 없어야 생육

ㄷ 이산화탄소
• 독립 영양균의 탄소원이다.
• 대부분의 미생물에 생육 저해물질로 작용한다.

ㄹ pH
• 곰팡이와 효모는 약산성(pH 5.0~6.5), 세균
은 중성과 약알칼리(pH 7.0~7.5)에서 잘 생육
한다.
• 미생물의 생육, 체내대사, 화학적 활성도에 영향을
준다.

ㅁ 염 류
• 미생물의 효소반응, 균체 내 삼투압 조절 등의
역할을 한다.
• 호염균 : 소금 농도 2% 이상에서 잘 생육하는
균으로, 장염 비브리오균이 대표적이다.

ㅂ 온도 : 미생물의 생육, 효소 조성, 화학적 조성,
영양 요구 등에 가장 큰 영향을 준다.

미생물	발육범위(℃)	발육 최적온도(℃)
저온균	0~40	20~30
중온균	10~50	30~40
고온균	25~70	50~60
효 모	5~40	25~32
곰팡이	0~40	20~35

ㅅ 압력 : 보통 1기압에서 생활하며, 높은 압력(400
기압 이상)에서 대사성이 높은 심해세균으로 호압
성세균도 있다.

◎ 광선 : 태양광선은 광합성미생물을 제외한 미생물의 생육을 저해하고, 가장 살균력이 강한 범위는 2,400~2,800 Å이다.

⑤ 미생물의 증식도 측정

   ㉠ 건조균체량 : 배양액을 여과나 원심분리하여 균체를 모아 건조시킨 건조균체 칭량이다.

   ㉡ 총균계수법 : 혈구계수반(Haematometer)을 이용해 현미경으로 미생물을 직접계수, 생균과 사균 모두 계수, 0.1% Methylene Blue로 염색하면 생균과 사균 모두 청색이다.

   ㉢ 생균계수법 : 미생물 평판 배양 후 미생물계수기(Colony Counter)로 직접 계수하는 방법이다.

   ㉣ 비탁법 : 배양된 미생물을 증류수에 희석해 광전비색계를 이용하여 균체량을 정확히 측정한다.

   ㉤ DNA 정량법 : DNA 양을 정량하여 미생물 증식도 정확히 측정한다.

   ㉥ 균체질소량 : 균체의 질소량을 정량하여 균체량으로 환산하여 측정한다.

   ㉦ 원심침전법 : 원심분리기로 분리한 균체를 생리식염수로 세척하고 다시 원심분리를 3회 반복하여 침전된 균체량을 측정한다. 비탁법과 병행하여 정확한 균체량을 측정한다.

2-1. 유도기에 일어나는 세포 변화가 아닌 것은?
① 핵산 합성과 단백질 합성이 왕성하다.
② RNA 함량이 증가한다.
③ 간균 세포의 크기가 커진다.
④ 최대 속도로 분열된다.

2-2. 30분마다 분열하는 세균의 최초 세균수가 5개일 때 2시간 후의 세균수는?
① 80개   ② 90개
③ 100개   ④ 110개

2-3. 10개의 효모를 배지에 접종하여 72시간 배양한 후 균수를 측정하였더니 640개였다. 세대수와 평균 세대시간은?
① 세대수 = 3 평균 세대시간 = 6
② 세대수 = 4, 평균 세대시간 = 8
③ 세대수 = 6, 평균 세대시간 = 12
④ 세대수 = 7, 평균 세대시간 = 14

|해설|
2-1
유도기에 일어나는 세포의 변화
• 균이 새로운 환경에 적응하는 시기이다.
• RNA 함량이 증가하고, 세포 대사활동이 활발하게 되며 각종 효소 단백질을 합성하는 시기이다.
• 세포의 크기가 성장하는 시기이다.

2-2
총균수 = 초기 균수 × 2^세대수
30분씩 2시간이면 세대수 4, 초기 균수 5이므로,
$5 \times 2^4 = 80$
∴ 80개

2-3
세대수와 평균 세대시간
균수 = 최초 균수 × 2^세대수
$640 = 10 \times 2^{세대수}$
$2^{세대수} = 64$
세대수 = 6
∴ 평균 세대시간 = 72 ÷ 6 = 12시간

정답 2-1 ④   2-2 ①   2-3 ③

핵심이론 03 | 미생물의 종류 – 세균

① 세균은 일반적으로 크기가 $2.0 \sim 1.5 \times 1.0 \sim 0.5 \mu m$, 한 개의 세포 무게는 $10^{-12}g$이다.

② 세균은 단세포로 되어 있으며 보통 균열에 의해 증식한다.

③ **세균의 형태** : 기본 형태는 구균, 간균, 나선균이다.

④ 산소를 필요로 하는 호기성균과 산소가 있을 경우 생육 저해를 받는 혐기성균이 있다.

⑤ 양호한 증식환경에 있을 시에는 영양형으로 되어 활발히 증식하고 내열성과 소독제 내성을 보이지 않지만, 환경악화 시 아포를 형성하고 생존 가능한 특수한 생활양식을 가진 아포형성균이 된다.

　㉠ 호기성 포자형성균은 *Bacillus* 속 등, 혐기성 포자형성균은 *Clostridium* 속 등이 있다.

　㉡ *Bacillus* 속(호기성 포자형성균)
　　• 단백질 분해력이 강하고, 단백질 식품에 침범하여 산이나 가스를 생성한다.
　　• 호기성 또는 통성혐기성 간균으로 보통 그람 양성, 포자를 형성한다.

　㉢ *Clostridium* 속(혐기성 포자형성균)
　　• 혐기성 간균으로 그람 양성, 포자를 형성한다.
　　• 식품위생상 중요한 균종으로 치사율이 높은 식중독을 일으킨다.
　　• 단백질 분해력이 있고 당화성과 발효성을 가지므로 초산, CO_2, 수소, 알코올, 아세톤, Butyric Acid 등을 생성한다.

⑥ **세균의 편모** : 주로 세균에만 있는 운동기관으로 편모 유무와 종류는 세균의 분류기준이 된다.

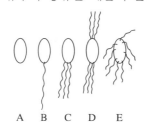

A : 무모균(Atricha)
B : 단모균(Monotricha)
C : 속모균(Lophotricha)
D : 양모균(Amphitricha)
E : 주모균(Peritricha)

⑦ 세균의 선모 : 그람 음성균에서 많이 발견되며 중앙이 관으로 구성된 DNA가 이동하는 통로 역할을 한다.

⑧ 세균의 내부구조
　㉠ 세포벽
　　• 주성분은 펩타이도글리칸이다.
　　• 화학적 조성에 따라 염색성이 달라진다.
　㉡ 협막 : 세포벽을 둘러싸고 있는 점질층이다.
　㉢ 세포막 : 단백질과 지질로 구성되어 있고, 세포 내외의 물질 이동을 통제한다.
　㉣ 리보솜 : 단백질 합성기관이다.
　㉤ 색소포 : 광합성 색소와 효소를 함유한다.
　㉥ 핵 : 핵막이 없어 핵양체에 DNA가 응집되며, 유전과 생명현상의 중심이다.

⑨ Gram 염색
　㉠ 시료를 Crystal Violet으로 염색하고 아이오딘 용액으로 염색이 더 잘되도록 한다(착색). 알코올로 세척하고(탈색) 대비염색으로 빨간색인 Safranin으로 염색한 후에 관찰한다.
　㉡ 그람 양성균 : 자주색 – 젖산균, 연쇄상구균, 쌍구균, 리스테리아, *Staphylococcus* 속 등
　㉢ 그람 음성균 : 적자색 – 살모넬라, 캠필로박터, 대장균, 장염 비브리오, 콜레라 등
　㉣ 그람 염색의 차이가 생기는 이유는 세포벽의 구조 중 펩타이도글리칸의 차이 때문이며, 염색성에 따라 화학구조, 생리적 성질, 항생물질에 대한 감수성, 영양요구성 등이 다르다.

3-1. 그람(Gram) 염색에 사용되지 않는 약품은?

① 알코올
② 루고올액
③ 아세트산카민
④ 메틸 바이올렛

3-2. 세균 편모의 설명으로 틀린 것은?

① 극모는 단모, 양모, 속모로 나눈다.
② 편모는 운동기관으로 단백질이 98%로 되어 있다.
③ 간균보다 구균에서 많이 볼 수 있다.
④ 편모가 없는 것도 있다.

3-3. 양성 및 음성균의 세포벽에 대한 설명으로 맞는 것은?

① 양성균은 Mucopeptide, Teichoic Acid가 많고, 음성균은 지질, Lipoprotein이 많다.
② 양성균은 Chitosan이 많고, 음성균은 Glucan, Mannan이 많다.
③ 양성균은 Chitin이 많고, 음성균은 Peptidoglycan, Glucosamine이 많다.
④ 양성균은 지질, Lipoprotein이 많고, 음성균은 Mucopetide, Teichoic Acid가 많다.

3-4. 그람 음성균 세포벽의 구성 물질 중 내독소(Endotoxin)로 작용하는 것은?

① 펩타이도글리칸(Peptidoglycan)
② 테이코산(Teichoic Acid)
③ 펩타이드(Peptide)
④ 지질(Lipid A)

|해설|

3-1

Gram 염색법 : 세균을 슬라이드글라스에 놓고 건조 고정시킨 후 Crystal Violet, Methyl Violet 혹은 Gentian Violet으로 염색한 후, 경사지게 하여 루고올액을 약 1분 동안 작용시킨 다음 알코올로 탈색하여 물로 씻은 후 여과지로 물을 흡수시킨다. 다음으로 사프라닌 등의 붉은색 계통 색소로 1~3분 동안 염색을 하고 물로 씻어 말린 후에 현미경으로 관찰한다.

3-2

편모(Flagella) : 세포막에서 시작되어 세포벽을 뚫고 밖으로 뻗어 나와 있는 단백질로 구성되어 있는 구조로 세균의 운동기관이다. 주로 간균이나 나선균에만 있으며, 구균에는 거의 없다. 위치에 따라 극모, 주모로 대별하며 극모는 단모, 양모, 속모로 나눈다.

• 극모 : 세균 세포의 한쪽에만 편모가 난 것
• 주모 : 세포 주위에 무수히 편모가 난 것

3-3

세균의 세포벽

• Gram 양성균의 세포벽 : Peptidoglycan 이외에 Teichoic Acid, 다당류, 아미노당류 등으로 구성된 Mucopolysaccharide를 함유하고 있다.
• Gram 음성균의 세포벽 : 지질, 단백질, 다당류를 주성분으로 하고 있으며, 각종 여러 아미노산을 함유하고 있다. Gram 양성균에 비하여 Lipopolysaccharide, Lipoprotein 등의 지질 함량이 높고, Glucosamine 함량은 낮다.

3-4

세균의 지질다당류(Lipopolysaccharide) : Gram 음성균의 세포벽 성분으로 세포벽이 음(-)전하를 띠게 한다. 지질 A, 중심 다당체(Core Polysaccharide), O항원(O Antigen)의 세 부분으로 이루어져 있다. 독성을 나타내는 경우가 많아 내독소로 작용한다.

정답 3-1 ③ 3-2 ③ 3-3 ① 3-4 ④

① 정의 : 토양·식물체·동물체·하천·해수 등에 균사체 및 포자체로 존재하는 미생물로 세균에 가까운 원핵생물, 즉 세균의 방선균목으로 분류한다.

② 특 징

  ㉠ 분지된 사상의 균으로서 곰팡이와 세균의 중간의 특징을 가진 미생물이다.

  ㉡ 세포의 크기가 세균과 비슷하며 세포가 마치 곰팡이의 균사처럼 실 모양으로 연결되어 발육하며 그 끝에 포자를 형성한다.

  ㉢ 토양 중 세균 다음으로 많은 미생물로서 *Strep-tomyces* 속이 가장 많으며 대부분 호기성이고, 중성 내지 알칼리성을 좋아하는 유기영양성이다.

  ㉣ 토양 중 방선균은 각종 유기물의 분해, 특히 난분해성 유기물 분해에 중요한 역할을 하며 스트렙토마이신이나 테트라사이클린 같은 항생물질을 만들기도 한다.

  ㉤ 토양 속 동식물의 사체를 분해하여 무기물로 변환시켜 토양을 비옥하게 만드는가 하면, 감자 더뎅이병이나 고구마 잘록병 등의 원인이 되기도 한다.

  ㉥ 비타민 B₁₂ 및 프로테아제를 생산하는 것도 있다.

③ 증식 : 무성적으로 균사가 절단되어 구균과 간균이 함께 증식하며 균사 선단에 분생포자 형성, 토양 중에서 생육조건이 양호할 때는 균사가 신장하지만, 대부분 포자로서 존재한다.

④ 종 류

  ㉠ *Mycobacterium* 속 : *Mycobacterium tuberculosis* (결핵균)

  ㉡ *Streptomyces* 속

    • *Streptomyces griseus* : Streptomycin 생산균, 젤라틴 등의 단백질 분해력 강함

    • *Streptomyces aureofaciens* : Aureomycin 생산균

    • *Streptomyces venezuelae* : Chloramphenicol 생산균

    • *Streptomyces kanamyceticus* : Kanamycin 생산균

자주 출제된 문제

4-1. 항생물질과 생산균이 잘못 연결된 것은?

① Kanamycin – *Streptomyces kanamyceticus*
② Chloramphenicol – *Streptomyces venezuelae*
③ Streptomycin – *Streptomyces aureus*
④ Teramycin – *Streptomyces rimosus*

4-2. 실모양의 균사가 분지하여 방사상으로 성장하는 특징이 있는 미생물로 다양한 항생물질을 생산하는 균은?

① 초산균
② 방선균
③ 프로피온산균
④ 연쇄상구균

|해설|

4-1
Streptomycin을 생산하는 방선균은 Streptomyces griseus이다.

4-2
방선균 : 사상체 형태로 자라며 균사체로 성장하고 분생포자를 생성하는 원핵생물로 대표적인 방선균은 항생 물질을 생성하는 *Strep-tomyces*, 식물 뿌리에 기생하여 뿌리혹을 만들고 질소 고정을 하는 *Frankia*가 있다.

정답 4-1 ③ **4-2** ②

핵심이론 05 | 미생물의 종류 - 사상균(곰팡이)

① 곰팡이의 구조 : 균사, 균사체, 자실체, 포자로 구성된다.
　㉠ 균사 : 실모양의 관에 다핵의 세포질로 된 구조이다.
　　• 곰팡이의 영양섭취와 발육과 관련 있다.
　　• 단단한 세포벽으로 되어 있고, 엽록소가 없다.
　　• 유성 및 무성번식으로 증식한다.
　　• 균사는 격벽이 있는 것과 없는 것이 있으며, 균사 격벽의 유무는 분류의 지표가 된다.
　㉡ 균총 : 균사의 집합체인 균사체와 포자 형성기관인 자실체 전체를 균총이라고 한다.
　　• 곰팡이 균총의 색은 포자색에 따른다.
　㉢ 포자 : 곰팡이의 번식과 생식을 담당한다.

② 곰팡이의 번식
　㉠ 유성생식 : 2개의 다른 개체가 접합 등의 방법으로, 세포핵이 융합하여 유성포자를 형성한다.
　　• 접합포자, 자낭포자, 난포자, 담자포자
　㉡ 무성생식 : 세포핵의 융합 없이 분열에 의해 무성포자를 형성한다.
　　• 분생포자, 분절포자, 출아포자, 포자낭포자, 후막포자

③ 곰팡이의 분류 : 조상균류, 자낭균류, 담자균류, 불완전균류로 구분한다.

④ 조상균류
　㉠ 균사는 단단한 세포막으로 되어 있고, 격벽이 없다.
　㉡ 무성생식 시에는 내생포자인 포자낭 포자를 생성, 유성생식 시에는 접합포자를 생성한다.
　㉢ 균사 끝에 중축이 생기고 그곳에 포장낭이 형성되어 포자낭 포자를 내생한다.
　㉣ 대표균 : *Mucor* 속(털곰팡이), *Rhizopus* 속(거미줄곰팡이), *Absidia* 속(활털곰팡이) 등
　　• *Mucor* 속(털곰팡이) : 가근과 포복지가 없다.
　　• *Rhizopus* 속(거미줄곰팡이) : 가근과 포복지가 있고, 포자낭병은 가근에서 나온다.

　　• *Absidia* 속(활털곰팡이) : 흙 속에 많으며 부패된 통조림에서도 분리되는 유해균, 포복지의 중간에 포자낭병이 생긴다.

⑤ 자낭균류
　㉠ 균사에 격벽이 있다.
　㉡ 무성생식 시 분생포자를 생성, 유성생식 시 자낭포자를 형성한다.
　㉢ 균종 특유의 분생자병을 형성하고, 그 위에 여러 개의 분생자를 착생하여 분생포자라는 외생포자를 형성한다.
　㉣ 대표균 : *Aspergillus* 속(누룩곰팡이), *Penicillium* 속(푸른곰팡이), *Monascus* 속(홍국 곰팡이), *Neurospora* 속(붉은빵곰팡이)
　　• *Aspergillus* 속(누룩곰팡이)
　　　- 술, 된장, 간장 등의 양조공업에 이용한다.
　　　- 누룩을 만드는 데 사용(국균)한다.
　　　- 강력한 당화효소와 단백질 분해효소를 분비한다.
　　　- 병족세포를 만들어 분생포자를 형성하고, 정낭의 형태에 따라 균종을 구별한다.
　　• *Penicillium* 속(푸른곰팡이)
　　　- 항생물질인 페니실린 생산과 치즈 숙성에 관여하는 유용균과 빵, 떡, 과일 등을 변패시키는 유해균도 있다.
　　　- 병족세포와 정낭을 만들지 않고, 균사가 직립하여 분생자병을 발달시켜 분생포자를 형성한다.
　　• *Monascus* 속(홍국곰팡이) : 홍주의 원료인 홍국 제조에 이용한다.
　　• *Neurospora* 속(붉은빵곰팡이) : 비타민 A의 원료로 이용한다.

⑥ 담자균류 : 대부분 버섯 등이 속한다.

CHAPTER 01 배양 준비 ■ 9

⑦ 불완전균류
　　㉠ 균사체와 분생자만으로 증식하는 균류, 즉 자낭균 및 담자균류의 자매군으로 유성생식 단계가 발견되지 않는 균류이다.
　　㉡ 대표균 : *Fusarium* 속

5-1. 곰팡이의 번식 순서는?
① 균총 - 균사체 - 균사 - 자실체 - 포자
② 자실체 - 균사체 - 포자 - 균총 - 포자
③ 포자 - 균총 - 자실체 - 균사체 - 균사
④ 포자 - 균사 - 균사체 - 자실체 - 균총

5-2. *Rhizopus* 속의 설명으로 틀린 것은?
① 가근을 가지고 있다.
② 포자낭을 형성한다.
③ 후막포자를 만들고 균총은 회백색이다.
④ 포자낭병은 두 개의 마디 사이에서 발생한다.

5-3. 가근과 포복지를 갖는 것은?
① 분열균류
② 조상균류
③ 불완전균류
④ 담자균류

|해설|
5-1
곰팡이 : 진균류에 속하며 번식순서는 포자 - 균사 - 균사체 - 자실체 - 균총이다.

5-2
Rhizopus 속 : 거미줄곰팡이로 증식이 빠르고, 포자낭을 형성하지만 병의 기부에 가근을 갖는다. 포자 방출 후의 주축은 종종 우산형을 보인다. 자낭포자는 비교적 대형이고 표면에 줄무늬 모양을 가지며 접합포자는 솜털곰팡이와 마찬가지이고 계통이 다른 균주와의 사이에서 형성된다. 딸기의 러너와 같은 활 모양의 포복지가 생기는 것도 있다.

5-3
가근과 포복지를 갖고 있는 곰팡이는 *Rhizopus* 속(거미줄곰팡이 속) 등으로 조상균류(*Phycomycetes*)에 속한다.

정답 5-1 ④　5-2 ③　5-3 ②

핵심이론 06 | 미생물의 종류 - 효모

① 효모의 특징
　㉠ 진핵세포를 갖는 고등미생물로 핵막, 인, 미토콘드리아가 있다.
　㉡ 알코올 발효능이 강함 : 맥주효모, 청주효모, 빵효모, 알코올 등을 제조할 때 사용한다.
　㉢ 과일의 과피, 과즙, 수액, 토양, 해수 등 자연계에 널리 분포되어 있다.

② 효모의 형태
　㉠ 계란형(Cerevisiae Type) : *Saccharomyces cerevisiae*
　㉡ 타원형(Ellipsoideus Type) : *Saccharomyces ellipsoideus*
　㉢ 소시지형(Pastorianus Type) : *Saccharomyces pastorianus*
　㉣ 레몬형(Apiculatus Type) : *Saccharomyces apiculatus*
　㉤ 구형(Torula Type) : *Torulopsis versatilis*
　㉥ 위균사형(Pseudomycelium) : *Candida* 속

③ 효모의 증식 : 일반적인 무성생식과 일부의 유성생식
　㉠ 무성생식
　　• 출아법
　　　- 대부분 효모의 증식방법이다.
　　　- 출아 위치에 따라 양극출아와 다극출아가 있다.
　　• 분열법
　　　- 세균 같이 이분법으로 증식한다.
　　　- 세포의 중간에 격벽이 생겨 2개의 새로운 세포를 증식하는 방법이다.
　　　- 대표효모 : *Schizosaccharomyces* 속
　　• 출아분열법
　　　- 출아와 분열을 동시에 행한다.
　　　- 출아가 먼저 된 후 모세포와 낭세포 사이에 격벽이 생겨 분열한다.

ⓒ 유성생식 : 두 세포가 접합하여 포자를 형성한다.
- 동태접합 : 같은 모양과 크기의 세포가 접합하여 자낭포자를 형성한다.
- 이태접합 : 크기가 다른 세포가 접합하여 자낭포자를 형성한다.

④ 유포자효모 : 자낭균류로 자낭포자를 형성한다.
- ㉠ *Schizosaccharomyces* 속
- ㉡ *Saccharomycodes* 속
- ㉢ *Saccharomyces* 속 : 발효공업에 많이 이용한다.
- ㉣ *Zygosaccharomyces* 속
- ㉤ *Pichia* 속 : 산막효모, 인산염·질산염을 자화하지 못하고 위균사를 만든다.
- ㉥ *Hansenula* 속 : 산막효모, 인산염·질산염을 자화한다는 점이 *Pichia* 속과 다르다.

⑤ 무포자효모
- ㉠ *Candida* 속 : 출아에 의해 증식하며 위균사를 형성한다.
- ㉡ *Torulopsis* 속 : 내염성이 강하고 염장식품의 상재균이며 오렌지 과즙, 요구르트 등의 변패균이다.
- ㉢ *Rhodotorula* 속 : 알코올 발효능은 없으나 카로티노이드계 색소를 생성한다.

⑥ 효모는 세균보다 산에 강하므로 낮은 pH에서 배양하여 오염의 기회를 줄이며 대부분 20~28℃에서 잘 자란다.

⑦ 효모 배양 시 세균의 생육 억제 : 산과 열에 안정성이 높은 항생제인 Chloramphenicol이 주로 사용되며 Streptomycin이나 Oxytetracycline 등은 몇몇 효모의 성장을 억제하므로 피해야 한다.

⑧ 효모 배양 시 곰팡이의 생육 억제 : 0.1% 정도의 Propionic Acid를 첨가하여 배양한다.

6-1. 효모에 대한 설명으로 틀린 것은?
① 진핵세포이다.
② 대부분 출아법으로 증식한다.
③ *Torulopsis* 속은 대표적인 유포자효모이다.
④ 유기 탄소원을 필요로 한다.

6-2. 알코올 발효력이 강해 주류, 알코올 제조, 제빵 등 발효공업에 이용되는 대부분의 효모가 포함되고 효모 중에서 가장 중요한 속은?
① *Torulopsis* 속
② *Pichia* 속
③ *Saccharomyces* 속
④ *Schizosaccharomyces* 속

6-3. 산막효모의 특징이 아닌 것은?
① 대부분 양조과정에서 유해균으로 작용한다.
② 알코올 발효력이 강하다.
③ *Hansenula* 속, *Pichia* 속 등이 있다.
④ 산화력이 강하다.

|해설|

6-1

효모(Yeast) : 진핵세포의 고등 미생물로 진균류에 속하며 대부분의 효모는 출아법으로 증식하고 출아방법은 다극출아와 양극출아 방법이 있다. 종에 따라서는 분열, 포자 형성 등으로 생육하기도 한다. 유기 탄소원으로 당질, 탄화수소를 필요로 하고 *Torulopsis* 속은 무포자 효모로서 다극성 출아 증식을 한다.

6-2

***Saccharomyces* 속의 특징**
- 알코올 발효력이 강한 것이 많아 각종 주류의 제조, 알코올의 제조, 제빵 등에 이용되는 효모는 거의 이 속에 속하며, 효모 중에서 가장 중요한 속이다.
- 효모 형태 : 구형, 달걀형, 타원형, 원통형으로 다극출아를 하는 자낭포자 효모이다.

6-3

산막효모의 특징 : 다량의 산소를 요구하고, 액면에 발육하여 피막을 형성하고, 산화력이 강하다. 다극출아로 증식하는 효모가 많고 대부분 양조공업에서 알코올을 분해하는 유해균으로 작용한다. 종류에는 *Hansenula* 속, *Pichia* 속, *Debaryomyces* 속 등이 있다.

정답 6-1 ③ 6-2 ③ 6-3 ②

① **조류의 정의** : 원생생물계에 속하는 진핵생물군으로 대부분 광합성 색소를 가지고 독립 영양생활을 하며 외형적 · 기능적으로는 뿌리 · 줄기 · 잎이 구별되지 않으며 포자로 번식한다.

② **조류의 특징**

　㉠ 단세포에서 다세포까지 여러 가지가 있다.

　㉡ 엽록소를 가지고 있어 광합성을 할 수 있고, 증식을 위해 빛을 필요로 한다.

　㉢ 종류 : 남조, 녹조, 홍조, 갈조, 규조 등

　㉣ 균병 밑 부분에 균포를 생성한다.

　㉤ 녹조류인 클로렐라와 남조류인 스피룰리나는 식량자원으로 주목된다.

　㉥ 남조류는 세균으로 분류한다.

　　• 이와 같은 미생물의 분류는 주로 형태학적 차이에 의해 구분한다.

　　• 세포 외부구조는 주사 전자현미경에 의해 내부구조는 투과 전자현미경 발달로 밝혀졌다.

　㉦ 세포 내부에는 미세 소기관이 있어 생명체로서 그 기능을 분담한다.

③ **바이러스의 정의** : DNA나 RNA를 유전체로 가지고 있으며, 단백질로 둘러싸여 있는 구조이다. 혼자서 증식이 불가능하여 숙주세포 내에서 복제하고, 세포 간 감염을 통해서 증식한다.

④ **바이러스의 특징**

　㉠ 바이러스는 일반적으로 생물과 무생물의 특성을 모두 가진다.

　㉡ 세포들은 기존의 세포에서 스스로 복제되는 데 반해서, 바이러스는 숙주에 감염이 된 후 숙주의 복제 시스템을 활용하여 자신의 유전체를 복제하여 증식한다.

　㉢ 숙주가 없는 상태에서 바이러스는 스스로 복제하지 못하고 단순히 단백질과 핵산의 덩어리인 무생물 상태로 존재하며, 바이러스의 여러 단백질은 숙주에 효율적으로 감염하고, 숙주의 시스템을 활용하는 데 최적화되도록 진화한다.

자주 출제된 문제

다음 중 빛에너지를 당과 같은 화학에너지로 전환시키는 세포 내 소기관은?

① 엽록체
② 미토콘드리아
③ 엽록소
④ 리소좀

|해설|

엽록체 : 식물과 조류(藻類)의 세포에 존재하는 세포 소기관 중 하나로, 주로 태양에너지를 이용하여 이산화탄소를 포도당으로 합성하고 산소를 만들어 내는 일을 한다.

정답 ①

① 미생물은 실험실에서 배양 및 계대 중에 그 특성이 변화될 수 있으므로 균주를 보관할 때 다음 사항을 고려하여 실험 목적에 맞는 적절한 방법으로 보관해야 한다.

　㉠ 균주의 생물 활성이 유지되어야 한다.

　㉡ 세포의 사멸은 균주의 보관 과정에서 일어날 수 있으므로 세포의 사멸이 최소화될 수 있는 방법을 고려해야 하며 보관된 균주는 주기적으로 생물 활성을 확인해야 한다.

　㉢ 보관기간 동안 균주의 특성이 유지되어야 한다.

　　• 보관 중 균주는 돌연변이 또는 플라스미드의 소실 등으로 유전적 변화를 초래할 수 있다.

　　• 계대 횟수나 조작에 소요되는 시간을 최소화하여 보관 대상 균주가 영양 상태에 있는 시간을 최소화한다.

　㉣ 균주가 순수하게 유지되며 보관하기 위하여 연속적인 보관 과정의 오염 기회를 최소화한다.

　㉤ 보관 균주에 고유번호를 부여하여 관리하며 관련 자료들은 반드시 기록물로 유지·관리한다.

② **균주보관관리표준서** : 균주보관관리표준서는 필요에 따라 적당한 양식을 만들어 사용하며 양식에 명시된 필수항목들은 반드시 기재한다.

[균주보관관리표준서(예시)]

관리번호	일 자		담 당	팀 장	실 장

1. 미생물명 :
2. 관리번호 :
3. 분리원/분리 장소/시기 :
4. 보관방법 :
5. 보관번호 :
6. 균주 이력
7. 배양조건
① 배지 :
② 온도, pH, 호기성 여부 등
③ 기타 참고사항
8. 분류학적 특성(동정에 사용된 방법 명시, 참고 자료)
9. 균주의 특성 및 용도
10. 참고문헌
11. 특이사항(병원성 여부 등)

③ **균주 보관법** : 미생물의 종류나 시험목적, 사용목적에 따라 보관 방법을 다르게 한다.

　㉠ 계대배양법

　　• 일정 기간마다 새로운 배지에 옮겨 심어 배양하면서 보존하는 방법으로 가장 기초적이고 기본적인 방법으로 호기성균은 사면배양, 혐기성균은 천자배양을 이용한다.

　　• 시간이 지나면서 배지가 건조해지므로 일정 기간마다 이식해야 한다.

　　• 보관 중 잡균의 오염과 반복적 이식에 의한 돌연변이 유발 가능성 등의 단점이 있다.

　　• 특별히 보관조건이 정해져 있지 않은 일반 세균은 한천배지를 사용하여 계대배양하고 냉장 상태에서 보관한다.

　㉡ 유동 파라핀 중층법

　　• 한천사면배지에 이식하여 배양 후 멸균한 유동 파라핀을 무균적으로 넣어 중층하여 보관한다.

　　• 유동 파라핀에 의한 중층은 배지의 건조방지와 산소 공급 차단으로 대사 활성을 억제시킨다.

　　• 고순도 백색 유동 파라핀(중성, 비중 0.8~0.9)을 121℃에서 1~2시간 고압증기멸균하고, 110~170℃에서 1~2시간 건조하여 수분 제거 후 중층 높이는 한천사면의 상단으로부터 1cm 정도로 한다.

　　• 저온 또는 실온에서 1~수년간 보관 가능하다.

　㉢ 동결 보존법

　　• 동결로 대사 활동을 정지시켜 세포를 휴지 상태로 만들어 장기간 보존한다.

　　• −80~−20℃로 온도를 낮추어 보존하는 방법과 액체질소에 의한 초저온(−196℃) 상태에서 보존하는 방법 등이 있다.

- 미생물을 적정한 평판 고체배지에서 배양하고 10% 글리세롤을 1mL씩 동결튜브(Cryo Tube)에 분주하고 멸균시킨다. 멸균된 동결튜브에 균주번호 및 제조 연월일 등을 기재하고 순수 배양된 미생물 균체를 백금이로 긁어 동결튜브에 현탁한 후 −80℃ 냉동고나 액체질소에 넣어 보존한다.
- 분산매에는 세포동결 시 사용되는 항동해제로 동해방지(Cryoprotectant)를 넣어두는 것이 일반적이며 융점이 낮은 것이 특징이고 Glycerol, DMSO, Glycols류와 비침투성인 Sucrose, Raffinose, Lactose, Trehalose, PVP, Dextron, Serum 및 Albumin 등이 쓰인다.
- 평판 고체배지에서 잘 자라지 않는 미생물의 경우에는 액체 배양 후 원심분리하여 균체만을 모아 사용한다.

ㄹ 동결 건조법
- 세포를 동결하여 수분의 이동을 억제하고 대사 활성을 정지시킨 후 진공 상태에서 대부분의 수분을 승화시키고 나머지 얼지 않은 수분은 증발시키는 방법이다.
- 세포는 휴지 상태에 도달할 때까지 저온, 탈수 등의 과정을 거치게 되어 일부가 사멸하거나 종류에 따라 장해를 받으므로 이를 최소화하기 위해 적당한 보호물질을 첨가하여 실시한다.

ㅁ 토양 보존법
- 장기보존법으로 세균, 효모, 곰팡이 등의 보존에 이용되며 실온에서 보존이 가능하다.
- 수분을 20% 정도 함유한 풍건토양을 시험관에 넣고 120℃에서 3시간 살균한 후 여기에 미생물 포자 또는 균사 현탁액 1mL를 가해 잘 혼합한 다음 저장한다.

① 정의 : 대상물질을 동결시키고 이를 진공 상태로 부분 압을 낮춰 물질의 수분을 승화시키는 방법으로 미생물의 생존도가 증가하며 수분이 없는 건조 상태가 되므로 산소, 습기, 빛에 노출되지 않으면 오랜 기간 보존할 수 있고 필요시 본래의 상태로 되돌릴 수 있다.

② 동결 건조의 원리

　㉠ 일반적으로 물의 끓는점은 100℃이지만 공급되는 열량과 기압에 따라 유동적이며, 기압이 낮아지면 물의 끓는점도 낮아진다. 물은 저온에서 충분한 감압만 유지하면 고체에서 수증기로 전환되는데 이 원리를 '승화'라고 하며 이 현상을 이용하여 수분을 제거, 건조시키는 방법이다.

　㉡ 미생물 세포의 동결 → 감압하에서 승화(1차 건조) → 건조(2차 건조)의 3단계로 진행된다. 이때 동결로 인한 세포 파괴를 방지하고 생존율을 높일 수 있도록 동결하기 전에 배양액에 카세인이나 탈지유 등과 같은 동결 방지제를 넣어 준다.

③ 동결 건조의 절차

　㉠ 보존하고자 하는 미생물을 적정한 배지와 온도에서 배양한다.

　㉡ 균주번호 및 제조 연월일이 기재된 종이 라벨(Label)을 앰플 속에 넣고 면전(Cotton Plug(Stopper) ; 솜마개, 솜뭉치) 후 멸균한다(면전은 동결 건조나 오염에 영향을 미침으로 주의가 필요).

　㉢ 멸균된 주사기(3~5mL) 및 분주용 바늘(Needle)을 준비한다.

　㉣ 10% 탈지유는 10mL Cap Tube에 3mL씩 분주하여 110℃에서 15분간 2회 멸균한다.

　㉤ 순수 배양된 미생물 균체를 백금이로 모아서(약 40mg 정도) 멸균된 탈지유에 현탁한 후 주사기(Syringe)를 이용하여 멸균된 앰플 속에 0.3mL씩 분주한다(앰플 실링 위치에 균체 현탁액이 닿지 않도록 주의).

　㉥ 분주한 앰플을 -80~-70℃에서 30분 이상 동결한 후 동결 건조기에서 Overnight 건조한다.

　㉦ 건조된 앰플을 진공 상태에서 실링하고 4℃에서 보관한다.

④ 동결 건조의 특징

　㉠ 원료를 빙점 이하의 온도로 동결시킴으로써, 얼음의 상태에서 승화에 의해 재료 내의 수분이 제거되는 방법이므로 재료 성상의 물리적·화학적 변화가 극도로 작고, 다시 수분을 가함으로써 복원성이 좋은 건조시료를 얻을 수 있다.

　㉡ 건조에 의한 수축이나 형태 변화가 거의 없으며 조직구조가 파괴되지 않고 다공질 상태로 건조되어 다시 수분을 주고 2~3분이면 원형 상태로 복원된다.

　㉢ 수분 함량이 5% 이하로 건조되어 보존성이 우수하고 가벼워 운반이 편리하다.

　㉣ 열에 민감한 물질인 경우 손상을 최소화한다.

⑤ 동결 건조의 장단점

　㉠ 장 점

　　• 보존에 사용한 포자가 직접 발아하는 것으로 형태상 또는 생리적 성질의 변화 없이 장기간 보존이 가능하다.

　　• 잡균의 혼입 우려가 없다.

　　• 저장이 용이하며 방법이 상대적으로 간단하다.

　　• 건조된 세포주가 산소, 습기, 빛에 노출되지 않으면 대부분의 미생물과 박테리오파지는 30년 이상 보존할 수 있으며, 일반 세균은 거의 성상의 변화 없이 10년 이상 보존 가능하다.

　㉡ 단점 : 고가의 장비가 요구되며 에너지 비용이 높고 시간이 오래 걸린다.

9-1. 균체로부터 대부분의 물을 제거하여 세포의 생리활동을 정지시키는 균주의 보존방법으로 장기간 보존이 가능하기 때문에 균주 보관기관에서 널리 사용하고 있는 균주 보관법은?

① 증류수 보존법
② 동결 건조 보존법
③ 계대배양 보존법
④ 유동 파라핀 중층보존법

9-2. 승화에 의한 수분 제거방법으로 항생제, 효소액과 박테리아 현탁액에 사용되는 건조 방법은?

① 증류수 보존법
② 동결 건조법
③ 액체질소 보존법
④ 실리카겔 보존법

9-3. 항생물질, 혈청 등 액체에 용해되어 있는 상태로서 특히 열에 불안정한 물질에 대해 사용하는 건조법은?

① 적외선복사 건조법
② 동결 건조법
③ 고주파 건조법
④ 유동층 건조법

|해설|

9-1
균주 보관법

미생물 보존법	보존방법
사면배지법 (Slant Culture)	• 사면배지에 접종하여 보존하는 방법 • 코지한천, 맥아즙한천배지 : 효모, 곰팡이에 사용 • 육즙한천배지 : 세균에 사용 • 곰팡이와 세균은 6개월, 효모는 3~6개월 보존 가능 • 2~4℃에서 보존
천자배지법 (Stab Culture)	젖산균 등의 혐기성 세균에 사용
당액 중 보존법 (Preservation in Sugar)	• 효모에 사용하는 일반적인 방법 • 한센병에 살균한 10% 설탕액을 넣고 여기에 새로 배양한 소량의 효모를 가하여 냉암소에서 보존

미생물 보존법	보존방법
모래배지법 (Sand Culture)	• 건조 상태에서 오래 견딜 수 있는 세균이나 곰팡이에 사용 • 바닷모래를 산, 알칼리 및 물로 씻어 시험관에 깊이 2~3cm 정도 넣고 건열살균하고, 여기에 3~4일간 배양한 균체를 약 1mL 정도 첨가하여 모래와 잘 혼합시켜 진공 중에서 건조시킨 후 시험관에 밀봉하여 보존 • 수년간 보존 가능
토양 중 보존법	• 세균, 곰팡이, 효모에 사용 • 건조한 토양에 물을 가하고 수분이 약 25%가 되도록 시험관에 분주하여 121℃에서 3시간 살균하고, 2~3일 후 다시 살균하여 포자나 균사 현탁액을 가하여 실온에서 보존
유중 보존법	• 곰팡이에 사용 • 고체배지에 배양한 후 균체 위에 살균한 광유를 1cm 두께로 부은 후 보존 • 배지의 건조를 막아 3~4년 보존 가능
동결 보존법	• 세균, 곰팡이, 효모의 장기 보존에 사용 • 동해예방제로 글리세린, 다이메틸황산화물 등을 넣어 보존
동결 건조 보존법	• 세균, 바이러스, 효모 외에 일부의 곰팡이, 방선균 등의 포자를 장기 보존하는 데 적합 • 동결처리한 세포부유액을 진공 저온하에서 빙상으로 직접 탈수하여 건조시켜 용기의 앰플을 용봉하여 진공 상태에 저장 • 세포의 분산매에는 탈지유, 혈청 등을 사용
L-건조법	• 동결 건조법에서 발생되는 동결에 의한 장해를 받기 쉬운 세균의 보존에 많이 사용하는 방법으로 동결 건조의 변법 • 농후한 세포부유액을 앰플에 넣어 진공펌프를 사용하여 감압, 저온에서 건조시켜 진공 상태에서 앰플을 용봉하여 보존

9-2, 9-3
동결 건조법 : 수용액 기타 함수물을 동결시켜 그 동결물을 수증기압 이하로 감압함으로써 물을 승화시켜 제거하고 건조물을 얻는 방법이다. 열에 불안정한 물질에 효율적이다.

정답 9-1 ② 9-2 ② 9-3 ②

① 배양조건

　㉠ 배지 성분

　　• 배지 : 미생물의 증식에 필요한 각종 영양소를 골고루 함유하는 물질을 키우는 곳이다.

　　• 영양소에는 탄소원, 질소원, 무기염류 및 생리활성물질로 나누어지며 필요에 따라 반드시 넣어 주어야 하는 생육인자가 있다.

　　　– 탄소원 : 전분, 포도당, 글루코스, 설탕(당밀) 등이 있다.

　　　– 질소원 : 단백질, 아미노산, 요소 등의 유기 질소원과 질산염, 암모늄염 등의 무기 질소원이 있으며, 무기 질소원으로서 $(NH_4)_2SO_4$를 사용할 경우는 암모니아가 이용되고 난 후에 생기는 유기산이 배양액의 pH를 낮추고, 반대로 암모니아가스와 질산염의 사용은 배양액이 알칼리성으로 되기 쉽다.

　　　– 무기염류 : Na, Ca, K, Cl 등이 있고, 생리활성물질에는 비타민, 혈청 등이 있다.

　㉡ pH 및 온도

　　• 미생물의 종류와 성질에 따라 배지의 최적 pH가 서로 다르며 일반적으로 곰팡이나 효모용 배지는 pH 5.0~6.0, 세균용 배지는 pH 7.0~8.0으로 조절한다(pH가 지나치게 벗어나면 미생물의 생육이 어려움).

　　• 미생물의 종류에 따라 배양 최적 온도가 다르지만 흙과 같은 자연 상태에서 분리된 미생물은 대체로 25~35℃, 대장균을 비롯한 인체로부터 분리된 미생물은 대개 30~37℃에서 잘 자란다.

　㉢ 산소 공급 여부

　　• 편성호기성 : 미생물 증식에 산소가 필수적이며 산소 부족 시 증식이 정지되고 결국 사멸하게 된다(대부분의 세균은 증식에 산소 필요).

　　• 통성혐기성 : 산소의 유무에 상관없이 증식이 가능하다.

　　• 편성혐기성 : 산소에 노출되면 증식하지 못하고 사멸한다.

② 배지의 분류(소재에 의한 분류)

　㉠ 천연배지 : 배지재료가 천연물로서 그의 화학 조성이 확실히 알려져 있지 않은 배지로 감자한천배지, Oatmeal 배지, 볏짚배지 등이 있다.

　㉡ 합성배지 : 화학 조성이 알려져 있는 소재만으로 만들어진 배지로 차팩(Czapek) 배지, 차팩–독스(Czapek–Dox) 배지, TSI(Triple Sugar Iron) 배지, KIA(Kligler's Iron Agar) 배지 등이 있다.

　㉢ 반합성배지 : 합성배지 성분의 일부가 펩톤, 효모추출액(Yeast Extract) 등 화학 조성이 분명하지 않은 천연물로 되어 있는 배지로 YES(Yeast Extract Sucrose) 배지, Proteose Peptone 배지 등이 있다.

③ 배지의 분류(사용 형태에 의한 분류)

　㉠ 액체배지 : 한천이 들어 있지 않은 액상의 배지로 미생물의 증식에 이용되며 세균의 생화학적 검사, 증식, 대사산물을 검출할 목적으로 쓰인다.

　㉡ 고체배지 : 액체배지에 한천, 젤라틴 또는 실리카겔 등을 첨가하여 굳힌 것으로 미생물의 보존 배양, 순수 분리 등을 할 때에 사용하며 사용목적에 따라 다음과 같이 분류한다.

　　• 평판배지(Plate Media) : 배양 접시에 배지를 약 4mm 두께 정도 넣어 굳힌 것으로 주로 호기성 미생물의 분리 배양, 집락의 관찰 등에 이용한다.

　　• 고층배지(Butt Media) : 시험관을 세워 배지를 굳힌 것으로 주로 세균의 성상검사, 통성 혐기성 세균의 보존, 세균의 유동성 검사 등에 이용한다.

- 사면배지(Slant Media) : 시험관에 배지가 약 45° 경사가 되도록 굳힌 것으로 호기성 미생물의 증식, 보존 등에 이용한다.
- 반사면배지(Semi-Slant Media) : 고층배지의 1/3 정도를 경사지게 만든 것으로 세균의 생화학적 검사 등에 이용한다.
- 반고체배지(Semi-Solid Media) : 한천의 양을 0.6% 정도 사용함으로써 액체배지를 완전히 굳히는 것이 아니라 젤리 형태로 굳힌 것으로 미생물의 운동성 조사나 혐기 배양 등과 같은 특수목적의 실험에 이용한다.

④ 배지의 분류(사용목적에 의한 분류)
- ㉠ 보통배지 : 가능한 한 많은 미생물이 생육할 수 있도록 제조된 배지로 세균용으로는 영양배지(Nutrient Broth), 영양한천배지(Nutrient Agar), 사상균용으로는 감자한천, Oatmeal 등이 있다.
- ㉡ 특수배지 : 선택배지, 분별배지, 생화학적 시험용 배지, 농화배지 등이 있다.
  - 선택배지 : 목적하는 미생물의 생육을 증진시키고 다른 미생물의 생육이 억제되도록 만들어진 배지로, 토양 또는 병든 조직에서 목적하는 균을 분리 배양하기 위해 많은 선택배지가 고안되고 있다.
  - 분별배지 : 미생물의 생화학적 성질을 이용하여 많은 미생물이 혼재되어 있는 곳에서 목적하는 미생물을 감별 또는 확인하기 위하여 사용하는 배지로 특별한 화학 반응의 차이에 의해 첨가한 염색약과 같은 지시약의 반응이 달리 일어나게 하여 균을 구별한다.
  - 생화학적 시험용 배지 : 생화학적 성질의 조사를 위한 것이나 세균의 분류, 동정을 위해 여러 가지가 개발되어 있다.
  - 농화배지 : 균이 이용하는 영양 성분과 배양조건을 조절함으로써 자연 생태계에서 원하는 균을 선택적으로 많이 자라게 하여 분리하는 배지이

다(농화 배양은 고도로 선별된 배지에 여러 균이 존재하는 시료에서 원하는 균이 성장을 유도하여 분리하는 균주 배양 방법으로 특정의 배지와 조건에서 가장 잘 자라는 균은 성장하고 그렇지 못한 균은 거의 성장하지 않으므로 분리하고자 하는 균의 개체수를 늘린 후, 삼분도말과 같은 평판도말법에 의하여 균을 쉽게 분리하는 방법).

⑤ 배지 첨가물
- ㉠ 펩톤(Peptone) : 카세인이나 육류 단백질을 Pepsin 또는 Trypsin, Pancreatin 등의 효소로 분해하여 작은 펩타이드로 자른 것으로 미생물의 질소원 및 단백질원으로 사용한다.
- ㉡ 육즙 성분(Meat Extract 또는 Beef Extract) : 쇠고기의 근육 부분에서 수용성 침출물을 추출하여 농축시켜 만든 것으로 염류, 발육소, 핵산 성분, 기타 당분, 아미노산, 비응고성 단백질을 제공한다.
- ㉢ 효모 추출물(Yeast Extract) : 효모에서 추출한 수용성 침출물질로 염류, 발육소, 핵산 성분, 당분, 아미노산, 비응고성 단백질 등을 미생물 생육 대사에 제공한다.
- ㉣ 젤라틴(Gelatin) : 동물의 뼈, 피부, 인대, 건 등을 끓여 그 액체를 건조시킨 황갈색의 입자 또는 분말이며 처음에는 고형배지에 응용되었으나, 용해 온도가 37℃ 이하이기 때문에 최근에는 단백질 분해시험 중 하나인 젤라틴 분해효소 검출을 위해 사용한다.
- ㉤ 한천(Agar) : 홍조류에서 추출되며 고체배지 조제 시 유용하며 극히 일부 미생물을 제외한 대부분의 미생물은 한천을 분해하지 못하므로 한천은 미생물이 생육하는 동안 고체 형태 그대로 존재한다.
  ※ 한천의 특징
  - 고체와 액체 형태일 때 투명도가 좋아서 집락의 형태를 구분할 수 있다.
  - 부서지지 않을 정도로 딱딱하면서도 물질의 확산에는 영향이 없다.

- 특정 온도에서 젤(Gel) 상태(32~40℃)와 녹는 현상(85℃)이 유지된다.
- Peptide, Protein, Hydrocarbon 등의 화학물질이 없다.
- 전기적으로 양성을 띠는 항생제나 영양물질의 확산에 차이를 주지 않는다.

⑥ 접종 및 배양
  ㉠ 접종 : 균주를 증식시키기 위해 적절한 배지에 심는 것이다.
  ㉡ 배양 : 미생물을 배지에 접종하여 미생물 개체를 성장 및 번식하게 하는 과정이다.
    - 접종 때에는 보이지 않았던 미생물은 배양을 통해서 성장 및 번식하여 눈에 보인다.
    - 배지 속 미생물의 모습은 고체배지의 경우에는 일반적으로 둥근 집락을 형성하는데 이를 콜로니라고 한다.
    - 액체배양의 경우에는 배양액의 탁도가 점점 높아지는 것을 눈으로 확인할 수 있으며 배양을 성공적으로 수행하기 위해 미생물 종의 특성에 맞춰 온도나 pH 및 그 밖의 배양환경을 알맞게 유지시켜 주어야 한다.
  ㉢ 고체배양법
    - 분산도말법(Spread Plate Method) : 시료 속 균의 종류나 양을 알아볼 때 사용한다.
      - 균을 고체배지에 접종하므로 분산도말하기 위해 보통 지름이 90mm인 페트리 접시를 사용하며, 0.1mL 이상의 균을 접종할 경우 물기가 많아 균이 흐르거나 뭉칠 수 있으므로 0.1mL 이하의 균을 접종하는 것이 좋다.
      - 균이 너무 많으면 페트리 접시에 단일 콜로니로 자랄 수 없으므로 한 페트리 접시당 100~300개의 콜로니가 자라게 시료를 희석하거나 농축하여 접종하는 것으로, 이 시료 속의 균의 대표성을 가질 수 있다.

- 분산도말을 할 경우 멸균된 삼각 유리봉을 사용한다.
- 평판도말법(Streak Plate Method) : 균을 순수 분리할 때와 고체배지에 있는 균을 새로운 고체배지로 옮길 때 많이 사용한다.
  - 균을 접종하기 위하여 멸균된 백금이나 멸균된 면봉을 사용하여 멸균된 고체배지에 균을 접종한다.
- 주입평판법(Pour Plate Method) : 깨끗한 담수와 같이 시료 속에 균이 적어 접종할 시료의 양이 0.1mL를 초과할 경우나 미호기성균이나 혐기성균을 순수 분리할 때 사용한다.
  - 평판도말법과 분산도말법과는 달리 고체배지의 표면에 균을 접종하지 않고 페트리 접시에 0.1mL 정도의 균체 시료를 넣고 한천이 함유된 배지를 충분히 식힌 후 페트리 접시에 부어 골고루 퍼지게 하여 굳히거나 충분히 식힌 배지에 균체 희석액을 섞어 주고 페트리 접시에 부어 굳힌 후 균을 배양하는 방법이다.
- 천자배양법(Stab Culture Method) : 고층배지에 균을 묻힌 백금선 등을 이용하여 수직으로 배지 밑바닥까지 찔러 식균하여 배양하는 방법이다.
  - 미생물의 생리적 특성을 조사할 경우 부분적인 혐기조건을 만들어 주거나 생성된 기체의 확산을 막기 위해 접종하는 방법으로 분리한 균의 운동성을 조사할 경우에도 사용한다.
  - 순수 분리된 세균을 고체배지에 한 달 이상 보관하고자 할 때 이용하기도 한다.
- 사면배양법(Slant Culture Method) : 균의 생리·생화학적 특성을 조사하거나 접종균으로 계속 사용하기 위하여 균을 보관할 때 배양하는 방법이다.

- 한 달 정도 냉장고에 균을 보관할 수 있으므로 균을 순수 분리한 후 동정하기 위하여 여러 가지 생리·생화학실험을 할 때 균을 보관하여 다음 실험에 사용한다.
- 한천이 마를 경우가 있으므로 한 달 이상은 균을 보관하기가 곤란하다.

② 액체배양법
- 진탕배양법(Shaking Culture Method) : 호기성균을 좀 더 활발하게 증식시키기 위하여 액체 배지에 통기하는 방법을 이용한다.
  - 왕복진탕기(120~140rpm)나 회전진탕(150~300rpm) 위에 배지가 든 면전 플라스크를 고정시켜 놓고 항온에서 배양한다.
- 발효조 배양(Jar Fermentor)
  - 발효조 배양에 의한 통기교반배양은 발효조 내의 스파저를 통해서 무균 공기가 주입됨과 동시에 교반축이 회전하므로 충분히 호기적인 상태를 유지할 수 있다.
  - 배양온도는 재킷에 냉각수를 흘러 보내 일정하게 유지할 수 있으며, 필요시 pH를 측정, 조절하여 최적 pH 범위 내에서 배양이 지속되도록 할 수 있다.

10-1. 발효의 조절작용을 분석할 때 복합배지(Complex Media)보다 합성배지(Synthetic Media)가 흔히 이용된다. 합성배지의 질소원으로 적합한 것은?

① Yeast Extract
② Potassium Phosphate
③ Soybean Meal
④ Ammonium Sulfate

10-2. *Aspergillus oryzae*로부터 α-amylase를 생산하는 배지를 고안하기 위하여 여러 가지 질소원에 대해 생산성을 시험한 결과 무기 질소원보다는 유기 질소원이 양호한 것으로 나타났다. 적당한 질소원이 아닌 것은?

① 카세인 분해물(Casein Hydrolysate)
② 주석산암모늄(Ammonium Tartrate)
③ 펩톤(Peptone)
④ 옥수수 침지액

|해설|

10-1
질소원 : 단백질, 아미노산, 요소 등의 유기 질소원과 질산염, 암모늄염 등의 무기 질소원이 있다.

10-2
- 탄소원 : 당밀(설탕), 전분(포도당, 덱스트린), 옥수수 시럽, 제지폐기물(포도당)
- 무기 질소원 : 요소, 암모니아, 암모늄염(주석산 암모늄, NH_4Cl, $(NH_4)_2SO_4$, NH_4NO_3)
- 유기 질소원 : 카세인, 효모 추출액, 옥수수 침지액, 펩톤

정답 10-1 ④ 10-2 ②

① 오염 : 목적 미생물 외에 다른 미생물이 혼재하여 배양된 상태로 미생물 배양 중에 생성되는 냄새나 색깔, 거품 상태 등을 관찰하여 오염 여부를 알 수 있다.

ㄱ 냄새 : 보통 순수배양 중에 타 미생물이 혼입되면 액체배지나 고체배지 배양 시 목적균으로부터 발생되는 고유의 냄새는 사라지고 여러 가지가 혼합된 듯한 역한 냄새가 난다.

ㄴ 색깔 : 액체배양 시 배양액의 색으로는 타 미생물의 오염 여부를 판단하기 쉽지 않지만 고체배양 시에는 오염균으로 인해 다른 모양의 콜로니 형태나 색이 다른 콜로니가 나타나는 것을 볼 수 있다.

ㄷ 거품 : 액체배양은 순수배양 시와는 달리 비교적 이른 시간에 거품이 발생되기 시작하면 오염을 염두해 둘 필요가 있으나 오염되지 않았더라도 균주의 배양 속도의 차이에 따라 거품 발생시간의 차이가 있을 수 있으므로 현미경 관찰이나 고체배양법을 통해 재확인해야 한다.

② 오염 가능성 판단

ㄱ 배양 중인 배양액의 색깔 변화와 거품의 생성 정도를 확인하고 매시간마다 채취한 배양액 시료의 냄새를 확인하며 냄새를 맡을 때에는 코를 직접 대지 말고 채취된 시료에 바람을 일으켜 간접적으로 실시한다.

ㄴ 배양 중 다른 미생물의 이입으로 인해 오염되면 정상적인 순수배양 시와는 다른 급격한 pH 변화와 용존산소의 변화 등도 감지되므로 배양액의 이취, 색상 변화, 급격한 거품이 발생되거나, pH나 용존산소량의 급격한 감소 등 의심점이 발생하면 현미경 검경이나 분산도말법 또는 평판도말법 등을 이용하여 오염 여부를 확인하여야 한다.

③ 현미경 : 육안으로 관찰할 수 없는 생물이나 무생물의 일차적 구조와 이들의 세포학적 특성을 연구하는 데 필수적인 기구로 광원에 따라 광학현미경과 전자현미경으로 나누어지고 구조와 작동 원리의 차이에 따라 다양한 종류가 있다.

ㄱ 광학현미경 : 광원은 빛으로, 가시광선이 시료와 유리렌즈를 차례로 통과하면서 빛의 굴절을 통해 시료의 이미지가 확대된 것을 눈으로 관찰할 수 있다.

• 명시야 광학현미경 : 밝은 배경에 어두운 상이 나타나는 것을 관찰하며 태양이나 전등으로부터 나온 빛을 집광렌즈로 표본에 집중시켜 대물렌즈와 대안렌즈를 거치면서 상을 확대하여 관찰한다.

• 암시야 광학현미경 : 배경을 어둡게 하고 물체만 빛에 반사되어 밝게 나타나도록 하며 미생물의 운동성 또는 나선균의 관찰에 편리하다.

• 위상차 현미경 : 세포의 미세구조 관찰을 용이하게 만든 것으로 각 세포 성분의 굴절계수의 차이에 의해 다르게 굴절 또는 반사되어 입체적으로 세포의 미세구조 관찰이 가능하다.

• 형광 현미경 : 로다민, 오라민 등과 같은 형광물질을 사용하여 미생물 또는 항원-항체 반응 등의 관찰이 가능하다.

ㄴ 전자현미경 : 광원은 전자이며 광학현미경보다 100배 이상 높은 해상력과 분해능을 가지고 있어 세포의 아주 미세한 내부 구조까지 관찰할 수 있다.

• 투과 전자현미경(TEM ; Transmission Electron Microscope) : 전자현미경의 물체를 통과한 빔은 자기콘덴서(Magnetic Condenser)를 거쳐 굴절되어 영상이 확대되며 세포 내부구조를 관찰하기 쉽고 금속, 염류 등 전자친화성이 강한 물질로 염색 또는 코팅하면 좀 더 선명한 영상을 형성하여 관찰하기 쉽다.

• 주사 전자현미경(SEM ; Scanning Electron Microscope) : 주사된 빔으로부터 반사된 전자는 전자집중기에 모여 전류증폭기로 보내 영상을 형성하며 시료의 표면 관찰 및 입체 구조 관찰에 용이하다.

④ 광학현미경의 구조

　㉠ 받침대 : 현미경 전체를 받쳐 준다.

　㉡ 재물대 : 슬라이드 글라스를 놓는 부분으로 가운데에 빛이 통과하는 구멍이 있다.

　㉢ 경통 : 대물렌즈를 통과한 빛이 대안렌즈로 가는 통로이다.

　㉣ 조동나사 및 미동나사 : 경통을 상하로 움직이게 하여 초점이 맞도록 해 주는 장치이다.

　　• 조동나사로 대강의 상을 찾은 후 미동나사를 이용하여 상을 선명하게 한다.

　　• 저배율로 관찰 후 고배율의 대물렌즈로 바꾸어 관찰할 때 초점은 거의 맞으며 이것을 '동고초점'이라 하고 미동나사를 약간 조정하면 선명한 상을 찾을 수 있다.

　㉤ 대안렌즈(접안렌즈) : 경통 위쪽 끝에 있으며 대물렌즈에 의해 확대된 실상을 다시 확대하여 허상을 만들어 눈으로 관찰할 수 있도록 해 준다.

　㉥ 대물렌즈 : 경통 아래쪽 끝에 있으며 시료의 일차 실상을 만들고 현미경의 해상력은 대물렌즈가 결정한다. 배율은 대안렌즈와 대물렌즈의 배율을 곱하여 결정하며 시료를 관찰한 후 결과를 쓸 때 반드시 배율을 적어야 한다.

　㉦ 반사경 : 경각의 맨 아래쪽에 있는 장치로 오목거울과 볼록거울이 각 면에 붙어 있어 필요에 따라 집광기쪽으로 빛의 방향을 조절할 수 있으며 현미경에 전구가 붙어 있어 인공광을 빛으로 사용할 경우에는 반사경이 없다.

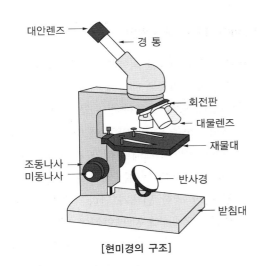

[현미경의 구조]

⑤ 현미경 취급 시 주의사항

　㉠ 현미경을 옮길 때에 한 손은 받침대를 받치고 다른 한 손으로는 지지대를 잡아 수평을 유지한다.

　㉡ 렌즈에 직접 손을 대지 않는다.

　㉢ 검경 시 반드시 대안렌즈를 먼저 장착시킨 후 대물렌즈를 장착한다.

　㉣ 사용 후에는 대물렌즈를 저배율로 하고 슬라이드 글라스를 제거한다.

　㉤ 사용하지 않을 때에는 현미경 커버를 씌워 먼지가 끼지 않도록 한다.

⑥ 현미경 검경 : 잡균의 혼재 여부와 운동성의 차이를 관찰하여 오염 여부를 판단할 수 있으며 더 명확한 확인을 위해서 균체 염색 등의 방법을 사용한다.

⑦ 미생물 표본(프레파라트) 준비

　㉠ 일반적인 표본 : 효모, 세균, 곰팡이 등의 관찰에 사용되는 방법으로 슬라이드글라스와 커버글라스 사이에 균체를 물에 현탁시켜 준비한다.

　　• 백금이를 사용하여 화염 멸균된 슬라이드글라스 위에 멸균한 증류수를 한 방울 떨어뜨린다.

　　• 백금이로 소량의 시료 균체를 묻혀서 물방울에 도말하듯이 고루 섞어 준다(균체량이 너무 많으면 관찰하기가 어려움).

- 커버글라스의 한쪽을 슬라이드글라스에 대고 약 45° 기운 상태에서 기포가 들어가지 않도록 주의하며 천천히 덮는다.
- 글라스가 서로 밀착되어 여분의 수분이 커버글라스 주변에 나와 있으면 여지로 흡수하여 제거한다.
- 필요한 경우 현미경 관찰을 할 때 수분이 증발되는 것을 방지하기 위해 커버글라스 주변에 바셀린을 칠하여 고정시킨다.
ⓛ 보통 염색 표본 : 세포 내부 구조를 광학현미경으로 관찰할 때 일반적으로 많이 사용하는 염색법으로로 Fuchsin, Methylene Blue 등의 염색시약을 이용하여 도말 → 건조 → 고정 → 염색 → 세척 → 관찰의 순으로 진행한다.
- 백금이를 사용하여 화염 멸균된 슬라이드글라스 위에 멸균한 증류수를 한 방울 떨어뜨리고, 소량의 시료 균체를 묻혀서 물방울에 혼합하여 고루 섞어 도말한다.
- 도말한 표본을 공기 중에서 자연 건조시키거나 도말한 면을 위로 하여 약한 불꽃 위에서 표본을 좌우로 흔들면서 건조시킨다.
- 도말한 면을 위로 하여 약한 불꽃에 3회 정도 천천히 통과시키는 화염 고정법으로 균체를 글라스면에 고정시킨다.
- 균체 도말 부분이 완전히 덮일 정도로 염색약을 떨어뜨리고 1~2분간 방치하여 염색한다.
- 세척한 물이 무색이 될 때까지 약하게 흐르는 물로 간접 세척을 하고 커버글라스를 덮고 현미경으로 관찰한다.
ⓒ 그람(Gram) 염색 표본 : 다양한 종류의 미생물을 동정하거나 분류할 때 가장 많이 사용되는 방법으로로 세균의 세포벽을 구성하는 특정 구조와 화학 반응을 일으켜 염색이 이루어진다.

- 그람 염색의 결과 염색시약과 반응하는 화학구조를 갖는 세균을 그람 양성균, 반응하지 않는 화학구조를 갖는 그람 음성균으로 분류한다.
  - 그람 양성균 : 세포벽은 여러 층의 펩타이도글리칸 층이 두껍게 감싸고 있으며 세포벽의 약 80~90%를 차지한다.
  - 그람 음성균 : 세포벽 펩타이도글리칸 층이 한 겹으로 매우 얇으며 이 층 외부에는 인지질, 리포폴리사카라이드, 리포프로테인 등으로 구성된 외막이 감싸고 있는 형태로 세포벽이 이루어진다.
- 그람 염색은 1차 염색시약으로 크리스털 바이올렛(Crystal Violet)과 아이오딘 용액이 사용되며, 이것의 탈색시약으로 95% 에탄올이 사용되고 2차 염색 및 대조 염색시약으로는 사프라닌(Safranin) 용액을 사용한다.
  - 염색과정을 거쳐 그람 양성 세균은 1차 염색이 되어 진한 보라색 내지 푸른색을 띠게 되며, 그람 음성 세균은 1차 염색이 탈색되고 대조 염색약에 의해 염색되어 분홍색을 띠게 된다.

⑧ 현미경 관찰 순서
ⓐ 슬라이드글라스에 도말한 표본이 위쪽으로 오도록 재물대에 올려놓고 재물대 조절나사로 검체가 중앙에 오도록 한다.
ⓑ 집광기를 아래로 내리고 대물렌즈를 저배율로 맞춘다.
ⓒ 조동나사를 이용하여 재물대를 올려 대물렌즈의 끝이 슬라이드글라스에 거의 닿을 정도로 접근시키며 반드시 맨눈으로 보면서 조동나사를 작동한다.
ⓓ 대안렌즈를 보면서 조동나사를 이용하여 재물대를 내리면서 초점을 맞춘다.
ⓔ 물체가 확인되면 잠금장치를 이용하여 조동나사를 고정시키고 회전판을 고배율로 돌린 후 미동나사를 이용하여 더욱 선명한 상을 찾는다.

ⓗ 높은 배율로 관찰할 때에는 조명을 강하게 하며 필요시 오일을 이용한 유침 검경(Oil Immersion)을 하기도 한다.

※ 광학현미경은 최대 1,000배까지 확대가 가능하며, 고배율로 갈수록 빛의 굴절을 방지하여 해상력을 높이기 위해 유침유(Immersion Oil)를 이용한다.

⑨ 고체배지에서 확인 : 배양기간 중 무균적으로 채취한 배양액을 고체배지에서 배양하여 나타나는 콜로니 등을 육안으로 확인하여 판단하는 분산도말법, 평판도말법, 주입평판법 등의 배양법을 이용하여 오염 여부를 확인한다.

ㄱ 분산도말법

• 채취한 배양액 시료 속에 어떤 종류의 균이 존재하는지를 확인하고자 할 때 사용하며, 오염 여부를 관찰하기 위해서는 페트리 접시 고체배지에 약 0.1mL 정도의 배양액을 점적하고 멸균된 삼각 유리봉으로 분산도말하고 배양한 후 고체배지 표면에 생성된 콜로니의 형태와 색깔 모양 등을 확인함으로써 오염 여부를 판단하는 방법이다.

• 한 가지 모양의 균일한 콜로니가 생성되었으면 오염되지 않은 것이나 서로 다른 색의 콜로니 또는 다른 모양의 형태를 가진 콜로니가 동일 페트리 접시에서 관찰되면 오염된 것으로 판단한다.

ㄴ 평판도말법 : 백금이로 배양액을 취하고 고체배지 표면에 스트리킹하여 배양한 후 분산 도말법과 동일한 방법으로 확인하고 판단한다.

ㄷ 주입평판법

• 분산도말법과 달리 고체배지의 표면에 균을 접종하지 않고 40℃ 정도로 식힌 고체배지에 배양액 시료를 무균적으로 넣어 주고 충분히 혼합한 후 바로 멸균된 페트리 접시에 부어 골고루 퍼지게 하여 굳힌 후 배양하는 방법이다.

• 이 배양법은 배지의 표면 외에도 배지 속에서 자라는 미생물까지도 확인할 수 있으며 오염 여부의 판단은 분산도말법의 방법과 동일하다.

11-1. 원핵세포는 그람 염색법에 의해 분류되는데 그람 염색 시 그람 양성을 나타내게 해 주는 세포 구조물은?

① 원형질
② 핵물질
③ 펩타이도글리칸 층
④ 세포막

11-2. 오염에 대한 설명으로 틀린 것은?

① 오염이란 목적 미생물 외에 다른 미생물이 혼재하여 배양된 상태로 미생물 배양 중에 생성되는 냄새나 색깔, 거품 상태 등을 관찰하여 오염 여부를 알 수 있다.
② 보통 순수배양 중에 타 미생물이 혼입되면 액체배지나 고체배지 배양 시 목적균으로부터 발생되는 고유의 냄새는 사라지고 여러 가지가 혼합된 듯한 역한 냄새가 난다.
③ 액체배양과 고체배양 모두 배양액의 색으로는 타 미생물의 오염 여부를 판단하기가 쉽지 않다.
④ 액체배양은 순수배양 시와는 달리 비교적 이른 시간에 거품이 발생되기 시작하면 오염을 염두에 둘 필요가 있으나 오염되지 않았더라도 거품 발생시간의 차이가 있을 수 있으므로 현미경 관찰이나 고체배양법을 통해 재확인해야 한다.

|해설|

11-1
그람 염색에 대한 반응이 다른 이유는 세포벽의 펩타이도글리칸 층의 구조 차이 때문이다.

11-2
액체배양 시 배양액의 색으로는 타 미생물의 오염 여부를 판단하기 쉽지 않지만 고체배양 시에는 오염균으로 인해 다른 모양의 콜로니 형태나 색이 다른 콜로니가 나타나는 것을 볼 수 있다.

정답 11-1 ③   11-2 ③

① 균주 보존기법 : 미생물 균주의 종류에 따라서 적절하게 사용되어야 하며 미생물이 활성을 잃지 않고 보관되고 있다가 필요한 시기에 적절한 방법으로 활성화시킬 수 있도록 사용하는 것을 목적으로 한다.

　㉠ 계대배양법 : 배지에 균주를 직접 배양하는 방법을 통해서 균주의 활성을 유지한 상태에서 진행되는 보존방법이다.

　　• 5℃ 이하의 낮은 온도에서 배양하며 일정 기간이 경과하면 새로운 배지로 균주를 이동하며 배양한다.

　　• 단기 보존 시에 많이 사용하며 보존방법은 쉬운 반면, 오염의 가능성이 높으며 균주 자체의 변이가 나타날 수 있다는 단점이 있으므로, 보관 또는 접종을 위한 사용 전에는 반드시 오염 여부에 대한 확인이 필요하다.

　㉡ 냉동 보존법 : 균주의 장기 보존을 위해서 많이 사용하는 방법으로 수분의 이동을 제한시킨 상태에서 대사활동을 억제할 수 있다.

　　• 균주를 영하 60℃ 이하의 온도로 냉동하여 보존하며 초저온 냉동고가 필요하다.

　　• 냉동과정에서 균주세포가 파괴될 가능성이 높기 때문에 글리세롤 등 냉동보호제를 배양액에 섞어 준다.

　㉢ 동결 건조법 : 냉동 보존법과 비슷하지만 배지 내의 수분을 제거한 이후에 냉동 보존하는 점이 다르며, 동결 건조를 위해서 냉동 및 감압을 통해 수분을 제거할 수 있는 동결 건조기를 사용한다.

　　• 냉동 보존법에 비해서 더 장기간 균주를 보존할 수 있다는 장점이 있다.

② **균주 보존장비** : 균주의 보존은 미생물에 따라 사용되는 보존기법 및 장비에 따라 다양한 방식으로 수행한다.

　㉠ 미생물 배양기 : 미생물의 생장에 알맞은 환경을 제공하는 설비이다.

　　• 일반적으로 미생물 배양에 필요한 온도 및 pH 조건을 유지할 수 있으며 배양방식에 따라서 연속적으로 새로운 배지를 공급하고 배양액을 제거하는 설비의 운영도 가능하다.

　　• 미생물 균주의 특성에 따라서 호기 혹은 혐기 조건을 유지해 줄 수도 있고 교반기의 속도 조절을 통해 산소의 확산속도를 조절하거나 배지 또는 대사산물과 미생물의 혼합을 사용한다.

　　• 소규모의 미생물 배양을 위해서 플라스크 등을 사용할 경우 산소의 공급을 유리하게 유지하거나 미생물과 배지 내 영양 성분의 혼합, 대사산물의 확산을 쉽게 하기 위해 미생물 배지를 지속적으로 흔들어 주는 진탕배양기를 사용하기도 한다.

　　• 미생물의 종류에 따라 광원이 필요한 경우 광원을 공급하는 설비가 포함되기도 하며 혐기 조건을 형성하기 위한 질소 체임버도 적용이 가능하다.

　㉡ 초저온 냉동고 : 영하 60℃ 이하의 온도를 유지하며 미생물의 균주를 보관할 수 있는 냉동설비이며 일반적으로 가정에서 사용하는 냉장고 또는 냉동고와 유사한 형태이다.

　㉢ 동결 건조기 : 미생물 내부의 수분을 주변 온도를 하강시켜 동결시킨 후 진공을 통해 동결된 수분을 승화시키는 것이 원리이며, 동결 건조과정에서 미생물이 손상을 입을 가능성이 있으므로 탈지유 등을 첨가하여 보존성을 높인다.

　　• 동결 건조하고자 하는 미생물을 액체질소 등을 활용하여 냉동한 후에 진공펌프가 포함된 설비에 연결하는 방식이 가장 쉽게 접할 수 있는 기법이다.

　　• 냉동을 위한 컴프레서와 감압을 위한 펌프 등의 설비로 구성되며 동결 건조기가 가동되는 동안 수분의 빙점 이하 온도 및 진공 상태가 지속·유지되어야 한다.

③ 균주 보존 절차
　　㉠ 계대배양 절차 : 보존하고자 하는 미생물 균주의 종류에 따라서 적절한 배지를 사용한다.
　　　• 보존을 목적으로 하므로 배지 내 대사산물이 많이 축적되지 않도록 최소 배지를 사용하여 미생물의 대사활동을 억제해 주어야 한다.
　　　• 미생물 균주별 성장속도 및 대사산물 생산속도에 따라 적절한 시기에 배지를 교체해야 한다.
　　　• 계대배양의 절차
　　　　– 액체배지 제조 및 미생물 균주를 접종
　　　　– 미생물 균주 진탕배양(배지 분석을 통한 배양 상태 확인)
　　　　– 균주 분리 및 새 액체배지 접종
　　　　– 일정 및 목적에 따라 상기의 순서를 반복
　　㉡ 냉동 보존 절차 : 미생물의 보관을 위해 균주 배양액 내에 냉동보호제를 추가하고 초저온 냉동고를 활용하여 냉동 보존한다.
　　　• 냉동 보존의 절차
　　　　– 액체배지 제조 및 미생물 균주 접종
　　　　– 미생물 균주 진탕배양(배지 분석을 통한 배양 상태 확인)
　　　　– 배양액과 보존제를 혼합하여 보존 시료 제작
　　　　– 영하 60℃ 이하의 초저온 냉동고 보관
　　㉢ 동결 건조 절차 : 균주 배양액 내에 냉동보호제를 추가하고 초저온 냉동고를 활용하여 냉동시킨 후 동결 건조기로 승화 현상을 통해 배양액 내의 수분을 제거하여 초저온 냉동고에서 동결 건조된 균주를 보관한다.

• 동결 건조의 절차
　– 액체배지 제조 및 미생물 균주 접종
　– 미생물 균주 진탕배양(배지 분석을 통한 배양 상태 확인)
　– 동결 건조용 탈지유 및 용기 준비
　– 시료의 동결 건조(냉각 후 감압을 통한 수분 제거)
　– 영하 60℃ 이하의 초저온 냉동고 보관

12-1. 미생물을 낮은 수분 상태에서 보존할 때 사용되는 방법은?
① 유동 파라핀 중층법
② 현탁법
③ 동결 건조법
④ 계대배양법

12-2. 단기 보존 시에 많이 사용하며 보존 방법은 쉬운 반면 오염의 가능성이 높으며, 균주 자체의 변이가 나타날 수 있는 단점이 있는 균주 보존법은?
① 동결 건조법
② 계대배양법
③ 냉동보존법
④ 열풍건조법

|해설|

12-1
동결 건조법 : 냉동 보존법과 비슷하지만 배지 내의 수분을 제거한 이후에 냉동 보존하는 점이 다르며 냉동 보존법에 비해서 더 장기간 균주를 보존할 수 있는 장점이 있으며 동결 건조기를 사용한다.

12-2
계대배양법 : 배지에 균주를 직접 배양하는 방법을 통해서 균주의 활성을 유지한 상태에서 진행되는 보존방법으로, 단기 보존 시에 많이 사용하며 보존방법은 쉬운 반면 오염의 가능성이 높으며 균주 자체의 변이가 나타날 수 있으므로, 보관 또는 접종을 위한 사용 전에 반드시 오염 여부에 대한 확인이 필요하다.

정답 12-1 ③　12-2 ②

① 생산균주 구분 : 사용목적에 따라서 구분하여 관리한다.

ㄱ 주생산균주 : 제품 생산에 직접 사용되는 균주로 제품 생산을 위한 미생물 공정의 운영 시 적용 가능하도록 개발되어 관리되며 일반적으로 생물 공정을 위한 제품 생산은 미생물 균주의 활성을 감안하여 연속적으로 이루어지므로 균주의 활성 유지가 매우 중요하다.

ㄴ 작업생산균주 : 균주의 경우 미생물 공정의 가장 핵심이며 작업생산균주는 신규 제품 생산이나 균주 개발을 통한 공정 개선을 위해 개발단계에서 필요하다.

② **미생물 균주의 종류 및 특성 파악** : 미생물의 종류에 따라 보관방법을 결정하기에 앞서서 미생물의 관찰을 통하여 어떤 미생물인지 종류와 특성을 파악하는 것이 중요하다.

ㄱ 미생물은 크기가 매우 작기 때문에 그 모양을 확인하고 비교하기 위해서는 현미경의 배율이 약 400~1,000배 정도는 되어야 한다.

ㄴ 미생물은 크기가 매우 작아 초점을 맞추기 어려우며, 특히 슬라이드글라스와 커버글라스 사이에 물이 많으면 미생물이 떠다녀 더욱 초점을 맞추기가 어렵다.

ㄷ 미생물은 대부분 콜로니 형태에서만 색을 띠며, 개개의 세포 단위에서는 투명하다.

ㄹ 위상차 현미경을 통해 특별한 처리 없이 세균을 관찰할 수 있으나 이 장비가 없는 경우 세균을 염색하여 배경과 구분시킴으로써 관찰 가능하다.

ㅁ 염색은 일반적으로 세포 성분의 일종인 거대 분자에 염색약이 결합하여 세포 성분이 착색되기 때문에 비교적 쉽게 모양과 크기를 관찰할 수 있으며 염색약은 메틸렌블루, 크리스털 바이올렛, 카볼푸신 등이 사용된다.

ㅂ 한 가지 염색약으로 염색하는 것을 단순 염색, 두 가지 염색약을 사용하여 상을 구별하는 것을 분별 염색이라고 한다.

③ **균주의 보관방법 결정** : 미생물 균주의 구분을 통해 미생물의 종류 및 특성을 파악하고 사용목적에 따라 보관방법을 결정하며 크게 단기 방법과 장기 방법으로 나뉜다.

ㄱ 단기 방법 : 계대배양법

ㄴ 장기 방법 : 냉동 보존법, 동결 건조법, 유동중층 보존법, 토양 보존법

④ **균주 활성 확인의 필요성** : 균주는 생산, 연구개발, 보관 등 사용 형태에 따라서 활성 유지가 매우 중요하며 주생산균주의 경우 균주 활성이 생산성과 직결되는 만큼 균주 활성을 확인하는 단계는 필수적이다.

ㄱ 주생산균주 : 균주의 활성이 떨어지면 단위 부피당 존재하는 균주의 숫자가 줄어들게 되며, 이것은 아무리 원료를 많이 공급하더라도 제품으로 변화시킬 수 있는 확률이 감소하게 되어 배양액 내 제품농도가 낮아짐을 의미하고 정제공정에서의 비용 증가 및 미사용 원료 발생 등 제품원가에 악영향을 미친다.

ㄴ 작업생산균주 : 균주 개량을 목적으로 사용하고 있으나 활성을 원활히 유지하지 못할 경우 연구개발 시 개발속도를 더디게 하며 개발 단계에서 규칙적인 균주 활성 확인을 통해 향후 생산균주로서의 활용 가능성을 일차적으로 스크리닝하는 기능이다.

ㄷ 보관 균주 : 규칙적인 활성 확인은 중요한 균주의 손실 가능성을 막는 가장 효율적인 방법이다.

⑤ **균주 활성 확인방법** : 균주의 배양방법과 유사하며 균주의 현재 보관 상태에 따라 이전의 미생물 성장 및 대사산물 생산 데이터와의 비교·분석을 통해 현재 상태의 활성을 확인한다.

○ 계대배양 중 균주 활성 확인방법 : 계대배양 중에 미생물 균체, 기질, 대사산물의 농도 측정을 통해 균주의 활성 확인이 가능하며 단기 보존방법에 해당되고 미생물이 이미 배양 상태에 있기 때문에 균주 활성 확인이 빠른 장점이 있다.

• 계대배양 중 균주 활성 확인
  – 계대배양 중인 미생물 반응기(또는 진탕배양기 내 플라스크 등) 내 배지로부터 하루 또는 일정 시간 간격마다 1~10mL 사이 부피로 샘플링한다.
  – 샘플 중 1mL를 E-tube에 취한 후 원심분리기를 이용하여 균체를 분리한다.
  – 2회 가량 세척을 통해 불순물을 제거한다.
  – 70℃ 오븐에서 건조시킨다.
  – 건조 균체의 무게를 측정한다.
  – 건조 균체 무게 변화를 통해 미생물 활성을 측정한다.

○ 냉동 보관 중 균주 활성 확인방법 : 냉동 보관된 균주를 해동하여 액체 혹은 고체배지에서 배양함으로써 활성 확인이 가능하다.

• 냉동 보관 중 균주 활성 확인
  – 냉동된 균체 시료를 실온에서 해동시킨다.
  – 액체 또는 고체배지 내 균체를 접종하고 진탕배양기 내에서 배양한다.
  – 시간에 따른 균체 농도의 변화 또는 기질의 흡수, 대사산물의 증가 상태를 통해 미생물 활성을 측정한다.

○ 동결 건조 중 균주 활성 확인방법 : 냉동 보관 균주의 활성 확인과 유사한 방식이며 동결 건조된 균주를 액체 혹은 고체배지에 접종하여 활성을 확인한다.

• 동결 건조 중 균주 활성 확인하기
  – 동결 건조된 미생물 시료용기를 개봉한다.
  – 액체 또는 고체배지 내 균체를 접종하고 진탕배양기 내에서 배양한다.

– 시간에 따른 균체 농도의 변화나 기질의 흡수, 대사산물의 증가 상태를 통해 미생물 활성을 측정한다.

자주 출제된 문제

13-1. 재조합 대장균을 현미경을 통해 관찰하려고 한다. 몇 배로 확대하여 보는 것이 가장 적당한가?

① ×1
② ×10
③ ×100
④ ×1,000

13-2. 균주의 보관방법 중 단기 방법에 해당하는 것은?

① 동결 건조법
② 토양 보존법
③ 계대배양법
④ 냉동 보존법

|해설|

13-1
일반적인 원핵세포의 크기는 0.5~3μm 정도이다. 1,000 배율의 현미경을 활용할 경우 관찰이 가능하다.

13-2
• 단기 방법 : 계대배양법
• 장기 방법 : 냉동 보존법, 동결 건조법, 유동중층 보존법, 토양 보존법

정답 13-1 ④ 13-2 ③

① 배지 조제 전용 저울의 종류 : 저울은 국제법정계량기구(OIML)의 분류에 의해 조작하는 방법에 따라 자동저울과 비자동저울로 구분한다. 배지 조제 전용저울은 대부분 비자동저울인 전기식 지시저울이며, 정확도에 따라 특별급, 고급, 중급, 보통급으로 저울의 등급을 분류한다.

  ㉠ 자동저울 : 연속합산 자동저울, 불연속합산 자동저울, 자동중량 충진기 등

  ㉡ 비자동저울 : 전기식 저울, 눈금식 저울, 비눈금식 저울 등

[전기식 지시저울]

② 전기식 지시저울의 작동원리 : 피계량물의 힘에 의하여 저울기구의 변형량이나 변위량을 전압, 전기저항 또는 이와 유사한 물상 상태의 양으로 변화를 주는 구조의 지시저울이다.

③ 칭량실의 작업 공간 : 칭량실은 시료 분석에 필요한 시약 등의 무게를 측정하는 공간이므로 칭량실은 시약 제조 시 표준성 및 정확성을 확보하고 분석 오차를 줄이기 위하여 다른 작업이 이루어지는 곳과 구별된 별도의 공간을 확보하는 것이 바람직하다. 그러나 별도의 칭량실을 확보하지 못한 경우에는 저울을 사용할 공간을 확보하여 주변으로부터의 영향을 최소한으로 줄이는 것이 좋다.

  ㉠ 온도 및 습도 : 시약의 변질을 방지하기 위해 온도는 20~25℃ 내외에서 일정하게 유지시켜 편차가 없도록 하여야 하며 상대습도는 45~60%를 유지하는 것이 바람직하다.

  ㉡ 조명 : 칭량하기에 적절한 조도(약 300lx 이상)를 선택하고 저울의 위치는 영향을 최소화하기 위해 조명에서 멀리 떨어지거나 햇볕이 없는 곳이어야 한다.

  ㉢ 환기 : 저울의 위치는 바람의 영향을 받지 않는 곳으로 하고 환기시설은 독립적으로 개폐할 수 있도록 해야 하며 작동 시 짧은 시간 내에 환기할 수 있도록 약 0.3m/s 이상으로 환기시켜야 한다.

  ㉣ 작업 선반 : 주변 환경에 따른 진동이 없고 수평을 유지해야 하며 자석이나 전장에 영향을 주지 않는 재질을 선택해야 하며 대리석 등이 좋으며 일반적으로 금속 재질, 유리 재질, 플라스틱 재질 등은 바람직하지 않다.

  ㉤ 바닥 : 칭량실의 바닥 역시 내진에 요동하지 않기 위한 설비를 해야 하며 이러한 설비를 갖출 수 없는 경우에는 저울 하단부에 저울대를 두어 이용하는 것이 바람직하고 주변의 공기를 차단할 수 있는 덮개 등을 이용하는 것이 좋다.

④ 배지 원료의 보관방법

  ㉠ 원료 보관소 : 적절한 환경을 유지하여 원료의 품질 저하나 변성을 방지하여야 하며 일반적으로 온도는 20~25℃, 습도는 60~70%를 유지하는 것이 바람직하다.

  ㉡ 원료 물질의 보관

    • 성상에 따라 외부로 누출되지 않도록 주의하여 보관한다.

    • 위험물은 온도 변화 등에 의하여 누출되지 않도록 용기를 주의하여 밀봉시켜 수납한다.

    • 배지 원료의 온도 안정성에 따라 보관소 내 선반 등에 보관할 수 있으나, 냉장 또는 냉동을 요하는 원료 물질의 경우 적절한 온도의 냉장고 또는 냉동고에 보관해야 한다.

- 위험하게 취급되는 원료 물질은 물질안전보건자료나 다른 정보를 통한 위험성이나 반응성을 충분히 검토하여 보관방법을 결정해야 한다.
- 원료별로 적당한 공간을 두고 구획하여 보관하고 로트별, 입고일 등으로 구분하여 보관한다.

⑤ 원료 칭량 순서

㉠ 저울 상태를 사전에 점검한다.
- 칭량에 적합한 복장(마스크, 장갑 등)을 갖춘다.
- 칭량에 사용할 기기, 기구 및 용기의 청결 상태를 확인한다.
- 배지 조제용 저울의 청결 상태 및 이상 유무를 확인한다.
- 배지 원료에서 발생할 수 있는 분진을 흡입하기 위한 집진기를 칭량하기 10분 전에 가동한다.

㉡ 영점 조절을 한다.
- 검·교정 적합 여부(검·교정 주기)를 확인한다.
- 저울판에 이물질 등이 없도록 깨끗이 닦는다.
- 저울의 평형을 확인할 수 있는 수평 지시 수포가 중앙에 위치하는지 확인하고 수평이 맞추어져 있지 않으면 수평을 맞춘다.
- 영점을 조절하기 10분 전에 전원을 켠다.
- 영점 조절 버튼을 눌러 영점 조절을 한 뒤 칭량을 시작한다.

⑥ 분동의 관리

㉠ 분동이 오염되면 세척하며 그 과정 중에 분동의 질량이 변할 수 있으므로 주의한다.

㉡ 교정에 사용하기 전에 분동에 묻은 먼지나 이물을 제거해야 하는 데 표면에 변화(예 분동의 긁힘)가 일어나지 않도록 주의해야 하며, 이와 같은 방법으로 제거할 수 없을 정도로 오물이 많거나 고착된 경우에는 증류수 또는 솔벤트, 알코올로 세척한다.

㉢ 내부적으로 움푹한 곳을 갖고 있는 분동들은 틈으로 유기물이 침투할 가능성이 있으므로 이를 방지하기 위해 세척할 때 용제 안에 잠기지 않게 하는 것이 바람직하다.

㉣ 분동을 보관할 때는 진동으로 인하여 분동의 질이 떨어지거나 손상을 입지 않도록 보호해야 하며, 분동은 각각에 맞는 구멍이 있는 나무나 플라스틱 상자에 담아 보관한다.

핵심이론 15 │ 원료 칭량

① 원료 칭량은 배지조제작업표준서에 따라 배지 원료의 칭량작업 시 규정된 절차에 따라야 한다.

　㉠ 원료 수령

　　• 배지조제작업표준서에 따라 원료 수령자는 원료의 수령에 필요한 운반기구, 액체 성분을 위한 액체 운송용기 등을 준비한다.

　　• 냉장 또는 냉동이 필요한 원료 수령을 위해서는 적절한 온도 유지가 가능한 도구(아이스박스 또는 이송용 소형 냉동·냉장 기구)를 이용한다.

　　• 원료 수령자는 원료의 보관책임자로부터 배지 원료 출고전표 및 칭량할 원료의 내용을 상호 확인하고 관련 서류에 서명한다.

　　• 원료 수령자는 원료를 수령하여 칭량실로 이송한다.

　　• 원료 수령자는 원료를 칭량자에게 인수한다(원료의 수령자가 칭량자일 수 있음).

　㉡ 칭량 준비

　　• 칭량자는 칭량에 적합한 복장(마스크, 장갑 등)을 착용한다.

　　• 칭량자는 칭량할 배지 원료의 원료명, 코드번호, 수량, 무게 또는 부피, 제조번호, 원료의 적합 여부(유효기간 등) 등을 확인한다.

　　• 수령한 배지 원료를 적합한 장소에 보관한다.

　　• 배지 원료에서 발생할 수 있는 분진을 흡입하기 위한 집진기는 칭량하기 10분 전에 가동시킨다.

　　• 칭량할 배지 원료의 양에 맞는 감도의 저울을 선택한다.

　　• 칭량할 배지 원료의 양이나 특성에 맞는 약시(Spoon), 약삽(Scoop) 또는 유리액량기를 준비한다.

　㉢ 칭 량

　　• 칭량 작업대에 원료를 올려놓으며 한 종류의 원료만 위치시켜야 한다.

　　• 배지 원료에 적합한 칭량용기를 선정한다.

　　　- 원료에 적합한 재질의 용기

　　　- 원료의 성상에 적합한 형태의 용기

　　　- 칭량하려고 하는 양에 적절한 용기

　　　- 칭량하고자 하는 배지 원료 수에 충분한 용기의 수

　　• 칭량 전 배지 원료의 오염을 방지하기 위하여 칭량 용기의 청결 상태를 확인한다.

　　• 칭량용기를 저울에 올려놓는다.

　　• 원료는 한 번에 한 원료씩 개봉하여야 하며, 한 원료의 칭량을 마치면 즉시 밀봉해야 한다.

　　• 한 원료의 칭량을 마치면 작업대 및 저울을 정리 및 청소하고, 다음 원료의 칭량을 시작한다.

　　• 칭량 시 외부에 유출된 원료는 즉시 청소한다.

　　• 교차 오염이 우려되는 원료의 경우에는 마지막에 칭량한다.

　　• 칭량을 마치면 지정된 원료의 보관조건에 따라 보관한다.

　　• 칭량을 마치고 남은 원료는 원료보관책임자에게 배지 원료 출고전표 및 칭량한 원료의 내용을 상호 확인하고 반납한 후 관련 서류에 서명한다.

　㉣ 칭량의 재점검

　㉤ 칭량표 및 칭량일지 작성

　㉥ 칭량한 원료의 보관 및 이송

　㉦ 남은 원료의 반납

② 액체원료의 칭량을 위해서는 용량에 맞는 다음의 액체 전용기기 및 기구(유리액량기 등)를 사용한다.

　㉠ 용량 플라스크 : 일정한 용량의 액체를 계량하는 기구로 하나의 눈금만 표시되어 있으며 표준액이나 시약을 조제하는 데 주로 사용한다.

ⓒ 메스실린더 : 임의의 부피를 측정하며 미생물 배양배지 조제에 주로 사용한다.

ⓒ 피펫 : 소량(1~수십mL)의 액체를 계량하거나 계량한 양을 다른 용기에 옮기는 데 사용한다.

ⓒ 마이크로(미량) 피펫 : 미량(수μL~수mL)의 액체를 계량하는 데 적당하다.

③ **무균 조작을 요하는 배지 원료의 칭량** : 배지의 성분 중 열에 약하여 다른 배지 성분과 혼합하여 고온·고압에서 살균할 수 없는 성분(항생제, 비타민 등)의 경우에는 무균실 또는 무균 작업대에서 작업해야 한다.

ⓒ 상기에 서술된 다른 고체 원료와 동일한 방법으로 칭량한다.

ⓒ 칭량한 원료를 적절한 용기에 넣는다.

ⓒ 배지조제작업표준서에 따라 최종 목적하고자 하는 부피 50~80%에 해당하는 또는 적절한 용매에 용해해야 한다.

ⓒ 최종 목적하고자 하는 부피를 맞춘다.

ⓒ 원료 용액을 마이크로 여과기로 제균한다.

 • 적은 용량(1~100mL)의 제균

  - 무균 작업대에 디스크 여과기(Membrane Disc Filter, 0.2μm), 무균 주사기 및 무균 튜브를 준비한다.

  - 무균 주사기를 개봉해 여과하고자 하는 원료 용액을 채운다.

  - 디스크 여과기를 개봉해 입구에 용액이 채워진 주사기를 장착한다.

  - 디스크 여과기의 출구 부분을 개봉한 무균 튜브로 향하게 하고, 주사기의 피스톤을 밀어 원료 용액을 여과한다.

  - 무균 튜브의 뚜껑을 닫는다.

 • 많은 용량(100mL~수L)의 제균

  - 무균 작업대에 진공여과기(Bottle Top Vacuum Filter, 0.2μm)를 준비한다.

- 진공여과기를 개봉해 여과기를 장착하고, 여과하고자 하는 원료 용액을 윗부분에 채운다.

- 여과기 아랫부분에 진공펌프를 연결하고 작동하여 용액을 여과하며 진공의 정도는 용액이 서서히 여과될 정도로 실시한다.

- 여과를 마치면 아랫부분 용기의 뚜껑을 닫는다.

- 발효 개시 전 배양배지에 첨가할 때까지 규정된 보관조건에 따라 보관한다.

④ **별도로 멸균할 원료의 칭량**

ⓒ 갈변화 원료

 • 갈변현상은 주로 카라멜화와 마이야르 반응에 의해 일어나며 카라멜화는 환원당을 가열할 때 갈색으로 변하는 현상이고, 마이야르 반응은 환원당과 아미노산의 아미노 그룹이 결합하여 열에 의해 갈색으로 변하는 현상이다.

 • 배지의 갈변현상을 방지하려면 환원당을 포함하고 있는 탄소원을 별도로 칭량하고 용해하여 마이크로 여과한 후 멸균을 마친 배지에 첨가한다.

 • 갈변된 탄소원이 미생물 성장에 영향을 미치지 않을 때에는 탄소원을 별도로 칭량, 용해하여 멸균한 후 멸균을 마친 배지에 첨가한다.

  - 앞에 기술된 다른 고체 원료와 동일한 방법으로 칭량한다.

  - 칭량한 원료를 적절한 용기에 넣는다.

  - 칭량한 원료를 배지조제작업표준서에 따라 최종 부피의 50~80%에 해당하는 물에 용해한다.

  - 최종 부피를 맞춘다.

  - 원료 용액을 마이크로 여과기로 제균하거나 멸균한다.

  - 발효 개시 전 배양 배지에 첨가할 때까지 규정된 보관조건에 따라 보관한다.

ⓛ 침전 발생 원료

- 배지 원료 성분 중 다른 성분과 동시에 멸균하면 침전이 일어나는 성분이 있으므로 그 성분의 배지 원료는 별도로 칭량, 용해하여 제균 또는 멸균한 후 멸균을 마친 배지에 첨가한다.
- 마그네슘 이온은 수용액에 존재하는 수산화이온과 결합하여 하얀 침전물을 생성하므로 황산마그네슘이나 염화마그네슘 등 마그네슘이온을 포함하는 배지 원료는 별도로 칭량, 용해하여 제균 또는 멸균한 후 멸균을 마친 배지에 첨가한다.
  - 앞에 기술된 다른 고체 원료와 동일한 방법으로 칭량한다.
  - 칭량한 원료를 적절한 용기에 넣는다.
  - 칭량한 원료를 배지조제작업표준서에 따라 최종 부피의 50~80%에 해당하는 물에 용해한다.
  - 최종 부피를 맞춘다.
  - 원료 용액을 마이크로 여과기로 제균하거나 멸균한다.
  - 발효 개시 전 배양 배지에 첨가할 때까지 규정된 보관조건에 따라 보관한다.

핵심이론 16 | 배지 제조

① 배지조제작업표준서에 따른 조제조 투입 순서

ⓐ 배지의 용해에 사용하는 물은 새로 준비된 증류수를 사용하여야 하며, 배지 원료의 용해가 용이하도록 따뜻한 물을 사용하는 것이 좋다.

ⓑ 배지조제조는 원료를 투입하기 전 미생물 배양에 영향을 주는 이물질이 남아 있지 않도록 증류수로 깨끗이 세척한다.

ⓒ 배지조제조의 부피는 배양배지 최종 부피의 2배 이상의 것을 사용하여 혼합 시 외부로 유출되지 않도록 해야 한다.

ⓓ 배지조제조에 조제하고자 하는 배양 배지 부피의 1/2에 해당하는 증류수를 넣고, 칭량한 배지를 넣은 후 신속하게 교반한다.

ⓔ 배지 원료의 투입은 배지조제작업표준서에 따라 순차적으로 첨가하며 용해가 잘되는 염류부터 넣어 주는 것이 좋다.

ⓕ 배지조제조 벽면에 묻어 있는 성분을 닦아내기 위해 조제하고자 하는 배양 배지 부피의 1/4에 해당하는 증류수를 벽면으로 서서히 넣어 준다.

ⓖ 배양배지가 완전히 녹으면 교반을 멈추고, 목표하는 부피(최종 배양 부피에서 별도로 첨가하는 배지의 부피를 제외한 부피)를 맞춘다.

② 배지의 조제 및 멸균

ⓐ 배지 조제 : 배지는 배양하고자 하는 미생물의 종류에 따라 가장 적합한 것을 선택하여 사용해야 하며 미생물의 종류와 배지의 구성 성분에 따라 배지 만들기가 달라질 수 있다(배지 제조 시 수소이온농도(pH)를 주의해야 함).

- 상품화된 건조 분말된 배지를 사용할 용량만큼 정확히 칭량해 삼각플라스크에 넣고 정확한 용량의 증류수를 일부분 넣어 삼각플라스크를 잘 흔들어 내용물을 풀어 주고 남은 증류수로 삼각플라스크 벽면에 묻은 배지를 씻어 내린다.
- 삼각플라스크 내의 내용물이 완전히 녹을 때까지 끓는 물에 중탕시킨다.
- pH를 확인하기 위해 50~60℃로 식혀 pH 측정기로 pH 6.8로 조절한다.
- 사면배지, 고층배지를 만들기 위해서는 대략 시험관 1/3 정도를 배지로 채운다.
- 삼각플라스크는 알루미늄포일 또는 솜뭉치로, 시험관은 솜뭉치로 뚜껑을 막고 고압증기 멸균(121℃, 15lb, 15분)한다.
- 멸균 후 무균 작업대 내에서 멸균된 배양 접시에 15~20mL씩 분주해 굳히며 사면배지는 약 45° 정도의 경사가 되게 하여 굳힌다.
- 평판배지는 배지가 굳은 것을 확인한 후 무작위로 2~3개를 37℃ 배양기에 넣어 1일간 관찰해 오염 여부를 확인하고, 나머지는 봉지에 넣어 냉장고(4℃)에 뒤집어서 보관한다.

ⓒ 배지 성분 중에 가열 살균을 못하는 경우 : 배지 성분 중에, 특히 생장요소, 항생물질 등은 열에 의해 성분이 분해될 수 있으므로 반드시 공경 0.2 μm의 멤브레인 필터로 여과해 제균한 후 미리 고압증기멸균한 배지에 무균적으로 첨가해야 한다.

ⓒ 조제 배지의 오염 확인 및 배지 적합성 시험
- 조제 배지의 오염 확인 : 멸균 후 무균 작업대에서 분주한 조제배지가 굳은 것을 확인한 후 무작위로 2~3개를 37℃ 배양기 및 25℃ 배양기에 넣어 1~3일간 관찰해 오염 여부를 확인한다.

- 배지 적합성 시험
  - 배지 적합성 시험은 제조한 배지가 정확하게 제조되었는지 확인하는 방법으로 시험용 표준 미생물 균주를 사용한다.
  - 시험용 표준 미생물은 대한민국 약전을 비롯한 ICH 약전규정(Pharmacopeial Harmonization)을 따르는 전 세계 약전에는 기본적으로 동일한 시험용 표준 균주 목록을 기재하고 있다.

[시험용 표준 미생물]

미생물	균주명	기본 배지명
세 균	*Staphylococcus aureus* ATCC 6538	Tryptic Soy Agar Nutrient Agar
	Pseudomonas aeruginosa ATCC 9027	
	Bacillus subtilis ATCC 6633	
효 모	*Candida albicans* ATCC 10231	Sabouraud Dextrose Agar
곰팡이	*Aspergillus brasiliensis* ATCC 16404	Potato Dextrose Agar

- 배지 적합성 시험방법
  - 세균용 배지를 제조해 멸균 후 배지를 굳혀 무작위로 선별하여 2~3개는 오염 확인용으로 사용한다.
  - 배지 적합성 시험을 위해 시험용 표준 미생물을 선택하여, 배지에 균을 도말해 35~37℃ 배양기에서 1일간 배양 후 시험 균주가 잘 생육되었는지 확인한다.
  - 생육이 되지 않을 경우 배지 제조에 문제가 있다고 판정한다.
  - 효모 및 곰팡이용 배지인 경우에도 동일한 방법으로 시험용 표준 미생물을 도말해 25~30℃ 배양기에서 3~5일간 배양한 후 균의 생육을 확인한다.

③ 배지의 보관
ⓐ 조제한 배지는 오염되지 않도록 바로 멸균하여 사용하는 것이 원칙이다.

ⓛ 이미 제균된 배지는 배지의 특성에 따라 냉장, 냉동 또는 실온에 보관한다.
ⓔ 빛을 피하고 건조한 환경에서 보관하는 것이 좋다.
④ 배지의 물리·화학적 특징
  ㉠ 물리적 성상에 따른 분류
    • 액체배지는 배지에 한천(Agar) 또는 젤라틴(Gelatine)이 들어 있지 않은 액체 상태이며 미생물 생리실험, 대사산물 생산, 균체세포 생산 등에 사용한다.
    • 고체배지는 배지에 한천 또는 젤라틴을 넣어 고체 상태로 만든 배지로 사용목적에 따라 평판배지, 고층배지, 사면배지, 반사면배지로 나눈다.
      – 평판배지 : 미생물의 분리 배양, 콜로니의 관찰, 효소의 기질 분해능력시험 등에 사용한다.
      – 고층배지 : 미생물의 성상, 운동성 등의 관찰과 보존에 사용한다.
      – 사면배지 및 반사면배지 : 미생물의 증식, 보존 및 수송 등에 사용한다.
  ㉡ 조성에 따른 분류
    • 천연배지(Natural Medium) : 배지 중의 영양분이 모두 천연물인 동식물체에서 얻은 것으로 만든 배지로 화학조성이 복잡하고 명확하지 않다.
    • 합성배지(Synthetic Medium) : 모든 영양분의 화학조성이 명확한 것으로 만든 배지로 미생물 영양 요구성 검토, 미생물 정량법 등에 사용한다.
    • 반합성배지 : 천연배지와 합성배지를 혼합하여 제조한 배지이다.
  ㉢ 사용목적에 따른 분류
    • 보통배지 : 많은 미생물이 생육할 수 있도록 제조된 배지
    • 세균용 배지 : 영양액체배지(Nutrient Broth), 영양한천배지(Nutrient Agar) 등
    • 곰팡이, 효모용 배지 : 감자한천배지, 차펙-독스(Czapek-Dox), 귀리가루, 맥아 추출물 등

① 미생물 멸균은 크게 저온살균(Pasteurization)과 고온살균(Sterilization)으로 나뉜다.

    ㉠ 저온살균 : 미생물을 사멸시켜 가공식품의 저장기간을 연장하는 데 목적이 있으며 저온살균 후에는 반드시 냉장 상태에서 보관해야 한다.

    ㉡ 고온살균 : 미생물수를 통계적으로 무의미한 수준까지 낮추어 실온에서도 장기간 저장이 가능하게 하는 공정이다.

    ㉢ 살균은 높은 온도에서 오랜 시간 가열하여 열변성에 의한 품질 저하가 문제되므로 목표 살균 정도에 도달하기 위해 가열 온도와 시간을 최적화하는 것이 필요하다.

② **고압증기멸균법**

    ㉠ 고압증기멸균기(Autoclave) : 멸균온도, 시간, 배기를 자동적으로 조절하며 약 121℃(1.0kg/cm^2), 15분의 멸균조건에서 주로 배지류 및 열에 안정한 물질을 멸균하는 데 사용한다.

    ㉡ 배지나 시료의 멸균은 포화수증기에 의한 고압증기멸균법이 적합하며 적절한 멸균을 위해서는 수증기가 내부로 쉽게 침투될 수 있도록 해야 한다.

    ㉢ 스크루 뚜껑이 달린 용기에 넣어 멸균할 때는 마개를 약간 열어 공기가 통할 수 있도록 함으로써 멸균 후 마개를 닫고 가열할 때 팽창에 의한 파손과 마개를 열 때 외부 공기의 유입에 의한 오염을 방지할 수 있다.

    ㉣ 멸균이 종료되면 배기가 자동적으로 이루어지는데, 내부 압력이 상압으로 되고 내부의 온도가 100℃ 이하가 되면 반드시 멸균기 내 압력이 떨어졌는지를 확인한 후 뚜껑을 열고 내용물을 꺼낸다.

③ **멸균기 작동 시 주의사항**

    ㉠ 멸균기의 압력을 한 번에 올리면 터질 우려가 있으므로 단계적으로 공기를 제거하고 단계적으로 온도를 올려 주어야 한다.

    ㉡ 뚜껑을 열고 먼저 적당량의 물을 넣는데 이때 사용하는 물은 증류수로 하되 이온 교환 수지를 거친 물은 피하는 것이 좋다.

    ㉢ 뚜껑을 닫은 후 온도를 맞추고(121℃) 시간을 조절하는 데 최소 15분은 해야 완전히 멸균할 수 있으며 용액의 부피가 큰 경우에는 충분히 시간을 주어야 한다.

    ㉣ 정해진 시간이 지나면 자동으로 압력이 빠지므로 설정한 시간이 지난 후 뚜껑을 열면 되는데 너무 높은 온도에서 무리하게 열면 수증기가 강하게 나올 수 있으므로 주의한다.

④ **멸균작업 단계**

    ㉠ 멸균할 물품 준비하기
      • 멸균할 물품은 응축수로 인해 젖지 않도록 은박지로 싼 후 멸균테이프 붙이기
      • 준비가 끝난 물품을 멸균 용기 안에 넣기

    ㉡ 고압 멸균기 가동 전 상태 조사하기
      • 고압멸균기 내에 물 보충 : 반드시 증류수를 사용해야 한다.
      • 저수통 물의 양 확인하기
      • 공기 배출 손잡이를 닫힘 방향으로 끝까지 돌리기

    ㉢ 멸균기 가동 및 멸균 후 물품 꺼내기
      • 뚜껑을 완전히 닫고 MODE 버튼을 눌러서 멸균 프로그램을 설정한 후 START 버튼을 눌러 멸균 시작하기
      • 멸균 후 멸균기를 열기 전에 온도와 압력 확인 : 온도 98℃ 이하, 압력 0MPa로 떨어져야 한다.
      • 온도와 압력 확인 후 두꺼운 장갑을 이용하여 멸균된 물품을 꺼내고 필요시 건조기 안에 넣기

⑤ 발효조 배지 멸균방법에 관한 표준작업지시의 주요 내용

   ㉠ 발효조 배지 멸균방법에 관한 표준작업지시서에는 배지멸균을 위한 준비 작업내용과 배지 투입과정이 포함되어 있어야 한다.

   ㉡ 스팀 공급과 온도 상승, 온도 유지 등 배지 멸균방법, 공기 여과장치 멸균방법 등도 포함한다.

   ㉢ 배지 멸균과 관련된 멸균온도 및 시간 규정이 제조공정기록서에 기록하도록 명시되어 있어야 하며 냉각방법 내용이 포함되어 있어야 한다.

⑥ 멸균기 이상 상태 및 조치방법

   ㉠ 멸균기 문이 열리지 않는 경우

- 멸균 프로그램이 작동 중일 경우 : 멸균과정이 다 끝난 후 개방된다.
- 체임버 내부에 스팀으로 인해 양압이 걸려 있는 경우 : 체임버 압력을 통해 현재 압력을 수치상으로 확인할 수 있으며 수동작업으로 체임버 압력이 0이 될 때까지 내부의 스팀을 배출시킨 후 개방한다.
- 체임버 내부가 진공이 되어 있는 경우 : 현재 진공의 정도를 체임버 압력을 통해 확인하고 수동작업으로 체임버 압력이 '0'이 될 때까지 공기를 넣어 준 후 개방한다.

   ㉡ 프로그램이 작동되지 않는 경우

- 멸균기의 문이 완전히 닫혀 있는지 확인하고 수동작업 후에는 반드시 자동작업으로 전환해야 프로그램이 작동한다.
- 멸균기 내의 멸균물을 꺼내지 않은 경우에도 프로그램이 작동되지 않으므로 멸균물을 모두 꺼낸 후 다시 시작한다.

   ㉢ 앞문 또는 뒷문이 열리지 않는 경우 : 양문 타입의 멸균기의 경우에 앞문 또는 뒷문이 열려 있는 상태에서 뒷문 또는 앞문을 열려고 시도했을 때이므로 앞문 또는 뒷문을 닫고 뒷문 또는 앞문을 열면 된다.

⑦ 멸균기 설치 및 사용 시 주의사항

   ㉠ 멸균기는 전열기나 전기 스파크가 일어나는 기기와 근접 설치하지 않는 등 화기가 없는 곳에 설치해야 하며 반드시 접지되어야 한다.

   ㉡ 설치 장소의 온도 및 습도는 적절히 유지되어야 하며 환기가 잘되는 곳이어야 한다.

   ㉢ 휘발성, 가연성, 폭발성, 부식성 및 유독성 물질이 포함된 제품은 멸균해서는 안 된다.

   ㉣ 정비 시에는 반드시 전기 공급을 차단하고 실시한다.

   ㉤ 멸균기의 수리는 자격을 갖춘 전문기사가 실시해야 한다.

   ㉥ 내부를 청소 시 와이어브러시, 강철솜, 연마재 등을 사용하지 않도록 하며 화상 방지를 위해 열보호장갑을 반드시 착용한다.

⑧ 멸균작업 완료 보고

   ㉠ 기록 및 보관 : 멸균작업 기록들은 문서관리규정에 따라 기록하고 관리한다.

문서명	제조공정기록서
보관책임자	QA 책임자
보존책임자	QA 책임자
보존기간	5년(영구)

   ㉡ 멸균 작업일지

- 멸균 작업일지 : 멸균 작업일지에는 멸균기번호와 적재번호, 멸균일자, 멸균시간, 멸균품의 종류, 멸균기작업자, BI(Biological Indicator) 테스트 실시 여부 및 결과 등을 기록한다.
- 기록계(Recording Chart) : 기록계에는 시간과 압력을 표시해 준다. 작업자는 매 주기마다 멸균조건 충족 여부 확인 후 가동하여야 하며, 보수나 점검 등의 특기사항 발생 시 그 내용을 표시한다.
- 화학지표 : 멸균 여부를 확인하기 위한 내부 및 외부 지표를 멸균 작업일지에 부착한다.

- 멸균품 적재번호 : 모든 멸균품은 각각 멸균기의 번호(또는 코드), 멸균일자를 표시한다.
- 멸균 확인 결과보고서 : 매주 교차 확인하여 그 결과를 1년간 보관한다.

자주 출제된 문제

17-1. 미생물 배지의 멸균 시 일반 오토클레이브(Autoclave) 적용온도에 가장 가까운 것은?

① 35℃
② 77℃
③ 121℃
④ 176℃

17-2. 고압증기멸균기를 작동할 때 주의할 사항이 아닌 것은?

① 멸균기의 압력을 한 번에 올리면 터질 우려가 있으므로 단계적으로 공기를 제거하고 단계적으로 온도를 올려야 한다.
② 뚜껑을 열고 먼저 적당량의 물을 넣는데 이때 사용하는 물은 이온교환수지를 거친 물을 사용해야 한다.
③ 뚜껑을 닫은 후 온도를 맞추고(121℃) 최소 15분은 실시해야 완전히 멸균할 수 있고 용액의 부피가 큰 경우에는 충분히 시간을 주어야 한다.
④ 설정한 시간이 지난 후 자동으로 압력이 빠지므로 그 이후 뚜껑을 열면 되는데 너무 높은 온도에서 무리하게 열면 수증기가 강하게 나올 수 있으므로 주의한다.

|해설|

17-1
고압증기멸균기(Autoclave) : 멸균온도, 시간, 배기를 자동적으로 조절하며 약 121℃(1.0kg/cm²), 15분의 멸균 조건에서 주로 배지류 및 열에 안정한 물질을 멸균하는 데 사용한다.

17-2
고압증기멸균기에 사용하는 물은 증류수로 하되 이온교환수지를 거친 물은 피하는 것이 좋다.

정답 17-1 ③ 17-2 ②

핵심이론 18 | 배지 멸균

① 공멸균
  ㉠ 의의 : 발효조에서 무균으로 배양할 수 있도록 발효조 내부와 주변 배관을 미리 멸균하는 것이다.
    - 발효공정 담당작업자는 작업을 수행하고 작업사항(작업자, 작업 시간 등)을 제조공정기록서에 기록하고 서명해야 한다.
    - 발효공정담당자 또는 책임자는 작업자의 작업내용을 확인·점검하고 기록서의 확인자란에 서명해야 한다.
  ㉡ 방법 : 멸균 준비단계, 온도 상승 및 공멸균단계, 공기여과장치 멸균단계, 냉각 및 공멸균 종료단계로 진행한다.
    - 멸균 준비단계 : 발효조의 모든 밸브 및 작업구 마개가 닫혀 있음을 확인하고, 스팀 배관 내부의 응축수 제거와 설비의 각종 표시, 즉 압력, 온도, 공기 공급 조절 모듈의 상태를 확인·준비하는 단계
    - 온도 상승 및 공멸균단계 : 배관 밸브를 열어 스팀을 발효조 내부로 공급해 멸균하고 접종 밸브 및 시료 유출 밸브도 멸균하는 단계
    - 공기여과장치 멸균단계 : 발효기 내부로 무균적으로 공기를 유입하기 위하여 공기여과장치로 연결된 밸브를 열어 스팀을 공급하는 단계
    - 냉각 및 공멸균 종료단계 : 멸균시간이 경과되면 스팀 공급을 차단하고 발효조 내부로 공기를 공급하여 양압을 유지하도록 하여 공멸균을 종료하는 단계
  ㉢ 발효조 공멸균방법에 관한 작업표준지시서의 주요내용
    - 공멸균을 위한 준비 작업내용이 포함되어 있어야 하며 스팀 공급과 온도 상승, 온도 유지 등 공멸균방법, 공기여과장치 멸균방법 등도 포함되어 있다.

- 공멸균과 관련된 멸균온도 및 시간 규정이 제조공정기록서에 기록하도록 명시되어 있어야 하며 냉각방법 내용이 포함되어 있어야 한다.

② 배지멸균

  ㉠ 배지멸균은 발효조에 조제된 배지를 채우고, 채워진 배지와 주변 배관을 멸균하는 것으로 발효공정 담당작업자가 작업을 수행하고 작업사항(작업자, 작업 시간 등)을 제조공정기록서에 기록하고 서명한다.

  ㉡ 발효공정 담당자 또는 책임자는 작업자의 작업 내용을 확인·점검하고 기록서의 확인자에 서명한다.

③ 배지멸균의 4단계 : 멸균 준비단계, 온도 상승 및 배지 멸균단계, 공기여과장치 멸균단계, 냉각 및 배지멸균 종료단계로 진행한다.

  ㉠ 멸균 준비단계 : 발효조의 모든 밸브가 닫혀 있음을 확인하고 작업구를 열어 조제된 배지를 투입하고 교반기를 약하게 가동하면서 스팀 배관 내부의 응축수 제거와 설비의 각종 표시, 즉 압력, 온도, 공기 공급 조절 모듈의 상태를 확인·준비하는 과정

  ㉡ 온도 상승 및 배지 멸균단계 : 배관밸브를 열어 스팀을 발효조 내부로 공급해 멸균하고 접종밸브 및 시료 유출밸브를 멸균하는 단계

  ㉢ 공기여과장치 멸균단계 : 발효기 내부로 공기를 무균적으로 유입하기 위하여 공기여과장치로 연결된 밸브를 열어 스팀을 공급해 멸균하는 단계

  ㉣ 냉각 및 배지멸균 종료단계 : 멸균시간이 경과되면 스팀 공급을 차단하고 발효조 내부로 공기를 배지의 약 1/3 부피의 공기를 공급하여 양압을 유지하도록 해서 정해진 온도가 되면 정해진 통기량으로 설정해 유지하는 것으로 배지멸균을 종료하는 단계

④ 발효조 배지멸균 방법에 관한 표준작업지시의 주요내용

  ㉠ 배지멸균을 위한 준비 작업내용과 배지 투입과정이 포함되어 있어야 한다.

  ㉡ 스팀 공급과 온도 상승, 온도 유지 등 배지멸균 방법, 공기여과장치 멸균 방법 등도 포함된다.

  ㉢ 배지멸균과 관련된 멸균온도 및 시간규정을 제조공정기록서에 기록하도록 명시되어 있어야 하며 냉각방법 내용이 포함되어 있어야 한다.

자주 출제된 문제

배지멸균에 대한 설명으로 옳지 않은 것은?

① 발효조에 조제된 배지를 채우고 채워진 배지와 주변 배관을 멸균하는 것이다.
② 멸균 준비단계, 온도 상승 및 배지 멸균단계, 공기여과장치 멸균단계, 냉각 및 배지멸균 종료단계의 4단계로 진행된다.
③ 발효공정 담당작업자가 작업을 수행하고 작업사항을 제조공정기록서에 기록하고 서명한다.
④ 마지막 단계에 발효조 내부와 주변 배관을 공멸균한다.

|해설|

공멸균은 발효조에서 무균으로 배양할 수 있도록 발효조 내부와 주변 배관을 미리 멸균하는 것이다.

정답 ④

핵심이론 19 | 멸균 여부 확인

① 무균 시료 채취

  ㉠ 무균 구역 내에서 무균적으로 채취하는 방법과 무균처리한 용기를 이용해 무균 구역이 아닌 환경에서 시료를 채취하는 방법으로 나눌 수 있다.

  ㉡ 무균 구역에서의 무균 시료 채취 : 무균 구역 내의 무균물질, 멸균처리된 용기 또는 무균제제를 채워 넣은 밀봉제품, 미생물, 동식물 세포배양액 등에서 무균적으로 시료를 채취하는 작업이다.

② 무균 작업대(Clean Bench) : 무균 작업대는 국부적으로 완전한 청정환경을 얻기 위해 유해균, 유해물질 취급 시 사용자의 안전을 위해 오염된 공기를 차단하는 장치로 실내 전체를 대상으로 한 클린룸에 비해 간단하고 저렴하게 청정환경을 얻을 수 있다.

  ㉠ 무균 작업대의 종류 : 내부로 공기가 유입되는 방향에 따라 수평 기류형과 수직 기류형으로 나눈다.

    • 수평 기류형 : 무균 상태의 공기가 정면에서 수평 방향으로 흐르는 방식

    • 수직 기류형 : 무균 상태의 공기가 상부에서 수직 방향으로 흐르는 방식

  ㉡ 무균 작업대의 기준

    • 청정도 : Class 100

    • 주여과 : 헤파 필터(HEPA Filter)/$0.3\mu m$, 99.97%

    • 살균 : 자외선등(UV Lamp)

    • 공기흐름속도 : 0.3~0.5m/min

  ㉢ 무균 작업대의 사용법

    • 팬(Fan)을 작동시키고 압력 게이지를 조절해 유입될 공기량을 조절한다.

    • 앞 유리판을 작업에 적당한 높이로 열고 70% 알코올을 사용해 무균 작업대의 내부 바닥을 소독한다.

    • 알코올램프 또는 버너를 켜고 작업한 후 작업이 끝나면 알코올램프 또는 버너를 끈다.

    • 70% 알코올을 사용해 바닥을 소독하고 앞 유리판을 닫는다.

    • 팬을 끄고 자외선등(UV Lamp)을 켜서 내부를 멸균시킨다.

    • 15~20분 뒤 자외선등을 끈다.

③ 무균 시료 채취작업

  ㉠ 외부 미생물이나 물질에 의해 오염되지 않도록 하는 샘플링 작업을 한다.

  ㉡ 시험상의 오염을 방지하기 위해 시험방법은 원칙적으로 무균 조작이어야 하며 동시에 청결을 유지해야 한다.

  ㉢ 무균 시료 채취 전 준비사항

    • 무균 작업대의 청결 및 살균

    • 시료 채취할 준비물 용기, 기구, 용액 등의 멸균

    • 실험복 청결

  ㉣ 무균 시료 채취 시 주의사항

    • 작업 전 반드시 자외선을 끄고 작업한다.

    • 알코올램프 사용 시 화상에 주의한다.

    • 시료 채취기구, 용기, 용액은 반드시 멸균 또는 살균한다.

    • 작업 완료 후 무균 작업대, 실험실 청결 유지 및 개인위생을 철저히 관리한다.

④ 현미경 검경

19-1. 무균 작업대의 기준으로 옳지 않은 것은?

① 주여과 : 헤파 필터/0.3μm, 99.97%
② 살균 : 자외선등(UV Lamp)
③ 청정도 : Class 100
④ 공기흐름 속도 : 0.1~0.3m/min

19-2. 무균 시료 채취 시 주의할 사항이 아닌 것은?

① 작업 전 반드시 자외선을 켜고 작업한다.
② 작업 완료 후 개인위생을 철저히 관리한다.
③ 시료 채취기구, 용기, 용액은 반드시 멸균 또는 살균한다.
④ 알코올램프 사용 시 화상에 주의한다.

|해설|

19-1
무균 작업대의 공기 흐름 속도는 0.3~0.5m/min이다.

19-2
무균시료 채취 시 작업 전 자외선은 반드시 끄고 작업한다.

정답 19-1 ④ 19-2 ①

핵심이론 20 | 고체배양법을 통한 오염 여부 확인

① 고체배양법은 멸균된 시료 또는 무균 조작에 사용되는 장치 및 배양기의 오염 여부를 확인하는 방법으로 표준평판배양법, 건조필름법, 멤브레인 필터법 및 자동화 검사장비를 이용한 세균수 검사법 등이 있다.

② 표준평판배양법에 의한 오염 여부 확인 : 표준평판배양법은 표준평판배지에 시료를 혼합·응고시켜 배양하거나 시료를 평판배지에 도말해 배양한 후 형성된 미생물의 집락(Colony)수를 계수하여 시료 중의 미생물의 생균수를 산술하는 방법이다.

㉠ 기구 및 재료 : 멸균기, 배양기, 항온 수조, 냉동·냉장고, 집락계산기, pH 미터, 균질기, 피펫, 시험관 또는 희석병, 페트리 접시 등

㉡ 배지 및 용도
- 트립틱 소이 한천배지(TSA ; Tryptic Soy Agar)
  - 다양한 종류의 세균성 미생물 성장이 용이한 배지로, 세균 오염을 확인하는 데 사용한다.
  - 배지는 증류수 1L당 Pancreatic Digest of Casein(15.0g), Papaic Digest of Soybean(5.0g), Sodium Chloride(5.0g), Agar(15.0g)로 조성되며, pH는 7.3±0.2이다.
- 감자 포도당 한천배지(PDA ; Potato Dextrose Agar)
  - 다양한 종류의 진균류(효모, 곰팡이) 성장이 용이한 배지로, 진균 오염을 확인하는 데 사용한다.
  - 배지는 증류수 1L당 Potato Infusion from 200g(4.0g), Dextrose(20.0g), Agar(15.0g), Purified Water(1,000mL)로 조성되며, pH는 5.6±0.2이다.
- 포도당 펩톤 한천배지(GPA ; Glucose Peptone Agar)
  - 다양한 미생물의 성장이 용이한 배지이다.

- 증류수 1L당 Peptic Digest of Animal Tissue (20.0g), Dextrose(10.0g), Sodium Chloride (5.0g), Agar(15.0g)로 조성되며, pH는 7.2 ± 0.2 이다.
© 배지의 제조 및 멸균방법
- 배지제조설명서에 따라 제조하고자 하는 양만큼 제조한다.
- 제조하고자 하는 용기를 준비하고, 원하는 부피의 2/3 만큼의 증류수와 배지를 정확하게 저울로 달아서 넣는다.
- 자석교반기에서 교반하면서 육안으로 완전히 녹는 것을 확인하고 증류수를 첨가해 원하는 부피로 맞추어 교반한다.
- 멸균기를 사용해 121℃에서 20분간 멸균시킨다.
- 멸균이 끝난 후 무균 작업대로 옮겨서 45℃ 항온수조에 넣는다. 또는 도말평판법을 이용할 경우 무균 작업대 내에서 멸균된 피펫으로 20mL씩 페트리 접시에 분주해 굳혀서 사용한다.
② 조 작
- 세균수 시험
  - 지름 9~10cm 페트리 접시 내에 미리 굳힌 트립틱 소이 한천배지 표면에 전처리 검액 0.1mL 이상을 도말하거나 검액 1mL를 같은 크기의 페트리 접시에 넣고, 그 위에 멸균 후 45℃로 식힌 20mL의 배지를 넣어 잘 혼합한다.
  - 검체당 최소 2개의 평판을 준비하고 30~35℃에서 적어도 48시간 배양한 후에 시료의 오염 여부를 확인한다.
- 진균수 시험 : 세균수 시험에 따라 시험을 실시하되 배지는 진균수 시험용 배지를 사용하여 배양온도 20~25℃에서 적어도 5일간 배양한 후 시료의 오염 여부를 확인한다.

③ 건조필름법에 의한 오염 여부 확인
© 건조필름 배지는 세균 및 진균류가 증식할 수 있도록 영양 성분을 필름에 코팅한 것으로 시료를 건조필름 배지에 접종하면 수분을 흡수해 한천배지와 같이 겔을 형성하여 미생물이 집락을 형성한다.
© 3M사에서 공급하는 페트리필름(Petrifilm)은 미생물의 생육 특성을 고려해 지시약이 건조필름 배지에 포함되어 있어 균의 판독을 한천배지보다 용이하게 해 준다.
© 페트리필름은 한천배지와 같은 영양 성분을 이용하므로 실험의 원리는 전통적인 한천배지법과 같으나 배지의 제조나 배양시간 등을 최대한 줄여 짧은 시간에 많은 실험을 할 수 있도록 개발된 새로운 미생물 시험법이다.
② 이것을 사용해 필름 사이에 접종하고 30~35℃에서 24~48시간 동안 배양한 후 생성된 미생물 집락 형성으로 오염 여부를 확인한다.

④ 오염일지 작성 및 보고
© 오염일지 작성은 멸균공정, 제품의 제조공정과정을 감시하는 것으로 공정 업무가 표준에 맞게 이루어지는지를 확인하는 과정한다.
© 멸균 확인방법 : 멸균공정의 관리 또는 멸균 확인의 지표로 사용되는 것으로는 생물학적 지표체(BI : Biological Indicator), 화학적 지표체(CI : Chemical Indicator), 선량계, 멸균테이프 등이 있다.
- 생물학적 지표체(BI)
  - 생물학적 지표체는 멸균방법 중 가장 내성이 큰 표준화된 생존 미생물의 균주를 이용한 멸균감시방법(Sterilization Process Monitoring Method)으로 멸균을 확인할 수 있는 가장 확실하고 신뢰할 수 있는 방법이다.

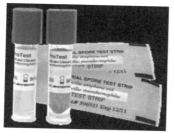
생물학적 지표체

화학적 지표체

멸균 테이프

[멸균 확인 지표]

(출처 : sterilecheck.com/stericert.com)

– 생물학적 지표체는 세균아포(Bacteria Spore)
를 포함한 모든 미생물의 생존 유무를 확인함
으로써 멸균 여부를 증명하기 위해 사용한다.

– BI는 특정 멸균법에 대해 강한 저항성을 나타내는
지표균을 이용해 만들어진 것으로 해당 멸균법의
멸균 조건의 결정 및 멸균공정관리에 이용한다.

[대표적인 지표 균주의 종류]

멸균법	지표균	균주명
고압증기법 (스팀멸균법)	*Geoabcillus stearother-mophilus*	ATCC 7953, ATCC 12990 NBRC 13737, NBRC 12550 JCM 9488, JCM 2501 KCTC 2107, KCTC 1752
건열법	*Bacillus atrophaeus*	ACTT 9372 NBRC 13721 KCTC 1022
기체법	*Bacillus atrophaeus*	ACTT 9372 NBRC 13721 KCTC 1022

– 생물학적 지표체(BI)의 설치방법

ⓐ 피멸균물이 건조형인 경우 : 건조형 BI를
미리 정해진 제품 또는 제품과 동등한 멸균
효과를 나타내는 적절한 유사제품 내의 가
장 멸균하기 어려운 부위에 설치하며 보통

제품과 같은 모양으로 포장하고 2차 포장
이 되어 있는 경우에는 이것에 따른다.

ⓑ 피멸균물이 습식형인 경우 : 제품과 동일
한 용액 또는 적절한 유사 용액에 지표균의
포자를 BI로 현탁시키고 이것을 가장 멸균
하기 어려운 부위에 설치한다.

– 지표균의 배양조건

ⓐ 보통 대두 카세인 소화액체 배지를 이용한다.

ⓑ 일반적인 지표균의 배양조건은 *G. stearo-
thermophilus*의 경우에는 55~60℃에서 7
일간, *B. atrophaeus*의 경우에는 30~35℃
에서 7일간 배양시킨다.

• 화학적 지표체(CI) : CI는 열, 기체 또는 방사선
조사작용의 화학 또는 물리 변화에 의해 변색한
물질을 종이 등에 도포 또는 인쇄한 것으로 용도
별 세 가지로 분류한다.

– 멸균처리의 유무를 구별하기 위해 이용한다.

– BI의 사멸조건에 어느 정도의 안전시간을 더
한 멸균조건으로 색이 변화하는 멸균공정관리
에 이용한다.

– 진공형 멸균 장치의 진공 배기능력시험을 실
시하는 경우에 보비와 딕 타입(Bowie & Dick
Type)을 이용한다.

• 선량계

– 방사(감마)선법에서의 멸균 효과는 피멸균물
의 흡수선량에 의존하므로 멸균공정관리는 주
로 흡수선량을 측정한다.

– 선량계의 설치 위치는 조사용기의 최저 선량
부위 또는 최저 선량 부위에 대해 양적 관계가
분명하게 되어 있어 관리가 용이한 부위이며
측정은 조사 로트마다 하며 동일 로트를 형성
하는 조사용기수가 많은 경우에는 조사 실내
의 유효조사 구간 내에 항상 1개 이상의 선량
계를 사용한다.

– 선량계에 따라서는 조사 전후 및 조사 중의 환경조건(온도, 습도, 자외선 및 결과 해석까지의 시간 등)에 영향을 받는 경우도 있으므로 주의한다.

© 미생물을 지표로 하는 멸균조건 설정법 : 피멸균물의 멸균법에 대한 특성, 생물(미생물) 부하수 등을 고려해 적절한 방법을 선택하고 멸균조건을 설정한다.

• Half-cycle법 : 피멸균물 위에 존재하는 생물(미생물) 부하나 검출균의 해당 멸균법에 대한 저항성에 관계없이 BI에 포함된 106개의 지표균 모두를 사멸시키는 처리시간의 2배 멸균시간을 채용하는 방법이다.

• Overkill법 : 피멸균물에 존재하는 생물(미생물) 부하수나 검출균의 해당 멸균법에 대한 저항성에 관계없이 10^{-6}개 이하의 무균성 보증 수준을 얻을 수 있는 조건에서 멸균을 시행하는 것을 전제로 하며, 보통 D값이 1.0 이상의 균수를 알고 있는 BI를 이용해 지표균을 10^{-12}개($12D$) 감소시키는 것과 동등한 멸균조건을 적용하는 방법이다.

• 생물학적 지표체(BI)와 생물(미생물) 부하의 병용법

– 병용법은 광범위한 생물(미생물) 부하 조사로 얻어진 평균 생물(미생물) 부하수에 3배의 표준편차를 더한 것을 보통 최대 생물(미생물) 부하수로 보고 목표로 하는 무균 보증 수준을 근거로 BI를 이용해 멸균 시간(또는 멸균 선량)을 산출하는 방법이다.

– 피멸균물의 생물(미생물) 부하수를 빈번히 조사하고, 검출균의 해당 멸균법에 대한 저항성 측정도 정기적으로 실시해야 하며 생물(미생물) 부하 조사에서 BI의 지표균보다 저항성이 강한 균종이 검출된 경우에는 이것을 지표균으로 한다.

$$\text{멸균 시간(또는 멸균 선량)} = D \times \log(N_0 / N)$$
여기서, D : BI의 D값
N_0 : 피멸균물의 최대 생물(미생물) 부하
N : 목적으로 하는 무균성 보증 수준

※ D값 : 일정 조건하에서 멸균법을 실시하였을 때의 미생물 사멸률을 나타내며 최초의 균수를 90% 사멸시켜 생잔균수를 1/10로 감소시키는 데에 소요된 처리시간(분)을 표현한 값이다. 일반적으로 고압증기멸균용 지표균으로서 사용하고 있는 *Bacillus stearothermophilus*의 1/10 감소시간은 121℃에서 약 2.5분이다.

• 절대 생물(미생물) 부하법

– 절대 생물(미생물) 부하법은 피멸균물이나 제조환경으로부터 검출된 균에 대해 해당 멸균법에 대한 저항성 조사를 하고 그 중 가장 저항성이 강한 균을 선택한 후 그 균의 D값을 이용해 피멸균물의 생물(미생물) 부하수를 근거로 멸균조건을 설정하는 방법이다.

– 생물(미생물) 부하수는 보통 광범위한 생물(미생물) 부하 조사로 얻어진 평균 생물(미생물) 부하수에 3배의 표준편차를 더한 것을 이용한다.

– 이 방법을 채택하는 경우 일상적인 생물(미생물) 부하 관리에서 균수 계측 및 검출균의 해당 멸균법에 대한 저항성 측정을 빈번하게 실시해야 한다.

⑤ 생물학적 지표체(BI) 배양 결과 및 화학적 지표체(CI) 결과 판정 : 멸균과정이 완료되면 CI는 즉시 육안으로 관찰해 판정하면 되고, BI는 식힌 다음 멸균 형태별 배양조건에서 배양한 후 결과를 판정한다.

[형태별 배양조건]

멸균 형태	배양온도	배양시간	비 고
고압증기멸균	57±2℃	24~48시간	BI 제조사별로 배양 온도의 차이가 있다.
EO 가스멸균	37±2℃	24~48시간	
H_2O_2 플라스마 멸균	55~60℃	24~48시간	
건열멸균	37~80℃	최대 250시간	

고체배양법은 멸균된 시료 또는 무균 조작에 사용되는 장치 및 배양기의 오염 여부를 확인하는 방법이다. 그 종류가 아닌 것은?

① 표준평판배양법
② 유기용매 침전법
③ 멤브레인 필터법
④ 세균수 검사법

| 해설 |

고체배양법을 통한 오염 여부 확인 : 고체배양법은 멸균된 시료 또는 무균 조작에 사용되는 장치 및 배양기의 오염 여부를 확인하는 방법으로 표준평판배양법, 건조필름법, 멤브레인 필터법 및 자동화 검사 장비를 이용한 세균수 검사법 등이 있다.

정답 ②

핵심이론 21 | 멸균 관련 기기 정상 상태 판단

① 멸균기의 평가방법

ㄱ 멸균 실행결과의 일상적인 평가방법 : 멸균결과에 대한 평가방법으로 생물학적 지표체를 사용하는 방법이 국제적으로 인정받고 있으며, 화학적 지표체는 올바른 멸균공정을 수행했다는 공정 확인의 수단이다.

ㄴ 정기적인 실험을 통한 평가방법 : 멸균결과를 정기적 실험을 통해 평가하는 방법으로는 일반적으로 유효성 평가(밸리데이션, Validation)가 사용되며 멸균기와 멸균공정과 멸균기 장비에 대한 확인과 멸균공정의 성능에 대한 확인과정을 평가한다.

• 1단계 설치 적격성 : 멸균기의 구조와 설치조건의 타당성을 측정하고 확인하는 단계
  – 멸균기의 사양서, 전체 도면, P&I도, Utility 취합도, 기기 배치도, 제조자의 검사성적서, 주요 원·부자재의 체크리스트 등을 확인하고 측정하여 멸균기 자체의 적격성 여부와 설치 규칙 적합 여부를 판정한다.

• 2단계 작동 적격성 : 멸균기 작동 상태의 적합 여부를 측정하고 확인하는 단계
  – 전원을 인가한 상태에서 빈 체임버로 멸균기 사이클을 운영해 작동의 적격 여부와 체임버 내 열 분포 상태와 멸균의 파라미터를 측정하여 적격성 여부를 판정한다.

• 3단계 성능 적격성 : 실제로 멸균하고자 하는 대상물을 체임버에 넣고 사이클을 운영해 열 분포, 열 침투, 멸균 파라미터, 생물학적 지표체, 화학적 지표체 등에 의한 실험을 하여 적격성 여부를 확인한다.

② 멸균기 유지관리
　㉠ 멸균공정 전 작업
　　• 압축공기 확인 : 압축공기 필터를 통해 공기 공급 여부를 확인한다.
　　• 수압 확인 : 멸균기 전면의 수압계로 확인한다(수압이 0.1MPa보다 낮으면 진공펌프를 가동하지 않음).
　㉡ 멸균공정 후 작업
　　• 전원 차단 : 장시간 사용하지 않을 시 전원을 꺼둔다.
　　• 체임버 내부 및 로딩카 세척 : 체임버 내부와 로딩카의 온도가 실온과 비슷하게 내려간 후 중성세척제로 씻고 수돗물로 씻어낸 후 털이 일지 않는 천으로 닦고 체임버 앞부분 여과망에 붙은 섬유 찌꺼기와 침전물을 제거해 공기 추출속도를 빠르게 유지하고, 응결수를 잘 통하게 하며 온도의 수치와 압력이 부합되도록 한다.
　　• 개스킷 점검 : 개스킷 표면에 상처나 부식된 부분이 있는지 살피고 필요시 개스킷을 교환하며 비가동 시에는 문을 열어 두어 개스킷이 오랜 기간 압축되어 밀봉성능과 수명에 영향을 주는 것을 방지한다.
③ 멸균기 및 멸균작업 관리에 대한 안전 대책방안
　㉠ 사용자는 멸균기의 안전한 사용과 성능의 지속적인 유지를 위해 반드시 제조자가 공급하는 정보나 자료를 숙지하여 준수해야 하며, 멸균에 대한 교육과 훈련을 받은 전문 멸균담당자를 선정하여 업무 배정을 해야 한다.
　㉡ 정부 감독기관에서는 멸균 담당자 전문 교육과정에서 교육을 받은 자만이 멸균현장에서 업무를 할 수 있도록 제도화한다.
　㉢ 멸균기에 대한 밸리데이션 평가방법을 통해 체계적으로 실행 여부를 확인한다.

　㉣ 정부 감독기관은 멸균기의 안전성과 유효성을 확인하고 부적격할 때에는 해당 멸균기에 대한 사용 중지 명령을 부과하여 발생할 수 있는 안전사고 예방, 화학물질 비산 등으로 인한 환경오염 등을 사전에 예방한다.
④ 고압증기멸균기의 밸리데이션
　㉠ 고압증기멸균기의 밸리데이션 시험에 필요한 장비 및 지표체

[밸리데이션 시험에 필요한 장비 및 지표체 종류]

시험장비		지표체(Indicator)	
온도 Logger	온도, 압력 Logger	Biological Indicator Test	Bowie & Dick Test
온도 범위 (-40~400℃)	온도·압력 범위 (20~140℃, 0~5bar)	Steam Sterilization Test	Air Removal Test

　㉡ 멸균 확인 체계
　　• 생물학적 지표체 검사
　　　- 해당 멸균방법에 가장 내성이 큰 표준화된 생존 미생물의 균주를 이용한 멸균과정의 감시 방법으로 멸균을 확인할 수 있는 가장 확실한 방법이다.
　　　- 세균 아포를 포함한 모든 미생물의 생존 유무를 확인하여 멸균 여부 증명을 위해 사용한다.

[생물학적 지표 기준]

항목 기준		비 고
Population	1.0×10^6cfu 이상	-
D-value	1.5min 이상	-
Z-value	18.0℃	-
Survival Time	7.3min	아포가 모두 살아남는 최대 시간
Kill Time	18.1min	아포가 모두 죽는 최소 시간

- 보비-딕 검사(Bowie & Dick Test)
  - 선 진공 멸균기의 체임버 내 공기를 제거하는 진공시스템의 효율을 측정하기 위해 사용한다.
  - 진공 후 스팀이 주입될 때 에어포켓(Air Pocket)이 생기지 못하도록 체임버 안의 잔여 공기를 효과적으로 제거해 멸균기의 올바른 작동 여부를 진단하는 데 사용하는 테스트로 체임버 내의 공기 누출도 탐지할 수 있다.
- 센서 교정(Sensor Calibration)시험
  - 센서 교정은 온도 로거(Logger)를 사용하며, 시험 기준은 ±1.0℃이다.
  - 멸균기의 최소 온도는 90℃, 최대 온도는 130℃이며, 기준 온도는 121℃이다.
- 스팀 질(Steam Quality)시험
  - 스팀발생기에서 얻어진 습스팀 혼합물은 미세한 안개와 같은 상태로서 포화수의 2%에 해당하는 습스팀과 98%의 건스팀으로 구성된다.
  - 건스팀의 백분율이 97% 이하로 떨어지지 않아야 한다.
  - 불응축 가스시험, 고열증기시험, 증기건조도시험이 있다.
- 공기누출시험(Air Leakage Test)
  - 진공 상태에서 멸균기 체임버 내에 누출되는 공기의 양이 멸균물품으로 증기가 침투하지 못하게 하는 수준을 초과하는지 여부, 건조 시 멸균기가 재오염될 가능성의 여부를 확인한다.
  - 모든 멸균과정에서 진공을 이용해 공기를 제거하는 경우 진공기 간에 멸균기 체임버로 누출되는 공기로 인한 압력 상승률이 0.13kPa/min (1.3mbar/min)을 초과해서는 안 된다.
- 온도분포시험
  - 빈 체임버(Empty Chamber) 시험 : 멸균기의 빈 체임버 상태에서 최소 온도지점을 찾기 위한 시험으로 재현성 확보를 위해 3회 실시한다.
  - 최소 적재 시 최소 온도지점 확인(Min Chamber) 시험 : 멸균기의 최소 적재 상태에서의 최소 온도지점을 알기 위해서 실시한다.
  - 최대 적재 시 최대 온도지점 확인(Max Chamber) 시험 : 멸균기의 최대 적재 상태에서 최대 온도지점을 알기 위해서 실시한다.
- 열침투시험
  - 멸균기 안의 적재물이 설정온도에서 열 침투가 이루어져 적절하게 멸균이 이루어지는지를 확인하는 시험이다.
  - 최소 체임버 시험 : 최소 맵핑(Mapping) 상태에서 스팀 침투를 측정하는 시험
  - 최대 체임버 시험 : 최대 맵핑(Mapping) 상태에서 스팀 침투를 측정하는 시험

자주 출제된 문제

멸균 상태를 테스트 하는 방법 중 건조 시 멸균기가 재오염될 가능성 여부를 확인하는 것은?

① 열침투시험
② 공기누출시험
③ 스팀 질시험
④ 보비-딕 검사

|해설|

공기누출시험(Air Leakage Test)
- 진공 상태에서 멸균기 체임버 내에 누출되는 공기의 양이 멸균물품으로 증기가 침투하지 못하게 하는 수준을 초과하는지 여부, 건조 시 멸균기가 재오염될 가능성 여부를 확인한다.
- 모든 멸균과정에서 진공을 이용해 공기를 제거하는 경우 진공기 간에 멸균기 체임버로 누출되는 공기로 인한 압력 상승률이 0.13kPa/min(1.3 mbar/min)을 초과해서는 안 된다.

정답 ②

① 고압증기멸균공정지침서

   ⊙ 목적 : 올바른 사용방법을 숙지해 체계적으로 효율적인 운영 및 장비 파손을 방지하고, 모든 물품, 제품의 멸균 상태를 객관적으로 관리·운영해 확실한 멸균시스템을 구축한다.

   ⓛ 적용범위 : 고압증기멸균기의 작동 및 유지보수에 적용하며 세부적인 멸균조건은 고압증기멸균기의 밸리데이션 결과를 적용한다.

   ⓒ 책임과 권한

     • 멸균담당자의 책임

      − 기기의 올바른 사용을 위해 사용법, 청소방법, 주의사항 등이 기재된 사용지침서를 비치한다.

      − 설비의 일반적 유지관리

      − 설비의 이상 발생 시 관련자에게 수리 의뢰

      − 멸균지침서에 의한 멸균이 유지될 수 있도록 멸균작업자 교육

      − 모든 멸균공정은 멸균공정기록표 및 멸균 이력관리, 제품 이력카드의 기록 유지

     • 품질보증팀 담당자의 책임

      − 각종 계측기의 검사 및 교정

      − 생물학적 지표체 관리 및 배양

      − 멸균에 필요한 각종 시험 및 계획

     • 자재관리 담당자의 책임 : 생물학적 지표체 배양 후 안전성이 확보된 제품만 출고할 책임

   ⓔ 장비 개요

     • 기기 명칭 : 고압증기멸균기

     • 제작사

     • 제작 연월

     • 기기 구성 : 본체, 레코더

   ⓜ 사용조건

     • 일반 스팀 : 압력 $2.0{\sim}3.5\text{kg/cm}^2$

     • 클린 스팀 : 압력 $1.5{\sim}2.0\text{kg/cm}^2$

     • 공기 : 압력 $6{\sim}7\text{kg/cm}^2$

   ⓑ 멸균조건

멸균물	온도(℃)	멸균시간(분)
섬유 팩	132	15
금속제 기구 용구	132	10
고 무	121	15
액 체	121	20

   ⓢ 작업방법

     • 누출시험(Leak)을 주 단위로 실시해 멸균기의 성능을 점검한다.

     • 누출시험(Leak) 결과를 고압증기멸균기 검사기록표에 부착한다.

     • 주전원 스위치를 켜고, 준비단계를 확인한다.

     • 온도와 멸균시간을 통해 이상 유무를 확인하고 온도와 멸균시간이 맞지 않으면 다시 세팅한다.

     • 자동 스위치를 누른다.

     • 멸균물을 밸리데이션된 방법대로 적재 후 문을 닫고 시작 버튼을 누른다.

     • 가동이 되면 재킷 스팀 공급밸브 및 배출밸브가 1~3분 정도 열렸다 닫힌다.

     • 체임버 내로 스팀이 들어온다.

     • 에어포켓(Air Porket)을 잡기 위한 초기 진공이 이루어진다.

     • 체임버 재킷을 가열한다.

     • 멸균 시점에 도달하면 멸균 타이머가 작동되고 지정시간 동안 멸균한다.

     • 멸균이 끝나면 배출(Drain)이 작동한다.

     • 지정한 시간 동안 진공건조가 진행된다.

     • 진공 배출 및 재킷 배출이 진행된 후 가동이 종료된다.

     • 멸균 종료 후 건조까지 끝나면 종료버저가 울리고 종료램프가 점등, 안전에 주의하며 천천히 문을 개방한다.

     • 가동 완료 후 기기 가동일지를 작성하고 온도기록계의 기록지로 멸균 상태를 확인한다.

- 레코더에서 기록지를 잘라내어 제조기록서 또는 밸리데이션 리포트에 붙인다.
- 제조기록서 또는 밸리데이션 리포트에 부착된 기록지에 온도 스케일 및 차트 스피드를 표기한다.
- 레코더기록지에 멸균온도 121℃ 해당 부분을 표시하고 실제 멸균된 시간을 측정해 기록한다.

ⓞ 주의사항
- 오류 발생 시 점검사항 : 스팀
  - 주스팀압력 게이지의 압력이 2.0~3.5kg/cm² 인지 확인한다.
  - 주스팀이 사용되는 부분은 멸균기의 재킷이며, 필요한 스팀 압력은 1.2~1.5kg/cm²이다.
  - 경고음이 울리면 주스팀밸브의 잠김 여부를 확인하고, 담당자에게 유틸리티 일반 스팀의 문제 발생을 통보한다.
  - 스팀압력 게이지의 압력이 1.5~2.0kg/cm²인지 확인한다.
  - 스팀이 사용되는 부분은 멸균기의 체임버 내부이며, 필요한 스팀압력은 1.2~1.3kg/cm²이다.
  - 경고음이 울리면 스팀밸브의 잠김 여부를 확인하고, 담당자에게 유틸리티 클린 스팀의 문제 발생을 통보한다.
- 오류 발생 시 점검 사항 : 압축공기
  - 압축공기 압력게이지의 압력이 4.5~8.0 kg/cm²인지 확인한다.
  - 멸균기에서 사용하는 자동밸브는 공압밸브로 공기가 3.5kg/cm² 이하일 때 동작을 멈춘다.
  - 도어 밀폐에 관여하는 공기압력은 4.2kg/cm²로 지정되어 있어 기준 압력 이하일 때에는 기계가 작동하지 않는다.
  - 경고음이 울리면 압축공기 밸브의 잠김 여부를 확인하고, 담당자에게 유틸리티 공기의 문제 발생을 통보한다.

ⓩ 유지보수 및 점검
- 필터는 1년에 한 번씩 반드시 교체한다.
- 내부는 중성세제를 이용해 닦는다.
- 기기에 이상이 발생한 경우 최초 발견자는 이상 발생 보고서를 작성해 곧바로 기기담당자에게 통보하고, 기기담당자는 고장 정도를 파악하여 자체 해결하거나 공무부서 및 공급업체에 연락을 취해 적절한 조치를 받으며 유지보수에 대한 내용은 기기 사용일지 등에 작성해 관리한다.
- 중요한 기기의 부품 교환이나 프로그램 교체 시에는 반드시 재인정검사를 실시한다.
- 기기 사용자는 항상 기기의 교정 여부를 확인하고, 확인된 기기만 사용하며 기기 교정이 안 된 경우에는 '사용금지' 라벨을 부착하고, 기기담당자에게 보고하여 적절한 조치를 받는다.

ⓩ 해당 기기 또는 설비의 관련 문서의 보관 : 해당 기기 또는 설비의 관련 기록은 매년 초에 과년도의 기록자료를 담당 부서에 이관하여 3년간 보관한다.

ⓚ 해당 기기 교정 : 해당 기기의 교정주기는 자체 교정은 6개월에 한 번, 외부 교정은 1년에 한 번, 모든 교정 시 장비사용일지에 기록하며, 외부 교정 시에는 이에 관련된 교정문서를 담당 부서에 이관한다.

ⓔ 이상 조치
- 이상 상태 발생 시 기기 담당자는 이상 발생 시점에 즉시 관련 부서 책임자에게 보고한다.
- 관련 부서 담당자 또는 책임자는 이상 발생 시 이상 발생 시점에서의 보관품 정보 및 그 영향 등 제반 의견을 이상 발생 보고서에 포함한다.
- 기기 고장 시 조치사항은 기기 관리 규정에 따른다.

22-1. 고압증기멸균공정지침서에서 멸균 담당자의 책임이 아닌 것은?

① 설비의 일반적 유지관리

② 설비의 이상 발생 시 관련자에게 수리 의뢰

③ 멸균에 필요한 각종 시험 및 계획

④ 멸균지침서에 의한 멸균이 유지될 수 있도록 멸균 작업자 교육

22-2. 멸균기의 유지보수 및 점검내용으로 알맞지 않은 것은?

① 필터는 6개월에 한 번씩 반드시 교체한다.

② 내부는 중성세제를 이용해 닦는다.

③ 중요한 기기의 부품 교환이나 프로그램 교체 시에는 반드시 재인정검사를 실시한다.

④ 기기 사용자는 항상 기기의 교정 여부를 확인하고, 확인된 기기만을 사용한다.

|해설|

22-1

멸균 담당자의 책임

• 기기의 올바른 사용을 위해 사용법, 청소 방법, 주의사항 등이 기재된 사용지침서를 비치한다.

• 설비의 일반적 유지관리

• 설비의 이상 발생 시 관련자에게 수리 의뢰

• 멸균지침서에 의한 멸균이 유지될 수 있도록 멸균작업자 교육

• 모든 멸균공정은 멸균공정 기록표 및 멸균 이력관리, 제품 이력카드의 기록 유지

품질 보증팀 담당자의 책임

• 각종 계측기의 검사 및 교정

• 생물학적 지표체 관리 및 배양

• 멸균에 필요한 각종 시험 및 계획

22-2

필터는 1년에 한 번씩 반드시 교체한다.

정답 22-1 ③ 22-2 ①

핵심이론 23 | 원·부재료 관리 1

① 원·부재료관리표준서

㉠ 목적 : 원·부재료관리를 위한 업무의 방법과 책임, 권한, 요구사항 등을 명시하여 적용 범위를 명확히 하며 이를 통하여 원·부재료의 부적합 발생을 방지하고 적기 조달을 통하여 생산하고자 하는 제품의 공장 조업을 원활히 하고 자재관리를 효율적으로 수행할 수 있도록 한다.

㉡ 제품의 개발 및 생산을 위해 조달된 원·부재료에 대한 관련 정보, 수급 일정과 소요량 계획, 손실량에 따라 사용되는 원·부재료 재고관리, 변질 가능성이나 위험성이 높은 원·부재료의 특성에 따른 보존 및 사용, 원·부재료 수송관리, 각 공정별 생산 중간 원·부재료의 품질시험 및 검사를 위한 기준 설정 등을 포함한다.

㉢ 하나의 문서로 관리되거나 각 항목별로 주요내용들을 각 항목에 적합한 작업관리표준서를 작성하여 관리될 수 있으며 제품을 생산하는 기관의 자체 관리규정에 따른다.

㉣ 원·부재료 관리담당자는 원·부재료의 입고, 검수 및 검수보고서 발행, 부적합 제품에 대한 처리, 원·부재료 취급 또는 보관 중 발생 가능한 품질 저하 방지 및 제품 생산계획에 의한 원·부재료 출고 및 재고관리, 원·부재료의 원활한 수급을 위한 발주, 조달, 적정한 재고의 유지 등의 책임과 권한을 가지며 원·부재료의 저장 및 관리 시 저장위치의 파악 및 변질, 공간의 경제적 활용 등에 대한 내용도 원·부재료관리표준서에 포함시켜 관리해야 한다.

[원·부재료관리표준서 주요 고려항목]

항 목	주요 내용
원·부재료 선정 기준	제품 생산 계획에 의거하여 필요한 원·부재료의 선정
수급 절차	제품 생산 계획에 의거하여 원·부재료의 입고, 검수 및 검수보고서 발행, 부적합 제품처리, 취급 및 보관 중 품질저하 방지 조치, 출고 등 내외부 수급 절차 준수
규 격	계약사항에 명시된 시험성적서 접수 및 자체 검수 진행
MSDS	수송 및 보관, 제품 생산 시 취급에 관련된 안전규정 확인
적정 재고관리	제품 생산 계획에 의거하여 적정한 수준의 원·부재료 재고 유지

② 물질안전보건자료(MSDS ; Material Safety Data Sheet)
원·부재료는 소재의 특성을 파악하여 관리할 필요성이 있으며, 화학 소재의 안전에 관련된 정보는 물질안전보건자료(MSDS)라는 명칭으로 물질의 이름, 성분, 유해성, 위험성, 보관방법, 다룰 때 주의할 점, 필요한 보호구, 응급조치방법 등을 포함한다.

㉠ 물질안전보건자료(MSDS)의 정의
- 대상 화학물질이 가지는 유해성, 위험성, 위험상황 발생 시 응급조치요령, 취급방법 등을 포함하는 자료이다.
- MSDS는 목표로 하는 제품의 생산활동에 포함되는 모든 화학물질(원·부재료)과 제품 자체별로 작성한다.

㉡ MSDS의 필요성 : 화학물질의 경우 충분한 유해성, 위험성이 설명되지 않는 경우 생산자 및 소비자를 포함한 모두의 피해를 줄이기 위하여 MSDS를 작성하고 이를 사용하는 현장에 MSDS를 비치하여 사용자의 피해를 미연에 방지하고, 발생할 수 있는 응급상황에서 화학물질별 적합한 응급조치를 취할 수 있도록 MSDS의 작성 및 비치를 법제화하고 교육을 진행한다.

㉢ MSDS 관련법(산업안전보건법)
- MSDS 작성 및 게시·교육(제114조)
  - 물질안전보건자료대상물질을 제조하거나 수입하려는 자는 제품명, 화학물질의 명칭 및 함유량, 안전 및 보건상의 취급 주의 사항, 건강 및 환경에 대한 유해성, 물리적 위험성, 물리·화학적 특성 등 고용노동부령으로 정하는 사항을 포함한 MSDS를 작성하여 고용노동부장관에게 제출하여야 한다(제110조).
  - 물질안전보건자료대상물질을 취급하는 작업장 내에 이를 취급하는 근로자가 쉽게 볼 수 있는 장소에 게시하거나 갖추어 두어야 한다.
  - 사업주는 물질안전보건자료대상물질을 취급하는 작업공정별로 물질안전보건자료대상물질의 관리 요령을 게시하여야 한다.
  - 사업주는 물질안전보건자료대상물질을 취급하는 근로자의 안전 및 보건을 위하여 해당 근로자를 교육하는 등 적절한 조치를 하여야 한다.
- 물질안전보건자료대상물질 용기 등의 경고표시(제115조)
  - 물질안전보건자료대상물질을 양도하거나 제공하는 자는 이를 담은 용기 및 포장에 경고표시를 하여야 한다. 다만, 용기 및 포장에 담는 방법 외의 방법으로 물질안전보건자료대상물질을 양도하거나 제공하는 경우에는 경고표시 기재 항목을 적은 자료를 제공하여야 한다.
  - 사업주는 사업장에서 사용하는 물질안전보건자료대상물질을 담은 용기에 경고표시를 하여야 한다. 다만, 용기에 이미 경고표시가 되어 있는 등의 경우에는 그러하지 아니하다.

[물질안전보건자료(MSDS) 내 경고표시(주요 사례)]

[물질안전보건자료(MSDS) 내 라벨링 예시]

- 제품 생산자 정보
- 시약 명칭
- 주요 경고표시
- 위험 예방 방법

ⓔ 작업자의 MSDS 관련 교육
- 화학물질을 직접 취급하는 작업자는 각 화학물질별 유형성, 위험성, 취급 시 유의사항 및 비상상황 발생 시 화학물질별 응급조치요령 등 화학물질별 MSDS에 포함된 내용에 대한 교육을 실시하여야 하고, 관련 사항을 정리하여 작업장에서 관리한다.
- 안전담당 및 책임자는 화학물질을 취급하는 작업자를 대상으로 한 교육계획을 수립하고 이에 따라 MSDS에 포함된 해당 물질의 물리적·화학적 성질 및 취급상의 유의사항들을 교육한다. 그 후 안전보건교육일지를 작성하여 실제로 수행된 교육내용에 대한 근거를 마련하고, 작업자들이 제품 생산과정에서 교육한 내용대로 작업을 이행하는지에 대한 관리 감독도 철저하게 진행한다.

ⓜ MSDS 교육 주요사항
- 사업주는 다음의 어느 하나에 해당하는 경우에는 작업장에서 취급하는 물질안전보건자료대상물질의 물질안전보건자료에서 해당되는 내용을 근로자에게 교육해야 한다. 이 경우 교육받은 근로자에 대해서는 해당 교육 시간만큼 안전·보건교육을 실시한 것으로 본다.

- 물질안전보건자료대상물질을 제조·사용·운반 또는 저장하는 작업에 근로자를 배치하게 된 경우
- 새로운 물질안전보건자료대상물질이 도입된 경우
- 유해성·위험성 정보가 변경된 경우
- 사업주는 교육을 하는 경우에 유해성·위험성이 유사한 물질안전보건자료대상물질을 그룹별로 분류하여 교육할 수 있다.
- 사업주는 교육을 실시하였을 때에는 교육시간 및 내용 등을 기록하여 보존해야 한다.
- 교육내용
  - 대상화학물질의 종류(화학물질의 명칭 또는 제품명)
  - 물리적 위험성 및 건강 유해성, 환경에 미치는 영향
  - 취급상의 주의사항
  - 적절한 보호구
  - 응급조치 요령 및 사고 시 대처방법
  - 물질안전보건자료 및 경고표지를 이해하는 방법

ⓗ MSDS의 작성 및 비치대상 화학물질(산업안전보건법 시행규칙 별표 18)
- 물리적 위험물질 : 폭발성 물질, 인화성 물질, 에어로졸, 물 반응성 물질, 산화성 물질, 고압가스, 자기반응성 물질, 자연발화성 물질, 자기발열성 물질, 유기과산화물, 금속 부식성 물질
- 건강 및 환경 유해물질 : 급성 독성물질, 피부 부식성 또는 자극성 물질, 심한 눈 손상성 또는 자극성 물질, 호흡기 과민성 물질, 피부 과민성 물질, 발암성 물질, 생식세포 변이원성 물질, 생식독성 물질, 특정 표적장기 독성물질(1회 노출), 특정 표적장기 독성물질(반복 노출), 흡입 유해성 물질, 수생환경 유해성 물질, 오존층 유해성 물질

ⓢ MSDS 작성 요령 : 다음의 16가지 항목이 모두 포함될 수 있도록 작성한다.

[MSDS 작성 항목(화학물질의 분류·표시 및 물질안전보건자료에 관한 기준 제10조)]

작성항목
1. 화학제품과 회사에 관한 정보
2. 유해성·위험성
3. 구성 성분의 명칭 및 함유량
4. 응급조치 요령
5. 폭발·화재 시 대처방법
6. 누출사고 시 대처방법
7. 취급 및 저장방법
8. 노출 방지 및 개인보호구
9. 물리화학적 특성
10. 안정성 및 반응성
11. 독성에 관한 정보
12. 환경에 미치는 영향
13. 폐기 시 주의사항
14. 운송에 필요한 정보
15. 법적 규제현황
16. 그 밖의 참고사항

◎ 과태료(제175조)

• 500만원 이하의 과태료 부과

– 물질안전보건자료를 게시하지 아니하거나 갖추어 두지 아니한 자

– 물질안전보건자료, 화학물질의 명칭·함유량 또는 변경된 물질안전보건자료를 제출하지 아니한 자

– 국외제조자로부터 물질안전보건자료에 적힌 화학물질 외에는 분류기준에 해당하는 화학물질이 없음을 확인하는 내용의 서류를 거짓으로 제출한 자

– 물질안전보건자료를 제공하지 아니한 자

– 고용노동부장관에게 제출한 물질안전보건자료를 해당 물질안전보건자료대상물질을 수입하는 자에게 제공하지 아니한 자

• 300만원 이하의 과태료 부과 : 물질안전보건자료의 변경 내용을 반영하여 제공하지 아니한 자

① 원·부재료 규격관리

ㄱ 목적 : 바이오화학 제품 생산에 필요한 원·부재료의 품질을 안정적으로 유지하고 제품 생산 시 발생 가능한 문제점을 사전에 파악하고 대비한다.

ㄴ 원·부재료의 제품 적용 전 생산업체로부터 원·부재료 관련한 규격(시험성적서, 물성표, 제품인증서 포함)을 제공받아 제품별 MSDS와 함께 적용을 검토하고, 필요시 제품에 대한 분석을 진행하여 규격 관련 사항에 대한 확인을 통해 확보된 품질은 최종 제품 생산 시까지 유지한다.

[원·부재료의 주요 관리항목]

주요 관리항목	내 용
양	생산현황 연계 재고관리 적용 관련
순 도	생산공정 시 수율 등 연계됨
입자 크기	생산공정 적합 여부 확인 필요
유통기한	생산공정 적합 여부 및 재고관리 연계

ㄷ 바이오화학 제품의 주요 원·부재료는 미생물 배양에 적용되는 배지 성분 및 미생물 공정과 정제공정에 사용되는 화학물질로 구분되며 배지 성분 중 주원료에 해당하는 탄소원은 주로 당(Sugar) 형태이고 당을 만들기 위해 사용되는 식물 원료별 특성은 다음 표와 같다.

[탄소원 원료별 특성]

원료별 분류	주요 원료 작물	특 성
당 질	사탕수수, 사탕무 등	• 설비 간단(당화과정 없음) • 50% 내외 전당 함유
전분질	옥수수, 타피오카, 쌀, 밀, 고구마 등	• 당화과정이 필요함 • 60% 이상 전분질 함유(원료별 상이)
섬유질	목재 및 초본류	당화를 위하여 복잡한 공정이 필요함(섬유소 분해를 위한 전처리공정 중요)

• 바이오화학 제품 생산에서 가장 중요한 탄소원의 경우 원료 작물의 형태에 따라서 품질기준을 수립하여 관리해야 한다.

ㄹ 원·부재료 품질관리 공통사항

• 입고 전 원·부재료별 품질 기준에 따른 품질검사를 실시한다.

• 원료별 보관조건에 맞는 보관 장소 마련 및 청결을 유지한다.

• 장·단기 사용 원료를 구분하여 선입·선출이 가능하도록 보관한다.

• 원·부재료 보관 장소에 점검일지를 비치하여 정기적 점검 및 미비사항을 보완한다.

② 원·부재료 품질 특성 : 바이오화학 소재 생산을 위한 원·부재료별 품질 특성은 제품 원료 구매 시 제공되는 MSDS 및 품질인증서 등에 내용이 포함되어 있으며 각 원·부재료를 구성하는 물질의 특성에 따라 공정 적용 및 보관 시 특성 반영이 필요하다.

02 배양 및 회수

핵심이론 01 | 배양조건 확인

① 배양조건 : 재조합 미생물을 이용하여 대량 생산 시 배양조건을 최적화하는 것이 중요하며, 배양조건으로는 배지의 안정성, 희석률, pH, 온도, 산소요구량, 교반속도 등이 해당된다.

ㄱ 배지의 안정성
  • 여러 성분들이 상호 간 반응하지 않고 물리적·화학적으로 고유한 특성을 유지하는 것을 말한다.
  • 배지의 안정성에 영향을 미치는 주요 요인 : 각 성분 간의 반응과 열에 의한 멸균 조건, 배지의 pH, 산소, 빛 등

ㄴ 희석률
  • 미생물을 연속 배양하는 경우 희석률이 재조합 DNA 생산물 생성에 큰 영향을 준다.
  • 연속식 배양에서의 희석률은 미생물의 비증식속도와 같기 때문에 결국 미생물 생장 속도가 생성물 생산에 주는 영향과 같은 의미이다.

ㄷ pH
  • 미생물은 일정한 pH 범위 내에서만 생장할 수 있고 생장에 최적인 pH가 있다.
  • 배양액에 탄산칼슘을 첨가해 두면 pH 7 정도를 유지하며, pH가 저하되면 탄산칼슘이 용해되어 pH가 올라가고, 미생물이 생성하는 산에 의해 pH가 내려간다.
  • 발효기의 pH는 산이나 염기를 첨가하여 조절이 가능하다.

ㄹ 온도
  • 미생물은 외부 온도에 따라 세포 온도가 변하므로 온도에 특히 민감하며, 생장 가능한 온도 범위를 벗어나면 생장 속도가 저하한다.
  • 미생물은 종류에 따라 생장에 필요한 최저 온도와 최고 온도가 있고, 그 사이 범위에서 생장 속도가 가장 빠르게 나타나는 최적 온도가 있다.

[미생물의 온도 의존성]

종 류	최저 온도(℃)	최적 온도(℃)	최고 온도(℃)	예
저온균	0~10	10~20	25~30	발광세균
중온균	0~7	20~40	40~50	곰팡이, 효모, 방선균, 세균, 고초균, 온천세균
고온균	25~45	50~60	70~80	*Bac. stearothermophilus*, *Lactobac. delbrueckii*

ㅁ 산소요구량
  • 미생물은 유기물질을 변화시켜 에너지를 획득하면서 생명을 유지하며, 에너지 획득 시 산소를 필요로 하는 미생물을 호기성 미생물이라 한다.
  • 배양기에서는 물에 녹은 상태인 용존산소 형태로 공급된다.
  • 호기성 배양에서는 산소가 대량으로 소비되는 기질의 하나이며, 산소가 호기적인 세포대사의 질과 양으로 지배하기 때문에 중요하다.
  • 임계산소농도 이상에서는 미생물 성장속도가 용존산소농도와 무관하나 용존산소농도가 임계값 이하일 때는 산소가 미생물 성장제한인자가 된다.
  • 임계산소농도
    – 박테리아, 효모 : 포화농도의 약 5~10%
    – 사상곰팡이 : 포화농도의 약 10~50%

ㅂ 기 타
- 대부분의 세포반응은 수용액 상태에서 일어나므로 미생물의 생존에 물은 매우 중요한 요소이다.
- 물이나 수분의 영향을 검토하기 위한 기준으로 수분 함량, 용질농도, 삼투압, 평형 상대습도, 수분 활성 등이 있다.

② 배양기 계측기 보정
ㄱ 온도 측정장치
- 배양기의 온도 측정 장치로는 열전대(Thermo-couple), Thermistor, 온도저항체를 많이 사용한다.
- 서미스터(Thermistor)는 온도에 따라 전기저항이 변하는 성질을 가진 반도체 회로소자로, 온도저항체(RTD)는 온도의 변화에 따라 증감하는 금속의 전기 저항으로 온도를 측정한다.
ㄴ pH 측정장치 : 배양기에서 사용하는 pH 측정장치는 살균이 가능할 뿐만 아니라 압력, 기계적 충격에도 견딜 수 있어야 한다.
ㄷ DO 측정 장치
- 배양기에서 DO를 측정하는 장치로는 격막형 용존산소계가 주로 쓰인다.
- 물속에 산소분압과 전극의 전해전류 또는 기전력에 비례하는 것을 이용하는 것으로 양극 사이에 일정한 전압을 준다.
ㄹ 기타 측정장치 : 배양기 내의 압력을 조절하는 압력조절밸브 및 게이지 통기에 따른 공기 유속을 조절하기 위한 유속계 등이 있다.

③ 계측기 보정
ㄱ 온도센서 보정
- 배양기의 컨트롤러와 온도센서를 연결하고 온도를 측정하기 위하여 정제수 50mL를 2개의 튜브(Tube)에 취한 후 하나는 배양기와 연결되어 있는 온도센서를 삽입하고 다른 하나는 표준온도계로 온도를 동시에 측정한다.
- 온도를 5분 간격으로 측정하여 배양기의 온도센서를 표준온도계의 온도 측정값의 허용범위 내에 오도록 보정하여 사용한다.
ㄴ pH 전극 보정
- pH 전극의 손상 여부를 확인 후 멸균 전후 pH 7.00, pH 4.01의 보정용액을 이용하여 보정해서 사용한다.
- 보정용액은 별도로 분주하여 사용하고, 분주한 용액의 사용기한은 1개월 정도가 적당하며 그 이후에는 보정용액을 교환한다.
ㄷ DO 전극 보정 : DO 전극은 배양 전 전극의 멤브레인의 파손 유무와 전해질 용액의 상태를 점검한 후 전극을 DW(Distilled Water)를 이용하여 세척하고 배양기 컨트롤러와 전극을 연결하여 DO 전극 보정 순서에 따라 보정하여 사용한다.

④ 배양조건 확인
ㄱ 압력 확인
- 배양기에 공급되는 가스의 압력을 확인하기 위해 가스실의 가스 봄베(Bombe)의 압력과 라인으로 공급되는 압력을 확인하고 일정 압력이 유지되도록 레귤레이터를 조절한다.
- 가스실 확인 후 가스 공급라인의 밸브 개폐 상태를 확인하고 배양기와 연결된 가스라인을 통해서 가스가 공급되는지 확인한다.
- 가스가 공급되지 않으면 배양기 컨트롤러와 연결된 레귤레이터의 밸브를 Decrease 상태로 설정하고, 닫혀 있는 손잡이를 기준으로 1/5 가량 열어 가스가 들어가는 소리가 사라지면 밸브를 모두 개방한다.
- 볼밸브가 개방되어 있고 레귤레이터의 압력이 0MPa 상태를 확인하면 레귤레이터의 밸브를 Increase 상태로 천천히 돌리면서 압력을 설정한다.

※ 압력 확인 수행 순서
1. 가스실 확인
   ① 가스실의 가스(O₂, N₂, CO₂ 등) 탱크에 가스가 채워져 있는 양을 확인한다.
   ② 압축공기와 연결되어 있는 라인의 수분 제거장치의 전원이 켜져 있는지와 작동 유무를 확인하고, 전원이 꺼져 있으면 다시 전원을 켜 압축공기의 수분을 제거한다.
   ③ 가스봄베의 압력과 라인으로 공급되는 압력을 확인하고 일정 압력이 유지되도록 레귤레이터를 조절한다.
2. 배양기 연결라인 확인
   ① 가스실 확인 후 배양기와 연결된 가스라인 상태를 점검한다.
   ② 가스실에서 실험실에 공급되는 라인의 중간밸브를 점검한 후 밸브를 개방한다.
   ③ 배양기에 O₂와 압축공기를 공급하기 전 배양기 컨트롤러와 연결되어 있는 레귤레이터의 밸브를 점검한 후 개방하고, 배양조건에 맞도록 압력을 조절한다.
3. 압축공기 공급
   ① 배양기 컨트롤러와 연결된 가스라인의 연결 상태를 확인한 후, 컨트롤러 전면부에 위치한 압축공기 공급 밸브(볼밸브)를 (+) 방향으로 돌려서 완전히 개방한다.
   ② 배양기 메인(Main) 창의 압축공기 공급량 설정 메뉴를 선택하여 'Controller AIRSP-1' 모드 창으로 전환한다.
   ③ Set Point 값을 설정하고, 자동 모드를 선택하여 압축공기를 배양기에 공급한다.
   ④ 압축공기 공급밸브(볼밸브)의 볼의 움직임을 관찰하면서 공기가 정상적으로 공급되는지 확인한다.
   ⑤ 압축공기 공급방법과 동일한 방법으로 O₂를 공급하고 정상 공급 여부를 확인한다.
   ⑥ 배양기 컨트롤러의 메인 창에서 압축공기와 O₂의 압력값 변화를 관찰하면서 정상 공급되는지 확인한다.

ⓛ 온도 확인
- 배양기의 온도는 냉각수에 의해서 조절되므로 원활하게 공급되는지 여부를 확인하여야 하며, 배양기와 연결된 냉각수 공급라인이 개수대 배관과 연결되어 있는지 확인한다.
- 배양기 컨트롤러와 배양용기의 냉각수 공급라인 방향이 바르게 연결되어 있는지 확인하고, 컨트롤러의 메인 화면 창의 냉각수 공급 메뉴를 이용하여 냉각수를 공급한다.
- 냉각수가 공급되면 온도센서를 보정한 후 컨트롤러의 온도 메뉴에서 배양온도를 설정하여 배양을 시작하면서 원하는 배양온도에 도달하였는지 배양기 컨트롤러의 메인 화면을 통해 확인하며, 온도 조절이 가능하다.

※ 온도 확인 수행 순서
1. 냉각수 라인 연결
   ① 배양기 컨트롤러의 냉각수 공급라인이 개수대 아래쪽 배관과 연결되어 있는지 확인한다.
   ② 개수대 아래쪽에 위치한 냉각수 밸브를 열어 배양기 컨트롤러의 냉각수 공급라인에 냉각수를 공급한다.
   ③ 배양기 컨트롤러의 냉각수 공급라인과 배양용기(Vessel) 상하의 냉각수 공급라인의 연결 잭을 이용하여 라인을 연결한다.
2. 온도 설정
   ① 배양기 컨트롤러 메인 창 화면 아래의 'Controller' 메뉴를 선택한 후 다시 화면의 'TEMP-1' 또는 'JTEMP-1' 메뉴를 선택한다.
   ② 'Controller TEMP-1' 모드에서 Set Point 설정값을 배양조건의 온도값으로 입력한다.
   ③ 온도값 설정 후 'Off' 메뉴를 선택하고 'Controller Mode' 화면에서 모드를 선택하여 배양용기의 재킷(Jacket)에 냉각수를 공급한다.
   ④ 재킷에 냉각수가 들어가는 것을 확인하면서 상부의 연결 잭을 살짝 열어 공기를 제거하면서 냉각수를 채운 후 'Off' 메뉴 자리의 선택 모드 메뉴를 다시 선택하여 냉각수 공급을 중지한다.
   ⑤ 배양기 컨트롤러 메인 창 화면의 'TEMP-1' 온도 변화를 확인하면서 설정값과 비교한다.

1-1. 미생물의 배양 시 pH 조절 및 질소원으로 사용되는 물질은?

① 황산암모늄
② 수산화칼슘
③ 수산화나트륨
④ 암모니아

1-2. 반응기 내의 호기성 미생물에 대한 산소의 물질 전달에 관한 내용으로 옳은 것은?

① 산소는 분자량이 작아서 가스 상태의 산소가 세포 내로 확산되어 들어갈 수 있다.
② 호기성 미생물이 필요로 하는 용존산소를 지속적으로 공급한다.
③ 잠시 동안의 산소 공급 중단은 호기성 미생물의 신진대사 과정에 크게 영향을 주지 못한다.
④ 산소는 용해도가 높기 때문에 반응기 내로 적은 양을 공급하고 잘 휘저어 주면 된다.

|해설|

1-1

질소원 : 대두박, 효모추출액, 주정박즙, 옥수수침지액, 암모니아 등이 있으며 무기질소원으로서 $(NH_4)_2SO_4$를 사용할 경우는 암모니아가 이용되고 난 후에 생기는 유리산이 배양액의 pH를 낮추고, 반대로 암모니아가스와 질산염의 사용은 배양액이 알칼리성으로 되기 쉽다.

1-2
배양기에서는 물에 녹은 상태인 용존산소 형태로 공급된다.

정답 1-1 ④ 1-2 ②

핵심이론 02 | 배양기 운전

① 배양기(Incubator) : 물과 미생물, 세포 등을 일정한 온도에서 배양하기 위한 기구나 방을 말한다.
　㉠ 발효기(Fermenter) 또는 발효조 : 미생물을 발현 숙주로 하여 대량 배양하는 배양기이다.
　㉡ 생물반응기(Bioreactor) : 동식물세포를 발현 숙주로 하여 대량 배양하는 배양기이다.

② 배양기의 종류
　㉠ 통기교반조
　　• 빵효모, 항생물질, 아미노산, 백신 등 다양한 생물공학제품의 생산 등에 이용한다.
　　• 발효조 내부에는 배양 중에 균질한 혼합계를 얻기 위한 교반장치인 임펠러와 와류현상을 방지하기 위하여 장해판을 설치한다.
　　• 발효조에는 미생물을 접종하거나 배양 중에 물리적 환경 조절을 위하여 온도계, pH 전극, 용존산소 전극, 살균 또는 제균공기 주입장치, 유량계 등 여러 가지의 보조장치를 부착한다.
　㉡ 연속교반탱크반응기(CSTR)
　　• 강한 교반이 요구될 때 사용되며 CSTR은 단독으로 사용되거나 여러 개의 CSTR이 연결된 것 중의 일부분으로 사용한다.
　　• CSTR은 비교적 온도 조절이 용이하나 반응기 부피당 반응물의 전화율은 흐름 반응기들 중 가장 작다는 단점이 있으므로 높은 전화율을 얻기 위해 매우 큰 반응기가 필요하다.
　㉢ 관형 반응기
　　• 플러그흐름 반응기(PFR)
　　　– 긴 관 형태의 반응기로 내부 흐름의 축에 대한 변화가 가장 이상적인 반응기이다.
　　　– 장점 : 상대적으로 유지·관리가 쉽고 흐름 반응기 중에서 전화율이 가장 높다.

– 단점 : 반응기 내의 온도 조절이 어려우며 반응이 발열반응일 때는 국소고온점(Hot Spot)이 생기기 쉽다.

• 고정층(충전층) 반응기
 – 고체 촉매 입자들이 충전된 하나의 관형 반응기이며 이런 불균일 반응계는 주로 기상반응을 촉진시키는 데 사용되고 기-액 반응에서도 사용한다.
 – 장점 : 대부분의 반응에 대해 촉매 반응기의 촉매 무게당 전화율이 높다.
 – 단점 : 온도 조절이 어려움을 가지고 있으며 촉매 교체가 어려우며 때로 기상흐름에 Channeling 현상이 발생하여 편류가 일어남으로써 반응기 층의 일부를 효과적으로 사용할 수 없다.

㉣ 기포탑 발효조
• 공기의 순환에 의해 발효액이 부드럽게 혼합된다.
• 교반 반응기와 달리 기계적 교반으로 생기는 펠릿 또는 플럭상 세포의 손상이 적어 호기적인 조건에서 미생물 배양에 알맞다.
• 하부로부터 원료 또는 기질을 지속적으로 공급하면서 상부로는 배양액을 연속적으로 빼낼 수 있으며 배양액의 혼합도 가능하다.
• 장 점
 – 점도가 낮은 뉴턴 배지에 적당하다(점도가 높은 배지에서는 혼합이 충분하게 이루어지지 않을 수 있다).
 – 교반탱크 반응기보다 에너지 효율이 높다.
 – 전단응력을 감소시킨다.
 – 기계적 교반이 없어 비용이 감소된다.
 – 오염물질의 잠재적 침투경로의 하나를 없애준다.

㉤ 유동층 배양기
• 미생물이 배지의 상승운동에 의하여 현탁상태로 유지되고 탑 정상에 있는 침강장치에 의해서 탑 본체로 되돌아간다.

• 고액계 유동층 배양기
 – 일반적인 심부배양법에 생산되는 발효제품을 생산하는 데 알맞다.
 – CSTR나 PFR보다 훨씬 복잡하며 교반형 발효조에서 배양하기 어려운 사상균과 같은 미생물의 배양에 많이 이용한다.

• 고기계유동층 배양기
 – 고체배지를 살균하고 알맞게 분쇄 후 수분을 조정하면서 균을 접종하고 배양조에 넣는다.
 – 통기가스는 온도와 습도를 조절 후 배지를 유동화시킨다.
 – 유동층의 윗면에는 액체 분출관에 노즐이 설치되고 미생물 증식으로 발열에 의한 배양수분의 감소를 방지하기 위해 함수율을 유지하며 제어한다.

③ 발효기의 구조 : 교반장치, 통기장치, 무균장치, 온도 측정장치, pH 측정장치, 용존산소(DO) 측정장치, 거품 제거장치, 기타 제거장치 등이 있다.

[발효조의 구조]

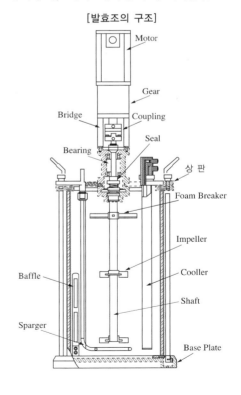

ⓐ 교반장치 : 모터의 회전축에 의해 강제 순환식으로 배양액을 교반시켜 에너지, 기질, 대사산물 등을 이동시키며 샤프트, 임펠러, 베어링 장치, 무균 밀봉장치, 모터 등으로 구성된다.
  • 임펠러는 교반효과 외에 공기방울의 크기를 줄여 내부 표면적을 크게 하여 산소 공급 속도를 높이고 발효조의 내부 상태를 균일하게 유지시킨다.
ⓑ 통기장치 : 산소를 공급하고 배양액을 균질한 현탁액으로 유지시켜 대사산물 생산에 대한 물질 전달 속도의 가속화 역할을 한다.
ⓒ 무균장치 : 오염을 방지하기 위하여 발효조에 연결된 모든 장치와 과정은 무균적으로 이루어지며 모든 곳을 스팀으로 살균해야 한다.
ⓓ 온도측정장치 : 배양 중 배양액의 온도를 측정하는 장치로 열전대(Thermocouple), 서미스터(Thermistor), 온도저항체(RTD)를 발효조의 온도 측정장치로 많이 사용한다.
ⓔ pH 측정장치 : 배양 중 배양액의 pH를 측정하는 장치로 살균, 압력, 기계적 충격에도 견디는 장치를 사용한다.
ⓕ 용존산소(DO) 측정장치 : 배양 중 배양액의 용존산소(DO)를 측정하는 장치로, 격막형 용존산소계를 많이 사용한다.
ⓖ 거품 제거장치 : 발효 중 발생하는 거품은 미생물의 생육 저해 및 생산성을 감소시키므로 소포제를 첨가하거나 거품제거기로 제거한다.
ⓗ 기타 조절장치 : 압력 조절용 압력조절밸브와 게이지, 공기 유속을 조절하는 유속계, 배지와 액체의 흐름을 조절할 수 있는 펌프 등이 있다.
④ **발효기 배양방법** : 미생물을 발효기를 이용하여 대량 배양하는 방법에는 회분식 배양, 유가식 배양, 연속식 배양 방법 등이 있다.

ⓐ 회분식 배양(Batch Culture)
  • 대량으로 미생물을 배양하는 일반적인 방법이다.
  • 통기 배양 시 공기를 주입하고 배출하는 것을 제외하면 배양기 내의 모든 배지 성분 및 생성된 대사물질의 유출입이 차단된 폐쇄계 배양 방법이다.
  • 경우에 따라 대사산물 생산의 최적화를 위해 배양 중에 무균적으로 산소를 공급하거나 소포제의 첨가, pH 조절을 위한 산 또는 알칼리 용액이 주입된다.
  • 회분배양에 있어 미생물의 증식은 배양시간에 따라 다음의 몇 가지 단계로 나뉜다.
    - 준비기(Lag Phase)
      ⓐ 새로운 배지에 접종된 미생물의 증식을 위한 준비단계로 세포 크기와 무게가 증가한다.
      ⓑ 새로운 환경에 적응하는 기간으로 미생물의 종류, 생육환경, 생리적 조건에 따라 대수기로 이행하는 데까지 시간 차이가 있다.
      ⓒ 지연기를 최소화하는 방법
        접종 전 세포를 생장배지에 적응시킨다. 젊고 활성이 높은 대수기의 세포를 다량으로 접종한다.
        특정 생장인자를 포함시킨 최적화된 배지를 사용한다.
    - 대수증식기(Log Phase)
      ⓐ 준비기를 거쳐 새 환경에 적응한 미생물이 가장 빠른 속도로 증식하는 기간으로 배양액 중에는 영양분이 충분하며 독성물질은 없거나 매우 적어 증식에 거의 영향을 주지 않는다.
      ⓑ 세포질의 합성속도와 세포수의 증가가 비례하며 세포의 생리적 활성이 가장 강하다.
      ⓒ 세포에 대한 물리·화학적 처리에 감수성이 높은 시기이며 미생물 증식은 대부분 기질 농도에 관계없이 대수적으로 이루어진다.

- 정지기(Stationary Phase)
  ⓐ 균체 증식이 많이 이루어지면서 배지 중의 기질이 소모되고 대사산물의 생성과 더불어 독성물질의 생성 등으로 생육속도가 늦어지거나 정지한다.
  ⓑ 이 기간 중에 세포수는 최대이며, 증식되는 세포수와 사멸되는 세포수가 같아져 전체적으로 생균수가 일정하다.
  ⓒ 균체조성의 변화가 일어나며 균체를 구성하고 있는 탄수화물, 단백질 등이 빠져나와 새로운 영양원으로 작용하기도 한다.
- 사멸기(Death Phase) : 배지 중의 영양원뿐만 아니라 균체에 축적된 에너지원의 소모, 2차 대사산물의 축적, 생육 저해물질 생성 등으로 사멸되는 세포수가 증식되는 세포수보다 많아서 전체적으로 생균수가 감소한다.
ⓛ 유가식 배양(Fed-batch Culture)
- 회분배양에서 대사산물의 생성을 유도하거나 조절하기가 어려운 결점이 있어 이를 개선한 방법으로 회분배양과 연속배양의 중간에 해당하며 산업적 규모의 배양공정에서 많이 사용한다.
- 배지를 계속 유입한다는 점은 연속식 배양과 같지만 배양액을 유출시키지 않기 때문에 배양액의 부피는 계속적으로 증가한다.
- 초기에는 기질 농도가 높아 저해현상이 나타나고 점차 기질이 소모되는 현상이 나타나기 때문에 기질의 농도를 적절히 유지하여 세포 증식 및 원하는 산물의 생산을 지속적으로 유지하는 배양방법이다.
ⓒ 연속식 배양(Continuous Culture)
- 배양기 내로 신선한 배지를 일정 속도로 계속 유입시켜 세포를 증식시키는 동시에 배양액을 지속적으로 유출시켜 배양액의 부피를 일정하게 유지하는 열린계 배양방법이다.

- 다른 배양법에 비해 생산성이 높은 것이 특징이다.
- 배양 중에 살균된 배지와 공기를 연속적으로 공급해 주며 공급량에 비해 배양액을 빼내어 일정한 용량을 유지하고 미생물상 및 증식환경 조건을 일정하게 조절함으로써 정상상태(Steady State)를 유지한다.
- 연속배양은 증식속도와 기질 이용 속도를 증가시켜 생산성을 높일 수 있으며 기본적으로 균질 혼합배양기와 플러그흐름 배양기로 나뉜다.
- 생육속도가 빠른 미생물의 경우 많은 1차 대사산물을 생산하지만 유전자의 불안정성 문제와 장시간의 연속배양에 의한 오염 문제가 있다.

[발효기 배양방법]

Batch Culture   Fed-batch Culture

Continuous Culture

ㄹ 균질 혼합배양기
- 키모스탯(Chemostat)법
  - 기질의 공급과 배양액의 유출에 대한 조절방법은 영양원의 농도를 일정하게 유지시키면서 배양하는 방법이다.
  - 균체 증식은 공급해 주는 필수영양원 중에서 한 가지를 선택하여 그의 농도를 조절함으로써 이루어지며 탄수화물, 질소원, 염류, 산소 중에서 필요로 하는 기질을 제한요소(Limiting Factor)로 이용한다.
- 터비도스탯(Turbidostat)법
  - 균체 농도를 일정하게 유지하는 방법이다.
  - 균체에 의한 탁도를 기준으로 하기 때문에 균체농도를 모니터하여 영양원의 공급속도를 조절한다.
  - 일반적으로 체류시간의 약 3~5배에 해당하는 배양시간 경과 후 균체농도를 측정했을 때 탁도가 일정하면 연속배양에서의 정상상태가 이루어진 것으로 간주한다.
ㅁ 플러그 흐름배양기
- 관형 반응조(Tubular Reactor)에 교반하지 않고 배지를 주입하므로 배양조의 위치에 따라 영양원의 농도, 균체농도, 산소농도, 생산성 등이 다르다.
- 기질이 배양기를 통과하는 시간이 회분배양기에서의 배양시간에 해당한다.
- 유출에 의한 균체 손실로 정상상태에서의 연속공정은 배양조 내의 균체 증식과 균형이 되어야 한다.

⑤ 배양기 운전하기
㉠ 배양기 준비
- Vessel 조립
  - Vessel용 Stand를 준비한 후 Vessel과 결합한다.

- Vessel과 Head Plate(Top Plate)를 조립한다.
- 조립용 볼트를 동시에 조여 힘의 균형을 맞추어 틈이 생기지 않도록 주의하며, 틈이 생기면 오염(Contamination)이나 완벽한 조건 설정이 안 될 수 있으므로 주의하여 조립한다.
- Head Plate 라인 및 센서 조립
  - 접종 및 회수라인, 에어라인 등을 연결한다.
  - 4-Way-Sampler를 실리콘 튜브로 연결한다.
  - 제균필터가 장착된 Exhaust Cooler(Condenser)를 연결한다.
  - DO 센서, pH 센서, 온도센서 포트를 본체와 연결한다.
  - Motor를 연결한다.
- 액세서리 Bottle 조립
  - 거치대에 Sampling Bottle을 조립하여 Head Plate와 연결한다.
  - Cell Seeding Bottle을 조립하여 Head Plate와 연결한다.
- 배지 주입
  - 배양용 배지를 Vessel에 주입하고, pH Probe와 DO Probe를 연결한다.
  - 배양용 배지를 4-Way-Sampler 포트에 깔때기를 장착하고 주입한다.
  - pH Probe를 보정용액(pH 7 → pH 4)을 이용하여 보정한 후 Head Plate와 연결
  - DO Probe를 Sparger의 영향이 가장 작은 포트 위치에 연결한다.
㉡ 배양기 멸균 : 고압증기멸균기를 이용하여 조립된 배양용기를 멸균한다.
- 포일작업 : 멸균 전 Filter, pH Probe, DO Probe, Antifoam Sensor 등을 포일로 감싼다.

- 멸 균
  - 본체와 연결된 모든 라인을 정리한 후, 고압 증기멸균기를 이용하여 121℃, 15분간 멸균한다.
  - 포일을 제거하고 멸균과정에서 느슨해진 모든 나사를 다시 조인다.
© 배양기 조립 : 멸균 후 멸균 전과 같이 본체와 연결하고 배양조건을 확인한다.
  - Motor, pH Probe, DO Probe, Antifoam Sensor 등을 본체와 연결한다.
  - 멸균을 위해 본체와 연결을 해제한 모든 연결 라인을 다시 본체와 연결한다.
  - pH Probe, DO Probe를 연결한 후 Recalibration 한다.
  - 본체의 컨트롤 패널(Control Panel)에서 온도, pH, rpm 등의 설정값을 입력한 후 센서가 제대로 작동하는지 확인한다.
② 접종 및 배양 : 종균 배양한 균주를 접종한 후 배양한다.
  - 무균 작업대 안에서 종균 배양한 균주를 Syringe를 이용하여 채취한다.
  - 채취한 균주를 Seeding Bottle을 통해 Vessel에 주입한다.
  - 접종 후 12시간이 지난 후부터 2시간 간격으로 샘플링(Sampling)한다.
  - 샘플링하여 측정한 OD값을 이용하여 성장곡선을 작성한다.
© 회수 및 CIP
  - 회 수
    - 배양 결과 데이터 저장 후 Air와 pO₂(산소분압)를 제외한 모든 작동을 중지한다.
    - Sampling Bottle에 연결된 라인 중 Vessel과 연결된 라인을 분리한다.

    - Exhaust Cooler에 연결된 필터를 막아 Vessel 내부의 압력을 높인 뒤, 압력차에 의해 배양액을 2~3L Bottle에 회수한다.
  - CIP(Cleaning In Place)
    - 연결되어 있는 라인과 Bottle을 모두 분해한 후 D.W로 세척하고 0.1M NaOH 용액 속에 담가 놓는다.
    - Vessel 안에 0.1M NaOH 용액을 채우고 rpm을 설정하여 2시간 정도 작동시킨 후 0.1M NaOH 용액을 회수한다.
    - 0.1M NaOH 용액이 제거된 Vessel에 D.W를 채우고, 고압증기멸균기로 멸균한 뒤 모두 분해하여 건조한다.
⑥ 대규모화 : 대규모화에 따라 여러 물리적 조건에 변화가 생기고, 세포의 대사반응에 영향을 주어 최종산물에 변화를 주게 된다.
  ㉠ 대규모화에 따라 고려해야 하는 물리적 조건
    - 일정한 동력공급량
    - 일정한 레이놀즈(Reynolds) 수
    - 용기 내의 일정한 액체순환속도(단위부피당 임펠러의 펌핑속도)
    - 임펠러 끝에서의 일정한 전단응력
  ㉡ 대규모화 시행 시 일반적으로 유지시키는 조건
    - 일정한 부피전달계수
    - 부피에 대한 동력의 일정한 비율
    - 혼합시간과 레이놀즈 수의 조합
    - 일정한 임펠러 끝의 속도 유지
    - 일정한 생성물의 농도 또는 기질 유지
⑦ 공정유체의 멸균 : 대규모의 생물배양기에 들어가는 유체를 멸균하는 공정은 더욱 필요하다.
  ㉠ 멸균 : 모든 미생물을 제거하여 무균상태를 만드는 것이다.

ⓛ 멸균방법 : 세포와 바이러스의 물리적 제거, 열, 방사선, 자외선 또는 화학물질을 사용하여 살아있는 입자를 불활성화 시킨다.

ⓒ 액체의 멸균
- 장치와 액체의 멸균은 열을 사용하는 것이 경제적이다.
- 열에 민감한 장치의 경우는 방사선이나 화학물질로 멸균한다.
- 자외선 : 표면 멸균에는 효과적이지만 침투력이 약하다.
- 에틸렌옥사이드 : 인화성 가스로 물에 쉽게 용해되며 의료장비 및 소모품, 장치의 멸균을 위해서 사용된다.
- 폼알데하이드 : 물에 잘 녹고, 부피로 약 40% 또는 질량으로 37%의 폼알데하이드 포화 수용액을 포르말린이라고 하며, 살균·방부제로 사용된다.
- 나트륨 하이포클로라이트(차아염소산나트륨) 용액 (3%) : 염소 냄새가 나고 물에 잘 녹으며, 살균제로 사용된다.
- HCl를 사용하여 pH 2로 산성화시킨 70% 에탄올과 물의 혼합물 : 모든 생장세포와 많은 포자를 실제적으로 사멸시키고 장치멸균에 이용된다.
- 회분식 멸균
  - 121℃에서 진행되며, 유체를 121℃로 가열하는 시간과 냉각시켜 생장온도로 되돌리는 데 걸리는 시간이 길다.
  - 열적지연과 혼합이 불완전하게 이루어지는 어려움이 있다.
  - 가열과 냉각기간에 포자를 사멸시키지 못하지만, 고온에 의해 단백질과 비타민의 손상이 크고, 배지의 질을 변화시키고 당의 캐러멜화가 일어날 수 있다.

- 연속식 멸균
  - 가열과 냉각기간이 매우 짧다.
  - 고온에서 노출시간이 짧아 배지를 덜 손상시킨다.
  - 제어가 쉽고 배양기에서의 작업 중단시간이 감소된다.
  - 증기가 주입되면서 배지가 희석되며 거품이 형성된다는 것이 단점이다.
  - 관 안에서 벽 근처와 중앙의 유체 체류시간이 다를 수 있다는 점이 중요하다.
- 여과멸균
  - 열에 민감한 물질을 배지가 포함하고 있을 때 필요하다.
  - 배지 여과뿐만 아니라 공정용 공기 멸균에도 사용된다.

ⓡ 기체의 멸균 : 심층여과기 또는 표면여과기를 사용한다.
- 심층여과기 : 유리솜 사용을 사용하며 직접적 차단, 정전기적 효과, 확산 또는 브라운 운동, 관성에 의해 이루어진다.
  - 세균 제거 : 주로 관성과 직접적인 차단 원리
  - 바이러스 제거 : 확산
  - 단점 : 여과기가 젖으면 오염세포가 여과기를 통과하기 쉬워지고 압력강하가 크게 증가하게 되며, 증기멸균에 의해 수축되고 딱딱해져서 편류가 발생할 수 있다.
- 표면여과기(막 카트리지)
  - 체질효과의 원리를 이용한다.
  - 여러 번 증기멸균을 할 수 있으며, 균일하고 미세한 구멍으로 되어 있어 큰 입자는 통과시키지 않는다.

2-1. 다음 생물반응기 중 Close System은?

① 회분식 반응기
② 유가식 반응기
③ Chemostat
④ 재순환 연속반응기

2-2. 연속 배양(Chemostat)의 장점에 대한 설명으로 옳은 것은?

① 오염의 문제가 적다.
② 생물이 유전적으로 안정화된다.
③ 2차 대사산물의 생산에 적합하다.
④ 생육속도가 빠른 미생물 배양에 적합하다.

2-3. 영양물질인 기질의 공급 방식 중 밀폐된 발효조나 플라스크에서 산소 이외의 영양분의 추가 공급 없이 미생물을 배양하는 방법은?

① 회분 배양   ② 유가 배양
③ 연속 배양   ④ 호기적 배양

|해설|

2-1
회분식 배양(Batch Culture)
• 대량으로 미생물을 배양하는 일반적 방법
• 통기 배양 시 공기를 주입하고 배출하는 것을 제외하면 배양기 내의 모든 배지 성분 및 생성된 대사물질의 유출입이 차단된 폐쇄계 배양방법

2-2
연속 배양은 1차 대사산물 생산의 장점을 가진다. 생육속도가 빠른 미생물의 경우 많은 1차 대사산물을 생산하지만 유전자의 불안정성 문제와 장시간의 연속 배양에 의한 오염 문제가 있다.

2-3
① 회분 배양 : 균주의 생장 혹은 물질 생산에 필요한 모든 영양소를 함유한 배지에 미생물을 접종한 후, 새로운 배지나 균주를 더 이상 첨가하지 않고 일정 시간 동안 배양하는 것이다. 배지의 필요영양소가 생장하는 세포에 의해 완전히 흡수 이용되어 고갈되면 생장이 중지된다. 회분 배양에서는 배지의 양이 정해져 있어 미생물이 소모하는 만큼 영양 성분이 줄어들기 때문에 배양 초기 약간의 준비 단계를 지난 후에는 미생물들이 급격하게 생장하지만, 어느 시점을 기준으로 하여 더 이상 성장하지 않다가 사멸하기 시작한다. 균주의 생장 또는 물질 생산에 필요한 모든 영양소를 함유한 배지에 미생물을 접종하여 배양하므로 pH, 온도, 용존산소 정도만 조절하며, 배양 중에는 배지의 조성, 균체의 밀도, 대사생성물의 농도가 계속 변화한다.

② 유가 배양 : 미생물 균주를 배양하는 과정에서 배양액은 꺼내지 않지만 특정 기질을 함유한 배지를 간헐적 혹은 연속적으로 공급하여 특정 기질의 농도를 임의로 조절하는 배양방법이다. 회분 배양의 단점을 보완하는 배양법 중 하나로, 배양 중에 배양액의 특정 기질농도를 조절할 수 있는 방법이다. 일부 영양 성분은 발효하는 과정에 필수적으로 이용되지만 고농도로 존재할 때는 미생물의 생장 또는 발효를 중단시키기도 한다. 이러한 영양소를 초기보다 낮은 농도로 유지하도록 배양 도중 영양 성분을 지속적으로 첨가해 주는 방법이 유가 배양으로, 영양 성분의 추가가 없는 회분 배양보다 유리하게 이용할 수 있다. 배양액을 제거하지 않고 추가적으로 영양 성분을 첨가하므로 배양액의 총량은 계속 증가하게 된다. 배양액 또는 영양 성분을 추가적으로 첨가하여 배양하지만 생장한 미생물과 생성물, 배양액 등을 제거하지 않는다는 점에서 연속 배양과는 차이가 있다.

③ 연속 배양 : 세균 등의 단세포 미생물을 가능한 일정 조건하에 연속적으로 배양하는 방법이다. 보통 미생물을 액체배지에서 배양하는 경우 일정량의 배양액에 균을 접종하여 증식시키지만, 균이 증식함에 따라 배양액의 양분은 감소하고, 한편 대사산물의 축적과 pH의 변화 등이 일어나서 환경조건이 변화하게 된다. 어떤 배양조에 배양액을 넣어서 균을 증식시키는 경우 외부에서 항상 새로운 배양액을 일정속도로 유입시킴과 동시에 같은 속도로 오래된 배양액을 외부로 유출시키면 배양조 속의 배양액 양은 일정하게 유지된다.

④ 호기적 배양 : 미생물을 액체 배지의 표면에서 발육시키는 배양이다. 고형 배지의 표면에 발육시킬 때는 보통 이 용어를 사용하지 않는다. 곰팡이, 방선균 등을 액체배지에 이식하여 정치하면 그 표면에 기생균사가 생기는 균개(菌蓋)를 만들어 발육하기 때문에 정치 배양(진탕 배양에 대하여)이라고 하는 경우도 있다. 미생물의 호기적 배양에 사용한다.

정답 2-1 ① 2-2 ④ 2-3 ①

배양작업표준서에는 배양온도, 교반속도, pH, DO 등이 있다.

① 배양온도

　㉠ 배양온도는 재조합 균주의 여러 대사기능에 영향을 미칠 수 있고 단백질의 분해속도 외에 안정성에도 큰 영향을 주기 때문에 배양온도 변화에 따른 여러 발효 공정 변수의 영향을 조사하고 분석하여 최적 배양온도를 결정해야 한다.

　㉡ 대량 배양을 위한 배양온도는 종균 배양온도로 설정하여 배양하는 것이 좋으며, 배양온도는 배양기 컨트롤러의 메인 화면의 온도값으로 확인할 수 있다.

　㉢ 배양용기의 온도는 더블 베슬을 사용하는 경우 외장형 순환항온조를 사용하여 조절하고, 싱글 베슬을 사용할 경우에는 열판과 냉각수에 의해 조절한다.

　㉣ 최근 배양기는 온도 제어를 위한 물이 본체 케이스를 통과하지 않아 습기에 의한 제어판의 노화와 부식이 일어나지 않으며, 싱글 베슬의 경우 공랭식 방법으로 조절이 가능하다.

[배양온도 조절]

　　　싱글 베슬　　　　　　더블 베슬

　㉤ 배양온도 관리 : 배양기 컨트롤러 메인 화면의 온도가 운전조건과 다를 경우 다음 내용을 점검하여 정상 작동할 수 있도록 한다.

　　• 온도센서가 배양기 컨트롤러의 온도 포트에 바르게 연결되어 있는지 확인한다.

　　• 온도센서 온도의 측정값과 표준온도계의 값을 비교하여 허용오차 범위 내에 있는지 확인한 후 배양온도가 허용오차 범위를 벗어나면 온도센서를 새것으로 교환한다.

② 교반속도

　㉠ 교반장치는 장착과 탈착이 쉬운 DC 모터를 연결하여 사용한다.

　　• DC 모터는 상단부를 관통하는 구동축에 연결되고 구동축은 상단부 아래로 샤프트와 연결되며, 멸균 전 탈착하고 멸균이 끝난 후 구동축에 장착한다.

　　• DC 모터는 보통 50~150rpm 속도로 DO 센서에 의해 측정된 DO값을 참고하여 교반속도를 조절하며, 컨트롤러 메인 화면의 'STIRR 메뉴'를 선택하여 속도를 조절할 수 있다.

　㉡ 교반속도 관리 : 배양기 컨트롤러 Main 화면의 교반속도가 조건과 다를 경우 다음 내용을 점검하여 정상 작동할 수 있도록 한다.

　　• 메인 화면의 'STIRR 메뉴'를 선택하여 Set Point 값을 확인한 후 점차 속도를 올렸다가 내리면서 작동이 잘되는지 확인한다.

　　• 교반 도중 모터 스플라인 부분에서 마찰음이 나는지 확인한다.

③ pH

　㉠ 미생물 생육은 효소 활성에 영향을 미치는 pH에 의해 크게 영향을 받으며, 미생물의 종류에 따라 각각의 최적 pH가 존재한다.

　㉡ 미생물의 종류와 균주에 따라서 최적 pH는 각각 다르지만 대부분의 식품 미생물은 중성 또는 약알칼리성 부근에서 최적 pH를 가지나 유산균과 효모, 곰팡이 등은 약산성 부근에서 최적 pH를 가진다.

ⓒ 배양기에서 pH값은 Acid와 Base 공급을 위한 두
  개의 정량 펌프로 조절한다.
ⓔ pH 관리 : 배양기 컨트롤러 메인 화면의 pH가 조
  건과 다를 경우 다음 내용을 점검하여 정상 작동할
  수 있도록 한다.
  • pH센서가 배양기 컨트롤러의 pH 포트에 바르게
    연결되어 있는지 확인한다.
  • pH 전극을 재보정하여 Slope값의 편차가 98~
    99% 범위를 벗어나면 pH 전극을 교환한다.
④ DO
  ⓐ 미생물은 용존산소를 이용하며 용존산소는 호기
    성 발효에 있어 중요한 기질이다.
  ⓑ 산소는 물에 잘 녹지 않으므로 용존산소가 제한
    기질이 될 수도 있다.
  ⓒ 미생물의 생육에 필요한 산소요구성의 유무와 강
    약에 따라 편성호기성균, 미호기성균, 통성혐기
    성균, 내성혐기성균, 편성혐기성균 등으로 분류
    한다.
  ⓓ DO값은 0~100% 범위에서 조절이 가능하며, 교반
    속도에 의해 제어되나 교반속도로 DO값을 유지할
    수 없을 경우 고압산소를 이용하거나 산소부화기
    를 사용하여 순수 산소의 공급에 의해 DO값을 높
    인다.
  ⓔ DO관리 : 배양기 컨트롤러 메인 화면의 DO가 조
    건과 다를 경우 다음 내용을 점검하여 정상 작동할
    수 있도록 한다.
    • DO센서가 배양기 컨트롤러의 DO 포트에 바르
      게 연결되어 있는지 확인한다.
    • 봄베와 컨트롤러의 가스라인 연결 상태를 확인
      하여 가스가 잘 공급되는지 확인한다.

다음 중 배양작업표준서의 배양기 운전조건에 해당하지 않는
것은?
① pH
② BOD
③ 배양온도
④ 교반속도

|해설|
배양작업표준서의 배양기 운전조건으로 배양온도, 교반속도,
pH, DO 등이 있다.

정답 ②

① **시료 채취 방법**

  ㉠ 배양과정에서 샘플링하기 위해 발효 전 장착한 샘플링 라인을 통해서 샘플을 채취한다.

  ㉡ 샘플링 채취 방법에는 가스 배출라인을 막고 샘플링 라인을 열어 압력에 의한 샘플링하는 방법과 샘플링 라인에 연결된 실리콘 튜브를 펌프의 작동에 의해 샘플링하는 방법이 있다.

[샘플링 방법]

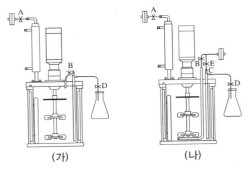

     (가)   (나)

- (가) : 가스 배출라인 A를 막고 샘플링 라인 D를 열어 샘플링하고, A를 닫고 B를 열어 줌으로써 원래 상태로 만드는 방법이다.
- (나) : C와 D를 열고 A를 닫아 샘플링하고, D와 B를 닫고 E를 열어서 다시 공기가 샘플링 라인으로 흘러가게 하여 샘플링 라인의 내부를 제거하고 C를 닫는 방법이다.

② **시료 채취 수행**

  ㉠ 샘플링 라인에 연결되어 있는 클램프의 잠금 상태를 확인한다.

  ㉡ 클램프의 잠금 상태 확인 후 샘플을 채취하기 위해 주사기를 제균필터와 연결하고 50mL 튜브에 75% IPA가 30mL 정도 채워져 있는지 확인한다.

  ㉢ 배양기의 샘플링 포트와 연결되어 있는 라인의 클램프와 제균필터가 연결되어 있는 클램프의 잠금 상태를 순서대로 해제한다.

  ㉣ 75% IPA가 채워져 있는 튜브를 제거하고 샘플링할 튜브를 연결한다.

  ㉤ Sampling Bottle의 클램프의 잠금 상태를 확인하고 주사기를 당겨 배양기 안의 배양액 15mL 정도를 채취한 후 배양기와 연결된 클램프를 잠근다.

  ㉥ 샘플링 튜브의 클램프를 개방하고 주사기를 밀어넣어 배양액을 샘플링한다.

  ㉦ 배양액 샘플링 후 샘플링 튜브의 클램프를 잠가 배양액을 회수하고 75% IPA가 채워져 있는 튜브로 다시 연결한다.

  ㉧ 샘플링이 완료되면 취한 배양액을 분석하여 배양 상태를 분석한다.

③ **배양 상태 분석 수행**

  ㉠ 생장곡선 작성 : 배양 접종 후 2시간마다 샘플을 취해 OD 600값을 측정 · 기록하여 세포 생장곡선을 작성한다.

  ㉡ 배양 상태 분석 : 매일 일정한 시간에 pH 변화, 환원당 정량값, 균체량, 통기량, 배지 첨가량, 기타 첨가량, 거품 형성 유무, 산 · 염기 첨가량, 항생력, 요소 A 첨가량 등을 기록하여 분석한다.

  ㉢ 환원당 분석

- Standard 용액 제조
  - 1mg/mL의 Working Standard 용액을 제조한다.
  - Glucose 0.01g을 칭량하여 DW 10mL와 혼합해 농도별 Standard 용액을 제조한다.
- Sample 용액 제조
  - Sample을 1mL씩 EP 튜브에 취한 후 12,000rpm 조건에서 15분간 원심분리한다.
  - 원심분리 후 Sample 0.1mL와 DW 0.9mL씩을 혼합하여 10배로 희석한다.
- DNS 시약 반응
  - DNS 시약과 Standard 용액 또는 Sample 용액을 1:1의 비율로 혼합한다.

- 100℃ 조건에서 5분간 반응시킨다.
- 5분간 반응 후 냉장고에서 바로 냉각한다.
- 흡광도 측정
  - 분광광도계를 이용하여 Standard를 설정한 후 Standard 용액 1mL를 큐벳에 넣어 550nm 에서 흡광도를 측정한다.
  - Standard 흡광도를 측정한 후 Sample 용액 1mL를 큐벳에 넣어 같은 파장에서 흡광도를 측정하여 분석한다.

자주 출제된 문제

4-1. 배양 상태 분석 시 배양 접종 후 몇 시간 간격으로 샘플링하여 생장곡선을 그리는가?

① 1시간
② 2시간
③ 3시간
④ 4시간

4-2. 환원당 분석 시 분광분도계를 이용하여 흡광도를 측정할 때의 파장은?

① 400nm
② 450nm
③ 500nm
④ 550nm

|해설|

4-1
배양 접종 후 2시간마다 샘플링하여 생장곡선을 그린다.

4-2
분광광도계를 이용하여 Standard를 설정한 후 Standard 용액 1mL를 큐벳에 넣어 550nm에서 흡광도를 측정한다.

정답 4-1 ② 4-2 ④

핵심이론 05 | 오염 여부 확인

① 무균시험
  ㉠ 배 지
  - 무균시험을 위해 배지를 조제하여 사용하거나 배지 성능시험에 적합한 경우에는 동등한 시판 배지도 쓸 수 있다.
  - 무균시험용으로는 액상티오글리콜산배지, 대두 카세인 소화배지를 많이 사용한다.
  - 액상 티오글리콜산배지는 혐기성균의 배양이 주목적이지만 호기성균도 검출할 수 있으며, 대두 카세인 소화 배지는 진균 및 호기성균의 배양에 적합하다.
  - 배지오염은 배양하는 세포 이외의 생물인 세균, 효모, 곰팡이, 마이코플라스마 등이 혼입되어 일어난다.
  ㉡ 시료의 무균시험
  - 멤브레인 필터법
    - 여과 가능한 제품에 적용한다(예 여과 가능한 수성, 알코올성 또는 유성의 제품 및 이 시험 조건에서 항균력이 없는 수성 또는 유성의 용제에 혼화 또는 용해하는 제품).
    - 멤브레인 필터는 미생물의 포집 효율이 확립되어 있는 $\phi 0.45\mu m$ 이하의 것을 사용한다.
    - 셀룰로스질산염 필터는 수용성, 유성, 저농도의 알코올성 용액에 사용하고, 셀룰로스아세테이트 필터는 고농도의 알코올성 용액에 사용하며 항생물질과 같은 의약품에는 따로 적절한 필터가 필요한 경우도 있다.
  - 직접법
    - 시험법에 규정된 시료의 용량이 배지 용량의 10%를 넘지 않도록 배지에 직접 접종하는 방법이다.
    - 시료에 항균활성이 있을 때에는 적당한 중화제로 중화시키거나 충분한 양의 배지로 희석하여 시험한다.

– 대용량의 시료를 사용할 필요가 있을 때에는 접종에 의한 희석 영향을 고려하여 고농도의 배지를 쓰는 것이 좋으며 적절하다면 고농도의 배지를 용기 내의 시료에 직접 넣는 것도 가능하다.

ⓒ 관찰과 결과의 판정
 • 배양 기간 중 또는 배양 최종일에 배지에서 미생물의 증식 유무를 눈으로 확인한다.
 • 시료가 배지를 혼탁시켜 미생물 증식의 유무를 눈으로 쉽게 판정할 수 없을 때에는 배양 시작일로부터 14일 후에 해당 배지의 일부(1mL 이상)를 같은 배지의 새로운 용기에 이식하고 본래의 배지와 이식시킨 배지를 4일 이상 배양한다.
 • 미생물의 증식이 관찰되지 않을 때의 시료는 무균시험에 적합하나, 미생물의 증식이 관찰될 때는 해당 시료와 관계없는 원인에 의해 시험이 무효함을 명확하게 증명할 수 없는 한 시료는 무균시험에 적합하지 않고 다음 조건 중 1개 이상 해당될 경우 이 시험은 무효로 한다.
   – 무균시험 시설의 미생물학적 모니터링 데이터에 문제가 나타난 경우
   – 무균시험 중에 쓴 시험방법을 조사한 결과 문제가 나타난 경우
   – 음성 대조 중에 미생물의 증식이 나타난 경우
   – 해당 무균시험으로부터 분리된 미생물을 동정한 후 그 균종의 증식이 무균시험 실시 중에 쓴 재료 및 용기 모두 또는 어느 한쪽에 문제가 있음이 명확히 판단되는 경우
 • 시험이 무효인 것이 판명되면 최초 시험과 같은 수의 용기를 써서 재시험을 실시하며, 재시험에서 미생물의 증식이 관찰되지 않을 경우 시료는 무균시험에 적합하나, 재시험에서 미생물의 증식이 관찰될 경우의 시료는 무균시험에 부적합하다.

② 미생물 한도시험 : 원료 또는 제제에서 임의로 선택한 다른 수 개소(또는 부분)에서 채취한 것을 잘 섞어 검체로 하여 시험하는 방법이다.
 ㉠ 생균수시험
  • 호기조건에서 증식할 수 있는 중온성의 세균 및 진균을 정량적으로 측정하는 방법이며, 원료 또는 제제가 규정된 미생물학적 품질 규격에 적합 여부를 판정하는 것을 주목적으로 하고 멤브레인 필터법 또는 한천평판법, 혼합희석배양법 등을 사용한다.
  • 멤브레인 필터법
   – $\phi 0.45\mu m$ 이하의 멤브레인 필터를 사용한다.
   – 필터의 재질은 검체의 성분에 의하여 세균 포집능력이 영향을 받지 않도록 주의하여 선택한다.
  • 한천평판법 : 각 배지에 대해 적어도 2개의 평판을 써서 시험하며, 결과는 각 평판의 측정균수의 평균값을 사용한다.
  • 혼합희석배양법 : 하나의 균이 이분열을 계속하여 하나의 집락을 이룬다는 것을 기본으로 하므로 실제로 세균수는 하나의 집락을 이룰 수 있는 세균 단위로 표시한다.
 ㉡ 특정 미생물시험
  • 규정된 조건에서 검출할 수 있는 특정 미생물이 존재하지 않거나 그 존재가 한정적인지를 판정하는 방법이다.
  • 원료나 제제가 이미 정해진 미생물학적 품질 규격에 적합한지의 여부를 판정하는 것을 주목적으로 한다.
   – 생균제제는 세균시험을 제외한다.
   – 특정 미생물 : 대장균, 살모넬라, 녹농균, 황색포도상구균 등
   – 효능·효과에 '소독'이 명시된 품목

ⓒ 미생물 한도시험(생균수 측정법) 수행
- 표면도말법
  - 평판배지 바닥에 희석 배수를 표시하며, 각 희석 배수당 3~5개의 평판배지를 사용한다.
  - 마이크로피펫을 사용하여 시료 0.1mL를 평판배지 중앙에 떨어뜨린다.
  - 유리 도말봉을 알코올에 담근 후 알코올램프로 화염 멸균하여 공기 중에서 식히며, 유리 도말봉의 온도가 너무 높으면 미생물이 죽을 수 있고 너무 오래 식히면 도말봉이 오염될 수 있다 (필요시 평판배지의 귀퉁이에 대어 확인).
  - 멸균한 유리 도말봉을 사용하여 시료를 배지 전체에 고르게 도말하며, 평판배지 뚜껑을 비스듬히 열어 배지를 돌려가면서 물기가 느껴지지 않을 때까지 도말한다.
  - 배지 표면이 마른 후 항온 배양기에 평판배지를 뒤집어서 넣고 30℃에서 24시간 동안 배양한다.
  - 배양이 끝난 평판배지를 희석 배수별로 정리한다.
  - 확산 집락이 없고 한 평판에 30~300개의 집락이 있는 평판을 선택하여 집락수를 세며, 이때 초자(유리)용 색연필 또는 마커펜으로 표시하면서 계수하여 중복 측정을 피한다.
  - 계수결과를 표로 정리하며, 집락수가 셀 수 없을 정도로 많을 때는 TNTC(Too Numerous To Count)로 표시하고 집락의 수가 30개 이하로 적을 때는 TFTC(Too Few To Count)로 표시한다.
  - 동일 희석 배율의 평판배지에 형성된 집락수의 평균을 구하고, 희석 배율을 곱하여 시료의 미생물 밀도를 구한다.
  - 결과는 CFU/g 또는 CFU/mL 단위로 나타내며, 지수함수 형태로 표시하고 유효 숫자는 두 자리 또는 세 자리를 사용한다(예 ABC × 10^dCFU/g 또는 ABC × 10^dCFU/mL).

- 주입평판법
  - 영양한천배지가 들어 있는 시험관을 50℃로 유지되는 항온수조에 보관하고 굳어 있는 한천배지는 미리 가열하여 녹인 후 항온수조에 보관한다.
  - 멸균 페트리디시 바닥에 희석 배수를 표시하고 각 희석 배수당 3~5개 사용한다.
  - 마이크로피펫을 사용하여 시료 1.0mL 또는 0.1mL를 멸균 페트리디시 중앙에 가한다.
  - 영양한천배지가 들어 있는 시험관 입구를 화염 멸균하고, 무균 유지된 한천배지를 페트리디시에 부어준다.
  - 페트리접시 뚜껑을 닫고 배지가 뚜껑에 묻지 않게 주의하며 시료와 배지를 혼합한다.
  - 배지가 완전히 굳을 때까지 방치한다.
  - 항온배양기에 평판배지를 뒤집어서 넣고, 30℃에서 24시간 동안 배양한다.
  - 배양이 끝난 평판배지를 희석 배수별로 정리한다.
  - 확산 집락이 없고 한 평판에 30~300개의 집락이 있는 평판을 선택하여 집락수를 세며, 초자용 색연필 또는 마커펜으로 표시하면서 계수하여 중복 측정을 피한다.
  - 계수결과를 표로 정리하며, 집락의 수가 셀 수 없을 정도로 많을 때는 TNTC(Too Numerous To Count)로 표시하고 집락의 수가 30개 이하로 적을 때는 TFTC(Too Few To Count)로 표시한다.
  - 동일 희석 배율의 평판배지에 형성된 집락수의 평균을 구하고, 희석 배율을 곱하여 시료의 미생물 밀도를 구한다.

- 결과는 CFU/g 또는 CFU/mL 단위로 나타내며, 지수함수 형태로 표시하고 유효 숫자는 두 자리 또는 세 자리를 사용한다(예 ABC × 10^dCFU/g 또는 ABC × 10^dCFU/mL).
- 세포 질량을 이용한 생균수 측정
  - 클린벤치에서 미생물 2mL를 취하여 멸균 액체배지 200mL가 들어 있는 삼각플라스크에 넣는다.
  - 삼각플라스크를 잘 흔들어 혼합한 후 큐벳에 2mL를 담아 흡광도를 측정한다.
  - 흡광도를 측정하기 전 Blank 배지로 0점을 맞추고 흡광도값을 측정한다(Zeropoint 측정, 흡광도 파장은 600nm).

핵심이론 06 | 배양기 유지보수

① 배양기 점검
  ㉠ 배양기는 배양용기, Head Plate의 각종 볼트 조임 상태 등을 주기적으로 점검하여 배양에 차이가 없도록 관리한다.
  ㉡ 배양기 점검 수행
   • 배양용기 점검 및 관리 : 배양 전후 배양용기(Vessel)의 파손 여부, 컨트롤러의 냉각수 공급 라인의 IN과 OUT 방향 연결 상태, 냉각수 라인과 연결하는 배양용기의 가지(유리나사선)의 파손 여부 등을 점검한 후 이상이 있으면 새것으로 교체하거나 연결 방향을 바르게 연결한다.
   • Head Plate 점검
    - Head Plate의 Sample Line, 배지 주입라인, Foam Level 센서의 볼트 조임 상태 등을 Snap Ring의 위치 등을 통해 확인한다.
    - Head Plate의 Stirrer Shaft의 풀림 상태를 확인한 후 반드시 조인다.
    - Head Plate의 Inoculation Port의 Silicone 막의 사용 여부를 확인하여 사용한 것이면 새것으로 교환한다.

② 각종 센서 및 전극점검
  ㉠ pH전극, DO전극은 수시로 파손 유무를 확인하여 새로운 것으로 교체하여 사용하며, 온도센서는 표준온도계 값과 비교하여 오차가 허용범위 내에 있지 않으면 새로운 것으로 교체한 후 사용한다.
  ㉡ 센서, 전극점검 및 관리 수행
   • pH전극 점검
    - pH 전극은 전극 자체가 유리로 되어 있어 쉽게 파손될 수 있으므로 수시로 파손 여부를 확인하고, 이상이 있을 시 새로운 것으로 교체한다.

– pH 전극을 보정할 때 Slope값의 편차가 98~99% 범위 내에 있지 않으면 새로운 것으로 교체한다.
- DO전극 점검
  – 멤브레인의 손상 유무를 확인하여 파손 시 새로운 것으로 교체한다.
  – 주기적으로 전해질 용액을 점검하고 사용 주기가 지나면 새로운 것으로 교환하여 사용한다.
- 온도센서 점검 : 온도센서는 온도 측정값이 표준온도계 값과 1.0 이상 차이가 발생하면 새로운 것으로 교체한 후 사용한다.

③ 유틸리티 점검
  ㉠ 배양 전후 가스 공급 상태, 냉각수 공급 상태, 전원 공급 상태 등 각종 유틸리티를 점검한다.
  ㉡ 유틸리티 점검 및 관리 수행
  • 가스 공급점검
    – 가스 연결 라인의 밸브 개폐 상태, 가스 레귤레이터(Regulator)의 압력계 확인으로 가스 공급 상태 등을 주기적으로 점검하고 기준보다 낮으면 가스통을 새로운 것으로 교환한다.
    – 레귤레이터의 압력 설정값을 확인하면서 가스 공급 상태를 점검하고 설정값 범위 내에 있지 않으면 밸브 개폐 상태, 가스 유무 상태 등을 점검한 후 다시 가스를 공급한다.
  • 냉각수 공급점검
    – 냉각수 공급라인이 개수대 아래쪽 배관과 연결되어 있고 밸브가 열려 있는지 확인한다.
    – 냉각수 배출라인은 하수도와 잘 연결되어 있는지, 배양기 컨트롤러와 연결 방향이 바른지 등을 점검한다.

④ 기타 점검
  ㉠ 배양에 사용된 1회용 소모품, 산·염기, 탄소원, 질소원 등은 상태를 수시 점검하여 폐기하거나 멸균하여 사용하도록 한다.

㉡ 기타 점검 및 관리
  • 배양 전후 배양에 사용했던 일회용 소모품은 반드시 폐기하고 새로운 것으로 교체한다.
  • 산·염기, 탄소원, 질소원 등 배양에 사용되었던 용매의 오염 여부 및 상태를 점검하여 재사용 여부를 결정하고, 탄소원과 질소원의 경우 2회 이상 멸균하여 사용하지 않도록 한다.
  • 배양기 CIP/SIP 완료 후 배양기 내의 용수를 샘플링하여 엔도톡신 검사, 총유기탄소량 검사 등을 실시한 후 허용기준 범위에 있지 않으면 다시 CIP/SIP를 실시한다.

핵심이론 07 | 생산물 회수조건 확인

① 미생물의 회수방법 확인

　㉠ 미생물 배양을 통한 생산물은 세포 자체 성분, 세포 외 성분(Extracellular Products), 세포 내 성분(Intracellular Products)의 세 가지로 구분할 수 있으며, 생물공정을 통한 생산물의 회수는 생산물의 밀도, 크기, 용해도, 확산도에 따라 다음과 같이 이루어진다.

[생산물 입자의 성질과 크기에 따른 회수방법]

밀 도	← 초원심분리 → ← 원심분리 → ← 중력침강 →
크 기	← 미세여과 → · ← 직물 및 섬유여과 → ← 한외여과 → · ← 스크린 거르개 → ← 겔크로마토그래피 →
용해도	← 용매추출 →
확산도	← 역삼투, 투석 전기영동 →

나노미터(nm)	10^{-1}	1.0	10	10^2	10^3	10^4	10^5	10^6
마이크로미터(μm)	10^{-4}	10^{-3}	10^{-2}	10^{-1}	1.0	10	10^2	10^3

← 이온 범위 → ← 고분자 범위 → ← 초미세 입자 범위 → ← 미세입자 범위 → ← 굵은입자 범위 →

　㉡ 회수방법은 생산물의 성질 및 크기에 따라 선택한다.
　　• 세포 자체가 생산물일 경우 : 여과(Filtration), 응집(Flocculation), 원심분리(Centrifugation) 등의 방법을 사용하여 세포를 회수한다.
　　• 세포 외 성분이 생산물일 경우 : 우선 세포 또는 불요성 성분을 제거하고 생산물이 포함된 배지를 추출(Extraction), 침전(Precipitation), 한외여과(Ultrafiltration), 흡착(Adsorption), 크로마토그래피(Chromatography) 등의 방법을 이용해 생산물을 분리하여 회수한다.
　　• 세포 내 성분이 생산물일 경우 : 여과, 응집 및 원심분리 등과 같은 방법을 이용해 세포를 먼저 회수한 후 회수된 세포를 파쇄하여 세포 외 성분의 경우와 동일하게 생산물을 회수한다.
　　　- 세포를 파쇄하는 방법

　　　ⓐ 물리적 방법 : 초음파처리, 균질기(Homogenizer), 볼 밀(Ball Milling) 등이 있다.
　　　ⓑ 생물학적 방법 : 라이소자임과 같은 효소를 이용하여 세포벽을 용해한다.
　　　ⓒ 화학적 방법 : 계면활성제, 유기성 용매, 알칼리성 용매를 이용하여 세포벽과 세포막을 파쇄한다.
　　　ⓓ 이외에 세포를 천천히 동결한 후에 해동시키는 과정을 통해 세포막을 파쇄하는 방법과 삼투압을 이용해 파쇄하는 방법이 있다.

② 회수된 생산물의 확인

　㉠ 생물공정을 통한 생산물질의 일반적인 종류에는 알코올류, 유기산류, 아미노산류, 항생 물질, 효소, 생리활성물질, 핵산 등이 있다.
　㉡ 생물공정을 통해 회수할 물질을 선정하고 그 물질을 확인하기 위한 적절한 방법을 선택, 확립한다.

[물질과 바이오화학제품의 종류(예)]

물질 종류	바이오화학제품의 종류
알코올	에탄올, 부탄올, 프로판다이올, 부탄다이올
유기산	아세트산, 젖산, 숙신산
아미노산	라이신, 트레오닌, 트립토판, 글루탐산일나트륨(MSG)
항생물질	페니실린, 스트렙토마이신, 밴코마이신, 세팔로스포린C, 코디세핀
효 소	아밀라제, 셀룰라제, 프로테아제, 펙티나제
생리활성물질	비타민, 호르몬
핵 산	구아노신일인산(GMP), 이노신일인산(IMP)

③ 생산물의 분석방법 선정

　㉠ 생산물의 분석과정
　　• 생산물의 정성적 · 정량적 분석을 위해서 적절한 분석방법을 선정한다.
　　• 선정된 분석 방법에 의거하여 시료를 분석 가능한 상태로 준비한다.
　　• 생산물의 분석을 위해 다양한 농도 또는 무게를 갖는 시료를 준비하여 여러 번의 분석을 통해 오차의 범위를 최대한 줄일 수 있도록 한다.

- 생산물 분석 시에는 표준물질을 먼저 분석한다.
- 최종적으로 결과값을 계산하고 신뢰도를 평가하며, 분석하고자 하는 생산물의 분석은 분석시험법의 표준작업지침서(SOP)에 준한다.

ⓛ 생산물의 분석
- 생산물의 분석은 물질의 성질 및 목적에 따라 적절한 분석 방법과 분석 장비를 선택한다.
- 생산물의 확인을 위해 정성·정량분석을 주로 사용한다.
  - 정성분석
    ⓐ 생산물의 성분 확인방법 : 고성능액체크로마토그래피(HPLC), 박막크로마토그래피(TLC), 효소를 이용한 반응법, 전기영동법 등이 있다.
    ⓑ 생산물의 정확성을 위해서는 정성분석을 통해 생산물의 성분을 확인하며, 표준물질을 정확히 측정하여 이를 비교한다.
    ⓒ 저분자 물질 : 가스크로마토그래피, 고성능액체크로마토그래피, 질량분석기 등을 사용한다.
    ⓓ 고분자 물질 : 다양한 크로마토그래피 사용으로 단일 물질로 분리하여 각 성분을 분석한다.
  - 정량분석
    ⓐ 생산물의 농도 분석을 통해 대상 성분의 정량적인 함유량을 측정하는 방법이다.
    ⓑ 정확한 농도 분석을 위해 먼저 표준물질을 준비하고, 이를 농도별로 정확히 측정하고 분석하여 검량선을 만들고 이에 대한 수식을 구한다.
    ⓒ 생산물의 미지의 농도를 분석기기를 통해 분석하고, 이 데이터를 표준물질로 만든 검량선의 수식에 대입하여 정확한 양을 분석한다.

ⓓ 고성능액체크로마토그래피, 가스크로마토그래피, 액체크로마토그래피, 이온크로마토그래피 등을 통해 분석한다.

④ 생산물의 분석 확인
ⓐ 생산물 분석시료 준비 : 최종 분석내용의 신뢰도를 높이기 위해 해당 생산물의 정확한 전처리 방법이 필요한 경우가 있으며 시료의 성분, 분석 장비, 분석 조건 등에 따라 적절한 방법을 선정해야 한다(예 생물 공정을 통한 배양액은 세포 또는 불용성 입자들을 제거해야 하고, 점성이 높으면 완충용액으로 희석시켜 주어야 하며 분석 조건에 맞게 pH 조절이 필요한 경우도 있음).

ⓛ 생산물의 분석시료 제조
- 배양액 회수 후 여과 및 원심분리 등을 이용하여 불용성 입자들을 제외한 상등액을 얻어 즉시 분석해야 하며, 그렇지 않은 경우는 냉동하여 변질을 막아야 한다.
- 생산물 시료 회수
  - 생산물의 시료 회수 시 물질의 변질에 주의한다.
  - 회수된 생산물의 균질화를 위해 잘 혼합한다.
- 생산물 최종 시료 제조
  - 위의 모든 과정을 이행한 후 최종 생산물 시료를 제조하여 분석한다.
  - 최종 분석시료는 분석방법의 농도범위 및 신뢰도 안에서 분석을 진행한다.

ⓒ 미생물을 이용한 생산물 제조
- 에탄올
  - 사카로마이세스 세레비시애(*Saccharomyces cerevisiae*) 균주 또는 재조합 박테리아를 배양하여 생산한다.
  - YPD(Yeast Peptone Dextrose)배지, LB배지를 고압증기멸균기를 이용하여 121℃에서 15~20분간 멸균 후 배지가 어느 정도 식으면 무균시험대 안에서 접종한다.

- 배양기에서 30℃, 180rpm에서 24시간 동안 배양한 후 최종 생산물을 확인한다.
- 프로판다이올
  - 클렙시엘라 뉴모니아(*Klebsiella pneumoniae*) 균주 또는 재조합 박테리아를 배양하여 생산한다.
  - YPD배지, LB배지를 고압증기멸균기를 이용하여 121℃에서 15~20분간 멸균한 후 배지가 어느 정도 식으면 무균시험대 안에서 접종한다.
  - 배양기에서 37℃, 200rpm에서 24시간 동안 배양한 후 최종 생산물을 확인한다.
- 부탄다이올
  - 엔테로박터 애로진스(*Enterobacter aerogenes*) 균주 또는 재조합 대장균을 배양하여 생산한다.
  - YPD배지, LB배지를 고압증기멸균기를 이용하여 121℃에서 15~20분간 멸균 후 배지가 어느 정도 식으면 무균시험대 안에서 접종한다.
  - 배양기에서 37℃, 180rpm에서 24시간 동안 배양한 후 최종 생산물을 확인한다.
- 세팔로스포린 C
  - 아크레모니움 크리소지움(*Acremonium chrysogenum*)과 같은 곰팡이균을 배양하여 생산한다.
  - PDB(Potato Dextrose Broth)배지를 고압증기멸균기를 이용하여 121℃에서 15~20분간 멸균 후 배지가 어느 정도 식으면 무균시험대 안에서 접종한다.
  - 배양기에서 27℃, 300rpm에서 3일간 배양한 후 최종 생산물을 확인한다.
- 코디세핀
  - 코디셉스 밀리타리스(*Cordyceps militaris*)와 같은 곰팡이균을 배양하여 생산한다.

- PDB 배지를 고압증기멸균기를 이용하여 121℃에서 15~20분간 멸균한 후 배지가 어느 정도 식으면 무균시험대 안에서 접종한다.
  - 배양기에서 25℃, 200rpm에서 3일간 배양한 후 최종 생산물을 확인한다.
- 셀룰라제
  - 페니실리움 브라실리아눔(*Penicillium brasilianum*)과 같은 곰팡이균을 배양하여 생산한다.
  - PDB배지를 고압증기멸균기를 이용하여 121℃에서 15~20분간 멸균한 후 배지가 어느 정도 식으면 무균시험대 안에서 접종한다.
  - 배양기에서 25℃, 200rpm에서 4일간 배양한 후 최종 생산물을 확인한다.

7-1. 세포배양액 또는 발효액으로부터 사용한 세포를 회수 또는 제거하기 위하여 일반적으로 사용하는 방법이 아닌 것은?
① 응 집
② 원심분리
③ 용매추출
④ 회전진공여과기

7-2. 회수 · 정제 공정 설계에 영향을 주는 인자로서 가장 거리가 먼 것은?
① 회수 정제 비용
② 회수 정제의 난이도 및 수율
③ 최종 제품의 가격
④ 최종 제품의 순도

|해설|

7-1
세포물질 분리방법에는 여과, 원심분리, 응고, 응집이 있다.

7-2
최종 제품의 가격은 회수 · 정제 공정 설계에 영향을 주는 인자로서 가장 관계가 없다.

정답 7-1 ③ 7-2 ③

핵심이론 08 | 균체 분리 및 양 측정

① 균체 분리

    ㉠ 응집 및 부유를 통한 균체 분리

        • 미생물이 큰 덩어리를 만들어 침전하여 분리하는 방법이다.

        • 응집은 주로 세포 표면의 인산기와 카복실기의 전하의 중화에 의해 이루어지므로 pH 변화 또는 이온전하를 변화하여 침전을 촉진시키기도 하며, 응집과는 반대로 용액상에 가스를 주입하여 미생물을 부유시키는 방법도 있으며 이는 계면 활성 차이를 이용하여 수행할 수 있다.

        • 부유에 의한 균체 분리는 미생물이 가스의 표면에 흡착되고 농축되어 용액 표면에 떠오르게 되면 이를 회수하여 분리하는 방법이다.

    ㉡ 여과를 통한 균체 분리

        • 여과는 다공질의 물질을 이용하여 액체 또는 기체에 존재하는 입자를 분리하는 방법으로 심층필터(Depth Filter)와 고성능필터(Absolute Filter)의 두 가지 방법이 있다.

            – 심층필터는 유리, 털, 부직포 등과 같은 섬유상으로 존재된 것을 말하며, 입자가 굴곡되는 공간을 통과하면서 흡착되어 제거된다.

            – 고성능필터는 여과할 입자보다 작은 공극을 가진 막으로 되어 있으며, 이는 막을 통과하지 못하고 표면 자체에서 제거된다.

        • 심층여과 : 배양액으로부터 곰팡이 또는 효모의 균체를 분리하기 위한 방법으로 가압여과(Filter Press), 회전식 진공여과기(Rotary Vacuum Filter) 등이 있다.

            – 가압여과(Filter Press) : 여과판과 틀을 교대로 겹쳐서 조립하는 간단한 구조로, 슬러리는 틀로 전달되어 통과한 여액이 판의 홈을 타고 배출구로 나오는 방식이며 단위 여과 면적에 대해 가장 경제적이고 설치 면적도 가장 작게 차지한다.

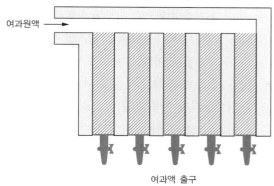

[필터프레스 여과 장치]

        – 회전식 진공 여과 : 대량의 슬러리를 연속적으로 처리할 때 주로 사용하며, 내부가 여러 칸으로 분할되어 있고 여과기 안의 슬러리는 회전 드럼의 외부로부터 내부의 진공압에 의해 회전 드럼 주위의 금속제 또는 섬유제 등 여과제에 흡입되고 드럼이 회전하는 동안 여과제를 통과하여 집액기에 모인다.

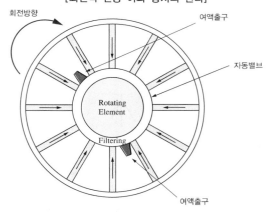

[회전식 진공 여과 장치의 원리]

        • 고성능 여과 : 수직으로 배양액을 여과하는 전량 여과(Static Flow)와 높은 유속으로 배양액을 흐르게 하여 막 표면에 미생물을 걸러내는 교차흐름 여과(Cross Flow)가 있다.

            – 전량 여과 : 모든 유체가 필터를 통과하는 방식으로, 필터가 쉽게 막히며 고점도의 용액을 여과하는 데 있어 많은 문제점이 발생된다.

– 교차흐름 여과 : 유체의 여과 방향이 필터의
  표면과 수평으로 이루어져 흐르며 필터의 기공
  크기보다 작은 유체만 필터를 통과하는 방식으
  로, 전량 여과보다 쉽게 막히지 않는 장점이
  있으며 고점도의 물질 여과에 많이 사용한다.
ⓒ 원심분리를 이용한 균체 분리 : 분리하고자 하는
  시료의 밀도차에 따른 침강속도의 차이를 이용하
  여 원심력으로 입자를 분획하는 방법으로 가장 효
  과적이고 일반적이다.
• Basket형 원심분리
  – 곰팡이균체나 결정의 분리에 적합하다.
  – 회전 Basket의 원통 표면이 다공판으로 되어
    있고 Basket 안에 여과제를 포함한다.

[Basket형 원심분리기의 장치 모형]

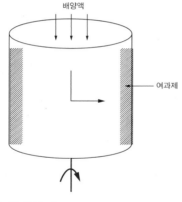

• 다실형 원심분리
  – 많은 칸막이로 이루어져 있으며 Basket 안의
    공간을 충분히 이용할 수 있다.
  – 구조가 복잡하여 기계적 강도를 높일 수 없고
    분리에 많은 시간이 소요된다.

[다실형 원심분리기의 장치 모형]

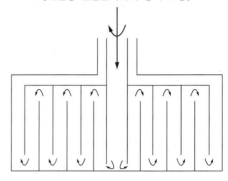

• 경사분리형 원심분리
  – 거친 물질을 연속적으로 분리하는 데 가장 적
    합하나 기계 균형의 문제로 고회전이 필요한
    원심분리에는 사용이 제한된다.
  – 내벽에 모이는 슬러지는 나선형 스크루에 의
    해 끝으로 이동하여 배출되고, 여액은 내벽의
    경사를 통해 반대쪽으로 이동하여 배출된다.

[Decanter형 원심분리기의 장치 모형]

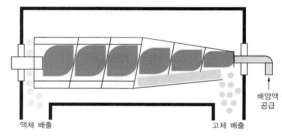

• 디스크형 원심분리
  – 액을 공급하는 중심축에 스테인리스로 된 디
    스크를 장착하여 분리하는 장치로, 액을 중심
    축으로부터 공급하면 비교적 무거운 미생물이
    나 여액은 디스크 안쪽을 통해 끝으로 이동하
    고 비교적 가벼운 물질은 중심축 주위에 모여
    밖으로 배출되는 원리이다.

– 중심축으로부터 자동적으로 간격을 두고 분리
하여 배출할 수 있는 장점이 있다.

[Disc형 원심분리기의 장치 모형]

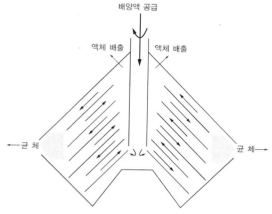

- 관형 원심분리
  - 큰 원심력을 이용할 수 있으며 탈수성이 좋고
    세척에도 용이하다.
  - 가벼운 액과 무거운 액의 분리, 고체 입자와
    가벼운 액의 분리, 고체 입자와 무거운 액 분
    리 등 다양한 조합의 물질을 선택적으로 분리
    할 수 있는 장점이 있다.

② 균체의 양 측정
  ㉠ 중량법
    - 미생물의 배양이 끝난 후 발효액을 여과 방법 및
      원심분리를 이용하여 회수한 후 남은 잔여물을
      증류수로 깨끗이 세척하여 상압건조, 감압건조,
      동결건조 등의 방법에 의해 건조한다.
    - 수분이 빠져나간 건조된 균체를 건조기에 넣고
      항량에 도달할 때까지 건조한 후 정밀한 전자저
      울을 통해 각각의 무게를 측정한다.
  ㉡ 탁도(흡광)법
    - 투과광과 산란광을 적분구를 통해 측정하는 탁
      도계를 사용하는 것이 일반적이나 보통 광전비
      색계로 투과광만으로도 측정이 가능하다.

- 광속이 입자분산계를 통과할 때 입사광 및 용액
  층을 통과한 후 투과광의 세기를 구하여 람베르
  트-비어(Lambert-Beer's)의 법칙으로 탁도를
  구할 수 있다.
  ※ 람베르트-비어의 법칙
    - 기체 또는 액체에 의한 빛의 흡수는 그 속의
      분자 수에 의해서만 결정되며, 희석에 의해
      서 분자 수가 변화하지 않는 한 희석도에는
      관계가 없다는 법칙이다.
    - 이 법칙을 이용하면 흡광도는 다음과 같이
      나타낼 수 있다.
      $$A = \varepsilon \times [J] \times L$$
      여기서, 시료의 몰흡광계수 : ε, 시료의 농도 : [J],
      시료의 길이 : L

  ㉢ 충전 용량법
    - 눈금이 있는 원심분리관을 이용해 각 미생물의
      조건에 따라 원심분리 조건을 최적화하여 세포
      를 가라앉힌다.
    - 이것을 건조 중량으로 환산하기 위해 배양액 일부
      를 이용하여 건조 중량과의 관계를 미리 파악하여
      야 한다.
    - 결과를 빠르게 파악할 수 있으며, 여과가 힘든
      세포에 대해서도 적용할 수 있는 장점이 있다.
  ㉣ 총균수 측정법 : 총균수 측정법으로 Thoma 혈구계,
    Coulter Counter와 같은 입자수 측정법과 생균수를
    측정할 수 있는 평판배양법(Plate Count) 등이 있다.
    - Thoma의 혈구계는 가로세로 $50\mu m$ 간격으로
      정방형의 구획선이 그려져 있으며, 각 구획의 세
      포수를 파악하여 평균값을 구한다(한 구획, $2 \times 10^{-7}mL$).
    - Coulter Counter의 원리는 전해질을 포함한 현
      탁액을 흡입시켜 전극을 걸고 일정 전류를 흐르
      게 하여 세포 부피에 따라 생성된 전압의 Pulse
      를 계산하여 측정하는 것이다.

- 평판계수법
    - 생균수 측정에서 가장 많이 사용하는 방법으로 널리 이용되며 도말평판법과 주입평판법이 있다.
        ⓐ 도말평판법 : 희석한 배양액을 도말봉을 사용해 한천배지에 골고루 도말한다.
        ⓑ 주입평판법 : 희석한 배양액을 피펫으로 평판 위에 주입하고 녹은 배지를 첨가하여 잘 섞어주며, 형성되는 집락수가 너무 적으면 통계적 오차가 생길 수 있고 너무 많으면 집락이 겹쳐 오차가 생길 수 있으므로 30~300개 정도로 적절히 희석하는 것이 중요하다.
    - 일정 배수로 희석한 배양액을 한천배지에 접종하면 미생물이 증식하여 형성되는 집락수를 세는 방법으로 집락계수법이라고도 하며 그 결과는 집락형성단위(cfu ; colony forming unit)로 표시한다.
    - 생균수에서의 전제는 살아 있는 하나의 세포가 하나의 집락을 형성한다는 것이며, 따라서 집락수가 세포수를 반영하게 된다.

자주 출제된 문제

8-1. 원심분리 공정에서 침강 속도를 옳게 설명한 것은?

① 입자 지름에 비례한다.
② 점도에 비례한다.
③ 원심력에 비례한다.
④ 입자 지름의 제곱에 반비례한다.

8-2. 일반적으로 여과기의 기능을 갖고 있는 원심분리기는?

① Basket Type
② Tubular Bowl Type
③ Disk with a Nozzle Type
④ Disk with Intermittent Discharge Type

|해설|

8-1

원심분리(Centrifugation) : 원심력을 이용하여 용질분자를 무게, 모양, 크기 등의 차이에 따라 분리하는 방법으로 공정은 원심력에 비례한다.

8-2

Basket형 원심분리기 : 사상균 균체 또는 결정성 물질의 분리에 이용한다. 원심관은 나일론 또는 면으로 싸인 다공성으로 되어 있다. 배양액을 연속적으로 공급하며 원심관 안에 여괴로 가득차면 이를 제거하기 전에 세척할 수 있다.

정답 8-1 ③ 8-2 ①

① 최종 생산물 시료 채취 및 전처리

　㉠ 시료 채취 : 최종 생산물의 농도를 측정하기 위해서는 배양이 끝난 후 물질의 변질에 주의하여 시료를 채취해야 하며, 이는 농도 확인의 지표가 되는 물질이므로 생산물의 균질화를 위해 잘 혼합해야 한다.

　　• 최종 생산물 시료 채취기구 : 피펫, 피펫에이드

　　• 채취된 시료용기 : 코니칼 튜브(15mL, 50mL 등), E-튜브 등

　　• 채취된 시료 표기 : 시료의 명칭, 시료의 양, 채취 시간과 날짜, 시료번호 등

　　• 시료 채취 방법 : 시료의 균일화를 위해 채취 전 잘 교반, 혼합하여 채취한다.

　　• 채취된 시료 보관 : 채취된 시료를 바로 분석할 수 없을 경우 단기간은 냉장보관, 장기간은 냉동보관한다.

　㉡ 시료 전처리

　　• 최종 생산물의 분석을 위해 시료를 전처리해야 하는 경우가 있으며 분석조건에 맞게 온도, pH 조절이 필요한 경우가 있다.

　　• 정확한 분석을 위해 분리 정제과정을 거쳐 순도를 높여야 하므로 시료의 성분, 분석장비, 분석조건 등에 따라 적절한 방법을 선택한다.

　　• 배양액의 경우 세포와 불용성 입자들을 원심분리 및 여과를 통해 제거해야 하며, 점성이 높은 경우에는 완충 용액을 이용하여 희석해야 한다.

　㉢ 생물공정 중 검체 채취 및 분석방법

　　• 공정 중 시료는 채취 시점 및 방법을 포함하는 검체 채취 계획을 운영한다.

　　• 채취 전 검체 채취 계획을 작업자에게 충분히 교육을 실시한 후에 시행한다.

　　• 검체 채취 계획에는 다음의 사항 등을 포함한다.

　　　- 검체 채취 절차

　　　- 검체 채취량

　　　- 검체 채취 위치(공정을 대표하는 위치)

　　　- 검체 채취 용기 및 도구

　　　- 평가 전 보관이 필요한 경우 보관조건 및 기간

　　• 채취된 검체는 밸리데이션된 방법에 따라 시험하며, 분석은 정해진 시험 의뢰 및 지시 절차에 따라 진행한다(데이터의 계산 및 취합에 대한 철저한 검증 필요).

② 생산물의 농도 분석

　㉠ 농 도

　　• 분율(Fraction) : 전체 시료 중에서 포함되고 있는 분석 대상 성분의 양을 단순한 비율로 나타내며, 분석대상 성분의 양을 무게나 부피로 표현한다.

　　　- 백분율(%) : 전체 시료를 100으로 했을 때 분석 대상 성분을 100과의 비로 나타내며 무게-부피 분율(w/v), 무게-무게 분율(w/w), 부피-부피 분율(v/v)이 있다.

　　　- 백만분율(ppm) : 전체 양의 백만분의 1을 단위로 하는 비율로, 기체 또는 액체 속에 다른 물질이 포함되는 비율을 나타내는 경우 등에 사용하며 $1.0ppm(w/v) = 10^{-6}g/mL = 1\mu g/mL = 1mg/L$ 등의 단위를 사용한다.

　　• 몰농도(M ; Molarity, mol/L) : 용액 1리터에 녹아 있는 용질의 몰수로 나타내는 농도이다.

　　• 노르말 농도(N ; Normality) : 용액 1리터에 녹아 있는 용질의 g당량수를 나타낸 농도이다.

　㉡ 효소의 활성 단위 : 효소의 활성 단위를 표현하기 위해서 효소가 최적 조건하에서 1분당 $1\mu mol$의 기질을 생성물로 변환시키는 데 필요한 효소의 양을 1 단위(unit)로 나타낸다.

③ 분석 장비의 종류 및 측정 원리

  ⊙ 분광광도계

    • 빛의 흡수현상을 이용하여 일정한 파장에서 시료용액의 흡광도를 측정하면 그 파장에서 빛을 흡수하는 물질의 양(농도)을 정량한다.

    • 흡광광도법

      - 분광광도계를 사용하여 시료용액의 흡광도를 측정하고 목적성분을 정량한다.

      - 분광광도계의 구조는 광원, 광원으로부터 나오는 여러 파장의 빛을 특정 파장의 빛으로 분리해 주는 단색화 장치, 빛의 통로에 시료를 올려 놓고 측정하는 시료 장착부, 빛이 시료를 통과하기 전과 통과한 후의 빛의 강도를 측정함으로써 시료가 흡수한 빛의 양을 측정하는 검출기 부분으로 구성되어 있다.

      - 주로 자외선(180~320nm) 및 가시광선(320~800nm) 영역에서 빛의 흡수를 이용한다.

      - 흡광도는 흡광물질의 농도에 비례하므로, 농도를 알고 있는 표준 시료의 용액에 대한 흡광도를 확인하고 이를 기준으로 미지 농도시료에 대한 농도를 알 수 있다.

  ⊙ 질량분석기

    • 이미 알고 있는 성분에 대한 정량분석과 기존 검출기로는 불가능했던 미지의 성분에 대한 분자구조 분석 및 화학적 특성을 확인할 수 있다.

    • 질량분석기의 구조는 시료를 이온화시키는 이온 발생원, 이온화된 시료를 질량에 따라 구별이 가능하도록 분리하는 질량분리기, 질량분리기에 의해 분리된 이온들이 만드는 신호를 검출하는 검출기로 구성되어 있다.

    • 질량분석기에 투입된 시료가 여러 방법으로 이온화되면 이온이 질량 대 전하 비율(m/z Ratio)에 따라 분리되며, 이온은 하전입자를 검출할 수 있는 장치로 검출된 후 결과는 스펙트럼 형태로 표시된다.

  ⓒ HPLC(High Performance Liquid Chromatography)

    • 용액 속에 혼합된 시료 성분이 이동상과 고정상 사이를 흐르면서 흡착, 분배, 이온 교환 또는 분자 크기 배제작용 등에 의해 각각의 단일 성분으로 분리되는 것으로 주로 분리, 정성, 정량 등의 분석목적에 사용한다.

    • HPLC의 구조는 이동상 중의 기포를 제거하는 탈기, 이동상을 이동시켜 주는 고성능의 펌프, 시료 주입부, 고정상이 충전되어 있는 칼럼, 분리능 향상 및 분석 결과의 재현성 보장을 위한 칼럼 온도를 적절하게 설정·유지해 주는 칼럼 온도 조절기, 결과를 검출해 주는 검출기 등으로 구성되어 있다.

  ※ 고정상(Stationary Phase) : 크로마토그래피에서 물질에 대한 친화성을 나타내어 시료 성분을 머무르게 하는 성질을 가지고 있으며 이동하지 않는 상이다.

  ※ 이동상(Mobile Phase) : 칼럼에 충전된 고정상에 대해 시료 성분을 이동하게 하는 성질을 가지고 있는 기체 또는 액체의 상이다.

  ※ 이동상이 액체인 크로마토그래피

    1. LC(Liquid Chromatography) : 액체크로마토그래피로, 고정상으로 고체를 사용하고 고정상에 시료를 가한 다음 이동상으로 액체를 사용하는 분석기술이다.

    2. HPLC(High Performance Liquid Chromatography) : 고성능액체크로마토그래피로, 용액 중의 유기화합물을 성분별로 분리해서 함유량을 측정하는 기기이다.

    3. TLC(Thin Layer Chromatography) : 박층크로마토그래피로, 유리나 합성수지 또는 적당한 평판물 위에 고정상을 얇고 균일하게 입힌 다음 건조하여 사용한다. 하단의 가장자리에서 약간의 내부에 시료를 Spot 모양

또는 허리띠 모양으로 도포한다. 전개조의 바닥에 이동상인 전개용매를 붓고 평판의 하단에 담가 용매가 고정상에 침투하여 상부로 이동하도록 일정시간 정치하여 시료성분을 전개시켜 분리한다.

※ 분리능(R_S)

$$R_S = \frac{2(t_2 - t_1)}{W_1 + W_2}$$

여기서, t_1, t_2 : 시료 1과 2의 머무름 시간

W_1, W_2 : 피크 시간(피크 폭)

※ 머무름 시간(Retention Time)은 시료 성분의 피크에 해당하는 시간이다.

② 폴리아크릴아마이드 겔 전기영동장치
- 전기영동(용액 중의 전하를 띤 물질이 전기장 내에서 이동하는 현상)에 폴리아크릴아마이드 겔을 지지체로서 사용하는 방법이다.
- 분자량 결정, 각 성분의 정량, 정제 등에 이용되며 단백질이나 핵산의 분리 분석에도 이용한다.
- 폴리아크릴아마이드 겔은 그물 모양의 입체구조로 시료에 대하여 분자를 걸러내는 역할을 하며 작은 물질은 빠르게, 큰 물질은 느리게 이동하여 분자량에 따라 분리하고 이동거리와 분자량은 반비례하므로 분자량을 결정할 수 있다.

④ 생물공정 생산물의 확인
  ㉠ 에탄올
  - 사카로마이세스 세레비시애(*Saccharomyces cerevisiae*) 균주 또는 재조합 박테리아의 배양액을 회수하여 원심분리 또는 여과를 통해서 세포 및 불용성 물질을 제거한 후 분석한다.
  - HPLC로 분석하며, Shodex SH-1011 등과 같은 유기산 칼럼(8×300mm)을 50℃에서 0.001N 황산을 이동상으로 하여 0.6mL/min의 유속으로 분석한다.

- UV Detector나 RI Detector로 최종 검출 확인을 하며, 분석된 자료는 기존표준물질의 검량선을 통해 최종 농도를 산출한다.

  ㉡ 프로판다이올
  - 클렙시엘라 뉴모니아(*Klebsiella pneumoniae*) 균주 또는 재조합 박테리아의 배양액을 회수하고 원심분리 또는 여과를 통해 1,3-프로판다이올을 분석에 사용한다.
  - HPLC로 분석하며, Shodex SH-1011 등과 같은 유기산 칼럼(8×300mm)을 50℃에서 0.001N 황산을 이동상으로 하여 0.6mL/min의 유속으로 분석한다.
  - UV Detector나 RI Detector로 최종 검출 확인을 하며, 분석된 자료는 기존표준물질의 검량선을 통해 최종 농도를 산출한다.

  ㉢ 부탄다이올
  - 엔테로박터 애로진스(*Enterobacter aerogenes*) 균주 또는 재조합 대장균의 배양을 통해 배양액을 원심분리 또는 여과를 통해 회수하여 불용성 물질을 제거한 후 분석한다.
  - HPLC로 분석하며, Shodex SH-1011 등과 같은 유기산 칼럼(8×300mm)을 50℃에서 0.001N 황산을 이동상으로 하여 0.6mL/min의 유속으로 분석한다.
  - UV Detector나 RI Detector로 최종 검출 확인을 하며, 분석된 자료는 기존표준물질의 검량선을 통해 최종 농도를 산출한다.

  ㉣ 세팔로스포린 C
  - 아크레모니움 크리소지움(*Acremonium chrysogenum*)과 같은 곰팡이균을 배양하여 원심분리 및 여과를 통해 상등액을 회수한 후 높은 순도를 얻기 위해 용매추출법을 사용하기도 한다.

- HPLC로 분석하며, Aminex HPX-87H 칼럼을 50℃에서 5mN 황산을 이동상으로 하여 0.8mL/min의 유속으로 분석한다.
- UV Detector나 RI Detector로 최종 검출 확인을 한다.

ⓜ 코디세핀
- 코디셉스 밀리타리스(*Cordyceps militaris*)와 같은 곰팡이균을 배양하여 원심분리 및 여과를 통해 상등액을 회수한다.
- HPLC로 분석하며, X-Bridge C18 칼럼(5.0μm, 4.6 × 250mm, Waters, USA)을 25℃에서 20mM 인산용액의 15%(v/v) 메탄올을 첨가한 이동상으로 하여 1.0mL/min의 유속으로 분석한다.
- UV Detector(260nm)로 최종 검출 확인 후 최종 코디세핀 생산물은 기존표준물질의 검량선을 통해 최종 농도를 산출한다.

ⓗ 셀룰라제
- 페니실리움 브라실리아눔(*Penicillium brasilianum*)과 같은 곰팡이균을 배양하여 원심분리 및 여과를 통해 상등액을 회수한다.
- 회수된 상등액의 효소 활성 측정을 위한 기질은 카복시메틸셀룰로스를 사용하며, 효소 반응에 의해 생성된 당함량을 측정하기 위해서 다이나이트로살리실산을 이용한 환원당 측정법을 사용한다.
- 곰팡이균을 배양하여 분리한 상등액과 일정량의 기질을 50℃에서 30분간 반응시킨 후 효소 실활을 위해 100℃에서 10분간 반응을 중지시켰다가 반응액에 환원당 정량 용액(DNS)을 넣고 일정시간 반응 후 표준물질 검량선을 통해 생성된 당함량 및 당전환율을 계산하여 평가한다.

9-1. 다음 [보기]의 크로마토그래피 중 이동상이 액체인 것을 모두 나타낸 것은?

| 보기 |
ㄱ LC   ㄴ HPLC
ㄷ GC   ㄹ TLC

① ㄱ   ② ㄱ, ㄴ
③ ㄱ, ㄴ, ㄹ   ④ ㄱ, ㄴ, ㄷ, ㄹ

9-2. 다음 중 단백질의 분리 및 분자량 측정에 가장 많이 이용되는 방법은?

① 분광광도법   ② 전기영동법
③ X선 회절분석법   ④ 핵자기 공명분석법

| 해설 |

9-1
- 고정상(Stationary Phase) : 크로마토그래피에서 물질에 대한 친화성을 나타내어 시료 성분을 머무르게 하는 성질을 가지고 있으며 이동하지 않는 상이다.
- 이동상(Mobile Phase) : 칼럼에 충전된 고정상에 대해 시료 성분을 이동하게 하는 성질을 가지고 있는 기체 또는 액체의 상이다.
- 이동상이 액체인 크로마토그래피
  - LC(Liquid Chromatography) : 액체크로마토그래피로, 고정상으로 고체를 사용하고 고정상에 시료를 가한 다음 이동상으로 액체를 사용하는 분석기술이다.
  - HPLC(High Performance Liquid Chromatography) : 고성능액체크로마토그래피로, 용액 중의 유기화합물을 성분별로 분리해서 함유량을 측정하는 기기이다.
  - TLC(Thin Layer Chromatography) : 박층크로마토그래피로, 유리나 합성수지 또는 적당한 평판물 위에 고정상을 얇고 균일하게 입힌 다음 건조하여 사용한다. 하단의 가장자리에서 약간의 내부에 시료를 Spot 모양 또는 허리띠 모양으로 도포한다. 전개조의 바닥에 이동상인 전개용매를 붓고 평판의 하단에 담가 용매가 고정상에 침투하여 상부로 이동하도록 일정시간 정치하여 시료성분을 전개시켜 분리한다.

9-2
폴리아크릴아마이드 겔 전기영동장치
- 전기영동(용액 중의 전하를 띤 물질이 전기장 내에서 이동하는 현상)에 폴리아크릴아마이드 겔을 지지체로서 사용하는 방법이다.
- 분자량 결정, 각 성분의 정량, 정제 등에 이용되며 단백질이나 핵산의 분리 분석에도 이용한다.

정답 9-1 ③ 9-2 ②

CHAPTER 03 바이오화학제품 품질관리

핵심이론 01 분석장비 점검

① 품질관리와 분석장비

ㄱ 분석장비는 제품의 제조과정에서 공정단계의 중간 제품 또는 최종 완제품을 미리 설정된 제품의 품질 규격에 맞게 균일성 확보를 위하여 분석하고 측정한다.

ㄴ 바이오화학 소재 제품의 분석은 제품에 따라 상이하나 보통 물리·화학적 성질, 함량 분석, 확인 분석 등 제품의 규격과 관련된 항목을 분석하여 순도, 수율 및 효능 등을 확인한다.

ㄷ 분석장비는 제품의 품질에 직접 영향을 끼칠 수 있으므로 정기적 또는 필요에 따라 주기적 점검으로 검·교정을 하고, 재현성 있게 사용하기 위해 정상적인 가동을 확인하며 밸리데이션을 통해 문서화하고 보증받는 것이 필요하다.

ㄹ 분석장비는 각각의 특성이 있고 명확해야 하며 일반적으로 분석의 특성은 정확성, 정밀성, 감도, 특이성 등이 있다.

② 분석장비의 종류

ㄱ pH 미터 : 시료가 들어 있는 용액의 산도를 측정한다.

ㄴ 전도도계 : 전류를 운반할 수 있는 능력으로서 시료용액의 이온 세기를 측정한다.

ㄷ 저 울 : 시료물질의 질량을 측정한다.

ㄹ 크로마토그래피(Chromatography)

• 시료와 칼럼에 충전된 매질과의 상호작용을 통해 성분 및 함량을 분석한다.

• 액체크로마토그래피(LC), 고속 액체크로마토그래피(HPLC), 초고속 액체크로마토그래피(UPLC), 가스크로마토그래피(GC) 등이 있다.

ㅁ 분광광도계(Spectrophotometer)

• 물질에 빛을 통과시킬 때 흡광도와 투과율의 차이를 나타내는 특성을 이용하여 농도를 측정한다.

• 보통 660nm 전후의 가시광선(200~800nm)을 이용한다.

ㅂ 질량분석기(MS ; Mass Spectrometer) : 시료 분자로부터 생성된 분자이온의 질량수로부터 분자량을 얻을 수 있으며, 분절(Fragment)이온이 생기는 형태로부터 분자 구조에 관한 정보를 얻을 수 있다.

ㅅ 원소분석기(Elemental Analyzer) : 유기물질과 무기물질의 원소 구성을 결정하며 C, H, O, N, S의 양(%)을 결정하여 미지 물질의 분자식에 관한 정보와 기지 물질의 순도를 확인할 수 있다.

ㅇ 전기영동장치 : 망상구조를 가지는 겔층에 전하를 띠는 물질을 로딩하고 전류를 흘리면 각 물질은 고유의 전하량과 크기를 가지고 있으므로 각각 다르게 이동하다가 멈춘다.

ㅈ 기타 : 원심분리기, 인큐베이터, 클린벤치, 항온수조, 교반기 등이 분석 보조 장비로 사용된다.

③ 분석장비의 점검 : 시험결과의 정확성을 확보하기 위함이며 정기적인 검정과 교정을 통해 목적 생산물을 분석하는 데 적합하다는 것을 보증하기 위해 적합성을 점검해야 한다.

ㄱ 외관검사(Visual Inspection) : 육안으로 장비 외관의 변형 및 결함을 중점적으로 검사하며 주로 검사 체크리스트를 가지고 가동 상태를 점검한다.

ㄴ 규격 검증(Verification with Specification)

• 설치 적격성 평가(IQ), 운전 적격성 평가(OQ), 성능 적격성 평가(PQ) 등의 시험 장비 표준절차를 통해 가동, 검정, 변경 관리 및 수선 등을 실시한다.

• 화학저울이나 pH 미터 등을 사용한다.

ⓒ 완전 검증(Full Qualification) : HPLC 시스템이나 질량분석기 등도 IQ(설치적격성 평가), OQ(운전적격성 평가), PQ(성능적격성 평가) 등을 통한 완전 검증과 가동, 검정, 구성, 안전, 시스템 운영 등에 대하여 전반적인 적격성 검사를 실시한다.

④ 분석장비의 외관검사 및 상태 확인

ⓐ 장비의 변형이나 결함 상태를 확인하고, 전원 연결 시 가동 준비가 되었는지 확인한다.

ⓑ 장비 본체 이외에 규격서에 따라 부속 부품들을 확인한다.

ⓒ 장비 가동 매뉴얼을 확인하고, 예비 가동하여 오작동을 확인한다.

ⓓ 장비의 시료 측정부의 청결 상태를 확인한다.

⑤ 정상 상태 점검을 위한 검·교정

ⓐ 검정(Test) : 정상 상태 검정이란 질량, 길이, 부피, 밀도, 온도, 압력 등을 분석하는 기기 또는 장비를 공인기관의 기준값에 적합한지를 시험하는 것이다.

ⓑ 교정(Calibration) : 정상 상태 교정이란 질량, 길이, 부피, 밀도, 온도, 압력 등을 분석 하는 기기 또는 장비를 공인기관의 기준과 비교·측정하여 맞추는 것이다.

ⓒ 보정(Correction) : 정상 상태 pH 미터 등의 기기가 나타내는 데이터를 정확하게 하기 위해 표준용액으로 교정하는 것이다.

⑥ 주요 분석장비의 작동원리 및 점검사항

ⓐ pH 미터

• 작동원리

– 용액 중 유리 전극과 기준 전극에서 발생한 전위차를 전압계로 측정하여 pH값을 얻으며, 이때 수소이온농도 차와 그로부터 생성되는 전위차의 관계를 나타내는 네른스트 방정식을 사용한다.

– 현재 pH 측정은 대부분 네른스트 방정식(Nernst Equation)을 통해 이루어진다.

• 점검사항

– 유리전극 파손 및 오염 여부, 2점 조절 기울기 확인, 연결 및 접지, 온도 보정기능 등을 점검한다.

– pH 미터의 일반적인 보정은 25℃에서 인산염 표준액(pH 6.86)으로 영점 조정을 하고, 프탈산염 표준액(pH 4.01) 및 붕산염 표준액(pH 9.18)으로 맞추는 범위 조정 후 보정을 하고 시료용액에 넣어 pH를 측정한다.

– pH 측정 시 응답 시간이 느리거나 신호가 안정적이지 못하면 검·교정을 한다.

※ pH 미터 보정 수행 순서
1. pH 미터에 전원을 연결하고 수분 동안 안정화한다.
2. 전극을 보존액에서 꺼내어 증류수로 세정한다.
3. 일반적인 pH 미터의 보정은 25℃에서 인산염표준액으로 영점 조정하고, 전극을 새로운 용액으로 옮길 때마다 증류수로 세정한 후 부드러운 티슈로 물기를 닦는다.
4. pH 4.01에 넣고 버튼을 눌러 조정한다.
5. 다시 증류수로 전극을 세정하고 pH 10.01에 넣고, 버튼을 사용하여 범위를 조정한다.
6. 보정 후에 시료액에 넣어 pH를 측정한다.
7. 완료 후 전극을 다시 세정하고 보존액에 담근다.

ⓑ 분광광도계

• 작동원리

– UV-Vis 분광광도계는 200~800nm 사이의 파장 범위에서 바탕액(Blank) 대비 시료용액의 흡광도를 측정한다.

– 흡광도$(A) = \varepsilon \times C \times L$

여기서, ε : 몰흡광계수, C : 용액 농도(M),

L : 셀 두께(cm)

• 점검사항 : 바탕선(Baseline)의 안정도와 반복 측정에 의한 반복성과 재현성이 확보되어야 하며, 시험 항목별로 방법검출한계(MDL)를 정기적으로 확인한다.

– 파장의 정확도 : 중수소(D)램프를 사용하여 방출 파장(486.0, 656.1nm)에서 정확도를 점검한다.

– 파장의 반복 정밀도 : 중수소램프를 방출 파장에서 반복 측정하여 정밀도를 점검한다.

– W램프 및 UV램프의 에너지 측정 : 광원의 수명 및 일정한 광도를 확인한다.

– 바탕선의 안정도 : 파장 190~900nm에서 바탕선의 편평도를 측정한다.

※ 분광광도계의 밸리데이션 작성 수행 순서
   1. 파장의 정확도 점검하기
      ① 스펙트럼 모드를 선택 후 측정 모드를 'E'(에너지)로 조정한다.
      ② 스캔 범위를 660~650nm로 조정하고 기록 범위를 0~150E로 조정한다.
      ③ 스캔 속도를 '슬로'로 조정한다.
      ④ 광원 선택을 중수소램프로 한 후 660~650nm에서 파장의 정확도를 측정한다.
      ⑤ 나타난 스펙트럼의 피크 확인을 하여 λ_{max} 파장과 E를 기록한다.
      ⑥ λ_{max} 파장을 656.1nm과 비교하여 허용 한도가 < ±0.3nm인지 판단한다.
      ⑦ 다시 스캔 범위를 490~480nm로 조정하고 기록 범위를 0~30E로 조정한다.
      ⑧ ③, ④ 순서와 동일하게 한 후 490~480nm에서 파장의 정확도를 측정한다.
      ⑨ 나타난 스펙트럼의 피크를 확인하여 λ_{max} 파장과 E를 기록한다.
      ⑩ λ_{max} 파장을 486.0nm과 비교하여 허용 한도가 < ±0.3nm인지 판단한다.
   2. 바탕선의 안정도 점검하기
      ① 스펙트럼 모드를 선택한 후 측정 모드를 'ABS'(흡광도)로 조정한다.
      ② 스캔 범위를 900~190nm로 조정한다.
      ③ 광도 측정의 범위를 −0.01~0.01ABS로 조정한다.
      ④ 스캔 속도를 '슬로'로 조정한다.
      ⑤ 바탕선 보정작업을 수행한 후 바탕선 편평도를 측정한다.
      ⑥ 바탕선 편평도를 측정한 스펙트럼에서 충격성 노이즈를 제외하고, 바탕선의 최댓값과 최솟값을 기록한 후 그 최댓값과 최솟값이 < ±0.002ABS 인지를 판단한다.

※ 분광광도계로 시료의 농도 측정 수행 순서
   1. 전원을 연결하고 안정화한다.
   2. 바탕용액을 큐벳에 넣고 시료부에 삽입 후 영점을 맞춘다.
   3. 표준용액을 농도별로 희석한 후 각각에 대한 흡광도를 측정한다.
   4. 측정된 흡광도 값을 각각의 농도에 대하여 표시하고 그래프를 작성한다.
   5. 비례상수를 구하고 검정곡선의 식을 유도한다.
   6. 준비한 시료용액을 큐벳에 넣고 흡광도를 측정하며 필요시 시료용액을 희석시킨다.
   7. 시료의 흡광도를 검정곡선에 대입하여 시료의 농도를 계산한다.
   8. 완료 후 장비의 전원을 끄고 정리한다.

ㄷ) 전자저울

• 작동원리 : 진동자의 복원력과 부자의 부력을 이용하며 디지털로 표시한다.

• 점검사항 : 질량의 감도가 부정확하거나 디지털 표시가 명확하지 않으면 점검한다.

※ 저울의 점검 수행 순서
   1. 일일점검
      ① 수평 확인 : 저울의 수포가 정중앙에 있는지 확인한다.
      ② 영점 확인 : 저울접시 위에 아무것도 올리지 않고 Tare키를 누른 후 0을 나타내는지 확인하며, 나타나는 값의 변화는 그 최솟값 및 최댓값의 허용오차 값보다 작아야 한다.
      ③ 칭량 시험 : Tare키를 누르고 영점을 확인한 후 저울의 최대 용량의 25%와 100%에 해당하는 분동을 올려놓고 지시값을 각각 기록하고, 저울 점검기록서에 명시된 저울의 허용오차와 비교하여 적부를 판정한다.
   2. 정기점검 : 주, 월, 분기 단위로 점검을 실시하며, 외부 교정기관에 의뢰하여 주기적으로 점검한다.

※ 저울의 교정 수행 순서
1. 직선성 시험
   ① 저울의 지시값과 분동의 질량값과의 직선성 정도를 검사하는 것으로 최대 용량의 0%, 25%, 50%, 75% 및 100%에 해당하는 분동을 사용하여 지시값을 읽은 후 기록한다.
   ② 0에서 최대 용량까지 분동 순으로 올리며 각각의 지시값을 구한다.
   ③ 역으로 최대 용량에서 0까지의 순으로 분동을 내려가면서 각각의 지시값을 구한다.
   ④ ③에서 구한 분동의 질량값에서 저울의 지시값의 차이에 대한 측정오차를 구하여 저울의 허용오차 이내인지를 확인하여 적부를 판정한다.
2. 정밀도 시험 : 최대 용량의 1/2 분동을 5~10회 반복해서 측정하여 기록하고, 매회의 측정오차를 확인한 후 측정오차 중에서 최댓값에서 최솟값을 빼준 값을 구하여 허용오차 기준에 적용하여 적부를 판정한다.

② 액체 크로마토그래피
- 작동원리
  - 액체 이동상을 사용하여 시료의 고정상과 이동상에 대한 흡착, 분배, 이온 교환, 분자 크기 배제 등의 작용을 통해 혼합물 중 성분을 분리한다.
  - 분리되는 성분의 정성, 정량 등의 분석 및 분리 성분의 분취를 통한 정제 등을 목적으로 사용한다.
- 점검사항
  - 용매 유속 : 펌프의 압력과 유속의 정확도를 측정한다.
  - 주입기 : 시료 부피의 정확도 및 재현성을 점검한다.
  - 칼럼 오븐 : 온도 조절의 정확성과 안정성을 점검한다.
  - 검출기 : 용매 또는 정제수의 반복적인 바탕선 점검으로 노이즈와 드리프트 현상을 점검한다.

⑩ 질량분석기(Mass Spectrometry)
- 작동원리
  - 질량분석기 내에서 다양한 형태의 이온화 방법으로 이온이 형성되며, 이온화된 시료는 전기장이나 자기장을 지나면서 가속화되어 휘는 성질을 가지는데 이때 질량이 측정된다.
  - MS(Mass Spectrometry)는 정확한 분자량과 원소 구성을 알 수 있어 분자식 추정이 가능하며, GC(Gas Chromatography) 또는 LC(Liquid Chromatography)와 MS의 조합인 LC-MS, LC-MS-MS, GC-MS, GC-MS-MS 등에 의한 분석도 가능하다.
- 점검사항 : 정밀성, 특이성, 감도에 영향이 있는지 점검하며, 통상적으로 밸리데이션을 통해 시스템의 적합성을 보증한다.

⑦ 분석장비의 적격성 평가
㉠ 설치 적격성 평가(IQ ; Installation Qualification)
- 장비 원산 내용 및 확인, 장비의 규격, 사용 조건과 안치, 장비 인도 및 문서자료, 장비 안전성 체크, 조립 및 설치, 요약 보고 등이 포함된다.
- 제조 공정 및 품질관리에 사용하는 장비 및 그 부속 시스템이 올바르게 설치되었는지 규격서와 실물을 대조하여 현장에서 검증한 후 문서화한다.
㉡ 운전 적격성 평가(OQ ; Operation Qualification)
- 안전성 검사, 예비 가동 체크, 성능 검사, 교정, 기술 전수, 요약 보고 등이 포함된다.
- 장비 및 시스템이 설치된 장소에서 예측된 운전 범위 내에 의도한 대로 운전하는 것을 검증하고 문서화한다.
㉢ 성능 적격성 평가(PQ ; Performance Qualification) : 장비 및 그 부속 시스템이 설정된 품질기준에 맞는 제품을 제조할 수 있는지 또는 요구되는 기능에 적합한 성능을 실제상황에서 나타내는지를 검증하고 문서화한다.

⑧ 분석장비의 관리 및 유지보수

　　㉠ 장비 사용 시 장비사용매뉴얼을 충분히 숙지한 후 사용하며, 분석장비를 효율적으로 관리하기 위하여 장비사용일지와 장비관리대장을 만들어 주기적으로 관리 및 점검을 한다.

　　㉡ 장비는 계획에 의거하여 정기적으로 교정 및 적격성 평가를 실시하고 기록을 보존하며, 다음 사항을 적은 라벨을 각각 붙인다.

　　　• 장비명 및 장비번호
　　　• 교정 합격 여부
　　　• 교정일자 및 다음 교정 연월일
　　　• 교정한 사람 또는 교정기관

1-1. 분석장비의 완전검증 단계 중 OQ, IQ, PQ 과정을 순서대로 배열한 것은?

① IQ → OQ → PQ
② OQ → PQ → IQ
③ PQ → IQ → OQ
④ PQ → OQ → IQ

1-2. 무생의 잘 용해된 배양액 중의 세포밀도를 측정하기 위한 광도계(Spectrophotometer)를 이용하였다. 다음 중 세포 밀도 측정에 가장 적당한 파장은?

① 360nm
② 450Å
③ 660nm
④ 560Å

1-3. 다음 중 저울의 일일점검 확인내용이 아닌 것은?

① 수평 확인
② 영점 확인
③ 칭량 시험
④ 직선성 시험

1-4. 장비는 정기적으로 교정 및 적격성 평가를 실시하고 기록을 보존하며 라벨을 붙이게 된다. 이 라벨에 기재해야 할 내용이 아닌 것은?

① 장비번호
② 장비의 제조회사
③ 장비의 교정일자
④ 교정기관

1-5. 분절이온이 생기는 형태로부터 분자 구조에 관한 정보를 얻을 수 있는 분석장비는?

① 분광광도계
② 원소분석기
③ 질량분석기
④ 원심분리기

1-1

완전 검증(Full Qualification) : HPLC 시스템이나 질량분석기 등도 IQ(설치 적격성 평가), OQ(운전 적격성 평가), PQ(성능 적격성 평가) 등을 통한 완전 검증과 가동, 검정, 구성, 안전, 시스템 운영 등에 대하여 전반적인 적격성 검사를 실시한다.

1-2

보통 660nm 전후의 가시광선(200~800nm)을 이용한다.

1-3

직선성 시험은 저울의 교정을 위한 시험방법이다.

1-4

장비를 정기적으로 교정 및 적격성 평가를 실시하고 장비명 및 장비번호, 교정 합격 여부, 교정일자 및 다음 교정 연월일, 교정한 사람 또는 교정기관을 기재한 라벨을 붙여야 한다.

1-5

질량분석기 : 시료 분자로부터 생성된 분자 이온의 질량수로부터 분자량을 얻을 수 있으며, 분절(Fragment) 이온이 생기는 형태로부터 분자 구조에 관한 정보를 얻을 수 있다.

정답 1-1 ① 1-2 ③ 1-3 ④ 1-4 ② 1-5 ③

핵심이론 02 | 시료 분석

① 시료의 분석

　㉠ 발효 생산물의 종류와 분석 항목

　　• 바이오화학 소재는 주로 효소, 바이오에탄올, 젖산, 프로판다이올, 아미노산, 핵산 등으로 미생물의 발효공정이나 바이오 전환 공정을 통해서 생산된다.

　　　– 대체원료(Chemical Feedstock) : 미생물의 1차 대사산물로 글리세롤, 젖산, 아세톤, 프로피온산, 뷰틸산, 부탄다이올, 프로판다이올, 구연산, 숙신산, 각종 아미노산 등이 있다.

　　　– 특수 기능물질(Performance Chemicals) : 미생물의 2차 대사산물로 항생제, 의약품 중간체, 다당류, 미생물 농약, 생리활성물질 등이 있다.

　　　– 바이오폴리머(Bio-Polymer) : 미생물의 1차 대사산물로 얻어지는 유기산을 원료로 얻어지는 고분자물질이다.

　　• 바이오에너지(Bioenergy) : 바이오매스를 전환하여 얻어지는 바이오에탄올, 바이오디젤 등이다.

　　• 의약품국제조화회의(ICH)에서 제시하고 있는 물리적·화학적 특성, 생물학적 활성, 면역학적 성질, 순도, 불순물의 양, 오염물질 등의 기준 항목들은 물질의 구조와 생화학적 특성의 변화, pH, 온도, 용매, 불순물의 함량 등에 의해 영향을 받는다.

② 시료 채취 및 시료 제조 정제수

　㉠ 발효생산물을 회수하는 과정 중에 있는 중간체와 최종 산물 등을 주요 단계마다 시료를 확보하여서 분석하며, 채취한 시료는 즉시 분석하거나 냉동 보관하여 분석한다.

　㉡ 시료는 분석의 종류에 따라 취급을 달리하며, 각 분석에는 반드시 바탕시료와 표준물질을 준비하여 실시한다.

ⓒ 시료의 희석이나 분석 시약을 제조할 때에는 별도의 규정이 없는 한 정제수를 사용하며, 정제수에는 그 제조 방법에 따라 증류법을 이용한 증류수, 이온교환수지를 통과시킨 탈이온수, 역삼투막을 이용하여 정제한 역삼투수 등이 있다.

ⓔ 제조공정 중에 다양한 방법으로 시료를 채취하므로 시료 누락을 방지하기 위해 실시계획서에 시료 채취에 대한 책임, 채취 시점 및 방법을 포함한 시료 채취 계획을 세워 실시하는 것이 바람직하며 시료 채취 절차, 채취량, 공정을 대표하는 시료 채취 위치, 시료 채취 용기 및 도구, 보관이 필요한 경우 보관조건 및 기간 등의 사항을 포함한다.

③ 일반 이화학적 분석

　ⓐ pH 측정 : 수용액 중의 수소이온 활동량의 역수의 상용대수로 정의되며, 시료액 중의 수소이온농도의 척도로 사용한다.

$$pH = \log \frac{1}{[H^+]}$$

> ※ 시료용액의 pH 측정 수행 순서
> 1. 사용 전 전극 내부 용액이 충분한지 확인한다.
> 2. 저장용액으로부터 전극을 꺼내고, 세척병을 이용하여 증류수로 세척한다.
> 3. 티슈로 전극을 부드럽게 닦아 건조시킨다.
> 4. 전극을 pH 표준액(pH 4, 7, 10±0.02)에 담그고 pH를 보정한다.
> 5. 전극을 꺼내서 증류수로 다시 세척한 후 티슈로 건조시킨다.
> 6. 전극을 시료용액에 담그고 pH를 읽는다.
> 7. 완료 후 전극을 다시 보존액 속에 담근다.

　ⓑ 무균시험

　　• 시료의 희석 : 고체 또는 액체 시료에 존재하는 미생물의 숫자가 너무 많거나 시료의 탁도가 높은 경우 증류수 또는 완충용액으로 희석하여 사용한다.

• 직접법 : 시료 속 미생물을 검출하여 정량하고, 미생물의 특성 파악을 위해 적당한 배지를 선택하여 분주평판법이나 도말평판법을 실시한 후 배양하여 콜로니를 형성하는 방법으로 양성 및 음성 대조군을 실시한다.

• 멤브레인 여과법 : 멤브레인 필터를 사용하여 시료를 여과하고 세정한 후 필터를 배지에 넣거나 여과기에 넣어 배양하는 방법으로 양성 및 음성 대조군을 실시한다.

④ 정량분석법

　ⓐ 용액시료의 화학정량 분석에는 알고 있는 농도의 용액에 대한 흡광도를 얻어 직선의 방정식을 구한 후 미지 농도의 용액에 대한 흡광도를 측정하여 방정식에 대입해 농도를 알아내는 검정곡선법(Calibration Method)이 일반적으로 사용된다.

　ⓑ 농도 분석

　　• 백분율(Percent)
　　　– 질량 백분율은 용액 100g 속에 녹아 있는 용질의 g수로 단위는 %이다.
　　　– 부피 백분율은 용액 100mL 속에 녹아 있는 용질의 mL수로 용질의 부피 백분율이다.

　　• 몰농도(Molarity)
　　　– 용액 1L 속에 녹아 있는 용질의 몰수로 단위는 M 또는 mol/L이다.
　　　– 몰(mol)은 원자나 분자 약 6.022×10^{23}개를 한 묶음으로 보는 단위이다.

$$몰농도(mol/L) = \frac{용질의\ 몰수(mol)}{용액의\ 부피(L)}$$

　　• 노르말농도(Normality) : 용액 1L 속에 녹아 있는 용질의 그램(g) 당량수로 단위는 N이다.

$$노르말농도(N) = \frac{당량수}{용액의\ 부피(L)}$$

- 효소 분석
  - 시료액 속의 특정 효소가 얼마나 포함되어 있는지를 나타낸다.
  - 반응액 속의 기질과 특정 보조인자 또는 금속이온들을 첨가하여 반응시키고 시간당 기질의 분해 또는 생성물의 생성 속도를 단위 시간당으로 계산한다.
ⓒ 확인 및 순도 분석
  - 박층크로마토그래프 확인시험
    - 적당한 고정상으로 만든 박층을 써서 혼합물을 이동상으로 전개하여 각각의 성분으로 분리하는 방법이다.
    - 물질의 확인 또는 순도시험 등에 사용한다.
  - HPLC 분석
    - HPLC는 용매, 펌프, 주입기, 칼럼, 검출기, 기록기로 구성되어 있다.
    - HPLC는 충전제의 분리 성능이 우수한 분리관을 사용하며, 칼럼에 압력을 가하여 고속으로 분리하는 방법이다.
    - 머무름인자(Retention Factor)는 칼럼에서 용질이 이동하는 속도를 설명하는 데 사용되는 중요한 변수로 시료의 머무름인자가 작을수록 그 시료는 오래 머무르지 못하며, 머무름인자에 영향을 주는 요인으로는 용매의 강도, 시료에 대한 용매의 용해도 등이 있다.
    - 분석 대상물질의 분자량, 이온성, 용해도 등과 같은 특성에 따라 칼럼을 선택하고, 적합한 이동상을 사용하여 시료를 분리하여 검출기로 분석한다.
    - 각종 비타민, 탄수화물, 당, 아미노산, 단백질, 핵산, 지방성분, 색소, 유기물 등의 정성 및 정량분석에 사용한다.
    - HPLC 사용 시 탈기(Degassing)가 중요하며 그 목적은 다음과 같다.

ⓐ 용매 내에 녹아 있는 질소, 산소 등 기체 제거
ⓑ 압력 변화를 초래하여 바탕선의 흔들림
ⓒ 높은 압력으로 인한 시스템 수명 단축
ⓓ 칼럼의 압력 저하 방지

※ HPLC 운전 수행 순서
1. 준비작업
   ① 용매는 여과하고 탈기하여 사용한다.
   ② 시료용액도 여과하여 칼럼 내로 침전물이 들어가지 않도록 한다.
   ③ 적절한 용량의 루프(Loop)를 주입기에 연결한다.
   ④ 칼럼과 비슷한 종류의 충전제로 충전된 가드(Guard) 칼럼을 준비한다.
   ⑤ 시료 성분의 정성 및 정량 분석을 위한 분석 칼럼을 준비한다.
2. 조작 순서
   ① 펌프 전원을 켠다.
   ② 퍼지(Purge)하여 펌프 내의 기포를 제거하고 라인을 세척한다.
   ③ 가드 칼럼, 칼럼을 펌프에 연결하여 세척한다.
   ④ 칼럼의 출구를 검출기에 연결하고, 검출기와 기록장치의 전원을 켠다.
   ⑤ 분석용 용매를 일정시간 흘려 바탕선을 안정화시킨다.
   ⑥ 시린지를 사용하여 시료를 주입한다.
3. 사용 후 조작
   ① 검출기 전원을 끈다.
   ② 펌프, 칼럼, 검출기를 세척한다.
   ③ 펌프전원을 끈다.
   ④ 정리 및 정돈을 한다.

- 전기영동 분석 : 전하를 띠는 물질을 전류가 흐르는 전기장이 형성되는 망상 구조의 겔에 두면 물질마다 전하량이 다르기 때문에 고유의 이동 속도가 나타나 이동하는 원리를 이용하여 분리한다.
⑤ 생물학적 활성 분석(Bioassay)
  ㄱ 생물체의 반응을 이용하여 물질의 농도 또는 효능을 화학분석법으로도 측정할 수 없는 미량까지도 검출하여 측정하는 방법이다.

ⓛ 시료물질은 표준물질과 함께 시험하며, 표준물질은 국제적 수준과 활성 단위로 사용된다.

ⓒ 미생물학적 분석
- 세균, 곰팡이 등을 이용하여 표준물질 농도 수준 및 시료에서 저해 정도를 비교하여 특정물질의 함량이나 농도를 정성 및 정량하는 방법이다.
- 항생물질의 미생물학적 역가 시험에 사용한다.

ⓔ 동물 또는 세포를 이용한 분석 : 표준물질과 비교하여 대상 화합물의 동물 또는 세포의 기능에 대한 영향이나 효과를 측정한다.

⑥ 분석시료 만들기

ⓐ 시료 취하기
- 시료는 전체 집단의 극히 일부분에 지나지 않기 때문에 주의해야 한다.
- 시료의 조성이 전체 물질의 평균 조성에 가까워야 한다.
- 시료 취하기는 분석과정의 정확도를 제한하는 단계이다.

ⓑ 시료 취하기의 불확정도의 영향
- 오차는 분석할 때 장비 또는 분석방법 등에 의해 발생하므로 장비에 의한 오차는 검·교정, 표준물질, 바탕용액 등을 잘 이용하고, 분석방법에 의한 오차는 측정에 영향을 주는 변수를 조절하여 정밀도를 높인다.
- 시료를 채취할 때의 오차는 분석할 때의 다른 오차와는 분리하여 취급한다.

2-1. 다음 중 물질의 확인 또는 순도시험 등에 사용되는 방법은?

① 박층크로마토그래프 확인시험
② 고성능액체크로마토그래피 분석
③ 멤브레인 여과법
④ 전기영동 분석

2-2. HPLC를 이용한 시료 분석 시 탈기(Degassing)의 목적과 가장 거리가 먼 것은?

① 용매 내에 녹아 있는 기체(질소, 산소 등) 제거
② 시료 여과 후 시료에 형성되는 기포 제거
③ 칼럼에서의 압력 저하 방지
④ 펌프 압력 변화 방지

|해설|

2-1

박층크로마토그래프 확인시험
- 적당한 고정상으로 만든 박층을 써서 혼합물을 이동상으로 전개하여 각각의 성분으로 분리하는 방법이다.
- 물질의 확인 또는 순도시험 등에 사용된다.

2-2

HPLC를 이용한 시료 분석 시 탈기의 목적
- 용매 내에 녹아 있는 질소, 산소 등 기체 제거
- 압력 변화를 초래하여 바탕선의 흔들림
- 높은 압력으로 인한 시스템 수명 단축
- 칼럼의 압력 저하 방지

정답 2-1 ① 2-2 ②

① 개 념

  ㉠ 품질관리는 수요자를 만족시키는 제품의 일정한 품질을 확보하기 위하여 경제적으로 만들기 위한 모든 방법의 체계를 말한다.

  ㉡ 통계적 수단을 채택하므로 통계적 품질관리(SQC)라고도 하며, 품질의 특성을 명확히 하기 위하여 사실을 객관적으로 나타낼 수 있는 데이터를 합리적으로 적절히 처리 및 관리하고 분석한다.

② 모집단과 시료 : 품질경영에서 제품에 대한 전수검사를 할 수 없는 경우에는 모집단으로부터 시료, 표본 또는 샘플을 취하는 샘플링 검사와 분석을 실시하고 그 시료를 관측하여 데이터를 얻는다.

③ 데이터를 취하는 목적

  ㉠ 공정관리 : 공정에서 제조되고 있는 제품의 품질에 이상이 없는지 확인하고, 공정관리의 부적합한 것을 체크하고 조절하기 위함이다.

  ㉡ 공정 해석 : 공정에서 제조되고 있는 제품의 품질 상태를 해석하고 결정하기 위하여 데이터를 수집한다.

  ㉢ 실험 연구 : 여러 가지 실험 조건에서의 값을 알고 최적의 제조 조건을 결정하기 위해 데이터를 수집한다.

  ㉣ 검사 : 제품의 검사를 받기 위해 합격 또는 불합격으로 판정하기 위해 데이터를 얻는다.

④ 데이터의 분류

  ㉠ 정성 데이터 : 원칙적으로 숫자를 사용하여 나타낼 수 없는 데이터이다.

  ㉡ 정량 데이터 : 숫자로 나타낼 수 있는 데이터이며, 제품의 속성을 반영하고 있으며 각 개체의 측정 단위를 이용해 측정값을 부여하여 얻어진다.

자주 출제된 문제

다음 중 데이터를 취하는 목적이 아닌 것은?

① 실험 연구
② 공정관리
③ 기기 보정
④ 검 사

| 해설 |

데이터를 취하는 목적
- 공정관리 : 공정에서 제조되고 있는 제품의 품질이 이상이 없는지를 알고, 공정관리의 부적합한 것을 체크하고 조절하기 위함이다.
- 공정 해석 : 공정에서 제조되고 있는 제품의 품질 상태를 해석하고 결정하기 위하여 데이터를 수집한다.
- 실험 연구 : 여러 가지 실험 조건에서의 값을 알고 최적의 제조 조건을 결정하기 위하여 데이터를 얻는다.
- 검사 : 제품의 검사를 받기 위해 합격 또는 불합격으로 판정하기 위해 얻는 데이터를 얻는다.

정답 ③

핵심이론 04 | 품질결과에 대한 통계분석

① 개 념

　ㄱ 품질관리는 객관적 데이터를 합리적 방법으로 구하고, 이를 통계적 수단으로 정리한 정보를 통해 판단한다.

　ㄴ 통계는 시료 분석에서 얻어진 자료나 결과로 완제품에 대한 현상이나 특성에 대해 한눈에 알아보기 쉽게 하거나 결론을 도출하기 위해 실시한다.

　ㄷ 추출된 샘플은 모집단을 정확하게 대표해야 하며 샘플은 무작위로 추출하여야 한다. 샘플의 대표성은 샘플의 크기가 증가함에 비례하여 증가한다.

② 통계학의 기본 용어

　ㄱ 모집단 : 생산된 전체 제품을 말한다.

　ㄴ 시료(샘플) : 모집단을 대표하여 추출된 일군의 대상을 말한다.

　ㄷ 변수 : 분석하는 데 있어서 특별히 관심을 갖는 특성을 말한다.

　ㄹ 대푯값 : 자료의 중심화 경향값으로 최빈값, 중앙값, 평균값 등이 있다.

　ㅁ 산포도(Variability)

　　• 대푯값을 중심으로 자료들이 흩어져 있는 정도를 의미하고, 하나의 수치로서 표현되며 수치가 작을수록 자료들이 대푯값에 밀집되어 있고, 클수록 자료들이 대푯값을 중심으로 멀리 흩어져 있다.

　　• 범위, 분산, 표준편차 등으로 표시하며, 분포의 형태로는 정규분포와 표준 정규분포가 있다.

③ 시료 통계처리의 기초 기술

　ㄱ 중심 위치의 측도

　　• 데이터가 어떤 값을 중심으로 분포되어 있는가를 나타내는 중심위치의 측도를 대푯값으로 표현한다.

　　• 평균값, 중앙값, 최빈값 등이 있으며, 평균값은 전체 사례의 값들을 더한 후 그 값을 총사례수로 나누어 구한다.

$$\overline{x} = \frac{(x_1 + x_2 + \cdots + x_n)}{n}$$

> ※ 바이알 속 원료 함량의 모평균과 표본 평균 계산 수행 순서
>
> 1. 작업지시서로부터 모집단과 표본 데이터를 수집하고 정리한다.
>
>   ① 모집단 데이터 : 90, 85, 88, 80, 66, 84, 90, 75, 72, 92, 82, 76mg
>
>   ② 표본 데이터 : 88, 84, 90, 82, 76mg
>
> 2. 모평균을 구한다.
>
> $$\mu = \frac{1}{N}(X_1 + X_2 + \cdots + X_n) = \frac{1}{N}\sum_{i=1}^{N} X_i$$
>
> $$= \frac{90+85+88+80+66+84+90+75+72+92+82+76}{12}$$
>
> $$= 81.7mg$$
>
> 3. 표본평균을 구한다.
>
> $$\overline{x} = \frac{1}{n}(X_1 + X_2 + \cdots + X_5) = \frac{1}{N}\sum_{i=1}^{n} X_i$$
>
> $$= \frac{88+84+90+82+76}{5} = 84mg$$
>
> 4. 모평균은 관심 대상이 되는 모집단 전체의 평균이며, 표본평균은 표본을 추출하여 얻은 표본자료의 평균이다.

　ㄴ 산포도의 측도 : 각 시료의 관찰값이 중심위치로부터 얼마나 떨어져 있는지에 대한 흩어짐의 정도를 나타내는 척도이며, 분산과 표준편차가 가장 널리 사용된다.

　　• 편차 : 각 측정값에서 평균값을 뺀 값으로 표시한다.

　　　- 분산(Variance, s^2) : 평균으로부터 자료들이 얼마나 떨어져 있는지를 나타내며, 편차제곱을 평균한 것이다.

$$s^2 = \frac{(X_1 - \overline{X})^2 + (X_2 - \overline{X})^2 + \cdots + (X_n - \overline{X})^2}{(n-1)}$$

－ 표준편차(Standard Deviation, s) : 분산의 제곱근이다.

$$s = \sqrt{s^2}$$
$$= \sqrt{\frac{(X_1 - \overline{X})^2 + (X_2 - \overline{X})^2 + \cdots + (X_n - \overline{X})^2}{(n-1)}}$$

• 범위 : 산포도로 나타낼 경우에도 치우침이 있어서 보정해 주어야 하는 측도이다.

－ 측정값 중에 최댓값과 최솟값의 차이이다.

$$R = X_{최대} - X_{최소}$$

※ 바이알 속 원료함량의 표준편차 계산 수행 순서
1. 데이터 유인물로부터 모집단과 표본 데이터를 수집하고 정리한다.
   ① 모집단 데이터 : 90, 85, 88, 80, 66, 84, 90, 75, 72, 92, 82, 76mg
   ② 표본 데이터 : 88, 84, 90, 82, 76mg
2. 모표준편차를 구한다.
   ① 모평균을 먼저 계산한다.

$$\mu = \frac{90 + 85 + 88 + 80 + 66 + 84 + 90 + 75 + 72 + 92 + 82 + 76}{12}$$
$$= 81.7mg$$

   ② 다음은 $\sum_{i=1}^{N}(X_i - \mu)^2$을 구하기 위해 다음과 같이 표를 작성한다.

X_i	$X_i - \mu$	$(X_i - \mu)^2$
90	8.3	68.89
85	3.3	10.89
88	6.3	39.69
80	−1.7	2.89
66	−15.7	246.48
84	2.3	5.29
90	8.3	68.89
75	−6.7	44.89
72	−9.7	94.09
92	10.3	106.09
82	0.3	0.09
76	−5.7	32.49
		720.67

③ 모표준편차 $\sigma = \sqrt{\dfrac{\sum_{i=1}^{N}(X_i - \mu)^2}{N}}$ 을 구하기 위해 다음과 같이 계산한다.

$$\sigma^2 = \frac{\sum_{i=1}^{N}(X_i - \mu)^2}{N} = \frac{720.67}{12} = 60.1$$
$$\sigma = \sqrt{60.1} = 7.75mg$$

3. 표본표준편차를 구한다.
   ① 먼저 표준평균을 계산한다.

$$\overline{x} = \frac{88 + 84 + 90 + 82 + 76}{5} = 84mg$$

   ② 다음은 $\sum_{i=1}^{n}(X_i - \overline{x})^2$을 구하기 위해 다음 표를 작성한다.

X_i	$X_i - \overline{x}$	$(X_i - \overline{x})^2$
88	4	16
84	0	0
90	6	36
82	−2	4
76	−8	64
		120

③ 표본표준편차 $s = \sqrt{\dfrac{\sum_{i=1}^{n}(X_i - \overline{x})^2}{n-1}}$ 을 구하기 위해 다음과 같이 계산한다.

$$s^2 = \frac{\sum_{i=1}^{n}(X_i - \overline{x})^2}{n-1} = \frac{120}{4} = 30$$
$$s = \sqrt{30} = 5.48mg$$

ⓒ 분포의 형태
• 정규분포
  － 자료의 중심 값 근처에서 빈도가 높은 반면에 중심 값에서 멀어질수록 빈도가 낮아지는 경향의 분포로, 종모양의 좌우대칭 곡선을 나타낸다.
  － 모평균(μ)과 모표준편차(σ)를 사용하여 다음과 같이 나타낸다.
    ⓐ $\mu \pm \sigma = 68.3\%$
    ⓑ $\mu \pm 2\sigma = 95.4\%$
    ⓒ $\mu \pm 3\sigma = 99.7\%$
• 표준정규분포 : 평균을 0, 표준편차를 1로 표준화시킨 정규분포이다.

④ 통계분석법

　㉠ 가설 검정

　　• 분석결과에 대한 잠정적 결론을 세우고 이에 대한 옳고 그름을 판단하는 의사결정이다.

[모수와 통계량의 비교]

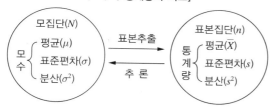

　　• 모집단의 특성에 대한 통계적 가설을 모집단으로부터 추출한 표본을 사용하여 검토하는 통계적 추론이며, 가설을 채택 또는 기각하는 경우 오류를 범할 수 있는 확률을 유의 수준을 통하여 신뢰도를 나타낼 수 있다.

　　• 유의수준(위험률) : 통계적 가설검정에서 제1종 오류를 범할 확률을 의미하며 영가설이 참임에도 영가설을 기각할 확률. 보통 0.05를 가장 많이 사용하며, 가설을 채택할지 기각할지의 판단 기준이 된다.

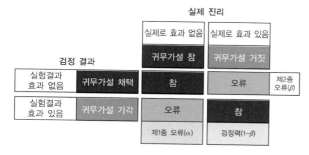

제1종오류 - 실제로 효과가 없는데, 실험결과 효과가 있다고 나오는 오류
제2종오류 - 실제로 효과가 있는데, 실험결과 효과를 증명하지 못하는 오류

유의확률(P값)은 자료를 통계적으로 분석한 값이며 P값이 유의수준보다 작으면 귀무가설이 기각되고 대립가설이 채택된다.

　㉡ 상관 분석

　　• 두 개의 변량에 대해 서로 상관되는 인자항목들이 어떤 관련성이 있고, 그 관련성이 어느 정도인지를 수치적으로 분석하는 것이다.

　　• 실제 관측된 값과 모형의 결과를 서로 비교할 때 상관분석을 통하여 모형의 적합성 정도를 표현하기도 한다.

　　• 두 변수가 독립이 아니라면 두 변수 사이에 어떤 연관성을 가지게 되며, 변수 사이의 연관성은 방향을 갖게 되고 두 변수 간의 선형 연관성은 공분산으로 나타낼 수 있다.

　　• 상관계수(r)

　　　– 두 확률변수 x, y에 대한 데이터 $(x_1,\ y_1)$, $(x_2,\ y_2)$, …, $(x_n,\ y_n)$인 경우, 상관계수(r)는 다음과 같다.

$$r = \frac{S_{xy}}{\sqrt{S_{xx}S_{yy}}}$$

단, $S_{xx} = \sum (x - \overline{x})^2 = \sum x^2 - \frac{(\sum x)^2}{n}$

$S_{xy} = \sum (y - \overline{y})^2 = \sum y^2 - \frac{(\sum y)^2}{n}$

$S_{xy} = \sum (x - \overline{x})(y - \overline{y})$

$\quad\ = \sum xy - \frac{(\sum x)(\sum y)}{n}$

　　　– 상관계수 r는 항상 부등식 $-1 \le r \le 1$을 만족한다.

　　　ⓐ 양의 상관관계 : $r > 0$

　　　ⓑ 음의 상관관계 : $r < 0$

　　　ⓒ 무상관 : $r = 0$

　• 모상관계수(ρ)

　　– 모집단에 대해서 모집단 크기를 넣어 계산한 상관계수이다.

　　– 두 변수 x, y가 모두 정규분포를 가질 때 x와 y간의 모상관계수 ρ는 다음과 같다.

$$\rho = \frac{\sigma_{xy}}{\sigma_x \sigma_y}$$

　　– 일반적으로 ρ의 분포는 $\rho = 0$일 때 좌우대칭이고, ρ가 커질수록 비뚤어진 형태를 나타낸다.

ⓒ 회귀 분석
- 둘 또는 그 이상의 변수 사이의 관계, 특히 변수 사이의 인과관계를 분석하는 추측통계의 한 분야로 회귀분석은 특정 변수값의 변화와 다른 변수값의 변화가 가지는 수학적 선형의 함수식을 파악함으로써 상호관계를 추론한다.
- 회귀 분석은 인과관계가 아닌 단순한 변수 사이의 관계의 밀접도만을 조사하는 상관분석과 차이가 있으며 인과관계가 있는 두 변수, 즉 독립변수와 종속변수 사이의 함수식을 분석대상으로 한다.
- x와 y 사이의 관계가 다음 식과 같은 관계로 추정될 때 직선회귀이다.

$$y_i = a + bx_i$$

주어진 자료에서 a와 b를 찾는 과정을 최소제곱법칙이라 하고, a와 b는 최소제곱 추정값이며 최소제곱법은 표본에서 모집단의 특성을 추정하는 방법 중의 하나로 실제로 측정된 값과 이론적으로 가정된 기댓값의 편차제곱의 합을 최소화하여 모집단에서의 값을 추정하는 방법이다.

$$a = \frac{\sum y_i - b\sum x_i}{n} = \bar{y} - b\bar{x}$$

$$b = \frac{n\sum x_i y_i - \sum x_i \sum y_i}{n\sum x_i^2 - (\sum x_i)^2}$$

$$= \frac{\sum(x_i - \bar{x})(y_i - \bar{y})}{(\sum x_i - \bar{x})^2}$$

$$= \frac{S_{xy}}{S_{xx}}$$

ⓓ 분산 분석 : 두 개 이상 집단들의 평균 간 차이에 대한 통계적 유의성을 검증하여 특성을 비교하는 방법이다.

자주 출제된 문제

4-1. 다음 통계의 기본 용어 설명으로 틀린 것은?

① 모집단은 생산된 전체 제품이다.
② 시료(샘플)는 모집단을 대표하여 추출된 일군의 대상이다.
③ 변수는 분석하는 데 있어서 특별히 관심을 갖는 특성이다.
④ 대푯값은 자료의 중심화 경향값으로 분산, 표준편차 등이 있다.

4-2. 두 개의 변량에 대해 인자가 서로 어떤 관련이 있는가 또는 그 관계는 어느 정도인가를 수량적으로 조사하여 분석하는 방법으로 옳은 것은?

① 회귀 분석
② 상관 분석
③ 분산 분석
④ 가설 검정

|해설|

4-1
대푯값 : 자료의 중심화 경향값으로 최빈값, 중앙값, 평균값 등이 있다.

4-2
상관 분석 : 두 개의 변량에 대해 서로 상관되는 인자항목들이 어떤 관련성이 있고, 그 관련성이 어느 정도인지 수치적으로 분석하는 것이다.

정답 4-1 ④ **4-2** ②

① 규격(Specification)

　㉠ 제조공정 또는 최종 제품에 대한 각 품질 특성의 규격을 말하며, 법적 요구사항 및 규격은 반드시 반영되어야 한다.

　㉡ 기타 법적으로 요구되지 않더라도 해당 제품의 품질을 관리하기 위하여 각각에 대한 규격을 설정하여 관리한다.

② 관리상한선(UCL) 및 관리하한선(LCL) : 공정 중 또는 최종 제품에 대해 실제 품질 규격을 관리하는 선으로, 규격보다 까다로운 품질 규격이다.

　㉠ 중심선(CL) $= \mu$(평균값)

　㉡ 관리상한선(UCL) $= \mu + 3\dfrac{\sqrt{\sigma}}{n}$

　㉢ 관리하한선(LCL) $= \mu - 3\dfrac{\sqrt{\sigma}}{n}$

③ 운 영

　㉠ 규격 설정을 위해 과거의 많은 데이터가 있어야 합리적인 규격을 설정할 수 있다.

　㉡ 초기 데이터가 부족할 때는 $m \pm 3\sigma$(99.7%) 수준으로 규격을 설정하여 운영하다가 이후 데이터가 축적되면 관리 상한선과 관리 하한선을 구하여 관리한다.

④ 분석결과의 기록 및 보고

　㉠ 시험 기록

　　• 설정된 규격 또는 기준에 적합한 것을 보증하는 데 필요한 모든 시험 자료가 포함된다.

　　• 해당 시험자료 포함사항 : 시료의 중량 또는 용량, 각 시험과정에서 확보된 모든 데이터의 기록물, 단위, 계수 등을 포함한 시험과 관련된 모든 계산 기록, 시험자와 검토자의 이름, 서명, 시험일자 등

　㉡ 분석결과의 기록

　　• 분석시험도 원래의 시험과 가능한 한 비슷한 조건에서 반복하여 이루어져야 하므로, 모든 분석시험 기록을 남긴다.

• 각 분석시험의 기록에는 다음 내용이 포함되어야 한다.

　－ 분석 의뢰 서식

　－ 분석할 시료 명세

　－ 사용된 분석 절차

　－ 분석시험 일시와 장소

　－ 시료의 준비방법과 사용된 장비

　－ 반복 분석된 결과와 대조 표준시료의 결과

　－ 자료 수집방법

　－ 통계 분석방법

　－ 분석시험 보고서

　－ 분석결과서

[분석시험일지 양식(예시)]

분석시험일지				
시료명		제조일자	년 월	일
제조번호		분석번호		
기 준		비 고		

분석항목	분석기준	분석결과	분석일자	분석자

　㉢ 분석결과의 보고 : 분석결과 보고 시 다음의 내용을 포함시켜야 한다.

　• 분석기관의 명칭 및 소재지

　• 분석책임자 및 담당자 이름, 소속

　• 분석물질 : 시험물질의 동질성, 첨가물, 불순물 등

- 분석조건 : 시험절차, 시험농도, 기간 및 온도, 완충용액의 제조, 전처리를 할 경우 그에 대한 세부 기술사항, 분석법에 대한 기술
- 분석결과 : 항목 분석결과 및 그 평균값, 용질의 무게, 각 용해도와 추출 결과 및 그 평균값, 각 시료의 pH 바탕 대조에 대한 설명, 결과의 해석에 필요한 모든 기타 정보 등

② 분석결과보고서 작성
- 분석 데이터를 취합하고 결과를 도출한다.
- 의약품 등의 안전에 관한 규칙, 대한민국약전 등 최신 공정서를 준비하고, 이에 적합한 분석방법인지 검토한다.
- 도출한 결과에 대해 분석결과보고서를 작성한다.

[분석결과보고서 양식(예시)]

분석결과보고서					
시험 제목		작 성	확 인	결 정	
		서 명	서 명	서 명	
		날 짜	날 짜	날 짜	
시험목적					
시험일자		시험장소			
시험재료					
시험방법					
참고자료					
시험결과					
적용조치					
효과 파악	유 형				
	무 형				

① 품질관리의 기능
㉠ 품질관리의 기본
- 품질관리는 제조 규격을 맞추어 요구 품질을 달성하고, 제품의 효율적 생산과 불량률을 감소시키기 위하여 필요한 모든 노력을 하는 일이다.
- 제조방법을 표준화시키고, 데이터의 통계적 결과로 판정하고 관리할 뿐만 아니라 피드백을 통해서 미리 예방하고 관리하는 것이 중요하다.
㉡ 제품의 품질에 영향을 주는 요소
- 불량률을 줄이기 위해 적합한 품질관리를 엄격히 시행해야 한다.
- 제품의 품질에 영향을 주는 생산의 주요소는 4M이다.
  - 원료(Materials) : 재료와 자재
  - 기계(Machine) : 설비와 장치
  - 사람(Man) : 작업자와 감독자
  - 기술(Method) : 작업 방법

② 불량품과 판단 기준
㉠ 불량품
- 고객의 불만족이나 부적합을 발생시키는 것을 불량품 또는 결함이라 하고, 불량품은 제품의 효율성을 떨어뜨리는 요소가 되므로 품질관리에서 매우 중요하다.
- 불량품은 제조 품질의 문제로서 설계나 규격에는 문제가 없으나 규격을 벗어나는 경우로, 제조 공정 검사나 제품검사 등의 평가를 통해 품질을 관리해야 한다.
- 불량은 현재 불량과 잠재 불량으로 나뉜다.
  - 현재 불량 : 눈으로 보아서 알 수 있는 분명한 불량으로, 각 공정의 현재 불량의 바람직한 수준은 0~0.1%이어야 한다.

- 잠재 불량 : 각 공정별로 명확히 정의가 내려져 있으며, 0% 수준이어야 한다.

ⓛ 품질 관리 수준
- 제품의 관리 규격에는 제조 규격, 검사 규격, 제품 규격, 작업 표준, 점검 기준 등을 명시해야 한다.
- 품질 수준으로는 공정능력지수 C_p, C_{pk}가 각 공정 모두 1.33 이상이어야 한다.
- 단기 공정능력지수
  - C_p : 규격에 대한 프로세스의 변동관계를 나타내며, 고정 능력을 파악하기 위한 좋은 지표라고 할 수 있으나 공정의 치우침을 감안하지 못한다는 한계가 있다.
  - C_{pk} : C_p의 단점을 해소하기 위해 개발된 지표가 C_{pk}로서 공정의 치우침을 감안하여 계산한다는 것이 다른 점이다.

③ 샘플링 검사 및 측정오차 관리
ⓐ 불량품 판정을 위해 제품 검사를 실시하며, 품질 관리를 할 때에 측정오차의 범위를 엄격하게 적용하여 표준편차가 최소화되도록 한다.
ⓑ 검사는 시험한 결과를 품질 판정 기준과 비교하여 양호품과 불량품으로 판정하거나 로트별로 합격과 불합격으로 판정한다.
ⓒ 검체에 대해서 전수검사를 할 수 없을 시 샘플링 검사를 하며, 미리 결정된 방식에 따라 시료를 추출하고 시료에 포함된 제품들의 품질 특성을 기초로 하여 로트 전체의 합격 또는 불합격을 판정한다.
ⓓ 샘플링 검사
- 시료 조사 결과에 따라 로트의 합격 또는 불합격을 결정하므로 검사 결과의 신뢰도가 높아야 한다.
- 로트 구성 : 샘플링 검사의 대상이 되는 로트 구성 품목은 서로 동질적이어야 한다.

- 시료의 선택방법
  - 샘플링 기법은 로트의 성질을 대표하는 시료 추출을 위한 무작위 추출의 특성을 지녀야 한다.
  - 랜덤 샘플링 기법으로는 단순기법, 계통기법, 지그재그기법 등이 있으며, 그 외에 층별 비례 샘플링 기법, 2단 샘플링 기법, 클러스터 샘플링 기법 등이 있다.
ⓔ 샘플링 검사법의 종류와 특징 : 품질 특성에 따라 계수형과 계량형 샘플링 검사법으로 나눈다.
- 계수형 샘플링 검사법 : 시료로 추출된 품목에 섞여 있는 불량품 개수, 결점수 등과 같은 자료로 로트의 품질을 추정하는 방법이다.
- 계량형 샘플링 검사법 : 길이, 넓이, 두께, 농도와 같이 구체적인 값을 측정하고 비교할 수 있는 자료를 구한 뒤 이 값의 평균치를 기초로 로트 전체의 품질을 판단하는 방법이다.
ⓕ 측정오차 관리
- 측정오차 : 모든 보정이 수행된 후 측정된 양의 참값과 측정 결과 간의 차이이다.
- 오차는 측정결과 간 예측할 수 없는 무작위 오차와 측정시스템의 불완전부로 인해 발생하는 체계적 오차로 구분한다.
- 오차는 통계학적 개념으로 관리될 수 있으며 표준오차는 정규분포에 근거하여 특정 신뢰 수준에서 측정치가 예측하는 참값의 구간 추정치를 추정하는 데 이용 가능한 통계치로, 측정치를 x라고 하고 측정오차를 s라고 하면 참값이 정규분포를 따른다고 할 때 95% 신뢰 수준에서 참값의 구간 추정치는 $(x \pm 1.96s)$가 된다.

④ **불량품 원인** : 각종 불량품의 발생 유형과 처리에 대한 통계보고서를 통해 불량을 관리하고 불량률을 저하시키도록 하며, 특히 생산 시 발생한 불량의 경우 특정 발생공정별로 불량 발생현황을 파악할 수 있도록 한다.

⊙ 공정상 원인

[불량품 원인]

공정단계	불량 발생원인
생산공정	• 함량 분석 미달 또는 과량 • 온도, pH 등에 의한 대상 성분 변질 • 원료, 첨가제 등의 부적합 • 대량 생산과정에서의 발생
완제 생산공정	• 제제에서 부형제의 부적합 • 부형제 비율의 부적합 • 포장 과정
보 관	• 보관온도 • 물리적 파손

⊙ 대량 생산 중에서의 불량원인 : 대량 생산을 할 때 확률적으로 간혹 불량이 나올 수 있는데 이때 외적 요인이 작용하는 경우도 있다.

• 연속 불량 : 품질관리에서의 실수 등으로 시기에 관계없이 발생한다.

• 간헐적 불량 : 생산 시 용수, 전기, 원료 혼합률의 부적합, 기후 등에 의해 발생한다.

• 작업자 : 실수, 피로, 무관심, 절차 생략 등 관리 소홀에 의한 요인으로 발생한다.

• 작업시간 : 작업시간에 따른 장비 문제로 발생한다.

• 기타 : 원인 불명의 불량이 발생하기도 한다.

※ 생산공정상의 불량품 원인 항목 작성 수행 순서
1. 함량 분석의 과부족
2. 온도, pH 등 물리적·화학적 환경에 의한 대상 성분의 변질사항
3. 원료, 첨가제 등의 부적합
4. 대량 생산과정에서의 불량원인
   ① 연속 불량
   ② 간헐적 불량
   ③ 작업자 요인
   ④ 작업시간과 장비요인
   ⑤ 기타 요인

---

⑤ **불량의 실태 파악방법**

⊙ 현장주의 4원칙에 따라 충실하게 관찰한다.

• 불량이 발생한 현장으로 신속히 출동한다.

• 불량품을 자기 눈으로 확인하고 현물을 반드시 보관한다.

• 불량이 발생하는 상황을 관찰한다.

• 작업자의 의견을 경청한다.

⊙ 불량률 조사

• 불량률 조사는 원칙적으로 전수검사를 해야 하지만, 불가능할 경우 발췌검사로 공정능력지수 C_p 또는 C_{pk} 값으로 대체한다.

• 조사되어야 할 사항으로는 발생 부위, 불량의 형태, 발생 장소, 발생 수량, 발생시간대, 빈도, 발생 사이클 등이 있다.

6-1. 제품의 품질에 영향을 주는 생산의 주요소는 4M이다. 다음 중 4M에 해당되지 않는 것은?

① 사람(Man)
② 원료(Materials)
③ 기계(Machine)
④ 관리(Management)

6-2. 불량품의 원인이 생산 공정에 의한 것이 아닌 것은?

① 제제에서 부형제의 부적합
② 원료, 첨가제 등의 부적합
③ 대량 생산과정에서의 발생
④ 함량 분석 미달 또는 과량

6-3. 불량의 실태 파악방법으로 현장주의 4원칙에 해당되지 않는 것은?

① 불량이 발생하는 상황 관찰
② 소비자의 의견 경청
③ 불량품을 자신의 눈으로 확인하고 현물 보관
④ 불량이 발생한 현장으로 신속하게 출동

|해설|

6-1

4M
• 원료(Materials) : 재료와 자재
• 기계(Machine) : 설비와 장치
• 사람(Man) : 작업자와 감독자
• 기술(Method) : 작업방법

6-2

생산공정에서의 불량품 발생원인
• 원료, 첨가제 등의 부적합
• 대량 생산 과정에서의 발생
• 함량 분석 미달 또는 과량
• 온도, pH 등에 의한 대상 성분의 변질

6-3

작업자의 의견을 경청한다.

정답 6-1 ④ 6-2 ① 6-3 ②

| 핵심이론 07 | 품질관리 기법

① 품질관리 기법의 종류

항 목	품질관리 기법의 종류
검 사	샘플링 검사, 전수검사, 무검사
공정 관리	도수분포표, 히스토그램, 파레토도, 특성요인도, 공정능력도, 관리도, 샘플링
공정 해석	히스토그램, 파레토도, 특성요인도, 층별 체크시트, 관리도, 추정/검정, 상관/회귀, 샘플링, 실험계획법, 신뢰성

② 품질관리 도구

㉠ 체크시트(Check Sheet)

• 공정으로부터 필요한 자료를 수집하는 데 가장 흔하게 사용되는 도구로, 종류별 데이터를 취하거나 확인단계에서 누락, 착오 등을 없애기 위해 간단히 체크하여 결과를 알 수 있도록 만든 도표이다.

• 자료를 쉽게 체계적으로 수집하며 유용한 정보로 쉽게 변형시킬 수 있고, 수집된 자료는 히스토그램, 파레토도, 관리도 등을 작성하는 데 사용된다.

– 조사용 체크시트 : 분포 상태, 결정, 불량 항목 등의 발생 정도를 조사하는 데 사용한다.

> ※ 조사용 체크시트 작성 수행 순서
> 1. 수집된 결과로 무엇을 하고자 하는지 목적을 분명히 한다.
> 2. 기록항목을 결정한다.
> 3. 양식을 결정한다.
> 4. 항목별로 확인한다.
> 5. 확인결과를 분석하고 대책을 수립한다.

– 확인용 체크시트 : 작업 수행 시 사고 및 착오를 방지하고자 사용한다.

> ※ 확인용 체크시트 작성 수행 순서
> 1. 수집된 결과로 무엇을 하고자 하는지 목적을 분명히 한다.
> 2. 확인항목을 결정한다.
> 3. 확인 순서를 결정한다.
> 4. 양식을 결정한다.
> 5. 항목별로 확인한다.
> 6. 확인결과를 분석하고 대책을 수립한다.

ⓛ 히스토그램(Histogram)
- 데이터가 존재하는 범위를 몇 개의 구간으로 나누어 각 구간에 포함되는 데이터의 발생 도수를 고려하여 도형화한 것이다.
- 막대그래프 또는 도수분포표라고 하며, 공정상태의 정보를 정리하여 결론을 내릴 수 있다는 장점이 있다.
- 데이터를 크기순으로 배열하고 각 범위에 대한 도수를 그림이나 표로 작성하므로 분산이나 분포 형태를 쉽게 볼 수 있는 데이터 정리 방법으로 데이터의 분포 또는 산포 상태를 알 수 있으며, 평균과 표준편차를 구해 모집단을 예측할 수 있는 특징이 있다.
- 히스토그램의 작성방법
  - 대상이 될 내용을 명확히 하고 데이터를 수집한다.
  - 데이터 범위를 구한다.
  - 구간의 수와 폭을 정한다.
  - 구간의 경계치와 중심값을 구한다.
  - 도수표를 작성한다.
  - 히스토그램을 작성한다.

ⓒ 파레토도(Pareto Diagram)
- 현장 문제 제품의 불량품, 결점, 클레임, 고장 등의 발생 현상을 원인별로 데이터를 분류하여 영향이 큰 것부터 순서대로 정리해 놓아 그 크기를 막대그래프로 나타낸 그림이다.
- 소수의 불량항목이 전체 불량의 대부분을 차지한다는 파레토 법칙에 근거한다.
- 중요 정도에 따라 분류하여 가장 중요한 것을 먼저 해결하는 분석 도구 방법으로, 개선 항목의 우선순위 결정, 문제점의 원인 파악, 개선효과의 확인 등을 얻을 수 있다.
- 파레토도의 특징
  - 어떤 항목이 가장 문제가 되는지를 알 수 있다.
  - 문제 크기와 순위를 한눈에 파악할 수 있다.
  - 전체에서의 해당 항목의 분포를 파악할 수 있다.
  - 복잡한 계산 없이 쉽게 그림으로 작성할 수 있다.

※ 파레토도 절차 작성 수행 순서
  1. 조사 대상 결정 : 데이터 취득방법과 기간을 설정한다.
  2. 데이터를 수집한다.
  3. 데이터 분류 및 집계 : 데이터를 내용별, 원인별로 분류하고, 누적수를 계산한다.
  4. 항목 정렬 : 데이터수가 많은 순으로 정렬하고 누적수를 계산한다.
  5. 점유율을 계산한다.
     누적 점유율 = 누적수 / 합계 × 100%
  6. 그래프 축을 결정한다.
     ① x축 : 왼쪽부터 데이터 수가 많은 항목을 둔다.
     ② y축 : 데이터의 합계수 만큼 눈금을 그린다.
  7. 막대그래프를 작성한다.
  8. 누적 곡선을 작성한다.
     ① 누적수를 각 막대그래프의 꼭짓점에 점으로 연결하여 꺾은선 그래프로 만든다.
     ② 우측에 세로축을 그리고 눈금을 작성한다.
  9. 필요 사항을 기재한다(목적, 기간, 작성자, 공정명 등).

ⓔ 특성요인도
- 어떤 일의 원인과 결과가 서로 어떤 연관이 있고 영향을 미치고 있는지 한눈에 알 수 있게 불량항목에 대한 여러 가지 잠재적 원인을 생선뼈 또는 나뭇가지 모양으로 표시한 후 자료를 수집하여 잠재원인들을 각각 분석함으로써 불량 원인을 나타내는 기법이다.
- 원인과 결과를 알 수 있으므로 문제해결에 구조적인 접근이 가능하다.
- 불량원인은 작업자, 원자재, 기계장비, 작업방법의 큰 가지를 토대로 계통적으로 세부 가지를 쳐서 나타낸다.
- 특성요인도 작성방법
  - 문제로 할 특성을 정하고 기입한다.
  - 방법, 사람, 재료, 기계 등 큰 가지를 기입한다.

– 작은 가지를 기입한다.
– 특성에 직접적인 영향이 큰 요인을 확인하고 기입한다.
– 제목, 작성일, 작성자 등 관련 사항을 기입한다.

[불량품 원인]

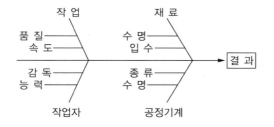

※ 특성요인도 작성 절차 수행 순서
1. 문제 정의 : 해결하고자 하는 문제나 품질 특성을 분명히 정의하고 특성요인도를 생선뼈와 같은 가시로 표시하여 화살표를 그린다.
2. 주요 원인 규명
3. 세부 원인 규명 : 문제를 발생시키는 모든 세부 원인을 회의 참가자들의 브레인스토밍을 통해 규명한다.
4. 도표 작성 : 아이디어를 취합하여 원인별 분류 후 중요 원인 밑에 열거하며 세부 요인에 대해서나 세부 요인 발생 시 추가로 가지를 그리며, 이 과정은 모든 요인이 끝날 때까지 지속한다.
5. 도표 분석 : 문제 원인을 분석하여 가장 가능한 원인을 표시하고 그 영향을 알아보기 위해 자료 수집 및 분석을 한다.

③ 불량품 방지대책
  ㉠ 표준화
    • 대량 생산공정에서 경제성을 높이고 불량품을 최소화하기 위해 재료와 제조방법에 대한 합리적인 기준을 정하고 일정화함으로써 생산성 제고와 품질상으로 불량품의 발생률을 최소화시킨다.
    • 생산에 관련된 모든 공정에 표준을 작성하며 재료 구입에 필요한 시방서, 검사방법, 작업 수행에서의 기술적 조건, 장비 · 설비의 조작방법, 제조공정의 관리, 제조 품질의 검사방법 등의 사항이 포함된다.
    • 표준화를 통해 작업의 안정화와 품질 향상으로 불량품을 줄여야 하며, 표준화 실현은 생산 과정의 모든 부문에서 표준이나 규격이 체계화되고 문서화되어야 한다.
  ㉡ 작업 표준의 내용
    • QC 공정표
      – 공정 순서와 각 공정별 관리 포인트, 관리방법 등을 기재하며, 관리 포인트로는 관리항목과 품질 특성을 포함한다.
      – 관리방법에는 시기, 시험방법, 사용장비명, 관리방식, 검사방식, 규격, 제조 기준 등의 항목이 있고 표준시간, 이상조치 방법, 문서 개정내용 등이 공정표에 기재된다.
    • 작업지도서 : 신제품 생산, 신입 작업자, 작업방법 변경 등 현장 관리자가 안정된 생산을 위해 표준작업의 교육자료로 다음 사항을 기재해야 한다.
      – 사용하는 재료, 장비, 설비 등
      – 작업 표준시간
      – 작업 순서와 포인트, 요령, 작업의 성패를 좌우하는 요인 등
      – 작업 분해도 및 제품 품질의 도해
      – 이상 발생 시 처리방법
    • 작업지시서 : 작업자의 준수사항을 적은 것으로, 공정의 주요 포인트와 작업 개시 전과 이상 발생 시 확인할 내용을 기재한다.
      – 생산 제품의 품질 내용을 기재한다(특성, 판단 기준, 확인 방법 등).
      – 품질과 작업의 안정성에서 지켜야 할 중요 조건 및 이상 발생 시 처리방법을 기재한다.

ⓒ 품질 개선을 위한 프로젝트
- GMP 준수
  - 우수 의약품 제조 및 품질관리 기준으로 인위적인 과오를 최소화하고, 의약품의 오염과 품질 저하를 방지하며, 고도의 의약품 품질 보장 체계를 확립한다.
  - 제품의 품질 보장과 모든 제조공정과 작업관리가 과학적 검증에 의해 표준화된 작업관리를 수행하여 의약품의 유효성, 안전성, 안정성 등을 보장하고 수요자 보호에 적극 대응하는 제도이다.
- 밸리데이션(Validation) 실시
  - 공정이나 시험법 등을 과학적 근거와 타당성으로 설계하고 목적에 맞게 기능하고 있는지 검증하고 문서화하는 것이다.
  - GMP와 같이 의약품 제조에 있어 품질을 확보하기 위한 작업관리, 기술관리의 개념이며 품질 확보를 위한 시스템이다.
- 품질 감사(Quality Audit)
  - 품질활동 및 관련 결과가 계획된 절차를 이행하는지와 절차가 효과적으로 실행되고 목적을 달성하는 데 적합한지를 결정하기 위한 체계적이고 독립적인 조사과정이다.
  - 감사대상에 따라 품질시스템, 공정 품질, 제품 품질, 서비스 품질 등으로 분류한다.
  - 감사과정 : 감사계획 → 문서 검토 → 체크리스트 작성 → 감사 실시 → 감사결과 기록 → 부적합 보고서 → 종료 회의 → 시정조치 → 감사보고서 작성
- 시정조치(CAR ; Corrective Action Report) : CAR에 의해 진행되며 원인 조사, 부적합의 수평 전개, 재발 방지대책 수립 및 실시, 유효성 확인 등이 포함된다.

ⓓ 불량품 방지대책
- PDCA 사이클이 대표적이며 계획(Plan) – 실행(Do) – 점검(Check) – 조치(Action)를 의미하고 생산공정상의 관리 체크리스트를 작성하여 관찰·분석하고 우수한 방법으로 표준화하여 관리한다.
- PDCA 사이클의 구조와 표준화
  - 계획(Plan) : 현재의 상황에 대하여 관찰·분석을 시작해 당면 문제 해결을 위한 자료를 수집하고, 자료가 정리되면 달성하고자 하는 목표와 방법, 결과를 측정·평가하기 위한 기준을 설정한다.
  - 실행(Do) : 앞에서 수립한 계획을 실행하는 단계로 작은 문제부터 그 범위를 넓혀간다.
  - 점검(Check) : 실행과정에서 나타난 자료를 분석하여 목적한 대로 제대로 실현되었는가를 평가한다.
  - 조치(Action) : 평가결과를 기초로 추가적 조치를 취하고 성공적인 결과가 나타났으면 이를 새로운 표준으로 설정하여 관리지침으로 사용하며, 결과가 바람직하지 않으면 첫 단계로 돌아간다.
- 품질관리계획서
  - 제품 또는 시설이 정상적으로 가동한다는 확증을 얻기 위해 실시하는 작업으로 설계, 재료 구입, 제작공정, 시험·검사, 측정시험기기의 교정, 시정조치, 기록의 보관 등 품질관리계획에 대한 사항이 명시된 문서이다.
  - 품질관리 수행에 필요한 계획과 방침이 명시되어야 하며 품질관리 매뉴얼을 활용하는 것이 편리하고, 제품의 보관·이동 시에도 주의한다.
- 불량률을 줄이는 순서
  - 전수검사가 불가능하면 각 공정 또는 완제품의 C_p와 C_{pk}를 조사하여 불량률을 파악한다.

- $C_p > C_{pk}$의 경우 치우침을 고치고 공구 마모, 중심위치 이탈 등의 원인을 제거한다.
- C_p값이 낮으면 산포를 줄이고 4M과 환경에 대해 관리한다.
- 원인을 파악한다.
- 개선안을 마련하여 계획을 세워 추진한다.

• 6시그마 운동
- 시그마(σ)라는 통계 척도를 사용하여 모든 프로세스의 품질 수준을 정량적으로 평가·발전시켜 문제 해결, 품질 혁신, 고객 만족을 달성하기 위한 종합적인 기업 경영전략이며, 사이클 시간 단축, 불량 축소, 고객 만족이 핵심이다.
- 시그마의 개념 : 규격에 맞는 제품 생산 시 규격에서 벗어나면 불량품이고 최대한 기준에 맞추어 생산하면 불량품이 나올 확률이 감소한다는 것이다(6시그마는 제품 백만 개 중 3~4개 정도로 불량품 발생).
- 진행과정 : 품질 개선을 위한 작업 측정, 분석, 개선, 통제의 4단계로 나뉘며, 측정과 분석을 통해 문제점을 파악 후 문제 해결방법을 찾아 개선하는 방식이다.

• 품질 분임조 활동 및 피드백
- 품질 분임조 : 같은 작업장 내에서 자발적으로 참여한 소수의 그룹이 품질개선이나 생산성 향상을 위해 주기적으로 모임을 갖는 비공식적 조직활동을 말한다.
- 제안의 차원을 넘어 각종 문제점에 대해 조치를 취하고 해결방안을 모색할 수 있으며, 품질 분임조의 활동에서 개선되는 문제는 피드백을 통하여 품질 수준을 높일 수 있는 프로세서 개선으로 이어진다.

• 불량품 방지 대책을 위한 제안제도 : 브레인스토밍, 브레인라이팅, 특성 열거법, 결점 열거법 등으로 개선안을 도출한다.

※ 불량품 방지대책 설명 수행 순서
1. 표준화
   ① 표준화를 통해 작업 안정화와 효율적 관리를 기한다.
   ② 4M의 영향을 최소화한다.
   ③ 표준화한 문서를 작성하고 시행한다.
2. 품질 개선을 위한 프로젝트를 실시한다.
   ① GMP 준수
   ② 밸리데이션을 실시한다.
   ③ 주기적 품질검사를 실시한다.
3. 불량품 방지대책에 대한 활동 실시
   ① PDCA 사이클 원리를 이용하여 품질개선에 대한 노력을 한다.
   ② C_p 및 C_{pk}를 조사하고 개선방안을 모색한다.
   ③ 6시그마 운동으로 제품의 불량률을 줄인다.
   ④ 품질 분임조 활동 및 피드백으로 문제를 해결한다.

자주 출제된 문제

7-1. 다음 중 품질관리도구가 아닌 것은?

① 히스토그램
② 파레토도
③ 벤다이어그램
④ 체크시트

7-2. 다음 중 품질 개선을 위한 프로젝트가 아닌 것은?

① 품질 감사
② GMP 준수
③ 밸리데이션 실시
④ 체크시트

|해설|

7-1
품질관리도구에는 히스토그램, 파레토도, 특성요인도, 체크시트 등이 있다.

7-2
체크시트는 품질관리도구이다.

정답 7-1 ③ 7-2 ④

① 불량품 확인 및 격리

　㉠ 불량품이 양품과 혼입되지 않도록 표시하여 지정된 장소에 격리한다.

　㉡ 불량품 식별은 태그(Tag) 등을 이용하여 식별하며, 식별할 수 없는 제품에는 분석을 통하여 판정한다.

　㉢ 불량품 처리절차는 제조현장에서 실시한다.

② 불량품 처리방법

　㉠ 폐기 : 불량 재고를 폐기하는 것이다.

　㉡ 정상 사용 : 불량인 채로 그냥 사용하는 경우로 불량에 대한 정보들만 관리되고 재고 수량은 변동이 없다.

　㉢ 품목 대체 : 불량인 제품을 해체하여 일부는 사용하고 일부는 폐기하며, 불량보고서는 불량 원인별, 처리방법별, 품목별, 수량별, 공정별 등으로 통계를 내어 보고할 수 있다.

③ 의약품 등의 불량품 회수 또는 폐기 처리

　㉠ 폐기 : 회수한 의약품 등을 소각, 파쇄, 분리 등의 방법으로 원형을 파기하거나 해체하여 본래 사용 목적대로 사용이 불가능하게 하는 것이다.

　㉡ 회수 또는 폐기 대상 의약품

　　• 대한민국약전에 실린 의약품으로 성상, 성능, 품질이 대한민국약전에서 정한 기준에 부적합한 의약품

　　• 허가나 신고된 의약품으로 성분 또는 분량이 허가나 신고된 내용과 다른 의약품

　　• 의약품 등의 기준이 정해진 의약품으로 정한 기준에 맞지 않는 의약품

　　• 전부 또는 일부가 불결한 물질 또는 변질이나 변하여 썩은 물질로 된 의약품

　　• 병원 미생물에 오염되었거나 오염되었다고 인정되는 의약품

　　• 이물질이 섞였거나 부착된 의약품

　　• 식약처장이 정한 타르 색소와 다른 타르 색소가 사용된 의약품

　　• 보건위생에 위해가 있을 수 있는 비위생적 조건에서 제조되었거나 시설이 대통령령으로 정하는 기준에 맞지 않는 곳에서 제조된 의약품

　　• 용기나 포장이 불량하여 보건위생상 위해가 있을 염려가 있는 의약품

　　• 용기나 포장이 그 의약품의 사용 방법을 오인하게 할 염려가 있는 의약품

　　• 기타 국민보건에 위해를 주었거나 줄 염려가 있는 의약품 등과 그 효능이 없다고 인정되는 의약품 등(식품의약품안전처)

ⓒ 회수 또는 폐기업무 절차

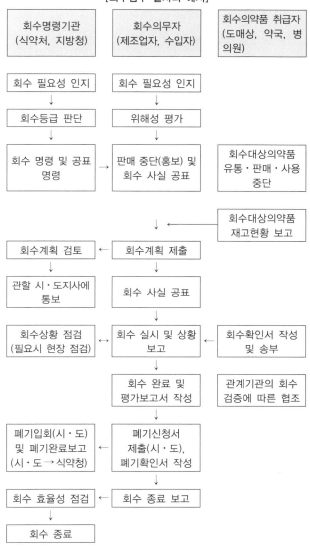

[회수업무 절차의 예시]

ⓔ 회수 제품 폐기 등의 조치
- 회수의무자는 회수 또는 반품 받은 의약품 등을 폐기하거나 위해를 방지할 조치를 취해야 하고, 회수 발생의 원인 분석 등 동일한 사유로 회수가 발생하지 않도록 재발 방지책을 강구해야 한다.

- 회수를 실시하는 과정에서 문제점 등을 분석하여 대책을 강구하며, 회수명령기관은 회수 효율성 검증결과 등을 종합적으로 검토하여 적절한 회수 이행 여부를 판단하고 타당한 경우 폐기에 입회한다.
ⓜ 회수 제품 폐기 확인 및 종료
- 회수의무자가 제품 폐기 시 관할 지방 식품의약품안전처의 소속 공무원의 입회하에 실시하며, 환경 관련 법령으로 정하는 바에 따라 폐기 후 폐기확인서를 작성하여 2년간 보관하며 사본은 관할 회수명령기관에 제출한다.
- 회수명령기관은 회수계획서, 회수상황, 평가 보고, 회수 실태조사 결과 등을 종합하여 의약품 등 회수평가서를 작성하고, 그 결과를 회수의무자에게 통보하고 회수를 종료한다(식품의약품안전처).

④ 불량품의 분류별 기록

분 류	기록사항
생 산	• 설계, 제조설비, 제조공정, 제조환경 • 작업자, 포장, 날인, 원료 • 기술적 또는 내부적 측면, 이물 혼입, 오염
유통 및 판매	• 수송, 하치장/판매점 보관, 판매원 • 표시, 유통기간 지남, 유통 중 흡습, 침전물 생김
소비자	• 보관, 사용법 • 과도한 요구 • 기 타

※ 공정 중 부적합 유형별 분류 수행 순서
  1. 결함의 분류
    ① 배양공정
      ㉠ 균주의 해동 : 균농도, 생존율 등
      ㉡ 종배양 및 본배양 : 균농도, 발현량, 엔도톡신 등
    ② 회수 및 정제공정
      ㉠ 여과 및 원심분리 : 회수율, 불순물 함량 등
      ㉡ 세포 파쇄 : 회수율, 엔도톡신 등
      ㉢ 크로마토그래피 : 순도, 불순물 함량, 활성도, 엔도톡신 등
      ㉣ 한외여과 농축 : 순도, 불순물 함량, 활성도, 엔도톡신 등
  2. 중요도, 빈도, 강도 평가 : 불량품을 각 공정별 항목으로 나누고 과거 대비 발생빈도를 비교하고, 각 건에 대한 처리비용 및 범위를 파악하여 강도를 평가한다.
  3. 각 항목에 대한 추이그래프 그리기

⑤ 불량품 관리 매뉴얼 활용

　㉠ 데이터 분석 및 시정·예방조치

　　• 데이터 분석 : 불량품을 효과적으로 관리하기 위해서는 품질관리 측면에서 데이터 분석기법의 적용이 필요하다. 불량품의 발생현황을 주기적으로 분석 및 관리하기 위한 실제 데이터의 분석기록 유지와 시스템 운용 상태 등을 확인하여야 한다.

　　• 시정·예방조치 : 내부적으로 불량품의 감소를 위해 시정하거나 예방할 수 있는 내부 감사시스템이 구성되어 있는 것이 필요하며, 실제 시정·예방조치 실적을 통한 시스템의 운용 및 상태를 주기적으로 확인하여야 한다.

　㉡ 불량품 발생처리 절차

　　• 불량품 처리절차 : 불량품 발생 시 업무처리 절차 운영과 사업장의 식별관리 체계로 실제로 제품을 손쉽게 추적이 가능해야 한다.

　　• 불량품의 관리 : 실제 불량품의 처리절차 및 현황, 보관 상태 등 불량품을 별도로 보관하여 관리하고 문제점을 분석하여 개선하도록 시스템이 설계되어야 한다.

　　• 부적합품 관리절차서

[공정검사업무의 부적합품 관리절차서(예시)]

구 분	업무절차	비 고
식별 및 문서화	① 공정검사	공정검사성적서
	② 부적합품 발견	
	③ 식별 표시	스티커 부착
	④ 부적합품보고서 작성	부적합품통보서
처리방안 및 이행	① 처리 결정	
	② 특채, 폐기, 재작업	수정, 재작업, 폐기
	③ 재검사	
사후관리	① 시정조치	시정 및 예방조치관리대장
	② 경향 분석 및 기록 유지	
	③ 지속적 개선활동	
	④ 종합 보고	종합보고서

⑥ 보고 및 기록 관리 : 추이그래프를 그려 흐름과 추세를 보며 지속적으로 불량품을 관리한다.

　㉠ 불량품 내용 기록

　㉡ 불량품 보고

　㉢ 불량품 관리문서 작성

핵심이론 09 | 바이오화학소재 제조공정 및 제형별 품질기준

① **품질관리 기준** : 품질관리기준서에는 효율적 품질관리를 위해 검체 채취 방법, 시험방법, 시험결과의 평가 및 전달, 시험자료의 기록 및 보존 등에 관한 절차를 표준화하여 문서화한다.

  ㉠ 품질관리기준서 포함 사항

    • 시험지시서 : 품명, 제조 또는 관리번호, 제조 연월일, 시험지시번호, 지시자 및 지시 연월일, 시험항목 및 기준 등을 포함한다.

    • 검체 채취자, 채취량, 채취 장소, 채취 방법 및 무균 여부 등 채취 시 주의사항과 오염 방지대책

    • 주성분 및 완제품 등 보관용 검체의 관리, 안정성 시험, 표준품 및 시약관리

    • 시험 시설 및 시험기구의 점검, 시험결과를 관련 부서에 통지하는 방법

  ㉡ 품질관리

    • 시험관리 : 시험의뢰서, 시험지시서에 따라 의뢰한 시험별로 아래 사항을 포함한 시험성적서를 작성한다.

      – 품명, 제조번호 또는 관리번호, 제조 연월일

      – 시험번호

      – 접수, 시험 및 판정 연월일

      – 시험항목, 시험 기준, 시험결과 및 항목별 적격·부적격 결과

      – 판정결과

      – 시험자의 성명, 판정자의 서명 및 중간 검토자의 서명

    • 안정성 시험

    • 연간 품질평가

② **공정단계별 품질 기준**

  ㉠ 배양공정 : 배양공정 변수는 최종 제품의 중요 품질 특성인 제품 특성, 불순물의 양상, 순도 및 확인 등에 다음의 요인들이 영향을 줄 수 있다.

    • 제품 특성 : 아미노산 서열, 당질화 양상, 집합체, 전하 변이체 등

    • 불순물 양상 : 숙주 유래 단백질, 숙주 유래 DNA, 엔도톡신, 미생물 부하, 마이코플라스마, 외래 바이러스 등

    • 순도 및 확인 : 펩타이드 맵핑, 이온 교환 크로마토그래피, 크기 배제 크로마토그래피 등

  ㉡ 회수공정 : 발효액 또는 배양액에서 물리적·화학적 또는 생화학적인 방법을 사용하여 균체나 상등액을 회수하는 공정으로 원심분리 또는 여과법을 이용한다.

  ㉢ 정제공정 : 회수단계에서 얻은 공정액에 포함되어 있는 여러 가지 불순물을 적절한 방법과 절차를 거쳐 제거하는 공정으로, 불순물의 제거는 크로마토그래피, 한외여과법, 침전 및 반응, 바이러스 여과 또는 불활성화 등을 사용한다.

    • 제품 유래 불순물 : 다중체(Aggregation), 산화·환원체, 분해물 등

    • 공정 유래 불순물 : 숙주 유래 단백질, 숙주 유래 DNA, 외래 바이러스 등

  ㉣ 완제공정

    • 최종 원액 제조공정 : 원액 주성분, 흡착제, 버퍼 등을 혼합하는 과정으로 물리적·화학적·생화학적 반응이 일어나므로 제품의 품질 특성을 결정하는 데 중요하다.

    • 무균 여과공정 : 최종 원액을 바이알이나 프리필드 등에 충전하여 멸균할 수 없는 경우 무균 여과를 실시하며, 필터는 공극의 크기가 $0.22\mu m$ 또는 그 이하를 사용한다.

    • 충전공정 : 바이알이나 프리필드 시린지 등에 약액을 넣고 밀봉하는 과정으로 용기 세척, 제조, 멸균, 충전, 밀봉단계 등으로 진행된다.

- 동결건조공정 : 충전 및 동결 건조는 무균 조건에서 실시되므로 적합한 시설과 장비가 필요하며, 충전 공정의 순도, 함량 특성 이외에 습도 관련 품질 특성이 중요하다.
- 이물 검사 : 완제 공정의 최종 단계로 전수 검사를 실시한다.

③ 제형에 따른 공정 검사항목
  ㉠ 과립제 : 함습도, 혼합도
  ㉡ 정제 : 경도, 두께, 마손도, 중량 편차, 붕해도
  ㉢ 연고제 : 중량 편차, 미생물 수
  ㉣ 액제 : pH, 비중, 이물 검사, 용량 편차, 미생물 수
  ㉤ 주사제(액상) : pH, 발열성 물질, 무균, 불용성 물질, 용량편차

④ 검사항목별 품질 기준
  ㉠ 함습도
    - 고형 제제의 함유 수분은 흡착수, 자유수 및 결정수 등의 형태로 존재하며, 보통 결정수 이탈 온도 이하의 온도에서 건조 함량을 측정한다.
    - 건조 함량(%) = 시료 수분의 무게 / 함습 시료의 총무게
  ㉡ 경 도
    - 고형제제 중 특히 소정 또는 나정의 품질 특성으로, 파괴 강도와 같은 정적 압력에 대한 기계적 강도로 평가한다.
    - 경도계는 몬산토, 스트롱코브(Strong-Cobb), 화이자, 슈로이니거(Schleuniger)식 등이 있으며, 계기 종류에 따라 킬로그램(kg) 또는 스트롱코브 단위 등 측정치가 다르다.
  ㉢ 마손도
    - 경도와 비슷하게 소정에 있는 특유의 품질 특성이며, 진동이나 충격을 가했을 때 생기는 정제의 마모 정도를 나타낸다.

- 측정방법은 마손도 측정장치를 사용하며, 공정 관리에 많이 사용되는 마손도 측정장치는 로슈식 마손 측정장치를 사용한다.
  ㉣ 질량편차 : 대한약전 일반시험법의 질량편차시험에 준한다.
  ㉤ 용출시험 : 고형제 중의 주약이 액 중에 어느 정도의 속도로 녹는가를 나타낸다.
  ㉥ 붕해시험 : 정제의 분해는 대한약전 일반시험법의 붕해시험법을 따른다.
  ㉦ 엔도톡신
    - 대한약전 일반시험법의 엔도톡신 시험법에 준한다.
    - 엔도톡신은 대장균, 살모넬라 등 그람 음성균의 리포다당체로 대표적인 발열성 물질로서, 통상 LAL의 겔화를 이용하며 매우 민감한 면역학적 반응을 사용하는 방법이다.
  ㉧ pH : 대한약전 일반시험법의 pH 측정법에 준한다.
  ㉨ 함량(역가) : 대한약전 등과 같은 공정서에 수재된 품목은 공정서 방법대로 시험하며, 수재되어 있지 않은 품목은 품목허가신청서에 기재된 기준 및 시험방법에 따라 시험한다.
  ㉩ 발열성 물질
    - 대한약전 일반시험법의 발열성 물질시험법에 준한다.
    - 발열을 일으키는 물질 : 주로 그람 음성균의 내독소, 그람 양성균의 외독소, 바이러스, 병원성 진균, 항원, 종양, 염증조직 유래 성분, 스테로이드 호르몬 일부, 화학적 발열성 물질 등 외인성 발열성 물질이 여러 가지 면역활성 식세포에 작용하여 만들어내는 내인성 발열성 물질 및 세로토닌, 프로스타그란딘 등 저분자 내인성 발열성 물질 등이 있다.

ㅋ 무균시험
- 대한약전 일반시험법의 무균시험법을 따른다.
- 약전에 규정된 배양법으로 증식되는 미생물의 유무를 시험하는 방법으로 일반 주사제와 유탁성 수액에는 직접법을 사용하며, 용액형 수액에는 멤브레인 필터법을 실시한다.
ㅌ 불용성 이물시험
- 대한약전 일반시험법의 불용성 이물시험법에 준한다.
- 불용성 이물 : 규정된 조명 밑에서 육안으로 검출할 수 있는 입자이다.
ㅍ 버블포인트(Bubble Point) 시험 : 완전성 시험에 사용하는 방법의 하나로 무균시험에서 실시하는 멤브레인 필터의 유효성을 확인한다.
ㅎ 기밀도 시험
- 주사제 중에서 감압법으로 기밀도 시험이 가능한 앰플제에 실시한다.
- 원리 : 앰플을 0.5~1.9%의 색소용액에 침적시키고 일정 시간 감압한 후 상압으로 되돌리면 앰플 내로 색소용액이 침입되어 불량품을 확인한다(한국제약산업교육원).

⑤ 품질관리 이상 발생 시 조치방법
ㄱ 품질관리업무의 일반적 원칙
- 품질관리시험은 시험기록서와 표준작업지침에 따라 실시하고 규격서에 따라 판정한다.
- 품질관리업무는 신속·정확하며 효율적으로 실시한다.
- 품질관리업무 사내규정이 구체적이지 않은 부분은 KGMP 등 외부 규격서에 준하여 실시한다.
ㄴ 이상 발생 시 보고 및 조치방법
- 일상적 경향에서 벗어난 사항은 시험자 → 감독자 → 실험실 책임자 → QC 책임자 순으로 바로 보고한다.

- 시험결과 이상 발생원인을 보고한다.
- 보고목적 : 제품의 주성분, 기타 성분, 제품 등에 대한 품질관리부서의 시험결과가 규정서의 기준을 벗어난 경우 원인 조사 후 적절한 조치를 취하고 재발을 방지하여 제품의 품질을 균일하게 유지·관리하기 위함이다.
- 시험결과가 기준을 벗어나는 기준일탈(OOS ; Out Of Specification)의 발생원인
- 실험실오차 : OOS의 원인이 실험실의 잘못에서 기인하는 경우
- 분석오차 : OOS의 원인이 시험법에서 기인하는 경우
- 기록오차 : 계산 오류, 오기 등 시험 결과를 잘못 처리하여 발생하는 경우
- 시료오차 : 시료 채취 시의 잘못으로 발생하는 경우
- 제품오차 : 작업자의 실수, 규정 미준수 등 제품 품질 문제로 발생하는 경우

9-1. 무균 시험에서 실시하는 멤브레인 필터의 유효성을 확인하는 검사항목은?

① 용출시험
② 무균시험
③ 버블포인트시험
④ 기밀도시험

9-2. 제형에 따른 공정 검사항목이 잘못된 것은?

① 과립제 : 혼합도, 경도
② 연고제 : 중량편차, 미생물수
③ 정제 : 마손도, 붕해도
④ 액제 : 이물 검사, 용량편차

9-3. 시험결과가 기준을 벗어나는 기준일탈(OOS)의 발생 원인이 잘못된 것은?

① 기록오차 : 계산오류, 오기
② 제품오차 : 규정 미준수, 관리자의 실수
③ 분석오차 : 시험법의 오류
④ 시료오차 : 시료 채취 시의 오류

|해설|

9-1

버블포인트(Bubble Point)시험 : 완전성 시험에 사용하는 방법의 하나로 무균시험에서 실시하는 멤브레인 필터의 유효성을 확인한다.

9-2

제형에 따른 공정검사 항목
• 과립제 : 함습도, 혼합도
• 정제 : 경도, 두께, 마손도, 중량 편차, 붕해도
• 연고제 : 중량 편차, 미생물 수
• 액제 : pH, 비중, 이물 검사, 용량 편차, 미생물 수
• 주사제(액상) : pH, 발열성 물질, 무균, 불용성 물질, 용량편차

9-3

기준일탈(OOS ; Out Of Specification)의 발생 원인
• 실험실오차 : OOS의 원인이 실험실의 잘못에서 기인하는 경우
• 분석오차 : OOS의 원인이 시험법에서 기인하는 경우
• 기록오차 : 계산 오류, 오기 등 시험 결과를 잘못 처리하여 발생하는 경우
• 시료오차 : 시료 채취 시의 잘못으로 발생하는 경우
• 제품오차 : 작업자의 실수, 규정 미준수 등 제품 품질 문제로 발생하는 경우

정답 9-1 ③ 9-2 ① 9-3 ②

핵심이론 **10** │ 품질관리를 통한 공정 진행 결정과 보고

① 공정관리도

ㄱ 정의 : 공정의 상태를 나타내는 특성치에 관한 그래프로, 공정이 관리 상태(안정 상태)에 있는지 여부를 판별하고 공정을 안정 상태로 유지함으로써 제품 품질을 균일화하고 보증하기 위한 프로세서의 통계적 관리방법이다.

ㄴ 공정관리도의 구성 : 제품 품질 특성의 예상 변동 폭을 설정하여 데이터의 산포가 우연원인(안정 상태, 관리 상태)인지 이상원인(불안정 상태, 이상 상태)인지 판별하여 안정 상태로 유지시켜 품질의 산포가 작은 균일화를 이루기 위한 관리 방법으로, 중심선(CL), 관리상한선(UCL), 관리하한선(LCL)을 설정하고 공정의 운영 상태를 분석한다.

[공정관리도의 구성]

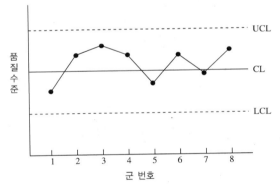

UCL : Upper Control Limit(관리상한선)
CL : Center Line(중심선)
LCL : Lower Control Limit(관리하한선)

ㄷ 품질의 변동(산포) : 이상원인과 우연원인으로 크게 분류할 수 있고 이를 정확히 구분하는 것이 품질관리에 필요하다.

• 이상원인에 의한 변동 : 작업자 부주의, 불량 자재 사용, 생산설비 이상, 작업조건 불이행 등 관리 미비로 발생하는 변동으로, 예측이 불가능하며 불규칙한 패턴을 나타내지만 비교적 발견이 쉬워 충분히 예방이 가능하고 문제 해결이 쉽다.

• 우연원인에 의한 변동 : 작업자 숙련도 차이, 작업 환경의 차이, 원자재의 미세한 변동 등 관리가 어려운 원인으로, 어느 정도 불가피한 공통 원인에 의해 현재의 능력이나 기술 수준으로 피할 수 없는 변동이다. 전 공정에서 지속적으로 발생하며 그 변동 폭이 어느 정도 안정적인 패턴을 보인다.

ⓔ 관리한계(조치한계)

• 공정의 현실을 감안한 기준으로 우연 변동의 범위를 말하며 이상원인 발생 유무를 판단하는 기준이 된다.

• 통상 3σ 한계를 설정하며 관리한계를 벗어날 확률이 0.27%임을 의미한다.

② 관리도의 종류 및 작성방법

ⓖ 계량형 관리도 : 구체적으로 크기를 측정하고 비교할 수 있는 자료로 품질 특성을 연속적으로 측정할 수 있다.

• $\bar{x} - R$ 관리도 : 시료의 평균치와 범위값으로 관리한다.

• R 관리도 : 시료의 범위값을 이용하여 산포도를 통제하고자 할 때 사용한다.

• σ 관리도 : 산포도 통제용으로 사용되나 범위값 대신 표준편차를 사용하여 관리도의 중심선과 관리한계선을 계산할 수 있다.

ⓛ 계수형 관리도 : 생산되는 제품의 평균 품질 수준과 변동상황을 파악하고 공정의 위치, 불량률 추정 등에 사용한다.

• p 관리도(부적합품률) : 공정에서 생산된 불량품의 비율에 대한 자료의 정리 및 분석에 사용한다.

• np 관리도(부적합품수) : 불량개수관리도라고도 하며, 시료 크기 n이 일정하고 불량률 대신 불량품 개수를 관리 대상으로 한다.

• c 관리도(부적합수) : 제품 1개에 하나 이상의 흠이 있어도 불량품으로 처리되지 않는 경우에 공정을 통제할 수 있다.

• u 관리도(단위당 부적합수) : 시료군이나 단위당 불량품수를 관리한다.

③ 생산공정 품질관리와 공정 진행 여부

ⓖ 공정관리의 조직적 운영 : 제조 부문 공장 전체에서 조직적으로 시행한다.

• 누가 어떤 처리를 어떤 절차로 할 것인지 책임과 권한을 명확히 한다.

• 정보 전달방식을 정한다.

• 기록방법과 그 이용법을 정한다.

– 관리 특성, 관리도 양식, 샘플링법, 측정법, 군 분류, 관리선 계산, 이상 원인과 재발 방지 조치 등을 기록한다.

– 기록내용은 공정관리 감사, 품질보증 등의 자료로 이용되도록 기록의 취급방법도 설정한다.

– 관리도 원부에 의한 관리도의 등록을 실시한다.

ⓛ 관리 상태의 판정 기준

• 관리 상태 : 공정에 있어 관리 특성의 분포가 평균치나 산포도 모두 시간적으로 아무 변화가 없는 상태를 나타내며, 공정이 관리 상태에 있는지 판정하는 기준은 다음과 같다.

• 모든 점이 관리한계선을 벗어나지 않는다.

– 연속 25개 이상의 점이 관리한계선 안에 있는 경우

– 연속 35개의 점 중 관리한계선을 벗어나는 것이 1개 이내인 경우

– 연속 100개의 점 중 관리한계선을 벗어난 것이 2개 이내인 경우

• 습관성은 런(Run) 경향, 주기성, 중심선이 한쪽에 편향되거나 관리한계선에 근접하는 경우를 말하며 점들의 배열에는 습관성이 없다.

ⓒ 공정능력과 공정진행 여부 : 공정능력은 이상요인을 모두 제거한 안정적인 공정에서 생산되는 제품 품질 특성의 변동 폭을 말하며, 품질 특성의 평균값 $\bar{x}$와 표준편차 σ를 구하고 통상 공정능력은 6σ로 나타내며, 품질 특성의 신뢰 구간이라고도 볼 수 있는 $\bar{x} \pm 3\sigma$는 공정능력한계라 한다.

• 공정능력의 평가 : 공정능력을 정보로 활용하기 위해서 품질특성 분포의 6σ를 추정하여 공정능력으로 정하는 6σ에 의한 방법, 공정능력지수에 의한 방법, 공정능력비에 의한 방법이 있다.

– 규격을 규격상한(USL) – 규격하한(LSL), 공정능력치를 6σ라 하면 공정능력지수 C_p는 다음과 같다.

공정능력지수(C_p)

$$= \frac{설계허용범위(USL - LSL)}{공정능력치(6\sigma)}$$

C_p를 높이는 방법은 설계 마진의 확보 및 공정의 산포를 줄이기 위한 공정설계활동을 동시에 진행하는 것이며, C_p의 해석은 C_p값이 1과 비교하여 달라진다.

ⓐ $C_p > 1$: 공정분포는 규격치를 만족하는 능력이 있다.

ⓑ $C_p = 1$: 공정분포는 규격치 한계 내에 들어 있다.

ⓒ $C_p < 1$: 공정분포는 규격치를 만족하는 능력이 없다.

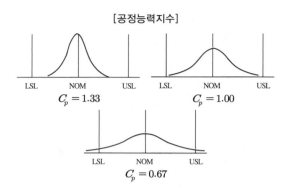

[공정능력지수]

[공정능력지수(C_p) 판단 기준표(예시)]

C_p의 범위	등급(판정)	조 치
$C_p \geq 1.33$	1등급(합격)	이상적 상태 유지
$1.33 > C_p \geq 1$	2등급(경계)	필요시 조처
$1 > C_p \geq 0.67$	3등급(불합격)	전수선별 공정관리 개선
$0.67 > C_p$	4등급(불합격)	• 품질의 개선 • 원인 대책 및 규격 재검토

• 공정능력의 보고

– 1등급 : 공정능력이 충분하므로 생산 공수(Man-Hour)를 줄여 원가절감을 유도한다.

– 2등급 : 규격에 거의 맞으므로 4M을 개선해 1등급이 되도록 한다.

– 3, 4등급 : 공정능력이 부족하므로 설비 재투자 및 공정개선을 실시한다.

10-1. 다음 중 공정능력지수 C_p에 대한 설명으로 알맞지 않은 것은?

① 일반적으로 C_p는 규격만족도를 나타낸다.

② $C_p = 1$이란 공정분포는 규격치 한계 내에 들어 있음을 의미한다.

③ $C_p > 1$이란 공정분포는 규격치를 만족하는 능력이 있음을 의미한다.

④ $C_p < 1$이란 공정분포는 규격치를 만족하는 능력이 있음을 의미한다.

10-2. 공정의 현실을 감안한 이상원인 발생 유무를 판단하는 기준이 되는 것은?

① 시험 기준
② 품질평가
③ 관리한계
④ 작업 표준

| 해설 |

10-1

• $C_p > 1$: 공정분포는 규격치를 만족하는 능력이 있다.
• $C_p = 1$: 공정분포는 규격치 한계 내에 들어 있다.
• $C_p < 1$: 공정분포는 규격치를 만족하는 능력이 없다.

10-2

관리한계(조치한계) : 공정의 현실을 감안한 기준으로 우연 변동의 범위를 말하며 이상원인 발생 유무를 판단하는 기준이 된다.

정답 10-1 ④ 10-2 ③

| 핵심이론 **11** | 원료 의약품의 공정관리

① 원료 의약품의 공정도

[원료 의약품의 공정도(예시)]

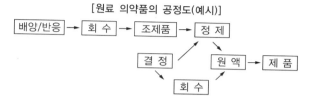

② 각 공정단계에서의 관리 포인트

㉠ 배양·반응공정의 관리 포인트

불순물의 구조, 생성원인 규명	→	관리 불순물의 설정
반응조건과 불순물의 관계	→	반응 관리 파라미터의 설정
반응 관리항목과 기준치 결정	→	기준치의 설정
반응 이상 시 조치방법	→	재가공/재처리

㉡ 회수공정(용매/원료/결정)의 관리 포인트

축적성 불순물 규명	→	관리 불순물의 설정
불순물 제거, 회수방법 설정	→	회수관리 파라미터의 설정
회수품의 품질관리항목, 기준치 설정	→	기준치의 설정
품질 이상 시 조치방법	→	폐기/재가공/재처리

㉢ 정제공정의 관리 포인트(식품의약품안전처)

정제방법과 불순물 거동 규명	→	관리 불순물의 설정
정제관리항목 설정	→	반응 관리 파라미터의 설정
생성물의 품질관리항목, 기준치 설정	→	기준치의 설정
품질 이상 시 조치방법	→	재가공/재처리

③ 공정단계별 품질 분석결과의 기록 및 보고 – 정기보고서
품질관리부서, 제조부서, 제조지원부서, 허가 관련 부서 등은 정기적으로 일정 기간 또는 연 단위의 품질평가 보고서 항목에 필요한 사항을 작성하고, 연간 품질평가는 생산 품목별로 1년간 제조된 해당 품목의 품질 자료를 분석·평가하는 것으로 동의약품의 규격이나 제조, 관리절차 등의 변경이 필요한지 결정하는 데 활용한다.

㉠ 의약품의 연간 품질평가보고서 평가항목
- 제조 내역
  - 연간 제조 로트수, 제조 단위(수량), 제조일자, 포장 단위, 적합·부적합 내역
  - 위·수탁 내역(책임 소재, 계약 내용 등)
- 중요한 공정관리 및 시험결과
  - 주요 공정 검사(IPC) 결과 비교·분석
  - 반제품 및 완제품 시험결과 비교·분석
  - 주요 공정 수율 비교·분석
  - 무균 조작의 경우 환경 모니터링 결과 비교·분석
- 밸리데이션
  - 제품 품질에 직접 영향을 미치는 주요 장비 및 공정 등에 대한 밸리데이션 내역이 포함된다.
  - 밸리데이션 내역은 밸리데이션 보고서 문서번호, 해당 로트번호 및 간략한 요약 기입으로 갈음할 수 있다.
  - 정기적 재밸리데이션 또는 변경 시 재밸리데이션을 실시한 내역이 있는 경우에는 작성한다.
- 중요 일탈 및 기준 일탈 내역
  - 일탈 : 승인된 지시사항, 확립된 기준에서 벗어나는 경우
  - 기준 일탈 : 시험의 결과가 미리 정하여진 시험기준을 벗어난 경우
  - 제조환경, 공정, 품질 분야별 중요한 일탈 및 기준 일탈 보고 내역을 정리한다.
  - 중요한 일탈, 기준 일탈 조사결과 및 조치사항에 대해 타 품목과의 영향성 등 특이사항이 있을 경우에는 해당 사항을 요약한다.
  - 부적합의 경우 부적합의 원인 및 재발 방지 대책 등의 내용을 상세히 기록한다.
- 변경관리 기록
  - 평가기간 내 제품 품질에 영향을 미치는 공정 또는 시험 방법의 주요 변경 내역을 정리한다.
  - 변경된 내용에 따라 필요시 밸리데이션, 안정성 시험, 원자재 제조업자 평가 등 적절한 조치를 취했는지 확인한다.
- 안정성 평가의 결과
  - 해당 품목의 평가 기간 중 안정성 시험결과 등을 요약한다.
  - 생산된 제품에 대한 안정성 평가를 지속적으로 확인하여 문제가 있을 시 해당 제품에 대한 적절한 조치사항 등을 기록한다.
- 반품, 불만 및 회수에 대한 기록 : 해당 품목의 평가기간 중 품질과 관련된 반품, 불만, 회수 내역, 처리결과를 요약한다.
- 시정 조치에 대한 기록 : 전년도 연간 품질평가에 따른 시정조치 결과를 요약한다.
- 종합 평가 : 연간 품질평가 요약 및 시정, 예방조치, 평가내용 전반에 대한 결론 등을 포함한다.

④ 공정단계별 품질 분석결과의 기록 및 보고 – 임시보고서
비정기적으로 실시한 품질 분석의 결과도 부적합보고서 양식에 의거하여 기록 정리한 후 상급자에게 보고한다.

⑤ 문서의 작성과 관리
㉠ 문서 작성
- 모든 문서의 작성, 개정, 승인, 배포, 회수, 폐기 등에 관한 사항이 포함된 문서관리 규정을 작성한다.
- 문서는 품질관리부서 책임자의 서명, 승인 연월일이 있어야 하고 알아보기 쉽게 작성한다.
- 문서의 작성자, 검토자, 승인자는 서명 등록 후 사용한다.
- 모든 기록문서는 작업과 동시에 작성하고 지울 수 없는 잉크로 작성한다.
㉡ 문서관리
- 전자문서를 포함한 모든 문서는 해당 제품의 유효기간 또는 사용기간 경과 후 1년간 보존한다.

- 전자문서시스템의 경우에는 허가된 사람만이 입력, 변경, 삭제할 수 있으며 기록의 훼손 또는 소실에 대비한다.

11-1. 의약품 제조 및 품질관리 기준에 의한 용어의 정의로 옳지 않은 것은?

① '제조'라 함은 의약품을 생산하기 위하여 행하여지는 모든 작업을 말하며 포장 및 표시 작업도 이에 포함된다.
② '수율'이라 함은 이론 생산량에 대한 실생산량의 백분율을 말한다.
③ '제조단위' 또는 '로트'라 함은 동일한 제조공정하에서 균질성을 갖도록 제조된 의약품의 일정한 분량을 말한다.
④ '기준 일탈'이라 함은 제조 또는 품질관리 과정에서 미리 정해진 기준을 벗어나 이루어진 행위를 말한다.

11-2. 의약품 생산에 있어 FDA 승인을 받기 위한 검증 종합 계획서에 포함되는 내용으로 가장 거리가 먼 것은?

① 방법론(Methodology)
② 원가 및 비용(Cost)
③ 공정도(Process Flow Diagram)
④ 검정(Qualification)

|해설|

11-1
기준 일탈 : 시험의 결과가 미리 정하여진 시험 기준을 벗어난 경우를 말한다.

11-2
밸리데이션 종합계획서(VMP ; Validation Master Plan) : 밸리데이션을 적절히 실시하기 위한 방법, 조직 및 실시대상 등 밸리데이션에 대한 전체적인 계획을 요약, 정리한 것이다.

정답 11-1 ④ 11-2 ②

---

① CGMP
㉠ 품질이 보장된 우수한 화장품을 제조·공급하기 위한 제조 및 품질관리에 관한 기준으로서 직원, 시설·장비 및 원자재, 반제품, 완제품 등의 취급과 실시방법을 정한 것이다.
㉡ CGMP의 3대 요소
- 인위적인 과오의 최소화
- 미생물오염 및 교차오염으로 인한 품질저하 방지
- 고도의 품질관리체계 확립

② 인적 자원
㉠ 조직의 구성(제3조)
- 제조소별로 독립된 제조부서와 품질보증부서를 두어야 한다.
- 조직구조는 조직과 직원의 업무가 원활히 이해될 수 있도록 규정되어야 하며, 회사의 규모와 제품의 다양성에 맞추어 적절하여야 한다.
- 제조소에는 제조 및 품질관리 업무를 적절히 수행할 수 있는 충분한 인원을 배치하여야 한다.
㉡ 직원의 책임(제4조)
- 모든 작업원
  - 조직 내에서 맡은 지위 및 역할을 인지해야 할 의무
  - 문서접근 제한 및 개인위생 규정을 준수해야 할 의무
  - 자신의 업무 범위 내에서 기준을 벗어난 행위나 부적합 발생 등에 대해 보고해야 할 의무
  - 정해진 책임과 활동을 위한 교육훈련을 이수할 의무
- 품질 책임자
  - 품질에 관련된 모든 문서와 절차의 검토 및 승인

- 품질 검사가 규정된 절차에 따라 진행되는지
  의 확인
- 일탈이 있는 경우 이의 조사 및 기록
- 적합 판정한 원자재 및 제품의 출고 여부 결정
- 부적합품이 규정된 절차대로 처리되고 있는지
  의 확인
- 불만 처리와 제품 회수에 관한 사항의 주관

ⓒ 교육훈련(제5조)
- 제조 및 품질관리 업무와 관련 있는 모든 직원들
  에게 각자의 직무와 책임에 적합한 교육훈련이
  제공될 수 있도록 연간계획을 수립하고 정기적
  으로 교육을 실시하여야 한다.
- 직원의 교육을 위해 교육훈련의 내용 및 평가가
  포함된 교육훈련 규정을 작성하여야 하되, 필요
  한 경우에는 외부 전문기관에 교육을 의뢰할 수
  있다.
- 교육 종료 후에는 교육결과를 평가하고, 일정한
  수준에 미달할 경우에는 재교육을 받아야 한다.
- 새로 채용된 직원은 업무를 적절히 수행할 수 있
  도록 기본 교육훈련 외에 추가 교육훈련을 받아
  야 하며 이와 관련한 문서화된 절차를 마련하여
  야 한다.

ⓓ 직원의 위생(제6조)
- 적절한 위생관리 기준 및 절차를 마련하고 제조
  소 내의 모든 직원은 이를 준수해야 한다.
- 작업소 및 보관소 내의 모든 직원은 화장품의 오
  염을 방지하기 위해 규정된 작업복을 착용해야
  하고 음식물 등을 반입해서는 아니 된다.
- 피부에 외상이 있거나 질병에 걸린 직원은 건강
  이 양호해지거나 화장품의 품질에 영향을 주지
  않는다는 의사의 소견이 있기 전까지는 화장품과
  직접적으로 접촉되지 않도록 격리되어야 한다.
- 제조구역별 접근 권한이 없는 작업원 및 방문객
  은 가급적 제조, 관리 및 보관구역 내에 들어가지

않도록 하고, 불가피한 경우 사전에 직원 위생에
대한 교육 및 복장 규정에 따르도록 하고 감독하
여야 한다.

③ 제조
ⓐ 건물(제7조)
- 건물은 다음과 같이 위치, 설계, 건축 및 이용되
  어야 한다.
  - 제품이 보호되도록 할 것
  - 청소가 용이하도록 하고 필요한 경우 위생관
    리 및 유지관리가 가능하도록 할 것
  - 제품, 원료 및 포장재 등의 혼동으로 발생 가
    능한 위험을 최소화 할 것
- 건물은 제품의 제형, 현재 상황 및 청소 등을 고
  려하여 설계하여야 한다.

ⓑ 시설(제8조)
- 작업소
  - 제조하는 화장품의 종류·제형에 따라 적절히
    구획·구분되어 있어 교차오염 우려가 없을 것
  - 바닥, 벽, 천장은 가능한 청소 또는 위생관리
    를 하기 쉽게 매끄러운 표면을 지니고 청결하
    게 유지되어야 하며 소독제 등의 부식성에 저
    항력이 있을 것
  - 환기가 잘 되고 청결할 것
  - 외부와 연결된 창문은 가능한 열리지 않도록
    할 것. 창문이 외부 환경으로 열리는 경우에는
    제품의 오염을 방지하도록 적절한 방법으로
    차단할 것
  - 작업소 내의 외관 표면은 가능한 매끄럽게 설
    계하고, 청소, 소독제의 부식성에 저항력이 있
    을 것
  - 적절하고 깨끗한 수세실과 화장실을 마련하고
    수세실과 화장실은 접근이 쉬워야 하나 생산
    구역과 분리되어 있을 것

– 작업소 전체에 적절한 조명을 설치하고, 조명이 파손될 경우를 대비한 제품을 보호할 수 있는 처리절차를 마련할 것
– 제품의 오염을 방지하고 적절한 온도 및 습도를 유지할 수 있는 적절한 환기시설을 갖출 것
– 각 제조구역별 청소 및 위생관리 절차에 따라 효능이 입증된 세척제 및 소독제를 사용할 것
– 제품의 품질에 영향을 주지 않는 소모품을 사용할 것

• 제조 및 품질관리에 필요한 설비 등
– 사용 목적에 적합하고, 청소가 가능하며, 필요한 경우 위생·유지관리가 가능하여야 한다. 자동화시스템을 도입한 경우 또한 같다.
– 사용하지 않는 연결 호스와 부속품은 청소 등 위생관리를 하며, 건조한 상태로 유지하고 먼지, 얼룩 또는 다른 오염으로부터 보호할 것
– 설비 등은 제품의 오염을 방지하고 배수가 용이하도록 설계, 설치하며, 제품 및 청소 소독제와 화학반응을 일으키지 않을 것
– 설비 등의 위치는 원자재나 직원의 이동으로 인하여 제품의 품질에 영향을 주지 않도록 할 것
– 벌크 제품의 용기는 먼지나 수분으로부터 내용물을 보호할 수 있을 것
– 제품과 설비가 오염되지 않도록 배관 및 배수관을 설치하며, 배수관은 역류되지 않아야 하고, 청결을 유지할 것
– 천장 주위의 대들보, 파이프, 덕트 등은 가급적 노출되지 않도록 설계하고, 파이프는 받침대 등으로 고정하고 벽에 닿지 않게 하여 청소가 용이하도록 설계할 것
– 시설 및 기구에 사용되는 소모품은 제품의 품질에 영향을 주지 않도록 할 것

ⓒ 작업소의 위생(제9조)
• 곤충, 해충이나 쥐를 막을 수 있는 대책을 마련하고 정기적으로 점검·확인하여야 한다.
• 제조, 관리 및 보관구역 내의 바닥, 벽, 천장 및 창문은 항상 청결하게 유지되어야 한다.
• 제조시설이나 설비의 세척에 사용되는 세제 또는 소독제는 효능이 입증된 것을 사용하고 잔류하거나 적용하는 표면에 이상을 초래하지 아니하여야 한다.
• 제조시설이나 설비는 적절한 방법으로 청소하여야 하며, 필요한 경우 위생관리 프로그램을 운영하여야 한다.

ⓓ 유지관리(제10조)
• 건물, 시설 및 주요 설비는 정기적으로 점검하여 화장품의 제조 및 품질관리에 지장이 없도록 유지관리·기록하여야 한다.
• 결함 발생 및 정비 중인 설비는 적절한 방법으로 표시하고, 고장 등 사용이 불가할 경우 표시하여야 한다.
• 세척한 설비는 다음 사용 시까지 오염되지 아니하도록 관리하여야 한다.
• 모든 제조 관련 설비는 승인된 자만이 접근·사용하여야 한다.
• 제품의 품질에 영향을 줄 수 있는 검사·측정·시험장비 및 자동화장치는 계획을 수립하여 정기적으로 교정 및 성능점검을 하고 기록해야 한다.
• 유지관리 작업이 제품의 품질에 영향을 주어서는 안 된다.

ⓔ 입고관리(제11조)
• 화장품제조업자는 원자재 공급자를 평가하여 선정하고, 관리감독을 적절히 수행하여 입고관리가 철저히 이루어지도록 하여야 한다.

- 원자재의 입고 시 구매 요구서, 원자재 공급업체 성적서 및 현품이 서로 일치하여야 한다. 필요한 경우 운송 관련 자료를 추가적으로 확인할 수 있다.
- 원자재 용기에 제조번호를 표시하고, 제조번호가 없는 경우에는 관리번호를 부여하여 보관하여야 한다.
- 원자재 입고절차 중 육안확인 시 물품에 결함이 있을 경우 입고를 보류하고 적절한 조치를 취하여야 한다.
- 입고된 원자재는 "적합", "부적합", "검사 중" 등으로 상태를 표시하여야 한다. 다만, 동일 수준의 보증이 가능한 다른 시스템이 있다면 대체할 수 있다.
- 원자재 용기 및 시험기록서의 필수적인 기재사항
  - 원자재 공급자가 정한 제품명
  - 원자재 공급자명
  - 수령일자
  - 공급자가 부여한 제조번호 또는 관리번호

ⓗ 출고관리(제12조)

원자재는 시험결과 적합 판정된 것만을 선입선출 방식으로 출고해야 하고 이를 확인할 수 있는 체계가 확립되어 있어야 한다.

ⓢ 보관관리(제13조)

- 원자재, 반제품 및 벌크 제품은 품질에 나쁜 영향을 미치지 아니하는 조건에서 보관하여야 하며 보관기한을 설정하여야 한다.
- 원자재, 반제품 및 벌크 제품은 바닥과 벽에 닿지 아니하도록 보관하고, 선입선출에 의하여 출고할 수 있도록 보관하여야 한다.
- 원자재, 시험 중인 제품 및 부적합품은 각각 구획된 장소에서 보관하여야 한다. 다만, 서로 혼동을 일으킬 우려가 없는 시스템에 의하여 보관되는 경우에는 그러하지 아니한다.

- 설정된 보관기간이 지나면 사용의 적절성을 결정하기 위해 재평가시스템을 확립하여야 하며, 동 시스템을 통해 보관기간이 경과한 경우 사용하지 않도록 규정하여야 한다.

ⓞ 물의 품질(제14조)

- 물의 품질 적합 기준은 사용 목적에 맞게 규정하여야 한다.
- 물의 품질은 정기적으로 검사해야 하고 필요시 미생물학적 검사를 실시하여야 한다.
- 물 공급 설비 기준
  - 물의 정체와 오염을 피할 수 있도록 설치될 것
  - 물의 품질에 영향이 없을 것
  - 살균처리가 가능할 것

ⓩ 기준서 등(제15조)

- 제조 및 품질관리의 적합성을 보장하는 기본 요건들을 충족하고 있음을 보증하기 위하여 다음 각 항에 따른 제품표준서, 제조관리기준서, 품질관리기준서 및 제조위생관리기준서를 작성하고 보관하여야 한다.
- 품목별 제품표준서
  - 제품명
  - 작성 연월일
  - 효능·효과(기능성 화장품의 경우) 및 사용할 때의 주의사항
  - 원료명, 분량 및 제조단위당 기준량
  - 공정별 상세 작업내용 및 제조공정흐름도
  - 작업 중 주의사항
  - 원자재·반제품·벌크 제품·완제품의 기준 및 시험방법
  - 제조 및 품질관리에 필요한 시설 및 기기
  - 보관조건
  - 사용기한 또는 개봉 후 사용기간
  - 변경이력
  - 그 밖에 필요한 사항

- 제조관리기준서
  - 제조공정관리에 관한 사항
    - 가. 작업소의 출입 제한
    - 나. 공정검사의 방법
    - 다. 사용하려는 원자재의 적합판정 여부를 확인하는 방법
    - 라. 재작업절차
  - 시설 및 기구 관리에 관한 사항
    - 가. 시설 및 주요설비의 정기적인 점검방법
    - 나. 장비의 교정 및 성능점검 방법
  - 원자재 관리에 관한 사항
    - 가. 입고 시 품명, 규격, 수량 및 포장의 훼손 여부에 대한 확인방법과 훼손되었을 경우 그 처리방법
    - 나. 보관장소 및 보관방법
    - 다. 시험결과 부적합품에 대한 처리방법
    - 라. 취급 시의 혼동 및 오염 방지대책
    - 마. 출고 시 선입선출 및 칭량된 용기의 표시 사항
    - 바. 재고관리
  - 완제품 관리에 관한 사항
    - 가. 입·출하 시 승인판정의 확인방법
    - 나. 보관장소 및 보관방법
    - 다. 출하 시의 선입선출방법
  - 위탁제조에 관한 사항
    - 가. 원자재의 공급, 반제품, 벌크 제품 또는 완제품의 운송 및 보관 방법
    - 나. 수탁자 제조기록의 평가방법
- 품질관리기준서
  - 시험검체 채취 방법 및 채취 시의 주의사항과 채취 시의 오염방지대책
  - 시험시설 및 시험기구의 점검(장비의 교정 및 성능점검 방법)
  - 안정성시험

- 완제품 등 보관용 검체의 관리
- 표준품 및 시약의 관리
- 위탁시험 또는 위탁제조하는 경우 검체의 송부방법 및 시험결과의 판정방법
- 그 밖에 필요한 사항
- 제조위생관리기준서
  - 작업원의 건강관리 및 건강상태의 파악·조치 방법
  - 작업원의 수세, 소독방법 등 위생에 관한 사항
  - 작업복장의 규격, 세탁방법 및 착용규정
  - 작업실 등의 청소(필요한 경우 소독을 포함한다) 방법 및 청소주기
  - 청소상태의 평가방법
  - 제조시설의 세척 및 평가
  - 곤충, 해충이나 쥐를 막는 방법 및 점검주기
  - 그 밖에 필요한 사항
ⓒ 칭량(제16조)
- 원료는 품질에 영향을 미치지 않는 용기나 설비에 정확하게 칭량 되어야 한다.
- 원료가 칭량되는 도중 교차오염을 피하기 위한 조치가 있어야 한다.
ⓚ 공정관리(제17조)
- 제조공정 단계별로 적절한 관리기준이 규정되어야 하며 그에 미치지 못한 모든 결과는 보고되고 조치가 이루어져야 한다.
- 벌크 제품은 품질이 변하지 아니하도록 적당한 용기에 넣어 지정된 장소에서 보관해야 하며 용기에 다음 사항을 표시해야 한다.
  - 명칭 또는 확인코드
  - 제조번호
  - 완료된 공정명
  - 필요한 경우에는 보관조건

- 벌크 제품의 최대 보관기간을 설정하여야 하며, 최대 보관기간이 가까워진 벌크 제품은 완제품 제조하기 전에 재평가하여야 한다.
- ⓔ 포장작업(제18조)
  - 포장작업에 관한 문서화된 절차를 수립하고 유지하여야 한다.
  - 포장작업은 다음 각 호의 사항을 포함하고 있는 포장지시서에 의해 수행되어야 한다.
    - 제품명
    - 포장 설비명
    - 포장재 리스트
    - 상세한 포장공정
    - 포장지시수량
  - 포장작업을 시작하기 전에 포장작업 관련 문서의 완비 여부, 포장설비의 청결 및 작동 여부 등을 점검하여야 한다.
- ⓕ 보관 및 출고(제19조)
  - 완제품은 적절한 조건하의 정해진 장소에서 보관하여야 하며, 주기적으로 재고 점검을 수행해야 한다.
  - 완제품은 시험결과 적합으로 판정되고 품질 부서 책임자가 출고 승인한 것만을 출고하여야 한다.
  - 출고는 선입선출방식으로 하되, 타당한 사유가 있는 경우에는 그러지 아니할 수 있다.
  - 출고할 제품은 원자재, 부적합품 및 반품된 제품과 구획된 장소에서 보관하여야 한다. 다만 서로 혼동을 일으킬 우려가 없는 시스템에 의하여 보관되는 경우에는 그러하지 아니할 수 있다.
- ④ 품질관리
  - ㉠ 시험관리(제20조)
    - 품질관리를 위한 시험업무에 대해 문서화된 절차를 수립하고 유지하여야 한다.
    - 원자재, 반제품, 벌크 제품, 완제품에 대한 적합 기준을 마련하고 제조번호별로 시험 기록을 작성·유지하여야 한다.
    - 시험결과 적합 또는 부적합인지 분명히 기록하여야 한다.
    - 원자재, 반제품, 벌크 제품, 완제품은 적합판정이 된 것만을 사용하거나 출고하여야 한다.
    - 정해진 보관 기간이 경과된 원자재, 반제품, 벌크 제품은 재평가하여 품질기준에 적합한 경우 제조에 사용할 수 있다.
    - 모든 시험이 적절하게 이루어졌는지 시험기록은 검토한 후 적합, 부적합, 보류를 판정하여야 한다.
    - 기준일탈이 된 경우는 규정에 따라 책임자에게 보고한 후 조사하여야 한다. 조사결과는 책임자에 의해 일탈, 부적합, 보류를 명확히 판정하여야 한다.
    - 표준품과 주요시약의 용기에 기재
      - 명칭
      - 개봉일
      - 보관조건
      - 사용기한
      - 역가, 제조자의 성명 또는 서명(직접 제조한 경우에 한함)
  - ㉡ 검체의 채취 및 보관(제21조)
    - 시험용 검체는 오염되거나 변질되지 아니하도록 채취하고, 채취한 후에는 원상태에 준하는 포장을 해야 하며, 검체가 채취되었음을 표시하여야 한다.
    - 시험용 검체의 용기에 기재
      - 명칭 또는 확인코드
      - 제조번호
      - 검체채취 일자

- 완제품의 보관용 검체는 적절한 보관 조건하에 지정된 구역 내에서 제조단위별로 사용기한까지 보관하여야 한다. 다만, 개봉 후 사용기간을 기재하는 경우에는 제조일로부터 3년간 보관하여야 한다.

ⓒ 폐기처리 등(제22조)
- 품질에 문제가 있거나 회수·반품된 제품의 폐기 또는 재작업 여부는 품질 책임자에 의해 승인되어야 한다.
- 재작업을 하는 경우에는 재작업 절차에 따라야 한다.
- 재작업을 할 수 없거나 폐기해야 하는 제품의 폐기처리규정을 작성하여야 하며 폐기 대상은 따로 보관하고 규정에 따라 신속하게 폐기하여야 한다.

ⓔ 위탁계약(제23조)
- 화장품 제조 및 품질관리에 있어 공정 또는 시험의 일부를 위탁하고자 할 때에는 문서화된 절차를 수립·유지하여야 한다.
- 제조업무를 위탁하고자 하는 자는 제30조에 따라 식품의약품안전처장으로부터 우수화장품 제조 및 품질관리기준 적합판정을 받은 업소에 위탁제조하는 것을 권장한다.
- 위탁업체는 수탁업체의 계약 수행능력을 평가하고 그 업체가 계약을 수행하는 데 필요한 시설 등을 갖추고 있는지 확인해야 한다.
- 위탁업체는 수탁업체와 문서로 계약을 체결해야 하며 정확한 작업이 이루어질 수 있도록 수탁업체에 관련 정보를 전달해야 한다.
- 위탁업체는 수탁업체에 대해 계약에서 규정한 감사를 실시해야 하며 수탁업체는 이를 수용하여야 한다.
- 수탁업체에서 생성한 위·수탁 관련 자료는 유지되어 위탁업체에서 이용 가능해야 한다.

ⓜ 일탈관리(제24조)
제조 또는 품질관리 중의 일탈에 대해 조사를 한 후 필요한 조치를 마련하고 일탈의 반복을 방지할 수 있는 조치가 이루어져야 한다.

ⓗ 불만처리(제25조)
- 불만처리담당자는 제품에 대한 모든 불만을 취합하고, 제기된 불만에 대해 신속하게 조사하고 그에 대한 적절한 조치를 취하여야 하며, 다음 각 호의 사항을 기록·유지하여야 한다.
  - 불만 접수 연월일
  - 불만 제기자의 이름과 연락처(가능한 경우)
  - 제품명, 제조번호 등을 포함한 불만내용
  - 불만조사 및 추적조사 내용, 처리결과 및 향후 대책
  - 다른 제조번호의 제품에도 영향이 없는지 점검
- 불만은 제품 결함의 경향을 파악하기 위해 주기적으로 검토하여야 한다.

ⓢ 제품회수(제26조)
- 화장품제조업자는 제조한 화장품에서 「화장품법」 제9조, 제15조, 또는 제16조제1항을 위반하여 위해 우려가 있다는 사실을 알게 되면 지체 없이 회수에 필요한 조치를 하여야 한다.
- 다음 사항을 이행하는 회수 책임자를 두어야 한다.
  - 전체 회수과정에 대한 화장품책임판매업자와의 조정역할
  - 결함 제품의 회수 및 관련 기록 보존
  - 소비자 안전에 영향을 주는 회수의 경우 회수가 원활히 진행될 수 있도록 필요한 조치 수행
  - 회수된 제품은 확인 후 제조소 내 격리보관 조치(필요시에 한함)
  - 회수과정의 주기적인 평가(필요시에 한함)

◎ 변경관리(제27조)

제품의 품질에 영향을 미치는 원자재, 제조공정 등을 변경할 경우에는 이를 문서화하고 품질 책임자에 의해 승인된 후 수행하여야 한다.

ⓒ 내부감사(제28조)

- 품질보증체계가 계획된 사항에 부합하는지를 주기적으로 검증하기 위하여 내부감사를 실시하여야 하고 내부감사 계획 및 실행에 관한 문서화된 절차를 수립하고 유지하여야 한다.
- 감사자는 감사대상과는 독립적이어야 하며, 자신의 업무에 대하여 감사를 실시하여서는 아니 된다.
- 감사 결과는 기록되어 경영책임자 및 피감사 부서의 책임자에게 공유되어야 하고 감사 중에 발견된 결함에 대하여 시정조치 하여야 한다.
- 감사자는 시정조치에 대한 후속 감사활동을 행하고 이를 기록하여야 한다.

ⓒ 문서관리(제29조)

- 화장품제조업자는 우수화장품 제조 및 품질보증에 대한 목표와 의지를 포함한 관리방침을 문서화하며 전 작업원들이 실행하여야 한다.
- 모든 문서의 작성 및 개정·승인·배포·회수 또는 폐기 등 관리에 관한 사항이 포함된 문서관리규정을 작성하고 유지하여야 한다.
- 문서는 작업자가 알아보기 쉽도록 작성하여야 하며 작성된 문서에는 권한을 가진 사람의 서명과 승인 연월일이 있어야 한다.
- 문서의 작성자·검토자 및 승인자는 서명을 등록한 후 사용하여야 한다.
- 문서를 개정할 때는 개정 사유 및 개정 연월일 등을 기재하고 권한을 가진 사람의 승인을 받아야 하며 개정 번호를 지정해야 한다.
- 원본 문서는 품질 부서에서 보관하여야 하며, 사본은 작업자가 접근하기 쉬운 장소에 비치·사용하여야 한다.

- 문서의 인쇄본 또는 전자매체를 이용하여 안전하게 보관해야 한다.
- 작업자는 작업과 동시에 문서에 기록하여야 하며 지울 수 없는 잉크로 작성하여야 한다.
- 기록문서를 수정하는 경우에는 수정하려는 글자 또는 문장 위에 선을 그어 수정 전 내용을 알아볼 수 있도록 하고 수정된 문서에는 수정 사유, 수정 연월일 및 수정자의 서명이 있어야 한다.
- 모든 기록문서는 적절한 보존 기간이 규정되어야 한다.
- 기록의 훼손 또는 소실에 대비하기 위해 백업파일 등 자료를 유지하여야 한다.

⑤ 판정 및 감독

㉠ 평가 및 판정(제30조)

- 우수화장품 제조 및 품질관리기준 적합판정을 받고자 하는 업소는 별지 제1호 서식에 따른 신청서(전자문서를 포함한다)에 다음 각 호의 서류를 첨부하여 식품의약품안전처장에게 제출하여야 한다. 다만, 일부 공정만을 행하는 업소는 별표 1에 따른 해당 공정을 별지 제1호 서식에 기재하여야 한다.
  - 우수화장품 제조 및 품질관리기준에 따라 3회 이상 적용·운영한 자체평가표
  - 화장품 제조 및 품질관리기준 운영조직
  - 제조소의 시설내역
  - 제조관리현황
  - 품질관리현황
- 식품의약품안전처장은 제출된 자료를 평가하고 별표 2에 따른 실태조사를 실시하여 우수화장품 제조 및 품질관리기준 적합 판정한 경우에는 별지 제3호 서식에 따른 우수화장품 제조 및 품질관리기준 적합업소 증명서를 발급하여야 한다. 다만, 일부 공정만을 행하는 업소는 해당 공정을 증명서 내에 기재하여야 한다.

ⓛ 우대조치(제31조)
- 국제규격인증업체(CGMP, ISO9000) 또는 품질 보증 능력이 있다고 인정되는 업체에서 제공된 원료·자재는 제공된 적합성에 대한 기록의 증거를 고려하여 검사의 방법과 시험 항목을 조정할 수 있다.
- 식품의약품안전처장은 제30조에 따라 우수화장품 제조 및 품질관리기준 적합판정을 받은 업소는 정기 수거검정 및 정기감시 대상에서 제외할 수 있다.
- 제30조에 따라 우수화장품 제조 및 품질관리기준 적합판정을 받은 업소는 별표 3에 따른 로고를 해당 제조업소와 그 업소에서 제조한 화장품에 표시하거나 그 사실을 광고할 수 있다.

ⓒ 사후관리(제32조)
- 식품의약품안전처장은 제30조에 따라 우수화장품 제조 및 품질관리기준 적합판정을 받은 업소에 대해 별표 2의 우수화장품 제조 및 품질관리기준 실시상황평가표에 따라 3년에 1회 이상 실태조사를 실시하여야 한다.
- 식품의약품안전처장은 사후관리 결과 부적합 업소에 대하여 일정한 기간을 정하여 시정하도록 지시하거나, 우수화장품 제조 및 품질관리기준 적합업소 판정을 취소할 수 있다.
- 식품의약품안전처장은 제1항에도 불구하고 제조 및 품질관리에 문제가 있다고 판단되는 업소에 대하여 수시로 우수화장품 제조 및 품질관리기준 운영 실태조사를 할 수 있다.

ⓔ 재검토기한(제33조)
식품의약품안전처장은 「훈령·예규 등의 발령 및 관리에 관한 규정」에 따라 이 고시에 대하여 2016년 1월 1일 기준으로 매 3년이 되는 시점(매 3년째의 12월 31까지를 말한다)마다 그 타당성을 검토하여 개선 등의 조치를 하여야 한다.

12-1. 다음 중 화장품 완제품 보관 검체에 대한 설명으로 옳지 않은 것은?
① 일반적으로는 각 배치별로 제품 시험을 1번 실시할 수 있는 양을 보관한다.
② 제품이 가장 안정한 조건에서 보관한다.
③ 각 제조단위를 대표하는 검체를 보관한다.
④ 제품을 사용기한 중에 재검토(재시험 등)할 때에 대비하기 위함이 목적이다.

12-2. 다음 중 검체채취에 대한 설명으로 옳지 않은 것은?
① 검체채취는 미리 정해진 장소에서 품질관리부가 실시한다.
② 검체의 보존기간은 일반적으로 시험이 종료될 때까지 보존한다.
③ 배치를 대표하는 검체를 채취한다.
④ 검체를 채취할 때는 검체의 전체를 균일하게 한 후 실시한다.

12-3. 완제품의 보관용 검체는 적절한 보관조건하에 지정된 구역 내에서 제조단위별로 사용기한 경과 후 몇 년간 보관해야 하는가?
① 3개월   ② 6개월
③ 1년   ④ 3년

|해설|

12-1
우수화장품 제조 및 품질관리기준 해설서(민원인 안내서)
일반적으로는 각 배치별로 제품 시험을 2번 실시할 수 있는 양을 보관한다.

12-2
우수화장품 제조 및 품질관리기준 해설서(민원인 안내서)
일반적으로는 제품시험이 종료되고 그 시험결과가 승인될 때까지 보존한다.

12-3
우수화장품 제조 및 품질관리기준 제21조(검체의 채취 및 보관)
완제품의 보관용 검체는 적절한 보관조건하에 지정된 구역 내에서 제조단위별로 사용기한까지 보관하여야 한다. 다만, 개봉 후 사용기간을 기재하는 경우에는 제조일로부터 3년간 보관하여야 한다.
※ 확정답안 공개 당시 ③이 정답이었으나, 개정된 현행법 기준으로 정답 없음

정답 12-1 ① 12-2 ② 12-3 정답 없음

CHAPTER 04 바이오화학제품 환경·시설관리

핵심이론 01 | 환경·안전관리

① 산업안전보건법에 따른 환경·안전관리 : 바이오화학 소재 제품 생산을 위하여 생산작업장 내에서의 환경·안전관리 표준은 산업안전보건법 규정을 따른다.

법	조 항	주요내용
산업안전보건기준에 관한 규칙	제3조~제30조	작업장 및 통로에 관한 기준
	제86조~제419조	안전기준

㉠ 안전보건관리규정을 작성해야 할 사업의 종류 및 상시근로자 수(산업안전보건법 시행규칙 별표 2)

사업의 종류	상시근로자 수
농 업	300명 이상
어 업	
소프트웨어 개발 및 공급업	
컴퓨터 프로그래밍, 시스템 통합 및 관리업	
영상·오디오물 제공 서비스업	
정보서비스업	
금융 및 보험업	
임대업(부동산 제외)	
전문, 과학 및 기술 서비스업(연구개발업 제외)	
사업지원 서비스업	
사회복지 서비스업	
위의 사업을 제외한 사업	100명 이상

㉡ 화학설비 및 그 부속설비의 종류(산업안전보건기준에 관한 규칙 별표 7)

• 화학설비
 - 반응기, 혼합조 등 화학물질 반응 또는 혼합장치
 - 증류탑, 흡수탑, 추출탑, 감압탑 등 화학물질 분리장치
 - 저장탱크, 계량탱크, 호퍼, 사일로 등 화학물질 저장설비 또는 계량설비
 - 응축기, 냉각기, 가열기, 증발기 등 열교환기류
 - 고로 등 점화기를 직접 사용하는 열교환기류
 - 캘린더(Calender), 혼합기, 발포기, 인쇄기, 압출기 등 화학제품 가공설비
 - 분쇄기, 분체분리기, 용융기 등 분체화학물질 취급장치
 - 결정조, 유동탑, 탈습기, 건조기 등 분체화학물질 분리장치
 - 펌프류, 압축기, 이젝터(Ejector) 등의 화학물질 이송 또는 압축설비

• 화학설비의 부속설비
 - 배관, 밸브, 관, 부속류 등 화학물질 이송 관련 설비
 - 온도, 압력, 유량 등을 지시·기록 등을 하는 자동제어 관련 설비
 - 안전밸브, 안전판, 긴급차단 또는 방출밸브 등 비상조치 관련 설비
 - 가스누출감지 및 경보 관련 설비
 - 세정기, 응축기, 벤트스택, 플레어스택 등 폐가스 처리설비
 - 사이클론, 백필터(Bag Filter), 전기집진기 등 분진 처리설비
 - 위의 여섯 항목의 설비를 운전하기 위하여 부속된 전기 관련 설비
 - 정전기 제거 장치, 긴급 샤워 설비 등 안전 관련 설비

㉢ 환경·안전관리 체크리스트 작성
 • 목적 : 바이오화학 소재 제품 생산을 위해 생산 작업장 내에서 사용되는 설비의 환경·안전 관련 위험성을 조기에 발견하여 재해를 미연에 방지한다.

- 체크리스트 : 모든 항목을 빠짐없이 점검·확인할 수 있도록 점검대상이 될 항목을 사전에 정해 두고 이에 따라 점검·확인하는 것이다.
- 계획적으로 수행하는 환경·안전 관련 점검 및 검사, 보수작업을 기록한 문서를 포함하며 작업장 내 설비별 점검방식에 따라 주기를 다르게 하여 체크리스트를 정한다.
- 설비 점검 체크리스트를 작성하기 위해서 바이오화학소재 생산에 사용되는 작업장 내 전 공정에 대한 P&ID(Pipe & Instrument Diagram) 및 PFD(Process Flow Diagram), PSM(Process Safety Management), 산업안전보건법, 제조설비 등의 지식을 이해하고 활용하여 공정 및 설비의 오류, 결함 상태, 위험상황 등을 목록화한 형태로 작성하며 환경·안전관리의 가장 기본적인 요소가 된다.

② 환경·안전관리를 통한 위험요소 파악 : 바이오화학소재 생산을 위하여 생산작업장 내에서 취급하는 화학물질 관련 환경·안전관리 표준은 다음 표의 규정을 따르며, 이를 통해 작업장 내에서 발생 가능한 다양한 위험요소를 파악할 수 있다.

법	조 항	주요내용
산업안전보건법	제110조	물질안전보건자료의 작성 및 제출
위험물안전관리법 시행규칙	제65조	특정·준특정 옥외탱크저장소의 정기점검
화학물질관리법 시행규칙	제26조	취급시설 등의 자체점검
	제21조제2항 (별표 5)	유해화학물질 취급시설 설치 및 관리기준

㉠ 화학물질 경고표시
- GHS(Globally Harmonized System of Classification & Labeling of Chemicals) : 화학물질 분류 및 표지에 관한 국제조화시스템제도

- HSDB(Hazardous Substances Data Bank) : 위험물질에 관한 데이터베이스로 위험물질의 폭발위험성, 물리적·화학적 특성, 저장·취급요령, 응급조치요령에 관한 내용이 포함되어 있다.

③ 위험 발생 시 응급조치요령 : 바이오화학 소재 생산을 위한 작업장 내에서 화학물질 누출·유출 등에 의한 사고 대응 및 응급조치요령은 다음 표의 관련법을 따른다.

법	조 항	주요 내용
산업안전보건법	제57조	산업재해 발생 은폐 금지 및 보고 등
	제49조	안전보건개선계획의 수립·시행 명령
	제164조	서류의 보존
위험물안전관리법	제27조	응급조치·통보 및 조치 명령
화학물질관리법	제43조	화학사고 발생 신고 등
	제49조	보고 및 검사 등
	제50조	서류의 기록·보존

㉠ 화학물질 누출·유출 시 대응 방법 및 경고 전파 체계
- 바이오화학 소재 생산에 필요한 원·부재료 중 사고 발생 가능성이 있는 화학물질은 안전관리 기준에 의거하여 응급조치 대응방법과 화학물질 누출·유출 시 경고 전파 체계를 파악한다.
- 작업자는 제품 생산을 위한 생산설비의 가동 및 관리 시의 위험요소에 대해 사전에 설비 매뉴얼 등을 통하여 숙지하고 설비 체크리스트를 직접 관리하며 제품 생산에 사용되는 원·부재료 중 위험성이 있는 화학물질에 대한 MSDS(Material Safety Data Sheet, 화학물질을 안전하게 사용하고 관리하기 위하여 필요한 정보를 기재한 기초자료로 제조자명, 제품명, 성분과 성질, 취급상의 주의, 적용법규, 사고 시의 응급처치방법 등이 기입), GHS, HSDB 등 물리적·화학적인 특성을 잘 파악하여 위험성에 대비해야 한다.

- 작업자 또는 설비 운전자는 생산설비의 사고 발생 또는 원·부재료 중 위험물질의 누출·유출 시 해당 작업장에서 수행 중인 작업을 멈추고 비상벨을 울리거나 외침과 동시에 생산현장 안전관리자에게 보고한다(각 기관별 설치된 비상경보기, 전화 등 규정된 위험 전파방법을 숙지하여 활용).
- 생산현장 안전관리자는 생산현장 내 사고대비화학물질관리기준에 의거하여 누출·유출에 대한 응급조치를 작업자에게 지시하며, 작업자는 응급조치를 실시하고 사고에 대한 전파가 지연되어 안전관리자의 지시가 없더라도 규정된 비상 발생 시 행동요령에 따라 응급조치를 취한다.
- 생산현장 안전관리자는 사내 비상연락망을 통해 사고사항에 대해 신속히 보고한다.
- 생산현장 안전관리책임자는 사내 비상연락망을 통해 사고사항에 대하여 신속히 상황을 전파하고 응급조치사항이 진행되었는지 확인한다.
- 생산현장 안전관리책임자는 초기 대응 응급조치 사항이 미진하다고 판단될 시 추가 조치를 지시하고, 상황사진 등 기록을 유지하며 상황이 완료된 후 관련 기록은 사고 사례로서 타 작업자에게 전파하고, 향후 안전교육 시 사례로서 활용하여 위험요소를 사전에 제거할 수 있도록 한다.

ⓒ 안전보건표지의 종류와 형태(산업안전보건법 시행규칙 별표 6)

1. 금지 표지	101 출입금지	102 보행금지	103 차량통행금지	104 사용금지
	105 탑승금지	106 금 연	107 화기금지	108 물체이동금지

2. 경고 표지	201 인화성 물질 경고	202 산화성 물질 경고	203 폭발성 물질 경고	204 급성독성 물질 경고
	205 부식성 물질 경고	206 방사성 물질 경고	207 고압전기 경고	208 매달린 물체 경고
	209 낙하물 경고	210 고온 경고	211 저온 경고	212 몸 균형 상실 경고
	213 레이저광선 경고	214 발암성·변이원성·생식독성·전신독성·호흡기 과민성 물질 경고	215 위험 장소 경고	

	301	302	303	304
3. 지시 표지	보안경 착용	방독마스크 착용	방진마스크 착용	보안면 착용
	305	306	307	308
	안전모 착용	귀마개 착용	안전화 착용	안전장갑 착용
	309			
	안전복 착용			
	401	402	403	404
4. 안내 표지	녹십자표지	응급구호표지	들 것	세안장치
	405	406	407	408
	비상용기구	비상구	좌측비상구	우측비상구

	501	502	503
5. 관계자 외 출입 금지	허가 대상물질 작업장	석면취급/해체 작업장	금지 대상물질의 취급 실험실 등
	관계자 외 출입금지 (허가물질 명칭) 제조/사용/보관 중 보호구/보호복 착용 흡연 및 음식물 섭취금지	**관계자 외 출입금지** 석면 취급/해체 중 보호구/보호복 착용 흡연 및 음식물 섭취금지	**관계자 외 출입금지** 발암물질 취급 중 보호구/보호복 착용 흡연 및 음식물 섭취금지

ⓒ 구급조치
- 질식자는 안전지역으로 옮겨 복장을 느슨하게 하고 인공호흡을 실시한다.
- 호흡은 하지만 의식이 없는 경우 안전지역으로 이동하여 안정을 취하게 한다.
- 출혈이 심한 상해자는 상처 윗부분을 깨끗한 천 등으로 압박하거나 지혈대로 지혈한 후 신속히 후속 조치를 한다.
- 충격 상해자의 경우 외상이 없어도 신체조건이 악화될 수 있으므로 눕히고 체온을 오르게 한다.
- 화상 시 물집을 뜯지 않도록 하고 상처 부위를 청결하게 유지한다.
- 골절 시 상처를 움직이거나 자극하지 말고 혈액 순환에 지장이 없도록 지지대를 이용한다.
- 감전 시 즉시 전력원에서 분리한 후 인공호흡을 실시한다.
- 용접 등에 의한 각막 출혈 시 눈을 비비지 않게 하고 젖은 수건을 덮거나 눈을 감고 있게 한다.
- 화학물질에 의한 피부 접촉 시 흐르는 물로 세척한다.

1-1. 바이오화학 소재 생산을 위한 작업장 내에서 화학물질 누출·유출 등에 의한 사고 시 대응 및 응급조치 관련법으로 가장 거리가 먼 것은?

① 화학물질관리법
② 소방기본법
③ 산업안전보건법
④ 위험물안전관리법

1-2. 화학물질 누출·유출 시 구급조치로 적당하지 않은 것은?

① 피부에 화학물질이 접촉되면 흐르는 물로 세척한다.
② 화상은 물집을 뜯지 않도록 하고 상처 부위를 청결하게 유지한다.
③ 호흡은 하지만 의식이 없는 경우 심폐소생술을 실시한다.
④ 감전 시 즉시 전력원에서 분리 후 인공호흡을 실시한다.

1-3. 안전보건표지가 잘못 연결된 것은?

① 출입금지 –

② 인화성 물질경고 –

③ 응급구호표지 –

④ 방독마스크 착용 –

|해설|

1-1
화학물질 누출·유출 등에 의한 사고 대응 및 응급조치 관련법으로 화학물질관리법, 산업안전보건법, 위험물안전관리법 등이 있다.

1-2
호흡은 하지만 의식이 없는 경우 안전지역으로 이동하여 안정을 취하게 한다.

1-3
산업안전보건법 시행규칙 [별표 6] 안전보건표지의 종류와 형태
④는 방진마스크 착용을 지시하는 표지이다.

정답 1-1 ② 1-2 ③ 1-3 ④

핵심이론 02 | 법정 안전기준과 안전교육

① 산업안전보건 관련 화학물질 취급의 안전교육은 산업안전보건법에 의거한다.

법	조 항	주요 내용
산업안전 보건법	제29조	근로자에 대한 안전보건교육
	제32조	안전보건관리책임자 등에 대한 직무교육

② 산업안전보건 관련 교육 법령

산업안전보건법 제29조(근로자에 대한 안전보건교육)
① 사업주는 소속 근로자에게 고용노동부령으로 정하는 바에 따라 정기적으로 안전보건교육을 하여야 한다.
② 사업주는 근로자를 채용할 때와 작업내용을 변경할 때에는 그 근로자에게 고용노동부령으로 정하는 바에 따라 해당 작업에 필요한 안전보건교육을 하여야 한다. 다만, 제31조제1항에 따른 안전보건교육을 이수한 건설 일용근로자를 채용하는 경우에는 그러하지 아니하다.
③ 사업주는 근로자를 유해하거나 위험한 작업에 채용하거나 그 작업으로 작업내용을 변경할 때에는 제2항에 따른 안전보건교육 외에 고용노동부령으로 정하는 바에 따라 유해하거나 위험한 작업에 필요한 안전보건교육을 추가로 하여야 한다.
④ 사업주는 ①부터 ③까지의 규정에 따른 안전보건교육을 제33조에 따라 고용노동부장관에게 등록한 안전보건교육기관에 위탁할 수 있다.

산업안전보건법 제30조(근로자에 대한 안전보건교육의 면제 등)
① 사업주는 제29조제1항에도 불구하고 다음의 어느 하나에 해당하는 경우에는 같은 항에 따른 안전보건교육의 전부 또는 일부를 하지 아니할 수 있다.
  1. 사업장의 산업재해 발생 정도가 고용노동부령으로 정하는 기준에 해당하는 경우
  2. 근로자가 제11조제3호에 따른 시설에서 건강관리에 관한 교육 등 고용노동부령으로 정하는 교육을 이수한 경우
  3. 관리감독자가 산업안전 및 보건업무의 전문성 제고를 위한 교육 등 고용노동부령으로 정하는 교육을 이수한 경우

② 사업주는 제29조제2항 또는 제3항에도 불구하고 해당 근로자가 채용 또는 변경된 작업에 경험이 있는 등 고용노동부령으로 정하는 경우에는 같은 조 제2항 또는 제3항에 따른 안전보건교육의 전부 또는 일부를 하지 아니할 수 있다.

산업안전보건법 제31조(건설업 기초안전보건교육)
① 건설업의 사업주는 건설 일용근로자를 채용할 때에는 그 근로자로 하여금 제33조에 따른 안전보건교육기관이 실시하는 안전보건교육을 이수하도록 하여야 한다. 다만, 건설 일용 근로자가 그 사업주에게 채용되기 전에 안전보건교육을 이수한 경우에는 그러하지 아니하다.
② ①의 본문에 따른 안전보건교육의 시간·내용 및 방법, 그 밖에 필요한 사항은 고용노동부령으로 정한다.

㉠ 안전보건교육 교육과정별 교육시간
- 근로자 안전보건교육(산업안전보건법 시행규칙 별표 4)

교육과정	교육대상		교육시간
가. 정기교육	1) 사무직 종사 근로자		매반기 6시간 이상
	2) 그 밖의 근로자	가) 판매업무에 직접 종사하는 근로자	매반기 6시간 이상
		나) 판매업무에 직접 종사하는 근로자 외의 근로자	매반기 12시간 이상
나. 채용 시 교육	1) 일용근로자 및 근로계약기간이 1주일 이하인 기간제근로자		1시간 이상
	2) 근로계약기간이 1주일 초과 1개월 이하인 기간제근로자		4시간 이상
	3) 그 밖의 근로자		8시간 이상
다. 작업내용 변경 시 교육	1) 일용근로자 및 근로계약기간이 1주일 이하인 기간제근로자		1시간 이상
	2) 그 밖의 근로자		2시간 이상
라. 특별교육	1) 일용근로자 및 근로계약기간이 1주일 이하인 기간제근로자 : 별표 5 제1호 라목(제39호는 제외한다)에 해당하는 작업에 종사하는 근로자에 한정한다.		2시간 이상
	2) 일용근로자 및 근로계약기간이 1주일 이하인 기간제근로자 : 별표 5 제1호 라목 제39호에 해당하는 작업에 종사하는 근로자에 한정한다.		8시간 이상
	3) 일용근로자 및 근로계약기간이 1주일 이하인 기간제근로자를 제외한 근로자 : 별표 5 제1호 라목에 해당하는 작업에 종사하는 근로자에 한정한다.		가) 16시간 이상(최초 작업에 종사하기 전 4시간 이상 실시하고 12시간은 3개월 이내에서 분할하여 실시 가능) 나) 단기간 작업 또는 간헐적 작업인 경우에는 2시간 이상
마. 건설업 기초안전·보건교육	건설 일용근로자		4시간 이상

비고
1. 위 표의 적용을 받는 "일용근로자"란 근로계약을 1일 단위로 체결하고 그 날의 근로가 끝나면 근로관계가 종료되어 계속 고용이 보장되지 않는 근로자를 말한다.
2. 일용근로자가 위 표의 나목 또는 라목에 따른 교육을 받은 날 이후 1주일 동안 같은 사업장에서 같은 업무의 일용근로자로 다시 종사하는 경우에는 이미 받은 위 표의 나목 또는 라목에 따른 교육을 면제한다.
3. 다음 각 목의 어느 하나에 해당하는 경우는 위 표의 가목부터 라목까지의 규정에도 불구하고 해당 교육과정별 교육시간의 2분의 1 이상을 그 교육시간으로 한다.
   가. 영 별표 1 제1호에 따른 사업
   나. 상시근로자 50명 미만의 도매업, 숙박 및 음식점업
4. 근로자가 다음 각 목의 어느 하나에 해당하는 안전교육을 받은 경우에는 그 시간만큼 위 표의 가목에 따른 해당 반기의 정기교육을 받은 것으로 본다.
   가. 「원자력안전법 시행령」 제148조제1항에 따른 방사선작업종사자 정기교육
   나. 「항만안전특별법 시행령」 제5조제1항제2호에 따른 정기안전교육
   다. 「화학물질관리법 시행규칙」 제37조제4항에 따른 유해화학물질 안전교육
5. 근로자가 「항만안전특별법 시행령」 제5조제1항제1호에 따른 신규안전교육을 받은 때에는 그 시간만큼 위 표의 나목에 따른 채용 시 교육을 받은 것으로 본다.
6. 방사선 업무에 관계되는 작업에 종사하는 근로자가 「원자력안전법 시행규칙」 제138조제1항제2호에 따른 방사선작업종사자 신규교육 중 직장교육을 받은 때에는 그 시간만큼 위 표의 라목에 따른 특별교육 중 별표 5 제1호 라목의 33.란에 따른 특별교육을 받은 것으로 본다.

③ 관리책임자에 대한 교육 관련 법령

산업안전보건법 제32조(안전보건관리책임자 등에 대한 직무교육)

① 사업주(제5호의 경우는 같은 호 각 목에 따른 기관의 장을 말한다)는 다음 각 호에 해당하는 사람에게 제33조에 따른 안전보건교육기관에서 직무와 관련한 안전보건교육을 이수하도록 하여야 한다. 다만, 다음 각 호에 해당하는 사람이 다른 법령에 따라 안전 및 보건에 관한 교육을 받는 등 고용노동부령으로 정하는 경우에는 안전보건교육의 전부 또는 일부를 하지 아니할 수 있다.

1. 안전보건관리책임자
2. 안전관리자
3. 보건관리자
4. 안전보건관리담당자
5. 다음 각 목의 기관에서 안전과 보건에 관련된 업무에 종사하는 사람
   가. 안전관리전문기관
   나. 보건관리전문기관
   다. 제74조에 따라 지정받은 건설재해예방전문지도기관
   라. 제96조에 따라 지정받은 안전검사기관
   마. 제100조에 따라 지정받은 자율안전검사기관
   바. 제120조에 따라 지정받은 석면조사기관

② 제1항 각 호 외의 부분 본문에 따른 안전보건교육의 시간·내용 및 방법, 그 밖에 필요한 사항은 고용노동부령으로 정한다.

㉠ 안전보건관리책임자 등에 대한 교육(산업안전보건법 시행규칙 별표 4)

교육대상	교육시간	
	신규교육	보수교육
안전보건관리책임자	6시간 이상	6시간 이상
안전관리자, 안전관리전문기관의 종사자	34시간 이상	24시간 이상
보건관리자, 보건관리전문기관의 종사자	34시간 이상	24시간 이상
건설재해예방전문지도기관의 종사자	34시간 이상	24시간 이상
석면조사기관의 종사자	34시간 이상	24시간 이상
안전보건관리담당자	–	8시간 이상
안전검사기관, 자율안전검사기관의 종사자	34시간 이상	24시간 이상

④ 검사원 성능검사 교육 관련 법령

산업안전보건법 시행규칙 제131조(성능검사 교육 등)

① 고용노동부장관은 법 제98조에 따라 사업장에서 안전검사대상기계 등의 안전에 관한 성능검사 업무를 담당하는 사람의 인력 수급(需給) 등을 고려하여 필요하다고 인정하면 공단이나 해당 분야 전문기관으로 하여금 성능검사 교육을 실시하게 할 수 있다.

② 법 제98조제1항제2호에 따른 성능검사 교육의 교육시간은 별표 4와 같고, 교육내용은 별표 5와 같다.

③ ①에 따른 교육의 실시를 위한 교육방법, 교육실시기관의 인력·시설·장비 기준 등에 관하여 필요한 사항은 고용노동부장관이 정한다.

㉠ 검사원 성능검사 교육(산업안전보건법 시행규칙 별표 4)

교육과정	교육대상	교육시간
성능검사 교육	–	28시간 이상

⑤ 안전보건교육 교육대상별 교육내용(산업안전보건법 시행규칙 별표 5)

㉠ 근로자 안전보건교육

• 정기교육
  – 산업안전 및 사고 예방에 관한 사항
  – 산업보건 및 직업병 예방에 관한 사항
  – 위험성 평가에 관한 사항

- 건강증진 및 질병 예방에 관한 사항
- 유해·위험 작업환경 관리에 관한 사항
- 산업안전보건법령 및 산업재해보상보험 제도에 관한 사항
- 직무스트레스 예방 및 관리에 관한 사항
- 직장 내 괴롭힘, 고객의 폭언 등으로 인한 건강장해 예방 및 관리에 관한 사항
- 채용 시 교육 및 작업내용 변경 시 교육
  - 산업안전 및 사고 예방에 관한 사항
  - 산업보건 및 직업병 예방에 관한 사항
  - 위험성 평가에 관한 사항
  - 산업안전보건법령 및 산업재해보상보험 제도에 관한 사항
  - 직무스트레스 예방 및 관리에 관한 사항
  - 직장 내 괴롭힘, 고객의 폭언 등으로 인한 건강장해 예방 및 관리에 관한 사항
  - 기계·기구의 위험성과 작업의 순서 및 동선에 관한 사항
  - 작업 개시 전 점검에 관한 사항
  - 정리정돈 및 청소에 관한 사항
  - 사고 발생 시 긴급조치에 관한 사항
  - 물질안전보건자료에 관한 사항

• 특별교육 대상 작업별 교육내용

작업명	교육내용
〈공통내용〉 제1호부터 제39호까지의 작업	채용 시 교육 및 작업내용 변경 시 교육내용과 같은 내용
〈개별내용〉 1. 고압실 내 작업(잠함공법이나 그 밖의 압기공법으로 대기압을 넘는 기압인 작업실 또는 수갱 내부에서 하는 작업만 해당한다)	• 고기압 장해의 인체에 미치는 영향에 관한 사항 • 작업의 시간·작업방법 및 절차에 관한 사항 • 압기공법에 관한 기초지식 및 보호구 착용에 관한 사항 • 이상 발생 시 응급조치에 관한 사항 • 그 밖에 안전·보건관리에 필요한 사항
4. 폭발성·물반응성·자기반응성·자기발열성 물질, 자연발화성 액체·고체 및 인화성 액체의 제조 또는 취급작업(시험연구를 위한 취급작업은 제외한다)	• 폭발성·물반응성·자기반응성·자기발열성 물질, 자연발화성 액체·고체 및 인화성 액체의 성질이나 상태에 관한 사항 • 폭발 한계점, 발화점 및 인화점 등에 관한 사항 • 취급방법 및 안전수칙에 관한 사항 • 이상 발견 시의 응급처치 및 대피요령에 관한 사항 • 화기·정전기·충격 및 자연발화 등의 위험방지에 관한 사항 • 작업 순서, 취급 주의사항 및 방호거리 등에 관한 사항 • 그 밖에 안전·보건관리에 필요한 사항
6. 화학설비 중 반응기, 교반기·추출기의 사용 및 세척작업	• 각 계측장치의 취급 및 주의에 관한 사항 • 투시창·수위 및 유량계 등의 점검 및 밸브의 조작 주의에 관한 사항 • 세척액의 유해성 및 인체에 미치는 영향에 관한 사항 • 작업절차에 관한 사항 • 그 밖에 안전·보건관리에 필요한 사항
7. 화학설비의 탱크 내 작업	• 차단장치·정지장치 및 밸브 개폐장치의 점검에 관한 사항 • 탱크 내의 산소농도 측정 및 작업환경에 관한 사항 • 안전보호구 및 이상 발생 시 응급조치에 관한 사항 • 작업절차·방법 및 유해·위험에 관한 사항 • 그 밖에 안전·보건관리에 필요한 사항
8. 분말·원재료 등을 담은 호퍼(하부가 깔때기 모양으로 된 저장통)·저장창고 등 저장탱크의 내부 작업	• 분말·원재료의 인체에 미치는 영향에 관한 사항 • 저장탱크 내부 작업 및 복장보호구 착용에 관한 사항 • 작업의 지정·방법·순서 및 작업환경 점검에 관한 사항 • 팬·풍기(風旗) 조작 및 취급에 관한 사항 • 분진폭발에 관한 사항 • 그 밖에 안전·보건관리에 필요한 사항

작업명	교육내용
9. 다음에 정하는 설비에 의한 물건의 가열·건조작업 가. 건조설비 중 위험물 등에 관계되는 설비로서 부피가 1m³ 이상인 것 나. 건조설비 중 가목의 위험물 등 외의 물질에 관계되는 설비로서, 연료를 열원으로 사용하는 것(그 최대 연소소비량이 매 시간당 10kg 이상인 것만 해당한다) 또는 전력을 열원으로 사용하는 것(정격 소비전력이 10kW 이상인 경우만 해당한다)	• 건조설비 내외면 및 기기기능의 점검에 관한 사항 • 복장보호구 착용에 관한 사항 • 건조 시 유해가스 및 고열 등이 인체에 미치는 영향에 관한 사항 • 건조설비에 의한 화재·폭발 예방에 관한 사항
13. 운반용 등 하역기계를 5대 이상 보유한 사업장에서의 해당 기계로 하는 작업	• 운반 하역기계 및 부속설비의 점검에 관한 사항 • 작업 순서와 방법에 관한 사항 • 안전운전 방법에 관한 사항 • 화물의 취급 및 작업신호에 관한 사항 • 그 밖에 안전·보건관리에 필요한 사항
23. 높이가 2m 이상인 물건을 쌓거나 무너뜨리는 작업(하역기계로만 하는 작업은 제외한다)	• 원·부재료의 취급 방법 및 요령에 관한 사항 • 물건의 위험성·낙하 및 붕괴 재해 예방에 관한 사항 • 적재방법 및 전도 방지에 관한 사항 • 보호구 착용에 관한 사항 • 그 밖에 안전·보건관리에 필요한 사항
24. 선박에 짐을 쌓거나 부리거나 이동시키는 작업	• 하역 기계·기구의 운전방법에 관한 사항 • 운반·이송경로의 안전작업방법 및 기준에 관한 사항 • 중량물 취급요령과 신호요령에 관한 사항 • 작업안전 점검과 보호구 취급에 관한 사항 • 그 밖에 안전·보건관리에 필요한 사항
32. 게이지 압력을 cm²당 1kg 이상으로 사용하는 압력용기의 설치 및 취급작업	• 안전시설 및 안전기준에 관한 사항 • 압력용기의 위험성에 관한 사항 • 용기 취급 및 설치기준에 관한 사항 • 작업 안전점검방법 및 요령에 관한 사항 • 그 밖에 안전·보건관리에 필요한 사항

작업명	교육내용
34. 밀폐 공간에서의 작업	• 산소농도 측정 및 작업환경에 관한 사항 • 사고 시의 응급처치 및 비상시 구출에 관한 사항 • 보호구 착용 및 보호장비 사용에 관한 사항 • 작업내용·안전작업방법 및 절차에 관한 사항 • 장비·설비 및 시설 등의 안전점검에 관한 사항 • 그 밖에 안전·보건관리에 필요한 사항
35. 허가 또는 관리대상 유해물질의 제조 또는 취급작업	• 취급물질의 성질 및 상태에 관한 사항 • 유해물질이 인체에 미치는 영향 • 국소배기장치 및 안전설비에 관한 사항 • 안전작업방법 및 보호구 사용에 관한 사항 • 그 밖에 안전·보건관리에 필요한 사항

ⓛ 안전보건관리책임자 등에 대한 교육내용

교육대상	교육내용	
	신규과정	보수과정
가. 안전보건관리책임자	• 관리책임자의 책임과 직무에 관한 사항 • 산업안전보건법령 및 안전·보건조치에 관한 사항	• 산업안전·보건정책에 관한 사항 • 자율안전·보건관리에 관한 사항
나. 안전관리자 및 안전관리전문기관 종사자	• 산업안전보건법령에 관한 사항 • 산업안전보건개론에 관한 사항 • 인간공학 및 산업심리에 관한 사항 • 안전보건교육방법에 관한 사항 • 재해 발생 시 응급처치에 관한 사항 • 안전점검·평가 및 재해분석기법에 관한 사항 • 안전기준 및 개인보호구 등 분야별 재해 예방 실무에 관한 사항 • 산업안전보건관리비 계상 및 사용기준에 관한 사항 • 작업환경 개선 등 산업위생 분야에 관한 사항 • 무재해운동추진기법 및 실무에 관한 사항 • 위험성 평가에 관한 사항 • 그 밖에 안전관리자의 직무 향상을 위하여 필요한 사항	• 산업안전보건법령 및 정책에 관한 사항 • 안전관리계획 및 안전보건개선계획의 수립·평가·실무에 관한 사항 • 안전보건교육 및 무재해운동 추진실무에 관한 사항 • 산업안전보건관리비 사용기준 및 사용방법에 관한 사항 • 분야별 재해 사례 및 개선 사례에 관한 연구와 실무에 관한 사항 • 사업장 안전 개선기법에 관한 사항 • 위험성 평가에 관한 사항 • 그 밖에 안전관리자 직무 향상을 위하여 필요한 사항

교육대상	교육내용	
	신규과정	보수과정
다. 보건관리자 및 보건관리 전문기관 종사자	• 산업안전보건법령 및 작업환경 측정에 관한 사항 • 산업안전보건개론에 관한 사항 • 안전보건교육방법에 관한 사항 • 산업보건관리계획 수립·평가 및 산업역학에 관한 사항 • 작업환경 및 직업병 예방에 관한 사항 • 작업환경 개선에 관한 사항(소음·분진·관리대상 유해물질 및 유해광선 등) • 산업역학 및 통계에 관한 사항 • 산업환기에 관한 사항 • 안전보건관리의 체제·규정 및 보건관리자 역할에 관한 사항 • 보건관리계획 및 운용에 관한 사항 • 근로자 건강관리 및 응급처치에 관한 사항 • 위험성 평가에 관한 사항 • 감염병 예방에 관한 사항 • 자살 예방에 관한 사항 • 그 밖에 보건관리자의 직무 향상을 위하여 필요한 사항	• 산업안전보건법령, 정책 및 작업환경 관리에 관한 사항 • 산업보건관리계획 수립·평가 및 안전보건교육 추진 요령에 관한 사항 • 근로자 건강 증진 및 구급환자 관리에 관한 사항 • 산업위생 및 산업환기에 관한 사항 • 직업병 사례 연구에 관한 사항 • 유해물질별 작업환경 관리에 관한 사항 • 위험성 평가에 관한 사항 • 감염병 예방에 관한 사항 • 자살 예방에 관한 사항 • 그 밖에 보건관리자 직무 향상을 위하여 필요한 사항
라. 건설재해예방 전문지도기관 종사자	• 산업안전보건법령 및 정책에 관한 사항 • 분야별 재해 사례 연구에 관한 사항 • 새로운 공법 소개에 관한 사항 • 사업장 안전관리기법에 관한 사항 • 위험성 평가의 실시에 관한 사항 • 그 밖에 직무 향상을 위하여 필요한 사항	• 산업안전보건법령 및 정책에 관한 사항 • 분야별 재해 사례 연구에 관한 사항 • 새로운 공법 소개에 관한 사항 • 사업장 안전관리기법에 관한 사항 • 위험성 평가의 실시에 관한 사항 • 그 밖에 직무 향상을 위하여 필요한 사항

교육대상	교육내용	
	신규과정	보수과정
바. 안전보건관리담당자	–	• 위험성 평가에 관한 사항 • 안전·보건교육방법에 관한 사항 • 사업장 순회점검 및 지도에 관한 사항 • 기계·기구의 적격품 선정에 관한 사항 • 산업재해 통계의 유지·관리 및 조사에 관한 사항 • 그 밖에 안전보건관리담당자 직무 향상을 위하여 필요한 사항

ⓒ 검사원 성능검사 교육내용

설비명	교육과정	교육내용
원심기	성능검사 교육	• 관계 법령 • 원심기 개론 • 원심기 종류 및 구조 • 검사기준 • 방호장치 • 검사장비 용도 및 사용방법 • 검사실습 및 체크리스트 작성요령
롤러기	성능검사 교육	• 관계 법령 • 롤러기 개론 • 롤러기 구조 및 특성 • 검사기준 • 방호장치 • 검사장비의 용도 및 사용방법 • 검사실습 및 체크리스트 작성요령
사출성형기	성능검사 교육	• 관계 법령 • 사출성형기 개론 • 사출성형기 구조 및 특성 • 검사기준 • 방호장치 • 검사장비 용도 및 사용방법 • 검사실습 및 체크리스트 작성 요령

2-1. 화학물질 취급의 안전교육은 어떤 법령에 의거하여 실시되는가?

① 화학물질관리법
② 소방기본법
③ 산업안전보건법
④ 위험물안전관리법

2-2. 안전보건관리책임자와 안전보건관리담당자의 보수교육 시간이 순서대로 바르게 연결된 것은?

① 6시간 이상 – 6시간 이상
② 6시간 이상 – 8시간 이상
③ 8시간 이상 – 6시간 이상
④ 8시간 이상 – 8시간 이상

|해설|

2-1
화학물질 취급의 안전교육은 산업안전보건법에 의거하여 근로자에 대한 안전보건교육, 안전보건관리책임자 등에 대한 직무교육이 실시된다.

2-2
산업안전보건법 시행규칙 [별표 4] 안전보건교육 교육과정별 교육시간
보수교육 시간은 안전보건관리책임자 6시간 이상, 안전보건관리담당자 8시간 이상이다.

정답 2-1 ③ 2-2 ②

핵심이론 03 | 위험물 취급

① 위험물 안전 관련 안전교육은 위험물안전관리법에 의거한다.

> **위험물안전관리법 제28조(안전교육)**
> ① 안전관리자·탱크시험자·위험물운반자·위험물운송자 등 위험물의 안전관리와 관련된 업무를 수행하는 자로서 대통령령이 정하는 자는 해당 업무에 관한 능력의 습득 또는 향상을 위하여 소방청장이 실시하는 교육을 받아야 한다.
> ② 제조소 등의 관계인은 ①의 규정에 따른 교육대상자에 대하여 필요한 안전교육을 받게 하여야 한다.
> ③ ①의 규정에 따른 교육의 과정 및 기간과 그 밖에 교육의 실시에 관하여 필요한 사항은 행정안전부령으로 정한다.
> ④ 시·도지사, 소방본부장 또는 소방서장은 ①의 규정에 따른 교육대상자가 교육을 받지 아니한 때에는 그 교육대상자가 교육을 받을 때까지 이 법의 규정에 따라 그 자격으로 행하는 행위를 제한할 수 있다.

② 안전교육의 과정·기간과 그 밖의 교육의 실시에 관한 사항 등(위험물안전관리법 시행규칙 별표 24)

㉠ 교육과정·교육대상자·교육시간·교육시기 및 교육기관

교육과정	교육대상자	교육시간	교육시기	교육기관
강습교육	안전관리자가 되려는 사람	24시간	최초 선임되기 전	안전원
	위험물운반자가 되려는 사람	8시간	최초 종사하기 전	안전원
	위험물운송자가 되려는 사람	16시간	최초 종사하기 전	안전원
실무교육	안전관리자	8시간 이내	가. 제조소 등의 안전관리자로 선임된 날부터 6개월 이내 나. 가목에 따른 교육을 받은 후 2년마다 1회	안전원
	위험물운반자	4시간	가. 위험물운반자로 종사한 날부터 6개월 이내 나. 가목에 따른 교육을 받은 후 3년마다 1회	안전원

교육 과정	교육대상자	교육시간	교육시기	교육 기관
실무 교육	위험물운송자	8시간 이내	가. 이동탱크저장소의 위험물운송자로 종사한 날부터 6개월 이내 나. 가목에 따른 교육을 받은 후 3년마다 1회	안전원
	탱크시험자의 기술인력	8시간 이내	가. 탱크시험자의 기술인력으로 등록한 날부터 6개월 이내 나. 가목에 따른 교육을 받은 후 2년마다 1회	기술원

비 고
1. 안전관리자, 위험물운반자 및 위험물운송자 강습교육의 공통과목에 대하여 어느 하나의 강습교육과정에서 교육을 받은 경우에는 나머지 강습교육과정에서도 교육을 받은 것으로 본다.
2. 안전관리자, 위험물운반자 및 위험물운송자 실무교육의 공통과목에 대하여 어느 하나의 실무교육과정에서 교육을 받은 경우에는 나머지 실무교육과정에서도 교육을 받은 것으로 본다.
3. 안전관리자 및 위험물운송자의 실무교육시간 중 일부(4시간 이내)를 사이버교육의 방법으로 실시할 수 있다. 다만, 교육대상자가 사이버교육의 방법으로 수강하는 것에 동의하는 경우에 한정한다.

ⓛ 교육계획의 공고 등
- 안전원의 원장은 강습교육을 하고자 하는 때에는 매년 1월 5일까지 일시, 장소, 그 밖에 강습의 실시에 관한 사항을 공고해야 한다.
- 기술원 또는 안전원은 실무교육을 하고자 하는 때에는 교육실시 10일 전까지 교육대상자에게 그 내용을 통보해야 한다.

ⓒ 교육신청
- 강습교육을 받고자 하는 자는 안전원이 지정하는 교육일정 전에 교육수강을 신청해야 한다.
- 실무교육대상자는 교육일정 전까지 교육수강을 신청해야 한다.

ⓡ 교육일시 통보 : 기술원 또는 안전원은 ⓒ에 따라 교육신청이 있는 때에는 교육실시 전까지 교육대상자에게 교육장소와 교육일시를 통보하여야 한다.

ⓜ 기타 : 기술원 또는 안전원은 교육대상자별 교육의 과목·시간·실습 및 평가, 강사의 자격, 교육의 신청, 교육수료증의 교부·재교부, 교육수료증의 기재사항, 교육수료자 명부의 작성·보관 등 교육의 실시에 관하여 필요한 세부사항을 정하여 소방청장의 승인을 받아야 한다. 이 경우 안전관리자, 위험물운반자 및 위험물운송자 강습교육의 과목에는 각 강습교육별로 다음 표에 정한 사항을 포함하여야 한다.

교육과정	교육내용	
안전관리자 강습교육	제4류 위험물의 품명별 일반성질, 화재 예방 및 소화의 방법	• 연소 및 소화에 관한 기초이론 • 모든 위험물의 유별 공통 성질과 화재 예방 및 소화의 방법 • 위험물안전관리법령 및 위험물의 안전관리에 관계된 법령
위험물운반자 강습교육	위험물운반에 관한 안전기준	
위험물운송자 강습교육	• 이동탱크저장소의 구조 및 설비작동법 • 위험물 운송에 관한 안전기준	

3-1. 위험물 취급 안전관리자가 교육을 받지 않았을 때 그 교육 대상자가 교육을 받을 때까지 법의 규정에 따라 그 자격으로 행하는 행위를 제한할 수 있는 권한이 없는 사람은?

① 시·도지사
② 소방본부장
③ 소방서장
④ 구청장

3-2. 안전관리자의 실무교육시간과 교육시기가 순서대로 바르게 연결된 것은?

① 8시간 이내, 안전관리자로 선임된 날부터 6개월 이내에 교육을 받은 후 2년마다 1회
② 16시간 이내, 안전관리자로 선임된 날부터 6개월 이내에 교육을 받은 후 2년마다 1회
③ 24시간 이내, 안전관리자로 선임된 날부터 6개월 이내에 교육을 받은 후 3년마다 1회
④ 8시간 이내, 안전관리자로 선임된 날부터 6개월 이내에 교육을 받은 후 3년마다 1회

|해설|

3-1
위험물관리법 제28조(안전교육)
시·도지사, 소방본부장 또는 소방서장은 규정에 따른 교육대상자가 교육을 받지 아니한 때에는 그 교육대상자가 교육을 받을 때까지 이 법의 규정에 따라 그 자격으로 행하는 행위를 제한할 수 있다.

3-2
위험물안전관리법 시행규칙 [별표 24] 안전교육의 과정·기간과 그 밖의 교육의 실시에 관한 사항 등
• 안전관리자의 실무교육 교육시간 : 8시간 이내
• 안전관리자의 실무교육 교육시기
 - 제조소 등의 안전관리자로 선임된 날부터 6개월 이내
 - 위에 따른 교육을 받은 후 2년마다 1회

정답 3-1 ④ **3-2** ①

핵심이론 04 | 유해화학물질 관리

① 유해화학물질 관련 안전교육은 화학물질관리법에 의거한다.

> **화학물질관리법 제33조(유해화학물질 안전교육)**
> ① 제28조제2항에 따른 유해화학물질 취급시설의 기술인력, 제32조에 따른 유해화학물질관리자, 그 밖에 대통령령으로 정하는 유해화학물질 취급담당자는 환경부령으로 정하는 교육기관이 실시하는 유해화학물질 안전교육(이하 '유해화학물질 안전교육'이라 한다)을 받아야 한다.
> ② 유해화학물질 영업자는 유해화학물질 안전교육을 받아야 할 사람을 고용한 때에는 그 해당자에게 유해화학물질 안전교육을 받게 하여야 한다. 이 경우 유해화학물질 영업자는 교육에 드는 경비를 부담하여야 한다.
> ③ 유해화학물질 영업자는 해당 사업장의 모든 종사자에 대하여 환경부령으로 정하는 바에 따라 정기적으로 유해화학물질 안전교육을 실시하여야 한다.
> ④ 유해화학물질 안전교육의 내용 및 방법 등에 관하여 필요한 사항은 환경부령으로 정한다.

② 화학물질관리법에 의거한 교육대상과 교육시간 및 대상자별 교육내용

  ㉠ 유해화학물질 안전교육 대상자별 교육시간(화학물질관리법 시행규칙 별표 6의2)

교육대상		교육시간
1. 법 제28조제2항에 따른 유해화학물질 취급시설의 기술인력		매 2년마다 16시간
2. 법 제32조에 따른 유해화학물질관리자	가. 취급시설이 없는 판매업의 유해화학물질관리자	매 2년마다 8시간
	나. 가목에 해당하지 않는 유해화학물질관리자	매 2년마다 16시간
3. 유해화학물질 취급담당자	가. 유해화학물질 영업자가 고용한 사람으로서 유해화학물질을 직접 취급하는 사람	매 2년마다 16시간 (유해화학물질을 운반하는 자는 매 2년마다 8시간)
	나. 법 제31조제1항에 따른 수급인과 수급인이 고용한 사람으로서 유해화학물질을 직접 취급하는 사람	매 2년마다 16시간 (유해화학물질을 운반하는 자는 매 2년마다 8시간)
	다. 화학사고예방관리계획서 작성 담당자	매 2년마다 16시간

교육대상		교육시간
3. 유해화학물질 취급 담당자	라. 그 밖에 환경부장관이 화학사고 예방 등을 위하여 필요하다고 인정하여 고시한 사람	매 2년마다 16시간

비 고

1. 제1호 또는 제2호에 해당하는 자는 해당 각 호의 구분에 따른 기술인력이 되거나 유해화학물질관리자로 선임된 날부터 2년 이내에 안전교육을 받아야 한다. 다만, 해당 각 호의 구분에 따른 기술인력이 되거나 유해화학물질관리자로 선임될 수 있는 자격을 갖추게 된 날부터 2년이 지난 후에 그 기술인력이 되거나 유해화학물질관리자로 선임된 경우에는 1년 이내에 안전교육을 받아야 한다.

2. 제3호의 유해화학물질 취급 담당자(유해화학물질을 운반하는 자는 제외한다)는 다음 각 호의 구분에 따라 안전교육을 받아야 한다.

   가. 6개월 이상 유해화학물질 취급 업무를 담당하는 자 : 총 교육시간 중 8시간 이상은 해당 업무를 수행하기 전에 받아야 하고, 나머지 교육시간은 해당 업무를 수행하기 전에 받거나 해당 업무를 수행한 날부터 3개월 이내에 받아야 한다. 이 경우 나머지 교육시간에 한정하여 화학물질안전원에서 실시하는 인터넷을 이용한 교육(이하 '인터넷 교육')으로 대체할 수 있다.

   나. 6개월 미만 유해화학물질 취급 업무를 담당하는 자 : 해당 업무를 수행하기 전에 안전교육을 받아야 하고, 총 교육시간 중 8시간은 인터넷 교육으로 대체할 수 있다.

2의2. 제3호의 유해화학물질 취급 담당자 중 유해화학물질을 운반하는 자는 해당 업무를 수행하기 전에 안전교육을 받아야 하고, 교육시간은 인터넷 교육으로 대체할 수 없다.

3. 제3호의 유해화학물질 취급 담당자(유해화학물질을 운반하는 자는 제외한다)가 안전교육을 받아야 하는 날부터 2년 전까지의 기간에 산업안전보건법 제29조제3항 및 같은 법 시행규칙 제26조제1항에 따른 특별교육 중 화학물질안전원장이 유해화학물질 안전교육과 유사하다고 인정하여 고시하는 교육과정을 16시간 이상 이수한 경우에는 그 받아야 하는 안전교육 시간 중 8시간을 면제한다.

4. 제37조제1항부터 제3항까지의 규정에도 불구하고 감염병 등의 재난 발생으로 유해화학물질 안전교육을 정상적으로 실시하기 어렵다고 환경부장관이 인정하는 경우에는 이수시기 및 교육방법 등을 변경할 수 있다.

ⓛ 유해화학물질 안전교육 대상자별 교육내용(화학물질관리법 시행규칙 별표 6의3)

- 유해화학물질관리자 자격 취득 대상자(영 제12조제2항제5호부터 제7호까지)
  - 화학물질관리법 및 일반 화학안전관리에 관한 사항
  - 유해화학물질 취급시설 기준 및 자체점검에 관한 사항
  - 화학사고예방관리계획서, 사업장 위험도 분석 및 안전관리에 관한 사항
  - 화학물질의 유해성 분류 및 표시방법에 관한 사항
  - 화학물질이 인체와 환경에 미치는 영향에 관한 사항
  - 화학사고 시 대피·대응 방법에 관한 사항
  - 개인보호구, 방제 장비 등 선정 기준과 방법에 관한 사항
- 유해화학물질 취급시설의 기술인력 및 유해화학물질관리자
  - 화학물질관리법 및 일반 화학안전관리에 관한 사항
  - 유해화학물질 취급시설기준 및 자체 점검에 관한 사항
  - 유해화학물질 유해성 및 분류·표시방법에 관한 사항
  - 유해화학물질 취급 형태별 준수사항 및 취급기준에 관한 사항
  - 화학사고예방관리계획의 수립 및 이행에 관한 사항
  - 화학사고 시 대피·대응 방법 및 개인보호구 착용 실습에 관한 사항
  - 화학물질 노출 시 응급조치 요령에 관한 사항
- 유해화학물질 취급 담당자
  - 화학물질관리법 및 일반 화학안전관리에 관한 사항
  - 유해화학물질 취급시설기준 및 자체 점검에 관한 사항
  - 화학물질의 유해성 및 분류·표시방법에 관한 사항
  - 유해화학물질 상·하차, 이동, 취급, 보관·저장 시 준수사항 및 취급기준에 관한 사항
  - 화학사고예방관리계획의 수립 및 이행에 관한 사항

- 화학사고 시 대피·대응 방법 및 개인보호구 착용 실습에 관한 사항
- 화학물질 노출 시 응급조치 요령에 관한 사항
- 유해화학물질 운반자
  - 화학물질관리법 및 일반 화학안전관리에 관한 사항
  - 유해화학물질 운반 차량 표시 및 운반계획서 작성에 관한 사항
  - 유해화학물질 상·하차, 이동 시 준수사항
  - 화학사고 시 대피·대응 방법 및 개인보호구 착용 실습에 관한 사항
  - 화학물질 노출 시 응급조치 요령에 관한 사항
- 유해화학물질 사업장 종사자
  - 화학물질의 유해성 및 안전관리에 관한 사항
  - 화학사고 대피·대응방법 및 사고 시 행동요령에 관한 사항
  - 업종별 유해화학물질 취급방법에 관한 사항

③ 산업안전보건법에 의거한 교육대상

㉠ 안전보건관리책임자(산업안전보건법 제15조)
- 사업장의 다음의 업무를 총괄하여 관리한다.
  - 사업장의 산업재해 예방계획의 수립에 관한 사항
  - 안전보건관리규정의 작성 및 변경에 관한 사항
  - 안전보건교육에 관한 사항
  - 작업환경 측정 등 작업환경의 점검 및 개선에 관한 사항
  - 근로자의 건강진단 등 건강관리에 관한 사항
  - 산업재해의 원인 조사 및 재발 방지대책 수립에 관한 사항
  - 산업재해에 관한 통계 기록 및 유지에 관한 사항
  - 안전장치 및 보호구 구입 시 적격품 여부 확인에 관한 사항

- 그 밖에 근로자의 유해·위험 방지조치에 관한 사항으로서 고용노동부령으로 정하는 사항
- 안전보건관리책임자는 안전관리자와 보건관리자를 지휘·감독한다.

㉡ 안전관리자(산업안전보건법 제17조)
- 사업주는 사업장에 안전에 관한 기술적인 사항에 관하여 사업주 또는 안전보건관리책임자를 보좌하고 관리감독자에게 지도·조언하는 업무를 수행한다.
- 대통령령으로 정하는 사업의 종류 및 사업장의 상시근로자 수에 해당하는 사업장의 사업주는 지정받은 안전관리 업무를 전문적으로 수행하는 기관(이하 '안전관리전문기관')에 안전관리자의 업무를 위탁할 수 있다.

㉢ 보건관리자(산업안전보건법 제18조) : 보건에 관한 기술적인 사항에 관하여 사업주 또는 안전보건관리책임자를 보좌하고 관리감독자에게 지도·조언하는 업무를 수행한다.

④ 산업안전보건법에 의거한 교육내용 : 관리감독자 및 안전보건관리책임자는 산업안전보건법 시행규칙 별표 5에 의해 교육을 실시해야 한다.

4-1. 유해화학물질 취급 담당자의 교육시간은?

① 매 2년마다 8시간
② 매 3년마다 8시간
③ 매 2년마다 16시간
④ 매 3년마다 16시간

4-2. 다음 중 화학물질관리법에 의거한 유해화학물질 안전교육 대상자가 아닌 것은?

① 유해화학물질 운반자
② 유해화학물질 취급 담당자
③ 안전보건관리책임자
④ 유해화학물질 사업장 종사자

|해설|

4-1

화학물질관리법 시행규칙 [별표 6의2] 유해화학물질 안전교육 대상자별 교육시간

유해화학물질 취급 담당자의 교육은 매 2년마다 16시간 시행한다.

4-2

안전보건관리책임자는 산업안전보건법에 의거한 교육대상자이다.

정답 4-1 ③ 4-2 ③

핵심이론 05 | 위험요소 점검

① 유해화학물질 공통 관리사항

유해화학물질 취급시설 설치 및 관리 기준(화학물질관리법 시행규칙 별표 5)

1. 일반기준
   가. 유해화학물질 취급시설의 각 설비는 온도·압력 등 운전조건과 유해화학물질의 물리적·화학적 특성을 고려하여 설비의 성능이 유지될 수 있는 구조 및 재료로 설치해야 한다.
   나. 유해화학물질 취급시설의 제어설비는 유해화학물질 취급시설의 정상적인 운전조건이 유지될 수 있는 구조로 설치되어야 하고, 현장에서 직접 또는 원격으로 관리할 수 있도록 해야 한다.
   다. 유해화학물질이 누출·유출되어 환경이나 사람에게 피해를 주지 않도록 사고 예방을 위한 설비를 갖추고 사고 방지를 위해 적절한 조치를 해야 한다.
   라. 취급시설을 설치·운영하는 자는 법 제23조제5항에 따라 적합통보를 받은 화학사고예방관리계획서(법 제23조제1항 각 호에 해당하는 경우는 제외)를 해당 사업장에 보관하고, 화학사고예방관리계획서의 안전관리계획을 준수해야 한다.
2. 제조·사용시설의 경우
   가. 설치기준
      1) 유해화학물질 중독이나 질식 등의 피해를 예방할 수 있도록 환기설비를 설치해야 한다. 다만, 설비의 기능상 환기가 불가능하거나 불필요한 경우에는 그렇지 않다.
      2) 유해화학물질 체류로 인한 사고를 예방하기 위하여 분진, 액체 또는 기체 등 유해화학물질의 물리적·화학적 특성에 적합한 배출설비를 갖추어야 한다.
      3) 금속부식성 물질을 취급하는 설비는 부식이나 손상을 예방하기 위하여 해당 물질에 견디는 재질을 사용해야 한다.
      4) 액체나 기체 상태의 유해화학물질은 누출·유출 여부를 조기에 인지할 수 있도록 검지·경보설비를 설치하고, 해당 물질의 확산을 방지하기 위한 긴급차단설비를 설치해야 한다.

5) 액체 상태의 유해화학물질 제조·사용시설은 방류벽, 방지턱 등 집수설비(集水設備)를 설치해야 한다.

6) 유해화학물질이 사업장 주변의 하천이나 토양으로 흘러 들어가지 않도록 차단시설 및 집수설비 등을 설치해야 한다.

7) 유해화학물질에 노출되거나 흡입하는 등의 피해를 예방할 수 있도록 긴급세척시설과 개인보호장구를 갖추어야 한다.

나. 관리기준

1) 가목 2)에 따른 배출설비에서 배출된 유해화학물질은 중화, 소각 또는 폐기 등의 방법으로 처리하여 환경이나 사람에 영향을 주지 않도록 해야 한다.

2) 자연발화성 물질 또는 자기발열성 물질의 발화로 인한 사고를 예방하기 위하여 공기와 접촉하지 않도록 조치해야 한다.

3) 금속부식성 물질로 설비가 부식되거나 손상되지 않도록 예방하기 위하여 필요한 조치를 해야 한다.

4) 자기반응성 물질 또는 폭발성 물질의 과열이나 폭발로 인한 사고를 예방하기 위하여 그 물질이 자체 반응을 일으키지 않도록 조치해야 한다.

5) 인화성 물질로 인한 화재나 폭발 사고를 예방하기 위하여 점화원이 될 수 있는 요인은 분리하여 관리하고, 사고 피해를 줄이기 위하여 필요한 조치를 해야 한다.

6) 대기 중으로 확산될 수 있는 유해화학물질은 그 확산을 최소화하기 위하여 필요한 조치를 해야 한다.

7) 사업장에서는 유해화학물질의 필요 최소한의 양만 취급해야 한다.

8) 그 밖에 제조·사용시설에서 유해화학물질 누출·유출로 인한 피해를 예방할 수 있도록 사고 예방을 위한 조치를 해야 한다.

3. 저장·보관시설의 경우

가. 설치기준

1) 유해화학물질 저장·보관시설이 설치된 건축물에는 환기설비를 설치해야 한다. 다만, 설비의 기능상 환기가 불가능하거나 불필요한 경우에는 그렇지 않다.

2) 유해화학물질 체류로 인한 사고를 예방하기 위하여 분진, 액체 또는 기체 등 유해화학물질의 물리적·화학적 특성에 적합한 배출설비를 갖추어야 한다.

3) 금속부식성 물질을 취급하는 설비는 부식이나 손상을 예방하기 위하여 해당 물질에 견디는 재질을 사용해야 한다.

4) 액체나 기체 상태의 유해화학물질은 누출·유출 여부를 조기에 인지할 수 있도록 검지·경보 설비를 설치하고, 해당 물질의 확산을 방지하기 위한 긴급차단설비를 설치해야 한다.

5) 액체 상태의 유해화학물질 저장·보관시설은 방류벽, 방지턱 등 집수설비를 설치해야 한다.

6) 유해화학물질이 사업장 주변의 하천이나 토양으로 흘러 들어가지 않도록 차단시설 및 집수설비 등을 설치해야 한다.

7) 유해화학물질에 노출되거나 흡입하는 등의 피해를 예방할 수 있도록 긴급세척시설과 개인보호장구를 갖추어야 한다.

8) 저장설비는 그 설비의 압력이 최고사용압력을 초과하는 경우 즉시 그 압력을 최고사용압력 이하로 돌릴 수 있도록 안전장치를 설치해야 한다.

9) 저장·보관시설은 바닥에 유해화학물질이 스며들지 않도록 하는 재료를 사용해야 한다.

나. 관리기준

1) 가목 2)에 따른 배출설비에서 배출된 유해화학물질은 중화, 소각 또는 폐기 등의 방법으로 처리하여 환경이나 사람에 영향을 주지 않도록 해야 한다.

2) 자연발화성 물질 또는 자기발열성 물질의 발화로 인한 사고를 예방하기 위하여 공기와 접촉하지 않도록 조치해야 한다.

3) 금속부식성 물질로 설비가 부식되거나 손상되지 않도록 예방하기 위하여 필요한 조치를 해야 한다.

4) 자기반응성 물질 또는 폭발성 물질의 과열이나 폭발로 인한 사고를 예방하기 위하여 그 물질이 자체 반응을 일으키지 않도록 조치해야 한다.

5) 인화성 물질로 인한 화재나 폭발 사고를 예방하기 위하여 점화원이 될 수 있는 요인은 분리하여 관리하고, 사고 피해를 줄이기 위하여 필요한 조치를 해야 한다.

6) 대기 중으로 확산될 수 있는 유해화학물질은 그 확산을 최소화하기 위하여 필요한 조치를 해야 한다.

7) 사업장에서는 유해화학물질의 필요 최소한의 양만 취급해야 한다.

8) 물리적 · 화학적 특성이 서로 다른 유해화학물질을 같은 보관시설 안에 보관하려는 경우에는 유해화학물질 간의 반응성을 고려하여 칸막이나 바닥의 구획선 등으로 구분하여 보관해야 한다.

9) 그 밖에 저장 · 보관시설에서 유해화학물질 누출 · 유출로 인한 피해를 예방할 수 있도록 사고 예방을 위한 조치를 해야 한다.

4. 운반시설(유해화학물질 운반차량 · 용기 및 그 부속설비를 포함한다)

가. 설치기준

1) 유해화학물질 운반차량은 유해화학물질을 안전하게 운반하기 위해 설계 · 제작된 차량이어야 한다.

2) 운반 차량을 주차할 수 있는 차고지는 누출 · 유출 사고 피해를 예방할 수 있는 안전한 곳으로 확보해야 한다.

나. 관리기준

1) 운반시설에 유해화학물질을 적재(積載) 또는 하역(荷役)하려는 경우에는 유해화학물질이 외부로 누출 · 유출되지 않도록 지정된 장소에서 해야 한다.

2) 운반과정에서 운반시설에 적재된 유해화학물질이 쏟아지지 않도록 유해화학물질 및 그 운반용기를 고정해야 한다.

3) 운반차량은 유해화학물질 누출 · 유출로 인한 피해를 줄일 수 있도록 안전한 곳에 주 · 정차해야 한다.

4) 그 밖에 운반시설에서 유해화학물질 누출 · 유출로 인한 피해를 줄이거나 피해의 확대를 방지할 수 있도록 필요한 조치를 해야 한다.

5. 그 밖의 시설

가. 사업장 밖에 있는 배관을 통해 유해화학물질을 이송하는 시설 및 그 부대시설(이하 '사업장 외 배관이송시설')은 다음 기준에 따라 설치해야 한다.

1) 배관설비는 운전조건과 유해화학물질의 성질을 고려하여 설비의 성능이 유지될 수 있는 구조 및 재료로 설치해야 한다.

2) 배관 및 그 지지물 등의 설비는 물리적 · 환경적 영향 등 외부요인으로 파손되거나 부식되지 않도록 안전하게 설치해야 한다.

3) 유해화학물질 유출 · 누출로 인한 피해를 줄일 수 있도록 확산 방지 또는 차단장치를 설치해야 한다.

나. 그 밖에 사업장 외 배관이송시설에서 유해화학물질 누출 · 유출로 인한 피해를 예방할 수 있도록 사고 예방을 위한 조치를 해야 한다.

6. 제1호부터 제5호까지에서 규정한 사항 외에 유해화학물질 취급시설의 설치 및 관리에 필요한 세부사항은 화학물질안전원장이 정하여 고시한다.

② 유해화학물질관리 : 바이오화학소재의 생산에 사용되는 산, 염기 등의 위험물질을 저장할 경우에는 옥내 저장소의 위치 · 구조 및 설비의 기준을 따른다.

옥내 저장소의 위치 · 구조 및 설비의 기준(위험물안전관리법 시행규칙 별표 5)

1. 옥내 저장소는 별표 4 Ⅰ의 규정에 준하여 안전거리를 두어야 한다. 다만, 다음 각 목의 1에 해당하는 옥내 저장소는 안전거리를 두지 아니할 수 있다.

가. 제4석유류 또는 동식물 유류의 위험물을 저장 또는 취급하는 옥내 저장소로서 그 최대 수량이 지정 수량의 20배 미만인 것

나. 제6류 위험물을 저장 또는 취급하는 옥내 저장소

다. 지정 수량의 20배(하나의 저장창고의 바닥면적이 150m^2 이하인 경우에는 50배) 이하의 위험물을 저장 또는 취급하는 옥내 저장소로서 다음의 기준에 적합한 것

1) 저장창고의 벽 · 기둥 · 바닥 · 보 및 지붕이 내화구조일 것

2) 저장창고의 출입구에 수시로 열 수 있는 자동 폐쇄방식의 60분+ 방화문 또는 60분 방화문이

설치되어 있을 것

　　3) 저장창고에 창을 설치하지 아니할 것

2. 옥내 저장소의 주위에는 그 저장 또는 취급하는 위험물의 최대수량에 따라 다음 표에 의한 너비의 공지를 보유하여야 한다. 다만, 지정 수량의 20배를 초과하는 옥내 저장소와 동일한 부지 내에 있는 다른 옥내 저장소와의 사이에는 동표에 정하는 공지의 너비의 3분의 1(해당 수치가 3m 미만인 경우에는 3m)의 공지를 보유할 수 있다.

저장 또는 취급하는 위험물의 최대 수량	공지의 너비	
	벽·기둥 및 바닥이 내화구조로 된 건축물	그 밖의 건축물
지정 수량의 5배 이하	–	0.5m 이상
지정 수량의 5배 초과 10배 이하	1m 이상	1.5m 이상
지정 수량의 10배 초과 20배 이하	2m 이상	3m 이상
지정 수량의 20배 초과 50배 이하	3m 이상	5m 이상
지정 수량의 50배 초과 200배 이하	5m 이상	10m 이상
지정 수량의 200배 초과	10m 이상	15m 이상

3. 옥내 저장소에는 별표 4 Ⅲ 제1호의 기준에 따라 보기 쉬운 곳에 '위험물 옥내 저장소'라는 표시를 한 표지와 동표 Ⅲ 제2호의 기준에 따라 방화에 관하여 필요한 사항을 게시한 게시판 및 같은 표 Ⅲ 제3호의 기준을 준용하여 해당 옥내저장소가 금연구역임을 알리는 표지를 설치하여야 한다.

4. 저장창고는 위험물의 저장을 전용으로 하는 독립된 건축물로 하여야 한다.

5. 저장창고는 지면에서 처마까지의 높이(이하 '처마 높이')가 6m 미만인 단층건물로 하고 그 바닥을 지반면보다 높게 하여야 한다. 다만, 제2류 또는 제4류의 위험물만을 저장하는 창고로서 다음 각 목의 기준에 적합한 창고의 경우에는 20m 이하로 할 수 있다.

　가. 벽·기둥·보 및 바닥을 내화 구조로 할 것

　나. 출입구에 60분+ 방화문 또는 60분 방화문을 설치할 것

　다. 피뢰침을 설치할 것. 다만, 주위상황에 의하여 안전상 지장이 없는 경우에는 그러하지 아니하다.

6. 하나의 저장창고의 바닥면적(2 이상의 구획된 실이 있는 경우에는 각 실의 바닥면적의 합계)은 다음 각 목의 구분에 의한 면적 이하로 하여야 한다. 이 경우 가목의 위험물과 나목의 위험물을 같은 저장창고에 저장하는 때에는 가목의 위험물을 저장하는 것으로 보아 그에 따른 바닥면적을 적용한다.

　가. 다음의 위험물을 저장하는 창고 : 1,000m²

　　1) 제1류 위험물 중 아염소산염류, 염소산염류, 과염소산염류, 무기과산화물 그 밖에 지정 수량이 50kg인 위험물

　　2) 제3류 위험물 중 칼륨, 나트륨, 알킬알루미늄, 알킬리튬 그 밖에 지정 수량이 10kg인 위험물 및 황린

　　3) 제4류 위험물 중 특수인화물, 제1석유류 및 알코올류

　　4) 제5류 위험물 중 유기과산화물, 질산에스터류 그 밖에 지정 수량이 10kg인 위험물

　　5) 제6류 위험물

　나. 가목의 위험물 외의 위험물을 저장하는 창고 : 2,000m²

　다. 가목의 위험물과 나목의 위험물을 내화 구조의 격벽으로 완전히 구획된 실에 각각 저장하는 창고 : 1,500m²(가목의 위험물을 저장하는 실의 면적은 500m²를 초과할 수 없다)

7. 저장창고의 벽·기둥 및 바닥은 내화 구조로 하고, 보와 서까래는 불연재료로 하여야 한다. 다만, 지정 수량의 10배 이하의 위험물의 저장창고 또는 제2류 위험물(인화성 고체는 제외한다)과 제4류의 위험물(인화점이 70℃ 미만인 것은 제외한다)만의 저장창고에 있어서는 연소의 우려가 없는 벽·기둥 및 바닥은 불연재료로 할 수 있다.

8. 저장창고는 지붕을 폭발력이 위로 방출될 정도의 가벼운 불연재료로 하고, 천장을 만들지 않아야 한다. 다만, 제2류 위험물(분말상태의 것과 인화성 고체를 제외한다)과 제6류 위험물만의 저장창고에 있어서는 지붕을 내화 구조로 할 수 있고, 제5류 위험물만의 저장창고에 있어서는 해당 저장창고 내의 온도를 저온으로 유지하기 위하여 난연재료 또는 불연재료로 된 천장을 설치할 수 있다.

9. 저장창고의 출입구에는 60분+ 방화문·60분 방화문 또는 30분 방화문을 설치하되, 연소의 우려가 있는

외벽에 있는 출입구에는 수시로 열 수 있는 자동폐쇄식의 60분+ 방화문 또는 60분 방화문을 설치하여야 한다.

10. 저장창고의 창 또는 출입구에 유리를 이용하는 경우에는 망입유리로 하여야 한다.

11. 제1류 위험물 중 알칼리 금속의 과산화물 또는 이를 함유하는 것, 제2류 위험물 중 철분·금속분·마그네슘 또는 이 중 어느 하나 이상을 함유하는 것, 제3류 위험물 중 금수성 물질 또는 제4류 위험물의 저장창고의 바닥은 물이 스며나오거나 스며들지 아니하는 구조로 하여야 한다.

12. 액상의 위험물의 저장창고의 바닥은 위험물이 스며들지 아니하는 구조로 하고, 적당하게 경사지게 하여 그 최저부에 집유설비를 하여야 한다.

13. 저장창고에 선반 등의 수납장을 설치하는 경우에는 다음 각 목의 기준에 적합하게 하여야 한다.

    가. 수납장은 불연재료로 만들어 견고한 기초 위에 고정할 것

    나. 수납장은 당해 수납장 및 그 부속 설비의 자중, 저장하는 위험물의 중량 등의 하중에 의하여 생기는 응력(변형력)에 대하여 안전한 것으로 할 것

    다. 수납장에는 위험물을 수납한 용기가 쉽게 떨어지지 아니하게 하는 조치를 할 것

14. 저장창고에는 별표 4 V 및 VI의 규정에 준하여 채광·조명 및 환기의 설비를 갖추어야 하고, 인화점이 70℃ 미만인 위험물의 저장창고에 있어서는 내부에 체류한 가연성의 증기를 지붕 위로 배출하는 설비를 갖추어야 한다.

15. 저장창고에 설치하는 전기설비는 전기사업법에 의한 전기설비기술기준에 의하여야 한다.

16. 지정 수량의 10배 이상의 저장창고(제6류 위험물의 저장창고를 제외한다)에는 피뢰침을 설치하여야 한다. 다만, 저장창고의 주위의 상황에 따라 안전상 지장이 없는 경우에는 피뢰침을 설치하지 아니할 수 있다.

17. 제5류 위험물 중 셀룰로이드 그 밖에 온도의 상승에 의하여 분해·발화할 우려가 있는 것의 저장창고는 해당 위험물이 발화하는 온도에 달하지 아니하는 온도를 유지하는 구조로 하거나 다음 각 목의 기준에 적합한 비상 전원을 갖춘 통풍장치 또는 냉방장치 등의 설비를 2 이상 설치하여야 한다.

    가. 상용전력원이 고장인 경우에 자동으로 비상전원으로 전환되어 가동되도록 할 것

    나. 비상전원의 용량은 통풍장치 또는 냉방장치 등의 설비를 유효하게 작동할 수 있는 정도일 것

③ 화재발생 관련 소화설비의 설치 기준 : 위험물안전관리법 시행규칙에 따른다.

1. 소화설비의 설치 기준(위험물안전관리법 시행규칙 별표 17)

    가. 전기설비의 소화설비

        제조소 등에 전기설비(전기배선, 조명기구 등은 제외)가 설치된 경우에는 해당 장소의 면적 $100m^2$마다 소형 수동식소화기를 1개 이상 설치해야 한다.

    나. 소요단위와 능력단위

        1) 소요단위 : 소화설비의 설치 대상이 되는 건축물 그 밖의 공작물의 규모 또는 위험물의 양의 기준 단위

        2) 능력단위 : 1)의 소요단위에 대응하는 소화설비 소화능력의 기준단위

    다. 소요단위 계산방법

        건축물 그 밖의 공작물 또는 위험물의 소요단위의 계산방법은 다음의 기준에 의할 것

        1) 제조소 또는 취급소의 건축물은 외벽이 내화 구조인 것은 연면적(제조소 등의 용도로 사용되는 부분 외의 부분이 있는 건축물에 설치된 제조소 등에 있어서는 해당 건축물 중 제조소 등에 사용되는 부분의 바닥면적의 합계를 말한다) $100m^2$를 1소요단위로 하며, 외벽이 내화 구조가 아닌 것은 연면적 $50m^2$를 1소요단위로 할 것

        2) 저장소의 건축물은 외벽이 내화 구조인 것은 연면적 $150m^2$를 1소요단위로 하고, 외벽이 내화 구조가 아닌 것은 연면적 $75m^2$를 1소요단위로 할 것

        3) 제조소 등의 옥외에 설치된 공작물은 외벽이 내화구조인 것으로 간주하고 공작물의 최대 수평투영면적을 연면적으로 간주하여 1) 및 2)의 규정에 의하여 소요단위를 산정할 것

4) 위험물은 지정 수량의 10배를 1소요단위로 할 것
라. 소화설비의 능력단위
   1) 수동식소화기의 능력 단위는 수동식소화기의 형식 승인 및 검정기술 기준에 의하여 형식 승인받은 수치로 할 것
   2) 기타 소화설비의 능력 단위는 다음의 표에 의할 것

소화설비	용 량	능력단위
소화전용(轉用) 물통	8L	0.3
수조(소화전용 물통 3개 포함)	80L	1.5
수조(소화전용 물통 6개 포함)	190L	2.5
마른 모래(삽 1개 포함)	50L	0.5
팽창질석 또는 팽창진주암(삽 1개 포함)	160L	1.0

마. 옥내 소화전설비의 설치 기준은 다음의 기준에 의할 것
   1) 옥내 소화전은 제조소 등의 건축물의 층마다 해당 층의 각 부분에서 하나의 호스 접속구까지의 수평거리가 25m 이하가 되도록 설치할 것. 이 경우 옥내 소화전은 각 층의 출입구 부근에 1개 이상 설치하여야 한다.
   2) 수원의 수량은 옥내 소화전이 가장 많이 설치된 층의 옥내 소화전 설치 개수(설치 개수가 5개 이상인 경우는 5개)에 $7.8m^3$를 곱한 양 이상이 되도록 설치할 것
   3) 옥내 소화전설비는 각 층을 기준으로 하여 해당 층의 모든 옥내 소화전(설치 개수가 5개 이상인 경우는 5개의 옥내 소화전)을 동시에 사용할 경우에 각 노즐 끝부분의 방수압력이 350kPa 이상이고 방수량이 1분당 260L 이상의 성능이 되도록 할 것
   4) 옥내 소화전설비에는 비상전원을 설치할 것
바. 옥외 소화전설비의 설치 기준은 다음의 기준에 의할 것
   1) 옥외 소화전은 방호대상물(해당 소화설비에 의하여 소화하여야 할 제조소 등의 건축물, 그 밖의 공작물 및 위험물을 말한다)의 각 부분(건축물의 경우에는 해당 건축물의 1층 및 2층의 부분에 한한다)에서 하나의 호스 접속구까지의 수평거리가 40m 이하가 되도록 설치할 것. 이 경우 그 설치 개수가 1개일 때에는 2개로 하여야 한다.
   2) 수원의 수량은 옥외 소화전의 설치 개수(설치 개

수가 4개 이상인 경우는 4개의 옥외 소화전)에 $13.5m^3$를 곱한 양 이상이 되도록 설치할 것
   3) 옥외 소화전설비는 모든 옥외 소화전(설치 개수가 4개 이상인 경우는 4개의 옥외 소화전)을 동시에 사용할 경우에 각 노즐 끝부분의 방수압력이 350kPa 이상이고, 방수량이 1분당 450L 이상의 성능이 되도록 할 것
   4) 옥외 소화전설비에는 비상전원을 설치할 것
사. 스프링클러 설비의 설치 기준은 다음의 기준에 의할 것
   1) 스프링클러 헤드는 방호대상물의 천장 또는 건축물의 최상부 부근(천장이 설치되지 아니한 경우)에 설치하되, 방호대상물의 각 부분에서 하나의 스프링클러 헤드까지의 수평거리가 1.7m(제4호 비고 제1호의 표에 정한 살수밀도의 기준을 충족하는 경우에는 2.6m) 이하가 되도록 설치할 것
   2) 개방형 스프링클러 헤드를 이용한 스프링클러 설비의 방사구역(하나의 일제 개방밸브에 의하여 동시에 방사되는 구역을 말한다)은 $150m^2$ 이상(방호대상물의 바닥면적이 $150m^2$ 미만인 경우에는 해당 바닥면적)으로 할 것
   3) 수원의 수량은 폐쇄형 스프링클러 헤드를 사용하는 것은 30(헤드의 설치 개수가 30 미만인 방호대상물인 경우에는 해당 설치 개수), 개방형 스프링클러 헤드를 사용하는 것은 스프링클러 헤드가 가장 많이 설치된 방사구역의 스프링클러 헤드 설치 개수에 $2.4m^3$를 곱한 양 이상이 되도록 설치할 것
   4) 스프링클러 설비는 3)의 규정에 의한 개수의 스프링클러 헤드를 동시에 사용할 경우에 각 끝부분의 방사압력이 100kPa(제4호 비고 제1호의 표에 정한 살수밀도의 기준을 충족하는 경우에는 50kPa) 이상이고, 방수량이 1분당 80L(제4호 비고 제1호의 표에 정한 살수밀도의 기준을 충족하는 경우에는 56L) 이상의 성능이 되도록 할 것
   5) 스프링클러 설비에는 비상전원을 설치할 것
아. 물분무소화설비의 설치 기준은 다음의 기준에 의

할 것

1) 분무 헤드의 개수 및 배치는 다음 각 목에 의할 것
   가) 분무 헤드로부터 방사되는 물분무에 의하여 방호대상물의 모든 표면을 유효하게 소화할 수 있도록 설치할 것
   나) 방호대상물의 표면적(건축물에 있어서는 바닥면적) 1m²당 3)의 규정에 의한 양의 비율로 계산한 수량을 표준방사량(해당 소화설비의 헤드의 설계압력에 의한 방사량을 말한다)으로 방사할 수 있도록 설치할 것
2) 물분무 소화설비의 방사구역은 150m² 이상(방호대상물의 표면적이 150m² 미만인 경우에는 해당 표면적)으로 할 것
3) 수원의 수량은 분무 헤드가 가장 많이 설치된 방사구역의 모든 분무 헤드를 동시에 사용할 경우에 해당 방사구역의 표면적 1m²당 1분당 20L의 비율로 계산한 양으로 30분간 방사할 수 있는 양 이상이 되도록 설치할 것
4) 물분무 소화설비는 3)의 규정에 의한 분무 헤드를 동시에 사용할 경우에 각 끝부분의 방사압력이 350kPa 이상으로 표준방사량을 방사할 수 있는 성능이 되도록 할 것
5) 물분무 소화설비에는 비상전원을 설치할 것

자. 포소화 설비의 설치 기준은 다음의 기준에 의할 것
1) 고정식 포소화 설비의 포방출구 등은 방호대상물의 형상, 구조, 성질, 수량 또는 취급방법에 따라 표준방사량으로 해당 방호대상물의 화재를 유효하게 소화할 수 있도록 필요한 개수를 적당한 위치에 설치할 것
2) 이동식 포소화 설비(포소화전 등 고정된 포수용액 공급장치로부터 호스를 통하여 포수용액을 공급받아 이동식 노즐에 의하여 방사하도록 된 소화설비를 말한다)의 포소화전은 옥내에 설치하는 것은 마목1), 옥외에 설치하는 것은 바목1)의 규정을 준용할 것
3) 수원의 수량 및 포소화약제의 저장량은 방호대상물의 화재를 유효하게 소화할 수 있는 양 이상이 되도록 할 것

4) 포소화설비에는 비상전원을 설치할 것

차. 불활성가스 소화설비의 설치 기준은 다음의 기준에 의할 것
1) 전역 방출방식 불활성가스 소화설비의 분사 헤드는 불연재료의 벽·기둥·바닥·보 및 지붕(천장이 있는 경우에는 천장)으로 구획되고 개구부에 자동폐쇄장치(60분+ 방화문·60분 방화문·30분 방화문 또는 불연재료의 문으로 이산화탄소 소화약제가 방사되기 직전에 개구부를 자동적으로 폐쇄하는 장치를 말한다)가 설치되어 있는 부분(이하 '방호구역')에 해당 부분의 용적 및 방호대상물의 성질에 따라 표준방사량으로 방호대상물의 화재를 유효하게 소화할 수 있도록 필요한 개수를 적당한 위치에 설치할 것. 다만, 해당 부분에서 외부로 누설되는 양 이상의 불활성가스 소화약제를 유효하게 추가하여 방출할 수 있는 설비가 있는 경우에는 해당 개구부의 자동폐쇄장치를 설치하지 아니할 수 있다.
2) 국소 방출방식 불활성가스 소화설비의 분사 헤드는 방호대상물의 형상, 구조, 성질, 수량 또는 취급방법에 따라 방호대상물에 이산화탄소 소화약제를 직접 방사하여 표준방사량으로 방호대상물의 화재를 유효하게 소화할 수 있도록 필요한 개수를 적당한 위치에 설치할 것
3) 이동식 불활성가스 소화설비(고정된 이산화탄소 소화약제 공급장치로부터 호스를 통하여 이산화탄소 소화약제를 공급받아 이동식 노즐에 의하여 방사하도록 된 소화설비를 말한다)의 호스 접속구는 모든 방호대상물에 대하여 해당 방호 대상물의 각 부분으로부터 하나의 호스 접속구까지의 수평거리가 15m 이하가 되도록 설치할 것
4) 불활성가스 소화약제 용기에 저장하는 불활성가스 소화약제의 양은 방호대상물의 화재를 유효하게 소화할 수 있는 양 이상이 되도록 할 것
5) 전역 방출방식 또는 국소 방출방식의 불활성가스 소화설비에는 비상전원을 설치할 것

카. 할로겐 화합물 소화설비의 설치기준은 차목의 불

활성가스 소화설비의 기준을 준용할 것

타. 분말 소화설비의 설치기준은 차목의 불활성가스 소화설비의 기준을 준용할 것

파. 대형 수동식소화기의 설치기준은 방호대상물의 각 부분으로부터 하나의 대형 수동식소화기까지의 보행거리가 30m 이하가 되도록 설치할 것. 다만, 옥내 소화전설비, 옥외 소화전설비, 스프링클러설비 또는 물분무 등 소화설비와 함께 설치하는 경우에는 그러하지 아니하다.

하. 소형 수동식소화기 등의 설치기준은 소형 수동식소화기 또는 그 밖의 소화설비는 지하탱크저장소, 간이탱크저장소, 이동탱크저장소, 주유취급소 또는 판매취급소에서는 유효하게 소화할 수 있는 위치에 설치하여야 하며, 그 밖의 제조소 등에서는 방호대상물의 각 부분으로부터 하나의 소형 수동식소화기까지의 보행거리가 20m 이하가 되도록 설치할 것. 다만, 옥내 소화전설비, 옥외 소화전설비, 스프링클러설비, 물분무 등 소화설비 또는 대형수동식소화기와 함께 설치하는 경우에는 그러하지 아니하다.

④ 소방시설 등 자체 점검의 구분 및 대상, 점검자의 자격, 점검 장비, 점검 방법 및 횟수 등 자체 점검 시 준수해야 할 사항

소방시설 등 자체 점검의 구분 및 대상, 점검자의 자격, 점검 장비, 점검 방법 및 횟수 등 자체 점검 시 준수해야 할 사항 (소방시설 설치 및 관리에 관한 법률 시행규칙 별표 3)

1. 소방시설 등에 대한 자체 점검은 다음과 같이 구분한다.

가. 작동점검

소방시설 등을 인위적으로 조작하여 소방시설이 정상적으로 작동하는지를 소방청장이 정하여 고시하는 소방시설 등 작동점검표에 따라 점검하는 것을 말한다.

나. 종합점검

소방시설 등의 작동점검을 포함하여 소방시설 등의 설비별 주요 구성 부품의 구조기준이 화재안전기준과 건축법 등 관련 법령에서 정하는 기준에 적합한지 여부를 소방청장이 정하여 고시하는 소방시설 등 종합점검표에 따라 점검하는 것을 말하며, 다음

과 같이 구분한다.

1) 최초점검 : 법 제22조제1항제1호에 따라 소방시설이 신설된 경우 건축법 제22조에 따라 건축물을 사용할 수 있게 된 날부터 60일 이내 점검하는 것을 말한다.

2) 그 밖의 종합점검 : 최초점검을 제외한 종합점검을 말한다.

2. 작동점검은 다음의 구분에 따라 실시한다.

가. 작동점검은 영 제5조에 따른 특정소방대상물을 대상으로 한다. 다만, 다음의 어느 하나에 해당하는 특정소방대상물은 제외한다.

1) 특정소방대상물 중 화재의 예방 및 안전관리에 관한 법률 제24조제1항에 해당하지 않는 특정소방대상물 (소방안전관리자를 선임하지 않는 대상을 말한다)

2) 위험물안전관리법 제2조제6호에 따른 제조소 등(이하 '제조소 등')

3) 화재의 예방 및 안전관리에 관한 법률 시행령 별표 4 제1호가목의 특급소방안전관리대상물

나. 작동점검은 다음의 분류에 따른 기술인력이 점검할 수 있다. 이 경우 별표 4에 따른 점검인력 배치기준을 준수해야 한다.

1) 영 별표 4 제1호마목의 간이스프링클러설비(주택전용 간이스프링클러설비는 제외한다) 또는 같은 표 제2호다목의 자동화재탐지설비가 설치된 특정소방대상물

가) 관계인

나) 관리업에 등록된 기술인력 중 소방시설관리사

다) 소방시설공사업법 시행규칙 별표 4의2에 따른 특급점검자

라) 소방안전관리자로 선임된 소방시설관리사 및 소방기술사

2) 1)에 해당하지 않는 특정소방대상물

가) 관리업에 등록된 소방시설관리사

나) 소방안전관리자로 선임된 소방시설관리사 및 소방기술사

다. 작동점검은 연 1회 이상 실시한다.

라. 작동점검의 점검 시기는 다음과 같다.

1) 종합점검 대상은 종합점검(최초점검은 제외한

다)을 받은 달부터 6개월이 되는 달에 실시한다.

　2) 1)에 해당하지 않는 특정소방대상물은 특정소방대상물의 사용승인일(건축물의 경우에는 건축물관리대장 또는 건물 등기사항증명서에 기재되어 있는 날, 시설물의 경우에는 시설물의 안전 및 유지관리에 관한 특별법 제55조제1항에 따른 시설물통합정보관리체계에 저장·관리되고 있는 날을 말하며, 건축물관리대장, 건물 등기사항증명서 및 시설물통합정보관리체계를 통해 확인되지 않는 경우에는 소방시설완공검사증명서에 기재된 날을 말한다)이 속하는 달의 말일까지 실시한다. 다만, 건축물관리대장 또는 건물 등기사항증명서 등에 기입된 날이 서로 다른 경우에는 건축물관리대장에 기재되어 있는 날을 기준으로 점검한다.

3. 종합점검은 다음의 구분에 따라 실시한다.

　가. 종합점검은 다음의 어느 하나에 해당하는 특정소방대상물을 대상으로 한다.

　　1) 법 제22조제1항제1호에 해당하는 특정소방대상물

　　2) 스프링클러설비가 설치된 특정소방대상물

　　3) 물분무 등 소화설비[호스릴(Hose Reel) 방식의 물분무 등 소화설비만을 설치한 경우는 제외한다]가 설치된 연면적 5,000m² 이상인 특정소방대상물(제조소 등은 제외한다)

　　4) 다중이용업소의 안전관리에 관한 특별법 시행령 제2조제1호나목, 같은 조 제2호(비디오물소극장업은 제외한다)·제6호·제7호·제7호의2 및 제7호의5의 다중이용업의 영업장이 설치된 특정소방대상물로서 연면적이 2,000m² 이상인 것

　　5) 제연설비가 설치된 터널

　　6) 공공기관의 소방안전관리에 관한 규정 제2조에 따른 공공기관 중 연면적(터널·지하구의 경우 그 길이와 평균 폭을 곱하여 계산된 값을 말한다)이 1,000m² 이상인 것으로서 옥내소화전설비 또는 자동화재탐지설비가 설치된 것. 다만, 소방기본법 제2조제5호에 따른 소방대가 근무하는 공공기관은 제외한다.

　나. 종합점검은 다음 어느 하나에 해당하는 기술인력이

점검할 수 있다. 이 경우 별표 4에 따른 점검인력 배치기준을 준수해야 한다.

　　1) 관리업에 등록된 소방시설관리사

　　2) 소방안전관리자로 선임된 소방시설관리사 및 소방기술사

　다. 종합점검의 점검 횟수는 다음과 같다.

　　1) 연 1회 이상(화재의 예방 및 안전에 관한 법률 시행령 별표 4 제1호가목의 특급 소방안전관리대상물은 반기에 1회 이상) 실시한다.

　　2) 1)에도 불구하고 소방본부장 또는 소방서장은 소방청장이 소방안전관리가 우수하다고 인정한 특정소방대상물에 대해서는 3년의 범위에서 소방청장이 고시하거나 정한 기간 동안 종합점검을 면제할 수 있다. 다만, 면제기간 중 화재가 발생한 경우는 제외한다.

　라. 종합점검의 점검 시기는 다음과 같다.

　　1) 가목1)에 해당하는 특정소방대상물은 건축법 제22조에 따라 건축물을 사용할 수 있게 된 날부터 60일 이내 실시한다.

　　2) 1)을 제외한 특정소방대상물은 건축물의 사용승인일이 속하는 달에 실시한다. 다만, 공공기관의 안전관리에 관한 규정 제2조제2호 또는 제5호에 따른 학교의 경우에는 해당 건축물의 사용승인일이 1월에서 6월 사이에 있는 경우에는 6월 30일까지 실시할 수 있다.

　　3) 건축물 사용승인일 이후 가목4)에 따라 종합점검 대상에 해당하게 된 경우에는 그 다음 해부터 실시한다.

　　4) 하나의 대지경계선 안에 2개 이상의 자체 점검 대상 건축물 등이 있는 경우에는 그 건축물 중 사용승인일이 가장 빠른 연도의 건축물의 사용승인일을 기준으로 점검할 수 있다.

4. 제1호에도 불구하고 공공기관의 소방안전관리에 관한 규정 제2조에 따른 공공기관의 장은 공공기관에 설치된 소방시설 등의 유지·관리상태를 맨눈 또는 신체감각을 이용하여 점검하는 외관점검을 월 1회 이상 실시(작동점검 또는 종합점검을 실시한 달에는 실시하지 않을 수 있다)하고, 그 점검 결과를 2년간 자체 보관해야 한다.

> 이 경우 외관점검의 점검자는 해당 특정소방대상물의 관계인, 소방안전관리자 또는 관리업자(소방시설관리사를 포함하여 등록된 기술인력을 말한다)로 해야 한다.
> 5. 제1호 및 제4호에도 불구하고 공공기관의 장은 해당 공공기관의 전기시설물 및 가스시설에 대하여 다음 각 목의 구분에 따른 점검 또는 검사를 받아야 한다.
>   가. 전기시설물의 경우 : 전기사업법 제63조에 따른 사용 전 검사
>   나. 가스시설의 경우 : 도시가스사업법 제17조에 따른 검사, 고압가스 안전관리법 제16조의2 및 제20조제4항에 따른 검사 또는 액화석유가스의 안전관리 및 사업법 제37조 및 제44조제2항·제4항에 따른 검사

⑤ 위험요소 점검
  ㉠ 대상 설비 및 물질 검토
    • 위험요소의 점검이 필요한 대상 설비를 선정한 후 체크리스트를 마련하며 설비 및 사용하는 원·부재료 등 환경·안전에 연계된 다양한 고려사항을 확인할 수 있도록 한다.
    • 원·부재료로 사용되는 화학물질은 보관 및 저장관리대장을 작성한다.
    • 원·부재료로 사용되는 화학물질의 경우 운반과정에서도 위험요소가 발생하므로 화학물질운반관리대장을 작성하여 화학물질의 특성 및 운반량 등을 파악하여 위험요소를 관리한다.
  ㉡ 위험요소 식별 : 대상 설비의 위험요소를 정확히 식별하기 위해 정보 수집 후 체크리스트를 작성한다.
    • 설비 도면
    • 공정운영 절차
    • 각 설비 구성장치의 기본 설계
    • 설비 운영시스템(제어장치)
    • 대상 설비에 연계된 환경·안전요소(경보장치 등)
    • 기기 배치도
    • 제품 생산 적용 원·부재료의 특성
    • 제품 생산 시 Mass Balance 및 Heat Balance
    • 대상 설비의 위험 요소 관련 과거 사례

    • 위험요소 포함 설비 및 원·부재료 취급 관련자 정보(외부인출입관리대장을 작성하여 관리)
  ㉢ 설비점검 : 소방시설을 포함, 대상 설비의 위험요소를 점검할 수 있는 점검표를 작성하며 다음 사항을 포함해야 한다.
    • 점검설비명
    • 점검자 및 점검항목, 점검주기
    • 점검방법(측정장치 등)
    • 점검 중 특이사항
  ㉣ 물질 보관 상태 확인
    • 제품 생산을 위하여 저장조에 보관된 원·부재료의 상태 확인을 진행하고 샘플링 검사를 통하여 제품의 이상 여부를 확인한다.
    • 원·부재료로 활용되는 화학물질의 관리 및 화학물질관리대장을 작성한다.
  ㉤ 소방시설 점검 : 설비 및 원·부재료 보관 및 관리를 위한 소방시설은 자체 점검을 포함하여 규정된 점검자에 의해 점검 후 기록표, 소방시설 작동 유무에 대한 실시결과보고서, 점검결과지적내역서 등을 확인한다.

자주 출제된 문제

5-1. 화학물질관리법에 의거한 유해화학물질 공통 관리사항에 대한 설명으로 옳지 않은 것은?

① 유해화학물질이 누출·유출되어 환경이나 사람에게 피해를 주지 않도록 사고예방을 위한 설비를 갖추고 사고 방지를 위해 적절한 조치를 해야 한다.
② 사업장에서는 유해화학물질의 필요한 최대의 양을 취급한다.
③ 금속부식성 물질을 취급하는 설비는 부식이나 손상을 예방하기 위하여 해당 물질에 견디는 재질을 사용해야 한다.
④ 저장·보관시설은 바닥에 유해화학물질이 스며들지 않도록 하는 재료를 사용해야 한다.

5-2. 위험물안전관리법 시행규칙에 의거한 옥내 저장소 기준에 대한 설명으로 옳지 않은 것은?

① 저장창고의 벽·기둥 및 바닥은 내화 구조로 한다.
② 보와 서까래는 불연재료로 한다.
③ 연소의 우려가 있는 외벽에 있는 출입구에는 수시로 열 수 있는 자동폐쇄식의 갑종방화문을 설치해야 한다.
④ 저장창고는 천장을 만들고 지붕은 폭발력이 위로 방출될 정도의 가벼운 불연재료로 한다.

5-3. 소방시설 등의 자체 점검에 대한 설명으로 옳지 않은 것은?

① 소방시설의 작동점검은 연 2회 이상 실시한다.
② 작동점검의 점검시기는 종합점검대상의 경우 종합점검을 받은 달부터 6개월이 되는 달에 실시한다.
③ 종합점검의 점검 횟수는 연 1회 이상 실시한다.
④ 종합점검은 소방시설관리사, 소방안전관리자로 선임된 소방시설관리사·소방기술사 1명 이상을 점검자로 한다.

|해설|

5-1

화학물질관리법 시행규칙 [별표 5] 유해화학물질 취급시설 설치 및 관리기준
사업장에서 유해화학물질은 필요 최소한의 양만 취급해야 한다.

5-2

위험물안전관리법 시행규칙 [별표 5] 옥내 저장소의 기준
저장창고는 지붕을 폭발력이 위로 방출될 정도의 가벼운 불연재료로 하고, 천장을 만들지 않아야 한다.
※ 갑종방화문은 60분+ 방화문 또는 60분 방화문으로 용어 개정됨

5-3

소방시설 설치 및 관리에 관한 법률 시행규칙 [별표 3] 소방시설 등 자체 점검의 구분 및 대상, 점검자의 자격, 점검 장비, 점검방법 및 횟수 등 자체 점검 시 준수해야 할 사항
소방시설 등의 작동점검은 연 1회 이상 실시한다.

정답 5-1 ② 5-2 ④ 5-3 ①

핵심이론 06 | 미생물 폐기와 환경오염 대처

① 미생물 처리 및 폐기 관련 법규

㉠ 폐기·반송 명령

> 유전자변형생물체의 국가 간 이동 등에 관한 법률 제23조의2(폐기·반송 명령)
>
> ① 관계 중앙행정기관의 장은 다음 각 호의 어느 하나에 해당하는 유전자변형생물체의 소유자에게 대통령령으로 정하는 바에 따라 일정한 기간을 정하여 그 유전자변형생물체의 폐기·반송을 명할 수 있다.
>
> 1. 제8조, 제9조, 제12조, 제22조의2 또는 제22조의4에 따른 관계 중앙행정기관의 장의 승인 또는 변경승인을 받지 아니하거나 관계 중앙행정기관의 장에게 신고를 하지 아니한 유전자변형생물체
>
> 2. 속임수 또는 그 밖의 부정한 방법으로 제8조, 제9조, 제12조, 제22조의2 또는 제22조의4에 따른 관계 중앙행정기관의 장의 승인 또는 변경승인을 받았거나 신고한 경우
>
> 3. 제14조에 따라 수입이나 생산이 금지되거나 제한된 유전자변형생물체
>
> 4. 제17조 또는 제23조제3항에 따라 수입승인, 생산승인, 개발·실험 승인 또는 이용승인이 취소된 유전자변형생물체
>
> ② 관계 중앙행정기관의 장은 유전자변형생물체의 소유자가 제1항에 따른 폐기·반송의 명령을 따르지 아니한 경우에는 대통령령으로 정하는 바에 따라 그 유전자변형생물체 소유자의 부담으로 소속 공무원에게 직접 폐기·반송을 하게 할 수 있다.
>
> ③ 관계 중앙행정기관의 장은 수입된 유전자변형생물체에 대하여 제1항에 따른 유전자변형생물체의 폐기·반송을 명하였을 때에는 관세청장에게 그 내용을 통보하여야 한다.

ⓛ 연구시설의 안전관리등급의 분류 및 허가 또는 신고 대상(유전자변형생물체의 국가 간 이동 등에 관한 법률 시행령 별표 1)

등급	대상	허가 또는 신고 여부
1등급	건강한 성인에게는 질병을 일으키지 아니하는 것으로 알려진 유전자변형생물체와 환경에 대한 위해를 일으키지 아니하는 것으로 알려진 유전자변형생물체를 개발하거나 이를 이용하는 실험을 실시하는 시설	신고
2등급	사람에게 발병하더라도 치료가 용이한 질병을 일으킬 수 있는 유전자변형생물체와 환경에 방출되더라도 위해가 경미하고 치유가 용이한 유전자변형생물체를 개발하거나 이를 이용하는 실험을 실시하는 시설	신고
3등급	사람에게 발병하였을 경우 증세가 심각할 수 있으나 치료가 가능한 유전자변형생물체와 환경에 방출되었을 경우 위해가 상당할 수 있으나 치유가 가능한 유전자변형생물체를 개발하거나 이를 이용하는 실험을 실시하는 시설	허가
4등급	사람에게 발병하였을 경우 증세가 치명적이며 치료가 어려운 유전자변형생물체와 환경에 방출되었을 경우 위해가 막대하고 치유가 곤란한 유전자변형생물체를 개발하거나 이를 이용하는 실험을 실시하는 시설	허가

비고 : 등급별 세부기준은 과학기술정보통신부장관 및 보건복지부장관이 관계 중앙행정기관의 장과 협의하여 공동으로 정하여 고시한다.

② 유전자재조합실험지침

㉠ 유전자변형생물체의 취급관리

유전자재조합실험지침 제12조(보관)
유전자변형생물체를 보관하는 경우에는 다음의 사항을 준수한다.
1. 유전자변형생물체를 포함한 시료 및 폐기물은 '유전자변형생물체'라는 것을 표시하고, 정해진 수준의 물리적 밀폐 조건을 만족하는 실험실, 실험구역 또는 대량배양 실험구역에 안전하게 보관한다.
2. 유전자변형생물체를 포함하는 시료를 보관하는 냉장고 및 냉동고 등에는 유전자변형생물체를 보관 중임을 표시한다.
3. 시험·연구책임자는 해당 유전자변형생물체를 포함하는 시료 목록을 작성하여 보관한다.

유전자재조합실험지침 제13조(운반)
① 시험·연구기관 내에서 유전자변형생물체를 포함하는 시료를 운반하는 경우에는 견고하고 새지 않는 용기에 넣어 안전하게 운반한다.
② 다른 시험·연구기관으로 운반하는 경우에는 쉽게 파손되지 않는 용기에 넣고 이중으로 밀봉 포장하여 용기가 파손되더라도 유전자변형생물체가 외부로 유출되지 않도록 하며 용기 또는 포장물 표면의 보이기 쉬운 곳에 '유전자변형생물체'라는 것을 표시한다.

유전자재조합실험지침 제15조(실험종료 후 처리)
① 실험종료 후에는 각 유전자변형생물체에 적합한 방법으로 완전히 불활성화한 후 폐기한다.
② ①에 불구하고 해당 유전자변형생물체의 보존가치가 높거나 해당 유전자변형생물체를 이용하여 다른 실험을 수행하고자 하는 경우에는 실험의 종료보고서와 유전자변형생물체의 사용계획, 보관 장소 및 안전관리 방법에 대하여 시험·연구기관장에게 신고함으로써 유전자변형생물체를 보존할 수 있다.

㉡ 교육·훈련 등

유전자재조합실험지침 제24조(교육·훈련)
① 시험·연구기관장은 유전자재조합실험의 생물안전 확보를 위하여 시험·연구종사자 등에 대하여 생물안전 교육·훈련을 연 1회 이상(시험·연구종사자는 연 2시간 이상, 생물안전관리책임자 및 생물안전관리자는 연 4시간 이상) 실시한다.
② ①에 따른 교육·훈련의 내용은 다음과 같다.
    1. 생물체의 위험군에 따른 안전한 취급기술
    2. 물리적 밀폐 및 생물학적 밀폐에 관한 사항
    3. 해당 유전자재조합실험의 위해성 평가에 관한 사항
    4. 생물안전사고 발생 시 비상조치에 관한 사항
    5. 생물안전관리규정 내용 및 준수사항

③ 미생물 폐기

　㉠ 바이오화학 제품 생산에 사용된 미생물은 유전자 변형 생물체로, 취급 및 관리 시 밀폐 운영이 필요 하며 사용 후 폐기 시에도 멸균과정을 거쳐 폐기하 여 환경에 영향을 주지 않도록 한다.

　㉡ 미생물 멸균방법

　　• 화염멸균 : 미생물을 직접 화염에 접촉시켜 멸균 시킨다.

　　• 건열멸균 : 오븐 등을 통하여 160℃ 이상의 고온 에서 1~2시간 열처리를 통하여 멸균시킨다.

　　• 고압증기멸균 : 고압반응기를 활용하여 121℃에 서 15분간 멸균(일반적)시킨다.

　　• 여과멸균 : 특정 공극의 크기를 가진 막을 이용 하여 멸균시킨다.

　　• 가스멸균 : 멸균 특성을 갖는 특정 화학물질을 가스 형태로 활용하는 멸균방법이다.

　　• 방사선멸균 : 감마선 등 방사선 조사를 통한 멸 균방법이다.

④ 멸균 설정 및 제어방법 : 고압증기멸균이 가장 널리 쓰 인다.

　㉠ 멸균하는 물질에 고압에 의한 스팀이 직접 접촉되게 한다.

　㉡ 멸균기 내부에 존재하는 공기를 제거하고 스팀으 로 채운다.

　㉢ 고압 중 스팀이 공급될 수 있도록 지속적으로 공정 제어를 한다.

⑤ 유전자변형생물체(LMO) 의료폐기물

　㉠ 생물학적 활성을 제거해 폐기해야 하므로 활성 제 거 전후를 구분하여 표시한 후 보관하고 유전자변 형생물체 폐기물임을 알리는 표지를 부착한다.

　㉡ 표지에는 폐기물의 종류, 폐기일자, 수량, 무게, 책 임자 등을 기록하며 의료폐기물이나 지정폐기물은 정해진 용기에 구분하여 표지를 부착하고 날짜를 준 수하여 보관한다.

　㉢ 불활성화 조치방법 : 관리자의 판단에 따라 적절 한 방법을 선택한다.

　　• 고압증기멸균 : 121℃에서 15분간 멸균(일반적) 하며 멸균대상인 세균, 바이러스의 특성에 따라 온도 및 시간을 조절한다.

　　• 락스 등의 화학처리

　　• 자외선 살균 등

　　• 화염멸균

　㉣ 불활성화 조치가 가능한 관련 장비 및 설비

　　• 고압멸균기 또는 화학적 처리기는 반드시 구비한다.

　　• 3·4등급은 양문형 고압멸균기는 반드시 구비한다.

⑥ 환경오염 대처

　㉠ 바이오화학 소재의 생산 시 예기치 못하게 발생하 는 대기 및 수질오염에 대비하기 위하여 설비 및 원·부자재에 대한 사전점검을 실시한다.

　㉡ 각 점검과 관련된 체크리스트 및 점검안을 마련하 고 담당자는 관련 사항을 주기적으로 점검한 후 안전책임자에게 보고한다.

　㉢ 예기치 못한 환경오염이 발생할 시 응급조치 매뉴 얼에 따라 처리하고 차후 동일한 사고가 반복되지 않도록 관련 내용을 구체적으로 정리하여 안전책 임자에게 보고한다.

자주 출제된 문제

유전자변형생물체 의료폐기물을 불활성화하는 방법이 아닌 것은?

① 고압증기멸균
② 락스처리
③ 자비소독
④ 자외선살균

|해설|

유전자변형생물체(LMO) 의료폐기물은 생물학적 활성을 제거하 여 폐기해야 하므로 고압증기멸균, 화학처리(락스 등), 자외선 살균 등의 방법으로 불활성화한다.

정답 ③

핵심이론 07 | 시설관리

① 설비의 분류 및 범위

　㉠ 설비 형태별 분류(광의의 설비)

　　• 토지 : 정지작업장, 청소 등의 관리상 설비

　　• 건물 : 사무, 공장, 창고용 등의 모든 건물

　　• 구축물 : 저수지, 침전지, 호안(무너짐을 보호), 교량, 궤도 등

　　• 기계(자체가 움직임) 및 장치(용기 등)

　　• 차량, 운반구 : 육상 운반용 모든 기구

　　• 공기구 및 비품 : 생산용 공구, 치구, 측정기구, 사무용기기, 가구

　㉡ 설비의 목적별 분류

　　• 생산설비 : 직접 생산행위를 하는 운반장치, 전기장치, 배관 등 모든 설비와 건물 구조

　　• 유틸리티(Utility) 설비 : 에너지 발생장치 및 이송장치 등

　　• 연구개발설비, 수송설비, 판매설비(주유기, 상점 등), 관리설비(공조 등)

② 설비관리의 목적과 필요성

　㉠ 설비관리의 4대 목적

　　• 신뢰성(Reliability) 확보 : 고장 없이 생산량을 생산한다.

　　• 보전성(Maintainability) 확보 : 고장을 조기조치하여 보전하기 쉽다.

　　• 경제성(Economy) : 신뢰성, 보전성 향상을 위해 비용을 최소화한다.

　　• 가용성(Availability)과 유용성 : 신뢰성과 보전성을 합한 개념으로 필요조건에서 사용될 확률

　㉡ 설비관리의 필요성 : 설비의 성능 저하 및 고장으로 인한 손실 감소

　㉢ 설비관리의 3대 측면(관리기능)

　　• 기술적인 측면 : 보전 표준을 설정하고 표준에 따라 보전계획을 수립하며 계획을 실시한 후 결과를 기록·보고한다.

　　• 경제적인 측면

　　　– 작은 보전비로 많은 수익을 올리기 위한 목표(보전방침)를 설정하고 목표 달성을 위해 보전활동의 모든 분야에 대한 경제성을 계산하여 다음 보전계획을 수행하는 데 필요한 보전비의 예산 편성과 예산 통제를 한다.

　　　– 보전비의 실적을 기록한 후 보전효과를 체크한다.

　　• 인간적인 측면 : 보전요원의 인력관리 및 교육, 훈련 지원을 통한 보전 기능을 향상시킨다.

③ 설비관리의 기법

　㉠ 테로테크놀로지(Terotechnology) : 종합설비, 공학설비를 설계하는 것부터 운전 유지에 이르기까지 라이프사이클을 대상으로 경제성을 추구하는 기술이다.

　㉡ 로지스틱스(Logistics) : 공정 흐름에 대한 관리를 하는 기법이다.

　㉢ TPM(Total Productive Maintenance) : 생산시스템의 효율의 극한을 추구한다.

④ 시 설

　㉠ 정의 : 일반 생산 건물 또는 이동수단과는 구별되는 특수한 기능 및 환경을 구현하는 장비를 갖추고 있거나 특수지역으로 이동할 수 있는 설비를 갖춘 편의적이고 독립적 공간이다.

　㉡ 시설점검의 목적 : 시설점검 책임자는 시설의 정기적 점검을 통해 적절한 보수시기 예측 및 사용의 편의를 제공해야 한다.

ⓒ 이력관리
  • 관리자 : 구축이 완료된 시설에 자산등록관리번호가 포함된 자산 비표를 부착하여 분실을 예방하고, 온도·진동·먼지·부식으로부터 보호하여 안정하게 유지될 수 있도록 운영해야 한다.
  • 시설 책임자 : 정/부로 구분하며 시설 보유 부서장 또는 사업책임자가 정의 책임을 지고, 시설을 실제로 관리하는 사람이 부의 책임을 진다.
  • 시설점검 이력카드 작성
⑤ 시설 성능 유지
  ㉠ 전문 운영인력은 시설 건축 및 설치 후 기술검수나 검증시험을 통하여 확인된 시설 성능이 지속적으로 유지될 수 있도록 철저히 운영관리를 수행해야 한다.
  ㉡ 설치된 시설의 성능이 유지관리될 수 있도록 최소 반기별로 점검일지를 작성한다. 점검일지의 초기 성능은 구입 당시 장비 사양에 근거하여 작성한다.
  ㉢ 시설점검일지는 저하된 성능을 초기 설치 상태로 개선하기 위한 자료로 활용되며, 장비의 유지보수를 위한 유용한 정보를 제공하므로 체계적으로 작성해야 한다.
⑥ 시설 유지보수계획
  ㉠ 외부 건물
    • 외부 방화 비상구 검사
    • 접합 부위 점검(Chemical Bond Inspections)
    • 외부 배수시설 청소
  ㉡ 내부 건물
    • 방화문
    • 지붕 공간 검사
    • 내부 배수설비 검사
    • 자동문 폐쇄
⑦ 시설 유지보수
  ㉠ 유지보수 필요 발생 시 다음을 따른다.
    • 보수업체 방문을 요청하여 유지보수가 필요한 곳의 현장 설명을 실시한 후 견적을 의뢰한다.

    • 구매요청서를 작성하여 구매를 알리고 결재가 완료되면 발주한 곳에서 공사를 진행한다.
    • 공사 완료 시 완료 조서를 올리고 이력카드에 내용을 기입한다.
  ㉡ 처분 필요시 다음을 따른다.
    • 판정 : 상태 변경 시설 발생 시 수시로 심의위원회를 통하여 시설의 내구성, 활용 상태, 사용 빈도 등에 따라 저활용·유휴·불용을 판정하고 절차에 따라 시설의 자산 이관 및 불용 처리를 결정한다.
      - 저활용·유휴·불용시설 : 공통적으로 현장에서 더 이상 보유하는 것이 비경제적이며 계속 보유할 필요성이 없다고 판단되는 시설
      - 저활용시설의 판정기준 : 원래의 활용을 목적으로 구축한 후 사용 및 사양 저조, 경제적 보유 수준 등이 적합하지 않아 활용도가 낮은 시설인지의 여부를 판정한다.
      - 유휴시설의 판정기준 : 원래의 활용을 목적으로 구축 후 활용도 저하 등의 사유로 사용이 중지되어 향후 활용 가능성이 분명하지 않은 시설인지의 여부를 판정한다.
      - 불용시설의 판정기준
        ⓐ 내구연한 완료 및 천재지변(수재, 화재 등)에 의하여 실효성이 상실된 시설인지의 여부
        ⓑ 파손, 수리 불가 등의 사유로 인하여 정상 사용이 불가능한 시설인지의 여부
        ⓒ 보수를 하더라도 정상적인 사용이 불가능하다고 판단되는 시설인지의 여부
    • 저활용·유휴·불용장비의 승인 : 심의위원회를 통해 신청된 저활용·유휴·불용시설에 대하여 현장 조사 및 심의를 거쳐 승인한다.
    • 불용처리 : 불용이 결정된 시설은 다음의 기준에 의해 폐기할 수 있다.
      - 매각할 수 없는 시설 또는 매각될 가망이 없는 시설

– 매각하는 것이 소속기관에 불리한 시설

– 기타 폐기처분이 부득이 필요하다고 인정되는
시설

7-1. 설비 관리의 4대 목적이 아닌 것은?

① 기술성 확보
② 신뢰성 확보
③ 경제성 확보
④ 보전성 확보

7-2. 설비관리기법 중 종합설비, 공학설비를 설계하는 것부터 운전 유지에 이르기까지 라이프사이클을 대상으로 경제성을 추구하는 기술은?

① 로지스틱스(Logistics)
② GMP(Good Manufacturing Practice)
③ 테로테크놀로지(Terotechnology)
④ TPM(Total Productive Maintenance)

|해설|

7-1

설비관리의 4대 목적
• 신뢰성(Reliability) 확보 : 고장 없이 생산량 생산
• 보전성(Maintainability) 확보 : 고장을 조기 조치하여 보전하기 쉬움
• 경제성(Economy) : 신뢰성, 보전성 향상을 위해 비용 최소화
• 가용성(Availability)과 유용성 : 신뢰성과 보전성을 합한 개념으로 필요조건에서 사용될 확률

7-2

설비관리의 기법
• 테로테크놀로지(Terotechnology) : 종합설비, 공학설비를 설계하는 데에서부터 운전유지에 이르기까지 라이프사이클을 대상으로 경제성을 추구하는 기술
• 로지스틱스(Logistics) : 공정 흐름에 대한 관리
• TPM(Total Productive Maintenance) : 생산시스템의 효율의 극한 추구

정답 **7-1** ① **7-2** ③

---

① 장비점검

㉠ 장비책임자

• 장비 유지보수일지를 통하여 장비 운영 시 소모품 및 부품의 정기적 교체 및 고장 수리 내용을 파악하여 기술한다.

• 적절한 교체시기 예측, 장비 가동률 향상을 위한 조속한 수리 등의 정보를 제공하여 향후 장비 폐기 및 불용・저활용 판별 시 유용한 자료로 활용한다.

㉡ 장비 운영일지 항목

항 목	내 용
장비명	이용장비명
자산코드	기관별 자산코드
이용목적	이용목적
운영자	장비 운영 담당자 서명
이용자	이용자 성명
이용기관	이용기관명(부서명)
이용시간/시료 수	실제 장비 이용시간/시료 수
이용내용	구체적인 이용내용

② 장비 성능 유지

㉠ 전문 운영인력은 장비 설치 후 기술검수나 검증시험을 통해 확인된 장비 성능이 지속적으로 유지될 수 있도록 운영관리를 수행한다.

㉡ 장비의 성능이 유지관리될 수 있도록 분기별로 장비 점검일지를 작성하며 장비 점검일지의 초기 성능은 구입 당시 장비 사양에 근거한다.

㉢ 장비 점검일지는 저하된 성능을 초기 설치 상태로 성능 개선을 위한 자료로 활용되며 유지보수를 위한 정보를 제공하므로 체계적으로 작성한다.

㉣ 장비 점검일지 항목

항 목	내 용
장비명	이용장비명
자산코드	기관별 자산코드
관리책임자	장비 운영관리 책임자

항 목	내 용
최적(기준) 성능 수준	최초 설치 시 구현된 최고의 장비 성능(수치 및 관련 자료)
유지(현재) 성능 수준	현재 구현 중이거나 유지 중인 성능 수준
개선방안 (방법)	현재 성능과 최적 성능 간의 괴리를 줄이는 방 법 등을 기술

③ 이력관리

　㉠ 관리자 : 구축이 완료된 장비에 자산등록관리번호가 포함된 자산 비표를 부착하여 분실을 예방하고, 온도·진동·먼지·부식으로부터 보호하여 정밀·정확도가 안정하게 유지될 수 있도록 적합한 환경에서 설치·운영한다.

　㉡ 공장장 : 효율적 장비관리를 위해 장비 이력카드를 마련하여 장비책임자로 하여금 장비 현황을 자세히 기록·보관한다.

　㉢ 장비책임자 : 정/부로 구분하며 장비 보유 부서장 또는 사업(연구)책임자가 정의 책임을 지고, 장비를 실제로 관리하는 사람이 부의 책임을 진다.

　㉣ 장비점검 이력카드 작성

④ 장비 유지·보수 : 장비 이상 발생 시 일차적으로 장비 운영 부서 내에서 이상 발생의 원인 및 수리·교체·폐기 여부를 판단하고 최종적으로 장비 관련 전문가에게 기술적 자문을 받는다.

⑤ 장비의 처분

　㉠ 장비의 판정 : 생산기관은 상태 변경 장비 발생 시 분기마다 장비심의위원회를 통하여 장비의 내구성, 활용 상태, 사용 빈도 등에 따라 저활용·유휴·불용을 판정하고 절차에 따라 장비의 자산 이관 및 불용처리를 결정한다.

　㉡ 저활용·유휴·불용장비의 판정 기준

　　• 저활용·유휴·불용장비는 공통적으로 사용 업체에서 더 이상 보유하는 것이 비경제적이며 계속 보유할 필요성이 없다고 판단되는 장비

　　• 저활용 장비의 판정 기준

　　　– 당초 활용을 목적으로 구축 후 사용 및 사양 저조, 경제적 보유 수준 등이 적합하지 않아 정상 가동은 가능하나 활용도가 낮은 장비인지의 여부를 판정한다.

　　　– 연간 장비 가동률이 10% 미만인 장비(가동률이 낮아도 장비 이용료 수입을 통해 운영이 가능하다고 판단되는 경우는 제외)인지의 여부를 판정한다.

　　• 휴장비의 판정기준

　　　– 당초 활용을 목적으로 구축 후 활용도 저하 등의 사유로 가동이 중지되어 향후 활용 가능성이 분명하지 않은 장비인지의 여부를 판정한다.

　　　– 6개월 이상 가동이 중지된 장비인지의 여부를 판정한다.

　　• 불용장비의 판정 기준

　　　– 내용연수 완료 및 천재지변(수재, 화재 등)에 의해 실효성이 상실된 장비인지의 여부를 판정한다.

　　　– 파손, A/S 불가 등의 사유로 인해 정상 가동이 불가능한 장비인지의 여부를 판정한다.

　　　– 보수를 하더라도 정상적인 가동이 불가능하여 사용 불능으로 판단되는 장비인지의 여부를 판정한다.

　　　※ 내용연수가 경과하지 않았더라도 경제적 수리 한계가 초과되는 경우에는 처분할 수 있으며 내용연수가 경과하였더라도 사용에 지장이 없는 장비는 계속 사용한다.

　㉢ 저활용·유휴·불용장비의 승인

　　• 장비심의위원회를 통해 신청된 저활용·유휴·불용장비에 대해 현장조사 및 심의를 거쳐 장비의 작동 여부, 저활용·유휴·불용의 원인 등을 조사하여 승인한다.

• 장비심의위원회를 통해 승인된 저활용·유휴·불용장비에 대해 타 기관으로의 매각 가능성, 폐기 등을 종합적으로 검토하여 처리한다.

⑥ 불용처리

㉠ 장비 보유 부서장은 불용장비가 발생했을 때 불용신청서를 자산 관리 부서장에게 제출한다.

㉡ 자산 관리 부서장은 구축비용 3천만원 이상의 장비에 대한 불용 신청에 대해 장비심의위원회에 상정하고 제출된 불용신청서를 토대로 장비 상태를 실사 후 불용 타당성을 검토하여 승인 여부를 결정한다.

㉢ 불용이 결정된 장비는 소속기관의 불용절차에 따라 처리하되 매각을 원칙으로 하지만 분해 재사용 또는 공공단체 등에 이관하는 것이 매각의 경우보다 공적 효율을 높일 수 있다고 판단하는 경우에 한해 재활용, 양여, 대여를 할 수 있다.

㉣ 불용이 결정된 장비는 다음 기준에 해당하는 경우 폐기할 수 있다.

• 매각할 수 없는 장비 또는 매각될 가망이 없는 장비인 경우

• 매각하는 것이 소속기관에 불리한 장비인 경우

• 기타 폐기처분이 부득이 필요하다고 인정되는 장비인 경우

자주 출제된 문제

저활용·유휴·불용장비의 승인은 어떻게 이루어지는가?

① 장비심의위원회에서 조사 및 심의
② 장비책임자의 조사 및 심의
③ 관리자의 조사 및 심의
④ 공장장의 조사 및 심의

|해설|

장비심의위원회를 통해 신청된 저활용·유휴·불용장비에 대해 현장 조사 및 심의를 거쳐 장비의 작동 여부, 저활용·유휴·불용의 원인 등을 조사하여 승인한다.

정답 ①

핵심이론 09 | 유틸리티 관리

① 유틸리티 설비

㉠ 유틸리티 : 제품 생산에 필요한 직간접적 요소로 일을 할 수 있는 능력으로서 에너지를 이용 가능한 형태로 변환하여 공급하는 원동력이다.

㉡ 종류 : 전력, 용수, 압축공기(Air), 스팀 등이 있다.

㉢ 유틸리티 관리

• 유틸리티 관리 : 유틸리티의 품질을 일정 수준 이상 유지하기 위한 관리방법 및 기준을 설정·시행하여 유틸리티를 원활히 공급하고 유틸리티의 효율을 향상시키기 위한 활동으로서의 계획 수립, 시행(개별 개선 포함), 실적평가 등의 모든 행위

• 유틸리티 설비 : 에너지의 보관, 변환, 전달에 이용되는 설비, 관로, 선로 등의 유틸리티 관리 대상물

② 에너지 사용관리 매뉴얼

㉠ 에너지 사용계획

• 계획 수립 : 에너지 관리 주관 부서는 차기 연도 사용계획을 월별로 수립하여 에너지관리위원회의 승인을 받아야 한다.

• 사용계획 수립 시 참조사항

- 회사 경영방침과의 적합성 여부
- 과년도 제품 생산 실적 및 에너지 사용 실적
- 차기 연도 제품 생산계획
- 차기 연도 시설 투자계획

㉡ 에너지 수급계획

• 계획 수립 : 주관 부서는 수급계획을 수립하여 에너지관리위원회의 승인을 받아야 한다.

• 관련 부서의 역할

- 정비제어 부문 : 전력, 용수, B-C유, LNG에 대한 계획 수립

- 자재관리팀 : 상기 내용을 제외한 연료의 계획 수립
- 구매팀 : 모든 에너지의 구입 계약

ⓒ 에너지 사용 효율화
- 에너지 사용시설의 변경 : 에너지 사용시설의 신설, 증설, 개조 등의 변경사항 발생 시, 이를 추진하는 부서는 변경내용을 주관 부서에 통보하여 사전 승인을 받아야 한다.
- 에너지 사용시설의 현황관리 : 에너지 사용시설의 관리를 담당하는 부서는 에너지 사용량 및 사양에 관한 현황을 관리하고 변경사항을 수시로 수정하여 항상 파악이 가능하도록 한다.
- 에너지 사용의 제한 : 주관 부서는 에너지 수급상 필요한 경우 에너지 사용의 일부 제한을 사전 예고 후 시행한다.
- 주관 부서는 에너지관리자를 선정하여 업무를 전담하게 한다.

ⓒ 에너지 사용 절감 활동
- 절감목표 설정
  - 주관 부서는 에너지 사용 절감 기본계획을 수립하여 관리위원회의 승인을 받아야 한다.
  - 승인된 기본 계획의 추진을 위해 주관 부서는 관련 부서와 협의하여 부서별 절감목표를 정한다.
  - 관련 부서는 부서별 절감목표에 따른 세부계획을 수립하고 시행한다.
- 에너지이용합리화 계획
  - 에너지관리 중장기계획, 유틸리티 운용계획, 에너지 사용 절감 기본계획 등이 포함된다.
  - 주관 부서는 에너지의 합리적 이용을 위한, 에너지 절약형 설비의 검토, 에너지 이용효율의 증대방안, 대체 에너지 계획, 에너지 이용계획의 추진에 필요한 사항 등이 포함된 기본 계획을 수립하여 관리위원회의 승인을 받아야 한다.

ⓜ 에너지 사용 실적관리
- 사용 실적 보고
  - 주관 부서는 월별 에너지 사용 및 수급계획에 대한 실적을 공장별로 취합하여 에너지관리위원회에 보고한다.
  - 관련 부서 및 사용 부서는 에너지 사용 실적, 에너지 수급 실적, 에너지 사용시설 현황 등이 포함된 실적을 취합하여 주관 부서에 통보한다.
- 사용 실적 중점관리
  - 주관 부서는 유틸리티의 주요항목의 중점 관리를 추진한다.
  - 유틸리티의 주요항목을 관리하며 다음과 같이 일지를 작성한다.
    ⓐ 전력 : 154kV 수배전일지, 22.9kV 수배전일지
    ⓑ 압축공기 : 컴프레서 운전일지, 압축공기 누기보수일지
    ⓒ 용수 : 용수공급일지
    ⓓ B-C유 : 보일러일지
    ⓔ LNG : LNG점검일지

ⓗ 에너지 사용 진단
- 진단 추진
  - 에너지 사용시설의 안전 및 효율 증대를 위해 주관 부서는 3년 주기로 진단을 추진한다.
  - 진단방법은 에너지관리위원회의 결정에 의거한다.
- 진단절차
  - 주관 부서는 진단계획서를 에너지관리위원회에 제출하여 승인을 받아야 한다.
  - 진단 실시는 주관 부서에서 추진하고 결과를 에너지관리위원회에 제출한다.

- 개선대책
  - 진단결과에 대한 개선대책을 수립하고 에너지 관리위원회의 승인을 받아야 한다.
  - 주관 부서는 사용 부서 및 관련 부서의 지원을 받아 개선을 추진하고 결과를 분석하여 에너지를 관리한다.
③ 유틸리티 관리 기준 설정 및 시행 합리화
  ㉠ 전력관리
    - 개요 : 안정적인 전원 공급으로 효율적인 전기설비관리를 하여 전력 사용 합리화를 도모한다.
    - 분 류
      - 154kV 변전실 관리 : 154kV 수배전일지에 의해 관리
      - 22.9kV 변전실 관리 : 22.9kV 수배전일지에 의해 관리
      - 공장별 변전대 관리 : 변전실 설비점검 기준서에 의한 점검을 실시하고 결과를 변전실 설비점검 기준표로 작성하여 전기제어 팀장에게 보고한다.
  ㉡ 용수관리
    - 개요 : 용수의 안정적 공급 및 효율적인 활용, 수질관리에 의한 생산설비의 성능 향상과 수명 연장을 도모한다.
    - 용수의 분류
      - 취득방법에 따라
        ⓐ 지하수 : 심정호에서 취수
        ⓑ 상수도 : 상수도법에 따라 공급
      - 용도에 따라
        ⓐ 식수 : 정수하여 식용으로 공급
        ⓑ 공업용수 : 직접적인 생산을 목적으로 공급
        ⓒ 소방용수 : 소방 관련 법규에 따라 소방용으로 공급
    - 관리 기준
      - 용수의 공급압력 : 상시 공급압력을 기준으로 공급되며 용수 수급 불균형으로 인해 상시 공급압력의 공급이 불가능할 시, 사용 부서에 통보한 후 최소 공급압력으로 공급한다.
      - 용수의 수질관리 : 특수 용도의 용수는 수질을 기준치 이내로 관리한다.

[보일러 관수 기준]

성 분	기준치	빈 도
pH(at 25℃)	10.0~11.8	1회/8시간
전도율($\mu\Omega$/cm)	4,120 이하	1회/일
P 알칼리도(CaCO$_3$)	80~600	1회/주
M 알칼리도(CaCO$_3$)	100~800	1회/주
전경도(CaCO$_3$)	0	–
염화이온(Cl$^-$)	400 이하	1회/일
실리카(SiO$_2$)	350 이하	1회/일
인산이온(PO$_4^-$)	20~40	1회/8시간

  ㉢ 압축공기 관리
    - 개요 : 대기의 압축, 냉각 등을 통해 유용한 상태의 압축공기로 만들어 공급하고 관리하여 활용하는 일련의 활동이 유틸리티로서의 압축공기이다.
    - 압축공기의 공급압력
      - 상시 공급압력 : 6.0±0.2kgf/cm²
      - 최소 공급압력 : 5.8±0.2kgf/cm²
      - 압축공기의 공급은 상시 공급압력을 기준으로 공급한다.
      - 압축공기 수급 불균형으로 상시 공급압력으로 공급이 불가능할 시, 사용 부서에 통보한 후 최소 공급압력으로 공급한다.
    - 공압 부하율 관리
      - 공압의 최대 소요량이 필요할 때를 기준으로 생산 용량의 12% 이상을 여유 용량으로 확보한다.

– 여유 용량이 15% 미만이 될 때는 공압 사용 절감을 위한 대책 시행 및 공압 발생설비 증설 계획을 수립·시행한다.

ⓓ 스팀 관리

- 개요 : 스팀은 안전, 경제적, 사용 편의성 측면에서도 우수한 유용한 에너지원으로 난방용, 공업용 등 다용도로 사용되며 안정적 관리가 요구된다.
- 용도에 따른 분류
  - 난방용 : 사무실, 공장 등의 난방용
  - 공업용 : 제품 생산을 위한 수단으로 세척설비, 시험설비, 측정설비, 도장설비 등에 사용

[난방설비 가동 기준]

구 분	난방 공급	주밸브 차단	난방 중단	공급시간
체감온도 2℃ 이내	4℃ 이하	5~7℃	8℃ 이상	• 사무실 – 평일(7:00~20:30) – 토요일(7:30~15:00) • 공 장 – 평일(24시간 가동) – 토요일(7:30~21:30) ※ 공휴일 : 동파 방지관리 기준 적용
체감온도 4℃ 이내	5℃ 이하	6~8℃	9℃ 이상	
체감온도 6℃ 이내	6℃ 이하	7~8℃	9℃ 이상	

④ 유틸리티 보수절차

㉠ 유틸리티 점검 시 이상 발생

㉡ 관리 팀장에게 보고 후 조치사항 협의 : 관리 팀장과 협의 결과 보수업체에 컴프레서 수리가 필요하다고 요청한다.

㉢ 보수업체 연락 후 현장 설명 및 견적서 의뢰 : 보수업체에 연락해 현장 설명회 및 견적서를 의뢰한다.

㉣ 서비스 구매요청 기안 상신 후 결재 완료 시 발주한다.

㉤ 보수 및 완료 조서를 상신한다.

㉥ 유지보수일지에 작성한다.

① 개요 : 대기, 물, 토양 및 지하수의 오염 현황 및 그 위해성을 모니터링하는 것으로, 광학적 원리를 포함한 물리·화학적 측정기술과 생물학적 측정기술이 모니터링 방법의 근간이 되며, 대기, 수질, 토양 등 환경 변화 상태 및 환경사고를 센서와 유무선 네트워크를 통해 통합 모니터링하여 환경 변화를 분석 및 예측, 모니터링된 환경정보 파악, 환경오염 사고를 포함한 환경 이슈에 대해 종합적으로 대응 및 관리하는 기술이다.

② 무균의약품 제조(의약품 제조 및 품질관리에 관한 규정 별표 1)

1. 무균의약품 제조의 경우 청정실은 4개의 청정등급(구역)으로 나눈다.

   가. A등급 : 고위험 작업을 위한 중요 구역(예 무균조작라인, 충전구역, 스토퍼바울(stopper bowl), 개방형 일차 포장 또는 퍼스트 에어(first air)로 보호되는 무균연결조작을 위한 작업). 일반적으로 이러한 조건은 랍스(RABS) 또는 아이솔레이터 내 단일방향 공기흐름 작업대와 같은 국소적 기류 보호를 통해 제공된다. 단일방향 공기흐름의 유지 관리는 A등급 구역 전반에서 입증되고 검증되어야 한다. A등급 구역으로 작업자가 직접 개입(예 배리어(barrier) 및 글러브 포트(glove port) 기술의 보호 없이)하는 것은 시설, 설비, 공정 및 절차상의 설계를 통해 최소화해야 한다.

   나. B등급 : 무균 조제 및 충전을 위한, A등급의 주변 청정실(아이솔레이터가 아닌 경우). 차압은 지속적으로 모니터링해야 한다. 아이솔레이터 기술을 사용하는 경우 B등급보다 낮은 등급의 청정실을 고려할 수 있다(제4.1호 다목 참조).

   다. C등급 및 D등급 : 무균 충전된 무균의약품 제조에 있어 중요도가 낮은 작업단계를 수행하는데 사용되는 청정실이거나, 아이솔레이터의 배경이다. 이 등급의 청정실은 최종 멸균 의약품의 조제 및 충전을 위해 사용될 수도 있다(최종 멸균작업에 대한 자세한 사항은 제8호 참조).

   라. 청정실과 중요 구역 내에 노출된 모든 표면은 미립자 또는 미생물의 방출이나 축적을 최소화하기 위해 매끈하고 불침투성이며 파손된 부분이 없어야 한다.

   마. 먼지가 쌓이는 것을 막고 청소를 용이하게 하기 위해 청소하기 힘든 구석진 부분이 없도록 돌출 부분, 선반, 벽장 및 설비를 최소화하여야 한다. 문도 청소하기 어려운 부분이 없도록 설계하여야 한다. 이러한 이유로 미닫이문은 바람직하지 않을 수 있다.

   바. A등급 및 B등급 구역에 싱크대와 배수시설을 설치해서는 안 된다. 기타 청정실 내 기계 또는 싱크대와 배수시설 사이에는 에어브레이크(air break)를 설치해야 한다. 낮은 등급의 청정실 내 바닥 배수시설에는 역류 방지를 위해 트랩 또는 용수밀봉(water seal)을 설치하고 정기적으로 세척, 소독 및 유지관리 하여야 한다.

2. 청정실 및 청정공기장치 적격성 평가

   가. 무균의약품 제조에 사용되는 청정실과 단일방향 공기흐름장치(UDAF), 랍스(RABS), 아이솔레이터와 같은 청정공기장치는 요구되는 환경 특성에 따라 적격성 평가가 되어야 한다. 각 제조 작업 시에는 취급되는 제품이나 물품의 오염 가능성을 최소화하도록 작업 시에 적절한 환경의 청정도가 요구된다. "비 작업 시" 상태와 "작업 시" 상태에 적합한 청정도가 유지되어야 한다.

   나. 청정실과 청정공기장치는 이 고시 [별표 13]의 요건에 따른 방법을 사용하여 적격성 평가를 수행해야 한다. 청정실 적격성 평가(등급분류 등)는 작업 중 환경 모니터링과 명확히 구분되어야 한다.

   다. 청정실 및 청정공기장치에 대한 적격성 평가는 분류된 청정실 또는 청정공기장치가 사용목적에 적합한 수준인지 평가하는 전반적인 절차이다. 이 고시 [별표 13]의 적격성 평가 요구사항의 일부로서 청정실 및 청정공기장치에 대한 적격성 평가는 다음을 포함해야 한다(설계 및 설치 작업과 관련이 있는 경우).

1) 설치된 필터시스템 누출 및 완전성 시험

2) 공기흐름시험 - 풍량 및 풍속

3) 공기차압시험

4) 공기흐름방향 측정 및 시각화

5) 미생물 부유 및 표면오염

6) 온도측정시험

7) 상대습도시험

8) 회복시험

9) 밀폐시설 누출시험

라. 청정등급 분류 시 허용되는 총 입자 농도 한계 기준

등급	m³당 최대 허용 총 입자 수(입자의 크기는 표에 명시된 각 입자의 크기와 같거나 더 크다)			
	비작업 시		작업 시	
	0.5μm	5.0μm	0.5μm	5.0μm
A	3,520	필요한 경우 (Not specified)[1]	3,520	필요한 경우 (Not specified)[1]
B	3,520	필요한 경우 (Not specified)[1]	352,000	2,930
C	352,000	2,930	3,520,000	29,300
D	3,520,000	29,300	근거에 따라 설정 (Not prede-termined)[2]	근거에 따라 설정 (Not prede-termined)[2]

[1] 5μm 입자를 포함한 등급 분류는 오염관리전략 또는 과거 경향에 나타나는 경우 고려될 수 있다.

[2] D 등급 분류에 대한 "작업 시" 총 입자 농도 한계 기준은 미리 정하지 않았다. 제조자는 필요한 경우 위험평가 및 일상적인 데이터를 근거로 해당 기준을 설정해야 한다.

마. 청정실의 미생물 농도 오염 수준은 청정실 적격성 평가의 일환으로 설정되어야 한다. 검체 채취 위치의 개수는 문서화된 위험 평가와 청정실 등급 분류, 공기시각화연구 및 해당 구역에서 수행되는 공정 및 작업에 대한 지식에서 얻은 결과를 기반으로 해야 한다. 각 등급별 적격성 평가 시 미생물 오염 최대 한계기준은 바목과 같다. 적격성 평가는 "비 작업 시" 상태와 "작업 시" 상태 모두를 포함해야 한다.

바. 적격성 평가 시 허용되는 최대 미생물 오염 한계 기준

등급	부유균 CFU/m³	낙하균 (지름 90mm) CFU/4hours[1]	표면균 (지름 55mm) CFU/plate
A	균 생장 없음(No growth)		
B	10	5	5
C	100	50	25
D	200	100	50

[1] 낙하균은 작업 기간 동안 노출시켜야 하며 최대 4시간 후 필요에 따라 교체해야 한다. 노출 시간은 회복시험을 기반으로 설정하고 사용된 배지가 완전히 건조되지 않도록 해야 한다.

참 조

1. 상기 표의 특정 등급별 명시된 모든 방법은 해당 특정 등급 구역의 적격성 평가 시 사용되어야 한다. 표에 작성된 방법 중 하나를 사용하지 않거나 대체 방법을 사용하는 경우, 선택한 접근방법에 대하여 적절하게 타당성을 입증해야 한다.

2. 문서 전반에 CFU를 사용한 한계 기준이 적용된다. CFU가 아닌 방식으로 결과가 나타나는 다른 또는 새로운 기술을 사용한 경우, 제조업체는 적용한 한계 기준을 과학적으로 입증하고 가능한 경우 CFU와 연관지어야 한다.

3. 작업원 갱의 적격성 평가의 경우 제9.4호 자목의 표면균과 글러브 프린트에 대한 한계 기준을 적용해야 한다.

4. 검체 채취 방법은 제조 작업에 오염 위험을 초래해서는 안 된다.

3. 소독

가. A등급 및 B등급 구역에서 사용되는 소독제 및 세정제는 사용 전 멸균되어야 한다. C등급 및 D등급에서 사용되는 소독제 또한 오염관리전략에서 결정된 경우 멸균이 필요할 수 있다. 소독제 및 세정제가 무균의약품 제조업체에 의해 희석 및 조제되는 경우 이는 오염을 방지하는 방식으로 수행되어야 하며 미생물오염에 대해 모니터링 되어야 한다. 희석제는 미리 세척(및 해당되는 경우 멸균)된 용기에 보관하고 정해진 기간 동안만 보관해야 한다. 소독제와 세정제가 기성품으로 공급되는 경우 적절한 공급업체 적격성평가가 성공적으로 완료되면 시험성적서나 적합성 결과가 인정될 수 있다.

4. 최종멸균제품

가. 제품이 적절하게 멸균되도록 미립자, 미생물, 엔도톡신 및 발열성물질로 인한 오염 위험을 줄이기 위해, 구성품 및 원료의 준비 작업은 최소한 D 등

급의 청정실에서 수행해야 한다. 제품의 미생물 오염 위험이 높거나 비정상적으로 존재하는 경우(예 제품이 미생물 성장을 촉진시키는 경우, 제품이 충전될 때까지 오랜 기간 보관되어야 하는 경우 또는 제품이 대부분 밀폐 용기 내에서 처리되지 않는 경우)에는 준비 작업을 최소한 C등급 환경에서 수행해야 한다. 연고제, 크림제, 현탁제, 유제의 준비 작업은 최종 멸균 전 최소한 C등급 환경에서 시행되어야 한다.

나. 1차 포장 용기 및 구성품은 미립자, 엔도톡신, 발열성물질 및 바이오버든 오염을 적절히 관리하도록 검증된 절차를 통해 세척해야 한다.

다. 최종멸균제품의 충전작업은 최소한 C등급 환경에서 수행해야 한다.

라. 충전 작업이 느리거나, 용기 입구가 넓거나, 밀봉되기까지 몇 초 이상 동안 어쩔 수 없이 노출되는 경우 등 오염관리전략에 따라 제품에 비정상적인 오염 위험성이 있는 것으로 확인되는 경우, 제품 충전은 A등급 구역에서 수행해야 하며, 주변 환경은 최소한 C등급이어야 한다.

5. 환경 모니터링 – 총 입자

가. 총 입자 모니터링 프로그램은 오염 위험성 평가를 위한 데이터를 확보하고 검증된 상태의 무균 작업 환경을 유지관리하기 위해 확립되어야 한다.

나. 환경 모니터링 시 허용 가능한 총 부유입자 농도 한계 기준

등 급	m³당 최대 허용 총 입자 수(입자의 크기는 표에 명시된 각 입자의 크기와 같거나 더 크다)			
	비작업 시		작업 시	
	$0.5\mu m$	$5.0\mu m$	$0.5\mu m$	$5.0\mu m$
A	3,520	29	3,520	29
B	3,520	29	352,000	2,930
C	352,000	2,930	3,520,000	29,300
D	3,520,000	29,300	근거에 따라 설정(Not predetermined)[1]	근거에 따라 설정(Not predetermined)[1]

[1] D등급에 대한 "작업 시" 한계 기준은 미리 정하지 않았다. 제조자는 필요한 경우 위험평가 및 일상적인 데이터를 토대로 해당 기준을 설정해야 한다.

참 조
1. "비 작업 시" 상태에 대해 표에 제공된 총 입자 한계 기준은 작업원이 없는 상태에서 적격성 평가 동안 정해진 단기 "세척" 기간(참고치는 20분 미만) 이후에 달성되어야 한다(제4.2호 자목 참조).
2. A등급 내에서 특히 5μm 이상인 매크로 입자 수는 전기적 노이즈, 미광(stray light), 우발적 손상(coincidence loss) 등으로 인해 종종 잘못 측정될 수 있다. 그러나 연속적이거나 주기적으로 해당 입자가 낮은 수준으로 나타나면 이는 잠재적 오염의 징후일 수 있으므로 조사를 실시한다. 이러한 현상들은 작업실 공기 공급 여과시스템의 초기 이상, 장비의 고장, 기계 준비 및 일상적인 작업 동안 불안정한 실행의 징후일 수 있다.

6. 환경 및 작업원 모니터링– 생물성 입자

가. 무균작업이 실시되는 곳에서는 장갑, 작업복, 표면에 대한 검체 채취(예 스왑, 표면균), 낙하균, 부유균(volumetric air sampling) 등과 같은 방법을 혼합 사용하여 미생물 모니터링을 자주 실시한다. 사용한 검체 채취 방법은 오염관리전략에서 타당성이 입증되어야 하고 해당 방법이 A 등급과 B 등급의 공기흐름 패턴에 부정적인 영향을 미치지 않는다는 것을 입증해야 한다. 청정실 및 설비 표면은 작업이 끝난 후에 점검해야 한다.

나. 청정실 내부 관리에 영향을 미칠 수 있는 잠재적인 오염 사례를 감지하기 위해 일상적인 생산 작업을 수행하고 있지 않는 청정실(예 소독 이후, 제조 시작 전, 제조단위 생산 완료 시, 셧다운 기간 이후) 및 사용한 적이 없는 관련 작업실에서도 생물성 입자 모니터링을 수행해야 한다. 사건이 발생한 경우 검체 채취 위치를 추가하여 시정 조치(예 청소 및 소독)의 효과성을 입증하는데 사용될 수 있다.

다. A등급 구역의 연속적인 공기 중의 생물성 입자 모니터링(예 부유균 또는 낙하균)은 장비(무균적 설치)의 조립 및 중요 작업 등 중요 공정의 전체 기간 동안 진행해야 한다. B등급 청정실도 무균 공정에 미치는 위험성을 기반으로 유사한 접근방법을 고려해야 한다. 모니터링 작업은 모든 간섭, 일시적 사건, 시스템 저하를 포착해야 하며, 모니

터링 작업의 간섭으로 유발되는 모든 위험을 피할 수 있는 방법으로 수행해야 한다.

라. A등급과 B등급 구역에서 작업원에 대한 미생물 모니터링을 실시한다. 공정이 수작업으로 진행되는 경우(예 무균 혼합 또는 충전), 오염관리전략에서 위험 증가에 대해 타당성을 입증하고 작업복 미생물 모니터링을 강화해야 한다.

마. 생물성 입자 오염에 대한 조치 한계 기준

등급	부유균 CFU/m³	낙하균 (지름 90mm) CFU/ 4hours[1)	표면균 (지름 55mm) CFU/ plate[2)	글러브 프린트 다섯 손가락 CFU/ glove
A	균 생장 없음(No growth)[3)			
B	10	5	5	5
C	100	50	25	–
D	200	100	50	–

[1) A등급 및 B등급 구역에서는 작업 시간(장비 설치 포함)동안 낙하균을 측정해야 하며 최대 4시간 후 필요에 따라 교체해야 한다(노출 시간은 회복 시험 등 밸리데이션을 기반으로 하고, 사용한 배지의 적합성에 부정적인 영향을 미쳐서는 안됨). C 등급 및 D 등급 구역의 경우, 노출 시간(최대 4시간) 및 노출 빈도는 품질위험관리에 기반해야 한다. 각 낙하균은 4시간 미만 동안 노출시킬 수 있다.

[2) 표면균 기준은 A 등급과 B 등급 구역 내 장비, 작업실과 무균복 표면에 적용된다. 일반적으로 주기적인 작업복 모니터링은 구역의 용도에 따라 C등급과 D등급 구역에서는 요구되지 않을 수 있다.

[3) A등급에서 미생물 성장이 있을 경우 조사를 수행해야 한다.

참 조
1. 상기 표에 명시된 모니터링 방법의 유형은 예시이며, 제품에 오염 가능성이 있는 경우 전체 중요 공정(예 : 무균 라인 설치, 무균 공정, 충전 및 동결건조기 적재)에 걸쳐 정보를 적절한 의도로 제공하는 경우 다른 방법을 사용할 수 있다.
2. 문서 전반에 CFU를 사용한 기준이 적용된다. CFU가 아닌 방식으로 결과가 나타나는 새로운 기술을 사용한 경우, 제조업체는 적용한 기준을 과학적으로 입증하고 가능한 경우 CFU와 연관지어야 한다.

바. A등급과 B등급 구역에서 검출되는 미생물은 '종(species)' 수준까지 확인해야 하고 이러한 미생

물이 제품 품질에 미치는 잠재적인 영향(영향을 받은 각 제조 단위마다)과 전반적인 관리 상태를 평가해야 한다. C등급 및 D등급 구역에서 검출된 미생물에 대한 확인도 고려해야 한다.

③ 청정실 관리 기준

청정도 등급	ISO 등급	해당 작업구역 (예시)	구조조건	환기 횟수	미생물학적 관리기준
A	ISO 5	• 무균작업을 수행하는 작업대 • 무균제품의 충전·밀봉 작업대	• 단일방향기류 – (수직형) 약 0.3m/s – (수평형) 약 0.45m/s • 클린벤치/클린부스(B구역 내 설치) • HEPA Filter	600회/h 이상	• 최대 생균수 – 부유균 : <1CFU/m³ – 낙하균 : <1CFU/ ∅90mm/4h – 표면균 : <1CFU/ ∅55mm/Plate ※ 작업자 손끝균 포함 • 무균복장
B	ISO 7	• 무균제품의 작업실 및 무균작업에 필요한 관리 구역 • 무균작업 전용 갱의실 및 준비실	• 비단일방향 기류 • pre + med + HEPA Filter • 양압 (10~15Pa)	20회/h 이상	• 최대 생균수 – 부유균 : ≤10CFU/m³ – 낙하균 : ≤5CFU/ ∅90mm/4h – 표면균 : ≤5CFU/ ∅55mm/Plate ※ 작업자 손끝균 포함 • 무균복장
C	ISO 8	• 무균제품의 용기 세척실 • 최종 멸균 제품(사용자 멸균 포함)의 세척실. 세척 후 보관실 • 최종 멸균 제품(사용자 멸균 포함)의 작업실충전, 조립, 직접 포장 등) • 비멸균상태로 공급되나 그 청결이 사용상 중요한 제품의 작업실	• 비단일방향 기류 • pre + med + (필요시 HEPA) Filter • 양압 (10~15Pa) • 온·습도 관리	10회/h 이상	• 최대 생균수 – 부유균 : ≤ 100CFU/m³ – 낙하균 : ≤50CFU/ ∅90mm/4h – 표면균 : ≤25CFU/ ∅55mm/Plate ※ 작업자 손끝균 포함 • 전용의 무진복장

청정도 등급	ISO 등급	해당 작업구역 (예시)	구조조건	환기 횟수	미생물학적 관리기준
D	–	• 청정도 등급 C 구역과 연결된 지역 • 갱의실	• pre-Filter • 온 · 습도관리	N/A	N/A

비 고

1. 상기 청정도 관리기준은 반드시 준수하여야 하는 규정이 아니며, 제조자의 관리기준 결정에 도움을 주기 위해 제공한다.
2. 상기 청정도 관리기준은 운전상태(Operational)를 기준으로 한다. 비운전상태(At Rest)에는 B등급의 경우 A등급에 따르며, C등급의 경우 B등급의 기준에 따른다.
3. 미생물학적 관리기준의 최대 생균수는 평균값을 의미한다.
4. 미생물학적 관리기준은 균에 의한 오염관리가 필요한 경우에 한하여 적용하며, 시험항목 등은 제품의 특성 및 위험에 기반하여 제조자가 결정할 수 있다.

핵심이론 11 │ 작업장 청정도 시험방법

① 부유입자 농도측정 시험

㉠ 입자 계수기의 요구사항
- 입자 계수기는 공기 중 부유입자의 수와 크기 표시 및 기록이 가능해야 한다(일반적으로 광산란 입자 계수기(LSAPC)가 공기 청정도 등급 분류를 위해 사용된다).
- 측정 장비는 교정되어야 하고, 주기는 최소 1년마다 교정하는 것을 권장한다.

㉡ 예비시험 조건
- 측정 준비 : 청정실 모든 부분에서 성능 특성에 따라 완벽하게 작동하는지 확인하며, 예비시험의 예는 다음과 같다.
  - 유량 또는 유속 측정
  - 차압시험
  - 청정실의 누설시험
  - 설치 필터의 누설시험
- 장치 예비시험 : 장치 제조사의 지침에 따라 장치를 구성한 후 예비시험을 실행한다.

㉢ 샘플링 위치 개수 결정
- 샘플링 위치 개수는 청정실 면적에 따라 다음의 표와 같이 결정된다(측정결과는 최소 95% 신뢰도, 해당 청정실 면적의 90% 이상에서 등급 한계를 초과하지 않는다).
- 1,000m² 이상의 면적인 경우, 다음의 식을 이용하여 최소 샘플 위치 개수를 구할 수 있다.

$$N_L = 27 \times \left(\frac{A}{1,000} \right)$$

여기서, N_L : 최소 샘플링 위치 개수, A : 클린룸 면적(m²)

[청정실 면적에 따른 샘플링 위치 개수]

청정실 면적(m²) 이하	최소 샘플링 위치 개수(N_L)
2	1
4	2
6	3

청정실 면적(m^2) 이하	최소 샘플링 위치 개수(N_L)
8	4
10	5
24	6
28	7
32	8
36	9
52	10
56	11
64	12
68	13
72	14
76	15
104	16
108	17
116	18
148	19
156	20
192	21
232	22
276	23
352	24
436	25
636	26
1,000	27
>1,000	공식 참조

비 고

1. 청정실 또는 청정구역의 면적이 표에서 두 개의 값 사이에 있는 경우, 더 큰 쪽이 선택되어야 한다.
2. 단일방향류의 경우, 면적은 기류방향에 수직한 단면으로 간주될 수 있다. 비단일방향류의 경우, 면적은 청정실 또는 청정구역의 수평 단면으로 간주될 수 있다.

㉣ 샘플링 위치 지정

- 최소 샘플링 위치 개수(N_L)가 결정되면 전체 청정실 또는 청정구역을 동일한 면적의 최소 샘플링 위치 개수로 구역을 나눈다.
- 각 구역에서 대표하는 위치를 선택하고, 해당 위치에서 측정 장비로 작업 활동 단면이나 지정된 지점의 높이에 위치하여 측정한다.
  - 측정장비의 프로브는 기류가 불어오는 방향으로 위치한다.

- 비단일방향류의 경우, 측정장비의 프로브는 수직방향(위)으로 향하도록 위치한다.
- 청정실 내에서 중요하다고 판단되는 위치는 추가 샘플링 위치로 선택할 수 있으며, 추가된 개수 및 위치를 규정한다.

㉤ 샘플링 시간 결정

- 해당하는 ISO 등급에서 최소 20개의 입자를 검출할 수 있도록 각 샘플링 위치에서 충분한 공기를 채취한다.
- 입자 크기가 2개 이상인 경우에는 가장 큰 입자 한계값을 기준으로 샘플 부피를 결정한다.
- 샘플링 위치당 단일 샘플 부피는 다음 식을 이용하여 구할 수 있다.

$$V_S = \left(\frac{20}{C_{n,m}} \right) \times 1,000$$

여기서, V_S : 위치당 최소 단일 샘플 부피, 리터 단위로 표시

$C_{n,m}$: 최대 입자 크기에 대한 등급 한계 농도 (입자수/m^2)

20 : 입자 농도가 등급 한계일 때 측정될 수 있는 입자수

- 각 위치마다 요구되는 샘플링의 최소 부피는 2L, 하나의 샘플에는 최소 1분이 필요하다.
- 각 위치에서 채취하는 단일 샘플 부피는 동일해야 하며, 한 위치에서 2번 이상 측정한 경우는 입자 크기별로 입자수의 평균을 구하여 기록한다.

㉥ 샘플링 시험방법

- 입자 농도를 측정하기 위해 교정된 입자 계수기를 준비한다.
- 청정실 운영상태와 ISO 등급 분류를 확인한다.
  - 시험은 비운전상태와 운전상태에서 수행 가능하며, 정기적인 환경 모니터링은 일반적으로 운전상태에서 수행한다.
- 샘플링 위치와 측정 시간을 확인한다.

- 기류가 불어오는 방향으로 입자 계수기의 프로브를 위치시킨다.
  - 측정 위치의 기류방향을 제어할 수 없거나 예측 불가능한 비단일방향류의 경우, 프로브는 수직방향(위)으로 향하도록 위치한다.
- 샘플링 위치에서 샘플링 시간 확인 후 입자 계수기를 이용하여 측정한다.
- ISO 등급에서 허용한 입자 농도에 만족하면 적합으로 판정한다.
  - 규정등급을 벗어나는 수치가 측정되면 그 값은 무시할 수 있으나, 시험보고서에 기록한 후 새로운 샘플을 채취할 수 있다.
  - 청정실이나 장비에 문제가 발생하여 규정등급을 벗어나면, 원인파악과 시정조치 후 해당 위치나 인접 위치에서 재시험을 하고 시험보고서에 기록한다.

② **부유균 측정법** : Air Sampler라는 장비를 사용하여 일정 부피의 공기를 채집하고 미생물 배지를 접촉시켜 배양시킴으로써 미생물의 오염도를 측정한다.
- ㉠ Sampling Grid를 121℃, 15분간 멸균한다.
- ㉡ 측정기기의 전원을 켜고 남아 있는 배터리의 수명을 확인한다.
- ㉢ 측정기기를 평평한 표면 위에 수평·수직 또는 삼각대에 장착한 형태로 올려 놓는다.
- ㉣ 검사해야 할 영역에 적절한 샘플 부피를 선택한다.
- ㉤ 보호커버를 탈착하고 스트립 사이에 페트리접시를 놓는다.
- ㉥ 페트리접시의 뚜껑을 벗기고 Sampling Grid를 장착한 후 시작 버튼을 눌러 Sampling을 실시한다.
- ㉦ 청정실의 미생물 오염정도를 충분히 측정할 수 있을 정도의 공기를 흡입하되, 청정도가 높은 작업실의 경우는 청정도가 낮은 작업실보다 많은 양을 흡입한다. 또한 측정 위치는 부유입자 측정 시와 같다.

[부유균 측정을 위한 공기 흡입량]

청정도 등급	측정 구역	흡입량
A	ISO 5	2m^3
B	ISO 7	1m^3
C	ISO 8	1m^3

◎ 배양조건
- 세균 : 30~35℃, 72시간
- 진균 : 20~25℃, 5일 이상

③ **낙하균 시험법** : 페트리접시를 이용하여 부유입자 측정 개수와 동일하게 측정함을 원칙으로 하며, 청정실의 크기 및 구획이 명확하지 않은 곳은 그 수를 조정할 수 있다.
- ㉠ 측정위치 : 벽에서 30cm 떨어지고 바닥 높이에서 측정하는 것을 원칙으로 하며, 부득이한 경우 바닥에서 20~30cm 높은 위치에서 측정한다.
- ㉡ 측정시간 : 4시간, 비교적 청정도가 높은 작업실은 청정도가 낮은 작업실보다 노출시간을 더 연장할 수 있다.

[낙하균 측정을 위한 노출시간]

청정도 등급	ISO 등급	배지(∅90mm) 노출시간
A	ISO 5	4시간
B	ISO 7	4시간
C	ISO 8	4시간

- ㉢ 배양조건
  - 세균 : 30~35℃, 72시간
  - 진균 : 20~25℃, 5일 이상

④ **표면균 시험법** : 세균 검출용 배지를 측정하고자 하는 표면에 직접 접촉하는 Contact Plate Method와 탈지면 또는 면봉으로 접촉부위를 닦아 희석하여 배지에 도말하는 Swabbing Method 방법이 주로 사용된다.
- ㉠ 시험방법
  - Contact Plate Method : 준비된 배지를 열어 측정하고자 하는 표면에 배지의 전면이 닿도록 접촉시킨다.

- Swabbing Method
  - 멸균한 생리식염수를 거즈 또는 탈지면에 적시고 측정하고자 하는 표면을 20~30° 각도로 4~5회 문질러 샘플을 채취한다.
  - 샘플 채취 후 멸균 생리식염수가 든 병에 샘플을 넣고 혼합한 후 시료액을 배지에 분주 및 도말한다. 이때 시료액이 혼탁하면 시료액을 희석한 후 도말한다.
  - 고르지 못한 기계 표면에 대하여 적용하며, 세균검출용 Plate로 Contact Test를 할 수 없는 곳에 사용한다.
  - ㉡ 배양조건
    - 세균 : 30~35℃, 72시간
    - 진균 : 20~25℃, 5일 이상
- ⑤ 손끝균 시험법 : 제품 특성에 따라 제조공정 중 원자재, 제품 등이 작업자의 손과 접촉이 많은 경우 위험 관리를 위해 실시할 수 있다.
  - ㉠ 시험방법 : 준비된 세균 검출용 배지를 작업자마다 각각 손바닥 전체와 손가락 앞부분으로 나누어 표면을 누른다.
  - ㉡ 배양조건
    - 세균 : 30~35℃, 72시간
    - 진균 : 20~25℃, 5일 이상
- ⑥ 멸균 전 생균수 시험법(바이오버든 시험) : 의료기기, 원자재, 포장 등에 대한 미생물 오염 정도 평가를 위해 실시한다.
  - ㉠ 샘플 선정기준 : 제품에 대해 대표성이 있어야 한다.
  - ㉡ 시험방법 : 제품 특성에 따라 여과, 평판, 초음파 등을 선택한다.
  - ㉢ 유효성 확인 : 반복적 처리 시험법, 접종 시험법으로 회수율을 확인한다.

① 청정실의 밸리데이션 : 시설과 실제 운영상황 등을 반영해야 하며, 청정실 밸리데이션 계획서와 밸리데이션 결과보고서 작성으로 완료된다.

② 청정실 밸리데이션(유효성 확인)은 일반적으로 5단계로 진행된다.

    ㉠ 청정실 밸리데이션 계획서 작성 : 청정실 내 장비 및 설비 내용, 배치도, 동선 등 청정실 전체 시스템에 대한 설명과 청정도 적용기준, 등급, 시험방법, 검토 방법, 모니터링 방법, 리밸리데이션 방법 등의 내용이 포함된다.

    ㉡ 설치 적격성(IQ) 평가(준공상태) : 청정실 시공이 완료되었으나 생산장비와 작업자가 없는 상태에서 기계, 설비 및 시스템이 설정된 기준에 맞게 설치되었는지 현장에서 검증한 내용이 포함된다.

    ㉢ 운전 적격성(OQ) 평가(비운전상태) : 시공이 완료되고 모든 설비가 설치되었지만 작업자가 없는 상태로 기계, 설비 및 시스템이 의도한 대로 가동하는지 검증한 내용이 포함된다.

    ㉣ 성능 적격성(PQ) 평가(운전상태) : 청정실이나 청정구역 내부에 장비의 기능이 정상적으로 작동되고, 작업자가 있는 상태로 제품을 품질기준에 맞게 제조할 수 있는지 검증한 내용이 포함된다.

    ㉤ 청정실 밸리데이션 결과보고서 작성 : 적격성 평가를 통해 밸리데이션 계획서의 각 항목별 시험결과, 검토 및 적부판정을 기록하고, 객관적으로 확인할 수 있는 개별 성적서, 교정 성적서 등을 첨부하여 작성한다.

③ 청정실 밸리데이션 계획서 작성

    ㉠ 개 요
    ㉡ 목 적
    ㉢ 적용범위
    ㉣ 참고문헌
    ㉤ 책임과 권한
    ㉥ 용어의 정의
    ㉦ 청정실 전체 시스템의 설명
    ㉧ 밸리데이션 방법 및 적합 기준
    ㉨ 시험항목
    ㉩ 결과 검토 방법
    ㉪ 관리 및 모니터링
    ㉫ 리밸리데이션

④ 청정실 밸리데이션 결과보고서 작성

    ㉠ 계획서의 각 항목별 내용을 확인하고 객관적으로 확인할 수 있는 개별 성적서, 교정 성적서 등을 자료를 포함하여야 하며, 문서 이력 등도 관리되어야 한다.

    ㉡ 청정실 밸리데이션 계획서에서 제시된 내용을 모두 포함한다.

      • 개 요
      • 목 적
      • 적용범위
      • 참고문헌
      • 책임과 권한
      • 용어의 정의
      • 청정실 전체 시스템의 설명
      • 유효성 평가 방법 및 적합 기준
      • 시험결과
      • 결과 검토
      • 관리 및 모니터링
      • 리밸리데이션

⑤ 청정실 환경 및 시설 모니터링

    ㉠ 모니터링은 청정실의 성능을 나타내는 증거 제공을 위해 정의된 방법과 계획에 따라 측정하고, 관찰하는 활동이다.

    ㉡ 환경 및 시설 모니터링은 청정실에서 발생한 입자, 미생물 및 시설 성능을 지속적으로 확인하는 활동으로 모니터링 결과에 따른 시정 조치를 포함한다.

© 모니터링이 필요한 이유
- 청정실이 효과적으로 운영, 유지되고 있음을 확인할 수 있다.
- 오염의 잠재적인 요소를 미리 파악하고 제거할 수 있다.
- 발생할 수 있는 오염발생 가능성을 최소화할 수 있다.

부유입자 모니터링	미생물 오염 모니터링
• 0.1~5μm의 부유입자 • 개별입자 계수기 이용	• 미생물(박테리아, 곰팡이 등) • 작업자, 공기, 작업대나 장비 표면 미생물 오염 측정

- 부유입자 모니터링, 미생물 모니터링은 매년 실시하나 부유입자 모니터링은 매년 실시하되, 위험기반 분석, 평가에 따라 주기 변경(연장) 가능하다.
- 시설 모니터링은 청정실 및 공기조화시스템의 성능평가(기류, 차압 시험 등) 시험으로, 주기는 위험기반 분석, 평가를 통해 자체 설정한다.
© 환경 및 시설 모니터링 시 청정실의 기류방식(단일, 비단일)을 구분하고 가동상태(준공, 비운전, 운전)를 고려한다(일반적으로 환경 및 시설 모니터링은 비운전상태 또는 운전상태에서 수행한다).

⑥ 청정실 내 주요 오염원
㉠ 작업자 : 작업자의 활동이 청정실에 가장 많은 오염을 발생시키며 각질, 머리카락, 화장, 땀, 기침 등으로부터 오염될 수 있다.
㉡ 재료 : 청정실의 벽, 바닥, 천장 등의 시공재료(콘크리트), 정전기 발생을 방지하기 위한 코팅제, 마감 처리에 사용하는 페인트 등에서 입자가 발생될 수 있다.
- 청정실에 반입되는 모든 재료(문구류, 포장재 등)들은 직·간접적으로 사용되는 과정에서 오염될 가능성이 있다.
- 동물유래물질은 원재료 자체에 미생물을 포함할 수 있다.

© 시설 및 장비
- 공기조화 시스템의 결함, 설치 필터의 누출 등으로 오염된 공기가 유입될 수 있으며, 제조 장비를 사용하는 동안 발생하는 마찰, 열, 진동, 가스, 윤활유 등이 입자를 발생시킬 수 있다.
- 가구, 의자, 청소용 도구 등과 같은 이동식 장비에서도 입자가 발생될 수 있다.
㉣ 제조 및 공정 : 가공, 조립, 포장 등 제조 공정 등에 사용하는 접착제, 윤활유, 물과 같은 공정 보조제에서 입자 및 미생물이 발생될 수 있다.

⑦ 청정실 입·퇴실 절차 및 주의사항(예시)
㉠ 전실 : 작업자가 외부에서 착용하던 신발, 겉옷 등 교체하는 비청정구역
- 전실에 입실할 때는 외부 신발을 벗고 실내화로 갈아신는다.
- 끈적이는 접착 매트를 밟고 전실에 입실한다.
- 청정실 출입기록지에 퇴실시간을 제외한 모든 부분을 작성한다.
- 겉옷, 반지, 귀걸이, 시계 등의 개인물품은 옷장에 보관한다.
- 분말이 날릴 가능성이 있는 색조화장, 마스카라 등은 지운다.
- 비누 거품을 이용하여 손가락 끝, 손가락 사이 등을 흐르는 물에 깨끗이 씻는다.
- 입자 발생이 적은 종이타올이나 손 건조기를 이용하여 남아 있는 물기를 제거한다.
- 손 소독기 또는 70% 에탄올로 손을 소독하고 손 등까지 문질러 자연건조 시킨다.
㉡ 갱의실 : 전실과 연결되어 청정실 입실 전에 청정실용 의복을 착용하는 준청정구역
- 갱의실에 입실하기 전, 접착 매트를 밟고 입실한다.
- 신고 있는 실내화에 청정실용 덧신을 착용하거나, 청정실용 신발로 갈아신는다.

- 방진복과 방진용품의 착용은 갱의실에 비치된 절차에 따라 착용한다.
- 마스크, 헤어캡, 방진복, 장갑 등을 착용한다.
- 마스크는 얼굴과 턱에 꼭 맞도록 착용하여야 하며, 코 부분이 완전히 감쌀 수 있도록 콧등의 철심 부분을 눌러 얼굴에 맞추어 착용한다.
- 헤어캡은 머리카락이 노출되지 않도록 머리에서 귀까지 덮도록 착용한다.
  ※ 일체형 의복의 경우, 방진 후드를 조절하여 얼굴 주위를 완전히 감싼다.
- 방진복을 착용 시 방진복이 바닥이나 물건과 접촉하지 않도록 주의한다.
- 방진복 앞면 지퍼를 끝까지 올리고, 팔소매 부분과 다리부분은 끝까지 내려준다.
- 장갑 착용 시 방진복 소매부분을 덮어준다.
- 청정실 입실 전에 전신 거울을 통해 방진복 착용상태를 점검한다.
  ※ 일체형 의복의 경우, 후드가 목부분을 완전히 덮었는지 확인한다.
- 모든 확인이 끝난 뒤 충분한 양의 소독제로 장갑 낀 손을 소독한다.
- 에어 샤워기를 통해 청정실에 입실한다.

ⓒ 퇴실 시 주의사항
- 청정실에서 갱의실에 들어갈 때까지 청정실용 복장을 유지한다.
- 청정실용 신발을 벗은 후 정해진 장소에 보관한다.
- 청정실용 의복은 바닥 등에 접촉되지 않도록 탈의하여 보관한다.
- 재입실 시에도 입실 절차에 따른다.
- 다른 업무나 휴식을 위해 청정실을 퇴실할 때 청정실용 의복을 착용한 채로 전실, 그 외 청정구역을 돌아다니지 않도록 주의한다.

ⓔ 청정실 내 주의사항
- 공기가 나오는 구역에서는 물품을 놓거나 작업하지 않아야 한다. 공기순환을 방해하여 청정실의 미세입자 제거를 어렵게 하기 때문이다.
- 불필요한 말이나 행동을 하지 않아야 한다. 공기순환 및 입자 유발, 특히 뛰어다니는 행동은 불필요한 입자를 유발한다.
- 청정실용 의복은 항상 규정된 착의상태를 유지한다. 불편하다는 이유로 잘 지켜지지 않으며, 잠재적 오염의 원인이다.
- 작업장소는 최대한 깨끗하게 유지하며, 작업대에 기대지 않는다.
- 제조공정에 사용되는 물품을 제외하고 개인물품은 소지하지 않는다.
- 적절한 교육 및 자격인정을 통해 청정실 작업인원을 결정한다. 작동시스템의 '작업자 교육 및 모니터링' 절차와 연계하여 세부사항을 수립한다.

⑧ 에어필터의 관리
ⓐ 프리필터 : 일반적으로 3개월마다 교체 또는 세척한다.
ⓑ 미디엄필터 : 일반적으로 1년마다 교체하거나, 공기조화 시스템 가동 시 필터 전후의 차압이 최초 측정 수치의 2배 이상 되는 경우 교체할 수 있다.
ⓒ 헤파필터 : 일반적으로 3년마다 교체하거나, 공기조화 시스템 가동 시 필터 전후의 차압이 최초 측정 수치의 2배 이상 되는 경우 교체할 수 있다.

12-1. 청정실의 모니터링이 필요한 이유가 아닌 것은?

① 청정실이 효과적으로 운영, 유지되고 있음을 확인할 수 있다.
② 오염의 잠재적인 요소를 미리 제거할 수 있다.
③ 오염발생 가능성을 최소화할 수 있다.
④ 모니터링을 통해 시설 성능의 시정조치를 피할 수 있다.

12-2. 에어필터 관리에 대한 설명으로 옳지 않은 것은?

① 프리필터는 일반적으로 3개월마다 교체한다.
② 미디엄필터는 일반적으로 2년마다 교체 또는 세척한다.
③ 미디엄필터는 공기조화 시스템 가동 시 필터 전후의 차압이 최초 측정 수치의 2배 이상 되는 경우 교체할 수 있다.
④ 헤파필터는 일반적으로 3년마다 교체한다.

|해설|

12-1

청정실의 모니터링이 필요한 이유
• 청정실이 효과적으로 운영, 유지되고 있음을 확인할 수 있다.
• 오염의 잠재적인 요소를 미리 파악하고 제거할 수 있다.
• 발생할 수 있는 오염발생 가능성을 최소화할 수 있다.

12-2

미디엄필터 : 일반적으로 1년마다 교체하거나, 공기조화 시스템 가동 시 필터 전후의 차압이 최초 측정 수치의 2배 이상 되는 경우 교체할 수 있다.

정답 12-1 ④ 12-2 ②

PART 02

적중모의고사

제1과목 배양준비

01 산업용 미생물의 보존 방법 중 가장 낮은 온도로 보존하는 방법은?

① 토양배양
② 동결건조
③ 액체질소에 의한 보존
④ 사면배양기에 의한 보존

해설
• 액체질소 온도 : −196℃
• 동결건조의 온도 : −80∼−50℃

02 산소의 공급을 제한하여 대사를 억제하는 방법이며 곰팡이나 효모에 적합한 균주의 보존법은?

① 유동 파라핀 중층법
② 현탁법
③ 동결건조법
④ 계대 배양법

해설
유동 파라핀 중층법 : 계대배양의 변법으로 한천사면배양 또는 천자배양상에서 유동파라핀을 중층하여 배지의 건조를 막고 산소 공급을 억제하여 대사속도를 저하시켜 보존하는 방법이다. 고순도 백색 유동파라핀을 양질의 것으로 골라, 121℃에서 1∼2시간 가압멸균한 후 110∼170℃에서 1∼2시간을 건조하여 증기 멸균 시 흡수된 수분을 제거한다. 충분히 생육된 한천배지 위에 멸균유동파라핀을 한천사면의 선단보다 약 1cm 두께로 중층한다. 이보다 높으면 혐기상태가 되어 좋지 않으며 한천의 끝이 노출되면 배지가 보존 중에 건조한다. 저온 내지 실온에서 보존한다. 보존기간은 월에서 연이다. 이 방법은 사상균, 효모, 세균, 방선균에 적용된다. 특히 동결건조가 곤란한 사상균 그리고 배지상에서 포자를 형성하는 사상균의 간이보존법으로 적당하다.

03 다음 중 원핵세포에 해당되는 것은?

① 효 모
② 곰팡이
③ 세 균
④ 식 물

해설
진정세균과 고세균은 원핵세포에 포함된다.

04 산업적 발효배지 내에 불용성 입자가 다수 포함되어 있을 경우 살균조작에 대한 설명으로 옳은 것은?

① 살균온도를 높이고 살균시간을 줄인다.
② 살균온도를 높이고 살균시간을 늘린다.
③ 살균온도를 낮추고 살균시간을 줄인다.
④ 살균온도를 낮추고 살균시간을 늘린다.

해설
불용성 입자의 멸균에는 높은 살균온도와 긴 살균시간이 필요하다.

05 대장균(*E. coli*)의 세포 성분 중 건조중량 기준으로 가장 많은 물질은?

① 지 방
② 단백질
③ 핵 산
④ 탄수화물

세포 내 건조중량의 40~70%는 단백질이다.

06 미생물 제품이나 단백질과 같이 열에 대해 일반적으로 불안정한 물질을 건조하는 데 주로 사용되는 건조기는?

① 동결건조기
② 분무건조기
③ 상자형건조기
④ 고주파 가열건조기

동결건조 : 수용액 기타 함수물을 동결시켜 그 동결물을 수증기압 이하로 감압함으로써 물을 승화시켜 제거하고 건조물을 얻는 방법이다. 열에 불안정한 물질에 효율적이다.

07 미생물의 주요 영양소에 대한 설명 중 틀린 것은?

① 포도당은 세포를 구성하는 물질을 만드는 탄소원으로써 사용될 수 있다.
② 포도당은 산화되거나 발효되어 에너지를 만들어 내는 데 사용될 수 있다.
③ 암모니아는 질소원으로써 아미노산이나 핵산의 생합성에 사용된다.
④ 암모니아는 세포 내에서 질산으로 산화된 후 질소원으로 사용된다.

질산염이 질소원일 경우에는 암모니아로 환원하기 위해 수소이온이 배지로부터 제거되어 pH가 증가된다.

08 미생물 포자에 대한 설명으로 옳은 것은?

① 포자는 이분법에 의하여 분열한다.
② 포자는 원핵생물이 주로 생성한다.
③ 방선균류는 대부분 포자를 형성한다.
④ 모든 그람 양성균은 포자를 형성한다.

방선균은 토양·식물체·동물체·하천·해수 등에 균사체 및 포자체로 존재하는 미생물로 세균에 가까운 원핵생물, 즉 세균의 방선균목으로 분류된다. 세포의 크기가 세균과 비슷하며 세포가 마치 곰팡이의 균사처럼 실 모양으로 연결되어 발육하며 그 끝에 포자를 형성한다. 토양 중 방선균은 각종 유기물의 분해, 특히 난분해성 유기물 분해에 중요한 역할을 하며 항생물질을 만들기도 한다.

09 유성생식 양상에 근거하여 진균류를 조상균류(Phy-comycetes), 자낭균류(Ascomycetes), 담자균류(Basidiomycetes), 불완전균류(Deuteromycetes)로 분류한다. 이에 대한 설명으로 틀린 것은?

① 조상균류 : 조류 같은 진균류이고 광합성을 하며 물과 뭍에서 자라는 곰팡이가 이 부류에 속한다.

② 자낭균류 : 자낭포자라고 하는 유성포자를 형성하며 이 포자는 자낭 안에 있다.

③ 담자균류 : 담자포자에 의해 생식하며 이 포자는 담자라는 특정한 세포의 줄기에서 생성되고 버섯이 이 부류에 속한다.

④ 불완전균류 : 유성생식은 하지 않고 무성생식만 하는 곰팡이가 이 부류에 속한다.

해설
조상균류 : 균사에 격벽이 없는 곰팡이로 유성적으로 접합포자를 만든다. 조류와 같은 진균류이고 엽록소가 없어 광합성을 할 수 없다.

10 다량 영양소(Macronutrient)에 대한 설명 중 틀린 것은?

① 황은 건조 균체량의 약 8%를 차지하며 미토콘드리아의 성분이다.

② 질소는 단백질과 핵산의 형태로 세포 생장에 이용된다.

③ 인은 핵산에 존재한다.

④ 탄소화합물은 세포의 탄소와 에너지의 주요 공급원이다.

해설
황(S)은 건조균체량의 약 1%를 차지한다.

11 배지에 이용되는 미량 영양소가 아닌 것은?

① S
② Fe
③ Mn
④ Zn

해설
• 다량 영양소
  – 10^{-4}M 농도 이상 필요한 영양소
  – C, H, O, S, P, Mg, K
• 미량 영양소
  – 10^{-4}M 농도 이하 필요한 영양소
  – Mo, Fe, Cu, Ca, Na, Mn, Zn, 비타민, 대사전구체, 성장호르몬

12 진핵세포에 대한 내용 중 옳지 않은 것은?

① 원형질막은 단백질과 인지질로 구성되어 있다.

② 세포질막에 스테롤이 있다.

③ 식물세포에는 세포벽이 없다.

④ 핵인은 리보솜이 생성되는 곳이다.

해설
식물의 진핵세포에는 세포벽이 존재한다.

13 다음 중 가장 낮은 수분활성도에서 자랄 수 있는 미생물은?

① *Saccharomyces cerevisiae*

② *Aspergillus niger*

③ *Bacillus subtilis*

④ *Zygosaccharomyces rouxii*

해설

Zygosaccharomyces rouxii : 간장 · 된장의 주발효 효모, 벌꿀 · 당 시럽 · 농축과즙 · 잼 · 젤리 등 당 함유 식품의 변패효모로 식염 16~24w/v%(최저 수분활성도 0.79~0.81)에서 증식 가능한 내염성 및 글루코스 80%(최저 수분활성도 0.62)에서 증식할 수 있는 내당성을 함께 가지고 있다.

※ 나머지 미생물의 수분활성도
- *Aspergillus niger* (0.88)
- *E. coli* (0.935~0.96)
- *Bacillus subtilis* (0.95)
- *Saccharomyces cerevisiae* (0.895)

14 질소원으로 사용되지 않는 배지 성분은?

① Yeast Extract

② Soybean Meal

③ Sucrose

④ Peptone

해설

Glucose, Sucrose, Fructose는 실험실용 발효에 많이 사용되는 탄소원이다.

15 그람 음성 세균에 비하여 그람 양성 세균의 세포벽에 더 많이 들어 있는 성분은?

① 단백질

② 지질다당류

③ 펩타이도글리칸

④ 지방과 지단백질

해설

- 그람 양성 세균 : 외막 없음, 세포막 밖에 두꺼운 펩타이도글리칸 층이 존재한다.
- 그람 음성 세균 : 외막과 내막 있음, 외막과 내막 사이 공간에 얇은 펩타이도글리칸 층이 존재한다.

16 화학물질에 의한 미생물의 제어 방법 중 일회용 플라스틱 배양접시나 주사기, 봉합사 등 열에 약한 도구를 멸균하는 데 사용되는 물질은?

① 염소 가스

② 산화에틸렌 가스

③ 증기 상태의 과산화수소

④ 베타-프로피온 락톤 가스

해설

열에 민감한 장치의 멸균에는 에틸렌옥사이드(산화에틸렌), 폼알데하이드 용액, 오존 등이 사용된다.

17 미생물 배양 시 배지 내에 여러 가지 에너지원이 동시에 존재하여 하나의 에너지원이 생산한 이화생성물이 다른 에너지원을 이용하기 위해 필요한 효소를 억제(Catabolite Repression)하여 세포 성장이 다단계로 일어나는 성장 형태를 무엇이라고 하는가?

① Diauxic Growth
② Dual Time Growth
③ Autotrophic Growth
④ Auxotrophic Growth

해설
이중생장(Diauxic Growth) : 미생물에게 두 종류의 영양물질을 동시에 제공했을 때, 하나의 영양물질을 우선 소비하고 대사 작용을 바꾸어 다른 영양 물질을 소비하는 이중 단계의 성장 패턴이나 반응을 말한다.

18 주로 곰팡이에 작용하는 항생물질은?

① β-lactam계
② Aminoglycoside계
③ Macrolide계
④ Polyene계

해설
항생물질의 종류
- β-lactam계 : 세포벽 합성 저해 작용을 하고 Mycoplasma에는 전혀 효과가 없고, 그람 양성균에 효과가 있다(Penicillin, Cephalosporin, Ampicillin).
- Aminoglycoside계 : 단백질 합성 저해 작용을 하고 그람 음성 간균과 일부 그람 양성균에 효과가 있다(Streptomycin, Kanamycin, Gentamicin).
- Macrolide계 : 단백질 합성 저해 작용을 하고 그람 양성균 및 그람 음성균에 광범위하게 효과가 있다(Erythromycin, Kitasamycin).
- Polyene계 : 진균 세포막 에르고스테롤에 구멍을 형성하여 전해질 유출로 세포를 사멸시킨다(Trichomycin, Nystatin).
※ 항진균성 물질 : Polyene계, Aaole계, Allylamine계 등

19 진핵세포 세포벽에서 발견되는 물질이 아닌 것은?

① Cellulose
② Silica
③ Sterol
④ Chitin

해설
Sterol은 세포막에 존재한다.

20 균사에 격막(격벽)이 없는 곰팡이는?

① *Monascus anka*
② *Mucor pusillus*
③ *Aspergillus oryzae*
④ *Penicillium camemberti*

해설
접합균류 : 뿌리나 줄기처럼 생긴 균사와 포자낭으로 이루어진다. 접합균류의 균사는 세포를 구분하고 있는 격벽이 없고 접합포자를 만들어 유성생식을 하는 것이 특징이다. 털곰팡이(*Mucor sp.*), 검은빵곰팡이(*Rhizopus sp.*)가 있다.

21 박테리아 세포의 세포벽과 세포막을 파쇄하는 데 주로 사용할 수 있는 기기는?

① 초음파 분쇄기(Sonicator)
② French 압착기
③ Bead Mill
④ 원심분리기

해설

박테리아 세포의 세포벽과 세포막 파쇄에는 초음파 분쇄기가 사용된다.

22 다음 중 화학적 방법에 의한 세포 파쇄 방법이 아닌 것은?

① 삼투압 충격
② 알칼리 처리
③ 계면활성제 처리
④ 초음파 처리

해설

물리적 세포 파쇄 방법 : 초음파 분쇄기, French 압착기, 고압균질화기, 볼밀 등이 있다.

23 어떤 시료에서 목적으로 하는 미생물을 혼재하고 있는 다른 미생물보다 빨리 다량으로 얻은 후에 순수분리를 한다. 목적하는 미생물에 적합한 배지에 시료의 소량을 넣고 적온을 유지하여 목적하는 미생물의 생장 번식을 왕성하게 하고 잡균을 억제하는 배양 방법은?

① 도태배양
② 순수배양
③ 액체배양
④ 계대배양

해설

② 순수배양 : 세균을 한천배지 등의 배지에서 단일 종만이 존재하는 상태에서 배양하는 일로 L. 파스퇴르와 R. 코흐에 의하여 확립된 것이다. 어떤 세균·원생동물·곰팡이 등을 병원체로 확정하거나 연구의 목적으로, 특히 항생물질을 연구할 때는 필수적이다. 다세포 동물에서도 조직배양, 기관배양 외에 한 종류의 세포만을 순수하게 배양할 수 있게 되어 세포의 유전적 연구 및 정상세포의 암화(癌化) 연구 등에 쓰이고 있다.
③ 액체배양 : 한천 등의 고체 배지를 사용하는 배양에 대하여 액체 배지를 사용하는 배양의 총칭이다. 일반적으로는 액체 중의 세포를 교반 등의 조작으로 현탁시켜, 세포 주변의 환경을 균일화시킴과 동시에 산소, 영양소의 공급을 기도하는데, 이러한 조작을 하지 않는 정치 액체배양법도 있다. 동물·식물·미생물 세포의 대량 배양에 사용된다.
④ 계대배양 : 세포 증식을 위해 새로운 배양접시에 옮겨 세포의 대(代)를 계속 이어서 배양하는 방법으로, 이것은 제한된 배양 접시 내에서 세포가 증식을 멈추게 되므로 이것을 막고 세포가 증식할 수 있게끔 새로운 공간을 제공하는 것이다.

24 지연기가 길어지는 요인은?

① 많은 접종량
② 사멸기 세포의 접종
③ 높은 생장인자 농도
④ 최적화된 배지 조성

해설

지연기(Lag Phase) : 접종 직후의 시기로 세포들이 새로운 환경에 적응하는 기간으로 지연기를 최소화하는 방법은 다음과 같다.
• 접종 전 세포를 생장배지에 적응시킨다.
• 젊고 활성이 높은 대수기의 세포를 다량으로 접종한다.
• 특정 생장 인자를 포함시킨 최적화된 배지를 사용한다.

25 회분식 세포 배양의 성장형태(Growth Phase)에서 생장속도와 사멸속도가 동일한 기간은?

① 지연기(Lag Phase)

② 지수 성장기(Exponential Phase)

③ 정지기(Stationary Phase)

④ 쇠퇴기(Decline Phase)

해설

정지기(Stationary Phase)는 생장속도와 사멸속도가 같은 알짜 생장속도가 0이다.

26 초음파 진동기를 이용하여 세포를 파쇄할 경우에 대한 설명으로 틀린 것은?

① 초음파 분쇄는 열 발생 문제가 있어서 열에 민감한 효소를 변성시킬 수 있다.

② 그람 음성 세균이 그람 양성 세균보다 더 쉽게 깨진다.

③ 본체에서 발생된 초음파는 세포 현탁액에 잠겨 있는 타이타늄 전극에서 파동 에너지가 기계적 에너지로 전환된다.

④ 긴 균사체로 된 사상곰팡이 세포 파쇄에 가장 효과적이다.

해설

초음파 진동기는 사상곰팡이 세포 파쇄에는 효율성이 떨어진다.

27 배양을 시작하면 배양액을 빼내는 일 없이 배지를 연속 혹은 간헐적으로 공급하는 배양기술은?

① 회분식 배양

② 연속배양

③ 고상발효

④ 유가식 배양

해설

유가식 배양 : 배양의 진행과 동시에 영양배지를 발효조에 서서히 첨가하면서 배양종료까지 발효조에서 배양액을 뽑지 않는 배양방법이다. 특정 물질의 첨가속도를 미생물에 의한 소비속도와 비례하게 함으로써 배양 중 그 성분의 농도를 임의의 설정값으로 제어할 수가 있다. 이 때문에 기질저해, 생성물저해, 증식저해를 일으키는 배양계에서 유효하다.

28 세포 농도를 일정하게 유지하기 위하여 희석 속도를 변화시키면서 세포 농도를 일정하게 유지하는 연속배양 방법은?

① 회분식(Batch) 배양

② 터비도스탯(Turbidostat) 배양

③ 키모스탯(Chemostat) 배양

④ 유가식(Fed-batch) 배양

해설

터비도스탯(Turbidostat) : 배양액의 흐린 상태(Turbidity)가 증가함에 따라 새로운 배양액이 배양용기에 공급되는 개방연속배양의 일종이다. 배양액의 흐린 정도는 세포수가 증가함에 따라 심해지기 때문에 지나치게 세포수가 증가할 경우에는 광학 밀도의 모니터링 및 이에 의거한 원료 유량의 제어를 통해 세포 농도를 일정하게 유지해 준다.

29 다음 중 기계적인 세포 파쇄방법이 아닌 것은?

① Ball Mill법
② Homogenization법
③ 삼투 충격법
④ 초음파 발생법

비기계적 파쇄법 : 삼투 충격법, 얼음 이용법, 효소 이용법

30 미생물 발효에 사용되는 세포 배양기(Bioreactor)는 운전방식에 따라 회분식, 유가식, 연속식 배양기 등으로 나눈다. 다음 설명 중 틀린 것은?

① 회분식은 다른 공정에 비하여 오염의 위험도가 낮아 대부분의 발효에서 많이 이용되고 있다.
② 연속식은 생산성이 높지만 장치비가 많이 요구되고 오염의 위험성이 있다.
③ 생성물의 농도를 올리는 방법으로 유가식 방법이 많이 사용된다.
④ 연속식은 세포 증식이 균일한 상태에서 배양되므로 재조합 균주의 배양에 알맞다.

연속식 배양은 유전자불안성 문제가 발생할 수 있으므로 재조합 균주 배양에 부적합하다.

31 세포 외 생성물을 분리하는 데 사용하는 주요 방법이 아닌 것은?

① 여 과
② 원심분리
③ 응 고
④ 파 쇄

세포 내 성분이 생산물일 경우 : 여과, 응집 및 원심분리 등과 같은 방법을 이용해 세포를 먼저 회수한 후 회수된 세포를 파쇄하여 세포 외 성분의 경우와 같이 생산물을 회수한다.

32 회분식 반응기가 키모스탯(Chemostat)과 비교하여 공정상 유리한 특성이 아닌 것은?

① 공정의 융통성
② 공정의 신뢰성
③ 균주나 유전자 불안전성의 영향이 낮음
④ 1차 생성물에 대한 높은 생산성

1차 생성물에 대한 높은 생산성은 키모스탯과 같은 연속배양의 특징이다.

33 세균이 생합성하여 세포 내부에 저장하는 물질 중 초음파와 같은 물리적 충격에 약한 물질을 분리하고자 한다. 이러한 경우 세포 분쇄를 위하여 가장 많이 이용되는 물질은?

① Lysozyme
② 황 산
③ Glycosylase
④ 에탄올

해설
비기계적 파쇄법 : 삼투충격, 얼음이용법, 효소이용법

34 세포를 발효액으로부터 분리하는 가장 일반적인 기술은?

① 여과 또는 원심분리
② 추 출
③ 흡 착
④ 크로마토그래피

해설
불용성생성물(세포)의 주요 분리방법 : 여과, 원심분리, 응고/응집

35 고체배양에 대한 설명으로 적합한 것은?

① 혐기성 미생물의 배양에 적합하다.
② 곰팡이 배양에 많이 이용된다.
③ 제어 배양이 용이하다.
④ 대규모 생산 시에 비교적 좁은 면적이 필요하므로 유리하다.

해설
고체배양 : 낮은 수분 함량에서 발효하여 곰팡이 같은 균사 미생물의 생장을 위해 선택적인 환경을 제공한다.

36 다음 중 통기 교반에 관계되는 발효조의 기계요소와 거리가 먼 것은?

① 임펠러(Impeller)
② 방해판(Baffle)
③ 공기 분산 유입관
④ Glass Wool

해설
배양기에는 효율적인 기체 분산을 위해서 분사기, 임펠러, 방해판 등을 사용한다.

37 유가식 배양(Fed-batch Culture)에서 준정상상태(Quasi-Steady State)란 무엇인가?

① 세포농도와 기질농도가 시간에 따라 변하지 않고 일정하게 유지되는 상태를 말한다.
② 세포량이 일정하지만 배양액 체적이 증가하여 세포 농도가 일정하게 변하는 상태를 말한다.
③ 산소 요구량의 변화가 미약하여 용존산소 농도가 일정하게 유지되는 상태를 말한다.
④ 임계 희석속도보다 높은 희석속도에 의하여 세출(Wash-out)이 일정하게 발생하는 상태를 말한다.

해설
준정상상태 : 영양소의 공급 속도와 소모속도가 같은 때를 의미하며, 생장속도는 희석속도와 같다.

38 다음 중 생물반응기의 대규모화를 위한 가장 알맞은 기준이 되는 것은?

① 동일한 기질 농도
② 동일한 물질전달속도
③ 동일한 비율의 염기(Base) 양
④ 동일한 비율의 균 접종(Inoculum) 양

해설
생물반응기의 대규모화 기준
• 일정한 동력공급량
• 용기 내의 일정한 액체순환 속도
• 일정한 Reynolds 수
• 임펠러 끝에서의 일정한 전단응력

39 제한배지(Defined Medium) 성분이 아닌 것은?

① 황산암모늄
② 인산이수소칼륨
③ 염화마그네슘
④ 카세인나트륨

해설
제한배지 : 첨가한 화합물의 종류와 농도를 규명할 수 있는 배지이다. $(NH_4)_2SO_4$, KH_2PO_4, $MgCl_2$, 포도당이 기본이다. 결과 재현이 용이하고 산물의 회수·정제가 쉬우며 비용이 저렴하다.
※ 복합배지 : 조성을 알 수 없는 복합화합물이 쓰여 이를 규명할 수 없는 배지이다. 효모추출액, 당밀, 펩톤, 카세인 등이 사용된다. 높은 균체 수율과 비용이 저렴하다.

40 이상적인 연속배양장치(Ideal Chemostat)에 대한 설명으로 옳은 것은?(단, 원료배지는 무균상태, 사멸속도가 생장속도에 비해 무시할 만하다)

① 정상상태(Steady State)에서 세포의 비성장속도는 기질의 희석속도(Dilution Rate)와 같다.
② 일반적으로 회분식 배양에 비해 산물의 생산성이 낮다.
③ 세포 생장을 최대 비성장속도 상태로 지속시킬 수 있다.
④ 정상상태라 할지라도 반응기 내의 기질 농도는 시간에 따라 일정하지 않다.

해설
연속배양 : 배양기 내의 세포밀도를 조정하거나 한계 영양소의 공급량을 조정하면서 미생물의 성장을 장기간 대수적 성장기를 유지하도록 하는 배양법으로 연속배양 생물반응기의 희석속도는 생장속도와 같다.

41 크로마토그래피 담체의 CIP(Cleaning In Place)를 위해 주로 사용되는 물질은?

① Urea
② NaOH
③ Tween 80
④ NH_4OH

해설

일반적으로 칼럼 워싱 수행 시 강알칼리인 NaOH를 많이 사용한다.

42 CO_2를 사용하며 식품공업에서 활발히 사용되는 환경 친화적인 분리 기술은?

① 막분리
② 액-액 추출
③ 초임계 추출
④ 이온교환 크로마토그래피 활용

해설

초임계 추출 : 초임계 유체를 사용하는 추출조작으로 초임계 유체 추출이라고도 한다. 초임계 유체로서 이산화탄소와 펜탄 등이 사용된다. 이산화탄소는 임계점(31.1℃, 73.8atm)이 낮고 독성이 없으므로 유용 물질의 추출, 분리가 기대되고 있으며, 호프와 카페인의 추출, 잔류 농약 제거, 파클리탁셀(탁솔) 정제, 유기용매 제거 등에 사용되고 있다.
※ 파클리탁셀(Paclitaxel) : 태평양 주목에서 분리・정제된 화합물(항암제)이다. 이 화합물은 Taxel®(탁솔)이라는 상품명이 더 유명하다.

43 크로마토그래피에서 피크 체류시간(Retention Time)을 줄이기 위해서는 어떻게 해야 하는가?

① 유속을 줄인다.
② 칼럼 길이를 증가시킨다.
③ 고정상(Stationary Phase)의 체적(Volume)을 증가시킨다.
④ 분배계수(Distribution Coefficient)를 작게 한다.

해설

젤(겔) 여과 크로마토그래피 : 다공성 젤을 칼럼에 충전시켜 분자량 차이에 의해 물질을 분리하는 방법이다. 일반적으로 분자량이 큰 물질은 젤 내 기공을 통과하지 못하고 배출되므로 체류 시간이 짧고, 분자량이 작은 물질은 젤 기공을 통과한 후 배출되므로 체류 시간이 길어지는 현상을 이용한다.
• 젤 구조 안으로 침투하지 못하는 큰 분자의 경우 : 분배계수＝0
• 젤 내에 완전히 침투하는 작은 분자의 경우 : 분배계수＝1

44 용질 분자의 크기와 모양에 따라서 충전 입자의 작은 구멍으로 용질 입자가 침투하는 원리를 이용한 크로마토그래피 방법은?

① 젤 여과 크로마토그래피
② 흡착 크로마토그래피
③ 고압 액체 크로마토그래피
④ 친화성 크로마토그래피

해설

크기 배제(젤(겔) 여과) 크로마토그래피 : 다공성 젤을 칼럼에 충시켜 분자량 차이에 의해 물질을 분리하는 방법이다. 일반적으로 분자량이 큰 물질은 젤 내 기공을 통과하지 못하고 배출되므로 체류 시간이 짧고, 분자량이 작은 물질은 젤 기공을 통과한 후 배출되어 체류 시간이 길어지는 현상을 이용한다.

45 공정 밸리데이션은 의약품의 제조와 관련한 밸리데이션이 언제 수행되는지에 따라 구분할 수 있다. 다음 중 공정 밸리데이션과 관련이 없는 것은?

① 분석적 밸리데이션(Analytical Validation)

② 동시적 밸리데이션(Concurrent Validation)

③ 예측적 밸리데이션(Prospective Validation)

④ 회고적 밸리데이션(Retrospective Validation)

해설

• 공정 밸리데이션 : 의약품 제조공정이 미리 설정된 기준 및 품질 특성에 맞는 제품을 일관되게 제조한다는 것을 검증하고 문서화하는 과정

• 공정 밸리데이션의 실시 시기에 따른 분류 : 예측적 밸리데이션, 회고적 밸리데이션, 재밸리데이션, 동시적 밸리데이션

46 전기영동에 대한 설명으로 틀린 것은?

① 단백질은 젤의 다공성 구조를 통해 한 방향으로 흐르는데 속도는 분자가 띠고 있는 전하와 크기에 따라 다르다.

② 작은 규모의 젤의 경우 열 발생으로 젤 내부에서 일어나는 온도차에 의한 대류현상이 문제가 된다.

③ 단백질의 경우 SDS와 머캅토에탄올과 같이 가열하여 변성시킨다.

④ 음전하를 띠는 SDS와의 복합체를 구성함으로써 젤에서 단백질이 이동한다.

해설

전기적 가열에 의한 열 대류 때문에 대규모화에는 문제가 있다.

47 의약품 제조 관리와 품질 관리를 위한 기준서 중 제조관리기준서에 반드시 포함되어야 하는 사항이 아닌 것은?

① 원료약품 관리에 관한 사항

② 자재 관리에 관한 사항

③ 완제품 관리에 관한 사항

④ 작업소의 청정도 관리에 관한 사항

해설

제조관리기준서

① 제조공정관리에 관한 사항
   ㉠ 작업소의 출입제한
   ㉡ 공정검사의 방법
   ㉢ 사용하려는 원자재의 적합판정 여부를 확인하는 방법
   ㉣ 재작업방법
② 시설 및 기구 관리에 관한 사항
   ㉠ 시설 및 주요설비의 정기적인 점검방법
   ㉡ 작업 중인 시설 및 기기의 표시방법
   ㉢ 장비의 교정 및 성능점검 방법
③ 원자재 관리에 관한 사항
   ㉠ 입고 시 품명, 규격, 수량 및 포장의 훼손 여부에 대한 확인 방법과 훼손되었을 경우 그 처리방법
   ㉡ 보관장소 및 보관방법
   ㉢ 시험결과 부적합품에 대한 처리방법
   ㉣ 취급 시의 혼동 및 오염 방지대책
   ㉤ 출고 시 선입선출 및 칭량된 용기의 표시사항
   ㉥ 재고관리
④ 완제품 관리에 관한 사항
   ㉠ 입·출하 시 승인판정의 확인방법
   ㉡ 보관장소 및 보관방법
   ㉢ 출하 시의 선입선출방법
⑤ 위탁제조에 관한 사항
   ㉠ 원자재의 공급, 반제품, 벌크제품 또는 완제품의 운송 및 보관 방법
   ㉡ 수탁자 제조기록의 평가방법

48 GMP의 3대 요소에 해당되지 않는 것은?

① 사후관리
② 인원관리
③ 시설관리
④ 생산관리

해설
GMP(Manufacturing Practice) : 의약품 등의 제조나 품질관리에 관한 규칙으로 3대 요소에는 인원관리, 시설관리, 생산관리가 있다.

49 소수성(Hydrophobic Interaction)을 이용하는 크로마토그래피법은?

① 젤 투과(Gel Permeation) 크로마토그래피
② 흡착(Adsorption) 크로마토그래피
③ 친화성(Affinity) 크로마토그래피
④ 역상(Reverse Phase) 크로마토그래피

해설
역상 크로마토그래피 : 일반적으로 고정상이 이동상보다 극성이 큰 경우를 순상(Normal Phase) 크로마토그래피라고 하는데 비해 이동상이 고정상보다 극성이 큰 경우를 역상(Reverse Phase) 크로마토그래피라고 한다.

50 유용한 미생물을 분리 검색하는 절차로서 가장 적절한 것은?

① 시료채취 → 집적배양 → 순수분리 → 성질검정
② 시료채취 → 순수분리 → 집적배양 → 성질검정
③ 순수분리 → 시료채취 → 집적배양 → 성질검정
④ 순수분리 → 집적배양 → 시료채취 → 성질검정

해설
미생물 분리 절차 : 시료채취 → 집적배양 → 순수분리 → 성질검정

51 품질(보증) 부서 책임자는 시험지시서에 의하여 시험을 지시하여야 하는데 이때 시험지시서에 포함될 항목이 아닌 것은?

① 시험항목 및 시험기준
② 지시자 및 지시연월일
③ 제조번호 또는 관리번호
④ 재가공방법 및 사용상 주의사항

해설
시험지시서 : 품명, 제조 또는 관리번호, 제조 연월일, 시험지시번호, 지시자 및 지시연월일, 시험항목 및 기준 등을 포함한다.

52 기체 크로마토그래피에 대한 설명 중 틀린 것은?

① 기체이거나 휘발성이 크며 열 안정성이 좋은 시료를 분리하는 데 사용된다.
② 이동상과 정지상이 모두 시료 성분과 상호 작용을 하므로 분리 조건을 선택할 여지가 크다.
③ 헬륨, 질소 등이 운반기체로 사용된다.
④ 기체-고체 및 기체-액체 크로마토그래피가 있다.

해설
기체 크로마토그래피는 이동상으로 가스를 사용하며 시료가 주입구에 주입됨과 동시에 기화되어야 하므로 시료의 휘발성이 필요하다. 이러한 이유로 분석 가능한 시료의 분자량이 제한적이고, 열에 불안정한 물질은 분석이 어렵다. 분리는 칼럼 내의 고정상과 흡착-분배 과정을 통해 진행되며 이동상은 분리 정도에 영향을 미치지 않는다. 검출기, 칼럼의 종류에 따라 분석대상물질이 다르다.

53 액체 크로마토그래피 방법 중 가장 널리 이용되는 방법으로서 고체 지지체 표면에 액체 정지상 얇은 막을 형성하여 용질이 정지상 액체와 이동상 사이에서 나뉘어져 평형을 이루는 것을 이용한 크로마토그래피법은?

① 흡착 크로마토그래피
② 분배 크로마토그래피
③ 이온교환 크로마토그래피
④ 분자배제 크로마토그래피

해설
분배 크로마토그래피
• 정상 크로마토그래피 : 이동상이 비극성이고 정지상이 극성인 크로마토그래피
• 역상 크로마토그래피 : 이동상이 극성이고 정지상이 비극성인 크로마토그래피

54 2M NaOH 30mL에는 몇 mg의 NaOH가 존재하는가?

① 1,800
② 2,000
③ 2,200
④ 2,400

해설
$x$mol NaOH = 2mol / 1,000mL × 30mL = 0.06mol
NaOH의 분자량 = 23 + 16 + 1 = 40
0.06mol의 NaOH = 0.06mol × 40g / 1mol × 1,000mg / 1g = 2,400mg

55 질량분석기에서 사용하는 시료도입장치가 아닌 것은?

① 직접 도입장치
② 배치식 도입장치
③ 펠릿식 도입장치
④ 크로마토그래피 도입장치

해설
시료를 질량분석기 내부에 효율적으로 보내는 시료도입장치에는 직접 도입장치, 배치식 도입장치, 크로마토그래피 도입장치 등이 있다.

56 다음 중 세포수의 측정과 가장 관련이 없는 것은?

① 헤모사이토미터
② Petroff-Hausser 슬라이드
③ Coulter 측정기
④ 점도 측정기

해설
점도 측정은 세포 질량농도 측정 방법 중 간접법에 속한다.

57 다음 중 설명이 바르지 않은 것은?

① 정상 상태 검정이란 질량, 길이, 부피, 밀도, 온도, 압력 등을 분석하는 기기 또는 장비를 공인기관의 기준값에 적합한지 시험하는 것이다.

② 직선성 시험은 저울의 질량값과 분동의 지시값과의 직선성 정도를 검사하는 것이다.

③ 보정이란 정상 상태 pH 미터 등의 기기가 나타내는 데이터를 정확하게 하기 위해 표준용액으로 교정하는 것이다.

④ 정상 상태 교정이란 질량, 길이, 부피, 밀도, 온도, 압력 등을 분석하는 기기 또는 장비를 공인기관의 기준과 비교·측정하여 맞추는 것이다.

해설
직선성 시험은 저울의 지시값과 분동의 질량값과의 직선성 정도를 검사하는 것이다.

58 분석 장비의 적격성 평가에 대한 설명으로 옳지 않은 것은?

① 설치 적격성 평가(IQ)는 장비의 규격, 사용 조건과 안치, 장비 인도 및 문서자료, 장비 안전성 체크, 조립 및 설치 등을 포함한다.

② 운전 적격성 평가(OQ)는 안전성 검사, 예비 가동 체크, 성능 검사, 교정 등을 포함한다.

③ 설치 적격성 평가(IQ)는 장비 및 시스템이 설치된 장소에서 의도한 대로 운전하는 것을 검증하는 것이다.

④ 성능 적격성 평가(PQ)는 장비 및 그 부속 시스템이 설정된 품질기준에 맞는 제품을 제조할 수 있는지 검증하는 것이다.

해설
장비 및 시스템이 설치된 장소에서 예측된 운전 범위 내에, 의도한 대로 운전하는 것을 검증하고 문서화하는 것은 운전 적격성 평가이다.

59 농도 분석에 대한 설명으로 옳지 않은 것은?

① 부피 백분율은 용액 1,000mL 속에 녹아 있는 용질의 mL수이다.

② 질량 백분율은 용액 100g 속에 녹아 있는 용질의 g수이다.

③ 몰농도는 용액 1L 속에 녹아 있는 용질의 몰수이다.

④ 노르말농도는 용액 1L 속에 녹아 있는 용질의 그램(g) 당량수이다.

해설
부피 백분율은 용액 100mL 속에 녹아 있는 용질의 mL수이다.

60 둘 또는 그 이상의 변수 사이의 관계 특히 변수 사이의 인과관계를 분석하는 방법은?

① 상관분석
② 분산분석
③ 가설검정
④ 회귀분석

해설
회귀분석 : 둘 또는 그 이상의 변수 사이의 관계 특히 변수 사이의 인과관계를 분석하는 추측통계의 한 분야로 인과관계가 있는 두 변수, 즉 독립변수와 종속변수 사이의 함수식을 분석대상으로 한다.

61 바이오화학소재 제품 생산을 위한 생산 작업장 내에서의 환경 · 안전관리 표준은 어떤 법령에 근거하는가?

① 화학물질관리법
② 소방기본법
③ 산업안전보건법
④ 위험물안전관리법

해설
바이오화학소재 제품 생산을 위하여 생산 작업장 내에서의 환경 · 안전관리 표준은 산업안전보건법 규정을 따른다.

62 산업안전보건법에 의거한 안전교육에 대한 설명으로 옳지 않은 것은?

① 사업주는 소속 근로자에게 고용노동부령으로 정하는 바에 따라 정기적으로 안전보건교육을 하여야 한다.
② 사업주는 근로자를 유해하거나 위험한 작업에 채용하거나 그 작업으로 작업내용을 변경할 때에는 안전보건교육 외에 유해하거나 위험한 작업에 필요한 안전보건교육을 추가로 하여야 한다.
③ 사업주는 근로자를 채용할 때와 작업내용을 변경할 때에는 그 근로자에게 해당 작업에 필요한 안전보건교육을 하여야 한다. 다만, 안전보건교육을 이수한 건설 일용근로자를 채용하는 경우에는 그러하지 아니하다.
④ 사업주는 안전보건교육을 고용노동부장관에게 등록한 안전보건교육기관에 위탁하여서는 안 된다.

해설
산업안전보건법 제29조(근로자에 대한 안전보건교육)
사업주는 안전보건교육을 고용노동부장관에게 등록한 안전보건교육기관에 위탁할 수 있다.

63 다음 산업안전보건법 시행규칙에 의거한 경고표지 중에서 발암성 · 변이원성 · 생식독성 · 전신독성 · 호흡기 과민성 물질 경고에 해당하는 것은?

①
②
③
④

해설
산업안전보건법 시행규칙 [별표 6] 안전보건표지의 종류와 형태
① 레이저광선 경고
③ 위험장소 경고
④ 부식성 물질 경고

64 산업안전보건법 시행규칙에 의거한 화학물질 취급 근로자의 정기안전보건교육의 내용이 옳지 않은 것은?

① 기계 · 기구의 위험성과 작업의 순서 및 동선에 관한 사항
② 산업안전 및 사고 예방에 관한 사항
③ 산업보건 및 직업병 예방에 관한 사항
④ 유해 · 위험 작업환경 관리에 관한 사항

해설
산업안전보건법 시행규칙 [별표 5] 안전보건교육 교육대상별 교육내용
근로자 안전보건교육 – 정기교육
• 산업안전 및 사고 예방에 관한 사항
• 산업보건 및 직업병 예방에 관한 사항
• 위험성 평가에 관한 사항
• 건강증진 및 질병 예방에 관한 사항
• 유해 · 위험 작업환경 관리에 관한 사항
• 산업안전보건법령 및 산업재해보상보험 제도에 관한 사항
• 직무스트레스 예방 및 관리에 관한 사항
• 직장 내 괴롭힘, 고객의 폭언 등으로 인한 건강장해 예방 및 관리에 관한 사항

65 위험물안전관리법 시행규칙에 의거한 옥내 소화전 설비의 설치 기준으로 옳지 않은 것은?

① 옥내 소화전설비에는 비상전원을 설치한다.

② 옥내 소화전설비는 각 층을 기준으로 하여 해당 층의 모든 옥내 소화전을 동시에 사용할 경우에 각 노즐 끝부분의 방수압력이 350kPa 이상이고 방수량이 1분당 260L 이상의 성능이 되도록 한다.

③ 옥내 소화전은 제조소 등의 건축물의 층마다 해당 층의 각 부분에서 하나의 호스접속구까지 수평거리가 30m 이하가 되도록 설치한다.

④ 옥내 소화전은 각 층의 출입구 부근에 1개 이상 설치한다.

해설
위험물안전관리법 시행규칙 [별표 17] 소화설비, 경보설비 및 피난설비의 기준
옥내 소화전은 제조소 등의 건축물의 층마다 해당 층의 각 부분에서 하나의 호스접속구까지의 수평거리가 25m 이하가 되도록 설치해야 한다.

66 설비의 위험 요소를 점검할 수 있는 점검표에 포함되는 사항이 아닌 것은?

① 설비명
② 점검 항목
③ 점검 방법
④ 설비 수리 방법

해설
설비의 위험 요소 점검표의 내용
• 점검 설비명
• 점검자 및 점검 항목, 점검 주기
• 점검 방법(측정장치 등)
• 점검 중 특이사항

67 장비의 불용 처리에 대한 설명으로 옳지 않은 것은?

① 매각하는 것이 소속 기관에 불리한 장비인 경우에는 폐기한다.

② 장비 보유 부서장은 불용 장비가 발생했을 때 불용 신청서를 자산 관리 부서장에게 제출한다.

③ 매각할 수 없는 장비 또는 매각될 가망이 없는 장비인 경우에는 폐기한다.

④ 불용이 결정된 장비는 폐기를 원칙으로 한다.

해설
불용이 결정된 장비는 소속 기관의 불용 절차에 따라 처리하되 매각을 원칙으로 한다.

68 표면균 시험법에 대한 설명으로 옳지 않은 것은?

① 세균은 30~35℃, 72시간, 진균은 20~25℃, 5일 이상 배양한다.

② Contact Plate Method는 표면에 배지 전면이 닿게 한다.

③ Swabbing Method는 표면을 40~50° 각도로 문질러 샘플을 채취한다.

④ 샘플을 멸균 생리식염수병에 넣어 혼합한 후 시료액을 배지에 도말한다.

해설
Swabbing Method는 표면을 20~30° 각도로 4~5회 문질러 샘플을 채취한다.

69 청정실 근무자의 입실 시 주의사항으로 옳지 않은 것은?

① 청정실 출입기록지에 입실과 퇴실시간을 작성한다.

② 끈적이는 접착 매트를 밟고 입실한다.

③ 손을 씻은 후 입자 발생이 적은 종이타올이나 손 건조기를 이용하여 물기를 제거한다.

④ 색조화장이나 마스카라 등은 분말이 날릴 수 있으므로 지운다.

> **해설**
> 청정실 출입기록지에 퇴실시간을 제외한 모든 부분을 작성한다.

70 환경 · 안전관리 체크리스트에 대한 설명으로 옳지 않은 것은?

① 체크리스트는 모든 항목을 빠짐없이 점검 · 확인할 수 있도록 점검 대상이 될 항목을 사전에 정해 두고 이에 따라 점검 · 확인하는 것이다.

② 작업장 내 설비별 점검 방식에 따라 동일한 주기로 체크리스트를 정한다.

③ 체크리스트는 계획적으로 수행하는 환경 · 안전 관련 점검 및 검사, 보수 작업을 기록한 문서를 포함한다.

④ 체크리스트 작성 목적은 작업장 내에서 사용되는 설비의 환경 · 안전 관련 위험성을 조기에 발견하여 재해를 미연에 방지하는 것이다.

> **해설**
> 작업장 내 설비별 점검 방식에 따라 주기를 달리하여 체크리스트를 정한다.

71 화학물질 누출 · 유출 시 대응 방법 및 경고 전파 체계에 대한 설명으로 옳지 않은 것은?

① 원 · 부재료 중 사고 발생 가능성이 있는 화학물질은 안전관리기준에 의거하여 응급조치 대응 방법과 화학물질 누출 · 유출 시 경고 전파 체계를 파악한다.

② 작업자는 제품생산을 위한 생산 설비의 가동 및 관리 시의 위험요소에 대해 사전에 설비 매뉴얼 등을 통해 숙지한다.

③ 작업자는 사내 비상 연락망을 통해 사고 사항에 대해 신속히 보고한다.

④ 작업자 또는 설비 운전자는 위험 물질의 누출 · 유출 시 해당 작업장에서 작업을 멈추고 비상벨을 울림 또는 외침과 동시에 생산현장 안전관리자에게 보고한다.

> **해설**
> 생산현장 안전관리자는 사내 비상 연락망을 통해 사고 사항에 대해 신속히 보고한다.

72 화학물질 누출 · 유출 시 구급조치로 적당하지 않은 것은?

① 질식자는 안전지역으로 옮겨 복장을 느슨하게 하고 인공호흡을 실시한다.

② 출혈이 심한 상해자는 상처 윗부분을 깨끗한 천 등으로 압박하거나 지혈대로 지혈한 후 신속히 후속 조치를 한다.

③ 골절 시 상처를 움직이거나 자극하지 말고 혈액 순환에 지장이 없도록 지지대를 이용한다.

④ 충격 상해자는 눕히고 체온을 떨어뜨려야 한다.

> **해설**
> 충격 상해자의 경우 외상이 없어도 신체조건이 악화될 수 있으므로 눕히고 체온을 오르게 한다.

73 산업안전보건법 시행규칙에 의거한 특별안전보건 교육 대상 작업별 교육내용 중에서 허가 및 관리 대상 유해물질의 제조 또는 취급 작업의 교육내용으로 옳지 않은 것은?

① 취급물질의 성질 및 상태에 관한 사항
② 유해물질이 환경에 미치는 영향
③ 국소배기장치 및 안전설비에 관한 사항
④ 안전작업방법 및 보호구 사용에 관한 사항

해설
산업안전보건법 시행규칙 [별표 5] 안전보건교육 교육대상별 교육내용
특별교육 대상 작업별 교육 – 허가 및 관리 대상 유해물질의 제조 또는 취급 작업
• 취급물질의 성질 및 상태에 관한 사항
• 유해물질이 인체에 미치는 영향
• 국소배기장치 및 안전설비에 관한 사항
• 안전작업방법 및 보호구 사용에 관한 사항
• 그 밖에 안전·보건관리에 필요한 사항

74 위험물 안전관련 안전교육에 대한 설명으로 옳지 않은 것은?

① 위험물안전관리법에 의거하여 안전교육이 실시된다.
② 안전관리자의 실무교육시간 중 일부(5시간 이내)를 사이버교육의 방법으로 실시할 수 있다.
③ 안전관리자·탱크시험자·위험물운반자·위험물운송자 등 위험물의 안전관리와 관련된 업무를 수행하는 자로서 대통령령이 정하는 자는 해당 업무에 관한 능력의 습득 또는 향상을 위하여 소방청장이 실시하는 교육을 받아야 한다.
④ 제조소 등의 관계인은 교육대상자에 대하여 필요한 안전교육을 받게 하여야 한다.

해설
위험물안전관리법 시행규칙 [별표 24] 안전교육의 과정·기간과 그 밖의 교육의 실시에 관한 사항 등
안전관리자 및 위험물운송자의 실무교육시간 중 일부(4시간 이내)를 사이버교육의 방법으로 실시할 수 있다.

75 산업안전보건법에 의거한 안전보건관리책임자에 대한 설명이 옳지 않은 것은?

① 산업재해의 원인 조사 및 재발 방지 대책 수립에 관한 사항을 총괄하여 관리한다.
② 안전장치 및 보호구 구입 시 적격품 여부 확인에 관한 사항을 총괄하여 관리한다.
③ 보건에 관한 기술적인 사항에 관하여 사업주를 보좌하고 관리감독자에게 지도·조언한다.
④ 안전관리자와 보건관리자를 지휘·감독한다.

해설
산업안전보건법 제18조(보건관리자)
보건에 관한 기술적인 사항에 관하여 사업주 또는 안전보건관리책임자를 보좌하고 관리감독자에게 지도·조언하는 업무를 수행한다.

76 청정실 관리의 3대원칙의 운영이 이루어진다. 3대원칙에 포함되지 않는 것은?

① 먼지 유입 억제
② 먼지 발생 억제
③ 먼지 성분 분석
④ 먼지 즉각 제거

해설
청정실 관리의 3대원칙은 먼지 유입 억제, 먼지 발생 억제, 먼지 즉각 제거이다.

77 청정실 관리의 3대원칙에 의해 먼지를 즉각 제거하는 내용이 옳지 않은 것은?

① 사람 : 출입동선에 방진매트 설치
② 장비 : 먼지가 쌓이지 않는 구조
③ 재료 : 자재/비품의 정리정돈
④ 방법/환경/시설 : 저발진성 전용 클린룸 설비

해설

방법/환경/시설 : 클린룸 기류 유지, 클린룸의 정전기 관리로 먼지를 즉각 제거한다.

79 위험성이 있는 화학물질에 대한 물리·화학적인 특성을 파악하여 위험성에 대비하기 위해 사용하는 자료가 아닌 것은?

① MSDS
② GHS
③ HSDB
④ KGMP

해설

MSDS, GHS, HSDB를 사용하여 위험성이 있는 화학물질에 대한 물리·화학적인 특성을 파악하여 위험성에 대비한다.

78 바이오화학소재 생산을 위한 작업장 내에서 취급하는 화학물질 관련 환경·안전관리표준은 작업장 내에서 발생 가능한 다양한 위험요소의 파악이 가능하다. 관련법으로 가장 거리가 먼 것은?

① 위험물안전관리법
② 산업안전보건법
③ 전력기술관리법
④ 화학물질관리법

해설

바이오화학소재 생산을 위하여 생산 작업장 내에서 취급하는 화학물질 관련 환경·안전관리표준은 산업안전보건법, 위험물안전관리법, 화학물질관리법의 규정 등을 따르며 이를 통해 작업장 내에서 발생 가능한 다양한 위험요소의 파악이 가능하다.

80 사업장에서 안전검사대상기계 등의 안전에 관한 성능검사 업무를 담당하는 사람의 인력 수급 등을 고려하여 필요하다고 인정하면 성능검사 교육을 실시하게 할 수 있는 사람은?

① 시·도지사
② 소방본부장
③ 고용노동부장관
④ 구청장

해설

산업안전보건법 시행규칙 제131조(성능검사 교육 등)
고용노동부장관은 사업장에서 안전검사대상기계 등의 안전에 관한 성능검사 업무를 담당하는 사람의 인력 수급 등을 고려하여 필요하다고 인정하면 공단이나 해당 분야 전문기관으로 하여금 성능검사 교육을 실시하게 할 수 있다.

제1과목 배양준비

01 일반적인 미생물 배양 시 단일 탄소원으로만 사용되기에 가장 적합한 배지 성분은?

① 펩 톤
② 당 밀
③ 대두박
④ 효모 추출물

해설
- 탄소원 : 당밀, 전분, 옥수수시럽, 제지폐기액
- 질소원 : 대두박, 효모추출액, 주정박즙, 옥수수침지액, 암모니아

02 세균의 세포를 구성하는 성분에 대한 일반적인 설명 중 옳은 것은?

① 세포는 총무게의 약 60% 정도로 물을 함유한다.
② 단백질은 세포의 건조무게의 약 10%를 차지한다.
③ 핵산은 세포의 건조무게의 약 15%를 차지한다.
④ 지방은 세포의 건조무게의 약 1% 이하를 차지한다.

해설
세균 세포를 구성하는 성분으로는 물이 약 80%, 건조균체중량 중 단백질 50%, 핵산 10~20%, 지방 5~15% 순이다.

03 다음의 세포 영양소 중 다량 영양소(Macronutrient)에 해당하는 것은?

① 비타민, 호르몬과 같은 생장인자(Growth Factor)
② 주요 대사과정에 작용하는 효소의 보조인자
③ 세포가 주로 10^{-4}M 농도 이하로 필요로 하는 영양소
④ 종속영양주(Heterotroph) 세포가 에너지원으로 이용하는 영양소

해설
- 다량 영양소
  - 10^{-4}M 농도 이상 필요한 영양소
  - C, H, O, S, P, Mg, K
- 미량 영양소
  - 10^{-4}M 농도 이하 필요한 영양소
  - Mo, Fe, Cu, Ca, Na, Mn, Zn, 비타민, 대사전구체, 성장호르몬

04 진핵세포의 세포 소기관과 그 기능이 잘못 연결된 것은?

① 조면소포체 : 당 합성
② 핵 : DNA 합성
③ 리보솜 : 단백질 합성
④ 액포 : 세포 폐기물 저장

해설
세포 소기관
- 조면소포체 : 표면에 리보솜이 붙어 있는 소포체로, 표면에 리보솜이 없는 활면소포체와 구별된다. 주요한 기능은 리보솜에 의한 단백질 합성이다.
- 활면소포체 : 지방질 합성에 관여한다.
- 골지체 : 세포 내의 세포질 소기관으로 동식물 세포 모두에서 발견되는데, 분비작용을 맡고 있으며 당쇄반응이 일어나 단백질을 변형시키는 기관이다.

05 세포가 새로운 환경에 적응하는 기간으로 세포에서 새로운 구성 성분의 합성이 이루어지는 시기는?

① 유도기
② 대수기
③ 정체기
④ 사멸기

해설
유도기(지연기, Lag Phase) : 접종 후 세포들이 새로운 환경에 적응하는 기간이다.

06 다음 중 균체 농도 측정에 가장 부적합한 세포 내 성분은?

① ATP
② DNA
③ RNA
④ 단백질

해설
균체 농도를 측정하는 간접적 방법으로 세포 내 성분측정이 있다. RNA 농도는 회분식 생장 동안 상당히 큰 폭으로 변화하여 부적합하다.

07 멸균에 사용되는 소독제의 종류와 그 작용 기전이 잘못 연결된 것은?

① 승홍수($HgCl_2$) : 세포 기능을 저해함
② 에탄올 : 세포막을 통과하여 원형질을 저해함
③ 차아염소산나트륨 : 원형질의 단백질 응고나 변성에 의해서 세포기능을 저해함
④ 염화벤잘코늄 : 미생물에 필수적인 효소계를 저해함

해설
차아염소산나트륨 : 물속에서 반응에 의해 산소가 발생하고 이 산소를 이용하여 미생물을 살균한다. 물에 용해가 잘되며, 저장 중 수용액이 분해되어 염소가스가 생기기 때문에 장기간 보관 시 살균제로서 효력이 떨어진다.

08 대표적인 조상균류에 속하지 않는 것은?

① *Rhizopus*
② *Aspergillus*
③ *Mucor*
④ *Absidia*

해설
조상균류(조균류) : 균사에 격벽이 없는 곰팡이로 유성적으로 접합포자를 만든다. 조류와 같은 진균류이며 엽록소가 없어 광합성을 할 수 없고 *Mucor*, *Rhizopus*, *Absidia* 등이 있다.
※ 자낭균류 : 유성생식을 위해 자낭 포자를 만드는 균류로 *Saccharomyces*, *Aspergillus*, *Penicillium*, *Neurospora* 등이 있다.

09 미생물은 세포막을 통해 세포 내부로 필요한 영양분들을 선택적으로 투과시킨다. 투과되는 물질이 세포막에 존재하는 특정한 단백질(운반분자)의 도움으로 에너지를 소비하지 않으면서도 투과되는 물질의 농도 구배에 따라 쉽게 세포 내로 이동되는 투과조절(Permeability Control) 기작을 지칭하는 용어는?

① 단순확산(Passive Diffusion)
② 촉진확산(Facilitated Diffusion)
③ 능동수송(Active Transport)
④ 집단전이(Group Translocation)

해설
촉진확산 : 생체막의 용질 수송 방법 중 하나로 막 내외에서의 물질이 농도 구배에 의해 단백질 수송체를 통해 수송되는 방법이다. 농도경사에 거스르는 수송은 이루어지지 않으므로 에너지를 필요로 하지 않는다.

11 세포농도를 간접적으로 측정하려고 할 때 적절하지 않은 것은?

① ATP 농도 측정
② DNA 농도 측정
③ 단백질 농도 측정
④ mRNA 농도 측정

해설
세포질량 농도 측정 : 세포 농도를 측정하는 방법에는 건조중량법(Dry Cell Weight), 충전세포부피법(Packed Cell Volume), 흡광도(Absorbance) 측정법이 있다. 생장과정에서 합성되는 대사물질의 생성량 측정에 기반을 두는 방법도 있다. 배양액에서 생장하는 세포 내의 DNA, 단백질 등과 같은 생체고분자를 간접적으로 측정하여 세포생장의 지표로 사용하여 세포 농도를 유추할 수 있다. 세포 내 대사물질의 농도를 측정하는 방법으로 ATP 농도를 측정하여 세포 농도 측정에 활용하기도 한다.
• 직접법 : 건조중량, 충전세포부피, 흡광도 측정
• 간접법 : 세포 내 성분 측정
※ RNA 농도는 회분식 생장 동안 상당히 큰 폭으로 변화한다.

10 균형성장(Balanced Growth)기에 있는 미생물에 대한 설명으로 틀린 것은?

① 생체 조성이 일정하다.
② 생체 구성물질의 합성속도는 미생물의 비성장속도(Specific Growth Rate)에 비례한다.
③ 생체 구성물질의 양이 일정하다.
④ 탄소원 소모속도와 질소원 소모속도 사이에는 비례 관계가 존재한다.

해설
균형성장 : 모든 세포 성분이 똑같은 속도로 증가하는 것으로 평균 조성은 일정하게 유지된다.

12 미생물 증식 측정법으로 부적합한 방법은?

① 성장세대 측정법
② 건조균체중량 측정법
③ 분광광도계를 이용한 탁도 측정법
④ 생체중량(Fresh Cell Weight) 측정법

해설
• 세포수 밀도결정 : 헤모사이토미터, 판계수법, 입자계수기, 네팔로미터
• 세포질량 농도결정
 – 직접법 : 건조중량, 충전세포부피, 흡광도 측정
 – 간접법 : 세포 내 성분 측정

13 진핵세포의 핵(Nucleus)에 대한 설명으로 틀린 것은?

① 핵은 핵막으로 둘러싸여 있다.

② 핵막은 평행하면서 막힌 두 쌍의 막으로 구성되어 있다.

③ 핵인은 리보솜이 생성되는 것으로 다르게 염색되는 핵 안에 있다.

④ DNA 분자인 염색체를 핵 물질로 가지고 있다.

해설

핵막은 평행하면서 다공성인 한 쌍의 막으로 구성되어 있다.

14 2차 대사산물에 대한 설명으로 옳은 것은?

① 균이 생육에 필요한 양만을 생산한다.

② 공업적인 발효로 생산이 되고 있지 않는 것들이다.

③ 균의 대사나 생육에는 직접적인 관련이 없는 것들이다.

④ 아미노산, 핵산, 단백질, 지질, 탄수화물 등이다.

해설

비생장 관련 물질 : 2차 대사산물, 항생물질, 정지기에 생산된다.

15 자낭균류의 무성포자에 해당되지 않는 것은?

① 접합포자

② 분생포자

③ 분절포자

④ 후막포자

해설

• 유성포자 : 난포자, 접합포자, 자낭포자, 담자포자

• 무성포자 : 포자낭포자, 분생포자, 분생자, 분절포자, 분아포자, 후막포자

16 세포 대사산물의 양으로 간접적으로 세포 농도를 측정하는 방법에 관한 설명으로 가장 거리가 먼 것은?

① 세포 내의 대사산물의 양이 변화가 없어야 한다.

② ATP의 양은 일정하므로 간접법으로 이용할 수 있다.

③ 단백질의 측정 시 배지에 단백질 함량이 있으면 그 값을 신뢰하지 못한다.

④ RNA의 양은 세포 내의 성장 과정 중 일정하므로 간접법으로 이용 가능하다.

해설

RNA 농도는 회분식 생장 동안 상당히 큰 폭으로 변한다.

정답 13 ② 14 ③ 15 ① 16 ④

17 다음 중 진핵세포에만 존재하는 세포 구조는?

① 미토콘드리아
② 편 모
③ 포 자
④ 세포벽

해설

진핵세포 : 핵막으로 둘러싸인 핵을 갖는 세포. 세균류와 남조류를 제외한 모든 동물세포, 식물세포가 여기에 속한다. 세포 내에는 미토콘드리아, 색소체, 소포체 등의 세포소기관이 분화되어 있다.

18 화학적 에너지원에 의존하는 미생물은?

① 종속영양균(Heterotroph)
② 화학합성 미생물(Chemotroph)
③ 영양요구주(Auxotroph)
④ 광합성 미생물(Phototroph)

해설

에너지원과 탄소원
• 광합성 독립영양미생물 : 에너지원으로 광(光)을 이용하고, 탄소원으로 CO_2를 이용한다.
• 광합성 종속영양미생물 : 에너지원으로 광(光)을 이용하고, 탄소원으로 유기화합물을 이용한다.
• 화학합성 독립영양미생물 : 에너지원으로 화학물질을 이용하고, 탄소원으로 CO_2를 이용한다.
• 화학합성 종속영양미생물 : 에너지원으로 화학물질을 이용하고, 탄소원으로 유기화합물을 이용한다.

19 다음 대사물질 중 세포의 성장과는 관계없이 생성되는 2차 대사산물은?

① 젖 산
② 초 산
③ 에탄올
④ 페니실린

해설

비생장 관련 물질 : 2차 대사산물, 항생물질, 정지기에 생산된다.

20 세포질량 농도를 측정하는 직접법으로 부적절한 방법은?

① RNA 측정법
② 건조중량(Dry Cell Weight) 측정법
③ Optical Density(Absorbance) 측정법
④ 충전세포 부피(Packed Cell)

해설

세포질량 농도 측정 : 세포 농도를 측정하는 방법에는 건조중량법 (Dry Cell Weight), 충전세포부피법(Packed Cell Volume), 그리고 흡광도(Absorbance) 측정법이 있다. 생장과정에서 합성되는 대사물질의 생성량 측정에 기반을 두는 방법도 있다. 배양액에서 생장하는 세포 내의 DNA, 단백질 등과 같은 생체고분자를 간접적으로 측정하여 세포생장의 지표로 사용하여 세포 농도를 유추할 수 있다. 세포 내 대사물질의 농도를 측정하는 방법으로 ATP 농도를 측정하여 세포 농도 측정에 활용하기도 한다.
• 직접법 : 건조중량, 충전세포부피, 흡광도 측정
• 간접법 : 세포 내 성분 측정

21 미생물의 회분식 배양에서 배양 초기의 성장 지연기간(Lag Phase)을 줄이기 위한 방법이 아닌 것은?

① 종균 배양액과 본 배양액의 배지 조성이 비슷하도록 한다.

② 본 배양액에 접종하는 종 배양액의 부피를 늘린다.

③ 본 배양의 초기 온도를 높인다.

④ 종 배양 중 지수성장단계(Exponential Growth Phase)에 있는 배양액을 본 배양으로 옮긴다.

해설

지연기를 최소화하기 위한 방법
• 접종 전 세포를 생장배지에 적응시킨다.
• 젊고 활성이 높은 대수기의 세포를 다량 접종한다.
• 특정 생장 인자를 포함시켜 최적화된 배지를 사용한다.

22 회분식 세포 배양의 성장형태에서 새로운 환경에 적응하는 기간은?

① 지연기

② 지수 성장기

③ 정지기

④ 쇠퇴기

해설

지연기(Lag Phase) : 접종 직후의 시기로 세포들이 새로운 환경에 적응하는 기간이다.

23 가변체적 유가식 배양 시 준정상상태(Quasi-steady State)에서 비성장 속도에 대한 설명과 운전 방식에 대한 설명으로 옳은 것은?

① 희석속도와 같으며 시간이 경과함에 따라 감속하도록 운전하는 것이 일반적이다.

② 희석속도와 같으며 일정한 값을 갖도록 운전하는 것이 일반적이다.

③ 희석속도보다 느리며 일정한 값을 갖도록 운전하는 것이 일반적이다.

④ 희석속도보다 느리며 시간이 경과함에 따라 증가하도록 운전하는 것이 일반적이다.

해설

준정상상태 : 영양소의 공급 속도와 소모속도가 같은 때를 의미하며, 생장속도는 희석속도와 같다.

24 세포 고정화 방법 중 수동적 고정화 방법은?

① 고분자의 젤화

② 고분자의 침전

③ 이온교환 젤화

④ 생물막의 이용

해설

능동적 고정화 : 고분자의 젤화, 고분자의 침전, 이온교환 젤화, 다축합반응, 3차원 프린팅

25 다음 분리기술 중 조업압력이 가장 높은 것은?

① 역삼투(RO)

② 한외여과(UF)

③ 미세여과(MF)

④ 나노여과(Nanofiltration)

해설

역삼투(Reverse Osmosis) : 반투막 사이에서 순수한 물과 염 용액을 같은 수평면 상태에 두고 염 용액 쪽에 삼투압 이상의 압력을 가하면 염 용액 중의 물이 순수한 물 방향으로 이동한다. 이 원리를 응용하여 용매와 용질을 분리하는 방법을 역삼투 방법 이라 하며 가장 작은 단위의 물질을 분리할 수 있다.

26 등전 침전(Isoelectric Precipitation)에 대한 설명 으로 틀린 것은?

① 높은 표면 소수성, 즉 비극성 표면을 나타내는 단백질에는 효과적이지 않다.

② 단백질이 아무 전하도 띠지 않는 pH인 등전점에 서의 단백질 침전이다.

③ 가격은 저렴하지만 낮은 pH에서는 단백질이 변 성될 수 있다.

④ 단백질의 등전점은 pI = (pK$_1$ + pK$_2$) / 2로 정의 된다.

해설

등전 침점은 높은 표면소수성을 나타내는 단백질에 효과적이다.

27 이상적인 액체 추출제의 구비조건으로 옳은 것은?

① 독성이 있다.

② 가격이 비싸다.

③ 높은 분배계수를 가진다.

④ 발효액과의 상호 용해성이 높다.

해설

이상적인 액체 추출제의 구비조건

• 독성이 없어야 한다.

• 선택성이 있고 값이 저렴해야 한다.

• 발효액과 섞이지 않아야 한다.

• 생성물에 대한 높은 분배계수를 가져야 한다.

28 배양 중에 균체의 농도를 추적하는 것은 발효의 진행 을 분석하는 데 매우 중요하다. 배지가 Soybean Meal, Corn Steep Liquor 등을 함유하고 있을 때 균체 농도를 측정하는 방법으로 적합하지 않은 것은?

① 탁도(Turbidity) 측정

② Packed Cell Volume 측정

③ Plate Count에 의한 CFU 측정

④ 균체성분인 ATP, NADH 등을 측정

해설

탁도와 광학밀도 측정 시 배지에 Soybean Meal, Corn Steep Liquor 등 기본적으로 입자가 없어야 한다.

29 고정화 세포 배양의 장점이 아닌 것은?

① 높은 희석속도에서도 세포의 세출(Wash-out)이 없다.

② 높은 세포 농도를 유지할 수 있다.

③ 세포를 재사용하여 비용이 절감된다.

④ 세포 내 효소(Intracellular Enzyme)와 같은 물질 생산에 적합하다.

해설

고정화 세포 배양의 단점 : 생산물이 밖으로 분비되어야 한다. 확산제한, 미세 환경 조절이 어렵다.

30 다음 중 초임계 추출이 활용될 수 없는 것은?

① 바이러스의 제거

② 잔류 농약 제거

③ 파클리탁셀(탁솔)의 정제

④ 잔류 유기용매 제거

해설

초임계 추출 : 초임계 유체를 사용하는 추출조작이며 초임계 유체로서 이산화탄소와 펜탄 등이 사용된다. 호프와 카페인의 추출, 잔류 농약 제거, 탁솔 정제, 유기용매 제거 등에 사용되고 있다.

※ 파클리탁셀(Paclitaxel) : 태평양 주목에서 분리·정제된 화합물(항암제)이다. 이 화합물은 Taxel®(탁솔)이라는 상품명이 더 유명하다.

31 대장균 액체 배양에서 세포 생장을 측정할 단위로 적합하지 않은 방법은?

① 건조중량

② DNA 농도

③ Glucose 농도

④ 혼탁도

해설

세포질량 농도 측정 : 세포 농도를 측정하는 방법에는 건조중량법(Dry Cell Weight), 충전세포부피법(Packed Cell Volume), 그리고 흡광도(Absorbance) 측정법이 있다. 생장과정에서 합성되는 대사물질의 생성량 측정에 기반을 두는 방법도 있다. 배양액에서 생장하는 세포 내의 DNA, RNA, 단백질 등과 같은 생체고분자를 간접적으로 측정하여 세포생장의 지표로 사용하여 세포 농도를 유추할 수 있다. 세포 내 대사물질의 농도를 측정하는 방법으로 ATP 농도를 측정하여 세포 농도 측정에 활용하기도 한다.

• 직접법 : 건조중량, 충전세포부피, 흡광도 측정

• 간접법 : 세포 내 성분 측정

32 움직이는 박테리아는 영양소를 찾기 위해 농도가 높은 곳으로 움직이나 독성 물질의 경우 농도가 낮은 곳으로 움직인다. 이를 무엇이라 하는가?

① 화학자극운동

② 섬모반응

③ 능동수송

④ 집단전이

해설

화학자극운동 : 화학적 자극에 대한 무방향 운동(Kinesis)

33 일반적으로 반응기 용량이 $500m^3$을 초과하는 경우 다음 중 대규모화(Scale-up) 하기에 가장 부적합한 반응기 형태는?

① 막형(Membrane Type)
② 유동층(Fluidized Bed Type)
③ 교반형(Stirred Vessel Type)
④ 기포탑(Bubble Column Type)

해설
대규모화를 위한 생물반응기 : 교반탱크반응기, 기포탑반응기, 루프식반응기

34 반응기 내에서의 미생물 배양 시, 발생되는 거품에 대한 설명으로 옳은 것은?

① 거품 발생은 미생물이 배지 성분을 더 빠르게 섭취할 수 있도록 도와주는 등 도움이 되지만, 반응기 내를 다 채울 만큼 많이 발생하면 좋지 않다.
② 거품 제거제(Antiform Agent)는 배양액(Broth)의 계면 장력을 증가시켜 쉽게 거품을 제거한다.
③ 거품에 의해 가스 필터를 적실 수 있으므로 거품을 제거하면 타 미생물의 오염을 방지할 수 있다.
④ 거품 제거제는 비싸지만, 거품 발생 시 많은 양을 투입하여 거품을 일시에 제거할 수 있는 장점을 가진다.

해설
거품이 유출되면 여과기를 적셔서 오염세포가 발효기로 들어오는 통로를 제공할 수 있다.

35 공기멸균을 위해 유리섬유 여과기를 사용할 경우 공기 중의 입자들이 포집되는 메커니즘의 중요한 3가지 과정이 아닌 것은?

① 충 돌
② 간 섭
③ 접 촉
④ 확 산

해설
유리섬유 여과기의 기작 : 직접적인 차단, 정전기적 효과, 확산(혹은 브라운 운동), 관성효과가 있다. 주로 차단과 관성효과가 박테리아 제거에 매우 중요한 기작이며 제거 원리는 박테리아에 오염되지 않은 기체는 유리섬유 둘레를 따라 기체 흐름이 형성되지만, 오염된 입자가 유리섬유에 접근하면 관성에 의하여 직선 궤적을 유지하려는 성질을 가져 유리섬유에 충돌하여 박테리아가 기체에서 제거되는 것이다.

36 반응기를 대규모화 시 교반탱크 반응기에서 임펠러 회전 속도와 임펠러 지름의 설계에 있어서 가장 관련이 없는 것은?

① 동력 공급량
② Michaelis-Menten 상수
③ 임펠러 끝에서의 전단응력
④ 레이놀즈 수(Reynolds Number)

해설
대규모화에 따라 고려되는 물리적 조건
• 일정한 동력공급량
• 용기 내의 일정한 액체 순환속도(단위 부피당 임펠러의 펌핑속도)
• 임펠러 끝에서의 일정한 전단응력
• 일정한 Reynolds 수

37 두 성분의 증발 특성이 유사하여 같이 증발되는 경우 보통의 증류만으로 두 성분을 순수하게 분리시킬 수 없다. 이때 첨가하는 물질이 한 성분과 친화력이 크고 휘발성이어서 원료 중의 한 성분과 혼합물을 만들어 고비점 성분을 분리시키고 다시 이 새로운 혼합물을 분리시키는 조작을 무엇이라 하는가?

① 추출증류　　　② 공비증류
③ 반응증류　　　④ 평형증류

해설

증류 : 용액을 가열하여 나오는 기체를 냉각시켜서 순수한 액체를 얻는 방법이다.

• 공비증류 : 공비 혼합물이나 끓는점이 비슷하여 분리하기 어려운 액체혼합물의 성분을 완전히 분리시키기 위해 이용되는 증류법이다. 공비혼합물을 구성하는 성분의 혼합물은 보통 증류법으로는 순수한 성분으로 분리시킬 수 없으므로 이들 성분과 혼합하여 별개의 공비 혼합물을 만드는 제3의 성분을 첨가하여 새로운 공비혼합물의 끓는점이 원용액의 끓는점보다 충분히 낮아지도록 한 다음 증류시킴으로써 증류잔류물이 순수한 성분이 되게 하는 증류이다.

• 추출증류 : 끓는점이 비슷한 성분이 혼합되어 있는 경우, 보통의 증류법으로는 분리할 수 없다. 이때 추출법을 병용하면 쉽게 분리할 수 있다. 혼합된 두 성분보다 끓는점이 높은 제3성분을 가하면 두 성분 중 제3성분에 친화성이 강한 성분의 휘발도가 내려가고 두 성분 간의 비휘발도가 커진다. 그 결과 분리 조작이 쉬워지고 증류로 두 성분을 나눌 수 있다.

• 평형증류 : 플래시 증류라고도 한다. 혼합액의 일부만 증발시킨 후 잔액과 증기를 충분히 접촉시켜 평형에 도달하게 함으로써 기체상과 액체상으로 나누어 성분을 분리하는 방법이다.

38 사상균 배양의 경우 일반적으로 배양액의 점도가 매우 높아져 산소 공급에 문제가 발생할 수 있다. 이런 문제를 최소화하기에 가장 적합한 반응기 형태는?

① 관형(Plug-flow Type)
② 유동층(Fluidized Bed Type)
③ 공기부양식(Air-lift Type)
④ 교반형(Stirred Tank Type)

해설

교반탱크반응기는 분사기와 임펠러를 통해 기체 전달이 효율적이다.

39 원심분리 공정에서 침강 속도를 옳게 설명한 것은?

① 입자 지름에 비례한다.
② 점도에 비례한다.
③ 원심력에 비례한다.
④ 입자 지름의 제곱에 반비례한다.

해설

원심분리(Centrifugation) : 원심력을 이용하여 용질분자를 무게 모양·크기 등의 차이에 따라 분리하는 방법으로 공정은 원심력에 비례한다.

40 일반적으로 여과기의 기능을 갖고 있는 원심분리기는?

① Basket Type
② Tubular Bowl Type
③ Disk with a Nozzle Type
④ Disk with Intermittent Discharge Type

해설

Basket형 원심분리기 : 사상균 균체 또는 결정성 물질의 분리에 이용한다. 원심관은 나일론 또는 면으로 싸인 다공성으로 되어 있다. 배양액을 연속적으로 공급하며 원심관 안에 여괴로 가득차면 이를 제거하기 전에 세척할 수 있다.

41 다음 중 단백질 용액으로부터 염(Salt)을 제거하거나 완충용액 조건을 바꾸기 위해 사용할 수 있는 가장 효율적인 크로마토그래피 방법은?

① 이온교환 크로마토그래피
② 흡착 크로마토그래피
③ 젤 여과 크로마토그래피
④ 친화성 크로마토그래피

해설

젤(겔) 여과 크로마토그래피 : 다공성 젤을 칼럼에 충전시켜 분자량 차이에 의해 물질을 분리하는 방법이다. 일반적으로 분자량이 큰 물질은 젤 내 기공을 통과하지 못하고 배출되므로 체류 시간이 짧고, 분자량이 작은 물질은 젤 기공을 통과한 후 배출되므로 체류 시간이 길어지는 현상을 이용한다. 완충액 교환과 탈염에 적합하며 분리능이 매우 높다.

42 기체–액체 크로마토그래피는 기체 크로마토그래피의 가장 흔한 형태로 이동상으로 기체를, 고정상으로 액체를 사용하는 경우를 일컫는다. 이때 이동상과 고정상 사이에서 분석물의 어떤 상호 작용이 분리에 기여하는가?

① 분 배
② 흡 착
③ 흡 수
④ 이온교환

해설

기체–액체 크로마토그래피는 비활성 고체 충전물의 표면 또는 모세관 내부 벽에 고정시킨 액체 정지상과 기체 이동상 사이에서 분석물이 분배되는 원리를 이용하여 분리한다.

43 초임계 유체 추출법 기기의 부분장치에 해당하지 않는 것은?

① 이산화탄소 저장용기
② 주사기 펌프
③ 이온교환수지
④ 흐름제한기

해설

초임계 유체 추출법 기기의 장치
• 이산화탄소 저장용기
• 주사기 펌프
• 가열된 추출 용기로 임계 유체가 흐르는 것을 조절하는 밸브
• 유체를 감압하고 수집기로 옮기는 흐름제한기로 들어가게 하는 출구 밸브

44 질량분석법에는 질량분석기가 이온발생원에서 생성된 이온을 질량/전하 비에 따라 분리한다. 질량분석기로 사용되지 않는 것은?

① 사중극 질량분석기
② 이중 초점 섹터분석기
③ 비행시간형 분석기
④ 단색화 분석기

해설

질량분석기
• 자기장 부채꼴 분석기
• 이중 초점 분석기
• 사중극자 질량분석기
• 비행시간 분석기
• 이온 포착 분석기

45 액체-액체 추출법을 이용하여 분광광도법으로 정량하고자 한다. 액체-액체 추출법으로서 제약이나 단점에 대한 설명 중 틀린 것은?

① 추출 용매가 서로 섞이지 않아야 한다.
② 에멀션 형성이 쉬워야 분리가 유리하다.
③ 폐기물 처리를 하여야 하는 용매가 많이 발생한다.
④ 수동조작을 할 경우 속도가 느리다.

해설
액체-액체 추출법(용매추출) : 액체 시료에 포함되어 있는 분석 시료를 친화력이 높은 유기용매를 이용하여 추출 후 유기용매를 농축한 후 소량의 용매로 재용해하여 시료를 액상으로 만들어 분석기에 주입해 분석하는 전처리법이다. 일반적으로 비점이 비슷하여 증류로는 성분 분리가 불가능한 경우 사용하며 추출액상과 추출상의 두 액층으로 나누어 원하는 물질을 분리한다.
• 추출 용매가 섞이지 않아야 원하는 물질만 분리가 된다.
• 유기용매는 물질의 극성도에 따라 선택하여 사용하며 이때 인체에 유해한 유기용매를 대량으로 사용하게 된다.
• 복잡한 단계로 이루어진 방법으로 전처리 시간도 길고 원심분리에도 충분한 시간이 필요하므로 분석기를 이용하는 것이 좋다.

46 이동상이 액체인 크로마토그래피가 아닌 것은?

① 분배크로마토그래피
② 액체-고체 크로마토그래피
③ 이온교환크로마토그래피
④ 확산크로마토그래피

해설
확산크로마토그래피는 기체를 이용한다.

47 두 개 이상 집단들의 평균 간 차이에 대한 통계적 유의성을 검증하여 특성을 비교하는 방법은?

① 상관분석
② 분산분석
③ 가설검정
④ 회귀분석

해설
분산분석 : 두 개 이상 집단들의 평균 간 차이에 대한 통계적 유의성을 검증하는 방법이다.

48 제품의 품질에 영향을 주는 생산의 4요소에 해당하지 않는 것은?

① 재료와 자재
② 설비와 장치
③ 작업 환경
④ 작업 방법

해설
제품의 품질에 영향을 주는 생산의 주요소는 4M이다.
• 원료(Materials) : 재료와 자재
• 기계(Machine) : 설비와 장치
• 사람(Man) : 작업자와 감독자
• 기술(Method) : 작업 방법

49 크로마토그래피 분리법에서 분리능(Resolution)을 증가시키는 일반적 방법이 아닌 것은?

① 온도를 낮춘다.
② 주입시료의 양을 증가시킨다.
③ 관의 길이를 증가시킨다.
④ 충전물 입자 크기를 감소시킨다.

해설
관을 통과하는 속도에 대한 상대적 시료의 양이 많아질수록 크로마토그래피의 분해능은 감소한다.

50 다음의 품질관리에 대한 설명으로 옳지 않은 것은?

① 품질관리 시 측정오차의 범위를 엄격하게 적용하여 표준편차가 최소화되도록 한다.
② 불량품 판정을 위해 제품 검사를 실시한다.
③ 검체에 대해서 전수검사를 할 수 없을 시 샘플링 검사를 한다.
④ 다양한 제조 방법을 도입하고 사후 관리를 철저히 한다.

해설
제조 방법을 표준화시키고, 데이터의 통계적 결과로 판정하고 관리할 뿐만 아니라 피드백을 통해서 미리 예방하고 관리하는 것이 품질관리의 기본이다.

51 키모스탯(Chemostat) 연속 배양에서 제한기질(Limiting Substrate) 농도에 대한 설명으로 옳지 않은 것은?

① 저농도에서 세출(Wash-out) 현상이 일어난다.
② 희석속도(Dilution Rate)의 영향을 받는다.
③ 시간에 따른 변화가 없다.
④ 공급 기질 온도보다 같거나 낮게 유지된다.

해설
원료의 주입과 반응액의 유출이 연속적으로 이루어지는 교반형 반응기로 정상상태에서는 일정한 화학적 환경이 유지된다는 의미에서 키모스탯(Chemostat)이라고도 한다. 배지 중의 특정 영양원(보통은 탄소원)의 농도를 일정하게 유지하는 연속 배양 방법이다.

52 샘플링 검사에 대한 설명으로 옳지 않은 것은?

① 품질 특성에 따라 계수형과 계량형 샘플링 검사법으로 나눈다.
② 샘플링 기법은 로트의 성질을 대표하는 시료 추출을 위한 무작위 추출의 특성을 지녀야 한다.
③ 계량형 샘플링 검사법은 시료로 추출된 품목에 섞여 있는 불량품 개수, 결점수 등과 같은 자료로 로트의 품질을 추정하는 방법이다.
④ 시료 조사 결과에 따라 로트의 합격·불합격을 결정하므로, 검사 결과의 신뢰도가 높아야 한다.

해설
계량형 샘플링 검사법 : 길이, 넓이, 두께, 농도와 같이 구체적인 값을 측정하고 비교할 수 있는 자료를 구한 뒤 이 값의 평균치를 기초로 로트 전체의 품질을 판단하는 방법이다.

53 액체 크로마토그래피에서 기울기 용리(Gradient Elution)란 어떤 방법인가?

① 단일 용매(이동상)를 사용하는 방법

② 칼럼을 기울여 분리하는 방법

③ 2개 이상의 용매(이동상)를 다양한 혼합비로 섞어 사용하는 방법

④ 단일 용매(이동상)의 흐름량과 흐름 속도를 점차 증가시키는 방법

해설

• 기울기 용리 : 극성이 아주 다른 두 개 또는 그 이상의 용매를 사용하여 분리하는 방법이다.

• 등용매 용리 : 단일 용매 또는 일정한 조성을 갖는 용매 혼합물을 사용하여 분리하는 방법이다.

55 고성능 액체크로마토그래피(HPLC)의 용매 중 용해 기체에 관한 설명으로 옳은 것은?

① 띠 넓힘을 발생시킨다.

② 칼럼을 쉽게 손상시킨다.

③ 용해되어 있는 산소가 펌프를 부식시킨다.

④ 용해도가 낮은 질소를 불어 넣어 제거할 수 있다.

해설

용해된 기체는 흐름 속도를 재현성이 없게 만들고 띠 넓힘을 일으킨다.

54 불량품에 대한 설명으로 옳지 않은 것은?

① 현재 불량의 바람직한 수준은 0~0.5%이다.

② 고객의 불만족이나 부적합을 발생시키는 것을 불량품 또는 결함이라 한다.

③ 불량품은 제품의 효율성을 떨어뜨리는 요소가 되므로 품질관리에서 매우 중요하다.

④ 잠재 불량은 0% 수준이어야 한다.

해설

현재 불량 : 눈으로 보아서 알 수 있는 분명한 불량으로 각 공정의 현재 불량의 바람직한 수준은 0~0.1%이다.

56 다음 중 불량의 원인이 잘못 연결된 것은?

① 연속 불량 : 장비의 문제로 일정 기간 동안 계속되는 불량

② 간헐적 불량 : 생산 시 용수, 전기, 원료 혼합률의 부적합, 기후 등에 의함

③ 작업자 : 실수, 피로, 무관심, 절차 생략 등 관리 소홀에 의한 요인

④ 작업 시간 : 작업 시간에 따른 장비 문제

해설

연속 불량 : 품질관리에서의 실수 등으로 시기에 관계없이 발생한다.

57 다음 중 공정관리 기법이 아닌 것은?

① 도수분포표

② 파레토도

③ 특성요인도

④ 전수검사

해설

공정관리 기법 : 공정능력도, 관리도, 샘플링, 히스토그램, 도수분포표, 파레토도, 특성요인도

58 HPLC에서 사용되는 펌프시스템에서 요구되는 사항이 아닌 것은?

① 펄스충격이 없는 출력을 내야 한다.

② 흐름 속도의 재현성이 0.5% 또는 더 좋아야 한다.

③ 다양한 용매에 의한 부식을 방지할 수 있어야 한다.

④ 사용하는 칼럼의 길이가 길지 않으므로 펌핑 압력은 그리 크지 않아도 된다.

해설

HPLC 펌프 장치의 조건
• 6,000psi까지의 압력 발생
• 펄스 충격이 없는 출력
• 0.1~10mL/min 범위의 흐름 속도
• 흐름 속도 재현성의 상대오차를 0.5% 이하로 유지
• 부식-저항 부분장치(테플론 또는 스테인리스 스틸)

59 다음 질량분석계 중 자기장을 주로 이용하는 것은?

① 이온포집 질량분석계

② 비행시간 질량분석계

③ 사중극자 질량분석계

④ Fourier 변환 질량분석계

해설

Fourier 변환 질량분석계는 자기장을 이용한 이온 사이클로트론 공명현상을 이용한다.

60 분자량이 큰 글루코스 계열의 혼합물을 분리하고자 할 때 가장 적합한 크로마토그래피는?

① 젤 투과 액체크로마토그래피

② 이온교환 크로마토그래피

③ 분배 액체크로마토그래피

④ 흡착 액체크로마토그래피

해설

크기별 배제크로마토그래피(젤 크로마토그래피)는 고분자 화학종의 분리에 적합하다.

61 청정실 근무자의 퇴실 시 주의사항으로 옳지 않은 것은?

① 재입실 시 입실 절차를 생략할 수 있다.

② 청정실에서 갱의실로 들어갈 때까지 청정실용 복장을 유지한다.

③ 청정실용 의복 탈의 시 바닥 등에 닿지 않도록 한다.

④ 청정실용 신발은 벗은 후 지정된 장소에 보관한다.

해설
재입실 시에도 입실 절차에 따른다.

62 다음 산업안전보건법 시행규칙에 의거한 금지표지 중에서 출입금지 경고에 해당하는 것은?

①   ②

③   ④

해설
산업안전보건법 시행규칙 [별표 6] 안전보건표지의 종류와 형태
① 보행금지
③ 물체이동금지
④ 탑승금지

63 유해화학물질 관련 안전교육에 대한 설명으로 옳지 않은 것은?

① 유해화학물질관리자로 선임된 경우에는 2년 이내에 안전교육을 받아야 한다.

② 유해화학물질 취급 담당자는 해당 업무를 수행하기 전에 안전교육을 받아야 하며, 교육시간 중 8시간을 화학물질안전원에서 실시하는 인터넷을 이용한 교육으로 대체할 수 있다.

③ 유해화학물질 취급 담당자(유해화학물질을 운반하는 자는 제외)가 안전교육을 받아야 하는 날부터 2년 전까지의 기간에 산업안전보건법 제29조제3항 및 같은 법 시행규칙 제26조제1항에 따른 특별교육 중 화학물질안전원장이 유해화학물질 안전교육과 유사하다고 인정하여 고시하는 교육과정을 16시간 이상 이수한 경우에는 그 받아야 하는 안전교육 시간 중 10시간을 면제한다.

④ 유해화학물질 취급 담당자(유해화학물질을 운반하는 자는 제외)의 안전교육은 매 2년마다 16시간이다.

해설
화학물질관리법 시행규칙 [별표 6의2] 유해화학물질 안전교육 대상자별 교육시간
유해화학물질 취급 담당자(유해화학물질을 운반하는 자는 제외)가 안전교육을 받아야 하는 날부터 2년 전까지의 기간에 산업안전보건법 제29조제3항 및 같은 법 시행규칙 제26조제1항에 따른 특별교육 중 화학물질안전원장이 유해화학물질 안전교육과 유사하다고 인정하여 고시하는 교육과정을 16시간 이상 이수한 경우에는 그 받아야 하는 안전교육 시간 중 8시간을 면제한다.

64 산업안전보건법 시행규칙에 의거한 화학물질 취급 관리 감독자의 정기안전보건교육의 내용이 옳지 않은 것은?

① 작업공정의 유해·위험과 재해 예방대책에 관한 사항
② 표준안전작업방법 및 지도 요령에 관한 사항
③ 관리감독자의 역할과 임무에 관한 사항
④ 건강증진 및 질병 예방에 관한 사항

해설
산업안전보건법 시행규칙 [별표 5] 안전보건교육 교육대상별 교육내용
관리감독자 안전보건교육 – 정기교육
• 산업안전 및 사고 예방에 관한 사항
• 산업보건 및 직업병 예방에 관한 사항
• 위험성평가에 관한 사항
• 유해·위험 작업환경 관리에 관한 사항
• 산업안전보건법령 및 산업재해보상보험 제도에 관한 사항
• 직무스트레스 예방 및 관리에 관한 사항
• 직장 내 괴롭힘, 고객의 폭언 등으로 인한 건강장해 예방 및 관리에 관한 사항
• 작업공정의 유해·위험과 재해 예방대책에 관한 사항
• 사업장 내 안전보건관리체제 및 안전·보건조치 현황에 관한 사항
• 표준안전 작업방법 결정 및 지도·감독 요령에 관한 사항
• 현장근로자와의 의사소통능력 및 강의능력 등 안전보건교육 능력 배양에 관한 사항
• 비상시 또는 재해 발생 시 긴급조치에 관한 사항
• 그 밖의 관리감독자의 직무에 관한 사항

65 위험물안전관리법 시행규칙에 의거한 옥외 소화전 설비의 설치 기준으로 옳지 않은 것은?

① 옥외 소화전설비에는 비상전원을 설치하지 않아도 된다.
② 옥외 소화전은 방호대상물의 각 부분에서 하나의 호스 접속구까지의 수평거리가 40m 이하가 되도록 설치한다.
③ 수원의 수량은 옥외 소화전의 설치 개수에 $13.5m^3$를 곱한 양 이상이 되도록 설치한다.
④ 옥외 소화전설비는 모든 옥외 소화전을 동시에 사용할 경우에 각 노즐 끝부분의 방수압력이 350kPa 이상이고, 방수량이 1분당 450L 이상의 성능이 되도록 한다.

해설
위험물안전관리법 시행규칙 [별표 17] 소화설비, 경보설비 및 피난설비의 기준
옥외 소화전설비에는 비상전원을 설치해야 한다.

66 산업안전보건법에 의거한 안전관리자에 대한 설명이 옳지 않은 것은?

① 안전에 관한 기술적인 사항에 관하여 사업주 또는 안전보건관리책임자를 보좌한다.
② 대통령령으로 정하는 사업의 종류 및 사업장의 상시근로자 수에 해당하는 사업장의 사업주는 제21조에 따라 지정받은 안전관리 업무를 전문적으로 수행하는 기관(안전관리전문기관)에 안전관리자의 업무를 위탁할 수 있다.
③ 사업장의 산업재해 예방 계획의 수립에 관한 업무를 수행한다.
④ 관리감독자에게 지도·조언하는 업무를 수행한다.

해설
산업안전보건법 제17조(안전관리자)
• 사업주는 사업장에 안전에 관한 기술적인 사항에 관하여 사업주 또는 안전보건관리책임자를 보좌하고 관리감독자에게 지도·조언하는 업무를 수행하는 사람(안전관리자)을 두어야 한다.
• 대통령령으로 정하는 사업의 종류 및 사업장의 상시근로자 수에 해당하는 사업장의 사업주는 제21조에 따라 지정받은 안전관리 업무를 전문적으로 수행하는 기관(안전관리전문기관)에 안전관리자의 업무를 위탁할 수 있다.
※ 사업장의 산업재해 예방계획의 수립에 관한 사항은 안전보건관리책임자의 업무이다(산업안전보건법 제15조).

67 청정실 관리의 3대원칙에 의해 먼지유입을 억제하는 내용이 옳지 않은 것은?

① 사람 : 클린룸 출입인원 제한
② 장비 : 에어샤워를 통해 클린룸 입실
③ 재료 : 물품은 패스박스를 통해 반입
④ 방법/환경/시설 : 출입구/반입구에 이중도어 설치

해설

사람 : 에어샤워를 통해 클린룸에 입실하여 먼지유입을 억제한다.

68 검사원의 성능검사 교육시간은?

① 8시간 이상
② 16시간 이상
③ 28시간 이상
④ 34시간 이상

해설

산업안전보건법 시행규칙 [별표 4] 안전보건교육 교육과정별 교육시간
검사원 성능검사 교육

교육과정	교육대상	교육시간
성능검사 교육	–	28시간 이상

69 위험물안전관리법 시행규칙에 의거한 위험물안전 관련 안전교육의 과정·기간과 그 밖의 교육의 실시에 관한 사항으로 옳지 않은 것은?

① 안전관리자 강습교육 시간 중 일부(4시간 이내)를 사이버 교육의 방법으로 실시할 수 있다.
② 안전관리자, 위험물운반자 및 위험물운송자 강습교육의 공통 과목에 대해 둘 중 어느 하나의 강습교육 과정에서 교육을 받은 경우에는 나머지 강습교육 과정에서도 교육받은 것으로 본다.
③ 안전관리자, 위험물운반자 및 위험물운송자 실무교육의 공통 과목에 대하여 둘 중 어느 하나의 실무교육 과정에서 교육을 받은 경우에는 나머지 실무교육 과정에서도 교육받은 것으로 본다.
④ 안전관리자 실무교육 시간 중 일부(4시간 이내)를 사이버 교육의 방법으로 실시할 수 있다.

해설

위험물안전관리법 시행규칙 [별표 24] 안전교육의 과정·기간과 그 밖의 교육의 실시에 관한 사항 등
안전관리자 및 위험물운송자의 실무교육 시간 중 일부(4시간 이내)를 사이버 교육의 방법으로 실시할 수 있다. 다만, 교육 대상자가 사이버 교육의 방법으로 수강하는 것에 동의하는 경우에 한정한다.

70 안전점검 중 어떤 일정기간을 정해 두고 행하는 점검은?

① 수시점검
② 정기점검
③ 임시점검
④ 특별점검

해설

안전점검의 종류
• 일상점검(수시점검) : 사업장, 가정 등에서 활동을 시작하기 전 또는 종료 시 수시로 점검
• 정기점검 : 일정한 기간을 정하여 각 분야별 유해, 위험요소에 대하여 점검을 하는 것으로 주간점검, 월간점검 및 연간점검 등으로 구분
• 임시점검 : 기계 또는 설비의 이상 발견 시 임시로 점검
• 특별점검 : 태풍이나 폭우 등 천재지변이 발생한 경우 등 분야별로 특별히 점검을 받아야 되는 경우에 점검

71 미생물의 멸균방법으로 옳지 않은 것은?

① 고압증기멸균

② 적외선멸균

③ 화염멸균

④ 방사선멸균

해설

미생물의 멸균방법

- 화염멸균 : 미생물을 직접 화염에 접촉시켜 멸균
- 건열멸균 : 오븐 등을 통하여 160℃ 이상 고온에서 1~2시간의 열처리를 통하여 멸균
- 고압증기멸균 : 고압반응기를 활용하여 121℃에서 15분간 멸균(일반적)
- 여과멸균 : 특정 공극 크기를 가진 막을 이용하여 멸균
- 가스멸균 : 멸균 특성을 갖는 특정 화학물질을 가스 형태로 활용하는 멸균
- 방사선멸균 : 감마선 등 방사선 조사를 통한 멸균

72 유전자변형생물체의 폐기 · 반송에 대한 설명으로 옳지 않은 것은?

① 수입이나 생산이 제한된 유전자변형생물체는 폐기 · 반송을 명할 수 있다.

② 관계 중앙행정기관의 장은 유전자변형생물체의 소유자가 폐기 · 반송 명령을 따르지 않는 경우 국가 부담으로 소속 공무원에게 직접 폐기 · 반송하게 할 수 있다.

③ 관계 중앙행정기관장이 수입된 유전자변형생물체의 폐기 · 반송을 명했을 때는 관세청장에게 그 내용을 통보해야 한다.

④ 개발 · 실험 승인이 취소된 유전자변형생물체는 폐기 · 반송을 명할 수 있다.

해설

유전자변형생물체의 국가 간 이동 등에 관한 법률 제23조의2(폐기 · 반송 명령)

관계 중앙행정기관의 장은 유전자변형생물체의 소유자가 폐기 · 반송의 명령을 따르지 아니한 경우 대통령령으로 정하는 바에 따라 그 유전자변형생물체 소유자의 부담으로 소속 공무원에게 직접 폐기 · 반송을 하게 할 수 있다.

73 LMO 의료폐기물에 대한 설명으로 옳지 않은 것은?

① 폐기 시 생물학적 활성을 반드시 제거할 필요는 없다.

② 유전자변형생물체 폐기물임을 알리는 표지를 부착한다.

③ 표지에는 폐기물의 종류, 폐기일자, 수량, 무게, 책임자 등을 기록한다.

④ 의료 폐기물이나 지정 폐기물은 정해진 용기에 구분하여 표지를 부착해 날짜를 준수하여 보관한다.

해설

유전자변형생물체(LMO) 의료폐기물은 생물학적 활성을 제거하여 폐기해야 한다.

74 바이오화학소재 생산 시 환경오염에 대처하는 방법으로 옳지 않은 것은?

① 예기치 못하게 발생하는 대기 및 수질오염에 대비하기 위하여 설비 및 원 · 부자재에 대한 사전 점검을 실시한다.

② 각 점검과 관련된 체크리스트 및 점검안을 마련한다.

③ 환경오염이 발생할 시 응급조치 매뉴얼에 따라 처리하고 관련 내용을 구체적으로 정리하여 시 · 도지사에게 보고한다.

④ 담당자는 관련 사항을 주기적으로 점검한 후 안전책임자에게 보고한다.

해설

환경오염이 발생할 시 응급조치 매뉴얼에 따라 처리하고 차후 동일한 사고의 반복이 없도록 관련 내용을 구체적으로 정리하여 안전책임자에게 보고한다.

75 다음 중 설비 관리에 대한 설명으로 옳지 않은 것은?

① 설비 관리의 필요성은 설비의 성능 저하 및 고장으로 인한 손실을 줄이기 위함이다.

② 설비 관리의 목적 중 경제성은 고장 없이 생산량을 생산하는 것이다.

③ 설비 관리의 목적 중 가용성과 유용성은 신뢰성과 보전성을 합한 개념이다.

④ 고장을 조기 조치하여 보전을 쉽게 하는 것도 설비 관리의 목적 중 하나이다.

해설

설비 관리의 4대 목적
- 신뢰성(Reliability) 확보 : 고장 없이 생산량 생산
- 보전성(Maintainability) 확보 : 고장을 조기 조치하여 보전하기 쉬움
- 경제성(Economy) : 신뢰성, 보전성 향상을 위해 비용 최소화
- 가용성(Availability)과 유용성 : 신뢰성과 보전성을 합한 개념으로 필요조건에서 사용될 확률

76 다음 중 시설에 대한 설명으로 옳지 않은 것은?

① 시설이란 특수한 기능 및 환경을 구현하는 장비를 갖추고 있거나 특수 지역으로 이동할 수 있는 설비를 갖춘 편의적이고 독립적 공간이다.

② 시설 점검의 목적은 적절한 보수 시기 예측 및 사용의 편의를 제공하기 위함이다.

③ 시설 점검 시 이력카드를 작성한다.

④ 시설을 실제로 관리하는 사람이 '정'의 책임을 지고, 시설 보유 부서장 또는 사업 책임자가 '부'의 책임을 진다.

해설

시설 보유 부서장 또는 사업 책임자가 '정'의 책임을 지고, 시설을 실제로 관리하는 사람이 '부'의 책임을 진다.

77 미생물 멸균 설정 및 제어 방법에 대한 설명으로 옳지 않은 것은?

① 고압증기멸균이 가장 널리 쓰인다.

② 멸균하는 물질에 고압에 의한 스팀이 직접 접촉되게 한다.

③ 멸균기 내부에 존재하는 공기를 유지하고 스팀으로 채운다.

④ 지속적으로 고압 중 스팀이 공급될 수 있도록 공정을 제어한다.

해설

멸균기 내부에 존재하는 공기를 제거하고 스팀으로 채운다.

78 다음 중 설비 관리의 기법이 아닌 것은?

① 유비쿼터스   ② 로지스틱스

③ TPM   ④ 테로테크놀로지

해설

설비 관리의 기법
- 테로테크놀로지(Terotechnology) : 종합 설비, 공학 설비를 설계하는 데에서부터 운전 유지에 이르기까지 라이프사이클을 대상으로 경제성을 추구하는 기술
- 로지스틱스(Logistics) : 공정 흐름에 대한 관리
- TPM(Total Productive Maintenance) : 생산 시스템의 효율의 극한 추구

79 소방시설 등에 대한 자체점검 중 종합점검의 대상이 아닌 것은?

① 공공기관 중 연면적이 1,000㎡ 이상인 것으로서 옥내 소화전 설비 또는 자동화재탐지 설비가 설치된 것

② 제연설비가 설치된 터널

③ 스프링클러설비가 설치된 특정소방대상물

④ 소방대가 근무하는 공공기관

해설

소방시설 설치 및 관리에 관한 법률 시행규칙 [별표 3] 소방시설 등 자체점검의 구분 및 대상, 점검자의 자격, 점검 장비, 점검 방법 및 횟수 등 자체점검 시 준수해야 할 사항

종합점검은 다음의 어느 하나에 해당하는 특정소방대상물을 대상으로 한다.

• 법 제22조제1항제1호에 해당하는 특정소방대상물
• 스프링클러설비가 설치된 특정소방대상물
• 물분무 등 소화설비[호스릴(Hose Reel) 방식의 물분무 등 소화 설비만을 설치한 경우는 제외한다]가 설치된 연면적 5,000㎡ 이상인 특정소방대상물(위험물 제조소 등은 제외한다)
• 다중이용업소의 안전관리에 관한 특별법 시행령 제2조제1호나 목, 같은 조 제2호(비디오물 소극장업은 제외한다)·제6호·제7 호·제7호의2 및 제7호의5의 다중이용업의 영업장이 설치된 특 정소방대상물로서 연면적이 2,000㎡ 이상인 것
• 제연설비가 설치된 터널
• 공공기관의 소방안전관리에 관한 규정 제2조에 따른 공공기관 중 연면적(터널·지하구의 경우 그 길이와 평균폭을 곱하여 계 산된 값을 말한다)이 1,000㎡ 이상인 것으로서 옥내 소화전 설 비 또는 자동 화재탐지 설비가 설치된 것. 다만, 소방기본법 제2 조제5호에 따른 소방대가 근무하는 공공기관은 제외한다.

80 에너지 사용 계획 수립 시 참조 사항으로 옳지 않은 것은?

① 차기 연도 제품생산 계획

② 회사 경영방침과 적합한지 여부

③ 해당 연도 에너지사용 내역

④ 과년도 제품생산 실적

해설

에너지사용 계획수립 시 참조 사항

• 회사 경영방침과의 적합성 여부
• 과년도 제품생산 실적 및 에너지사용 실적
• 차기 연도 제품 생산 계획
• 차기 연도 시설 투자 계획

제1과목 배양준비

01 진핵세포의 핵에 관련된 내용 중 옳지 않은 것은?

① 단백질과 결합된 DNA를 포함한다.

② 다공성 막으로 둘러싸여 있다.

③ RNA는 핵 안에서 생성된다.

④ 핵막은 한 겹(Monolayer)으로 이루어져 있다.

해설

진핵세포의 핵막은 이중막(Double Layer)으로 되어 있다.

02 산업적으로 본 배양 배지에 많이 사용되는 질소 원은?

① 전 분

② Ethanol

③ 대두분

④ Peptone

해설

질소원은 단백질 합성의 소재로 각종 아미노산 합성에 필요하다. 산업용으로 배지에 사용되는 것은 값싼 대두박, 침지 옥수수 농축액, 어분(Fish Meal), 유청, 카세인 등이 있다.

03 세포막을 통한 작은 분자들의 수송기작은 에너지에 의존하지 않는 기작과 에너지에 의존하는 기작으로 구분할 수 있는데 에너지에 의존하지 않는 기작으로만 짝지어진 것은?

① 수송확산, 능동수송

② 촉진확산, 능동수송

③ 촉진확산, 집단전이

④ 수동확산, 촉진확산

해설

분자들의 수송기작

• 수동확산 : 무작위적 분자 운동으로 고농도에서 저농도로 분자가 이동하는 현상이다.

• 촉진확산 : 농도 경사에 의한 물질 이동이 막의 운반 단백질에 의해 촉진되는 현상이다.

• 능동수송 : 농도에 역행하여 일어나므로 에너지를 필요로 하며 운반 단백질에 의한다.

• 집단전이 : 당을 세포 안으로 이동시키는 것으로 에너지를 필요로 한다.

04 다음 중 세포질량농도결정법 중 간접법은 무엇인가?

① 광학밀도 측정

② ATP 농도 측정

③ 건조중량 측정

④ 충전세포부피 측정

해설

세포질량 농도 측정 : 세포 농도를 측정하는 방법에는 건조중량법(Dry Cell Weight), 충전세포부피법(Packed Cell Volume), 그리고 흡광도(Absorbance) 측정법이 있다. 생장과정에서 합성되는 대사물질의 생성량 측정에 기반을 두는 방법도 있다. 배양액에서 생장하는 세포 내의 DNA, 단백질 등과 같은 생체고분자를 간접적으로 측정하여 세포생장의 지표로 사용하여 세포 농도를 유추할 수 있다. 세포 내 대사물질의 농도를 측정하는 방법으로 ATP 농도를 측정하여 세포 농도 측정에 활용하기도 한다.

• 직접법 : 건조중량, 충전세포부피, 흡광도 측정

• 간접법 : 세포 내 성분측정

정답 1 ④ 2 ③ 3 ④ 4 ②

05 배양 중의 세포 농도를 추산하기 위하여 사용되는 방법으로 시료 배양액 중에 떠 있는 세포가 빛을 흡수하는 성질을 기초로 한 방법은?

① 충전세포 충전법
② 판 계수법
③ RNA 분석법
④ 광학밀도 측정법

해설
광학밀도 측정법 : 세포 농도를 측정하기 위한 직접적인 방법으로 흡광분석법이고 빛이 시료액을 통과할 때 흡수되는 양을 측정함으로써 정량하는 방법이다.

06 미생물 자체를 반투성막의 담체로 직접 피복하여 고정화하는 방법으로 미생물 자체와 결합 반응을 일으키지 않는 고정화 방법은?

① 흡착 고정화법
② 공유 고정화법
③ 가교 고정화법
④ 포괄 고정화법

해설
능동적 고정화 : 포획법(포괄법, 캡슐화), 결합법(흡착법, 공유결합법, 가교결합법)

07 화학 조성을 알고 있는 순수 화합물을 일정한 양으로 포함하는 배지의 성분인 것은?

① 펩톤(Peptone)
② 포도당
③ 효모 추출액
④ 옥수수 추출액

해설
제한배지 : 첨가한 화합물의 종류와 농도를 규명할 수 있는 배지이다. $(NH_4)_2SO_4$, KH_2PO_4, $MgCl_2$, 포도당이 기본이다. 결과 재현이 용이하고 산물의 회수·정제가 쉬우며 비용이 저렴하다.

08 다음 중 그람 음성균에만 존재하는 것은?

① 리보솜(Ribosome)
② 세포간극(Periplasmic Space)
③ 테이코익산(Teichoic Acid)
④ 펩타이도글리칸 층(Peptidoglycan Layer)

해설
그람 음성균 : 그람 음성균의 세포벽은 그람 양성균에 비해 매우 얇은 펩타이도글리칸과 외막으로 구성되어 있다. 펩타이도글리칸은 외막과 연결되어 있는 지질단백질과 결합하고 있으며 테이코산은 포함하지 않는다. 그람 음성균의 외막과 내막 사이에는 약 15nm 두께의 공간인 세포간극(Periplasmic Space)이 존재하며 높은 농도의 단백질을 포함하여 세포질과 유사한 상태를 유지한다. 그람 음성균의 세포 외막은 지질다당류(LPS ; Lipopoly-saccharides), 지질단백질(Lipoproteins), 그리고 인산으로 구성되어 있다.

09 미생물 균주의 장기보존에 동결건조(Freeze-drying 혹은 Lyophilization)방법이 많이 쓰인다. 동결건조에 대한 설명으로 옳은 것은?

① 동결 배양액에서 물을 제거하여 미생물을 보존하는 방법이다.
② 동결 전·후 미생물의 생존율은 거의 변하지 않는다.
③ 동결 과정에 사용하는 미생물 보존제는 일반적으로 배양 배지와 동일하다.
④ 반드시 액체 질소에 넣어 보존하여야 한다.

해설
동결건조 : 용액 상태 등에 있는 시료를 액체공기, 드라이아이스와 에터 등으로 순간적으로 동결시켜서 4mmHg 이하로 감압하여 시료 중의 수분을 승화시켜 제거하는 건조법이다. 생체 시료를 비롯하여 불안정한 물질을 함유하는 시료의 건조에 널리 쓰인다.

10 주로 토양에서 서식하며 균사 형태로 자라는 미생물은?

① 고초균
② 대장균
③ 방선균
④ 빵 효모

해설
방선균 : 토양·식물체·동물체·하천·해수 등에 균사체 및 포자체로 존재하는 미생물로 세균에 가까운 원핵생물로 사상균이 아닌 토양 세균에 속한다.

11 호기성과 혐기성 조건에서 모두 성장하는 것은?

① 편성호기성균
② 미호기성균
③ 편성혐기성균
④ 통성혐기성균

해설
산소 공급 여부
• 편성호기성 : 미생물 증식에는 산소가 필수적이며, 산소 부족 시 증식이 정지되고 결국 사멸하게 된다(대부분의 세균은 증식에 산소 필요).
• 통성혐기성 : 산소의 유무에 상관없이 증식이 가능하다.
• 편성혐기성 : 산소에 노출되면 증식하지 못하고 사멸된다.

12 배양 부피가 100L이고 최종세포 농도가 30g/L일 때, 발효 배지로 공급해야 하는 $(NH_4)_2SO_4$의 양은 얼마인가?(단, 세포의 12%가 질소이고, $(NH_4)_2SO_4$가 유일한 질소원이다)

① 697g
② 1,197g
③ 1,697g
④ 2,197g

해설
30g/L 세포 속 질소함량은 $30 \times 0.12 = 3.6$이다.
$(NH_4)_2SO_4$ 분자량 132이므로 $132 : 28 = x : 3.6$, $\therefore x = 16.97g$이다.
전체 배양 부피가 100L이므로 $16.97 \times 100 = 1,697g$이다.

13 온도, 농도 등의 생물공학 관련 인자에 대한 설명 중 틀린 것은?

① 온도는 세포의 기능에 영향을 미치는 중요한 인자이다.

② 미생물은 최적 생장온도에 따라 저온성 미생물, 중온성 미생물, 호열성 미생물로 나뉜다.

③ 수소이온농도(pH)는 효소활성에 영향을 미침으로써 미생물의 생장 속도에 영향을 미친다.

④ 산소는 물에 잘 녹기 때문에 미생물 발효에 있어 제한기질이 될 수 없다.

해설
산소는 물에 잘 녹지 않는 기체로 제한기질이 될 수 있다.

14 산업적인 발효에 사용되는 주요 탄소원이 아닌 것은?

① 전분(Starch)

② 당밀(Molasses)

③ 대두분(Soybean Meal)

④ 옥수수 시럽(Corn Syrup)

해설
대두분은 대표적인 질소원이다.

15 흡착의 메커니즘이 아닌 것은?

① 물리적 흡착

② 이온교환 흡착

③ 친화성 흡착

④ 한외여과

해설
흡착 : 물리적 흡착, 이온교환 흡착, 친화성 흡착

16 다전해질 또는 $CaCl_2$ 같은 염을 사용하여 작은 덩어리를 보다 큰 침강될 수 있는 입자로 만드는 공정은?

① 응 고

② 응 집

③ 투 석

④ 여 과

해설
응집(Flocculation) : 다전해질 또는 $CaCl_2$ 같은 염을 사용하여 작은 덩어리를 침강될 수 있는 보다 큰 입자로 집적(Agglomeration)하는 것이다.

17 배양하려는 미생물에 대한 정확한 생육인자(Growth Factor)를 모르거나 다양한 생육인자를 요구하는 경우에 배지에 첨가하는 성분으로 적합한 것은?

① 아미노산
② 비타민
③ 효모 엑기스
④ 포도당

해설
효모 추출액은 유기 질소원으로 다양한 생장인자들을 함유하고 있다.

18 최근 발효 후 발효 폐액의 처리 및 환경오염 문제를 해결하기 위해 제한배지(Defined Medium)를 사용한다. 이 배지에 포함되는 영양성분이 아닌 것은?

① 포도당
② Peptone
③ KH_2PO_4
④ $(NH_4)_2SO_4$

해설
복합배지(정확한 조성을 모르는 배지), 제한배지(정확한 조성을 알고 있는 배지), 복합배지용 질소원(Yeast Extract, Soybean Meal, Peptone), 제한배지용 질소원(암모니아, 암모늄염)

19 Lysozyme을 이용한 세포 파쇄에 대한 설명으로 옳지 않은 것은?

① 배양할 때, 페니실린을 소량 첨가하면 Lysozyme에 의한 세포 파쇄가 용이해진다.
② 그람 음성 박테리아가 그람 양성 박테리아보다 용이하게 파쇄된다.
③ Lysozyme은 세포벽 내부의 $\beta-1,4-glycosidic$ 결합의 가수분해 반응을 촉진시키는 역할을 한다.
④ 효모를 파쇄할 경우 Lysozyme 단독으로 보다는 다른 분해 효소와의 혼합효소 시스템을 종종 이용한다.

해설
두꺼운 펩타이도글리칸층을 가지는 그람 양성균은 물리적인 힘에 대해서는 잘 견디지만, 가수분해 효소인 Lysozyme에 의해서는 외부가 지질성 막으로 싸여 있는 그람 음성균의 펩타이도글리칸보다 쉽게 분해된다.

20 효소를 이온교환수지에 흡착·탈착시킬 때 고려할 인자로서 다음 중 가장 중요한 것은?

① pH
② 압 력
③ 온 도
④ 효소농도

해설
액의 pH가 변하면 효소의 이온 형태가 변하여 이온교환수지와의 결합에 영향을 준다.

21 원심분리 공정에서 침강 속도를 옳게 설명한 것은?

① 점도에 비례한다.
② 원심력에 비례한다.
③ 입자 지름 제곱근에 반비례한다.
④ 입자 지름 제곱에 반비례한다.

해설

원심분리(Centrifugation) : 원심력을 이용하여 용질분자를 무게 모양·크기 등의 차이에 따라 분리하는 방법으로 공정은 원심력에 비례한다.

22 막 반응기에서 막은 분리하는 입자의 크기에 따라서 분류되는데 세공이 작은 것부터 큰 순서로 나열된 것은?

① 역삼투압 < 정밀여과막 < 한외여과막 < 일반 여과막
② 정밀여과막 < 한외여과막 < 역삼투압 < 일반 여과막
③ 역삼투압 < 한외여과막 < 정밀여과막 < 일반 여과막
④ 정밀여과막 < 역삼투압 < 한외여과막 < 일반 여과막

해설

역삼투 < 한외여과 < 미세여과
• 한외여과 : 2,000~50,000D_a의 분자량을 가진 입자 분리
• 미세여과 : 0.1~10μm 정도의 세균이나 효모 분리

23 생물 분리공정에서 한외여과막 장치의 주요 형태가 아닌 것은?

① 실관형(Hollow Fibers)
② 평판형(Flat Sheets)
③ 나선감기형(Spiral-Wound)
④ 이중파이프형(Double Pipes)

해설

한외여과막 막모듈은 실관형(Hollow Fibers), 평판형(Flat Sheets), 나선감기형(Spiral-Wound)이 있다.

24 회수·정제 공정이 복잡한 이유를 설명한 것 중 가장 적절하지 못한 것은?

① 발효 산물들이 세포 내 성분들보다 세포외 성분들인 경우가 많기 때문이다.
② 혼합된 산물들의 화학적 특성이 서로 다르고 복잡하다.
③ 최초 발효 산물 상태에 비하여 최종 제품은 아주 높은 순도를 요구하는 경우가 많다.
④ 산물들이 흔히 불안정하고 묽은 용액으로 희석된 상태이다.

해설

생성물은 세포 자체, 세포 외 성분, 세포 내 성분이다.

25 연속살균법이 회분살균법보다 유리한 점이 아닌 것은?

① 배지의 품질에 손상이 덜 간다.

② 고형물을 다량 포함한 배지도 살균할 수 있다.

③ 규모의 확대가 용이하다.

④ 자동화가 용이하다.

해설

• 연속살균법이 회분살균법보다 유리한 점
  - 배지의 품질이 보존, 유지될 수 있다.
  - 규모의 확대, 자동화가 용이하며 증기의 변동이 적다.
  - 운전주기 시간이 절감되고 발효조의 금속 부식이 감소된다.

• 회분살균법이 연속살균법보다 유리한 점
  - 고형물을 함유한 배지의 살균이 가능하다.
  - 수송이 필요 없어 오염 기회가 적다.
  - 수동조작이 간단하고 설비 투자가 저렴하다.

26 대규모 배양기에 유입되는 많은 양의 공기를 살균하기 위한 적절한 매체는?

① 자외선

② Ethylene Oxide

③ 감마선

④ 유리섬유

해설

대량의 무균 공기를 주입하기 위해 섬유충전층 등으로 공기를 여과한다.

27 다음 중 가장 에너지 효율이 높은 반응기는?

① 교반식 반응기

② 기포탑 반응기

③ 루프식 반응기

④ 전부 같다.

해설

기포탑 반응기의 장점

• 낮은 점도의 뉴턴성 배지에 적당하며 높은 점도의 배지에서는 충분한 혼합이 이루어지지 않을 수 있다.

• 교반탱크반응기보다 더 높은 에너지 효율을 가진다.

• 전단응력을 감소시킨다.

• 기계적인 교반이 없으므로 비용이 감소되고 오염 물질의 잠재적인 침투 경로의 하나를 없애준다.

28 점도가 높은 기질을 사용하여 가스 형태의 산물을 생성하는 고정화 효소의 반응기로 가장 알맞은 것은?

① 교반 반응기(Stirred-tank Reactor)

② 고정층 반응기(Packed-bed Reactor)

③ 유동층 반응기(Fluidized-bed Reactor)

④ 공기부양 반응기(Air-lift Reactor)

해설

유동층 반응기 : 촉매 입자들이 반응기 용액 중에 현탁되어 있는 형태를 띤다. 촉매 충진력은 떨어지나 pH와 온도 조절이 쉽고 산소공급이 가능하며 불용성 기질인 경우에도 사용 가능하다.

29 연속 교반 흐름 반응기를 이용하여 발효 공정을 수행하던 중 거품이 발생하는 문제가 발생되었다. 이에 대한 설명으로 틀린 것은?

① 거품 제거를 위해 Head Space가 필요하다.
② 거품 때문에 발효기의 최종 생산성이 제한될 수 있다.
③ 화학적 표면활성제의 첨가로 거품을 줄일 수 없다.
④ 기계적 거품 제거기로 거품을 줄일 수 있다.

[해설]
기계적 거품 제거기나 화학적 표면활성제 첨가로 거품을 줄일 수 있다.

30 생물 반응기를 대규모화 할 때 반응기의 크기 변화에 따라서 일정한 값을 유지하고자 선택하는 항목으로 가장 거리가 먼 것은?

① 배양액의 단위 부피당 교반 에너지
② 배양액의 단위 부피당 산소 전달 계수
③ 교반 날개의 선단 속도
④ 초기 접종량

[해설]
생물 반응기의 대규모화 유지 조건
• 일정한 부피전달계수
• 부피에 대한 동력의 일정한 비율
• 혼합시간과 레이놀즈 수의 조합
• 일정한 임펠러 끝의 속도 유지
• 일정한 생성물의 농도 또는 기질 유지

31 한외여과기 또는 미세여과기 같은 막 분리 공정에서 일반적으로 사용되는 막의 형태가 아닌 것은?

① 칼럼형(Column Type)
② 평판형(Flat Sheets)
③ 실관형(Hollow Fiber)
④ 나선감기형(Spiral—Wound)

[해설]
한외여과막 막모듈은 실관형(Hollow Fibers), 평판형(Flat Sheets), 나선감기(Spiral—Wound)가 있다.

32 동조배양(Synchronous Culture) 미생물을 얻는 방법으로 적당치 않은 것은?

① 배양 온도를 주기적으로 변화시킨다.
② 휴지기의 미생물에 신선한 배지를 공급한다.
③ 원심분리 방법이나 필터를 이용하여 분리한다.
④ 반복적으로 미생물 배양액을 희석시킨다.

[해설]
동조배양 : 세포의 증식과정에 있어서 일정시기(동일세포주기)의 세포만을 모아서 배양하는 방법으로 동일주기세포를 대량으로 얻을 수가 있으므로, 1개의 세포기능을 집단으로 확대하여 볼 수 있어, 생화학적인 정량(定量)도 가능하다.

33 연속 배양의 특성에 관한 설명 중 틀린 것은?

① 균체의 농도는 초기에 공급되는 배지의 성분 중 제한 기질의 농도에 비례하여 증가한다.

② 균체의 농도는 희석률(Dilution Rate)의 증가에 따라 점차적으로 증가하는 경향을 보인다.

③ 희석률(Dilution Rate)은 균체의 최대 비성장 속도까지 증가시킬 수 있다.

④ 배양액 중 제한기질의 농도는 희석률(Dilution Rate)이 낮은 영역에서는 매우 낮게 유지된다.

해설
희석속도가 최대 생장속도보다 큰 값을 가지게 되면 세출현상 (Wash-out)이 일어나 균체 농도가 감소한다.

34 기포탑 생물반응기를 교반식 생물반응기와 비교할 때 기포탑 생물반응기의 특성이 아닌 것은?

① 혼합력이 약하다.

② 낮은 점도를 갖는 시스템에 적합하다.

③ 동력의 소모가 높다.

④ 거품이 많이 생길 수 있다.

해설
기포탑 반응기의 장점
• 낮은 점도의 뉴턴성 배지에 적당하며 높은 점도의 배지에서는 충분한 혼합이 이루어지지 않을 수 있다.
• 교반탱크반응기보다 더 높은 에너지 효율을 가진다.
• 전단응력을 감소시킨다.
• 기계적인 교반이 없으므로 비용이 감소되고 오염 물질의 잠재적인 침투 경로의 하나를 없애준다.

35 발효조의 운전에 관한 설명으로 틀린 것은?

① 이차 대사산물을 생산하는 경우 초기에 많은 영양분을 공급하여 균체를 성장시키고 후기에는 포도당의 농도가 낮아지고 균체의 증식률이 낮아지기 때문에 Chemostat 운전이 적절하다.

② 기질이 세포의 성장에 해로울 때는 기질을 점차적으로 공급하여 기질저해 현상을 줄일 수 있으므로 유가배양방식이 유리하다.

③ 세포 자체나 세포 내 대사산물의 생산을 목표로 하는 경우 연속식 조업에서 희석률이 높아지면 생산성이 높아진다.

④ 재순환 연속 반응기에서는 분리 장치를 이용하여 균체의 일부를 재순환하므로 희석률을 크게 하여도 Wash-out이 일어나지 않을 수 있다.

해설
연속식배양은 1차 대사산물 생산에 유리하다.

36 미생물의 성장이 모노드식을 따른다고 할 때, 최대비성장속도 μ_{max} 는 0.7h^{-1}이고, K_s 는 5g/L로 나타났다. 유속은 200L/h이고 유출류의 기질 농도는 2g/L이다. 단일 정상상태에서 교반탱크발효조의 부피는 약 몇 L인가?(단, 모노드식은 $\mu = \mu_{max} \cdot S/[K_s + S]$, μ는 비정상속도, S는 기질농도이다)

① 1,000L

② 1,400L

③ 1,500L

④ 2,000L

해설
$\mu = (0.7 \times 2)/(5 + 2) = 1.4/7 = 0.2$, ∴ $\mu = 0.2$
키모스탯에서 $\mu = D$(희석속도) $= f/V$, $0.2 = 200/V$이므로
∴ $\mu = 1,000$

37 효소를 고정화하는 방법 중 효소와 담체 사이에 작용하는 물리·화학적 힘을 이용하지 않는 방법은?

① 가교법(Cross-linking Method)
② 담체결합법(Attachment Method)
③ 공유결합법(Covalent Bonding Method)
④ 미세캡슐화법(Microencapsulation Method)

해설
- 가두기 : 격자 가두기, 미세고정화
- 표면고정화 : 흡착, 공유결합, 가교결합
- 미세캡슐화법 : 미세하면서 속이 빈 구를 형성시켜 구 속에 효소액을 내포하여 밀봉한다.

38 발효 공정은 대체로 수용액 상태에서 진행되어 발효 최종산물도 수용액 상태이다. 회수·정제 공정에서 대부분의 수분을 제거하기에 가장 바람직한 시기는?

① 회수·정제 공정의 최종 단계인 건조 공정 직전
② 회수·정제 공정 중 농축 공정이 있고 난 후 중간 단계
③ 회수·정제 공정 중 침전 공정을 거친 다음 단계
④ 회수·정제 공정 중 가장 초기 단계

해설
회수·정제 공정 초기 대부분의 수분이 제거되어지면 부피가 감소되어 다음 공정처리 비용을 줄일 수 있다.

39 한외여과에서 여액의 용질 농도가 0일 때, 즉 물만 여과기를 통과할 때 배제계수(Rejection Coefficient)는?

① 0
② 0.5
③ 1
④ 100

해설
한외여과막 배제계수(Rejection Coefficient)
= 1 − 여액용질농도 / 모액용질농도
= 1 − (0 / 모액용질농도)
∴ 배제계수 = 1

40 발효조에 방해판(Baffle)을 설치하는 이유는?

① 레이놀즈 수를 감소시키기 위해
② 층류(Laminar Flow)를 유지하기 위해
③ 동력소비를 줄이기 위해
④ 난류(Turbulent Flow)를 만들기 위해

해설
방해판은 난류를 만들어 기체 전달 수율을 높여 준다.

41 고성능액체 크로마토그래피에서 분리효율을 높이기 위하여 사용하는 방법으로 극성이 다른 2~3가지 용매를 선택하여 그 조성을 연속적 혹은 단계적으로 변화하며 사용하는 방법은?

① 기울기 용리
② 온도 프로그램
③ 분배크로마토그래피
④ 역상크로마토그래피

해설

기울기 용리

• 고성능액체 크로마토그래피의 분리 효율을 높이기 위해 사용하며 극성이 다른 2~3가지 용매를 선택하여 조성을 단계적으로 변화하며 분리하는 방법이다.
• 모든 시료 성분들이 초기에는 칼럼의 상부에 머무르며 기울기 용리가 시작되면 이동상의 용리 세기가 증가한다. 제일 먼저 용출되는 성분의 값이 작아지면서 성분이 칼럼 밖으로 다 나올 때가지 이동의 속도는 빨라지며 나머지 성분에 대해서도 이러한 행태의 이동이 나타난다.
• Peak들이 동등해지고 전체적인 분리를 더 신속히 한다.
• 감도가 높으며 시료 내의 모든 용질에 대한 최대 분리 등과 감도를 모두 얻을 수 있다.

42 다음 중 기체-고체 크로마토그래피의 가장 기본적인 메커니즘은?

① 분 배
② 흡 착
③ 이온쌍
④ 크기별 배제

해설

기체-고체 크로마토그래피(GSC)는 고체 정지상에 분석물이 물리적으로 흡착됨으로써 머물게 되는 현상을 이용하여 분리한다.

43 질량분석계의 실험방법 및 원리에 대한 설명으로 틀린 것은?

① 시료로부터 기체상태의 이온 토막의 생성
② 이온들을 질량/전하 비에 따라 분류
③ 각 질량의 이온토막의 상태 존재비를 측정
④ 각 이온들을 파장에 따라 검출

해설

질량분석계는 광학분광계의 회절발과 같은 기능을 하지만 특정 질량의 이온을 질량/전하 비에 따라 검출하고, 회절발은 이온을 파장에 따라 분리한다는 점이 다르다.

44 액체크로마토그래피에 쓰이는 다음 용매 중 극성이 가장 큰 용매는?

① 물
② 톨루엔
③ 메탄올
④ 아세토나이트릴

해설

①~④ 모두 쌍극자 모멘트를 가지고 있고 물과 메탄올만 수소결합을 한다. 메탄올은 한 분자당 1개의 수소결합을 하고 물은 한 분자당 2개의 수소결합을 하므로 물의 극성이 가장 크다.

45 질량분석계의 질량분석관(Analyzer)의 형태가 아닌 것은?

① 비행시간(TOF)형
② 사중극자(Quadrupole)형
③ 메트릭스지원탈착(MALDI)형
④ 이중초점(Double Focusing)형

해설

질량분석관
• 자기장부채꼴형
• 이중초점형
• 사중극자형
• 비행시간형
• 이온포착형

46 HPLC에서 역상 크로마토그래피 시스템을 가장 잘 나타낸 것은?

① 정지상이 극성이고 이동상이 비극성인 시스템
② 이동상이 극성이고 정지상이 비극성인 시스템
③ 분석물질이 극성이고 정지상이 비극성인 시스템
④ 정지상이 극성이고 분석물질이 비극성인 시스템

해설

역상(Reversed-phase) 크로마토그래피 : 이동상이 극성이고 정지상이 비극성이다.

47 데이터가 존재하는 범위를 몇 개의 구간으로 나누어 각 구간에 포함되는 데이터의 발생 도수를 고려하여 도형화한 것을 무엇이라 하는가?

① 히스토그램
② 파레토도
③ 고정능력도
④ 특성요인도

해설

히스토그램 : 데이터가 존재하는 범위를 몇 개의 구간으로 나누어 각 구간에 포함되는 데이터의 발생 도수를 고려하여 도형화한 것으로 공정상태의 정보를 정리하여 결론을 내릴 수 있다.

48 다음 중 작업지도서의 내용이 아닌 것은?

① 사용하는 재료, 장비, 설비
② 사용하는 장비의 불용 판정 기준
③ 작업 표준 시간
④ 작업 순서와 포인트, 요령

해설

작업지도서의 내용
• 사용하는 재료, 장비, 설비 등
• 작업 표준 시간
• 작업 순서와 포인트, 요령, 작업의 성패를 좌우하는 요인 등
• 작업 분해도 및 제품 품질의 도해
• 이상 발생 시 처리 방법

49 품질이 고도화된 우수식품·의약품을 제조하기 위한 여러 요건을 구체화한 것으로 원료의 입고에서부터 출고에 이르기까지 품질관리의 전반에 지켜야 할 규범은?

① 밸리데이션
② 품질감사
③ GMP
④ 시정조치

GMP : 제품의 품질 보장과 모든 제조 공정과 작업 관리가 과학적 검증에 의해 표준화된 작업관리를 수행하여 의약품의 유효성, 안전성, 안정성 등을 보장하고 수요자 보호에 적극 대응, 우수의약품 제조 및 품질관리기준으로 인위적인 과오의 최소화, 의약품의 오염과 품질 저하 방지, 고도의 의약품 품질보장 체계확립을 하는 것이다.

50 PDCA 사이클의 순서가 올바른 것은?

① 점검(Check) – 계획(Plan) – 조치(Action) – 실행(Do)
② 점검(Check) – 계획(Plan) – 실행(Do) – 조치(Action)
③ 계획(Plan) – 점검(Check) – 실행(Do) – 조치(Action)
④ 계획(Plan) – 실행(Do) – 점검(Check) – 조치(Action)

불량품 방지대책은 PDCA 사이클이 대표적이며 계획(Plan) – 실행(Do) – 점검(Check) – 조치(Action)를 의미한다.

51 기체크로마토그래피의 칼럼 중 충진된 칼럼(Packed Column)과 열린 관 칼럼(Open Tubular Column)을 비교할 때, 열린 관 칼럼의 장점이 아닌 것은?

① 분석 시간이 짧아진다.
② 고압펌프가 필요 없다.
③ 주입할 수 있는 시료 용량이 커진다.
④ 분해능이 좋아진다.

충진 칼럼은 많은 양의 시료를 취급할 수 있고 사용이 편리하며 열린 관 칼럼은 충진 칼럼에 비해 시료 주입 용량이 작다는 단점이 있다.

52 품질관리계획서에 포함된 내용이 아닌 것은?

① 재료 구입
② 제작공정
③ 시정조치
④ 제품의 원가

품질관리계획서 : 제품 또는 시설이 정상적으로 가동한다는 확증을 얻기 위해 실시하는 작업으로 설계, 재료 구입, 제작공정, 시험·검사, 측정시험기기의 교정, 시정조치, 기록의 보관 등 품질관리 계획에 대한 사항이 명시된 문서이다.

53 불량품 방지 대책을 위한 제안제도가 아닌 것은?

① 브레인스토밍
② 특성열거법
③ PDCA 사이클
④ 결점열거법

해설

불량품 방지 대책을 위한 제안제도 : 브레인스토밍, 브레인라이팅, 특성열거법, 결점열거법 등으로 개선안을 도출한다.

54 GC(Gas Chromatography)의 장치에서 검출기에 해당하지 않는 것은?

① TCD(Thermal Conductivity Detector)
② ECD(Electron Capture Detector)
③ UVD(Ultraviolet Detector)
④ FID(Flame Ionization Detector)

해설

GC(Gas Chromatography)의 검출기
- 열 전도도 검출기(TCD ; Thermal Conductive Detector) : 금속 필라멘트 또는 전기저항체를 검출소자로 하여 금속판 안에 들어 있는 본체와 여기에 안정된 직류전기를 공급하는 전원회로, 저류조절부, 신호검출 전기회로, 신호 감쇄부 등으로 구성된다.
- 불꽃 이온화 검출기(FID ; Flame Ionization Detector) : 수소연소노즐, 이온수집기와 함께 대극 및 배기구로 구성되는 본체와 이 전극 사이에 직류전압을 주어 흐르는 이온전류를 측정하기 위한 전류전압 변환회로, 감도조절부, 신호감쇄부 등으로 구성된다.
- 전자 포획형 검출기(ECD ; Electron Capture Detector) : 방사선 동위원소로부터 방출되는 β선이 운반가스를 전리하여 미소전류를 흘려보낼 때 시료 중의 할로겐이나 산소와 같이 전자포획력이 강한 화합물에 의하여 전자가 포획되어 전류가 감소하는 것을 이용하는 방법으로 유기할로겐화합물, 나이트로화합물, 유기금속화합물을 선택적으로 검출할 수 있다.
- 불꽃 광도형 검출기(FPD ; Flame Photometric Detector) : 수소염에 의하여 시료성분을 연소시키고 이때 발생하는 불꽃의 광도를 분광학적으로 측정하는 방법으로서 인 또는 황화합물을 선택적으로 검출할 수 있다.
- 불꽃 열이온화 검출기(FTD ; Flame Thermionic Detector) : 불꽃이온화검출기에 알칼리 또는 알칼리토류 금속염의 튜브를 부착한 것으로 유기질소 화합물 및 유기염소 화합물을 선택적으로 검출할 수 있다.

55 얇은 막 크로마토그래피(TLC)에 대한 설명으로 틀린 것은?

① 관 액체 크로마토그래피의 분리작업의 최적조건을 얻는 데 도움을 준다.
② 제약산업에서 생산품 순도판별에 경제적으로 이용된다.
③ TLC 방법으로 물질의 분리는 가능하나 회수는 불가능하며 감도가 일반적으로 낮다.
④ 분리된 화학종의 위치를 확인하는 시약이 다양하다.

해설

얇은 층 크로마토그래피는 좋은 분리능과 감도를 가진다.

56 정제 공정에서 회수 단계에서 얻은 공정액에 포함되어 있는 여러 가지 불순물을 제거하는 방법이 아닌 것은?

① 크로마토그래피
② 펩타이드 맵핑
③ 한외여과법
④ 바이러스 불활성화

해설

공정액의 불순물 제거 방법 : 크로마토그래피, 한외여과법, 침전 및 반응, 바이러스 여과 또는 불활성화 등을 사용한다.

57 제형에 따른 공정검사 항목으로 잘못된 것은?

① 액제 : 붕해도
② 정제 : 중량 편차
③ 연고제 : 미생물 수
④ 과립제 : 함습도

제형에 따른 공정검사 항목
• 과립제 : 함습도, 혼합도
• 정제 : 경도, 두께, 마손도, 중량 편차, 붕해도
• 연고제 : 중량 편차, 미생물 수
• 액제 : pH, 비중, 이물 검사, 용량 편차, 미생물 수
• 주사제(액상) : pH, 발열성 물질, 무균, 불용성 물질, 용량 편차

59 원료 의약품의 공정관리에서 문서 작성에 대한 설명으로 옳지 않은 것은?

① 모든 문서의 작성, 개정, 승인, 배포, 회수, 폐기 등에 관한 사항이 포함된 문서관리 규정을 작성한다.
② 전자문서를 포함한 모든 문서는 해당 제품의 유효기간 또는 사용기간 경과 후 3년간 보존한다.
③ 문서는 품질관리부서 책임자의 서명, 승인연월일이 있어야 하고 알아보기 쉽게 작성한다.
④ 모든 기록문서는 작업과 동시에 작성하고 지울 수 없는 잉크로 작성한다.

전자문서를 포함한 모든 문서는 해당 제품의 유효기간 또는 사용기간 경과 후 1년간 보존한다.

58 앰플을 0.5~1.9%의 색소용액에 침적시키고 일정시간 감압 후 상압으로 되돌리면 앰플 내로 색소용액이 침입되어 불량품을 확인하는 방법은?

① 불용성 이물시험
② 붕해 시험
③ 기밀도 검사
④ 무균 시험

기밀도 검사 : 앰플을 0.5~1.9%의 색소용액에 침적시키고 일정시간 감압 후 상압으로 되돌리면 앰플 내로 색소 용액이 침입되어 불량품을 확인하며 주사제 중에서 감압법으로 기밀도 시험이 가능한 앰플제에 실시한다.

60 기체크로마토그래피(GC)에 대한 설명으로 옳은 것은?

① 이동상은 항상 기체이다.
② 이동상은 액체일 수 있다.
③ 고정상은 항상 액체이다.
④ 고정상은 항상 고체이다.

기체크로마토그래피(GC) : 기체화된 시료 성분들이 칼럼에 부착되어 있는 액체 또는 고체 고정상과 기체 이동상 사이에서 분배되는 과정을 거쳐 분리된다.

61 위험물안전관리법 시행규칙에 의거한 스프링클러 설비의 설치 기준으로 옳지 않은 것은?

① 스프링클러 헤드는 방호대상물의 천장 또는 건축물의 최상부 부근에 설치한다.

② 개방형 스프링클러 헤드를 이용한 스프링클러 설비의 방사구역은 150m² 이상으로 한다.

③ 스프링클러 설비에는 비상전원을 설치한다.

④ 방호대상물의 각 부분에서 하나의 스프링클러 헤드까지의 수평거리가 2.0m 이하가 되도록 설치한다.

> **해설**
> 위험물안전관리법 시행규칙 [별표 17] 소화설비, 경보설비 및 피난설비의 기준
> 방호대상물의 각 부분에서 하나의 스프링클러 헤드까지의 수평거리가 1.7m 이하가 되도록 설치한다.

62 청정실 내에서의 주의사항으로 옳지 않은 것은?

① 먼지 발생량을 줄이기 위하여 보행 및 작업은 정숙하게 한다.

② 청정실용 의복은 항상 정상적인 착의 상태를 유지한다.

③ 공기가 나오는 구역에서 오염물의 희석을 위해 작업을 한다.

④ 불필요한 말은 하지 않는다.

> **해설**
> 공기가 나오는 구역에서 물품을 두거나 작업을 하면 공기 순환을 방해하여 청정실의 미세입자 제거를 어렵게 하므로 주의한다.

63 다음 산업안전보건법 시행규칙에 의거한 안내표지 중에서 비상구에 해당하는 것은?

①    ②

③   ④

> **해설**
> 산업안전보건법 시행규칙 [별표 6] 안전보건표지의 종류와 형태
> ① 녹십자표지
> ② 좌측비상구
> ④ 우측비상구

64 산업안전보건법 시행규칙에 의거한 채용 시의 교육 및 작업내용 변경 시의 교육내용이 옳지 않은 것은?

① 건강증진 및 질병 예방에 관한 사항

② 작업 개시 전 점검에 관한 사항

③ 정리정돈 및 청소에 관한 사항

④ 물질안전보건자료에 관한 사항

> **해설**
> 산업안전보건법 시행규칙 [별표 5] 안전보건교육 교육대상별 교육내용
> 근로자 안전보건교육 – 채용 시 교육 및 작업내용 변경 시 교육
> • 산업안전 및 사고 예방에 관한 사항
> • 산업보건 및 직업병 예방에 관한 사항
> • 위험성 평가에 관한 사항
> • 산업안전보건법령 및 산업재해보상보험 제도에 관한 사항
> • 직무스트레스 예방 및 관리에 관한 사항
> • 직장 내 괴롭힘, 고객의 폭언 등으로 인한 건강장해 예방 및 관리에 관한 사항
> • 기계·기구의 위험성과 작업의 순서 및 동선에 관한 사항
> • 작업 개시 전 점검에 관한 사항
> • 정리정돈 및 청소에 관한 사항
> • 사고 발생 시 긴급조치에 관한 사항
> • 물질안전보건자료에 관한 사항

65 법정 안전교육의 설명으로 옳지 않은 것은?

① 유해화학물질 관련 안전교육은 화학물질관리법에 의거한다.

② 근로자(관리감독자의 지위에 있는 사람은 제외)가 화학물질관리법 시행규칙에 따른 유해화학물질 안전교육을 받은 경우에는 그 시간만큼 해당 분기의 정기교육을 받은 것으로 본다.

③ 위험물안전 관련 안전교육은 위험물안전관리법에 의거한다.

④ 산업안전보건 관련 화학물질 취급의 안전교육은 화학물질관리법에 의거한다.

해설

산업안전보건 관련 화학물질 취급의 안전교육은 산업안전보건법에 의거한다.

66 검사원 성능검사 교육에 대한 설명으로 옳지 않은 것은?

① 검사원의 성능검사 교육은 산업안전보건법 시행규칙에 의거하여 실시된다.

② 교육시간은 34시간 이상 실시한다.

③ 교육의 실시를 위한 교육방법, 교육실시기관의 인력 · 시설 · 장비기준 등에 관하여 필요한 사항은 고용노동부장관이 정한다.

④ 고용노동부장관은 공단이나 해당 분야 전문기관으로 하여금 성능검사 교육을 실시하게 할 수 있다.

해설

산업안전보건법 시행규칙 [별표 4] 안전보건교육 교육과정별 교육시간
검사원 성능검사 교육

교육과정	교육대상	교육시간
성능검사 교육	–	28시간 이상

67 산업안전보건법 시행규칙에 의거한 안전보건관리책임자에 대한 교육내용의 설명으로 옳지 않은 것은?

① 관리책임자의 책임과 직무에 관한 사항에 대해 신규과정에서 교육한다.

② 산업안전보건법령 및 안전 · 보건조치에 관한 사항에 대해 신규과정에서 교육한다.

③ 안전관리계획 및 안전보건개선계획의 수립 · 평가 · 실무에 관한 사항에 대해 보수과정에서 교육한다.

④ 산업안전 · 보건정책에 관한 사항에 대해 보수과정에서 교육한다.

해설

산업안전보건법 시행규칙 [별표 5] 안전보건교육 교육대상별 교육내용
안전보건관리책임자 등에 관한 교육 – 안전보건관리책임자
• 신규과정 : 관리책임자의 책임과 직무에 관한 사항, 산업안전보건법령 및 안전 · 보건조치에 관한 사항
• 보수과정 : 산업안전 · 보건정책에 관한 사항, 자율안전 · 보건관리에 관한 사항
※ 안전관리계획 및 안전보건개선계획의 수립 · 평가 · 실무에 관한 사항은 안전관리자 및 안전관리전문기관 종사자의 보수과정 교육내용에 해당한다.

68 청정실 관리의 3대원칙에 의해 먼지발생을 억제하는 내용이 옳지 않은 것은?

① 사람 : 클린룸 출입인원 제한

② 장비 : 구동부의 저발진 대책수립

③ 재료 : 청정 필기구 사용

④ 방법/환경/시설 : 클린룸에 양압유지

해설

시설 : 저발진성 전용 클린룸 설비로 먼지발생을 억제한다.

69 위험물안전관리법 시행규칙에 의거한 위험물안전 관련 안전교육에 관한 사항으로 옳지 않은 것은?

① 안전원의 원장은 강습교육을 하고자 하는 때에는 매년 1월 1일까지 일시, 장소, 그 밖에 강습의 실시에 관한 사항을 공고해야 한다.

② 기술원 또는 안전원은 실무교육을 하고자 하는 때에는 교육실시 10일 전까지 교육대상자에게 그 내용을 통보해야 한다.

③ 기술원 또는 안전원은 교육신청이 있는 때에는 교육실시 전까지 교육대상자에게 교육장소와 교육일시를 통보하여야 한다.

④ 기술원 또는 안전원은 교육대상자별 교육의 과목·시간·실습 및 평가, 강사의 자격 등 교육의 실시에 관하여 필요한 세부사항을 정하여 소방청장의 승인을 받아야 한다.

해설

위험물안전관리법 시행규칙 [별표 24] 안전교육의 과정·기간과 그 밖의 교육의 실시에 관한 사항 등
안전원의 원장은 강습교육을 하고자 하는 때에는 매년 1월 5일까지 일시, 장소, 그 밖에 강습의 실시에 관한 사항을 공고해야 한다.

70 소방시설 등에 대한 자체점검 중 작동점검에 대한 설명으로 옳지 않은 것은?

① 소방시설 등을 인위적으로 조작하여 정상적으로 작동하는지를 점검하는 것이다.

② 방수압력측정계, 절연저항계, 전류전압측정계, 열감지기시험기, 연감지기시험기 등을 이용하여 점검한다.

③ 작동점검은 연 2회 이상 실시한다.

④ 점검시기는 종합점검대상의 경우 종합점검을 받은 달부터 6개월이 되는 달에 실시한다.

해설

소방시설 설치 및 관리에 관한 법률 시행규칙 [별표 3] 소방시설 등 자체점검의 구분 및 대상, 점검자의 자격, 점검 장비, 점검 방법 및 횟수 등 자체점검 시 준수해야 할 사항
작동기점검은 연 1회 이상 실시한다.

71 설비 관리의 3대 측면에 포함되지 않는 것은?

① 인간적인 측면
② 기술적인 측면
③ 경제적인 측면
④ 환경적인 측면

해설

설비 관리의 3대 측면
• 기술적인 측면 : 보전 표준을 설정하고 표준에 따라 보전 계획을 수립하며 계획을 실시 후 결과 기록, 보고
• 경제적인 측면
　– 작은 보전비로 많은 수익을 올리기 위한 목표(보전 방침)를 설정하고 목표 달성을 위해 보전 활동의 모든 분야에 대한 경제성 계산을 하여 다음 보전 계획을 수행하는 데 필요한 보전비의 예산 편성과 예산 통제
　– 보전비의 실적을 기록 후 보전 효과 체크
• 인간적인 측면 : 보전 요원의 인력 관리 및 교육, 훈련 지원을 통한 보전 기능 향상

72 불용 시설의 판정기준으로 옳지 않은 것은?

① 보수를 하더라도 정상 사용이 불가능하다고 판단되는지 여부

② 경제적 보유 수준 등이 적합하지 않아 활용도가 낮은지 여부

③ 내구연한 완료에 의해 실효성이 상실됐는지 여부

④ 수리 불가 등의 사유로 정상 사용이 불가능한지 여부

해설

불용 시설의 판정 기준
• 내구연한 완료 및 천재지변(수재, 화재 등)에 의하여 실효성이 상실된 시설인지 여부
• 파손, 수리 불가 등의 사유로 인하여 정상 사용이 불가능한 시설인지 여부
• 보수를 하더라도 정상적인 사용이 불가능하다고 판단되는 시설인지 여부

73 다음에서 일상점검의 중요성이 아닌 것은?

① 기기의 품질유지
② 기기의 수명연장
③ 보수자의 편리도모
④ 기기의 안전한 운행

해설
일상점검(수시점검)은 사업장, 가정 등에서 활동을 시작하기 전 또는 종료 시에 수시로 점검하는 것을 말하는 것으로서 보수자의 편리를 위한 점검이라고 볼 수 없다.

74 에너지사용 진단에 대한 설명으로 옳지 않은 것은?

① 진단 방법은 에너지관리위원회의 결정에 의거한다.
② 진단 실시는 주관 부서에서 추진한다.
③ 진단 결과에 대한 개선 대책을 수립하고 에너지관리위원회의 승인을 받아야 한다.
④ 에너지사용 시설의 안전 및 효율 증대를 위해 주관 부서는 1년 주기로 진단을 추진한다.

해설
에너지사용 시설의 안전 및 효율 증대를 위해 주관 부서는 3년 주기로 진단을 추진한다.

75 무균의약품의 제조는 4등급으로 구분할 수 있다. 그 설명이 옳지 않은 것은?

① A등급 : 충전지역 등의 고위험 작업 지역
② B등급 : 무균 조제 및 충전작업을 위한 A등급 지역의 주변 환경
③ C등급 : 무균의약품 제조에 있어 중요도가 높은 작업단계를 수행하는 청정구역
④ D등급 : 무균의약품 제조에 있어 중요도가 낮은 작업단계를 수행하는 청정구역

해설
의약품 제조 및 품질관리에 관한 규정 [별표 1] 무균의약품 제조
C등급 및 D등급 : 무균의약품 제조에 있어 중요도가 낮은 작업단계를 수행하는 청정구역

76 부유균 측정법에 대한 설명으로 옳지 않은 것은?

① 장비는 Air Sampler를 사용한다.
② 일정 부피의 공기를 채집하고 미생물 배지를 접촉시켜 공기 중의 미생물을 포집한 후 배양조건 하에서 배양하여 균의 오염도를 측정한다.
③ 배양조건은 세균 20~25℃, 5일 이상, 진균 30~35℃, 72시간이다.
④ Sampling Grid를 121℃, 15분간 멸균한다.

해설
부유균 측정 시 배양조건
• 세균 : 30~35℃, 72시간
• 진균 : 20~25℃, 5일 이상

77 표면균 시험법 중 Contact Plate Method에 대한 설명으로 옳지 않은 것은?

① 시험대상은 공기, 작업자, 작업대, 장비 등이다.
② 진균의 배양조건은 20~25℃, 5일 이상이다.
③ Contact Plate Method 방법 사용 시, 측정하고자 하는 표면에 배지의 절반 이상이 닿도록 한다.
④ 세균의 배양조건은 30~35℃, 72시간이다.

해설
Contact Plate Method 방법 사용 시, 측정하고자 하는 표면에 배지의 전면이 닿도록 한다.

78 화학물질을 안전하게 사용하고 관리하기 위하여 필요한 정보를 기재한 기초자료로 제조자명, 제품명, 성분과 성질, 적용법규, 사고 시의 응급처치방법 등이 기입되어 있는 것은?

① MSDS
② PSM
③ GHS
④ PFD

79 소방시설 등에 대한 자체점검 중 종합점검 대상인 것은?

① 제연설비가 설치되지 않은 터널
② 스프링클러설비가 설치된 연면적이 5,000[m²]이고 12층인 아파트
③ 물분무 등 소화설비가 설치된 연면적이 5,000[m²]인 위험물 제조소
④ 호스릴 방식의 물분무 등 소화설비만을 설치한 연면적 3,000[m²]인 특정소방대상물

해설
소방시설 설치 및 관리에 관한 법률 시행규칙 [별표 3] 소방시설 등 자체점검의 구분 및 대상, 점검자의 자격, 점검 장비, 점검방법 및 회수 등 자체점검 시 주의해야 할 사항
• 소방시설 등이 신설된 경우의 특정소방대상물
• 스프링클러설비가 설치된 특정소방대상물
• 물분무 등 소화설비[호스릴(Hose Reel) 방식의 물분무 등 소화설비만을 설치한 경우는 제외한다]가 설치된 연면적 5,000[m²]이상인 특정소방대상물(위험물 제조소 등은 제외한다)
• 다중이용업소의 안전관리에 관한 특별법 시행령 제2조제1호나목, 같은 조 제2호(비디오물 소극장업은 제외)·제6호·제7호·제7호의 2 및 제7호의 5의 다중이용업의 영업장이 설치된 특정소방대상물로서 연면적이 2,000[m²]이상인 것
• 제연설비가 설치된 터널
• 공공기관의 소방안전관리에 관한 규정 제2조에 따른 공공기관 중 연면적(터널·지하구의 경우 그 길이와 평균폭을 곱하여 계산된 값을 말한다)이 1,000[m²]이상인 것으로서 옥내소화전설비 또는 자동화재탐지설비가 설치된 것. 다만, 소방기본법 제2조제5호에 따른 소방대가 근무하는 공공기관은 제외한다.

80 유해화학물질 제조·사용시설의 설치 기준으로 옳지 않은 것은?

① 유해화학물질 중독이나 질식 등의 피해를 예방할 수 있도록 환기설비를 설치해야 한다.
② 금속부식성 물질을 취급하는 설비는 부식이나 손상을 예방하기 위하여 해당 물질에 견디는 재질을 사용해야 한다.
③ 유해화학물질에 노출되거나 흡입하는 등의 피해를 예방할 수 있도록 차단시설 및 집수설비 등을 설치해야 한다.
④ 액체 상태의 유해화학물질 제조·사용시설은 방류벽, 방지턱 등 집수설비를 설치해야 한다.

해설
화학물질관리법 시행규칙 [별표 5] 유해화학물질 취급시설 설치 및 관리기준
유해화학물질에 노출되거나 흡입하는 등의 피해를 예방할 수 있도록 긴급세척시설과 개인보호장구를 갖추어야 한다.

교육이란 사람이 학교에서 배운 것을 잊어버린 후에 남은 것을 말한다.

– 알버트 아인슈타인 –

Win-Q

과년도+최근
기출복원문제

#기출유형 확인   #상세한 해설   #최종점검 테스트

제1과목 **배양준비**

01 람베르트-비어(Lambert-Beer)의 법칙에 의한 흡광도와 세포 배양 농도의 관계를 식으로 옳게 나타낸 것은?(단, 흡광도 : A, 몰흡광계수 : ε, 세포의 농도 : [J], 흡수층의 길이 : L, 투사광의 강도 : I, 투과도 : T)

① $A = \varepsilon \times [\text{J}] \times T$

② $A = \varepsilon \times I \times L$

③ $A = \varepsilon \times [\text{J}] \times L$

④ $A = \varepsilon \times L / [\text{J}]$

해설

람베르트-비어의 법칙

• 기체 또는 액체에 의한 빛의 흡수는 그 속의 분자 수에 의해서만 결정되며, 희석에 의해서 분자 수가 변화하지 않는 한 희석도에는 관계가 없다는 법칙이다.

• 이 법칙을 이용하면 흡광도는 다음과 같이 나타낼 수 있다.

$A = \varepsilon \times [\text{J}] \times L$

여기서, 시료의 몰흡광계수 : ε, 시료의 농도 : [J], 시료의 길이 : L이다.

02 바이러스에 대한 설명으로 옳지 않은 것은?

① 숙주의 외부에서 바이러스는 불활성 상태이다.

② 전파 경로는 에어로졸, 매개체 등을 통해서 이동한다.

③ 바이러스는 스스로 DNA를 복제하여 매우 빠르게 성장한다.

④ 일반적으로 용균반 형성단위(PFU ; Plaque Forming Unit)로 계수한다.

해설

바이러스는 DNA나 RNA를 유전체로 가지고 있으며, 단백질로 둘러싸여 있는 구조이다. 혼자서 증식이 불가능하여 숙주세포 내에서 복제하며, 세포 간에 감염을 통해서 증식한다.

03 동결 건조된 미생물의 접종 및 배양하는 방법의 순서가 옳게 나열한 것은?

┤보기├

가. 미리 준비한 고체배지 위에 스트리킹(Streaking)하고 배양기에 넣어 배양한다.

나. 화염멸균한 백금이로 균주를 무균적으로 채취한다.

다. 동결 건조 앰플 외부를 70% 알코올을 적신 거즈로 닦은 후 앰플 커터기를 사용하여 절단한다.

라. 배양 후 콜로니가 생성되는 것을 관찰하고 기록한다.

마. 절단된 앰플 끝 부분을 화염멸균한 다음 멸균증류수를 첨가하여 골고루 현탁한다.

① 나 → 가 → 마 → 다 → 라

② 다 → 마 → 나 → 가 → 라

③ 다 → 마 → 나 → 라 → 가

④ 나 → 다 → 마 → 라 → 가

해설

동결 건조된 미생물의 접종 및 배양 순서

1. 앰플 외부를 70% 알코올을 적신 거즈로 잘 닦은 후 앰플 커터기 또는 유리 절단용 칼을 사용하여 앰플의 중간 부분에 약 5mm 흠(Scratch)을 낸다.

2. 실험자가 볼 때 앰플의 흠을 낸 면이 바깥쪽에 위치하도록 양손으로 앰플을 잡고, 힘을 주어 앰플을 절단한다.

3. 절단된 앰플의 끝 부분을 화염멸균한 다음, 멸균증류수를 0.3~0.5mL 첨가하여 골고루 현탁한다.

4. 현탁한 시료를 피펫이나 백금이로 소량 채취하여 평판배지로 옮기고, 남은 시료는 멸균된 Tube에 옮겨 접종된 균주의 성장이 확인될 때까지 4℃에 보관한다.

5. 균체 현탁액을 평판배지에 접종하여 최적온도에서 배양한 후, 균주의 생육 여부 및 다른 균주의 오염 여부를 확인하고 순수 배양된 균주를 실험에 사용한다.

6. 배양 후 콜로니가 생성되는 것을 관찰하고 기록한다.

04 저울 점검 및 분동의 관리에 대한 설명으로 옳은 것은?

① 분동은 질량보존을 위해 절대 세척하지 않는다.
② 올바른 저울 점검을 위해서 1개의 분동으로 교정하여야 한다.
③ 각 분동이 안정화되는 시간은 상이하며 가능한 한 곳에 함께 보관한다.
④ 저울 주변에 비치되어 있는 분동을 사용한다면 온도평형시간을 생략할 수 있다.

해설
• 분동이 오염되면 세척하며 그 과정 중에 분동의 질량이 변할 수 있으므로 주의해야 한다.
• 교정에 사용하기 전에 분동에 묻은 먼지나 이물을 제거해야 하는데 표면에 변화(예 분동의 긁힘)가 일어나지 않도록 주의해야 하며, 이와 같은 방법으로 제거할 수 없을 정도로 오물이 많거나 고착된 경우에는 증류수 또는 솔벤트, 알코올로 세척한다.
• 내부적으로 움푹한 곳을 갖고 있는 분동들은 틈으로 유기물이 침투할 가능성이 있으므로 이를 방지하기 위해 세척할 때 용제 안에 잠기지 않게 하는 것이 바람직하다.
• 분동을 보관할 때는 진동으로 인하여 분동의 질이 떨어지거나 손상을 입지 않도록 보호해야 하며, 분동은 각각에 맞는 구멍이 있는 나무나 플라스틱 상자에 담아 보관한다.

05 배지에 두 개의 탄소원이 존재하는 경우 우선 소모하는 탄소원을 대사할 때, 두 번째 탄소원의 분해과정에 관여하는 효소의 생합성을 막는 현상을 설명하는 용어로 가장 적절한 것은?

① 대사억제
② 대사촉진
③ 성장저해
④ 혼합성장

해설
대사억제 : 대부분의 미생물은 다양한 탄소원이 섞여 있을 때 이들 중에서 기질을 선택적으로 사용할 수 있다. 더 선호되는 탄소원이 존재할 때 다른 탄소원을 사용하는 데 필요한 수송 단백질 및 대사 효소의 발현과 활성이 억제된다.

06 환경에서 미생물을 분리할 때 특정한 성질을 가진 미생물만을 얻기 위해 사용하는 배지의 종류는?

① 복합배지(Complex Medium)
② 고체배지(Solid Medium)
③ 선택배지(Selective Medium)
④ 제한배지(Defined Medium)

해설
③ 선택배지 : 미생물의 집단에서 어떤 특정한 표현형을 나타내는 세포만 선택적으로 증식시키기 위해 또는 돌연변이체나 재조합체 등 특정 형질이 있는 세포를 집단에서 선택하여 증식시키기 위해 사용하는 배지이다.
① 복합배지 : 미생물의 성장에 필요한 다양한 영양물질의 혼합체를 섞어 넣은 배지로, 정확한 조성을 알 수 없다.
② 고체배지 : 액체배지(Bouillon)를 한천 또는 젤라틴으로 굳힌 것으로, 목적에 따라서 혈청 등을 가열·응고시킨 것도 사용한다. 종류로는 평판배지, 분리배지, 사면배지, 고층배지 등이 있다.
④ 제한배지 : 어떤 돌연변이체가 요구하는 영양소를 충분히 포함하고 있지 않은 배지로, 균의 생육(생육속도, 최종생육량 등)은 제한을 받는다.

07 바이오화학제품을 생산하기 위해 목질계 자원을 사용하려고 한다. 다음 중 목질계 자원이 아닌 것은?

① 녹말(Starch)
② 리그닌(Lignin)
③ 셀룰로스(Cellulose)
④ 헤미셀룰로스(Hemicellulose)

해설
녹말(Starch) : 여러 개의 포도당이 글루코사이드 결합으로 연결된 고분자 탄수화물이다.

08 호기성 발효에 주입되는 공기의 멸균에 대한 설명으로 옳지 않은 것은?

① 건열은 습열보다 세포사멸에 더 효과적이다.

② 사용되는 공기의 단열압축은 공기멸균에 효과적이다.

③ 포자를 죽이기 위해서 보통 220℃에서 30초간 멸균한다.

④ 호기성 대형 발효에 주입되는 공기는 압축되어 온도가 상승한다.

> **해설**
> ① 건열멸균은 습열멸균에 비해 멸균 속도가 느리고 효율이 떨어진다.
> ※ 호기성 발효에 주입되는 공기는 보통 압축, 세척, 거름 등의 과정을 거치며, 습도 조절 및 균이 제거된 후 배양액 속에 도입된다.

09 다음 중 산업적 규모의 배양에 주로 사용되는 질소원은?

① 라이신(Lysine)

② 펩톤(Peptone)

③ 효모 추출물(Yeast Extract)

④ 암모늄염(Ammonium Salt)

> **해설**
> 질소원은 미생물의 몸체를 구성하는 데 사용되며, 산업적 규모(대규모)의 배양에는 주로 암모늄염, 요소, 아미노산 조미료를 사용한다.

10 연속식 증기멸균의 단점으로 옳은 것은?

① 열적 지연, 불완전 혼합

② 배지의 희석, 거품 형성

③ 열적 지연, 배지의 희석

④ 불완전 혼합, 거품 형성

> **해설**
> **증기멸균**
> • 주로 배지의 멸균에 사용하는 멸균법이다.
> • 방법으로는 상압증기멸균과 고압증기멸균이 있으며, 오토클레이브를 사용하는 고압증기멸균이 주로 사용된다.
> • 고압증기멸균은 단기간에 확실히 멸균의 목적을 이룰 수가 있으며, 배지 이외에도 유리기구나 수술기재, 붕대, 거즈 등의 멸균에도 사용할 수 있다.

11 다음 중 미생물 배양액에 대한 설명 중 옳지 않은 것은?

① 증류수보다 경수(Hard Water)가 미생물 배양액으로 더 적합하다.

② 암모니아 가스와 질산염의 사용으로 배양액이 알칼리성이 되기 쉽다.

③ 탄소원으로 탄수화물을 사용한 경우에 비해 탄화수소를 사용하면 배양 중에 산소요구도가 증가한다.

④ 무기질소원으로 $(NH_4)_2SO_4$를 사용한 경우 암모늄이온이 이용되고 난 후 배양액의 pH가 떨어진다.

> **해설**
> 미생물 배양액에서 배지 제조용 증류수는 가장 중요한 인자이다. 증류장치는 유리 또는 스테인리스스틸로 된 것이 좋다. 이온교환수지 정수기는 사용된 Resin을 선택해야 하는데 이 중에는 세균 발육에 유해한 성분을 함유할 수 있다.

12 다음 중 동결 건조에서 수분을 제거하는 방법으로 옳은 것은?

① 승 화
② 증 발
③ 응 축
④ 액 화

해설

동결 건조 : 수용액 기타 함수물을 동결시켜 그 동결물의 수증기압 이하로 감압함으로써 물을 승화시켜 제거하고 건조물을 얻는 방법이다.

13 다음 [보기] 중 미생물 동결 건조 절차를 순서대로 옳게 나열한 것은?

┌─ 보기 ─────────────────────────┐
가. 액체배지 제조 및 미생물 균주 접종
나. 영하 60℃ 이하의 초저온 냉동고 보관
다. 동결 건조용 탈지유 및 용기 준비
라. 미생물 균주 진탕배양
마. 시료의 동결 건조
└──────────────────────────────┘

① 가 → 나 → 다 → 라 → 마
② 가 → 라 → 다 → 마 → 나
③ 가 → 다 → 마 → 나 → 라
④ 가 → 마 → 라 → 다 → 나

해설

동결 건조의 절차
• 액체배지 제조 및 미생물 균주 접종
• 미생물 균주 진탕배양(배지 분석을 통한 배양 상태 확인)
• 동결 건조용 탈지유 및 용기 준비
• 시료의 동결 건조(냉각 후 감압을 통한 수분 제거)
• 영하 60℃ 이하의 초저온 냉동고 보관

14 시료에 포함되어 있는 호기성균의 해당 종과 양을 파악하기 위한 고체 배양법은?

① 평판도말법(Streak Plate Method)
② 고체상 발효(Solid State Fermentation)
③ 분산도말법(Spread Plate Method)
④ 천자배양법(Stab Culture Method)

해설

분산도말법(Spread Plate Method) : 적절히 희석된 시료 0.1mL를 한천배지에 도말하여 배양한 후 Colony를 측정하는 방법으로, 열감수성 미생물의 측정에 적합하다. 시료를 적절히 희석해야 하며 집락 수는 접종량, 배지, 배양조건 등에 영향을 받으므로 잘 선택하여 배양해야 한다.

15 다음 중 발효과정에서 pH 변화가 직접적으로 일어나는 경우가 아닌 것은?

① 발효과정 중 용존산소의 소모
② 발효과정 중 유기산의 생성
③ 배양액에서 단일 질소원으로 암모늄의 사용
④ 배양액에서 단일 질소원으로 질산염의 사용

해설

② pH가 낮아진다.
③ pH가 낮아진다.
④ pH가 높아진다.

16 다음 중 여과멸균을 사용하여 멸균할 수 없는 것은?

① 바이러스

② 박테리아

③ 공정용 공기

④ 열에 민감한 물질을 포함한 배지

해설

바이러스는 멸균용 필터를 통과하기 때문에 여과멸균으로 제거하기 어렵다.

여과멸균

• 대상으로 하는 미생물의 크기보다 작은 구멍이 뚫려 있는 막이나 체를 이용하여 미생물을 제거하는 멸균법이다.

• 액체나 기체의 멸균에 이용된다.

• 고온에서 변성하거나 분해하는 것(혈청이나 알루미늄 용액 또는 특수한 배양액 등)은 여과멸균에 의해 세균이나 곰팡이 등을 멸균한다.

17 배지 및 생물공정용 공기를 멸균할 때 사용하는 멸균법으로 옳은 것은?

① 여과멸균

② 증기멸균

③ 자외선멸균

④ 화학물질멸균

해설

여과멸균 : 적당한 여과장치를 이용해서 여과함에 따라 미생물을 제거하는 방법으로, 주로 기체, 물, 가용성으로 열에 불안정한 물질을 포함하는 배지, 시험액, 액상 의약품 등의 멸균에 이용한다.

18 미생물 동결 건조에 대한 설명으로 옳은 것은?

① 동결 건조 시 온도는 보통 3중점보다 낮게 유지한다.

② 미생물 배양 시료를 얼린 후 물을 기화시켜 제거하는 방법이다.

③ 낮은 온도에서 물을 액화시켜야 하므로 건조 시 압력을 낮게 유지하여야 한다.

④ 일반적으로 열에 강한 단백질, 의약품, 조직 등을 보존하는 데 뛰어난 방법이다.

해설

미생물의 동결 건조

• 동결 처리한 세포 부유액을 진공 저온에서 건조시켜 용기의 앰플을 용봉하여 저온에서 보존한다.

• 세균, 바이러스, 효모, 일부의 곰팡이, 방선균 등의 포자를 장기보존하는 데 적합하다.

• 세포의 분산매로 탈지유, 혈청 등을 사용한다.

19 광학현미경을 이용하여 세포 관찰 시 600배 이상의 배율에서 관찰이 용이하지 않을 때 사용하는 것은?

① 증류수

② 포도당 용액

③ 소금 용액

④ 이머젼 오일(Immersion Oil)

해설

광학현미경은 최대 1,000배까지 확대가 가능하며, 고배율로 갈수록 빛의 굴절을 방지하여 해상력을 높이기 위해 유침유(Immersion Oil)를 이용한다.

20 다음 중 그람음성세포에만 포함되어 있는 것으로 옳은 것은?

① 외 막

② 염색체

③ 세포질막

④ 펩타이도글리칸

해설

그람음성균

• 원핵세포의 한 종류이다.

• 세포벽이 그람양성균에 비해 상대적으로 적은 양의 펩타이도글리칸으로 이루어져 있다.

• 그람양성균에는 없는 지질다당질, 지질단백질 및 다른 복잡한 고분자 물질로 구성된 외막이 존재한다.

---

22 연속배양에서 희석속도(D)가 $0.6h^{-1}$, 비생산속도(q_p)가 $0.3h^{-1}$, 세포 농도(X)가 4g/L일 때 배출되는 생산물의 농도(g/L)는?

① 1

② 2

③ 3

④ 4

해설

$0.3 = (p/4) \times 0.6$

$\therefore \ p = 2$

제2과목 배양 및 회수

21 호기성 미생물을 배양하기 위해 산소를 공급할 때 미생물 성장속도를 조절할 수 있는 산소농도의 기준으로 가장 옳은 것은?

① 포화산소농도

② 저해산소농도

③ 용존산소농도

④ 임계산소농도

해설

임계산소농도 이상에서는 미생물 성장속도가 용존산소농도와 무관하나 용존산소농도가 임계값 이하일 때는 산소가 미생물 성장제한인자가 된다.

임계산소농도

• 박테리아, 효모 : 포화농도의 약 5~10%

• 사상곰팡이 : 포화농도의 약 10~50%

---

23 발효조에 방해판(Baffle)을 설치하는 이유로 옳은 것은?

① 층류 유지

② 점도 하강

③ 동력 소비 감소

④ 기체 전달 수율 상승

해설

방해판은 교반기에 의해 생기는 소용돌이(Vortex)를 방지하여 통기효율을 높이는 기능을 한다.

24 염을 이용하는 단백질 침전에 대한 설명으로 틀린 것은?

① $(NH_4)_2SO_4$와 같은 황산암모늄이 많이 쓰인다.

② 높은 이온세기에서 단백질의 용해도는 이온세기에 대해 대수적으로 증가한다.

③ 고농도 이온용액에서 단백질의 용해도는 이온강도(Ionization Strength)에 의존한다.

④ 단백질 분자 간 응집을 방해하는 수화(Hydration)가 파괴될 때 응집이 일어난다.

해설
- 비교적 낮은 농도의 염은 단백질의 용해도를 증가시키며, 이를 염해(Salting In)라고 한다. 단백질 분자는 낮은 이온세기의 수용액에서 이온들에 의해 둘러싸이게 되고, 단백질의 화학적 활성 및 단백질 분자 간의 전기적 결합이 감소하게 되며 용해도가 증가하게 된다.
- 이온의 농도가 훨씬 더 증가하게 되면 단백질의 용해도는 오히려 감소하게 된다. 다량의 염을 가하여 이온의 농도가 높아지면 단백질은 용액으로부터 거의 완전히 해리되어 침전이 일어나며, 이 현상을 염석(Salting Out)이라고 한다.

25 시료에 포함된 단백질을 분석하는 방법으로 옳지 않은 것은?

① DNS법

② Lowry법

③ 전기영동법

④ Bradford법

해설
DNS법
- 환원당을 DNS(3,5-dinitrosalicylic Acid)와 Rechelle염으로 발색하여 흡광도를 측정하는 정량법이다.
- 당류에 Free Carbonyl Group이 존재하면 환원력을 가지게 되며, 이러한 환원력을 이용해 발색시약인 DNS의 NO_2를 알칼리 조건에서 환원시키면 3-amino-5-nitrosalicylic Acid로 환원되면서 시약의 색이 노란색에서 적갈색으로 변한다.

26 일반적으로 호기성 미생물의 생장을 추적할 때 활용될 수 있는 요소로 가장 거리가 먼 것은?

① 질소 소비속도

② 탄소 소비속도

③ 산소 소비속도

④ 칼슘 소비속도

해설
호기성 미생물 생장에 필요한 주요성분으로 탄소원, 질소원, 산소가 필요하고 그 외에 각종 무기염류 등이 있다.

27 미생물이 대량 배양된 배양액에서 균체를 회수하는 방법으로 옳지 않은 것은?

① 가압여과

② 한외여과

③ 정밀여과

④ 회전식 진공여과

해설
한외여과(UF ; Ultrafiltration)는 단백질과 같은 용질분자를 분리하는 데 널리 사용된다.

28 고상발효에 대한 설명으로 옳지 않은 것은?

① 낮은 수분함량에서의 발효공정이다.

② 침지발효에 비해 생성물 분리가 어렵다.

③ 사상곰팡이와 같은 균사미생물의 발효에 용이하다.

④ 박테리아 또는 효모에 발효배지가 오염될 가능성이 적다.

해설

고상발효

• 낮은 수분함량 또는 낮은 수분활성도에서 고체 기질의 발효공정이다.

• 장 점
  - 발효반죽이나 반응기의 부피가 작아 시설비와 운전비를 절감할 수 있다.
  - 수분함량이 낮아 세균 오염 가능성이 낮다.
  - 생성물의 분리가 용이하다.
  - 에너지 효율성이 좋다.
  - 어떤 경우 생성물 형성에 중요한 충분히 분화된 구조로의 성장이 가능하다.

• 단점 : 교반이 잘되지 않아 배지가 불균일하고 따라서 발효반죽 내 제어의 문제가 발생한다.

29 생물공정 중 세포 내 산물 회수의 주요 단계를 옳게 나열한 것은?

① 세포 분리 → 세포 파쇄 → 세포 조각 제거 → 생산물 추출 → 생산물 농축 → 생산물 정제

② 세포 분리 → 세포 파쇄 → 세포 조각 제거 → 생산물 농축 → 생산물 추출 → 생산물 정제

③ 세포 분리 → 세포 파쇄 → 세포 조각 제거 → 생산물 정제 → 생산물 농축 → 생산물 추출

④ 세포 파쇄 → 세포 분리 → 세포 조각 제거 → 생산물 추출 → 생산물 정제 → 생산물 농축

해설

세포 내 산물 회수의 주요 단계

1. 균체의 분리
2. 균체 파괴
3. 추출, 침전
4. 농 축
5. 정 제
6. 조 제

30 효모를 이용하여 포도당으로부터 에탄올을 발효 생산한다. 포도당 중에서 10%는 세포성장에 사용되고 나머지 90%는 에탄올로 전환된다고 할 때 100g의 포도당 발효 시 발생하는 이산화탄소의 양은 약 몇 g인가?

┌ 반응식 ┐

$$C_6H_{12}O_6 \rightarrow 2C_2H_5OH + 2CO_2$$

① 22

② 34

③ 44

④ 52

해설

포도당(분자량 180g) 발효 시 이산화탄소(분자량 44g)가 88g이 생성되며, 100g의 포도당이므로

180g : 88g = 100g : x_1

따라서 x_1 = 48.9g의 이산화탄소가 생성된다.

포도당 → 에탄올 + 이산화탄소

  100g   51.1g   48.9g

나머지 90%가 에탄올로 전환되므로

100g : 48.9g = 90g : x

∴ x = 44.01g

31 미생물 배양기 내 측정장치로 옳지 않은 것은?

① 교반기

② 온도계

③ pH미터

④ DO미터

해설

교반기(Impeller) : 배양기에서 회전에 의해 유체의 유동운동을 일으키는 장치이다.

32 미생물의 세대시간(Doubling Time)이 1h인 미생물 배양에서 처음 미생물 농도가 10^3Cell/mL이었고, 배양액 부피가 100mL라면 3h 배양 후 배양액 내 전체 미생물의 개체수(Cell)는?

① 8×10^3

② 8×10^5

③ 10^{14}

④ 10^{26}

해설

총균수 = 초기 균수 $\times 2^n$ (여기서, n : 세대수)
- 초기 균수 : $10^3 \times 100$mL $= 10^5$
- 세대수 : 세대시간이 1시간이고, 3시간 동안 배양하므로 3이다.

∴ 총균수 $= 10^5 \times 2^3 = 10^5 \times 8$

33 회분식 세포배양에서 지연기를 단축시키기 위한 방법으로 옳지 않은 것은?

① 지수성장기의 세포를 접종세포로 이용한다.

② 종자균 세포를 본 배양과 동일한 조건으로 배양한다.

③ 접종 전에 본 배양의 환경을 세포성능에 맞는 상태로 안정화시킨다.

④ 본 배양 접종 시 종자균 배양액의 부피를 본 배양 부피의 20% 이상으로 한다.

해설

지연기를 단축시키기 위한 방법
- 접종 전에 세포들을 생장배지에 적응시킨다.
- 세포들이 젊고 대수활성기(지수성장기) 상태이어야 한다.
- 접종량이 적당해야 한다(5~10%).

34 배양액에서 균체 분리를 위한 여과 공정 효율을 향상시킬 수 있는 방법이 아닌 것은?

① 규조토와 같은 여과조제를 사용한다.

② 배양액을 농축하여 투입량을 줄여 준다.

③ 여과하려는 배양액의 투입 압력을 높여 준다.

④ 여과막을 막고 있는 균체 케이크를 제거한다.

해설

여과속도를 개선하기 위하여 가열 또는 재결정화의 전처리를 거치거나 셀룰로스, 규조토와 같은 여과조제(Filter Aid)를 첨가하여 공급물을 예비 처리하는 경우도 많다.

35 시료에 포함된 불용해성 성분의 여과효율을 높이기 위한 전처리 방법으로 옳지 않은 것은?

① 가열(Heating)

② 투석(Dialysis)

③ 응고(Coagulation)

④ 응집(Flocculation)

해설

불용성 생성물 분리의 전처리 방법 : 열처리, 응고제와 응집제의 첨가, pH와 이온 세기 조절

36 다음 [보기]가 설명하는 배양 방법은?

┤보기├
- 기질의 농도가 높아 독성이 있거나 기질의 용해도가 낮을 때 유용하다.
- 높은 생성물 농도와 세포밀도를 얻을 수 있다.
- 상업적 운전에 자주 사용된다.

① 회분식 배양　　② 계단식 배양
③ 유가식 배양　　④ 연속식 배양

해설
유가식 배양(Fed Batch Culture)
- 배지를 계속 유입한다는 점은 연속식 배양과 같지만 배양액을 유출시키지 않기 때문에 배양액의 부피는 계속적으로 증가한다.
- 초기에는 기질 농도가 높아 저해현상이 나타나고 점차 기질이 소모되는 현상이 나타나기 때문에 기질의 농도를 적절히 유지하여야 하며, 세포 증식 및 원하는 산물의 생산을 지속적으로 유지하는 배양 방법이다.
- 유가식 배양은 기질이 비교적 낮은 농도에서 세포의 생장을 저해하는 경우, 특정 기질의 농도가 높아지면 목적생산물의 생성이 억제되는 경우, 영양요구성균주(Auxotroph)의 배양에서 특정 요구물질의 첨가가 필요한 경우에 유용하다.

37 미생물을 배양하여 셀룰라제 효소(Cellulase)를 생산한 후 효소 활성을 측정할 때 분석에 필요한 것을 옳게 나열한 것은?

ⓛ 시약(3,4-dinitrosalicylic Acid, Potassium Tartrate 등)
ⓛ 중합효소연쇄반응기(PCR)
ⓒ 분광광도계(Spectrophotometer)
ⓔ 효소 표준액(Enzyme Standard)
ⓜ 전기영동(SDS-PAGE)
ⓗ 반응 수조(Water Bath)

① ㉠, ㉢, ㉣, ㉤　　② ㉠, ㉢, ㉤, ㉥
③ ㉠, ㉡, ㉣, ㉥　　④ ㉠, ㉢, ㉣, ㉥

해설
섬유소 분해효소(Cellulase) 효소 활성 분석 시 필요한 재료 및 기기
시약(3,4-dinitrosalicylic Acid, Potassium Tartrate 등), 효소 표준액, 분광광도계(또는 HPLC), 전자저울, 건조기, 항온 수조, Vortex Mixer 등

38 다음 중 미생물 배양을 통해 생산된 바이오화학물질을 액체크로마토그래피를 이용하여 분석할 때 고려하지 않아도 되는 과정으로 옳은 것은?

① 추 출　　② 세 정
③ 여 과　　④ 멸 균

해설
HPLC 사용 시 주의사항
- 사용하는 이동상을 반드시 여과, 탈기하여 사용한다.
- 주입하는 시료도 반드시 Syringe Filter를 사용하여 여과 후 사용한다.
- 분석 전에 기기의 안정화를 위해서 30분 정도 안정화시키고 펌프 압력 및 검출기의 시그널이 안정화가 되었는지 확인한 후 사용한다.
- 분석 후 이동상으로 기기와 칼럼으로 충분히 흘려주어서 세정해 준다.
- 장기간 분석을 안 하면 기기에서 분석칼럼을 제거하여 보관한다. 칼럼 보관 시 보관용 이동상을 채워서 양쪽 끝을 Ferrule로 막아서 보관한다.

39 다음 중 가장 낮은 회전속도에서 원심분리할 수 있는 것은?

① 효 소
② 효 모
③ 바이러스
④ 박테리아

해설
효모는 지름이 평균 3~4μm 정도이며, 전반적으로 세균보다 크기와 밀도가 크므로 가장 낮은 회전속도에서 원심분리가 가능하다.

40 키모스탯 반응기에 대한 설명으로 옳지 않은 것은?

① 유전적 안정성(Genetic Stability)이 높다.
② 밀폐성이 떨어져 오염 가능성이 있다.
③ 생육속도가 빠른 미생물에 적합하다.
④ 2차 대사산물 생산에 부적합하다.

키모스탯(Chemostat) 반응기
• 영양원의 농도를 일정하게 유지시키면서 배양하는 연속 교반형 반응기이다.
• 균체 증식은 공급해 주는 필수영양원 중에서 한 가지를 선택하여 그 농도를 조절함으로써 이루어지며 탄수화물, 질소원, 염류, 산소 중에서 필요로 하는 기질을 제한요소로 이용한다.

제3과목 바이오화학제품 품질관리

41 식품의약품안전처 표준품 안내서상 표준품 보관 및 관리방법에 대한 설명으로 틀린 것은?

① 표준품은 물질 특성에 따라 적정 온도로 관리한다.
② 표준품 보관관리 절차를 구비하여 그 절차에 따른다.
③ 표준품의 품질이 일정하게 유지되도록 항온·항습기를 이용한다.
④ 표준품을 사용하는 작업대에서 보관하고 관리하는 것을 원칙으로 한다.

표준품 보관 및 관리
• 제조·확립된 표준품은 안정적으로 품질이 유지될 수 있도록 항상성이 유지되는 별도의 표준품 보관실에서 물질 특성에 따라 적정 온도별(냉장, 냉동 등)로 보관된다.
• 표준품 보관실과 보관 장비에는 자동온도측정센서가 부착되어 실시간으로 모니터링 및 기록·저장되며, 정전 등의 비상사태를 대비하여 비상전원 공급장치 및 비상알림시스템을 구비하여 관리하고 있다.

42 검체 채취 용기에 표시하는 사항으로 가장 거리가 먼 것은?

① 검체명
② 제조번호
③ 검체 채취 일자
④ 검체 사용자의 이름

검체 채취 용기에는 검체명, 제조번호, 채취 일자, 채취자 등을 표시한다.

43 시약용기에 부착해야 할 안전보건표지 중 방사성 물질에 대한 경고표지는?

①  ②

③ ④

산업안전보건법 시행규칙 [별표 6] 안전보건표지의 종류와 형태
① 레이저광선 경고
③ 고압전기 경고
④ 몸균형 상실 경고

44 검체의 채취 또는 절차에 대한 설명으로 틀린 것은?

① 무작위법으로 채취한 후에 표시 라벨을 부착한다.

② 제품의 검체 채취는 제품이 보관된 물류창고에서 실시한다.

③ 원자재의 검체 채취는 담당자로부터 검체 채취 요청을 받고 검체 채취실에서 실시한다.

④ 검체 채취는 품질부서에서 하지만 경우에 따라 품질부서 입회하에 생산부서에서 실시할 수도 있다.

해설

제품의 검체 채취는 시험자가 실시하는 것이 원칙이다.

45 시판 후 안정성 시험은 사용(유효)기간이 2년 이상일 경우 최소 36개월간 최소 몇 회를 해야 하는가?

① 1회

② 2회

③ 3회

④ 4회

해설

시판 후 안정성 시험은 사용(유효)기간이 2년 이상일 경우 보통 0, 12, 24, 36개월 등 1년 단위로 시험할 수 있다.

46 표준물질 검량선(Calibration Curve)의 특징이 아닌 것은?

① 농도를 아는 표준물질이 있어야 한다.

② 검량선을 작성하기 위해서는 최소 5가지 농도 이상으로 분석을 해야 한다.

③ 결정계수(R^2)가 0.99 이상일 때 표준곡선(Standard Curve)으로 사용하기에 적절하다.

④ 검량선 농도범위 밖에 있는 경우는 시료를 희석하여 범위 내에 들게 한 후 농도를 구한다.

해설

검량선은 일반적으로 공시료, 영시료(Zero Sample) 그리고 최저정량한계를 포함한 최소 6가지 이상 농도의 검량선용 표준시료로 구성된다.

47 우수화장품 제조 및 품질관리기준서상 완제품 보관 검체에 대한 설명 중 틀린 것은?

① 보관용 검체를 보관하는 목적은 제품의 생산 중에 소실되는 양을 보전하기 위함이다.

② 보관용 검체는 재시험이나 불만 사항의 해결을 위하여 사용한다.

③ 각 로트(Lot)를 대표하는 검체를 보관한다.

④ 보관용 검체는 가장 안정적인 상태로 보관한다.

해설

보관용 검체를 보관하는 목적은 제품을 사용기한 중에 재검토할 때에 대비하기 위함이다.

48 다음 [보기]에서 설명하는 분석 방법은?

┌─보기─────────────────────────────────
│ • 시료용액에 방해물질이 많거나 시료의 양이 적은
│   경우에 주로 이용한다.
│ • 시료와 표준물질과의 농도비를 여러 개 만들어
│   분석하고 피크 넓이의 비와 농도비를 이용하여
│   검량선을 만든 다음, 정확한 양의 내부표준물질을
│   미지시료에 넣은 후 추출하여 분석하는 방법이다.
└──────────────────────────────────────

① 내부표준법
② 외부표준법
③ 표준물질첨가법
④ 검출기의 감응에 의한 확인법

해설
내부표준법
• 내부표준물질 일정량을 표준용액과 시료용액에 가하여 크로마토
  그램을 얻은 다음 분석 목적 물질의 양을 상대적으로 계산하는
  방법이다.
• 시료와 표준물질과의 농도비를 적절히 여러 개로 만들어 분석하
  고 피크 넓이의 비와 농도비를 이용하여 검량선을 만든 다음,
  정확한 양의 내부표준물질을 미지시료에 넣은 후 추출하여 분석
  한다. 넓이의 비를 측정하고 검량선 위에서 미지시료와 표준물질
  의 농도비를 구한다. 이 방법의 장점은 주입된 양을 정확히 측정할
  필요가 없고, 검출기의 반응이 변하더라도 넓이의 비에는 영향을
  미치지 않는다는 것이다. 이때 사용하는 내부표준물질은 시료의
  어떤 성분과도 잘 분리돼야 하며, 시료 성분에 포함되어 있지
  않은 순수한 물질이어야 한다.

49 정전기적인 힘에 의해 화합물을 전기적으로 흡착,
분리하는 크로마토그래피는?

① 흡착 크로마토그래피
② 이온교환 크로마토그래피
③ 크기배제 크로마토그래피
④ 친화성 크로마토그래피

해설
이온교환 크로마토그래피
• 액체 크로마토그래피의 일종이다.
• 이온 또는 극성 분자들을 고정상에 결합된 음이온 또는 양이온과
  의 정전기적 인력을 이용하여 분리한다.

50 HPLC 분석 시 검량선 작성을 위해서는 최소 몇
개 농도 이상을 분석해야 하는가?

① 2
② 3
③ 4
④ 5

해설
검량선을 작성하기 위해서는 이미 알고 있는 농도의 시료를 최소
3개 이상(보통 4~5개) 만들어 각각 크로마토그래피 분석을 한다.

51 다음 중 가스(Gas) 상태의 물질이 아닌 것은?

① 염화수소
② 브로민
③ 이산화황
④ 이산화질소

해설
염산은 염화수소(HCl) 수용액이다.
※ 대한화학회 화합물 명명법 개정으로 현재 '브롬 → 브로민'으로
   변경됨

52 HPLC 유효성 검증지표가 아닌 것은?

① 특이성

② 보편성

③ 직선성

④ 반복성

해설

HPLC 유효성 검증지표 : 특이성(Specificity), 직선성(Linearity), 정확성(Accuracy), 반복성(Repeatability), 매개 정밀성(Intermediated Precision)

53 생물 반응기 운전 후 세포를 1차적으로 분리하는 방법으로 가장 널리 쓰이는 일반적인 방법은?

① 원심분리

② 흡 착

③ 전기영동

④ 결정화

해설

원심분리를 이용한 균체 분리 : 분리하고자 하는 시료의 밀도차에 따른 침강속도의 차이를 이용하여 원심력으로 입자를 분획하는 방법으로, 가장 효과적이고 널리 쓰이는 일반적인 방법이다.

54 다음 [보기]에서 설명하는 HPLC 시스템의 검출기로 옳은 것은?

┌─ 보기 ─┐

감도가 비교적 낮고 이동상의 유속과 온도에 대해서 매우 민감한 단점이 있지만 거의 모든 화합물에 대해 감도를 나타내고 고분자 화합물이나 당 등의 분석에 주로 이용되는 검출기

① 형광 검출기

② 흡광도 검출기

③ 굴절률 검출기

④ 질량분석 검출기

해설

굴절률 검출기 : 굴절률의 차이를 이용하는 검출기로, 이론상 모든 물질의 굴절률이 다르므로 모든 물질의 검출에 활용이 가능하지만 감도가 매우 낮아 미량물질 분석에는 적합하지 않다. 온도에 민감하여 실험실 온도차에 따라 분석값이 변할 수 있으며, 이동상이 중간에 변하면 안 되기 때문에 기울기 분석(Gradient)이 불가능하다. 당분은 자외선이나 가시광선을 흡수할 수 없는 경우가 많아 당 분석에 주로 사용한다.

55 2M 수산화나트륨 용액을 500mL 만들 때 필요한 수산화나트륨 양(g)은?

① 20

② 40

③ 60

④ 80

해설

몰농도는 용액 1L 속에 들어 있는 용질의 몰수(분자량 g)이다.
NaOH 분자량은 40g/mol이므로,
2M 수산화나트륨 용액 1L에는 NaOH가 80g이 필요하다.
1L : 80g = 0.5L : x
∴ x = 40g

56 산업안전보건기준에 관한 규칙상 다음의 관리대상 유해물질 중 분류가 다른 시약은?

① 인 산
② 플루오린화수소
③ 수산화나트륨
④ 글루타르알데하이드

해설

산업안전보건기준에 관한 규칙 [별표 12] 관리대상 유해물질의 종류
• 유기화합물 : 글루타르알데하이드 등 123종
• 금속류 : 25종
• 산·알칼리류 : 인산, 플루오린화수소, 수산화나트륨 등 18종
• 가스 상태 물질류 : 15종

57 흡광도 분석에 적용되는 Lambert-Beer 공식에 대한 설명 중 틀린 것은?

① 투과경로가 길수록 흡광도는 증가한다.
② 용액의 농도가 증가할수록 흡광도는 증가한다.
③ 흡광도를 이용하여 세포 성장을 측정할 때 사용된다.
④ 흡광도가 0일 경우 용액에서 100% 흡수를 의미한다.

해설

람베르트-비어 공식
$A = \log_{10}(I_o/I_t)$
여기서, A : 흡광도, I_o : 입사광의 강도, I_t : 투사광의 강도이다.
빛이 전혀 흡수되지 않았을 때 $I_t = I_o$가 되므로 $A = 0$이다.

58 표준품의 특징에 대한 설명으로 틀린 것은?

① 표준균주의 보관은 일반적으로 4℃에서 보관한다.
② 사용기한을 설정하는 경우 제조사의 성적서를 참조하여 설정한다.
③ 일정한 함량 및 순도 또는 생물학적 작용을 가지는 인증된 고순도 물질이다.
④ 모든 표준품은 지정된 보관 장소에 보관되어야 하며, 보관 조건은 온도기록계를 통해 실시간으로 관리한다.

해설

표준균주는 일반적으로 -20℃에서 보관하는 것이 4℃나 실온에서 보관하는 것보다 우수하다.

59 다음 중 전기영동에 대한 설명 중 틀린 것은?

① 단백질 분리 및 분자량 측정에 가장 많이 이용되는 방법이다.
② 단백질의 전하 및 크기에 따라 단백질의 이동속도가 결정된다.
③ 젤을 만들어 전기장 내에 두어 단백질 분자들이 젤 내를 움직이게 한다.
④ 네이티브 젤(Native Gel) 전기영동에서는 일반적으로 계면활성제를 첨가한다.

해설

SDS는 Sodium Dodecyl Sulfate의 약어로, 음이온 계면활성제의 일종이다. 단백질의 가용화제로 이용되고 있으며, 단백질의 전기영동에 SDS-PAGE(폴리아크릴아마이드 젤 전기영동)가 가장 일반적인 방법으로 사용되고 있다. SDS-PAGE에서 사용하는 모든 Buffer나 Solution에서 SDS를 뺀 것이 Native PAGE이다.

60 HPLC 분석 시 주어진 조건에서 이동상과 고정상에 따른 시료의 특성으로서, 표준물질과 비교하여 시료 내에 원하는 물질의 존재 여부를 판단할 수 있는 용어로 옳은 것은?

① Retention Time
② Hold Time
③ Distance Time
④ Moving Time

해설

Retention Time
• 가스 크로마토그래피나 액체 크로마토그래피에서 시료를 주입하고 나서 유출할 때까지의 시간을 말한다.
• 크로마토그래피의 조건(칼럼의 종류, 칼럼온도, 이동상의 종류와 유속 등)이 일정하면 물질 고유의 값이 되므로 동정의 지표가 된다.

제4과목 바이오화학제품 환경 · 시설관리

61 장비의 불용 처리에 대한 설명으로 옳지 않은 것은?

① 매각하는 것이 기관에 불리한 장비는 폐기할 수 있다.
② 불용이 결정된 장비는 기관의 불용 절차에 따라 처리하되 양여를 원칙으로 한다.
③ 자산 관리 부서장은 장비에 대한 불용 신청에 대하여 장비심의위원회에 상정할 수 있다.
④ 장비 보유 부서장은 불용 장비가 발생하였을 때 불용 신청서를 자산 관리 부서장에게 제출해야 한다.

해설

불용이 결정된 장비는 소속 기관의 불용 절차에 따라 처리하되 매각을 원칙으로 하지만 분해 재사용 또는 공공단체 등에 이관하는 것이 매각의 경우보다 공적 효율을 높일 수 있다고 판단하는 경우에 한해 재활용, 양여, 대여할 수 있다.

62 수질오염 측정지표로서 다음 설명에 해당하는 용어로 옳은 것은?

> 폐수나 물의 유기물을 산화제와 일정한 산화조건에 의하여 반응시킬 때 소비되는 산화제의 양(mg/L)을 말한다.

① 화학적 산소요구량(COD)
② 생물학적 산소요구량(BOD)
③ 합성산소요구량(SOD)
④ 용존산소량(DO)

해설

화학적 산소요구량은 물의 오염 정도를 나타내는 기준으로, 약칭은 COD이다. 유기물 등이 들어 있는 물에 과망간산칼륨이나 중크롬산칼륨 등의 수용액을 산화제로 넣으면 유기물질이 산화된다. 이때 쓰인 산화제의 양에 상당하는 산소의 양을 mg/L 또는 ppm으로 나타낸 것을 COD값이라고 하며, COD값이 클수록 오염물질이 많이 들어 있어 수질이 나쁨을 의미한다.

63 다음 중 설비의 분류로 가장 거리가 먼 것은?(단, 설비란 넓은 의미로서 적용한다)

① 토 지
② 건 물
③ 구축물
④ 생산인력

해설

설비 : 어떤 일을 하거나 제품, 구조물 혹은 기계 등을 만들기 위해 준비한 기기나 장비, 시설을 의미하거나 그러한 것들을 갖추기 위한 활동이다.

64 미생물 환경관리 체계 수립 시 고려할 사항 중 미생물 배지에 대한 설명으로 옳지 않은 것은?

① 멸균공정을 거친 배지는 배지성능시험을 진행해야 한다.

② 멸균공정을 거친 배지는 무균시험을 진행하지 않는다.

③ Sabouraud's Agar 배지는 효모나 곰팡이를 검출하고 정량할 때 사용한다.

④ Soybean Casein Digest Agar 배지는 진균류에 대하여 배지성능시험을 할 수 있다.

해설
멸균공정을 거친 배지도 무균시험을 진행한다.

65 의약품 제조소 시설기준 A 및 B 등급에서의 입자계수기의 작동 기준과 관련한 사항 중 ( ) 안에 적합한 시간으로 옳은 것은?

┤ 보기 ├

총샘플링 볼륨이 1m³가 되도록 하고 반드시 측정시간은 ( )으로 설정한다. 측정 주기 수는 1, 실행 모드는 자동, 개수 표시는 누적 개수, 측정 단위는 counts/m³로 설정한다.

① 20분

② 40분

③ 60분

④ 80분

해설
비작업 시 부유입자 기준은 작업 완료 이후 사람이 없는 상태에서 15~20분(참고치) 동안의 짧은 클린업 기간 후에 달성되어야 한다.

66 의약품 제조를 위한 청정실의 표준등급과 청정도 등급과의 연결이 틀린 것은?

① Class 1 – ISO 4

② Class 100 – ISO 5

③ Class 1,000 – ISO 6

④ Class 100,000 – ISO 8

해설

청정실 표준등급

청정도 등급 (Class)	1ft³당 입자의 수						비 고
	0.1μm	0.2μm	0.3μm	0.5μm	1μm	5μm	
1	32	7	3	1			ISO 3
10	350	75	30	10	1		ISO 4
100	3,500	750	300	100	10	1	ISO 5
1,000				1,000	100	10	ISO 6
10,000				10,000	1,000	100	ISO 7
100,000				100,000	10,000	1,000	ISO 8

67 LMO에 대한 설명으로 옳지 않은 것은?

① LMO는 Living Modified Organism의 약어이다.

② GMO(Genetically Modified Organism)보다 범위가 광범위하다.

③ 바이오안전성에 관한 카르테헤나 의정서에서 처음으로 사용된 용어이다.

④ 현대 생명공학기술을 이용하여 새롭게 조합된 유전물질을 포함하는 생물체를 말한다.

해설
• GMO : Genetically Modified Organism의 약자로 유전자 변형 농산물로서 일반적으로 생산량 증대 또는 유통 · 가공상의 편의를 위하여 유전공학기술을 이용해 기존의 육종방법으로는 나타날 수 없는 형질이나 유전자를 지니도록 개발된 농산물, 즉 생물체를 말한다.
• LMO : Living Modified Organism의 약자로 생물종의 유전물질을 인위적으로 변형시켜 생식과 번식을 할 수 있는 생물체를 말하며, 또한 유전공학기술을 이용해 기존의 육종방법으로는 나타날 수 없는 형질이나 유전자를 지니도록 개발된 유기물을 일컫는다.
② LMO는 살아 있음(Living)을 강조하는 용어로서, 유전자를 조작해 변형된 생물 그 자체적으로 생식, 번식이 가능한 것이고, GMO는 생식이나 번식이 가능하지 않은 것도 포함한다. 그러므로 GMO가 LMO보다 더 포괄적인 용어라고 볼 수 있다.

68 화학물질 안전관리에 대한 설명으로 틀린 것은?

① 위험 화학물질 사용 시 환기 후드에서 작업한다.

② 불이 붙기 쉬운 화학물질의 저장은 방열 캐비닛에 저장한다.

③ 모든 화학물질에는 물질의 이름, 특성, 위험도 및 주의사항 등을 표시한다.

④ 가연성 액체와 산화제(Oxidizer)는 분리하여 보관하되, 산(Acids)과 염기(Bases)는 같이 보관한다.

④ 산(Acids)과 염기(Bases)는 각각 따로 보관한다. 가연성 액체와 산화제(Oxidizer)는 분리하여 보관한다.

※ 서로 공존할 수 없는 물질 : 어떤 물질이 서로 함께 있어서 다량의 에너지를 방출하거나 가연성 증기나 기체 또는 유독한 증기나 기체 등을 방출하여 위험을 초래할 수 있을 때의 물질을 말한다.

예 산화제 – 환원제, 개시제(Initiator) – 다량체, 산 – 알칼리

69 바이오화학제품 제조 시 시설 점검 및 이력관리에 대한 설명으로 옳지 않은 것은?

① 매년 1회 이상 시설 점검 시 점검 결과를 이력서에 기입하여 이력을 관리한다.

② 시설 점검의 목적은 시설의 정기적인 점검을 통하여 적절한 보수 시기를 예측하고 사용자의 편의를 제공할 수 있도록 하는 것이다.

③ 관리자는 구축이 완료된 시설에 즉시 자산등록 관리번호가 포함된 자산 비표를 부착하여 분실을 예방해야 한다.

④ 시설 책임자는 정/부로 구분하며 시설을 실제로 관리하는 사람은 정의 책임을 지도록 한다.

시설 책임자는 정/부로 구분하며, 시설 보유 부서장 또는 사업 책임자가 정의 책임을 지고, 시설을 실제로 관리하는 사람이 부의 책임을 진다.

70 유전자변형생물체의 국가 간 이동 등에 관한 법률 상 유전자변형생물체를 수입하는 자가 유전자변형 생물체의 용기나 포장에 표시해야 하는 것으로 가장 거리가 먼 것은?

① 유전자변형생물체의 명칭, 종류, 용도 및 특성

② 유전자변형생물체의 안전한 취급을 위한 주의사항

③ 유전자변형생물체의 운송업체 및 운송자의 성명, 주소 및 전화번호

④ 유전자변형생물체에 해당하는 사실 여부

유전자변형생물체의 국가 간 이동 등에 관한 법률 시행령 제24조(표시사항)

유전자변형생물체의 용기나 포장 또는 수입송장에 표시하여야 하는 사항은 다음과 같다.

• 유전자변형생물체의 명칭 · 종류 · 용도 및 특성
• 유전자변형생물체의 안전한 취급을 위한 주의사항
• 유전자변형생물체의 개발자 또는 생산자, 수출자 및 수입자의 성명 · 주소(상세하게 기재한다) 및 전화번호
• 유전자변형생물체에 해당하는 사실
• 환경 방출로 사용되는 유전자변형생물체 해당 여부

71 낙하균 중 진균의 배양조건으로 옳은 것은?

① 20~25℃, 3일 이상

② 20~25℃, 5일 이상

③ 30~35℃, 3일 이상

④ 30~35℃, 5일 이상

낙하균 중 진균의 배양조건 : 20~25℃, 5일 이상

72 KGMP의 무균 제제 핵심 지역에서 미생물 측정에 관련된 설명이다. (   ) 안에 적합한 것은?

┌─보기─────────────────────┐
│ 표면균 측정의 경우에 작업 종료 후 (   )의 오염이 │
│ 무균 공정에 영향을 줄 수 있는 부분에 대해 실시하 │
│ 는 것이 권장된다. │
└──────────────────────────┘

① 관리자
② 작업원
③ QC팀원
④ QA팀원

73 유전자변형생물체(LMO) 의료폐기물의 불활성화 조치 방법으로 틀린 것은?

① 화염멸균
② 희석 후 폐기
③ 자외선 살균
④ 고압증기멸균

해설

불활성화 조치방법
• 고압증기멸균 : 121℃에서 15분간 멸균(일반적)하며 멸균대상인 세균, 바이러스의 특성에 따라 온도 및 시간을 조절한다.
• 자외선 살균
• 락스 등의 화학처리
• 화염멸균

74 다음 기기 중 부유균의 농도를 측정하기 위한 것으로 옳은 것은?

① HPLC
② Autoclave
③ Air Sampler
④ Discrete−particle Counter

해설

③ Air Sampler : 부유균 측정기기
① HPLC : 고성능 액체 크로마토그래피
② Autoclave : 고압증기멸균기
④ Discrete−particle Counter : 이산입자 계수기

75 표면균 시험방법 중 세균검출용 Plate로 Contact Test를 할 수 없는 경우에 사용하는 방법은?

① Seed Culture
② Fermentation
③ Swabbing Method
④ Contact Plate Method

해설

Swabbing Method : 고르지 못한 기계 표면에 대하여 적용하며, 세균검출용 Plate로 Contact Test를 할 수 없는 곳에 사용한다.

76 다음 중 제품 생산에 필요한 유틸리티로 가장 거리가 먼 것은?

① 전 력   ② 인 력
③ 압축공기   ④ 스 팀

해설

유틸리티
• 제품 생산에 필요한 직간접적 요소로 일을 할 수 있는 능력으로서 에너지를 이용 가능한 형태로 변환하여 공급하는 원동력이다.
• 종류 : 전력, 용수, 압축공기(Air), 스팀 등이 있다.

77 소화설비의 설치기준에서 유기과산화물 1,000kg은 몇 소요단위에 해당하는가?(단, 유기과산화물의 지정수량은 10kg)

① 10
② 50
③ 100
④ 150

해설
유기과산화물의 지정수량은 10kg이며, 1소요단위는 지정수량의 10배이므로 100이다.
1,000은 100×10이므로 10소요단위이다.
※ 위험물은 지정수량의 10배를 1소요단위로 한다(위험물관리법 시행규칙 별표 17).

78 부유미립자시험의 예비시험에 해당하지 않는 것은?

① 차압시험
② 부유균시험
③ 청정실의 누설시험
④ 설치 필터의 누설시험

해설
부유미립자시험의 예비시험
• 유량 또는 유속 측정
• 차압시험
• 청정실의 누설시험
• 설치 필터의 누설시험

79 발효공정에서 가열멸균으로 인해 유발될 수 있는 현상이 아닌 것은?

① 당 용액의 카라멜화
② 단백질의 열화
③ 효소의 활성 증대
④ 당과 아미노산의 반응

해설
효소의 구조는 가열하거나 화학적 변성 물질에 노출될 때 접힘이 풀리며(변성), 이러한 구조의 파괴는 전형적으로 효소 활성의 소실을 야기한다.

80 생산설비의 정기점검에 해당되는 사항 중 틀린 것은?

① 예방정비
② 고장정비
③ 연차보수정비
④ 특정기간정비

해설
• 고장정비 : 고장이 발생하면 규정된 상태로 회복하기 위해 수행되는 계획되지 않은 모든 정비 활동이다.
• 정기점검 : 1개월, 6개월, 1년 또는 2년 등 일정한 기간을 정해서 외관검사, 기능점검 및 각 부분을 분해해서 정밀검사를 실시하여 이상발견에 노력하는 것을 말한다.
• 예방정비 : 장비와 시설을 만족할만한 작동 상태로 유지하기 위해 실시하는 정기적인 자산의 관리와 수리를 말한다.
• 연차보수정비 : 연 1회 공장을 가동정지하고 전 공정에 대해 정비 보수작업을 실시하는 것이다.

제1과목 배양준비

01 다음 중 연속식 멸균에 관한 설명으로 옳지 않은 것은?

① 고온에서의 짧은 노출시간은 배지를 덜 손상시키며 완전한 멸균을 할 수 있다.
② 회분식 멸균에 비해 제어가 더 용이하고 발효기에서의 작업 중단시간이 감소된다.
③ 증기주입에 의한 배지의 희석과 거품 형성이 단점이다.
④ 배지의 연속식 멸균에서 가장 큰 어려움은 열적 지연(Thermal Lags)과 불완전한 혼합이다.

해설

④ 배지의 연속식 멸균의 단점은 배지의 희석, 거품 형성이다.
※ 증기멸균 : 주로 배지의 멸균에 사용하는 멸균법으로, 상압증기멸균과 고압증기멸균 두 가지 방법이 있다. 현재는 대개의 경우 오토클레이브를 사용하는 고압증기멸균이 실시된다. 고압증기멸균은 단기간에 확실히 멸균의 목적을 이룰 수가 있어 배지의 멸균법으로서 이상적이다.

02 회분식 세포 배양에서 [보기]가 설명하는 생장 단계는?

┤보기├
세포들이 새로운 환경에 적응한 단계로 균형 생장(Balanced Growth)의 시기이다. 이 단계에서는 영양소의 농도가 높으므로 생장 속도가 영양소 농도와 무관하다.

① 지연기   ② 지수생장기
③ 정지기   ④ 사멸기

해설

지수생장기(대수기, Logarithmic Phase)
• 세포의 수가 기하급수적으로 증가하는 시기로 성장속도는 배양온도, 수분활성도, pH 등의 물리·화학·생물학적 인자에 따라 결정된다.
• 세포의 크기는 일정하고 생리적으로 예민하다.
• 대수기를 통해 세대기간을 구할 수 있다.

03 동물세포 배양에 사용되는 혈청에 대한 설명으로 옳지 않은 것은?

① 호르몬, 미네랄, 지방 등을 운반하는 수송 단백질을 제공해 준다.
② 혈청의 사용은 배양을 용이하게 하지만 분리공정을 어렵게 한다.
③ 호르몬과 생장인자에 의해서 세포생장과 다른 세포활성을 촉진시킨다.
④ 콜라겐과 파이브로넥틴(Fibronectin)과 같은 특정 단백질에 의해서 세포부착을 증진시킨다.

해설

② 혈청 사용 시 배치(Batch)마다 혈청의 조성이 달라지므로 동일한 세포를 같은 성분의 배지에서 배양하더라도 그 결과가 항상 다르게 나타나며(재현성 얻기 어려움), 혈청 내 포함된 단백질 및 펩타이드로 인해 세포 배양 후 얻어지는 제품의 분리·정제공정이 복잡해진다.
동물세포 배양에 사용되는 혈청의 특징
• 호르몬, 생장인자에 의해 동물세포의 생장과 다른 세포의 활성을 촉진시킨다.
• 호르몬, 미네랄, 지방 등을 운반하는 수송 단백질을 제공해 준다.
• 단백질 분해효소의 활성을 억제시킨다.
• pH 조절용 완충제 역할을 한다.
• 가격이 비싸다.
• 멸균하기 위해서는 가열하지 못하고 여과해야 하므로 마이코플라스마 또는 바이러스 등에 의해 오염될 가능성이 커진다.

04 다음 중 멸균도포(Sterilization Chart)를 이용하여 멸균(노출)시간을 결정할 때 필요한 값이 아닌 것은?

① 비사멸속도

② 멸균기의 부피

③ 허용 가능한 멸균 실패확률

④ 초기에 유체에 존재하는 개체(입자)수

해설

멸균도포를 이용하여 멸균(노출)시간을 결정할 때 비사멸속도, 허용 가능한 멸균 실패확률, 초기에 유체에 존재하는 개체(입자)수 등의 값이 필요하다.

05 다음 에탄올 발효 공정에 사용할 수 있는 원료 중 당화과정이 필요 없는 것은?

① 밀가루

② 폐당밀

③ 셀룰로스

④ 사탕수수 버개스(Bagasse)

해설

• 에탄올 발효 공정에서 사용할 수 있는 당질 원료로는 주로 설탕 제조의 부산물인 폐당밀이 사용된다. 그 외에 사탕수수, 사탕무 및 원당이 사용되며 당화과정은 필요 없다.

• 전분질 원료 : 곡류(쌀, 보리, 밀, 옥수수 등)와 서류(타피오카, 고구마 등)를 발효기질로 사용하기 위해서는 분쇄, 당화 등의 전처리가 필요하다.

• 섬유질 원료 : 목재 및 농산폐기물 등의 섬유소를 이용하여 저렴하고 섬유질이 풍부하나, 강산·고압하에 당화가 필요하다.

06 다음 중 제한배지에 사용될 수 있는 화합물로 옳은 것은?

① 당 밀

② 펩 톤

③ 포도당

④ 효모추출물

해설

제한배지 : 영양분의 구성 비율 및 농도 등을 정확하게 알고 있는 배지로 탄소원으로 포도당, 질소원으로 암모늄염을 쓰는 등 화학조성과 농도를 알고 있는 물질만으로 배지를 만든다.

07 다음 중 그람 염색(Gram Staining) 결과가 다른 것은?

① *Esherichia coli*

② *Bacillus subtilis*

③ *Lactococcus lactis*

④ *Corynebacterium glutamicum*

해설

• 그람 양성균 : 자주색으로 염색된다[*Lactococcus lactis*(젖산균), *Corynebacterium* 속, 연쇄상구균, 쌍구균, 리스테리아, *Bacillus* 속, *Staphylococcus* 속 등].

• 그람 음성균 : 적자색으로 염색된다[살모넬라, 캠필로박터, 대장균(*Escherichia coli*), 장염비브리오, 콜레라 등].

08 미생물의 농도가 100Cell/mL이고, 이 미생물의 배가시간이 18분일 때, 2시간 뒤의 미생물 농도 (Cell/mL)로 옳은 것은?

① 약 100
② 약 1,000
③ 약 10,000
④ 약 100,000

해설

세대시간 : 배가시간(Dubling Tme)이라고도 하며, 세균이 분열하고 나서 다음에 분열할 때까지의 소요시간이다. 세대시간으로 세균의 생육속도를 나타내며 미생물의 종류, 배지조성이나 배양조건 등에 따라 달라진다.
총균수 = 초기균수 $\times 2^n$ (n : 세대수)
배가시간이 18분이므로, 세대수는 120 ÷ 18 ≒ 6.7 ≒ 7이다.
총균수 = 100×2^7 = 12,800이므로 약 10,000이 된다.

09 다음 중 전자저울을 사용하는 칭량실 작업공간의 환경조건과 가장 거리가 먼 것은?

① 온 도
② 습 도
③ 환 기
④ 벽면 재질

해설

전자저울을 사용하는 칭량실 작업공간의 환경조건
• 온도 및 습도 : 시약의 변질을 방지하기 위해 온도는 20~25℃ 내외에서 일정하게 유지시켜 편차가 없도록 하여야 하며, 상대습도는 45~60%를 유지하는 것이 바람직하다.
• 조명 : 칭량하기에 적절한 조도(약 300lx 이상)를 선택하고 저울의 위치는 영향을 최소화하기 위해 조명에서 멀리 떨어지거나 햇볕이 없는 곳이어야 한다.
• 환기 : 저울의 위치는 바람의 영향을 받지 않는 곳으로 한다. 환기 시설은 독립적으로 개폐할 수 있도록 해야 하며, 짧은 시간 내에 환기할 수 있도록 약 0.3m/s 이상으로 환기시켜야 한다.
• 작업 선반 : 주변 환경에 따른 진동이 없고 수평을 유지해야 한다. 자석이나 전장에 영향을 주지 않는 재질을 선택해야 하고 대리석 등이 좋으며, 일반적으로 금속 재질, 유리 재질, 플라스틱 재질 등은 바람직하지 않다.
• 바닥 : 내진에 요동하지 않기 위한 설비를 해야 하며, 이러한 설비를 갖출 수 없는 경우에는 저울 하단부에 저울대를 두어 이용하는 것이 바람직하다. 주변의 공기를 차단할 수 있는 덮개 등을 이용하는 것이 좋다.

10 미생물 배양공정 중 액체의 멸균을 위해 사용하는 화학물질에 대한 설명으로 옳지 않은 것은?

① 기체인 에틸렌옥사이드는 장치의 멸균에 사용될 수 있다.
② 폼알데하이드 용액은 액체 멸균에 자주 효과적으로 사용된다.
③ 나트륨 하이포클로라이트 용액(3%)은 소규모의 열에 민감한 장치를 멸균하는 데 사용되어 왔다.
④ HCl을 사용하여 pH 2로 산성화시킨 10% 에탄올과 물의 혼합물은 모든 생장세포와 많은 포자를 실제적으로 사멸시키지만 장치멸균에는 이용되지 않는다.

해설

액체의 멸균
• HCl를 사용하여 pH 2로 산성화시킨 70% 에탄올과 물의 혼합물 : 모든 생장세포와 많은 포자를 실제적으로 사멸시키고 장치멸균에 이용된다.
• 에틸렌옥사이드 : 인화성 가스로 물에 쉽게 용해되며 의료장비 및 소모품, 장치의 멸균에 사용된다.
• 폼알데하이드 : 물에 잘 녹고 부피로 약 40% 또는 질량으로 37%의 폼알데하이드 포화 수용액을 포르말린이라고 하며, 살균·방부제로 사용된다.
• 나트륨 하이포클로라이트(차아염소산나트륨) 용액(3%) : 염소 냄새가 나고 물에 잘 녹으며, 살균제로 사용된다.

11 원·부재료의 저장 및 재고관리에 관한 설명으로 옳지 않은 것은?

① 위험물인 경우 MSDS에 근거하여 취급한다.
② 원·부재료 종류별 특성에 따른 저장 창고시설 조건을 확인한다.
③ 원·부재료 장기재고를 사전에 확인하여 선입선출될 수 있도록 한다.
④ 원·부재료의 안정성, 작업환경 관련 위험성 평가 및 화학물질 노출기준 등을 파악한다.

해설

④ 원·부재료 특성 확인에 관한 설명이다.

12 비사멸속도 k_d가 2.303min^{-1}일 때 살아 있는 세포 수가 10배 감소하는 데 걸리는 시간(min)은?

① 1
② 0.1
③ 0.01
④ 0.001

해설

D는 살아 있는 세포수가 10배 감소하는 데 걸리는 시간(min)으로 $D = 2.303/k_d$이다.

여기서, 비사멸속도 k_d는 2.303min^{-1}로 시간의 역수단위를 가진다.

$D = 2.303/2.303$min^{-1}

$\therefore \; D = 1$min

13 미생물 오염(Contamination)에 대한 설명으로 옳지 않은 것은?

① 일반적으로 살균되지 않은 공기나 액체를 통해 일어난다.
② 원치 않은 미생물 혹은 의도치 않은 미생물이 배지 속에 들어온 것을 말한다.
③ 공기 오염을 막기 위해 살균한 배양액은 내부가 음압이 되도록 보관하는 것이 좋다.
④ 오염 방지를 위해 미생물 접종은 공기 필터가 설치된 클린 벤치에서 하는 것이 좋다.

해설

제균된 배지는 배지의 특성에 따라 냉장, 냉동 또는 실온에 보관한다.

14 다음 중 고정화 세포배양의 특성으로 옳지 않은 것은?

① 고정화는 높은 세포농도를 유지할 수 있다.
② 고정화 시스템에서 확산제한은 문제가 되지 않는다.
③ 고정화에서는 높은 희석속도에서 세포가 세출되는 문제가 없다.
④ 고정화된 세포는 재사용할 수 있고 세포회수와 세포재순환공정에 드는 비용이 절약된다.

해설

• 고정화 세포 : 특정 물체에 부착한 세포로, 세포의 밀도를 높여 연속적인 물질 생산에 이용할 수 있고, 외부 환경으로부터 세포를 보호한다.
• 세포 고정화 : 부착형 세포를 고정하는 것으로, 미립담체이용법과 미세캡슐화이용법이 있다.
• 고정화 세포배양의 장점
　– 안정성을 향상하여 장기간 배양이 가능하다.
　– 세포 증식을 유도한다.
　– 단위표면적의 증가와 3차원 조직을 흉내 내어 부착형 세포의 부유배양이 가능하다.
　– 전단응력으로부터 보호된다.
　– 표면처리로 성장인자들의 지속적인 투입이 필요 없다.

15 기체의 멸균에 대한 설명 중 틀린 것은?

① 표면여과기에서는 압력 강하가 중요하다.
② 표면여과기의 단점은 편류 발생과 젖음이다.
③ 표면여과기의 입자 제거는 체질효과를 이용한다.
④ 최근에는 막 카트리지를 이용한 표면여과 방식을 주로 사용한다.

해설

② 심층여과기의 단점에 해당되는 내용이다.

16 희석평판계수법(Dilution Plate Count Method)에 대한 설명으로 옳지 않은 것은?

① 간단하고 재현성이 높다.

② 살아 있는 세균만을 계수할 수 있다.

③ 순수 분리된 세균 집락을 계대배양에 이용할 수 있다.

④ 배지 성분에 상관없이 균일한 미생물 군집을 얻는다.

해설
사용배지의 조성은 대상물에 따라 조금 다르다.

17 다음 중 동결보존법으로 미생물을 보존하고자 할 때 사용되는 동결보호제(Cryoprotectant)로 가장 거리가 먼 것은?

① 소 금

② 설 탕

③ 글리세롤

④ 다이메틸설폭사이드(DMSO)

해설
동결보호제 : 세포나 생물의 활성을 그대로 보존하기 위해 초저온으로 보관 시, 생물학적 조직을 결빙으로부터 보호하기 위해 사용하는 물질이다. 설탕, 에틸렌글리콜, 프로필렌글리콜, 글리세롤, 글루코스, 다이메틸설폭사이드 등이 있다.

18 동결건조에 대한 설명 중 옳지 않은 것은?

① 물질의 승화를 이용한 건조방법이다.

② 미생물의 보존에만 사용하는 방법이다.

③ 미생물을 장기간 보존하기에 효과적인 방법이다.

④ 동결건조는 액체나 슬러리 제품에서 물을 제거하는 방법이다.

해설
동결건조 : 수용액 기타 함수물을 동결시켜 그 동결물의 수증기압 이하로 감압함으로써 물을 승화시켜 제거하고 건조물을 얻는 방법이다. 세균, 바이러스, 효모 외에 일부의 곰팡이, 방선균 등의 포자를 장기 보존하는 데 적합하다. 미생물, 의·약학 분야에서 세균, 바이러스, 혈장, 혈청, 백신, 항생물질, 장기제제 등의 건조에 사용되며 식품공업에서 육류, 어류, 야채, 과즙 등을 건조시킬 때 사용한다.

19 다당류인 셀룰로스의 구성성분으로 옳은 것은?

① 포도당

② 포도당 + 과당

③ 포도당 + 갈락토스

④ 자일로스 + 만노스

해설
셀룰로스는 포도당으로 구성된 단순다당류의 하나이다.

20 다음 중 액체 배양 시 세포 성장속도에 영향을 미치는 요소로 가장 거리가 먼 것은?

① pH
② 온 도
③ 습 도
④ 산소 공급

해설
세포의 성장속도는 배양온도, 수분활성도, pH 등의 물리·화학·생물학적 인자에 따라 결정된다.

제2과목 배양 및 회수

21 다음 한외여과막 종류 중 부피에 대한 표면적이 크지만 다른 형태보다 쉽게 막히는 막 형태는?

① 관 형
② 실관형
③ 평판형
④ 나선감김형

해설
실관형(Hollow Fiber Type) : 수 mm의 관경을 가지는 속이 빈 실관형태이다.
• 장점 : 표면적이 크며, 다양한 형태의 응용이 가능하다.
• 단점 : 입자 크기가 큰 물질은 막히기 쉽다.

---

22 다음 [보기] 중 배양기를 세척하는 CIP(Cleaning-In-Place) 과정을 5단계로 옳게 나열한 것은?

┌보기┐
가. Draining
나. Washing
다. Rinsing
라. Drying
└──────────┘

① 다→가→나→다→라
② 다→라→가→나→다
③ 가→다→나→라→다
④ 가→나→다→라→다

해설
CIP(Clean-In-Place, 정치세척) : 기계, 부품 등을 분리하지 않고 실시하는 세척이다. Rinsing-Draining-Washing-Rinsing-Drying 의 순으로 진행된다.

---

23 휘발성이 큰 바이오화학제품의 분석을 위해 기체크로마토그래피를 사용하는 경우, 황과 인에 선택적으로 작용하여 이들 원소를 함유한 물질의 분석에 유용한 검출기는?

① FID(Flame Ionization Detector)
② FPD(Flame Photometric Detector)
③ RID(Refractive Index Detector)
④ TCD(Thermal Conductivity Detector)

해설
FPD(Flame Photometric Detector, 불꽃광도검출기) : 황과 인을 함유하는 물질에 고감도로 작용하는 기체크로마토그래피용 검출기로, 구조는 FID(Flame Ionization Detector)와 비슷하지만 불꽃신호를 전기적 신호로 바꾸는 광전증배관이 부착되어 있다.

24 UV를 이용한 흡광법에 대한 설명으로 옳지 않은 것은?

① 람베르트−비어(Lambert−Beer)법칙이 적용된다.

② 용질 분자들의 회합 또는 고농도에서 용액의 굴절률 변화 때문에 비어법칙에 벗어나는 경우가 있다.

③ 용액 농도의 증가로 화학적, 물리적 평형의 위치 이동은 농도−흡광도의 관계를 직선상에 있게 한다.

④ 셀의 투과길이에 대한 흡수된 복사선과의 관계를 나타내는 람베르트법칙과 용액 농도에 대한 흡수된 복사선의 관계인 비어법칙의 조합이다.

해설

흡광도와 성분량(농도)과의 관계곡선을 만들 때, 비어의 법칙이 성립하는 범위에서는 직선이 되므로 이를 검정곡선으로 하여 정량한다. 람베르트−비어법칙은 물질 농도가 저농도 일때만 농도와 흡광도 간의 비례관계가 유지될 수 있으며, 고농도일 경우에는 물질입자 간 빛을 가리는 방해에 의해 흡광도의 측정 결과 정확도가 떨어진다.

25 유가식 배양의 특징으로 옳지 않은 것은?

① 지수성장기의 세포 성장속도를 길게 유지할 수 있다.

② 세포성장에 저해를 줄 수 있는 산물을 제거할 수 있다.

③ 최소한의 배양시간에 최대의 세포농도를 얻을 수 있다.

④ 목적산물의 전구체를 배양 중간에 주입하여 목적산물의 생산성을 증대시킬 수 있다.

해설

유가식 배양(Fed−Batch Culture)
- 회분배양에서 대사산물의 생성을 유도하거나 조절하기가 어려운 결점이 있어 이를 개선한 방법으로 회분배양과 연속배양의 중간에 해당하며 산업적 규모의 배양공정에서 많이 사용한다.
- 배지를 계속 유입한다는 점은 연속배양과 같지만 배양액을 유출시키지 않기 때문에 배양액의 부피는 계속적으로 증가한다.
- 초기에는 기질 농도가 높아 저해현상이 나타나고 점차 기질이 소모되는 현상이 나타나므로 기질 농도를 적절히 유지하여 세포 증식 및 원하는 산물의 생산을 지속적으로 유지하는 배양방법이다.
- 특정 기질이 높아지면 목적생산물의 생성이 억제되는 경우, 비교적 낮은 기질 농도에서 세포 생장을 저해하는 경우, 영양요구성주 배양에서 특정 요구물질의 첨가가 필요한 경우에 사용된다.

26 고형분을 포함하는 산업배지에서 시료 채취 후 곧바로 세포 농도를 측정할 때 적합하지 않은 방법은?

① RNA 측정법

② UV 측정법

③ 콜로니 형성 측정법

④ 세포단백질 측정법

해설

UV흡광도법 : 시료 용액의 빛 흡수를 이용한 분석법으로 정량, 순도시험, 물질을 확인할 때 사용된다. 투과하는 복사량에 대한 입사된 복사량 비율의 로그값으로 표현되며, 시료 크기가 충분히 작아 특정 파장의 빛을 산란할 수 있는 경우와 각 세포가 떨어져 있을 때 사용한다.

27 한외여과에 대한 설명으로 틀린 것은?

① 한외여과에 사용되는 시료의 분자량 범위는 200~1,000 정도이다.

② 천천히 확산되는 거대분자가 표면에 축적될 때 한외여과막의 표면 위에 젤층이 형성된다.

③ 한외여과막은 백신, 발효생성물, 효소 및 단백질을 분리하기 위해 제약, 화학, 그리고 식품산업에 널리 사용된다.

④ 정상상태에서 막을 향한 용질의 대류전달속도는 농도분극에 의한 반대방향으로의 용질확산속도와 같다.

해설

한외여과 : 압력 기울기를 주어 작은 입자를 선택적으로 거르는 막 분리 공정으로, 시료의 분자량 범위는 1,000~3,000 정도이다.

28 교반식 미생물 배양기에서 액체배지를 교반하는 목적으로 옳지 않은 것은?

① 배지 농도를 균일하게 유지
② 탱크 내 배지의 열 교환을 억제
③ 배지 중 미생물을 균일하게 분산
④ 폭기식의 경우 배지 중 산소전달효율을 증대

해설

교반을 통해 액체배지가 균일한 혼합 상태가 된다. 세포 개개의 생육조건이 평균화되어 산소 공급이 증가하게 되며 생육이 활발해진다.

29 세포 외 고분자물질(Exopolysaccharide)을 생산하는 미생물을 배양할 때 배양액의 점도가 높아져서, 산소 공급에 문제가 발생할 때 채택할 수 있는 반응기로 가장 적합한 것은?

① 충진층 반응기
② 기포탑 반응기
③ 교반탱크 반응기
④ 공기부양 반응기

해설

교반탱크 반응기
내부에서 기계적으로 교반하는 반응기로, 약 200centipoise까지의 점도를 가지는 발효액에 대해 상업적으로 사용할 수 있다. 발효액의 밀도가 높거나 큰 점도를 가진 미생물 배양에 적합하다. 혼합과 물질 전달 측면에서 유리하며, 반응 온도의 제어가 필요하다. 세포 등에 과도한 전단응력이 가해지는 단점이 있다.

30 일반적으로 배양액에서 균체 분리를 위해 원심분리기 형태를 결정할 때 고려하여야 할 사항이 아닌 것은?

① 투입 원액의 고형분 함량
② 배출되는 슬러지의 예상 농도
③ 분리하여야 하는 배양액의 양
④ 배양액 내 용존 영양성분 함량

해설

원심분리기 형태를 결정할 때 배양액 내 용존 영양성분 함량은 고려할 필요가 없다.

31 제지산업에서 발생하는 폐수를 이용하여 바이오화학제품을 생산할 때, 다음 중 시료 중의 탄소 함유량을 측정할 수 있는 방법은?

① TOC법
② Kjeldahl법
③ HPLC법
④ Biuret법

해설

TOC법 : 유기탄소를 고온에서 연소시켜 생성된 이산화탄소를 측정하여 함유 탄소량을 측정하는 방법이다.

32 연속배양의 특징으로 옳지 않은 것은?

① 장기적으로 운용이 가능하다.

② 미생물이 유전적으로 안정하다.

③ 생육속도가 빠른 미생물에 적용이 가능하다.

④ 생산물의 축적에 의한 성장저해 발생 가능성이 낮다.

해설

연속배양의 특징
- 장기적 운용이 가능하다.
- 변수조절이 용이하다.
- 배지의 오염이나 균주의 변이에 취약하다.
- 생육속도가 빠른 미생물에 이용된다.
- 균체의 농도는 초기에 공급되는 배지의 성분 중 제한 기질의 농도에 비례하여 증가한다.
- 정상상태에서 반응이 이루어지고, 정상상태에 도달한 후에는 세포, 산물, 기질의 농도가 일정하게 유지된다.
- 세포의 성장속도를 희석속도로 조절할 수 있다.

33 이상적인 회분식 배양에 있어서 t_1과 t_2의 배양시간에서 세포농도가 각각 X_1과 X_2일 때, 비성장속도 (μ) 계산식으로 옳은 것은?

① $\dfrac{(X_2 - X_1)}{(t_2 - t_1)}$

② $\dfrac{(X_2{}^2 - X_1{}^2)}{(t_2 - t_1)}$

③ $\dfrac{(e^{X_2} - e^{X_1})}{(t_2 - t_1)}$

④ $\dfrac{(\ln X_2 - \ln X_1)}{(t_2 - t_1)}$

해설

$\mu = \left(\dfrac{1}{X}\right)\left(\dfrac{dX}{dt}\right)$

$\mu dt = \dfrac{1}{X}dX$

양변을 적분하면

$\displaystyle\int_{t_1}^{t_2} \mu dt = \int_{X_1}^{X_2} \dfrac{1}{X}dX$

$\mu(t_2 - t_1) = \ln X_2 - \ln X_1$

$\therefore \mu = \dfrac{(\ln X_2 - \ln X_1)}{(t_2 - t_1)}$

34 미생물 생육환경 변화에 따른 설명으로 옳지 않은 것은?

① 온도는 세포의 기능에 영향을 주는 중요한 인자이다.

② 최적생장온도를 향해 온도가 상승할 경우 미생물의 효소반응속도는 매 10℃마다 약 2배가 된다.

③ 미생물의 생장 최적온도와 생산 최적온도는 항상 동일하다.

④ 발효과정 중 용존산소가 제한요소로 작용할 수 있다.

해설

미생물의 생장 최적온도와 생산 최적온도가 항상 동일한 것은 아니다.

35 발효조 내부의 산소전달 속도에 대한 설명으로 틀린 것은?

① 공기방울의 크기가 작아질수록 발효액 내에 머무는 시간이 증가한다.

② 일반적으로 교반기의 동력 사용이 증가할수록 산소전달 속도가 증가한다.

③ 공기방울의 크기가 작아질수록 기체와 액체 사이의 계면의 면적(Interfacial Area)은 증가한다.

④ 소포제(Antifoam Agent)는 기체와 액체 사이 계면의 면적(Interfacial Area)을 감소시켜 산소전달속도를 떨어뜨린다.

해설

소포제는 기체와 액체 사이 계면의 면적을 감소시켜 산소전달 속도를 증가시킨다.

36 다음 중 핵막이 있는 미생물은?

① 효 모

② 고세균

③ 그람 양성균

④ 그람 음성균

해설

진핵미생물 : 막으로 둘러싸인 핵을 가진 미생물로, 세균과 남조류를 제외한 곰팡이, 효모 등이 포함된다.

37 다음 성장단계 중 곰팡이가 2차 대사산물을 생산하는 단계로 옳은 것은?

① 지연기

② 지수성장기

③ 정지기

④ 사멸기

해설

미생물 성장곡선

• 유도기(Lag Phase) : 균이 환경에 적응하는 시기로, 세포분열이 거의 일어나지 않는다. 배양조건에 따라 유도기간이 다르다. 세포의 구성물질과 효소의 합성이 왕성하고 호흡 활성도 높다.

• 대수기(Log Phase) : 세포분열이 급속히 시작되고 최대 속도로 성장하는 시기이다.

• 정지기(Stationary Phase) : 효소와 항생물질과 같은 2차 대사산물을 생산하며 영양분이 결핍되고, pH 변화 등으로 성장이 지연된다.

• 사멸기(Death Phase) : 대사상의 독성물질, 세포에너지 고갈 등으로 세포의 사멸과 생균수가 감소한다.

38 회분식 배양기에서 초기 기질 농도가 10g/L이고 세포농도가 1g/L이다. 기질에 대한 세포의 수율이 0.5라고 할 때, 배양 후 얻을 수 있는 최대 세포농도(g/L)는 얼마인가?

① 3

② 6

③ 9

④ 12

해설

회분식 배양기는 배양이 완전히 끝난 후 배지를 교체하는 방식으로, 초기에 배지를 채운 후 배양이 끝날 때까지 영양물질을 공급하거나 제거하지 않는다. 생산되는 전체 세포양은 생장제한 기질의 전체 양과 세포수율에 따른다.

$$X_m - X_0 = Y_{X/S} S_0$$

여기서, X_m : 최대 세포농도, X_0 : 초기 세포농도, $Y_{X/S}$: 세포수율, S_0 : 초기 기질농도

$$X_m - 1 = 0.5 \times 10$$

$$\therefore X_m = 6$$

39 다음 중 미생물 발효 생산물이 아닌 것은?

① 젖 산

② 키 틴

③ 에탄올

④ 아세트산

해설

키틴 : 갑각류와 곤충의 외골격, 연체동물의 치설, 균류의 세포벽 등의 주요 구성요소이다.

40 판 계수법으로 콜로니 형성단위(CFU)를 측정할 때 적합하지 않은 세포는?

① 효 모
② 대장균
③ 유산균
④ 사상균

해설
곰팡이는 사상균에 속하며 곰팡이나 방선균, 운동성이 높은 세균 등은 단일 집락을 형성하기 어렵기 때문에 판 계수법으로 생균수를 측정하는 데 적합하지 않다.

42 다음 [보기]가 설명하는 검출기의 종류는?

┤보기├
• 보통은 사중극자방식을 많이 사용하며, 최근에 활용도가 높아지고 있는 검출기로 정량성이 뛰어나고 정성에도 매우 유용하다.
• 원자 및 분자를 기체상에서 이온화시키고 이를 통해 분자량을 결정하는 방법을 이용한다.

① 형광 검출기
② 굴절률 검출기
③ 자외선 검출기
④ 질량분석 검출기

해설
질량분석기 : 질량분석기 내에서 다양한 형태의 이온화 방법으로 이온이 형성되며, 이온화된 시료는 전기장이나 자기장을 지나면서 가속화되어 휘는 성질을 가지는데 이때 질량이 측정된다.

제3과목 ■ **바이오화학제품 품질관리**

41 다음 중 시약 취급 시 주의사항에 대한 설명으로 가장 거리가 먼 것은?

① 시약을 취급할 때는 퓸 후드 등 환기장치가 있는 곳에서 하여야 한다.
② 인화성 물질을 취급할 때에는 소화기의 위치 및 사용법을 숙지한 후에 작업을 시작한다.
③ 사용하기 전에 반드시 시험성적서(COA)를 찾아 해당 시약 안전성에 대한 정보를 숙지하고, 착용 해야 할 보호장비, 비상시 응급처치 요령을 숙지 해야 한다.
④ 유독성 시약을 취급할 때에는 반드시 보안경, 보호장갑 등 보호장비를 착용해야 하며, 신체에 묻었을 경우를 대비하여 곧바로 세척할 수 있는 수도밸브가 설치된 곳에서 하여야 한다.

해설
사용하기 전에 반드시 물질안전보건자료(MSDS)를 찾아 해당 시약 안전성에 대한 정보를 숙지하고, 착용해야 할 보호장비, 비상시 응급처치 요령을 숙지해야 한다.

43 표준품을 입고하여 등록 시 고려해야 할 사항으로 가장 거리가 먼 것은?

① 표준품 성적서가 첨부되어 있는지 확인한다.
② 입고된 표준품이 주문한 표준품과 일치하는지 확인한다.
③ 표준품 MSDS를 바탕으로 표준품 관리대장을 작성한다.
④ 표준품 관리번호는 일관성과 순번이 정해지도록 부여한다.

해설
표준품을 입고할 때 제조 및 품질관리의 적합성을 보장하는 요건들이 충족됨을 보이기 위해 제품표준서, 제조관리기준서, 품질관리기준서, 제조위생관리기준서를 작성·보관한다.

44 다음 [보기]가 설명하는 시액으로 옳은 것은?

┤보기├

표준품을 규정된 방법으로 희석하여 조제한 고농도
의 시액을 말하며, 규정된 방법으로 희석하여 다른
종류의 시액을 조제한다.

① 표준원액
② 용량분석용액
③ 색의 비교액
④ TS(Test Solutions)

해설

표준원액은 공정시험기준의 표준물질 제조방법과 같은 방법으로
제조한 것으로, 규정된 농도를 가지며 제조과정에 사용되는 피펫,
비커, 부피플라스크 등의 모든 기구는 정확성을 검증받은 것을
사용한다.

45 다음 [보기]가 설명하는 정량분석 방법은?

┤보기├

농도를 알고 있는 순수한 표준물질을 농도별로 제조
하고 HPLC로 분석하여 각각의 피크넓이를 측정한
후 피크넓이와 표준물질 농도 간의 검량선을 작성하
고, 분석시료에서 표준물질에 해당되는 피크넓이를
측정한 후 작성된 검량선을 이용하여 농도를 계산하
는 방법

① 의존표준법
② 외삽표준법
③ 외부표준법
④ 자동표준법

해설

외부표준법(External Standard Method) : 분석대상 물질의 농도
별 표준용액을 만들고 그 표준용액의 크로마토그램을 얻어 농도와
피크넓이 간의 검량선을 작성하여 농도를 산출하는 방법이다.

46 친화성 크로마토그래피의 일종으로 지지체 표면에
착화(Chelate)되어 있는 금속이온에 대한 용질의
서로 다른 친화력을 이용한 분리공정은?

① IEC
② SEC
③ IMAC
④ HPLC

해설

• 친화크로마토그래피 : 특정 분자와 분석 물질 간의 친화성을
  기반으로 한다. 친화력이 높은 물질은 남아 있어 원하는 물질만
  선택적으로 용출할 수 있다.
• IMAC(고정화 금속이온 친화성 크로마토그래피) : 단백질과 금속
  이온 사이의 친화력을 이용한 분리기술이다.

47 다음 중 현미경 관찰 시 빛의 파장과 개구수(NA ;
Numerical Aperture)가 결정하는 항목은?

① 배 율
② 굴절률
③ 분해능
④ 관찰 면적

해설

분해능(해상력) : 현미경에서 구분해 낼 수 있는 두 점 사이의
거리를 말한다.

$d = \dfrac{\lambda}{NA}$ (λ : 빛의 파장, NA : 개구수)

48 단백질의 정량적 분석을 위한 방법으로 적당한 것은?

① Ni-NTA 분리

② 전기영동(Electrophoresis)

③ PCR(Polymerase Chain Reaction)

④ 브래드퍼드 분석(Bradford Assay)

해설

브래드퍼드 분석 : 쿠마시블루 G-250 염료가 단백질과 결합하여
생기는 흡광도 차이를 이용하는 방법으로, 시료에 단백질이 얼마나
포함되어 있는지 측정하는 방법이다.

49 분석시료(화장품 등 특수바이오화학시료)의 특성
파악 시 유의사항에 관한 설명으로 옳지 않은 것은?

① 시료의 양을 파악한다.

② 시료의 독성 및 안전성 등을 확인한다.

③ 사용되는 용매의 구입처 등을 숙지한다.

④ 시료의 화학명 및 CAS번호 등을 숙지한다.

해설

사용되는 용매의 구입처를 숙지할 필요는 없다.

50 HPLC 유효성 검증지표 중 표준물질을 여러 가지
농도로 제조한 후 반복 실험하여 평가하고, 검량선
(Calibration Curve)을 이용하여 원래의 농도로
환산한 값을 구한 후 그 차이를 비교, 분석, 평가하
는 것을 의미하는 지표는?

① 정확성   ② 특이성

③ 정밀성   ④ 반복성

해설

HPLC의 유효성 검증지표 : 특이성(Specificity), 직선성(Linearity),
정확성(Accuracy), 반복성(Repeatability), 매개 정밀성(Inter-
mediated Precision)

- 정확성(Accuracy) : 측정값이 이미 알고 있는 참값이나 표준값에
  근접한 정도
- 특이성(Specificity) : 불순물, 분해물, 배합성분 등의 혼재 상태에
  서 분석대상 물질을 선택적으로 정확하게 측정할 수 있는 능력
- 정밀성(Precision) : 균일한 검체로부터 여러 번 채취하여 얻은
  검체를 정해진 조건하에서 측정했을 때 각각의 측정값들 사이의
  근접성
- 반복성(Repeatability) : 동일 실험실 내에서 동일 시험자가 동일
  장치와 기구, 동일 제조번호와 시약, 기타 동일 조작 조건하에서
  균일한 검체로부터 얻은 복수의 검체를 짧은 시간차로 반복 분석
  하여 얻은 측정값들 사이의 근접성

51 전기영동에 대한 다음 설명 중 틀린 것은?

① DNA 크기가 작을수록 천천히 이동한다.

② SDS-PAGE에서 각 단백질은 띠를 형성한다.

③ DNA는 (-) 전극으로부터 (+) 전극으로 이동
한다.

④ 전기영동 이후 UV를 이용하여 시각화가 필요
하다.

해설

전기영동 분석 : 전하를 띠는 물질을 전류가 흐르는 전기장이 형성되
는 망상 구조의 젤에 두면 물질마다 전하량이 달라 고유의 이동속도
가 나타나며 이동하는 원리를 이용하여 분리한다. DNA는 젤을
통해 이동한다. 젤은 미세한 분자적 구멍이 있는 반고체 상태의
물질로, 증폭 산물의 크기에 따라 크기가 작은 것은 비교적 쉽게
이동하지만 큰 것은 작은 것에 비해 느린 속도로 빠져나가게 되므로
크기별로 분리할 수 있다.

52 표준품 등록 시 작성하는 표준품 관리대장에 포함되지 않는 항목은?

① 표준품명
② 제조방법
③ 사용(유효)기간
④ 표준품 관리번호

해설

표준품 관리대장에는 표준품명, 표준품 관리번호, 제조처, 제조일자, 유효기간 등이 포함된다.

53 다음 검체의 종류 중 공정연구, 밸리데이션, 조사, 재시험, 연구 등을 위한 검체로 옳은 것은?

① 잔량 검체
② 추가 검체
③ 공정 검체
④ 보관용 검체

해설

① 잔량 검체 : 사용하고 남은 검체를 말한다.
③ 공정 검체 : 공정관리를 위한 검체로, 검체의 채취는 대상 물품 및 기타 중간제품 등의 오염을 방지할 수 있는 절차에 의해 실시한다.
④ 보관용 검체 : 완제품 제조단위에서 최종 포장이 완료된 검체로, 출하 후 생길 수 있는 문제에 대비하기 위한 식별을 목적으로 한다.

54 시약의 폐기기준에 관한 설명으로 옳은 것은?

① 위험하지 않은 폐시약 및 세척액은 하수구로 배출해도 된다.
② 모두 사용한 폐시약용기는 일반쓰레기와 같이 버릴 수 있다.
③ 폐시약병은 상표 및 뚜껑을 제거하고 1회 정도 세척 후 배출한다.
④ 산성 및 염기성 폐시약 수거용기, 산화제와 환원제 폐시약 수거용기는 실수 등으로 인해 섞이지 않도록 따로 보관하여야 한다.

해설

폐시약 처리
• 사용 후 남은 시약과 유통기간이 지난 시약은 반드시 폐액통에 버리며 하수구로 배출해서는 안 된다.
• 폐액은 성질에 맞는 폐액통에 따로 처리해야 한다.
• 폐기통의 종류는 각 연구기관마다 임의 색이나 라벨을 지정하여 폐기한다.
• 폐액통은 직사광선을 피해 통풍이 잘되는 곳에 뚜껑을 덮어 보관하며, 배기기능이 있는 폐액 보관시설을 이용하는 것이 좋다.
• 유리로 된 시약병과 플라스틱으로 된 시약병은 시약이 남아 있는 경우 물로 희석하여 폐수통에 버리고 빈 시약병은 여러 번 세척하고 세척한 물은 폐수통에 버리고, 세척한 병은 일반폐기물로 처리한다.

55 검체 채취 기구와 용기의 특징에 대한 설명으로 틀린 것은?

① 제품과 물리적·화학적으로 반응이 일어나지 않아야 한다.

② 용기는 청결해야 하며 교차 오염을 방지할 수 있어야 한다.

③ 용기는 기밀성이 있어야 하고 멸균하거나 일회용이어야 한다.

④ 검체 채취 용기는 제품을 보관하는 용기와 다른 재질의 용기를 사용하는 것이 좋다.

[해설]
검체 채취 용기는 제품을 보관하는 용기와 같은 재질의 용기를 사용하는 것이 좋다.

56 다음 [보기]가 설명하는 것으로 옳은 것은?

┤보기├
칼럼이나 판에 고정되어 있으며, 입자 크기가 작은 다공성 고체 또는 다공성 고체에 액체상을 얇게 화학 결합시킨 고체 형태를 가지고 성분 물질을 분리시키는 역할을 한다.

① 고정상
② 이동상
③ 검출기
④ 완충용액

[해설]
고정상 : 크로마토그래피에서 흡착제로 사용되는 물질에 대한 유지력이 있고 이동하지 않는 상이다.

57 HPLC의 특징에 대한 설명으로 틀린 것은?

① 정성, 정량 등의 분석 목적으로 사용한다.

② 일반적으로 화합물의 합성 목적으로 이용한다.

③ 액체크로마토그래피를 기본 원리로 하는 고성능, 고순도, 고속분리 시스템이다.

④ 분리하려고 하는 목적이나 물질의 특성, 용질의 특성에 따라 용매와 칼럼을 선정해야 한다.

[해설]
HPLC(High Performance Liquid Chromatography) : 용액 속에 혼합된 시료 성분이 이동상과 고정상 사이를 흐르면서 흡착, 분배, 이온교환 또는 분자 크기 배제 작용 등에 의해 각각의 단일 성분으로 분리되는 것으로 주로 분리, 정성, 정량 등의 분석 목적에 사용한다.

58 시험용 검체에 관한 설명으로 옳지 않은 것은?

① 검체는 제품 오염을 방지하기 위해 반드시 생산 작업자가 채취해야 한다.

② 무작위 검체 채취와 같은 합리적인 기준에 의해 채취된다.

③ 검체 용기는 내용물, 제조번호, 검체채취일 등을 표시하는 라벨을 붙여야 한다.

④ 각 제조단위별로 사용(유효)기간 동안 필요에 따라 분석을 실시할 목적으로 보관하는 원료, 자재 등의 각 제조단위별 검체를 말한다.

[해설]
검체 채취는 시험자가 실시하는 것이 원칙이다.

59 다음 중 보관용 검체에 관한 설명으로 옳지 않은 것은?

① 완제품 제조단위에서 채취한 포장이 완료된 개체의 검체를 말한다.

② 소비자 불만과 기타 소비자 질문사항의 조사를 위한 중요한 도구이다.

③ 배양, 정제, 충전을 포함한 생산 공정에서 나오는 검체도 포함한다.

④ 해당 제조단위의 보관기간 동안 필요한 경우 포장, 표시, 설명서 등을 확인할 목적으로 보관한다.

해설

완제품의 보관용 검체는 적절한 보관조건하에 지정된 구역 내에서 제조단위별로 사용기한까지 보관해야 한다. 다만, 개봉 후 사용기간을 기재하는 경우에는 제조일로부터 3년간 보관한다.

• 보관용 검체의 주요사항(완제품)
　– 목적 : 제품을 사용기한 중에 재검토 할 때에 대비하기 위함이다.
　– 시판용 제품의 포장형태와 동일하여야 한다.
　– 각 제조단위를 대표하는 검체를 보관한다.
　– 사용기한까지 보관한다. 다만, 개봉 후 사용기한을 정하는 경우 제조일로부터 3년간 보관한다.

• 완제품 보관 검체의 주요 사항 : 제품을 사용기한 중에 재검토(재시험 등)할 때에 대비한다.
　– 제품을 그대로 보관한다.
　– 각 배치를 대표하는 검체를 보관한다.
　– 일반적으로는 각 배치별로 제품 시험을 2번 실시할 수 있는 양을 보관한다.
　– 제품이 가장 안정한 조건에서 보관한다.
　– 사용기한까지 또는 개봉 후 사용기간을 기재하는 경우에는 제조일로부터 3년간 보관한다.

60 HPLC를 이용하여 미지시료 A의 농도를 분석한 결과가 다음과 같을 때 평균(산술평균) 농도값(mg/L)으로 옳은 것은?

분석 No.	측정 농도값(mg/L)	Retention Time(min)
1	5.5	2.75
2	5.7	2.76
3	5.9	2.74

① 3.7
② 4.7
③ 5.7
④ 6.7

해설

$(5.5 + 5.7 + 5.9) \div 3 = 5.7$

제4과목 **바이오화학제품 환경 · 시설관리**

61 위험물안전관리법상 제조소 등이 규정에 따른 기술기준에 적합하게 유지되는지 여부를 확인하기 위한 정기검사 실시 주기로 옳은 것은?(단, 제조소는 지정수량의 10배 이상의 위험물을 취급하고 있다)

① 연 1회 이상
② 연 2회 이상
③ 연 3회 이상
④ 연 4회 이상

해설

위험물안전관리법 시행규칙 제64조(정기점검의 횟수)
법 제18조제1항의 규정에 의하여 제조소 등의 관계인은 해당 제조소 등에 대하여 연 1회 이상 정기점검을 실시하여야 한다.
위험물안전관리법 제18조제1항
대통령령이 정하는 제조소 등의 관계인은 그 제조소 등에 대하여 행정안전부령이 정하는 바에 따라 규정에 따른 기술기준에 적합한지의 여부를 정기적으로 점검하고 점검결과를 기록하여 보존하여야 한다.

62 바이오화학제품 제조소 청정도 수행 중 낙하균 측정 시 유의사항으로 옳지 않은 것은?

① 배지 위쪽으로 지나가서는 안 된다.

② 공조 출구를 등지고 배지를 개방해야 한다.

③ 배지를 열었을 때 손가락 등이 닿지 않도록 해야 한다.

④ 배지 옆을 통과할 때는 될 수 있는 한 천천히 다녀야 한다.

해설
② 기류가 불어오는 방향에서 배지를 개방한다.

63 유전자변형생물체의 연구시설 운영기준에 관한 설명으로 옳지 않은 것은?

① 폐기물 처리에 대한 규정을 마련해야 한다.

② 실험구역에서 음식 섭취, 식품 보존, 흡연, 화장의 행위는 금지한다.

③ 유전자변형생물체 보관관리대장을 작성해야 하나 반드시 보관할 필요는 없다.

④ 유전자변형생물체 보관장소(냉장고, 냉동고 등)에 '생물위해(Biohazard)' 표시 등을 부착한다.

해설
③ 유전자변형생물체 보관관리대장을 비치 및 기록, 작성, 보관하여야 한다.

64 다음 중 응급처치 구명 4단계에 해당하지 않는 것은?

① 지 혈

② 환자 이송

③ 상처 보호

④ 기도 유지

해설
응급처치 구명 4단계 : 기도 유지, 지혈, 쇼크 예방, 상처 보호

65 다음 중 배지 성능시험에 사용하는 표준균주로서 진균에 해당하는 것은?

① *Bacillus subtilis*

② *Candida albicans*

③ *Staphylococcus aureus*

④ *Pseudomonas aeruginosa*

해설
② *Candida albicans* : 불완전균류에 속하는 진균이다.
① *Bacillus subtilis* : 고초균, 자연계에 널리 분포하는 비병원성의 호기성 간균이다.
③ *Staphylococcus aureus* : 황색포도상구균, 그람 양성의 통성혐기성 구균이다.
④ *Pseudomonas aeruginosa* : 녹농균, 그람 음성 호기성 간균으로 *Pseudomonas* 속의 대표 균종이다.

66 입자 계수기를 이용한 부유입자 측정 준비사항 중 옳지 않은 것은?

① 입자 계수기가 검·교정 기간 내에 있는지 확인한다.

② 각 샘플러를 공기 흐름의 수직이 되도록 지지대에 부착한다.

③ 샘플러의 높이가 바닥에서 약 0.5m 정도 되도록 조정한다.

④ 측정할 작업장에 고정된 설비를 제외한 모든 이동할 수 있는 물건들을 다른 장소로 옮긴다.

해설
③ 측정 높이는 작업면과 같은 높이로 한다.

67 다음 중 바이오화학제품 제조과정에서 청정도를 관리해야 하는 이유로 가장 적합한 것은?

① 주변인들의 건강을 위해서
② 구매자들의 인식 개선을 위해서
③ 제품의 오염을 방지하기 위해서
④ 공기 중 미립자의 개수를 알기 위해서

해설
제품의 오염을 방지하기 위해 청정도를 유지·관리한다.

68 다음 [보기]가 설명하는 용어로 옳은 것은?

┌─보기─
• 특정 용기나 기구 및 배지 등에 존재하는 모든 미생물을 죽이거나 제거하는 것을 말한다.
• 사용된 미생물을 폐기 시 환경에 영향을 주지 않도록 이것을 실시하여야 한다.
• 화염, 고압증기, 여과, 가스 등을 이용하여 실시된다.
└─

① 소 독   ② 멸 균
③ 살 균   ④ 제 균

해설
멸균 : 병원균, 비병원균, 아포 등의 모든 미생물을 사멸 또는 제거시켜 무균 상태로 만드는 것이다.
※ 미생물 멸균 방법
• 화염멸균 : 미생물을 직접 화염에 접촉시켜 멸균한다.
• 건열멸균 : 오븐 등을 통하여 160℃ 이상 고온에서 1~2시간의 열처리를 통하여 멸균한다.
• 고압증기멸균 : 고압반응기를 활용하여 121℃에서 15분간 멸균한다(일반적).
• 여과멸균 : 특정 공극 크기를 가진 막을 이용하여 멸균한다.
• 가스멸균 : 멸균 특성을 갖는 특정 화학물질을 가스 형태로 활용하는 멸균방법이다.
• 방사선멸균 : 감마선 등 방사선 조사를 통한 멸균방법이다.

69 수질오염 측정 지표로서 다음 설명에 해당하는 용어로 옳은 것은?

┌─보기─
폐수나 물의 유기물의 양을 나타내기 위하여 가장 많이 사용되는 지표로서, 미생물이 유기물을 분해하는 데 필요한 산소 소모량을 말한다.
└─

① Microbial Oxygen Demand
② Biochemical Oxygen Demand
③ Biosynthetic Oxygen Demand
④ Biodegradation Oxygen Demand

해설
BOD(Biochemical Oxygen Demand, 생물화학적 산소요구량) : 호기성 미생물이 일정 기간 동안 물속에 있는 유기물을 분해할 때 사용하는 산소의 양으로, 물이 오염된 정도를 나타내는 지표이다.

70 위험물안전관리법령상 위험물 제조소 등에 옥외 소화전을 4개 설치할 때 수원의 수량(m^3) 기준으로 옳은 것은?

① $48m^3$ 이상
② $54m^3$ 이상
③ $60m^3$ 이상
④ $67m^3$ 이상

해설
위험물안전관리법 시행규칙 [별표 17] 소화설비, 경보설비 및 피난설비의 기준
수원의 수량은 옥외 소화전의 설치 개수(설치 개수가 4개 이상인 경우는 4개의 옥외 소화전)에 $13.5m^3$를 곱한 양 이상이 되도록 설치한다.
∴ $13.5m^3 \times 4 = 54m^3$

71 불용처리 유형에 대한 설명으로 옳지 않은 것은?

① 양여 : 공공기관 등에 양여하는 자산으로 유상으로 양여가 원칙이다.

② 대여 : 관련기관 등에 대여하는 자산으로 사용기관에서 비용을 부담한다.

③ 폐기 : 2차 이상의 공개 매각 절차를 취하였음에도 매수자가 없는 경우 폐기한다.

④ 매각 : 공개 매각을 원칙으로 하되, 소속기관 직원이 개인적으로 필요한 자산은 소속기관 직원에게 우선적으로 매각 가능하다.

해설

불용이 결정된 장비는 소속기관의 불용절차에 따라 처리하되 매각을 원칙으로 하지만 분해 재사용 또는 공공단체 등에 이관하는 것이 매각의 경우보다 공적 효율을 높일 수 있다고 판단하는 경우에 한해 재활용, 양여, 대여할 수 있다.

72 유전자변형생물체(LMO) 폐기물 처리에 관한 사항으로 옳지 않은 것은?

① 생물학적 활성을 제거한 후 반드시 일반폐기물로 처리한다.

② 생물학적 활성 제거에 일반적인 방법은 고압증기멸균이다.

③ 고압증기멸균 시 멸균하고자 하는 세균 및 바이러스의 특성에 따라 온도 및 시간을 조절한다.

④ 유전자변형생물체 폐기물임을 알리는 표지를 부착하고, 표지에는 폐기물 종류, 폐기일자, 수량, 무게, 책임자 등을 기록하도록 해야 한다.

해설

유전자변형생물체(LMO) 폐기물은 의료폐기물로 처리한다.

73 제품 생산에 필요한 직·간접적인 요소로서, 일을 할 수 있는 능력으로서의 에너지를 이용 가능한 형태로 변환하여 공급하는 원동력을 의미하는 용어는?

① 공 정 ② 설 비
③ 시 설 ④ 유틸리티

해설

유틸리티 : 제품 생산에 필요한 직·간접적 요소로 일을 할 수 있는 능력으로서 에너지를 이용 가능한 형태로 변환하여 공급하는 원동력으로 전력, 용수, 압축공기(Air), 스팀 등이 있다.

74 작업장 청정도 시험방법 중 미생물 오염시험 방법으로 옳지 않은 것은?

① 부유균 시험
② 낙하균 시험
③ 배양균 시험
④ 표면균 시험

해설

작업장 청정도 시험방법으로 공기 중 부유입자 시험, 부유균 측정법, 낙하균 시험법, 표면균 시험법이 있다.

75 다음 중 표면균 시험법으로 옳은 것은?

① 전기영동법(Electrophoresis)
② 공기측정법(Air Sampler)
③ 스왑법(Swabbing Method)
④ 입자계수법(Particle Counter)

해설

표면균 시험법
• Contact Plate Method : 작업대, 벽면, 용기, 작업자의 장갑
• Swabbing Method : 작업대, 벽면, 용기 등(세균검출용 Plate로 Contact Test를 할 수 없는 곳)

76 유형고정자산의 총칭인 설비를 활용하여 기업의 최종 목적인 수익성을 높이는 활동을 뜻하는 용어로 옳은 것은?

① 설비관리
② 사후보전
③ 종합관리
④ 설비운영

• 설비 : 제품 생산을 위한 기계, 기구, 토지, 건물 등으로 자본을 투입한 유형고정자산을 의미한다.
• 설비관리 : 설비를 관리함으로써 생산계획의 달성, 품질 향상, 원가 절감, 납기 준수, 재해 예방, 환경 개선 등을 이루어 기업의 이윤 증대 효과를 높이는 활동이다.

77 청정실 내의 공기의 질 중 부유입자 측정 시 유의사항으로 옳지 않은 것은?

① 청정지역 면적에 따른 측정위치 수를 선정한다.
② 측정하고자 하는 작업장의 면적(m²)을 구한다.
③ 측정점의 수는 작업장 면적의 제곱근 값으로 구한다.
④ 측정위치는 와류가 심한 곳과 배기구 부분을 가장 나중에 선정하고 나머지를 우선 선정한다.

• 기류가 불어오는 방향으로 입자 계수기의 프로브를 위치시킨다.
• 측정 위치의 기류방향을 제어할 수 없거나 예측 불가능한 비단일방향류의 경우에 프로브는 수직방향(위)으로 향하도록 위치시킨다.

78 미생물 환경 관리 체계 수립 시 효모나 곰팡이를 검출 및 정량하는 데 사용하는 배지로 옳지 않은 것은?

① Plate Count Agar
② Sabouraud's Agar
③ Inhibitory Mold Agar
④ Modified Sabouraud's Agar

Plate Count Agar는 일반 세균의 성장을 평가하거나 모니터링하는 데 사용한다.

79 부유균 중 세균의 배양조건으로 가장 적합한 것은?

① 35℃, 24시간
② 35℃, 72시간
③ 40℃, 24시간
④ 40℃, 72시간

부유균의 배양조건
• 세균 : 30~35℃, 72시간
• 진균 : 20~25℃, 5일 이상

80 다음 중 미생물 배양을 위한 설비에 해당하지 않는 것은?

① 교반기
② 항온수조
③ 소니케이터
④ 인큐베이터

소니케이터(초음파파쇄기) : 15~30kHz 정도의 초음파에 의해 액체 내 공동화 기포가 발생하고 파열되면서 고압의 충격파가 발생하여 세포를 파쇄할 수 있다(공동화 기포 효과). 세포벽과 점성을 나타내는 DNA까지 조각을 낼 수 있지만, 초음파에 의해 열이 발생하여 단백질을 변성시킬 수 있어서 열이나 물리적 충격에 쉽게 손상받는 단백질에 적용할 수 없으며, 적절한 시행 간격과 충분한 냉각이 이루어져야 한다. 모든 세포에 다 적용할 수 있고 비교적 간편하게 세균을 파쇄할 수 있어서 실험실에서 통용되고 있다.

※ 2021년부터는 CBT(컴퓨터 기반 시험)로 진행되어 수험자의 기억에 의해 문제를 복원하였습니다. 실제 시행문제와 일부 상이할 수 있음을 알려드립니다.

제1과목 배양준비

01 다음 중 산업적 규모의 배양에 주로 사용되는 질소
원은?

① 라이신(Lysine)

② 펩톤(Peptone)

③ 암모늄염(Ammonium Salt)

④ 효모 추출물(Yeast Extract)

해설

질소원은 미생물의 몸체를 구성하는 데 사용되며, 산업적 규모(대규모)의 배양에는 주로 암모늄염, 요소, 아미노산 조미료를 사용한다.

02 다음 중 미생물 배양액에 대한 설명 중 옳지 않은
것은?

① 무기질소원으로 $(NH_4)_2SO_4$를 사용한 경우 암
모늄이온이 이용되고 난 후 배양액의 pH가 떨
어진다.

② 암모니아 가스와 질산염의 사용으로 배양액이 알
칼리성이 되기 쉽다.

③ 탄소원으로 탄수화물을 사용한 경우에 비해 탄
화수소를 사용하면 배양 중에 산소요구도가 증
가한다.

④ 증류수보다 경수(Hard Water)가 미생물 배양액
으로 더 적합하다.

해설

미생물 배양액에서 배지 제조용 증류수는 가장 중요한 인자이다. 증류장치는 유리 또는 스테인리스스틸로 된 것이 좋다. 이온교환수지 정수기는 사용된 Resin을 선택해야 하는데 이 중에는 세균 발육에 유해한 성분을 함유할 수 있다.

03 순수세포성장속도(Net Growth Rate)가 0이며, 주
로 이차 대사산물이 생성되는 세포성장주기는?

① 유도기

② 대수기

③ 정지기

④ 사멸기

해설

정지기 : 미생물의 수가 순수 증가하지 않는 기간으로, 미생물의 증식이 멈춘 것이 아니라 세균 증식과 사멸 속도가 동일한 것이다.

04 다음 에탄올 발효 공정에 사용할 수 있는 원료 중
당화과정이 필요 없는 것은?

① 밀가루

② 폐당밀

④ 사탕수수 버개스(Bagasse)

③ 셀룰로스

해설

• 에탄올 발효 공정에서 사용할 수 있는 당질 원료로는 주로 설탕
제조의 부산물인 폐당밀이 사용된다. 그 외에 사탕수수, 사탕무
및 원당이 사용되며 당화과정은 필요없다.

• 전분질 원료 : 곡류(쌀, 보리, 밀, 옥수수 등)와 서류(타피오카,
고구마 등)를 발효기질로 사용하기 위해서는 분쇄, 당화 등의
전처리가 필요하다.

• 섬유질 원료 : 목재 및 농산폐기물 등의 섬유소를 이용하여 저렴하
고 섬유질이 풍부하나, 강산·고압하에 당화가 필요하다.

1 ③ 2 ④ 3 ③ 4 ② **정답**

05 미생물의 농도가 100Cell/mL이고, 이 미생물의 배가시간이 18분일 때, 2시간 뒤의 미생물 농도 (Cell/mL)로 옳은 것은?

① 약 100,000
② 약 10,000
③ 약 1,000
④ 약 100

해설

세대시간 : 배가시간(Dubling Tme)이라고도 하며, 세균이 분열하고 나서 다음에 분열할 때까지의 소요시간이다. 세대시간으로 세균의 생육속도를 나타내며 미생물의 종류, 배지조성이나 배양조건 등에 따라 달라진다.
총균수 = 초기균수 $\times 2^n$ (n : 세대수)
배가시간이 18분이므로, 세대수는 $120 \div 18 = 6.7 = 7$이다.
총균수 = $100 \times 2^7 = 12,8000$이므로 약 $10,0000$이 된다.

06 기체의 멸균에 대한 설명 중 틀린 것은?

① 표면여과기에서는 압력 강하가 중요하다.
② 표면여과기의 단점은 편류 발생과 젖음이다.
③ 표면여과기의 입자 제거는 체질효과를 이용한다.
④ 최근에는 주로 막 카트리지를 이용한 표면여과 방식을 사용한다.

해설

② 심층여과기의 단점에 해당되는 내용이다.

07 동결건조에 대한 설명 중 옳지 않은 것은?

① 물질의 승화를 이용한 건조방법이다.
② 미생물의 보존에만 사용하는 방법이다.
③ 미생물을 장기간 보존하기에 효과적인 방법이다.
④ 동결건조는 액체나 슬러리 제품에서 물을 제거하는 방법이다.

해설

동결건조 : 수용액 기타 함수물을 동결시켜 그 동결물의 수증기압 이하로 감압함으로써 물을 승화시켜 제거하고 건조물을 얻는 방법이다. 세균, 바이러스, 효모 외에 일부의 곰팡이, 방선균 등의 포자를 장기 보존하는 데 적합하다. 미생물, 의·약학 분야에서 세균, 바이러스, 혈장, 혈청, 백신, 항생물질, 장기제제 등의 건조에 사용되며 식품공업에서 육류, 어류, 야채, 과즙 등을 건조시킬 때 사용한다.

08 다음 중 전자저울을 사용하는 칭량실 작업공간의 환경조건과 가장 거리가 먼 것은?

① 온 도
② 환 기
③ 벽면 재질
④ 습 도

해설

전자저울을 사용하는 칭량실 작업공간의 환경조건
• 온도 및 습도 : 시약의 변질을 방지하기 위해 온도는 20~25℃ 내외에서 일정하게 유지시켜 편차가 없도록 하여야 하며, 상대습도는 45~60%를 유지하는 것이 바람직하다.
• 조명 : 칭량하기에 적절한 조도(약 300lx 이상)를 선택하고 저울의 위치는 영향을 최소화하기 위해 조명에서 멀리 떨어지거나 햇볕이 없는 곳이어야 한다.
• 환기 : 저울의 위치는 바람의 영향을 받지 않는 곳으로 한다. 환기 시설은 독립적으로 개폐할 수 있도록 해야 하며, 짧은 시간 내에 환기할 수 있도록 약 0.3m/s 이상으로 환기시켜야 한다.
• 작업 선반 : 주변 환경에 따른 진동이 없고 수평을 유지해야 한다. 자석이나 전장에 영향을 주지 않는 재질을 선택해야 하고 대리석 등이 좋으며, 일반적으로 금속 재질, 유리 재질, 플라스틱 재질 등은 바람직하지 않다.
• 바닥 : 내진에 요동하지 않기 위한 설비를 해야 하며, 이러한 설비를 갖출 수 없는 경우에는 저울 하단부에 저울대를 두어 이용하는 것이 바람직하다. 주변의 공기를 차단할 수 있는 덮개 등을 이용하는 것이 좋다.

09 산소가 있는 조건과 산소가 없는 조건에서 모두 성장하는 것은?

① 편성호기성균
② 미호기성균
③ 편성혐기성균
④ 통성혐기성균

해설
산소 공급 여부
• 편성호기성 : 미생물 증식에는 산소가 필수적이며, 산소 부족 시 증식이 정지되고 결국 사멸하게 된다(대부분의 세균은 증식에 산소 필요).
• 통성혐기성 : 산소의 유무에 상관없이 증식이 가능하다.
• 편성혐기성 : 산소에 노출되면 증식하지 못하고 사멸된다.

10 다음 중 동결 건조에서 수분을 제거하는 방법으로 옳은 것은?

① 승 화
② 증 발
③ 응 축
④ 액 화

해설
동결 건조 : 수용액 기타 함수물을 동결시켜 그 동결물의 수증기압 이하로 감압함으로써 물을 승화시켜 제거하고 건조물을 얻는 방법이다.

11 세포 농도를 간접적으로 측정하려고 할 때 적절하지 않은 것은?

① ATP 농도 측정
② DNA 농도 측정
③ 단백질 농도 측정
④ 세포 건조중량 측정

해설
세포질량 농도 측정 : 세포 농도를 측정하는 방법에는 건조중량법(Dry Cell Weight), 충전세포부피법(Packed Cell Volume), 흡광도(Absorbance) 측정법이 있다. 생장과정에서 합성되는 대사물질의 생성량 측정에 기반을 두는 방법도 있다. 배양액에서 생장하는 세포 내의 DNA, 단백질 등과 같은 생체고분자를 간접적으로 측정하여 세포생장의 지표로 사용하여 세포 농도를 유추할 수 있다. 세포 내 대사물질의 농도를 측정하는 방법으로 ATP 농도를 측정하여 세포 농도 측정에 활용하기도 한다.
• 직접법 : 건조중량, 충전세포부피, 흡광도 측정
• 간접법 : 세포 내 성분 측정

12 다음 중 그람 염색(Gram Staining) 결과가 다른 것은?

① *Esherichia coli*
② *Bacillus subtilis*
③ *Lactococcus lactis*
④ *Corynebacterium glutamicum*

해설
• 그람 양성균 : 자주색으로 염색된다[*Lactococcus lactis*(젖산균), *Corynebacterium* 속, 연쇄상구균, 쌍구균, 리스테리아, *Bacillus* 속, *Staphylococcus* 속 등].
• 그람 음성균 : 적자색으로 염색된다[살모넬라, 캠필로박터, 대장균(*Escherichia coli*), 장염비브리오, 콜레라 등].

13 환경에서 미생물을 분리할 때 특정한 성질을 가진 미생물만을 얻기 위해 사용하는 배지의 종류는?

① 제한배지(Defined Medium)
② 고체배지(Solid Medium)
③ 선택배지(Selective Medium)
④ 복합배지(Complex Medium)

해설

③ 선택배지 : 미생물의 집단에서 어떤 특정한 표현형을 나타내는 세포만 선택적으로 증식시키기 위해 또는 돌연변이체나 재조합체 등 특정 형질이 있는 세포를 집단에서 선택하여 증식시키기 위해 사용하는 배지이다.
① 제한배지 : 어떤 돌연변이체가 요구하는 영양소를 충분히 포함하고 있지 않은 배지로, 균의 생육(생육속도, 최종생육량 등)은 제한을 받는다.
② 고체배지 : 액체배지(Bouillon)를 한천 또는 젤라틴으로 굳힌 것으로, 목적에 따라서 혈청 등을 가열·응고시킨 것도 사용한다. 종류로는 평판배지, 분리배지, 사면배지, 고층배지 등이 있다.
④ 복합배지 : 미생물의 성장에 필요한 다양한 영양물질의 혼합체를 섞어 넣은 배지로, 정확한 조성을 알 수 없다.

14 람베르트-비어(Lambert-Beer)의 법칙에 의한 흡광도와 세포 배양 농도의 관계를 식으로 옳게 나타낸 것은?(단, 흡광도 : A, 몰흡광계수 : ε, 세포의 농도 : [J], 흡수층의 길이 : L, 투사광의 강도 : I, 투과도 : T)

① $A = \varepsilon \times [J] \times L$
② $A = \varepsilon \times I \times L$
③ $A = \varepsilon \times [J] \times T$
④ $A = \varepsilon \times L / [J]$

해설

람베르트-비어의 법칙
• 기체 또는 액체에 의한 빛의 흡수는 그 속의 분자 수에 의해서만 결정되며, 희석에 의해서 분자 수가 변화하지 않는 한 희석도에는 관계가 없다는 법칙이다.
• 이 법칙을 이용하면 흡광도는 다음과 같이 나타낼 수 있다.
$A = \varepsilon \times [J] \times L$
여기서, ε : 시료의 몰흡광계수, [J] : 시료의 농도, L : 시료의 길이이다.

15 바이오화학제품을 생산하기 위해 목질계 자원을 사용하려고 한다. 다음 중 목질계 자원이 아닌 것은?

① 셀룰로스
② 리그닌
③ 헤미셀룰로스
④ 녹 말

해설

녹말(Starch) : 여러 개의 포도당이 글루코사이드 결합으로 연결된 고분자 탄수화물이다.

16 다음 [보기]에서 설명하는 미생물의 영양소는?

┌보기┐
• 미생물의 성장과 일부 대사산물의 합성을 촉진한다.
• 필수적인 세포구성 성분이거나 이런 성분의 전구체로 반드시 필요하지만 개체가 합성하지 못한다.
└────┘

① 탄소원
② 질소원
③ 무기염류
④ 생장인자

해설

생장인자(Growth Factor) : 성장과 일부 대사산물의 합성을 촉진하며, 대표적인 성장인자로 아미노산, 비타민, 호르몬이 있다. 생물체에 따라 다르나 아미노산의 일부 또는 전부를 외부에서 공급해 주어야 한다.

17 생물체의 명명법에 대한 설명으로 옳지 않은 것은?

① 미생물은 이명법(Binary Nomenclature)을 사용하고, 이름은 라틴어로 명명한다.

② *Escherichia coli*의 경우 *Escherichia*는 종(Species)명이고 *coli*는 속(Genus)명이다.

③ 보고서나 논문에서 생물체가 처음 언급될 때에는 종명과 속명을 모두 써 주어야 하며, 그 다음에는 속명의 경우 줄여서 그 첫 자와 마침표(.)만 쓴다.

④ 속명의 첫 글자는 대문자, 종명은 소문자로 표기한다.

> **해설**
> ② *Escherichia coli*의 경우 *Escherichia*가 속명이고 *coli*는 종명이다.

18 다음 중 열처리에 의한 멸균방법은?

① 여과멸균법
② 화염멸균법
③ 가스멸균법
④ 조사멸균법

> **해설**
> ② 미생물을 직접 화염에 접촉시켜 멸균시킨다.
> ① 특정 공극의 크기를 가진 막을 이용하여 멸균시킨다.
> ③ 멸균 특성을 갖는 특정 화학물질을 가스 형태로 활용하는 멸균방법이다.
> ④ 감마선 등 방사선 조사를 통한 멸균방법이다.

19 세포막의 안정성을 유지하기 위하여 고농도의 수소이온을 필요로 하며, 중성 pH에서는 세포막이 파괴되어 성장할 수 없는 미생물은?

① 절대호산성미생물
② 통성호산성미생물
③ 통성호염성미생물
④ 절대호염성미생물

> **해설**
> ② pH 7 이하에서 생육 가능한 미생물이다.
> ③ 상당 농도의 염에서 생육이 가능하며, 성장에 Na^+가 반드시 필요하지 않는 미생물이다.
> ④ 생육에 NaCl이 반드시 요구되는 미생물이다.

20 그람 음성균의 세포벽에 대한 설명으로 틀린 것은?

① 세포막 바깥층에 외막이 존재한다.
② Periplasm에 펩타이도글리칸층이 있다.
③ Amino Sugar 함량이 높다.
④ 그람 염색 시 적색이 된다.

> **해설**
> Amino Sugar는 세포벽에 포함된 물질로서, 그 함량이 높은 것은 세포벽이 두꺼운 그람 양성균이다.

21 고상발효에 대한 설명으로 옳지 않은 것은?(단, 액상발효와 비교했을 때)

① 폐기처리비용이 적게 든다.
② 낮은 수분함량에서 진행된다.
③ 세균 오염 가능성이 낮다.
④ 배지가 균일하다.

해설

고상발효(SSF ; Solid-State Fermentation)
• 낮은 수분함량 또는 낮은 수분활성도에서 고체 기질의 발효공정이다. 사상곰팡이와 같은 미생물의 생장을 위한 선택적인 환경을 마련해 주며, 대부분의 고상발효가 사상곰팡이 발효이다. 세균이나 효모는 수분활성도가 크기 때문에, 고상발효에서 세균이나 효모에 의해 발효배지가 오염될 가능성은 낮다. 간장, 된장, 템페 등의 발효식품과 효소 생산에 널리 사용되며, 그 폐기물은 생물에너지 생산에 사용된다.
• 장 점
 – 에너지 효율성이 좋다.
 – 수분함량이 낮아 세균 오염 가능성이 낮다.
 – 생성물의 분리가 용이하다.
 – 발효반죽이나 반응기의 부피가 작아 시설비와 운전비를 절감할 수 있다.
 – 어떤 경우 생성물 형성에 중요한 충분히 분화된 구조로의 성장이 가능하다.
• 단 점
 – 교반이 잘되지 않아 배지가 불균일하다.
 – 발효반죽 내 제어의 문제가 생긴다.

22 시료에 포함된 불용해성 성분의 여과효율을 높이기 위한 전처리 방법으로 옳지 않은 것은?

① 응고(Coagulation)
② 응집(Flocculation)
③ 가열(Heating)
④ 투석(Dialysis)

해설

불용성 생성물 분리의 전처리 방법 : 열처리, 응고제와 응집제의 첨가, pH와 이온 세기 조절

23 고형분을 포함하는 산업배지에서 시료 채취 후 곧바로 세포 농도를 측정할 때 적합하지 않은 방법은?

① RNA 측정법
② 콜로니 형성 측정법
③ 세포단백질 측정법
④ UV 측정법

해설

UV흡광도법 : 시료 용액의 빛 흡수를 이용한 분석법으로 정량, 순도시험, 물질을 확인할 때 사용된다. 투과하는 복사량에 대한 입사된 복사량 비율의 로그값으로 표현되며, 시료 크기가 충분히 작아 특정 파장의 빛을 산란할 수 있는 경우와 각 세포가 떨어져 있을 때 사용한다.

24 제지산업에서 발생하는 폐수를 이용하여 바이오화학제품을 생산할 때, 다음 중 시료 중의 탄소 함유량을 측정할 수 있는 방법은?

① HPLC법
② Biuret법
③ TOC법
④ Kjeldahl법

해설

TOC법 : 유기탄소를 고온에서 연소시켜 생성된 이산화탄소를 측정하여 함유 탄소량을 측정하는 방법이다.

25 다음 중 핵막이 있는 미생물은?

① 고세균

② 효 모

③ 그람 양성균

④ 그람 음성균

해설

진핵미생물 : 막으로 둘러싸인 핵을 가진 미생물로, 세균과 남조류를 제외한 곰팡이, 효모 등이 포함된다.

26 이상적인 회분식 배양에 있어서 t_1과 t_2의 배양시간에서 세포농도가 각각 X_1과 X_2일 때, 비성장속도 (μ) 계산식으로 옳은 것은?

① $\dfrac{(X_2 - X_1)}{(t_2 - t_1)}$

② $\dfrac{(X_2^2 - X_1^2)}{(t_2 - t_1)}$

③ $\dfrac{(e^{X_2} - e^{X_2})}{(t_2 - t_1)}$

④ $\dfrac{(\ln X_2 - \ln X_1)}{(t_2 - t_1)}$

해설

$\mu = \left(\dfrac{1}{X}\right)\left(\dfrac{dX}{dt}\right)$

$\mu dt = \dfrac{1}{X}dX$

양변을 적분하면

$\displaystyle\int_{t_1}^{t_2} \mu dt = \int_{X_1}^{X_2} \dfrac{1}{X}dX$

$\mu(t_2 - t_1) = \ln X_2 - \ln X_1$

$\therefore \ \mu = \dfrac{(\ln X_2 - \ln X_1)}{(t_2 - t_1)}$

27 다음 중 기계적인 세포 파쇄방법이 아닌 것은?

① 초음파 발생법

② Ball Mill법

③ Homogenization법

④ 삼투 충격법

해설

비기계적 파쇄법 : 삼투 충격법, 얼음 이용법, 효소 이용법

28 세포 외 생성물을 분리하는 데 사용하는 주요 방법이 아닌 것은?

① 여 과

② 원심분리

③ 응 고

④ 파 쇄

해설

세포 내 성분이 생산물일 경우 : 여과, 응집 및 원심분리 등과 같은 방법을 이용해 세포를 먼저 회수한 후 회수된 세포를 파쇄하여 세포 외 성분의 경우와 같이 생산물을 회수한다.

29 180g의 글루코스를 발효시키면 몇 g의 에탄올이 만들어 지는가?

① 46

② 92

③ 44

④ 88

해설

$C_6H_{12}O_6 \rightarrow 2CH_3CH_2OH + 2CO_2 + 56kcal$

포도당 1몰(180g)을 발효시키면 2몰($2 \times 46 = 92g$)의 에탄올이 생성된다.

30 다음 TLC 그림에서 R_f 값은?

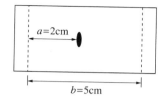

① 0.4
② 0.5
③ 0.6
④ 0.7

해설
박막 크로마토그래피(TLC)의 R_f 값은 화합물이 전개한 거리와 전개 용매가 이동한 거리의 비율이다.

$$\therefore R_f = \frac{\text{화합물이 전개한 거리}}{\text{전개용매가 이동한 거리}} = \frac{a}{b} = \frac{2}{5} = 0.4$$

31 원심분리에서 분리속도와 관계없는 것은?

① 입자의 크기
② 입자의 밀도
③ 액체의 점도
④ 각 도

해설
원심분리는 매개체의 크기, 모양, 밀도, 용액의 점도, 원심력을 응용하여 용액의 입자를 회전시키는 빠르기와 로터(Rotor)의 크기 등에 의하여 용액의 입자를 분리해 내는 기법이다.

32 *Aspergillus oryzae*로부터 α-amylase를 생산하는 배지를 고안하기 위해 질소원을 사용할 때 다음 중 적합하지 않은 것은?

① 카세인 분해물
② 주석산암모늄
③ 펩 톤
④ 옥수수 시럽

해설
• 탄소원 : 당밀(설탕), 전분(포도당, 덱스트린), 옥수수 시럽, 제지 폐기물(포도당)
• 무기 질소원 : 요소, 암모니아, 암모늄염(주석산 암모늄, NH_4Cl, $(NH_4)_2SO_4$, NH_4NO_3)
• 유기 질소원 : 카세인, 효모 추출액, 옥수수 침지액, 펩톤

33 생물반응기의 계측기구가 갖추어야 할 조건으로 가장 거리가 먼 것은?

① 정확성
② 내구성
③ 안정성
④ 투명성

해설
생물반응기의 계측기구는 정확성, 내구성, 안정성, 무균성을 갖추어야 한다.

34 발효조에 방해판을 설치하는 이유는?

① 점도 하강
② 기체 전달 수율 상승
③ 층류 유지
④ 동력 소비 감소

해설
방해판은 교반기에 의해 생기는 소용돌이(Vortex)를 방지하여 통기효율을 높이는 기능을 한다.

35 다음 중 통기 교반에 관계되는 발효조의 기계요소와 거리가 먼 것은?

① 임펠러
② 방해판(Baffle)
③ 공기 분산 유입관
④ Thermistor

해설

④ 온도측정 장치이다.
배양기에는 효율적인 기체 분산을 위해서 분사기, 임펠러, 방해판 등을 사용한다. 혼합과 기체 분산을 위해 방해판을 사용하며, 임펠러는 교반효과 외에 산소의 공급속도를 높인다.

36 직경 90mm 페트리접시에 분산도말법으로 균주를 배양할 때 단일 콜로니로 관찰하기 적당한 콜로니 수로 가장 적절한 것은?

① 10~20개
② 30~60개
③ 100~200개
④ 300~500개

해설

분산도말법 : 시료 속에 어떤 종류의 균이 존재하는지 또는 균이 얼마나 있는지 알고자 할 때 사용하며, 90mm 페트리접시에 0.1mL 이하의 균을 접종하는 것이 좋다. 균이 너무 많을 경우 페트리접시에 균이 단일 콜로니로 자랄 수 없기 때문에 페트리접시당 100~300개의 콜로니가 자라도록 접종한다.

37 미생물이 대량 배양된 배양액에서 균체를 회수하는 방법이 아닌 것은?

① 한외여과
② 정밀여과
③ 가압여과
④ 회전식 진공여과

해설

한외여과(UF ; Ultrafiltration)는 단백질과 같은 용질분자를 분리하는 데 널리 사용된다.

38 다음 중 미생물이 발효(Fermentation)를 통해 생산할 수 있는 물질이 아닌 것은?

① 아세트아미노펜
② 아세톤
③ 부탄올
④ 프로피온산

해설

아세톤, 부탄올, 프로피온산은 피루브산에서 유래한 발효산물이며, 아세트아미노펜은 아세트아닐리드의 진통·해열 유도제이다.

39 표준균주 관리목록 양식에 포함될 내용으로 적합하지 않은 것은?

① 보관 장소
② 보관 기간
③ 보관 형태
④ 보관 수량

해설

균주 관리목록의 구성요소 : 관리번호, 균주명, 균주 계통, 균주 분양기관/분리장소, 균주 분양자/분리자, 보관 장소, 보관 형태, 보관 수량, 관리 유의사항

40 균체 분리에 사용되는 방법이 아닌 것은?

① 여 과
② 원심분리
③ 응 집
④ 추 출

해설

균체 분리는 응집, 부유, 여과, 원심분리를 이용한다.

41 다음 중 세포수의 측정과 가장 관련이 없는 것은?

① 헤모사이토미터
② Petroff—Hausser 슬라이드
③ Coulter 측정기
④ 점도 측정기

해설

점도 측정은 세포 질량농도 측정 방법 중 간접법에 속한다.

42 용질 분자의 크기와 모양에 따라서 충전 입자의 작은 구멍으로 용질 입자가 침투하는 원리를 이용한 크로마토그래피 방법은?

① 흡착 크로마토그래피
② 분배 크로마토그래피
③ 크기 배제 크로마토그래피
④ 이온 크로마토그래피

해설

크기 배제(젤(겔) 여과) 크로마토그래피 : 다공성 젤을 칼럼에 충전시켜 분자량 차이에 의해 물질을 분리하는 방법이다. 일반적으로 분자량이 큰 물질은 젤 내 기공을 통과하지 못하고 배출되므로 체류 시간이 짧고, 분자량이 작은 물질은 젤 기공을 통과한 후 배출되어 체류 시간이 길어지는 현상을 이용한다.

43 시약용기에 부착해야 할 안전보건표지 중 방사성 물질에 대한 경고표지는?

①

②

③

④

> **해설**
> 산업안전보건법 시행규칙 [별표 6] 안전보건표지의 종류와 형태
> ① 레이저광선 경고
> ③ 고압전기 경고
> ④ 몸균형 상실 경고

44 98% 황산(H_2SO_4)용액이 있다. 이 황산용액의 몰농도는?(밀도는 1.84)

① 20.5

② 17.3

③ 18.4

④ 16.2

> **해설**
> 몰농도 = (wt% / 몰질량) $\times$ 10 $\times$ 밀도
> = (98 / 98) $\times$ 10 $\times$ 1.84 = 18.4M

45 완충용액을 만드는 방법으로 알맞은 것은?

① 강산과 강염기를 섞어서 만든다.

② 강산과 그 짝염기를 섞어서 만든다.

③ 약산과 그 짝염기를 섞어서 만든다.

④ 약산과 약염기를 섞어서 만든다.

> **해설**
> 완충용액은 약산과 그 짝염기 또는 약염기와 그 짝산을 혼합하여 만든다.

46 장비 및 시스템이 설치된 장소에서 예측된 운전 범위 내에 의도한 대로 운전되는 것을 검증하는 것을 무엇이라고 하는가?

① 성능 적격성 평가(PQ ; Performance Qualification)

② 운전 적격성 평가(OQ ; Operation Qualification)

③ 설치 적격성 평가(IQ ; Installation Qualification)

④ 설계 적격성 평가(DQ ; Design Qualification)

> **해설**
> 운전 적격성 평가(OQ ; Operation Qualification)
> 장비 및 시스템이 설치된 장소에서 예측된 운전 범위 내에 의도한 대로 운전하는 것을 검증하고 문서화한다. 안전성 검사, 예비 가동 체크, 성능 검사, 교정, 기술 전수, 요약 보고 등이 포함된다.

47 pH 미터를 사용하는 데 옳지 않은 것은?

① pH 전극을 휴지로 문지르면 정전기가 발생하므로 문지르지 않는다.

② 증류수에 넣어 보관한다.

③ 적어도 두 개 이상의 완충용액에 넣어 보정한다.

④ 사용 전에 증류수로 씻는다.

> **해설**
> ② pH 미터는 보존액에 넣어 보관한다.

48 분석하는 기기 또는 장비를 공인기관의 기준과 비교하여 맞추는 것을 무엇이라고 하는가?

① 교 정
② 정성분석
③ 정량분석
④ 피펫팅

해설

교정(Calibration) : 정상 상태 교정이란 질량, 길이, 부피, 밀도, 온도, 압력 등을 분석하는 기기 또는 장비를 공인기관의 기준과 비교·측정하여 맞추는 것이다.

49 우수화장품 제조 및 품질관리기준상 제조공정관리에 대한 사항으로 볼 수 없는 것은?

① 작업소의 출입 제한
② 공정검사의 방법
③ 완제품 등 보관용 검체의 관리
④ 사용하려는 원자재의 적합판정 여부를 확인하는 방법

해설

우수화장품 제조 및 품질관리기준 제15조(기준서 등)
제조공정관리에 관한 사항
• 작업소의 출입 제한
• 공정검사의 방법
• 사용하려는 원자재의 적합판정 여부를 확인하는 방법
• 재작업방법

50 원·부재료 품질검사에 사용되는 기체 크로마토그래피와 액체 크로마토그래피의 가장 큰 차이점은?

① 시료 형태
② 고정상
③ 이동상
④ 분해능

해설

기체 크로마토그래피의 이동상은 기체이며, 액체 크로마토그래피의 이동상은 액체이다.

51 황린(Yellow Phosphorus)의 저장과 취급법으로 가장 거리가 먼 것은?

① 화기를 절대 피한다.
② 고온체 등과 함께 보관한다.
③ 직사광선을 피한다.
④ pH 9 정도의 물속에 저장한다.

해설

자연발화성 물질은 화기, 직사광선, 고온체의 접근을 피해야 한다. 황린은 pH 9 정도의 물속에 저장하며 칼륨, 나트륨, 알칼리금속은 석유류에 저장한다.

52 아세트알데하이드 등과 같은 알데하이드류 물질의 유출 시에 가장 적합한 방재약품으로 옳은 것은?

① 묽은 염산
② 황산 수용액
③ 하이포염소산염
④ 유화제

해설

유출물질별 방제약품
• 알데하이드류 : 하이포염소산염, 건사, 건토, 비가연성 물질, 알칼리성 물질, 흙, 모래
• 염기성 물질 : 묽은 염산, 황산 수용액
• 기름 : 유화제

53 LMO 연구시설의 설치·운영 신고 및 LMO의 개발·실험의 승인에 대한 설명 중 틀린 것은?

① 1등급 연구시설의 설치 및 운영은 과학기술정보통신부장관에게 신고하여야 한다.

② 2등급 연구시설의 설치 및 운영은 과학기술정보통신부장관에게 신고하여야 한다.

③ LMO 연구시설의 설치·운영에 대한 허가를 받거나 신고한 자가 포장시험 등 환경방출과 관련된 실험을 하고자 하는 경우에는 과학기술정보통신부장관의 승인을 얻어야 한다.

④ 3등급 및 4등급의 연구시설인 경우 환경위해성 및 인체위해성 관련 연구시설은 질병관리청장의 허가를 받아야 한다.

해설

④ 3등급 및 4등급의 연구시설인 경우 환경위해성 및 인체위해성 관련 연구시설은 과학기술정보통신부장관 및 보건복지부장관의 허가를 받아야 한다.

유전자변형생물체의 국가 간 이동 등에 관한 법률 시행령 [별표 1]
연구시설의 안전관리등급의 분류 및 허가 또는 신고 대상

등 급	대 상	허가 또는 신고 여부
1등급	건강한 성인에게는 질병을 일으키지 아니하는 것으로 알려진 유전자변형생물체와 환경에 대한 위해를 일으키지 아니하는 것으로 알려진 유전자변형생물체를 개발하거나 이를 이용하는 실험을 실시하는 시설	신 고
2등급	사람에게 발병하더라도 치료가 용이한 질병을 일으킬 수 있는 유전자변형생물체와 환경에 방출되더라도 위해가 경미하고 치유가 용이한 유전자변형생물체를 개발하거나 이를 이용하는 실험을 실시하는 시설	신 고
3등급	사람에게 발병하였을 경우 증세가 심각할 수 있으나 치료가 가능한 유전자변형생물체와 환경에 방출되었을 경우 위해가 상당할 수 있으나 치유가 가능한 유전자변형생물체를 개발하거나 이를 이용하는 실험을 실시하는 시설	허 가
4등급	사람에게 발병하였을 경우 증세가 치명적이며 치료가 어려운 유전자변형생물체와 환경에 방출되었을 경우 위해가 막대하고 치유가 곤란한 유전자변형생물체를 개발하거나 이를 이용하는 실험을 실시하는 시설	허 가

비고 : 등급별 세부기준은 과학기술정보통신부장관 및 보건복지부장관이 관계 중앙행정기관의 장과 협의하여 공동으로 정하여 고시한다.

54 시장에서 판매되거나 임상시험에 사용된 의약품은 반드시 승인제조절차가 인증된 시설에서 생산되어야 한다. 다음 중 승인제조절차 해당사항에 대한 설명으로 옳지 않은 것은?

① 공장의 배치 및 설계는 반드시 생산물의 오염을 방지해야 하고 물질과 인력, 공기의 흐름을 나타내야 한다.

② 장치와 공정절차는 반드시 인증을 받아야 하며, 공정절차는 장치의 조작뿐만 아니라 세척과 살균 등을 포함한다.

③ 공정을 모니터링하고 제어하는 컴퓨터 소프트웨어는 의무인증대상이 아니다.

④ 공정절차는 표준운전절차에 의해 문서화되어야 한다.

해설

의약품 제조 및 품질관리에 관한 규정 [별표 9] 컴퓨터화 시스템 응용프로그램은 검증되어야 하고, 컴퓨터화 시스템 기반시설은 적격성 평가를 실시하여야 한다.

55 심각한 기도폐쇄 증상을 보이는 성인의 경우 의식의 유무와 관계없이 취해야 할 응급조치는?

① 드레싱하기

② 심폐소생술

③ 부목 사용

④ 찬물로 씻기

해설

심각한 기도폐쇄 증상을 보이는 성인의 경우 의식의 유무와 관계없이 심폐소생술을 실시한다.

56 우수건강식품 제조기준에 제시된 제품표준서를 작성할 경우 포함되어야 할 사항으로 틀린 것은?

① 보존기준 및 유통기간
② 사용한 원료의 제조번호 또는 시험번호
③ 제조공정 및 제조방법과 공정 중의 검사
④ 제조단위 및 공정별 이론 생산량

해설

우수건강기능식품 제조기준 [별표 2](제품표준서)
제품표준서는 품목마다 작성하여야 하며 다음의 사항이 포함되어야 하고 이를 기록·관리하여야 한다.
• 제품명, 유형 및 성상
• 품목신고 연월일
• 작성자 및 작성 연월일
• 기능성, 섭취방법, 섭취량 및 섭취 시 주의사항
• 원료·성분 및 함량(또는 원료·성분배합비율)
• 제조공정 및 제조방법과 공정 중의 검사
• 제조단위 및 공정별 이론 생산량
• 품질 향상 및 위해요소 제거를 위한 중점관리대상 및 관리방법에 관한 사항
• 원료, 반제품 및 완제품(포장단위)의 기준·규격과 시험방법
• 필요시 자재(기구·용기·포장)의 기준규격 및 시험방법
• 제조 및 품질관리에 필요한 시설 및 기구
• 보존기준 및 소비기한
• 표시사항 및 기타 필요한 사항

우수건강기능식품 제조기준 [별표 2](제조관리기준서)
제조관리기준서에는 다음의 사항이 포함되어야 하고 이를 기록·관리하여야 한다.
• 제조공정관리에 관한 사항 : 다음 사항을 기재한 제조기록의 작성
  – 제품명, 유형 및 성상
  – 제조번호, 제조단위 및 제조 연월일
  – 원료·성분 및 함량(또는 원료·성분배합비율)
  – 사용한 원료의 제조번호 또는 시험번호
  – 공정별 실제 생산량과 이론 생산량과의 비교
  – 공정 중 주의사항 또는 특별히 관찰(모니터)할 사항
  – 공정 중의 점검·시험결과 부적합된 경우에 취한 조치
  – 작업자의 성명 및 작업 연월일
• 시설 및 기구관리에 관한 사항
• 원료 및 자재관리에 관한 사항
• 완제품 관리에 관한 사항
• 위탁제조제품의 경우 그 제조관리에 관한 사항
• 원료 칭량 정보 자동 기록·관리 시스템 관리에 관한 사항(제22조 제2항에 따른 조사·평가 시 가점을 적용받고자 하는 경우에만 해당)

• 공정 자동 기록·관리 시스템 관리에 관한 사항(제22조제2항에 따른 조사·평가 시 가점을 적용받고자 하는 경우에만 해당)
• 실시간 제조관리기록 시스템 관리에 관한 사항(제22조제2항에 따른 조사·평가 시 가점을 적용받고자 하는 경우에만 해당)

57 불량품 확인 및 격리방법에 대한 설명으로 틀린 것은?

① 불량품 식별은 태그 등을 이용하여 식별한다.
② 불량품이 식별할 수 없는 제품인 경우에는 분석을 통하여 판정한다.
③ 불량품이 양품과 혼입되지 않도록 표시하여 지정된 장소에 격리한다.
④ 불량품 처리절차는 식약처 품질검사 후 지방청에서 실시하도록 한다.

해설

④ 불량품의 처리절차는 제조현장에서 실시한다.

58 검체 채취 용기에 표시하는 사항으로 거리가 먼 것은?

① 검체 채취자　　② 검체 사용자
③ 제조번호　　　④ 채취 일자

해설

검체 채취 용기에는 검체명, 제조번호, 채취 일자, 채취자 등을 표시한다.

59 다음의 검체 중 공정연구, 밸리데이션, 조사, 재시험, 연구 등을 위한 검체는?

① 공정 검체　　② 보관용 검체
③ 잔량 검체　　④ 추가 검체

해설

① 공정 검체 : 공정관리를 위한 검체로, 검체의 채취는 대상 물품 및 기타 중간제품 등의 오염을 방지할 수 있는 절차에 의해 실시한다.
② 보관용 검체 : 완제품 제조단위에서 최종 포장이 완료된 검체로, 출하 후 생길 수 있는 문제에 대비하기 위한 식별을 목적으로 한다.
③ 잔량 검체 : 사용하고 남은 검체를 말한다.

60 정제 공정에서 회수 단계에서 얻은 공정액에 포함되어 있는 여러 불순물을 제거하는 방법이 아닌 것은?

① 바이러스 여과
② 한외여과법
③ 펩타이드 맵핑
④ 크로마토그래피

해설

공정액의 불순물 제거 방법 : 크로마토그래피, 한외여과법, 침전 및 반응, 바이러스 여과 또는 불활성화 등을 사용한다.

---

61 소화설비의 설치기준에서 유기과산화물 1,000kg은 몇 소요단위에 해당하는가?(단, 유기과산화물의 지정수량은 10kg)

① 10　　　　② 50
③ 100　　　④ 150

해설

유기과산화물의 지정수량은 10kg이며, 1소요단위는 지정수량의 10배이므로 100이다.
1,000은 100×10이므로 10소요단위이다.
※ 위험물은 지정수량의 10배를 1소요단위로 한다(위험물관리법 시행규칙 별표 17).

62 유전자변형생물체의 연구시설 운영기준에 관한 설명으로 옳지 않은 것은?

① 유전자변형생물체 보관장소(냉장고, 냉동고 등)에 '생물위해(Biohazard)' 표시 등을 부착한다.
② 폐기물 처리에 대한 규정을 마련해야 한다.
③ 실험구역에서 음식 섭취, 식품 보존, 흡연, 화장의 행위는 금지한다.
④ 유전자변형생물체 보관관리대장을 작성해야 하나 반드시 보관할 필요는 없다.

해설

④ 유전자변형생물체 보관관리대장을 비치 및 기록, 작성, 보관하여야 한다.

---

63 청정실 내의 공기의 질 중 부유입자 측정 시 유의사항으로 옳지 않은 것은?

① 청정지역 면적에 따른 측정위치 수를 선정한다.
② 측정하고자 하는 작업장의 면적(m^2)을 구한다.
③ 측정점의 수는 작업장 면적의 제곱값으로 구한다.
④ 기류가 불어오는 방향으로 입자 계수기의 프로브를 위치시킨다.

해설
③ 측정점의 수는 작업장 면적의 제곱근값으로 구한다.

64 화학물질을 안전하게 사용하고 관리하기 위하여 필요한 정보를 기재한 기초자료로 제조자명, 제품명, 성분과 성질, 적용법규, 사고 시의 응급처치방법 등이 기입되어 있는 것은?

① MSDS
② PSM
③ GHS
④ PFD

65 부유균 측정법에 대한 설명으로 옳지 않은 것은?

① 장비는 Air Sampler를 사용한다.
② 일정 부피의 공기를 채집하고 미생물 배지를 접촉시켜 공기 중의 미생물을 포집한 후 배양조건 하에서 배양하여 균의 오염도를 측정한다.
③ 배양조건은 세균 20~25℃, 5일 이상, 진균 30~35℃, 72시간이다.
④ Sampling Grid를 121℃, 15분간 멸균한다.

해설
부유균 측정 시 배양조건
• 세균 : 30~35℃, 72시간
• 진균 : 20~25℃, 5일 이상

66 미생물과 그것을 측정하는 단위로 알맞지 않은 것은?

① 부유균 – cfu/m^3
② 낙하균 – $cfu/4h$
③ 표면균 – $cfu/Plate$
④ 부유균 – $cfu/m^3/h$

해설
부유균의 측정단위는 cfu/m^3이다.

67 청정도 등급 Class 100을 나타내는 것은 무엇인가?

① $1m^3$당 $1\mu m$ 이상의 입자가 100개 이상일 때
② $1ft^3$당 $1\mu m$ 이상의 입자가 100개 이하일 때
③ $1m^3$당 $0.5\mu m$ 이상의 입자가 100개 이상일 때
④ $1ft^3$당 $0.5\mu m$ 이상의 입자가 100개 이하일 때

해설
$1ft^3$ 공기 중에 $0.5\mu m$ 이상의 입자가 1개 이하인 청정공간은 클래스(Class) 1, 100개 이하인 청정공간은 클래스(Class) 100, 1,000개 이하인 청정공간은 클래스(Class) 1,000이다.

68 '적격성 평가 시 허용되는 최대 미생물 오염한계 기준'상 의료기기 제조 기업의 C등급에 속하는 표면균의 기준은?

① 10cfu/Plate

② 100cfu/Plate

③ 25cfu/Plate

④ 250cfu/Plate

해설

의약품 제조 및 품질관리에 관한 규정[별표 1] 무균의약품 제조

적격성 평가 시 허용되는 최대 미생물 오염한계 기준

등 급	부유균 CFU/m³	낙하균 (지름 90mm) CFU/4hours[1]	표면균 (지름 55mm) CFU/plate
A	균 생장 없음(No growth)		
B	10	5	5
C	100	50	25
D	200	100	50

[1] 낙하균은 작업 기간 동안 노출시켜야 하며 최대 4시간 후 필요에 따라 교체해야 한다. 노출 시간은 회복시험을 기반으로 설정하고 사용된 배지가 완전히 건조되지 않도록 해야 한다.

참 조

1. 상기 표의 특정 등급별 명시된 모든 방법은 해당 특정 등급 구역의 적격성 평가 시 사용되어야 한다. 표에 작성된 방법 중 하나를 사용하지 않거나 대체 방법을 사용하는 경우, 선택한 접근방법에 대하여 적절하게 타당성을 입증해야 한다.
2. 문서 전반에 CFU를 사용한 한계 기준이 적용된다. CFU가 아닌 방식으로 결과가 나타나는 다른 또는 새로운 기술을 사용한 경우, 제조업체는 적용한 한계 기준을 과학적으로 입증하고 가능한 경우 CFU와 연관지어야 한다.
3. 작업원 갱의 적격성 평가의 경우 제9.4호 자목의 표면균과 글러브 프린트에 대한 한계 기준을 적용해야 한다.
4. 검체 채취 방법은 제조 작업에 오염 위험을 초래해서는 안 된다.

69 낙하균 측정을 위한 ISO 등급과 노출시간이 일치하지 않는 것은?

① ISO 7 – 1시간   ② ISO 8 – 4시간

③ ISO 7 – 4시간   ④ ISO 5 – 4시간

해설

낙하균 측정을 위한 노출시간

청정도 등급	ISO 등급	배지(∅90mm) 노출시간
A	ISO 5	4시간
B	ISO 7	4시간
C	ISO 8	4시간

70 유전자변형생물체의 배양액을 쏟았을 때 올바른 조치방법은 무엇인가?

① 배양액이 쏟아진 부분에 열을 가하여 증발시킨다.
② 가만히 둔다.
③ 소독제가 뿌려진 티슈를 일정시간 동안 덮어둔다.
④ 소독제가 뿌려진 티슈를 이용해 빠르게 닦아낸다.

해설

유전자변형생물체의 배양액을 쏟았을 때는 락스 등의 화학처리를 통해 생물학적 활성을 제거하여 폐기한다.

71 청정실 관리의 3대원칙이 아닌 것은?

① 먼지 유입 억제
② 먼지 발생 억제
③ 먼지 즉각 제거
④ 먼지 성분 분석

해설

청정실 관리의 3대원칙은 먼지 유입 억제, 먼지 발생 억제, 먼지 즉각 제거이다.

72 위험성이 있는 화학물질에 대한 물리·화학적인 특성을 파악하여 위험성에 대비하기 위해 사용하는 자료로 적합하지 않은 것은?

① KGMP
② HSDB
③ GHS
④ MSDS

해설

HSDB, GHS, MSDS를 사용하여 위험성이 있는 화학물질에 대한 물리·화학적인 특성을 파악하여 위험성에 대비한다.

73 미생물의 멸균방법으로 옳지 않은 것은?

① 고압증기멸균
② 화염멸균
③ 적외선멸균
④ 가스멸균

해설

미생물의 멸균방법 : 화염멸균, 건열멸균, 고압증기멸균, 여과멸균, 가스멸균, 방사선멸균

74 청정실 내에서의 주의사항이 아닌 것은?

① 불필요한 말은 하지 않는다.
② 청정실용 의복은 항상 정상적인 착의 상태를 유지한다.
③ 보행 및 작업은 정숙하게 하여 먼지 발생량을 줄인다.
④ 공기가 나오는 구역에서 작업하여 오염물을 희석한다.

해설

공기가 나오는 구역에서 작업을 하거나 물품을 두면 공기 순환을 방해하여 청정실의 미세입자 제거를 어렵게 하므로 주의한다.

75 미생물 환경관리 체계 수립 시 고려할 사항 중 미생물 배지에 대한 설명으로 옳지 않은 것은?

① 멸균공정을 거친 배지는 무균시험을 진행하지 않아도 된다.
② 멸균공정을 거친 배지는 배지성능시험을 진행해야 한다.
③ Sabouraud's Agar 배지는 효모나 곰팡이를 검출하고 정량할 때 사용한다.
④ Soybean Casein Digest Agar 배지는 진균류에 대하여 배지성능시험을 할 수 있다.

해설

① 멸균공정을 거친 배지도 무균시험을 진행한다.

76 다음 중 부유균의 농도를 측정하기 위한 기기로 옳은 것은?

① Discrete-paricle Counter
② Air Sampler
③ HPLC
④ Autoclave

해설

② Air Sampler : 부유균 측정기기
① Discrete-particle Counter : 이산입자 계수기
③ HPLC : 고성능 액체 크로마토그래피
④ Autoclave : 고압증기멸균기

77 발효공정에서 가열멸균으로 인해 유발될 수 있는 현상이 아닌 것은?

① 단백질의 열화
② 당 용액의 카라멜화
③ 당과 아미노산의 반응
④ 효소의 활성 증대

해설
효소의 구조는 가열하거나 화학적 변성 물질에 노출될 때 접힘이 풀리며(변성), 이러한 구조의 파괴는 효소 활성의 소실을 야기한다.

78 바이오화학제품 제조소 청정도 수행 중 낙하균 측정 시 유의사항으로 옳지 않은 것은?

① 공조 출구를 등지고 배지를 개방해야 한다.
② 배지 위쪽으로 지나가서는 안 된다.
③ 배지 옆을 통과할 때는 될 수 있는 한 천천히 다녀야 한다.
④ 배지를 열었을 때 손가락 등이 닿지 않도록 주의한다.

해설
① 기류가 불어오는 방향에서 배지를 개방한다.

79 바이오화학제품 제조과정에서 청정도를 관리해야하는 이유로 가장 적합한 것은?

① 공기 중 미립자의 개수를 알기 위해서
② 제품의 오염을 방지하기 위해서
③ 주변인들의 건강을 위해서
④ 구매자들의 인식 개선을 위해서

해설
제품의 오염 방지를 위해 청정도를 유지·관리한다.

80 다음 중 표면균 시험법으로 옳은 것은?

① 입자계수법
② 전기영동법
③ 공기측정법
④ 스왑법

해설
표면균 시험법
• Contact Plate Method : 작업대, 벽면, 용기, 작업자의 장갑
• Swabbing Method : 작업대, 벽면, 용기 등(세균검출용 Plate로 Contact Test를 할 수 없는 곳)

제1과목 배양준비

01 다음 중 그람양성세포에는 포함되지 않고 그람음성세포에는 포함되는 것은?

① 염색체
② 펩타이도글리칸
③ 세포막
④ 외 막

해설

그람음성균
• 원핵세포의 한 종류이다.
• 세포벽이 그람양성균에 비해 상대적으로 적은 양의 펩타이도글리칸으로 이루어져 있다.
• 그람양성균에는 없는 지질다당질, 지질단백질 및 다른 복잡한 고분자물질로 구성된 외막이 존재한다.

02 람베르트-비어(Lambert-Beer)의 법칙에 의한 흡광도와 세포 배양 농도의 관계를 식으로 옳게 나타낸 것은?(단, 흡광도 : A, 몰흡광계수 : ε, 세포의 농도 : [J], 흡수층의 길이 : L, 투사광의 강도 : I, 투과도 : T)

① $A = \varepsilon \times [J] \times L$
② $A = \varepsilon \times [J] \times T$
③ $A = \varepsilon \times I \times L$
④ $A = \varepsilon \times L / [J]$

해설

람베르트-비어의 법칙
• 기체 또는 액체에 의한 빛의 흡수는 그 속의 분자 수에 의해서만 결정되며, 희석에 의해서 분자 수가 변화하지 않는 한, 희석도에는 관계가 없다는 법칙이다.
• 이 법칙을 이용하면 흡광도는 다음과 같이 나타낼 수 있다.
$A = \varepsilon \times [J] \times L$
여기서, 시료의 몰흡광계수 : ε, 시료의 농도 : [J], 시료의 길이 : L이다.

03 혐기성과 호기성 조건 모두에서 성장할 수 있는 균주는?

① 통성혐기성균
② 편성혐기성균
③ 미호기성균
④ 편성호기성균

해설

산소 공급 여부
• 편성호기성 : 미생물 증식에는 산소가 필수적이며, 산소 부족 시 증식이 정지되고 결국 사멸하게 된다(대부분의 세균은 증식에 산소 필요).
• 통성혐기성 : 산소의 유무에 상관없이 증식이 가능하다.
• 편성혐기성 : 산소에 노출되면 증식하지 못하고 사멸된다.

04 다음 중 동결보존법으로 미생물을 보존하고자 할 때 사용되는 동결보호제(Cryoprotectant)로 가장 거리가 먼 것은?

① 다이메틸설폭사이드(DMSO)
② 설 탕
③ 글리세롤
④ 소 금

해설

동결보호제 : 세포나 생물의 활성을 그대로 보존하기 위해 초저온으로 보관 시, 생물학적 조직을 결빙으로부터 보호하기 위해 사용하는 물질이다. 설탕, 에틸렌글리콜, 프로필렌글리콜, 글리세롤, 글루코스, 다이메틸설폭사이드 등이 있다.

05 동물세포 배양에 사용되는 혈청에 대한 설명으로 옳지 않은 것은?

① 호르몬, 미네랄, 지방 등을 운반하는 수송 단백질을 제공해 준다.

② 호르몬과 생장인자에 의해서 세포생장과 다른 세포활성을 촉진시킨다.

③ 콜라겐과 파이브로넥틴(Fibronectin)과 같은 특정 단백질에 의해서 세포부착을 증진시킨다.

④ 혈청의 사용은 배양을 용이하게 하지만 분리공정을 어렵게 한다.

해설

④ 혈청 사용 시 배치(Batch)마다 혈청의 조성이 달라지므로 동일한 세포를 같은 성분의 배지에서 배양하더라도 그 결과가 항상 다르게 나타나며(재현성 얻기 어려움), 혈청 내 포함된 단백질 및 펩타이드로 인해 세포 배양 후 얻어지는 제품의 분리·정제공정이 복잡해진다.

동물세포 배양에 사용되는 혈청의 특징

• 호르몬, 생장인자에 의해 동물세포의 생장과 다른 세포의 활성을 촉진시킨다.
• 호르몬, 미네랄, 지방 등을 운반하는 수송 단백질을 제공해 준다.
• 단백질 분해효소의 활성을 억제시킨다.
• pH 조절용 완충제 역할을 한다.
• 가격이 비싸다.
• 멸균하기 위해서는 가열하지 못하고 여과해야 하므로 마이코플라스마 또는 바이러스 등에 의해 오염될 가능성이 커진다.

06 다음 중 전자저울을 사용하는 칭량실 작업공간을 확보하고자 할 때 고려해야 할 환경조건과 가장 거리가 먼 것은?

① 환 기
② 온 도
③ 습 도
④ 벽면 재질

해설

전자저울을 사용하는 칭량실 작업공간의 환경조건

• 온도 및 습도 : 시약의 변질을 방지하기 위해 온도는 20~25℃ 내외에서 일정하게 유지시켜 편차가 없도록 하여야 하며, 상대습도는 45~60%를 유지하는 것이 바람직하다.
• 조명 : 칭량하기에 적절한 조도(약 300lx 이상)를 선택하고 저울의 위치는 영향을 최소화하기 위해 조명에서 멀리 떨어지거나 햇볕이 없는 곳이어야 한다.
• 환기 : 저울의 위치는 바람의 영향을 받지 않는 곳으로 한다. 환기시설은 독립적으로 개폐할 수 있도록 해야 하며, 짧은 시간 내에 환기할 수 있도록 약 0.3m/s 이상으로 환기시켜야 한다.
• 작업 선반 : 주변 환경에 따른 진동이 없고 수평을 유지해야 한다. 자석이나 전장에 영향을 주지 않는 재질을 선택해야 하고 대리석 등이 좋으며, 일반적으로 금속 재질, 유리 재질, 플라스틱 재질 등은 바람직하지 않다.
• 바닥 : 내진에 요동하지 않기 위한 설비를 해야 하며, 이러한 설비를 갖출 수 없는 경우에는 저울 하단부에 저울대를 두어 이용하는 것이 바람직하다. 주변의 공기를 차단할 수 있는 덮개 등을 이용하는 것이 좋다.

07 다음 중 세포 수 측정과 관련이 없는 것은?

① Coulter 측정기
② 헤모사이토미터
③ Ostwald 점도계
④ Petroff-Hausser 계수기

해설

점도 측정은 세포 질량농도 측정 방법 중 간접법에 속한다.

08 다음 중 동결 건조에서 수분을 제거하는 방법으로 옳은 것은?

① 승 화
② 기 화
③ 액 화
④ 응 고

해설
동결 건조 : 수용액 기타 함수물을 동결시켜 그 동결물의 수증기압 이하로 감압함으로써 물을 승화시켜 제거하고 건조물을 얻는 방법이다.

09 다음 [보기] 중 미생물 동결 건조 절차를 순서대로 옳게 나열한 것은?

┌─보기─────────────────────┐
│ 가. 액체배지 제조 및 미생물 균주 접종 │
│ 나. 영하 60℃ 이하의 초저온 냉동고 보관 │
│ 다. 동결 건조용 탈지유 및 용기 준비 │
│ 라. 미생물 균주 진탕배양 │
│ 마. 시료의 동결 건조 │
└──────────────────────────┘

① 가 → 나 → 다 → 라 → 마
② 가 → 라 → 다 → 마 → 나
③ 가 → 다 → 마 → 나 → 라
④ 가 → 라 → 다 → 나 → 마

해설
동결 건조의 절차
• 액체배지 제조 및 미생물 균주 접종
• 미생물 균주 진탕배양(배지 분석을 통한 배양 상태 확인)
• 동결 건조용 탈지유 및 용기 준비
• 시료의 동결 건조(냉각 후 감압을 통한 수분 제거)
• 영하 60℃ 이하의 초저온 냉동고 보관

10 바이오화학제품을 생산하기 위해 목질계 자원을 사용하려고 한다. 다음 중 목질계 자원이 아닌 것은?

① 리그닌(Lignin)
② 셀룰로스(Cellulose)
③ 녹말(Starch)
④ 헤미셀룰로스(Hemicellulose)

해설
녹말(Starch) : 여러 개의 포도당이 글루코사이드 결합으로 연결된 고분자 탄수화물이다.

11 미생물 배지의 멸균 시 일반 오토클레이브(Auto-clave) 적용온도에 가장 가까운 것은?

① 55℃　　　　　　② 88℃
③ 100℃　　　　　④ 121℃

해설
고압증기멸균기(Autoclave) : 멸균온도, 시간, 배기를 자동적으로 조절하며 약 121℃(1.0kg/cm²), 15분의 멸균 조건에서 주로 배지류 및 열에 안정한 물질을 멸균하는 데 사용한다.

12 세균을 15%(부피 기준)의 Glycerol이 포함된 용액에 동결 보존하고자 할 때, 액체배양액 5mL에 몇 mL의 Glycerol을 섞어야 하는가?(단, 액체배양액과 Glycerol 외에 다른 물질은 존재하지 않는다고 가정한다)

① 0.70　　　　　　② 0.75
③ 0.80　　　　　　④ 0.88

해설
$$\frac{x}{5+x} \times 100 = 15$$
$$x = 0.8823$$

13 광학현미경으로 600배 이상의 세포를 더 자세히 관찰하기 위하여 커버글라스 위에 뿌리는 용액으로 옳은 것은?

① 증류수
② 이머전 오일
③ 포도당 용액
④ 소금 용액

해설
광학현미경은 최대 1,000배까지 확대가 가능하며, 고배율로 갈수록 빛의 굴절을 방지하여 해상력을 높이기 위해 유침유(Immersion Oil)를 이용한다.

14 동결 건조 시 세포손상 방법으로 틀린 것은?

① 세포 내외로 얼음결정을 형성함
② 세포 내외로 조성이 바뀜
③ 세포 대사의 정지
④ 세포의 탈수

해설
동결 건조 시 세포손상은 주로 얼음결정 형성과 탈수로 인하며 동결 건조로 세포 내외의 조성은 바뀌지 않는다.

15 그람염색법 지시약으로 틀린 것은?

① Crystal Violet
② Safranin
③ Alcohol
④ Nitric Acid

해설
그람 염색은 1차 염색시약으로 크리스털 바이올렛(Crystal Violet)과 아이오딘 용액이 사용되며, 이것의 탈색 시약으로 95% 에탄올이 사용되고 2차 염색 및 대조 염색시약으로는 사프라닌(Safranin) 용액을 사용한다.

16 세포의 질량농도 결정 방법 중 간접법으로 적절하지 않은 것은?

① 세포 건조중량 측정
② 단백질 농도 측정
③ ATP 농도 측정
④ DNA 농도 측정

해설
세포질량 농도 측정 : 세포 농도를 측정하는 방법에는 건조중량법(Dry Cell Weight), 충전세포부피법(Packed Cell Volume), 흡광도(Absorbance) 측정법이 있다. 생장과정에서 합성되는 대사물질의 생성량 측정에 기반을 두는 방법도 있다. 배양액에서 생장하는 세포 내의 DNA, 단백질 등과 같은 생체고분자를 간접적으로 측정하여 세포생장의 지표로 사용하여 세포 농도를 유추할 수 있다. 세포 내 대사물질의 농도를 측정하는 방법으로 ATP 농도를 측정하여 세포 농도 측정에 활용하기도 한다.
• 직접법 : 건조중량, 충전세포부피, 흡광도 측정
• 간접법 : 세포 내 성분측정
※ RNA 농도는 회분식 생장 동안 상당히 큰 폭으로 변화한다.

17 그람염색 시 시료의 염색 색깔로 알맞게 연결된 것은?

① 그람 양성균−노란색, 그람 음성균−붉은색
② 그람 양성균−보라색, 그람 음성균−붉은색
③ 그람 양성균−붉은색, 그람 음성균−노란색
④ 그람 양성균−붉은색, 그람 음성균−보라색

해설
• 그람 양성균 : 자주색 − 젖산균, 연쇄상구균, 쌍구균, 리스테리아, *Staphylococcus* 속 등
• 그람 음성균 : 적자색 − 살모넬라, 캠필로박터, 대장균, 장염비브리오, 콜레라 등

18 특수배지로 미생물의 생화학적 성질을 이용하여 많은 미생물이 혼재되어 있는 곳에서 목적하는 미생물을 감별 또는 확인하기 위하여 사용하는 배지로 특별한 염색약과 같은 지시약을 넣어 구별하는 배지는?

① 자연배지   ② 분별배지
③ 복합배지   ④ 제한배지

해설

특수배지
- 선택배지 : 목적하는 미생물의 생육을 증진시키고 다른 미생물의 생육이 억제되도록 만들어진 배지로, 토양 혹은 병든 조직에서 목적하는 균을 분리 배양하기 위해 많은 선택배지가 고안되고 있다.
- 분별배지 : 미생물의 생화학적 성질을 이용하여 많은 미생물이 혼재되어 있는 곳에서 목적하는 미생물을 감별 혹은 확인하기 위하여 사용하는 배지로 특별한 화학 반응의 차이에 의해 첨가한 염색약과 같은 지시약의 반응이 달리 일어나게 하여 균을 구별한다.
- 생화학적 시험용 배지 : 생화학적 성질의 조사를 위한 것이나 세균의 분류, 동정을 위해 여러 가지가 개발되어 있다.
- 농화배지 : 균이 이용하는 영양 성분과 배양 조건을 조절함으로써 자연 생태계에서 원하는 균을 선택적으로 많이 자라게 하여 분리하는 배지이다.

19 배지 첨가물로서 제공되는 것이 아닌 것은?

① 펩 톤   ② 단백질
③ 효모 추출물   ④ 한 천

해설

배지 첨가물
- 펩톤(peptone) : 카세인이나 육류 단백질을 Pepsin 또는 Trypsin, Pancreatin 등의 효소로 분해하여 작은 펩타이드로 자른 것으로 미생물의 질소원 및 단백질원으로 사용한다.
- 육즙 성분(Meat Extract 또는 Beef Extract) : 쇠고기의 근육 부분에서 수용성 침출물을 추출하여 농축시켜 만든 것으로 염류, 발육소, 핵산 성분, 기타 당분, 아미노산, 비응고성 단백질을 제공한다.
- 효모 추출물(Yeast Extract) : 효모에서 추출한 수용성 침출물질로 염류, 발육소, 핵산 성분, 당분, 아미노산, 비응고성 단백질 등을 미생물 생육 대사에 제공한다.
- 젤라틴(Gelatin) : 동물의 뼈, 피부, 인대, 건 등을 끓여 그 액체를 건조시킨 황갈색의 입자 또는 분말이며 처음에는 고형배지에 응용되었으나 용해 온도가 37℃ 이하이기 때문에 최근에는 단백질 분해시험 중 하나인 젤라틴 분해효소 검출을 위해 사용한다.
- 한천(Agar) : 홍조류에서 추출되며 고체배지 조제 시 유용하며 극히 일부 미생물을 제외한 대부분의 미생물은 한천을 분해하지 못하므로 한천은 미생물이 생육하는 동안 고체 형태 그대로 존재한다.

20 관 내에 n-헥산이 6.59g/s의 질량속도로 흐르고 있을 때, 부피유속(cm³/s)은?(단, n-헥산의 비중은 0.659이다)

① 0.1cm³/s
② 1cm³/s
③ 10cm³/s
④ 100cm³/s

해설

부피유속 = 질량속도 ÷ 비중
          = 6.59g/s ÷ 0.659g/cm³
          = 10cm³/s

제2과목 배양 및 회수

21 원·부재료의 저장 및 재고관리에 관한 설명으로 옳지 않은 것은?

① 원·부재료의 안정성, 작업환경 관련 위험성 평가 및 화학물질 노출기준 등을 파악한다.
② 원·부재료 종류별 특성에 따른 저장 창고시설 조건을 확인한다.
③ 원·부재료 장기재고를 사전에 확인하여 선입선출될 수 있도록 한다.
④ 위험물인 경우 MSDS에 근거하여 취급한다.

해설

①은 원·부재료 특성 확인에 관한 설명이다.

22 이상적인 회분식 배양에 있어서 t_1과 t_2의 배양시간에서 세포농도가 각각 X_1과 X_2일 때, 비성장속도(μ) 계산식으로 옳은 것은?

① $\dfrac{(X_2 - X_1)}{(t_2 - t_1)}$ ② $\dfrac{(\ln X_2 - \ln X_1)}{(t_2 - t_1)}$

③ $\dfrac{(X_2{}^2 - X_1{}^2)}{(t_2 - t_1)}$ ④ $\dfrac{(e^{X_2} - e^{X_1})}{(t_2 - t_1)}$

해설

$\mu = \left(\dfrac{1}{X}\right)\left(\dfrac{dX}{dt}\right)$

$\mu dt = \dfrac{1}{X}dX$

양변을 적분하면

$\displaystyle\int_{t_1}^{t_2} \mu dt = \int_{X_1}^{X_2} \dfrac{1}{X}dX$

$\mu(t_2 - t_1) = \ln X_2 - \ln X_1$

$\therefore \ \mu = \dfrac{(\ln X_2 - \ln X_1)}{(t_2 - t_1)}$

23 다음 중 기계적인 세포 파쇄방법이 아닌 것은?

① 초음파 발생법   ② Ball Mill법
③ 균질화   ④ 삼투 충격법

해설

비기계적 파쇄법 : 삼투 충격법, 얼음 이용법, 효소 이용법

24 다음 중 그람 염색(Gram Staining) 결과가 다른 것은?

① *Bacillus subtilis*
② *Staphylococcus aureus*
③ *Esherichia coli*
④ *Lactococcus lactis*

해설

• 그람 양성균 : 자주색으로 염색된다[*Lactococcus lactis*(젖산균), *Corynebacterium* 속, 연쇄상구균, 쌍구균, 리스테리아, *Bacillus* 속, *Staphylococcus* 속 등].
• 그람 음성균 : 적자색으로 염색된다[살모넬라, 캠필로박터, 대장균(*Escherichia coli*), 장염비브리오, 콜레라 등].

25 제지산업에서 발생하는 폐수를 이용하여 바이오화학제품을 생산할 때, 다음 중 시료 중의 탄소 함유량을 측정할 수 있는 방법은?

① TOC법
② HPLC법
③ Kjeldahl법
④ Biuret법

해설

TOC법 : 유기탄소를 고온에서 연소시켜 생성된 이산화탄소를 측정하여 함유 탄소량을 측정하는 방법이다.

26 다음 중 핵막이 있는 미생물은?

① 대장균
② 효 모
③ 고세균
④ 방선균

해설

진핵미생물 : 막으로 둘러싸인 핵을 가진 미생물로 세균과 남조류를 제외한 곰팡이, 효모, 조류, 원생동물 등이 속한다.

27 황산의 전처리 과정에서 헤미셀룰로스의 다당류인 자일란으로부터 유래되는 발효저해물질에 포함되지 않은 것은?

① 하이드록시메틸푸르푸랄(Hydroxymethylfurfural)
② 아세트산(Acetic Acid)
③ 푸르푸랄(Furfural)
④ 개미산(Formic Acid)

해설

자일란에서 만들어진 Furfural, 5-hydroxymethylfurfural(5-HMF)은 산성 조건에서 Formic Acid와 Levulinic Acid로 전환되기도 하며, 이 물질들은 당화액의 발효 공정에 저해 물질로 작용할 수 있다.

28 발효조의 구조에 대한 것으로 틀린 위치는?

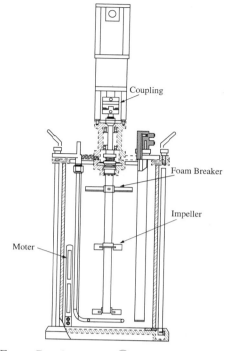

① Foam Breaker　　② Impeller
③ Coupling　　④ Moter

해설
④는 Baffle(방해판)이다.
발효조의 구조

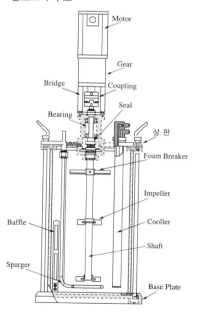

29 세포 배양 시 배지오염원이 아닌 것은?

① 마이코플라스마(Mycoplasma)
② 효 모
③ 공기 중 미세먼지
④ 세 균

해설
세포 배양 시 배지오염은 배양하는 세포 이외의 생물인 세균, 효모, 곰팡이, 마이코플라스마(세균과 바이러스의 중간에 위치하는 미생물) 등이 혼입되어 일어난다.

30 다음 중 빈칸에 들어갈 용어로 옳은 것은?

> • ( )는 칼럼에서 용질이 이동하는 속도를 설명하는 데 사용되는 중요한 변수이다.
> • 시료의 ( )가 작을수록 그 시료는 오래 머무르지 못하며, ( )에 영향을 주는 요인은 용매의 강도, 시료에 대한 용매의 용해도에 의해 결정되는 경향이 많다.

① 머무름 인자　　② 선택성 인자
③ 용량 인자　　④ 분리능

해설
머무름 인자(Retention Factor) : 칼럼에서 용질이 이동하는 속도를 설명하는 데 사용되는 중요한 변수이다.

31 루시퍼레이즈의 활성 측정에 옳은 것은?

① NADP 활성 측정
② ATP 활성 측정
③ DNA 활성 측정
④ 단백질 활성 측정

해설
Luciferin은 Luciferase에 의해 발광하게 되며 DNA를 형질 도입할 때 특정 유전자에 Luciferase가 붙도록 하여 발광하는 것을 보고 형질 도입한 DNA의 활성을 측정하게 된다.

32 세포의 질량농도 결정 방법 중 간접법으로 틀린 것은?

① ATP 측정

② 단백질 측정

③ RNA 측정

④ 광학밀도 측정

광학밀도 측정은 세포의 질량농도 결정 방법 중 직접법이다.
• 직접법 : 건조중량, 충전세포부피, 흡광도 측정
• 간접법 : 세포 내 성분측정

34 다음 중 고온에서 가장 최적으로 생장하는 것은?

① *Staphylococcus aureus*

② *Enterococcus faecalis*

③ *Bacillus stearothermophilus*

④ *Escherichia coli*

고온균에는 *Bacillus stearothermophilus*, *Lactobacillus delbruekii* 가 있고, *Staphylococcus aureus*, *Enterococcus faecalis*, *Escherichia coli* 는 중온균이다.

33 1,000배 배율에서의 총 균수를 측정하고자 한다. 슬라이드글라스의 중앙에 가로길이 0.05mm, 세로 길이 0.05mm인 눈금이 있고 커버 유리와 슬라이드 유리 사이의 간격이 0.01mm이다. 4눈금에 5CFU일 때 1mL당 총 균수(CFU/mL)는?

① 1.01×10^7

② 1.25×10^7

③ 2.01×10^7

④ 2.25×10^7

눈금 4개의 정사각형 한 구간을 부피로 나타내면
$0.2mm \times 0.2mm \times 0.01mm = 0.0004mm^3$ 이며,
mL로 환산하면 $1mL = 1cm^3 = 1,000mm^3$ 이므로
$0.0004 : 1,000 = x : 1$
$x = 4 \times 10^{-7} mL$
$4 \times 10^{-7} mL$에 5CFU의 세포가 있으므로
$5 \div 4 \times 10^{-7}$
$x = 1.25 \times 10^7 (CFU/mL)$

35 물질 A와 B를 혼합한 물질을 크로마토그래피로 분석했을 때 물질 A와 B의 머무름 시간은 각각 15분, 18분이었고, 베이스라인으로부터 피크 시간은 각각 1분, 2분이었다. 두 물질의 분리능(R_s)은?

① 1

② 2

③ 3

④ 4

분리능(R_s)

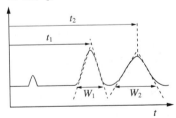

$$R_S = \frac{2(t_2 - t_1)}{W_1 + W_2}$$

여기서, t_1, t_2 : 시료 1과 2의 머무름 시간
W_1, W_2 : 피크 시간(피크 폭)

※ 머무름 시간(Retention Time)은 시료 성분의 피크에 해당하는 시간이다.
$$R_S = \frac{2(18-15)}{1+2} = 2$$

36 통계적 가설검증에서 사용하는 유의수준에 관한 내용으로 틀린 것은?

① 거짓 귀무가설을 채택하는 오류를 2종 오류라고 한다.

② 유의 수준은 1종 오류를 범할 확률이다.

③ 위험률이라고 한다.

④ 유의수준보다 유의확률이 크면 귀무가설은 기각된다.

해설

유의수준

통계적 가설검정에서 제1종 오류를 범할 확률을 의미하며 영가설이 참임에도 영가설을 기각할 확률이다. 보통 0.05를 가장 많이 사용하며, 가설을 채택할지 기각할지의 판단 기준이 된다.

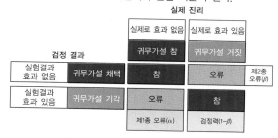

제1종오류 – 실제로 효과가 없는데, 실험결과 효과가 있다고 나오는 오류
제2종오류 – 실제로 효과가 있는데, 실험결과 효과를 증명하지 못하는 오류

유의확률(P값)은 자료를 통계적으로 분석한 값이며 P값이 유의수준보다 작으면 귀무가설이 기각되고 대립가설이 채택된다.

37 가용성 물질 회수단계로 옳은 것은?

> 가. 세포 분리
> 나. 세포 조각 제거
> 다. 세포 파쇄
> 라. 생산물 추출
> 마. 생산물 정제
> 바. 생산물 농축

① 가→나→다→라→마→바
② 다→가→라→마→나→바
③ 가→다→나→라→바→마
④ 다→나→가→바→마→라

해설

세포 내 산물 회수의 주요 단계
1. 세포 분리
2. 세포 파쇄
3. 세포 조각 제거
4. 생산물 추출
5. 생산물 농축
6. 생산물 정제

38 등전점 침전법에 대한 설명으로 옳지 않은 것은?

① 등전점에서 가장 침전 효과가 좋다.
② 등전점보다 낮은 pH에서는 양전하를 띤다.
③ 등전점에서 알짜 전하는 0이다.
④ 비극성 표면을 나타내는 단백질에는 효과적이지 않다.

해설

비극성 표면을 나타내는 단백질에도 효과적이지만 등전점이나 산성에서 변성하기 쉬운 단백질에는 적용할 수 없다.

39 저울의 사용 방법으로 옳은 것만을 고른 것은?

> ㉠ 평평한 곳이면 어디든 사용 가능하다.
> ㉡ 측정허용치를 초과해서는 안 된다.
> ㉢ 최대한 많은 양을 올리고 덜어내는 식으로 정량한다.
> ㉣ 칭량하기에 적절한 조도(약 300lx 이상)를 선택한다.
> ㉤ 공기를 차단할 수 있는 덮개 등을 이용하는 것이 좋다.

① ㉠, ㉢, ㉤
② ㉡, ㉣, ㉤
③ ㉠, ㉡, ㉣
④ ㉠, ㉡, ㉢

해설

칭량실의 바닥 역시 내진에 요동하지 않기 위한 설비를 해야 하며 이러한 설비를 갖출 수 없는 경우에는 저울 하단부에 저울대를 두어 이용하는 것이 바람직하며, 작업 선반은 주변의 환경에 따른 진동이 없고 수평을 유지해야 하며 자석이나 전장에 영향을 주지 않는 재질을 선택해야 한다. 대리석 등이 좋으며 일반적으로 금속 재질, 유리 재질, 플라스틱 재질 등은 좋지 않다.

40 회분식 배양기에 대한 설명으로 틀린 것은?

① 회분식 배양은 유전적 불안정성을 극복하여 재조합 DNA를 가진 세포의 생산에 적합하다.
② 연속식 배양은 생육속도가 빠른 미생물 배양에 적합하다.
③ 연속식 배양은 배양액의 부피가 계속적으로 증가한다.
④ 회분식 배양은 차단된 폐쇄계 배양 방법이다.

해설

연속식 배양은 배양기 내로 신선한 배지를 일정 속도로 계속 유입시켜 세포를 증식시키는 동시에 배양액을 지속적으로 유출시켜 배양액의 부피를 일정하게 유지한다.

41 다음 중 전기영동에 대한 다음 설명 중 틀린 것은?

① SDS-PAGE에서 각 단백질은 띠를 형성한다.
② DNA는 (−) 전극으로부터 (+) 전극으로 이동한다.
③ 전기영동 이후 UV를 이용하여 시각화가 필요하다.
④ DNA 크기가 작을수록 천천히 이동한다.

해설

전기영동 분석: 전하를 띠는 물질을 전류가 흐르는 전기장이 형성되는 망상 구조의 젤에 두면 물질마다 전하량이 달라 고유의 이동속도가 나타나며 이동하는 원리를 이용하여 분리한다. DNA는 젤을 통해 이동한다. 젤은 미세한 분자적 구멍이 있는 반고체 상태의 물질로, 증폭 산물의 크기에 따라 크기가 작은 것은 비교적 쉽게 이동하지만 큰 것은 작은 것에 비해 느린 속도로 빠져나가게 되므로 크기별로 분리할 수 있다.

42 검체 채취 기구와 용기의 특징에 대한 설명으로 틀린 것은?

① 제품과 물리적·화학적으로 반응이 일어나지 않아야 한다.
② 용기는 기밀성이 있어야 하고 멸균하거나 일회용이어야 한다.
③ 용기는 청결해야 하며 교차 오염을 방지할 수 있어야 한다.
④ 검체 채취 용기는 제품을 보관하는 용기와 다른 재질의 용기를 사용하는 것이 좋다.

해설

검체 채취 용기는 제품을 보관하는 용기와 같은 재질의 용기를 사용하는 것이 좋다.

43 다음 TLC 그림에서 R_f값은?

![TLC 그림](a=2cm, b=4cm)

① 0.2
② 0.3
③ 0.4
④ 0.5

해설

박막 크로마토그래피(TLC)의 R_f값은 화합물이 전개한 거리와 전개 용매가 이동한 거리의 비율이다.

$$\therefore\ R_f = \frac{\text{화합물이 전개한 거리}}{\text{전개용매가 이동한 거리}} = \frac{a}{b} = \frac{2}{4} = 0.5$$

44 다음 중 용액의 농도를 나타내는 방법으로 옳지 않은 것은?

① ppm : 용액의 비중이 1인 경우 용액 1kg에 들어 있는 용질의 mg수이다.
② 노르말농도 : 용액 1L 속에 녹아 있는 용질의 그램(g) 당량수로, 물질의 화학식만으로는 구할 수 없다.
③ 몰농도 : 용액 1L 속에 녹아 있는 용질의 몰수이다.
④ 몰랄농도 : 용매 1kg에 녹아 있는 용질의 몰수로, 온도의 영향을 받지 않는다.

해설

물질의 화학식만으로도 노르말농도를 구할 수 있다.

45 연구실 안전관리 규정상 급성독성물질 시약이 담긴 용기 표면에 부착할 경고표지로 옳은 것은?

①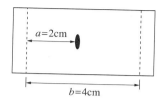
②
③
④

해설

① 호흡기 과민성 물질 경고
② 수생환경 유해성 경고
④ 부식성 물질 경고

46 측정기기의 지시값과 측정대상의 양이나 농도를 맞추는 과정을 무엇이라 부르는가?

① 정량분석
② 교 정
③ 정성분석
④ 피펫팅

해설

정량분석 : 물질을 구성하는 성분의 양적 관계를 측정하는 분석법으로 용량분석과 중량분석이 있다.

47 연구실 안전관리 규정상 에터류의 용매는 용기를 개봉했을 때 최대 얼마 이상 보관하지 않아야 하는가?

① 1일
② 7일
③ 6개월
④ 1년

해설

연구실 안전관리 규정상 시약 취급 기준 : 에터류의 용매는 용기 개봉 후 6개월 이상 보관하지 않도록 하며, 용기 개봉 일자를 반드시 별도로 기록하여 용기에 부착한다.

48 전기영동에 대한 설명으로 틀린 것은?

① DNA는 음극에서 양극으로 이동한다.

② 젤 이동 시 작은 크기는 큰 크기보다 느리게 이동하므로 크기별로 분배한다.

③ 단백질의 경우 눈으로 이동을 확인하기 위해서 항체나 염색을 필요로 한다.

④ SDS-PAGE는 2개의 젤을 이용한다.

해설

② DNA의 작은 크기는 빠르게, 큰 크기는 느리게 이동한다.

※ SDS-PAGE : 2개의 Gel(Stacking Gel, Aeperating Gel)의 pH 차이로 단백질을 분리한다.

49 검체의 채취 및 보관에 관한 설명으로 틀린 것은?

① 시험용 검체는 오염되거나 변질되지 아니하도록 채취한 후에는 원상태에 준하는 포장을 해야 한다.

② 검체 채취는 품질부서에서 하지만 경우에 따라 품질부서 입회하에 생산부서에서 실시할 수도 있다.

③ 제품의 검체 채취는 제품이 보관된 물류창고에서 실시한다.

④ 무작위법으로 채취한 후에 표시 라벨을 부착한다.

해설

검체 채취는 시험자가 실시하는 것이 원칙이다.

50 HCl 2.5×10^{-3}M 용액의 pH는?(단, 염산은 모두 해리한다)

① 2.3

② 2.4

③ 2.5

④ 2.6

해설

$$pH = -\log [H^+]$$
$$= -\log [2.5 \times 10^{-3}]$$
$$= 2.6$$

51 흡광도 분석에 적용되는 Lambert-Beer 공식에 대한 설명 중 틀린 것은?

① 투과경로가 길수록 흡광도는 증가한다.

② 용액의 농도가 감소할수록 흡광도는 감소한다.

③ 흡광도를 이용하여 세포 성장을 측정할 때 사용된다.

④ 흡광도가 1일 경우 용액에서 100% 흡수를 의미한다.

해설

람베르트-비어 공식

$$A = \log_{10}(I_o/I_t)$$

여기서, A : 흡광도, I_o : 입사광의 강도, I_t : 투사광의 강도

52 의약품 등의 안정성시험 기준상의 장기보존시험에 관한 내용으로 옳지 않은 것은?

① 3로트 이상에 대하여 시험하는 것을 원칙으로 한다.

② 측정시기는 시험개시 때와 첫 1년간은 3개월마다, 그 후 2년까지는 6개월마다, 2년 이후부터는 1년에 1회 시험한다.

③ 신약은 최소 24개월 이상 시험한다.

④ 냉장보관의약품의 시험온도는 5±3℃로 한다.

해설

장기보존시험기준

• 로트의 선정
  - 시판될 제품과 동일한 처방, 제형 및 포장용기를 사용한다. 다만, 안정성에 영향을 미치지 않을 것으로 판단되는 경우에는 예외로 할 수 있다.
  - 3로트 이상에 대하여 시험하는 것을 원칙으로 한다.
• 보존조건 : 사용온도에 따라 다음의 조건에서 실험해야 하며 다만, 별도의 저장온도가 설정된 경우에는 그 설정온도로 할 수 있다.
  - 실온보관의약품 : 25±2℃/상대습도 60±5% 또는 30±2℃/상대습도 65±5%로 한다. 다만, 반투과용기의 경우 25±2℃/상대습도 40±5% 또는 30±2℃/상대습도 35±5%로 한다.
  - 냉장보관의약품 : 5±3℃로 한다.
  - 냉동보관의약품 : -20±5℃로 한다.
• 시험기간 : 신약은 최소 12개월, 자료제출의약품은 최소 6개월 이상 시험한다. 다만, 의약품 등의 특성에 따라 시험기간을 따로 정할 수 있다.
• 측정시기 : 시험개시 때와 첫 1년간은 3개월마다, 그 후 2년까지는 6개월마다, 2년 이후부터는 1년에 1회 시험한다.
• 시험항목 : 기준 및 시험방법에 설정한 전 항목을 원칙으로 한다. 다만, 시험항목을 생략할 경우에는 그 사유를 명확히 기재하여야 한다.

53 표준은 국가표준, 국제표준, 단체표준으로 구분한다. 다음 중 국가표준에 해당하는 것은?

① ANSI
② NCS
③ KS
④ ISO

해설

KS(Korea Industrial Standard) : 산업표준화법에 의거하여 산업표준 심의회의 심의를 거쳐 기술표준원장이 고시함으로써 확정되는 국가표준이다.

54 품질의 요구조건에 부합함을 확인하는 과정은?

① 품질검사
② 품질기관
③ 품질개선
④ 품질평가

해설

품질검사(Quality Inspection) : 품질의 요구조건에 부합하는지를 확인하기 위해 직접 제품을 관찰하는 과정이다.

55 HPLC로 단백질을 분석할 때 사용되는 칼럼(Column)의 공극크기(Å)로 알맞은 것은?

① 10~50 Å
② 60~150 Å
③ 200~300 Å
④ 900~1,000 Å

해설

HPLC 칼럼(Column)의 공극크기(Å)
• 일반적인 범위 : 60~1,000 Å
• 작은 분자, 펩타이드 : 60~150 Å
• 단백질, 생체분자, 폴리머 : 200~300 Å

56 완제품 제조단위에서 최종 포장이 완료된 검체는?

① 잔량 검체
② 추가 검체
③ 보관용 검체
④ 공정 검체

해설

• 보관용 검체 : 완제품 제조단위에서 최종 포장이 완료된 검체로 출하 후 생길 수 있는 문제에 대비하기 위한 식별을 목적으로 한다.
• 잔량 검체 : 사용하고 남은 검체를 말한다.
• 공정 검체 : 공정관리를 위한 검체로 검체의 채취는 대상 물품 및 기타 중간제품 등의 오염을 방지할 수 있는 절차에 의해 실시한다.

57 표준품의 특징으로 적당하지 않은 것은?

① 모든 표준품은 지정된 보관 장소에 보관되어야 한다.

② 일정한 질량 및 순도 또는 화학적 작용을 가지는 인증된 고순도 물질이다.

③ 표준균주의 보관은 일반적으로 −20℃에서 보관한다.

④ 사용기한을 설정하는 경우에는 제조사의 성적서를 참조한다.

해설
일정한 함량 및 순도 또는 생물학적 작용을 가지는 인증된 고순도 물질이다.

58 현미경 관찰 시 빛의 파장에 의해 결정되는 것은?

① 해상력

② 굴절률

③ 배 율

④ 개구수

해설
해상력(분해능)은 현미경에서 구분해 낼 수 있는 두 점 사이의 거리를 말하며 빛의 파장과 개구수에 의해 결정된다.

59 시약의 폐기기준으로 옳지 않은 것은?

① 폐액은 성질에 맞는 폐액통에 따로 처리해야 한다.

② 폐시약병은 상표와 뚜껑을 제거한 후 1회 세척하여 배출한다.

③ 폐기통의 종류는 각 연구기관마다 임의 색이나 라벨을 지정하여 폐기한다.

④ 사용 후 남은 시약과 유통기간이 지난 시약을 하수구로 배출하지 않는다.

해설
폐액통은 직사광선을 피해 통풍이 잘되는 곳에 뚜껑을 덮어 보관하며 배기기능이 있는 폐액 보관시설을 이용하는 것이 좋다.

60 모든 보정이 수행된 후 측정된 양의 참값과 측정 결과 간의 차이를 의미하는 것은?

① 품질차이

② 함량부족

③ 연속불량

④ 측정오차

해설
측정오차 : 모든 보정이 수행된 후 측정된 양의 참값과 측정 결과 간의 차이를 의미한다.

61 미생물 환경 관리 체계 수립 시 효모나 곰팡이를 검출 및 정량하는 데 사용하는 배지로 옳지 않은 것은?

① Plate Count Agar
② Inhibitory Mold Agar
③ Modified Sabouraud's Agar
④ Sabouraud's Agar

해설

Plate Count Agar는 일반 세균의 성장을 평가하거나 모니터링하는 데 사용한다.

62 의약품 제조를 위한 청정실 표준등급과 청정도 등급의 연결이 틀린 것은?

① Class 1 – ISO 4
② Class 100 – ISO 5
③ Class 1,000 – ISO 6
④ Class 100,000 – ISO 8

해설

청정실 표준등급

청정도 등급 (Class)	1ft³당 입자의 수						비 고
	0.1μm	0.2μm	0.3μm	0.5μm	1μm	5μm	
1	32	7	3	1			ISO 3
10	350	75	30	10	1		ISO 4
100	3,500	750	300	100	10	1	ISO 5
1,000				1,000	100	10	ISO 6
10,000				10,000	1,000	100	ISO 7
100,000				100,000	10,000	1,000	ISO 8

63 시험 · 검사 등에 사용된 배양액은 다음 중 어느 의료폐기물에 속하는가?

① 조직물류폐기물
② 손상성폐기물
③ 생물 · 화학폐기물
④ 병리계폐기물

해설

의료폐기물

• 격리의료폐기물 : 감염병의 예방 및 관리에 관한 법률의 감염병으로부터 타인을 보호하기 위하여 격리된 사람에 대한 의료행위에서 발생한 일체의 폐기물
• 위해의료폐기물
 – 조직물류폐기물 : 인체 또는 동물의 조직 · 장기 · 기관 · 신체의 일부, 동물의 사체, 혈액 · 고름 및 혈액 생성물(혈청, 혈장, 혈액제제)
 – 병리계폐기물 : 시험 · 검사 등에 사용된 배양액, 배양용기, 보관균주, 폐시험관, 슬라이드글라스, 커버글라스, 폐배지, 폐장갑
 – 손상성폐기물 : 주삿바늘, 봉합바늘, 수술용 칼날, 한방침, 치과용침, 파손된 유리재질의 시험기구
 – 생물 · 화학폐기물 : 폐백신, 폐항암제, 폐화학치료제
 – 혈액오염폐기물 : 폐혈액백, 혈액투석 시 사용된 폐기물, 그 밖에 혈액이 유출될 정도로 포함되어 있어 특별한 관리가 필요한 폐기물
• 일반의료폐기물 : 혈액 · 체액 · 분비물 · 배설물이 함유되어 있는 탈지면, 붕대, 거즈, 일회용 기저귀, 생리대, 일회용 주사기, 수액세트

64 다음 중 실험실 안전보건에 관한 기술지침상 항상 청결하게 유지해야 하는 곳을 모두 고른 것은?

> ㉠ 실험대
> ㉡ 실험부스
> ㉢ 안전통로

① ㉠
② ㉠, ㉡
③ ㉡, ㉢
④ ㉠, ㉡, ㉢

해설

실험실 안전보건관리 수칙

실험대, 실험부스, 안전통로 등은 항상 청결하게 유지하여야 한다.

65 환경모니터링에서 B등급의 낙하균 한계 기준은?

① 1cfu/4h
② 5cfu/4h
③ 50cfu/4h
④ 100cfu/4h

해설

생물성 입자 오염에 대한 조치 한계 기준

66 효율적인 품질관리를 위해 검체 채취 방법, 시험방법, 시험결과의 평가 및 전달, 시험자료의 기록 및 보존 등에 관한 절차를 표준화하여 문서화하는 것은?

① 품질관리기준서
② 표준물질보고서
③ 부재료관리표준서
④ 재료품질 특성

해설

품질관리기준서에는 효율적 품질관리를 위해 검체 채취 방법, 시험 방법, 시험결과의 평가 및 전달, 시험 자료의 기록 및 보존 등에 관한 절차를 표준화하여 문서화한다.

67 두부손상 시 응급처치로 옳지 않은 것은?

① 귀나 코에서 맑은 액체가 흐르면 탄력붕대 등으로 압박한다.
② 환자의 의식이 있는지 확인한다.
③ 119 신고 후 전문가의 치료를 받는다.
④ 기도가 막힐 수 있으니 고개를 돌려 기도를 유지시킨다.

해설

두부손상 시 응급처치
• 의식의 유무, 맥박, 호흡수 등 환자의 상태를 파악한다.
• 귀나 코에서 뇌척수액이 흐르면 소독된 거즈로 덮어두며 탄력붕대로 압박하지 않는다.
• 출혈이 있으면 깨끗한 거즈나 손수건으로 지혈한다.
• 기도를 확보한 후 유지한다.
• 두부손상 시 경추손상의 위험이 크므로 경추를 고정한다.
• 뇌압상승이 의심되면 두부를 30° 가량 올려준다.

68 바이오화학제품제조 현장에서 호스릴 이산화탄소 소화설비의 설치 기준으로 옳지 않은 것은?(단, 이산화탄소 소화설비의 화재안전기술기준 기준)

① 방호대상물의 각 부분으로부터 하나의 호스접결구까지의 수평거리가 15m 이하가 되도록 한다.
② 노즐은 20℃에서 하나의 노즐마다 60kg/min 이상의 소화약제를 방출할 수 있는 것으로 한다.
③ 소화약제 저장용기는 호스릴을 설치하는 장소마다 설치한다.
④ 소화약제 저장용기의 개방밸브는 호스의 설치장소에서 자동으로 개폐할 수 있는 것으로 한다.

해설

소화약제의 저장용기의 개방밸브는 수동으로 개폐할 수 있는 것으로 한다.

69 다음 중 공기조화장치를 나타내는 용어는?

① AHU
② GMP
③ HPLC
④ GHS

해설

AHU(Air Handling Unit) : 표준공기조화장치
가습, 냉·난방, 공기여과, 급·배기 기능을 하며 건축 시부터 설계에 반영된다. 관리가 용이하고 실내 소음이 없으나 설비비가 높다.

70 응급처치 구명 4단계에 포함되지 않는 것은?

① 기도를 유지한다.
② 상처를 보호한다.
③ 쇼크를 예방한다.
④ 심폐소생술을 한다.

해설

응급처치 구명 4단계 : 기도유지, 지혈, 쇼크예방, 상처보호

71 부유미립자의 예비시험이 아닌 것은?

① 유속측정
② 차압시험
③ 낙하균시험
④ 청정실의 누설시험

해설

부유미립자시험의 예비시험
• 유량 또는 유속측정
• 차압시험
• 청정실의 누설시험
• 설치 필터의 누설시험

72 유전자변형생물체 의료폐기물의 불활성화 조치방법이 아닌 것은?

① 락스 등으로 화학 처리한다.
② 자외선으로 살균한다.
③ 화염 멸균한다.
④ 희석한 후 폐기한다.

해설

불활성화 조치방법 : 화염멸균, 고압증기멸균, 자외선 살균, 락스 등의 화학처리

73 청정실에서의 주의사항으로 적절한 것은?

① 공기가 나오는 구역에서 작업한다.
② 청정실 퇴실 시 에어샤워를 한다.
③ 청정실 출입인원을 제한한다.
④ 작업은 신속하게 한다.

해설

① 공기가 나오는 구역에서 작업을 하거나 물품을 두면 공기 순환을 방해하여 청정실의 미세입자 제거가 어렵다.
② 청정실 퇴실 시에는 에어샤워가 필요 없다.
④ 보행 및 작업은 정숙하게 하여 먼지 발생량을 줄인다.

74 소화설비의 설치 대상이 되는 건축물 그 밖의 공작물의 규모 또는 위험물의 양의 기준 단위를 이르는 것은?

① 능력단위
② 필요단위
③ 설비단위
④ 소요단위

> **해설**
> 소화설비의 설치 대상이 되는 건축물 그 밖의 공작물의 규모 또는 위험물의 양의 기준 단위를 소요단위라 한다.

75 구급조치로 알맞지 않은 것은?

① 화상 시 물집을 뜯지 않도록 하고 상처 부위를 청결하게 유지한다.
② 감전 시 즉시 인공호흡을 실시한다.
③ 화학물질에 의한 피부접촉 시 흐르는 물로 세척한다.
④ 충격 상해자의 경우 외상이 없어도 신체조건이 악화될 수 있으므로 눕히고 체온을 오르게 한다.

> **해설**
> 감전 시 즉시 전력원에서 분리 후 인공호흡을 실시한다.

76 표면균 시험법 중 Contact Plate Method의 설명으로 옳지 않은 것은?

① 진균의 배양조건은 20~25℃, 5일 이상이다.
② 세균의 배양조건은 30~35℃, 48시간이다.
③ 시험대상은 작업자, 작업대, 장비, 공기 등이다.
④ 측정하고자 하는 표면에 배지의 전면이 닿게 한다.

> **해설**
> 세균의 배양조건은 30~35℃, 72시간이다.

77 작업대, 벽면, 용기, 작업자의 장갑에 실시하는 표면균 시험법은?

① Contact Plate Method
② Particle Counter
③ Air Sampler
④ Electrophoresis

> **해설**
> **표면균 시험법**
> • Contact Plate Method : 작업대, 벽면, 용기, 작업자의 장갑
> • Swabbing Method : 작업대, 벽면, 용기 등(세균 검출용 Plate로 Contact Test를 할 수 없는 곳)

78 소방시설 등에 대한 종합점검에 대한 설명으로 옳지 않은 것은?

① 제연설비가 설치된 터널에 실시한다.
② 스프링클러설비가 설치된 특정소방대상물에 실시한다.
③ 특급 소방안전관리대상물의 경우 반기에 2회 이상 실시한다.
④ 다중이용업의 영업장이 설치된 특정소방대상물로서 연면적이 2,000m² 이상인 것에 실시한다.

> **해설**
> 연 1회 이상(화재의 예방 및 안전에 관한 법률 시행령 별표 4 제1호가목의 특급 소방안전관리대상물은 반기에 1회 이상) 실시한다.

79 위험물안전관리법상 옥외소화전 설치 기준으로 옳지 않은 것은?

① 옥외 소화전을 동시에 사용할 경우에 각 노즐 선단의 방수압력이 450kPa 이상이 되도록 한다.

② 방호대상물의 각 부분에서 하나의 호스 접속구까지의 수평거리가 40m 이하가 되도록 한다.

③ 수원의 수량은 옥외 소화전의 설치 개수에 $13.5m^3$를 곱한 양 이상이 되도록 한다.

④ 옥외 소화전에는 비상전원을 설치한다.

해설

옥외 소화전설비는 모든 옥외 소화전(설치 개수가 4개 이상인 경우는 4개의 옥외 소화전)을 동시에 사용할 경우에 각 노즐 선단의 방수압력이 350kPa 이상이고, 방수량이 1분당 450L 이상의 성능이 되도록 한다.

80 청정실과 청정공기장치 적격성 평가 항목이 아닌 것은?

① 공기 흐름 시험

② 미생물 부유 및 표면오염

③ 미세먼지 측정 시험

④ 온도 측정 시험

해설

청정실과 청정공기장치 적격성 평가

청정실 및 청정공기장치에 대한 적격성 평가는 분류된 청정실 또는 청정공기장치가 사용목적에 적합한 수준인지 평가하는 전반적인 절차이다. 이 고시 [별표 13]의 적격성 평가 요구사항의 일부로서 청정실 및 청정공기장치에 대한 적격성 평가는 다음을 포함해야 한다(설계 및 설치 작업과 관련 있는 경우).

• 설치된 필터시스템 누출 및 완전성 시험

• 공기흐름시험 – 풍량 및 풍속

• 공기차압시험

• 공기흐름방향 측정 및 시각화

• 미생물 부유 및 표면오염

• 온도측정시험

• 상대습도시험

• 회복시험

• 밀폐시설 누출시험

제1과목 배양준비

01 원핵세포와 진핵세포가 구별되는 구성물질은?

① 핵
② 핵 막
③ 세포질
④ 라이보솜(Ribosome)

해설
- 원핵세포 : 생물을 이루고 있는 세포 가운데 막으로 둘러싸인 세포기관, 즉 핵·미토콘드리아·색소체 등을 갖지 않은 세포이다.
  - 핵막, 인, 미토콘드리아가 없다.
  - 핵을 가지지 않아 핵양체를 이룬다.
  - mesosome에 호흡 효소를 가지고 있다.
  - 세포벽은 펩티도글리칸이라는 mucocomplex로 되어 있다.
- 진핵세포 : 곰팡이, 효모, 조류, 원생동물 등이 고등미생물군에 속하는 세포이다.
  - 핵막, 인, 미토콘드리아가 있다.

02 다음 중 무균시료 채취 시 고려해야 할 사항이 아닌 것은?

① 채취 환경의 온도
② 채취 시간
③ 실험복의 청결
④ 무균 작업대의 멸균 상태

해설
배양 시스템의 멸균 여부 확인을 위해 무균시료 채취가 필요하며 시료의 채취 시간은 고려 사항이 아니다.

03 세포벽 생합성을 저해하는 작용기작을 갖는 항생물질은?

① Streptomycin
② Chloramphenicol
③ Penicillin
④ Erythromycin

해설
③ 세포벽의 생합성 저해는 페니실린의 대표적인 작용기작이다.

04 미생물 배지의 멸균 시 일반 오토클레이브(auto-clave) 적용 온도에 가장 가까운 것은?

① 35℃
② 77℃
③ 121℃
④ 176℃

해설
고압증기멸균기(autoclave) : 멸균온도, 시간, 배기를 자동적으로 조절하며 약 121℃(1.0kg/cm^2), 15분의 멸균 조건에서 주로 배지류 및 열에 안정한 물질을 멸균하는 데 사용한다.

05 중합효소연쇄반응(polymerase chain reaction, PCR)을 이용하여 어떤 DNA를 복제하는 데 1분이 걸린다. 5분 동안 복제하면 몇 개의 분자가 되겠는가?

① 4
② 8
③ 16
④ 32

해설
분열 시 두 배로 증가하므로 $2^5 = 32$

06 1mol의 포도당으로부터 정상 젖산발효를 거쳐 젖산을 생산하고자 할 때 이론적으로 몇 mol을 생산할 수 있는가?

① 1 　　　　　　② 2
③ 3 　　　　　　④ 4

> **해설**
> **정상 젖산발효** : 정상 젖산발효균이 당을 발효하여 젖산만을 생성하는 것으로 포도당이 2개의 피루브산을 거쳐 2개의 젖산이 된다.

07 호기성과 혐기성 조건에서 모두 생장하는 것은?

① 편성호기성균　　② 미호기성균
③ 편성혐기성균　　④ 통성혐기성균

> **해설**
> **산소 공급 여부**
> • 편성호기성 : 미생물 증식에 산소가 필수적이며 산소 부족 시 증식이 정지되고 결국 사멸하게 된다(대부분의 세균은 증식에 산소 필요).
> • 통성혐기성 : 산소의 유무에 상관없이 증식이 가능하다.
> • 편성혐기성 : 산소에 노출되면 증식하지 못하고 사멸된다.

08 동결보존법으로 미생물을 보존하고자 할 때 사용되지 않는 동해방지제(Cryoprotectant)는?

① 염화나트륨
② 글리세롤
③ 설 탕
④ 다이메틸설폭사이드

> **해설**
> **동해방지제(cryoprotectant)** : 세포 동결 시 사용되는 항동해제로 융점이 낮은 것이 특징이며, Glycerol, DMSO, Glycols류와 비침투성인 Sucrose, Raffinose, Lactose, Trehalose, PVP, Dextron, Serum 및 Albumin 등이 쓰인다.

09 연속식 멸균에 관한 설명으로 옳지 않은 것은?

① 증기주입에 의한 배지의 희석과 거품 형성이 단점이다.
② 고온에서의 짧은 노출 시간은 배지를 덜 손상시키며 완전한 멸균을 할 수 있다.
③ 배지의 연속식 멸균에서 가장 큰 어려움은 열적 지연(Thermal Lags)과 불완전한 혼합이다.
④ 회분식 멸균에 비해 제어가 더 용이하고 발효기에서의 작업 중단시간이 감소된다.

> **해설**
> ③ 배지의 연속식 멸균의 단점은 배지의 희석, 거품 형성이다.
> ※ 증기멸균 : 주로 배지의 멸균에 사용하는 멸균법으로, 상압증기멸균과 고압증기멸균 두 가지 방법이 있다. 현재는 대개의 경우 오토클레이브를 사용하는 고압증기멸균이 실시된다. 고압증기멸균은 단기간에 확실히 멸균의 목적을 이룰 수가 있어 배지의 멸균법으로서 이상적이다.

10 환경에서 미생물을 분리할 때 특정한 성질을 가진 미생물만을 얻기 위해 사용하는 배지의 종류는?

① 복합배지(Complex Medium)
② 고체배지(Solid Medium)
③ 선택배지(Selective Medium)
④ 제한배지(Defined Medium)

> **해설**
> ③ 선택배지 : 미생물의 집단에서 어떤 특정한 표현형을 나타내는 세포만 선택적으로 증식시키기 위해 또는 돌연변이체나 재조합체 등 특정 형질이 있는 세포를 집단에서 선택하여 증식시키기 위해 사용하는 배지이다.
> ① 복합배지 : 미생물의 성장에 필요한 다양한 영양물질의 혼합체를 섞어 넣은 배지로 정확한 조성을 알 수 없다.
> ② 고체배지 : 액체배지(Bouillon)를 한천 또는 젤라틴으로 굳힌 것으로, 목적에 따라서 혈청 등을 가열 · 응고시킨 것도 사용한다. 종류로는 평판배지, 분리배지, 사면배지, 고층배지 등이 있다.
> ④ 제한배지 : 어떤 돌연변이체가 요구하는 영양소를 충분히 포함하고 있지 않은 배지로, 균의 생육(생육속도, 최종생육량 등)은 제한을 받는다.

11 다음 중 액체배양 시 세포 성장속도에 영향을 미치는 요소로 가장 거리가 먼 것은?

① 온 도
② 습 도
③ pH
④ 산소 공급

해설
세포의 성장속도는 배양온도, 수분활성도, pH 등의 물리·화학·생물학적 인자에 따라 결정된다.

12 세포의 질량농도 결정 방법 중 간접법으로 적절하지 않은 것은?

① 세포 건조중량 측정
② 단백질 농도 측정
③ ATP 농도 측정
④ DNA 농도 측정

해설
세포질량 농도 측정 : 세포 농도를 측정하는 방법에는 건조중량법(Dry Cell Weight), 충전세포부피법(Packed Cell Volume), 흡광도(Absorbance) 측정법이 있다. 생장과정에서 합성되는 대사물질의 생성량 측정에 기반을 두는 방법도 있다. 배양액에서 생장하는 세포 내의 DNA, 단백질 등과 같은 생체고분자를 간접적으로 측정하여 세포생장의 지표로 사용하여 세포 농도를 유추할 수 있다. 세포 내 대사물질의 농도를 측정하는 방법으로 ATP 농도를 측정하여 세포 농도 측정에 활용하기도 한다.
• 직접법 : 건조중량, 충전세포부피, 흡광도 측정
• 간접법 : 세포 내 성분측정
※ RNA 농도는 회분식 생장 동안 상당히 큰 폭으로 변화한다.

13 균주의 보관방법 중 적절하지 않은 것은?

① 계대배양법
② 동결건조법
③ 고압증기멸균법
④ 유동파라핀 중층법

해설
균주의 보관방법은 미생물의 종류나 시험 목적, 사용 목적에 따라 계대배양법, 동결건조법, 유동파라핀 중층법 등 보관방법을 다르게 한다.

14 시료에 포함되어 있는 호기성균의 해당 종과 양을 파악하기 위한 고체 배양법은?

① 평판도말법(Streak Plate Method)
② 고체상 발효(Solid State Fermentation)
③ 분산도말법(Spread Plate Method)
④ 천자배양법(Stab Culture Method)

해설
분산도말법(Spread Plate Method) : 적절히 희석된 시료 0.1mL를 한천배지에 도말하여 배양한 후 Colony를 측정하는 방법으로, 열감수성 미생물의 측정에 적합하다. 시료를 적절히 희석해야 하며 집락 수는 접종량, 배지, 배양조건 등에 영향을 받으므로 잘 선택하여 배양해야 한다.

15 3회분식 세포 배양의 성장형태에서 새로운 환경에 적응하는 기간은?

① 지연기
② 지수 성장기
③ 정지기
④ 쇠퇴기

해설
미생물 생장곡선
• 지연기(유도기 ; Lag Phase) : 균이 환경에 적응하는 시기로, 세포분열이 거의 일어나지 않는다. 배양조건에 따라 유도기간이 다르다. 세포의 구성물질과 효소의 합성이 왕성하고 호흡 활성도가 높다.
• 대수기(지수성장기 ; Log Phase) : 세포분열이 급속히 시작되고 최대속도로 성장하는 시기이다.
• 정지기(Stationary Phase) : 효소와 항생물질과 같은 2차 대사산물을 생산하며 영양분이 결핍되고, pH 변화 등으로 성장이 지연된다.
• 사멸기(Death Phase) : 대사상의 독성물질, 세포에너지 고갈 등으로 세포의 사멸과 생균수가 감소한다.

16 세포 동결 후 진공상태에서 대부분의 수분을 승화시키는 미생물 보존 방법은?

① 담체 보존법
② 동결 보존법
③ 동결 건조법
④ 토양 보존법

해설
동결 건조법 : 세포를 동결하여 수분의 이동을 억제하고 대사활성을 정지시킨 후 진공 상태에서 대부분의 수분을 승화시키고 나머지 얼지 않은 수분은 증발시키는 방법이다.

17 다음 에탄올 발효 공정에 사용할 수 있는 원료 중 당화과정이 필요 없는 것은?

① 밀가루
② 폐당밀
③ 셀룰로스
④ 사탕수수 버개스(Bagasse)

해설
• 에탄올 발효 공정에서 사용할 수 있는 당질 원료로는 주로 설탕 제조의 부산물인 폐당밀이 사용된다. 그 외에 사탕수수, 사탕무 및 원당이 사용되며 당화과정이 필요 없다.
• 전분질 원료 : 곡류(쌀, 보리, 밀, 옥수수 등)와 서류(타피오카, 고구마 등)를 발효기질로 사용하기 위해서는 분쇄, 당화 등의 전처리가 필요하다.
• 섬유질 원료 : 목재 및 농산폐기물 등의 섬유소를 이용하여 저렴하고 풍부하나, 강산·고압하에 당화가 필요하다.

18 고체배양법을 통한 오염 여부 확인 방법이 아닌 것은?

① 유기용매 침전법
② 건조필름법
③ 세균수 검사법
④ 멤브레인 필터법

해설
고체배양법을 통한 오염 여부 확인 : 고체배양법은 멸균된 시료 또는 무균 조작에 사용되는 장치 및 배양기의 오염 여부를 확인하는 방법으로 건조필름법, 세균수 검사법, 멤브레인 필터법 등이 있다.

19 배지에 두 개의 탄소원이 존재하는 경우 우선 소모하는 탄소원을 대사할 때, 두 번째 탄소원의 분해과정에 관여하는 효소의 생합성을 막는 현상을 설명하는 용어로 가장 적절한 것은?

① 대사억제
② 대사촉진
③ 성장저해
④ 혼합성장

해설
대사억제 : 대부분의 미생물은 다양한 탄소원이 섞여 있을 때 이들 중에서 기질을 선택적으로 사용할 수 있다. 더 선호되는 탄소원이 존재할 때 다른 탄소원을 사용하는 데 필요한 수송 단백질 및 대사 효소의 발현과 활성이 억제된다.

20 저울 사용 및 분동 관리에 대한 설명으로 옳지 않은 것은?

① 측정 전 저울을 항상 영점으로 조절한다.
② 분동은 질량 보존을 위해 절대 세척하지 않는다.
③ 저울은 수평한 곳에 위치하게 한다.
④ 분동은 각각에 맞는 구멍이 있는 나무나 플라스틱 상자에 넣어 보관한다.

해설
② 분동이 오염되면 세척하며 그 과정 중에 분동의 질량이 변할 수 있으므로 주의해야 한다.

21 연속식 생물반응기의 특성에 대한 설명 중 틀린 것은?

① 단세포 단백질 생산에 사용될 수 있다.
② 정상상태에서 반응이 이루어질 수 있다.
③ 2차 대사산물의 생산에 적합하다.
④ 한 생성물만을 위한 공정체계에 기초를 둔다.

해설
③ 연속식 생물반응기는 1차 생성물에 대한 생산성이 높은 것이 특징이다.

22 사상균 배양의 경우 일반적으로 배양액의 점도가 매우 높아져 산소공급에 문제가 발생할 수 있다. 이런 문제를 최소화하기에 다음 중 가장 적합한 반응기 형태는?

① 교반형(Stirred Vessel Type)
② 유동층(Fluidized Bed Type)
③ 기포탑(Bubble Column Type)
④ 공기부양식(Air-Lift Type)

해설
사상균의 배양액은 점도가 높아져 산소공급이 문제가 되므로 강하게 휘저어 산소를 공급할 수 있도록 교반형이 적합하다.

23 다음 중 초산 발효를 위한 배양조건으로 가장 중요한 것은?

① 이산화탄소 공급
② 질소 공급
③ 산소 공급
④ 호르몬 공급

해설
초산 발효는 초산균에 의해 에탄올이 산화되어 초산이 만들어지는 호기성 발효이다.

24 효소의 저해작용 중 Lineweaver-Burk 도표로 나타내었을 때 효소 저해제의 농도가 증가함에 따라 그 기울기가 변하지 않는 것은?

① 경쟁적 저해(Competitive Inhibition)
② 비경쟁적 저해(Noncompetitive Inhibition)
③ 반경쟁적 저해(Uncompetitive Inhibition)
④ 기질 저해(Substrate Inhibition)

해설
반경쟁적 저해(무경쟁적 저해 ; Uncompetitive Inhibition) : 반경쟁적 저해제는 기질-효소 복합체에만 결합한다. 반경쟁적 저해제의 결합 부위는 기질-효소 복합체가 만들어진 후 형성되므로 기질의 농도를 높여도 저해 효과는 상쇄되지 않는다.

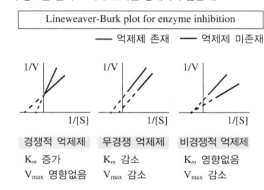

25 교반식 생물반응기에서 방해판의 폭은 보통 반응기 지름의 얼마나 되는가?

① 1/5
② 1/10
③ 1/15
④ 1/20

해설
교반식 생물반응기에서 혼합과 기체분산 증진을 위해 설치하며 보통 반응기 지름의 1/10(8~10%)이다.

26 미생물 발효배지를 제조할 때 고려해야 할 사항으로 가장 거리가 먼 것은?

① 배지의 온도
② 미생물의 대사제어
③ 대사산물의 생산수율
④ 미생물 세포의 생장 속도

해설
배지의 온도는 배양 시 고려할 사항이다.

27 지연기가 길어지는 요인은?

① 많은 접종량
② 사멸기 세포의 접종
③ 높은 생장인자 농도
④ 최적화된 배지 조성

해설
지연기(Lag Phase) : 접종 직후의 시기로 세포들이 새로운 환경에 적응하는 기간으로 지연기를 최소화하는 방법은 다음과 같다.
• 접종 전 세포를 생장배지에 적응시킨다.
• 젊고 활성이 높은 대수기의 세포를 다량으로 접종한다.
• 특정 생장인자를 포함시킨 최적화된 배지를 사용한다.

28 생물공정 중 세포 내 산물 회수의 주요 단계를 옳게 나열한 것은?

① 세포 분리 → 세포 파쇄 → 세포 조각 제거 → 생산물 추출 → 생산물 농축 → 생산물 정제
② 세포 분리 → 세포 파쇄 → 세포 조각 제거 → 생산물 농축 → 생산물 추출 → 생산물 정제
③ 세포 분리 → 세포 파쇄 → 세포 조각 제거 → 생산물 정제 → 생산물 농축 → 생산물 추출
④ 세포 파쇄 → 세포 분리 → 세포 조각 제거 → 생산물 추출 → 생산물 정제 → 생산물 농축

해설
세포 내 산물 회수의 주요 단계
① 균체의 분리
② 균체 파괴
③ 추출, 침전
④ 농축
⑤ 정제
⑥ 조제

29 염을 이용하는 단백질 침전에 대한 설명으로 틀린 것은?

① $(NH_4)_2SO_4$와 같은 황산암모늄이 많이 쓰인다.
② 높은 이온세기에서 단백질의 용해도는 이온세기에 대해 대수적으로 증가한다.
③ 고농도 이온용액에서 단백질의 용해도는 이온강도(Ionization Strength)에 의존한다.
④ 단백질 분자 간 응집을 방해하는 수화(Hydration)가 파괴될 때 응집이 일어난다.

해설
• 비교적 낮은 농도의 염은 단백질의 용해도를 증가시키며, 이를 염해(Salting In)라고 한다. 단백질 분자는 낮은 이온세기의 수용액에서 이온들에 의해 둘러싸이게 되고, 단백질의 화학적 활성 및 단백질 분자 간의 전기적 결합이 감소하게 되며 용해도가 증가하게 된다.
• 이온의 농도가 훨씬 더 증가하게 되면 단백질의 용해도는 오히려 감소하게 된다. 다량의 염을 가하여 이온의 농도가 높아지면 단백질은 용액으로부터 거의 완전히 해리되어 침전이 일어나며, 이 현상을 염석(Salting Out)이라고 한다.

30 고형분을 포함하는 산업배지에서 시료 채취 후 곧바로 세포 농도를 측정할 때 적합하지 않은 방법은?

① RNA 측정법
② UV 측정법
③ 콜로니 형성 측정법
④ 세포단백질 측정법

해설
UV흡광도법 : 시료 용액의 빛 흡수를 이용한 분석법으로 정량, 순도시험, 물질을 확인할 때 사용된다. 투과하는 복사량에 대한 입사된 복사량의 비율의 로그값으로 표현되며, 시료 크기가 충분히 작아 특정 파장의 빛을 산란할 수 있는 경우와 각 세포가 떨어져 있을 때 사용한다.

31 세포 외 생성물을 분해하는 데 사용하는 주요 방법이 아닌 것은?

① 응 고
② 여 과
③ 파 쇄
④ 원심분리

해설
세포 내 성분이 생산물일 경우 : 여과, 응집 및 원심분리 등과 같은 방법을 이용해 세포를 먼저 회수한 후 회수된 세포를 파쇄하여 세포 외 성분의 경우와 같이 생산물을 회수한다.

32 판 계수법으로 콜로니 형성단위(CFU)를 측정할 때 적합하지 않은 세포는?

① 효 모
② 대장균
③ 유산균
④ 사상균

해설
곰팡이는 사상균에 속하며 곰팡이, 방선균, 운동성이 높은 세균 등은 단일 집락을 형성하기 어려워 판 계수법으로 생균수를 측정하는 데 적합하지 않다.

33 등전점 침전법에 대한 설명으로 옳지 않은 것은?

① 등전점에서 가장 침전 효과가 좋다.
② 등전점보다 낮은 pH에서는 양전하를 띤다.
③ 등전점에서 알짜 전하는 0이다.
④ 비극성 표면을 나타내는 단백질에는 효과적이지 않다.

해설
비극성 표면을 나타내는 단백질에도 효과적이지만 등전점이나 산성에서 변성하기 쉬운 단백질에는 적용할 수 없다.

34 시료에 포함된 불용해성 성분의 여과효율을 높이기 위한 전처리 방법으로 옳지 않은 것은?

① 응고(Coagulation)
② 응집(Flocculation)
③ 가열(Heating)
④ 투석(Dialysis)

해설
불용성 생성물 분리의 전처리 방법 : 열처리, 응고제와 응집제의 첨가, pH와 이온세기 조절

35 다음 중 가장 낮은 회전속도에서 원심분리할 수 있는 것은?

① 효 모
② 박테리아
③ 효 소
④ 바이러스

해설

효모는 지름이 평균 3~4μm 정도이며, 전반적으로 세균보다 크기와 밀도가 크므로 가장 낮은 회전속도에서 원심분리가 가능하다.

36 다음 중 산업적 규모의 배양에 주로 사용되는 질소원은?

① 암모늄염(Ammonium Salt)
② 라이신(Lysine)
③ 효모 추출물(Yeast Extract)
④ 펩톤(Peptone)

해설

질소원은 미생물의 몸체를 구성하는 데 사용되며, 산업적 규모(대규모)의 배양에는 주로 암모늄염, 요소, 아미노산 조미료를 사용한다.

37 다음 중 균체 분리 방법으로 가장 효과적인 것은?

① 응집을 이용한 균체 분리
② 부유를 이용한 균체 분리
③ 여과를 이용한 균체 분리
④ 원심분리를 이용한 균체 분리

해설

원심분리를 이용한 균체 분리 : 분리하고자 하는 시료의 밀도차에 따른 침강 속도 차이를 이용하여 원심력으로 입자를 분획하는 방법으로, 가장 효과적이고 널리 쓰이는 일반적인 방법이다.

38 핵산의 분리 및 각 성분의 정량·정제 등에 가장 이용되는 방법은?

① 가스크로마토그래피법
② 전기영동법
③ 핵자기 공법분석법
④ X선 회절분석법

해설

전기영동법은 분자량의 결정, 각 성분의 정량·정제, 단백질이나 핵산의 분리 분석에 이용된다.

39 미생물이 대량 배양된 배양액에서 균체를 회수하는 방법으로 옳지 않은 것은?

① 한외여과
② 정밀여과
③ 가압여과
④ 회전식 진공여과

해설

한외여과(UF ; Ultrafiltration)는 단백질과 같은 용질분자를 분리하는 데 널리 사용된다.

40 균체 배양 시 교반속도가 너무 빠를 때 발생할 수 있는 문제점은?

① 배양액의 산소의 용해도가 감소한다.
② 배양액의 점도가 증가한다.
③ 배양액의 영양소 분포가 균일해진다.
④ 배양액 내 세포분해가 일어난다.

해설

교반속도가 너무 빠르면 세포가 파괴되는 Cell Lysis가 일어날 수 있다.

41 다음 중 산소전달 속도를 나타내는 부피전달계수(kLa)를 측정하는 방법이 아닌 것은?

① 정상상태법　　　② 비정상상태법
③ 아황산염법　　　④ 질산염법

해설

부피전달계수(kLa) 측정법으로 아황산염법, 가스처리법(정상상태법, 비정상상태법)이 있다.

42 연속식 발효는 회분식 발효에 비해 생산성은 높으나 최종농도는 낮다. 반면 유가배양식(Fed-batch)은 높은 최종 농도를 얻을 수 있다. 다음 중 아주 높은 생산성과 상당히 높은 최종 농도를 얻을 수 있는 생물반응기는?

① 세포 재순환 반응기
② 유가배양식
③ 회분식
④ 연속식

해설

세포 재순환 반응기는 세포 농도와 부피 생산성이 높으며 폐기물 처리나 에탄올 생산에 사용된다.

43 다음 중 침전 후 단백질을 분리하는 것과 같은 생물 분리에 주로 사용되고 있는 분리기술은?

① 막분리　　　② 증 발
③ 증 류　　　④ 흡 수

해설

막분리는 막의 선택적 투과성을 이용해 두 물질의 농도 차를 유지하여 분리하는 기술이다.

44 한 전분 분자의 분자량이 5,364라면 이는 몇 분자의 포도당이 축합반응을 일으켜 만들어진 것인가?(단, 포도당의 분자식은 $C_6H_{12}O_6$이다)

① 29
② 30
③ 33
④ 41

해설

포도당의 분자량 180, 물 분자량 18
포도당의 탈수축합반응 $180 - 18 = 162$이므로
$5,364 \div 162 = 33.111 \cdots$
∴ 33

45 약산 HA의 K_a 값이 1.6×10^{-6}일 때, 10^{-3}HA 용액 pH는 약 얼마인가?

① 2.2　　　② 3.3
③ 4.4　　　④ 5.5

해설

약산의 K_a식

$$K_a = \frac{x^2}{C-x} = \frac{x^2}{C}$$

여기서, C : 초기농도([HA]), x : 해리농도($[H^+] = [A^-]$)

$$1.6 \times 10^{-6} = \frac{x^2}{10^{-3}}$$

$$x = \sqrt{1.6 \times 10^{-9}} = 4 \times 10^{-5}$$

∴ $pH = -\log[H^+]$
$\quad\quad = -\log(4 \times 10^{-5})$
$\quad\quad = 4.4$

46 생물 반응기 운전 후 세포를 1차적으로 분리하는 방법으로 가장 널리 쓰이는 일반적인 방법은?

① 결정화 ② 원심분리
③ 전기영동 ④ 흡 착

해설

원심분리를 이용한 균체 분리 : 분리하고자 하는 시료의 밀도차에 따른 침강속도의 차이를 이용하여 원심력으로 입자를 분획하는 방법으로, 가장 효과적이고 널리 쓰이는 일반적인 방법이다.

47 친화성 크로마토그래피의 일종으로 지지체 표면에 착화(Chelate)되어 있는 금속이온에 대한 용질의 서로 다른 친화력을 이용한 분리공정은?

① HPLC ② IMAC
③ SEC ④ IEC

해설

- 친화크로마토그래피 : 특정 분자와 분석 물질 간의 친화성을 기반으로 한다. 친화력이 높은 물질은 남아 있어 원하는 물질만 선택적으로 용출할 수 있다.
- IMAC(고정화 금속이온 친화성 크로마토그래피) : 단백질과 금속 이온 사이의 친화력을 이용한 분리기술이다.

48 다음 중 전기영동에 대한 설명 중 틀린 것은?

① 단백질 분리 및 분자량 측정에 가장 많이 이용되는 방법이다.
② 단백질의 전하 및 크기에 따라 단백질의 이동속도가 결정된다.
③ 젤을 만들어 전기장 내에 두어 단백질 분자들이 젤 내를 움직이게 한다.
④ 네이티브젤(Native Gel) 전기영동에서는 일반적으로 계면활성제를 첨가한다.

해설

SDS는 Sodium Dodecyl Sulfate의 약어로, 음이온 계면활성제의 일종이다. SDS는 단백질의 가용화제로 이용되고 있으며, 단백질의 전기영동에 SDS-PAGE(폴리아크릴아마이드 겔 전기영동)가 가장 일반적인 방법으로 사용되고 있다. SDS-PAGE에서 사용하는 모든 Buffer나 Solution에서 SDS를 뺀 것이 Native PAGE이다.

49 용질 분자의 크기와 모양에 따라서 충전 입자의 작은 구멍으로 용질 입자가 침투하는 원리를 이용한 크로마토그래피 방법은?

① 분배 크로마토그래피
② 이온 크로마토그래피
③ 크기 배제 크로마토그래피
④ 흡착 크로마토그래피

해설

크기 배제(젤(겔) 여과) 크로마토그래피 : 다공성 젤을 칼럼에 충전시켜 분자량 차이에 의해 물질을 분리하는 방법이다. 일반적으로 분자량이 큰 물질은 젤 내 기공을 통과하지 못하고 배출되므로 체류 시간이 짧고, 분자량이 작은 물질은 젤 기공을 통과한 후 배출되어 체류 시간이 길어지는 현상을 이용한다.

50 HPLC 유효성 검증지표가 아닌 것은?

① 반복성
② 직선성
③ 보편성
④ 특이성

해설

HPLC의 유효성 검증지표 : 특이성(Specificity), 직선성(Linearity), 정확성(Accuracy), 반복성(Repeatability), 매개 정밀성(Intermediated Precision)

51 현미경 관찰 시 빛의 파장에 의해 결정되는 것은?

① 개구수
② 굴절률
③ 배 율
④ 해상력

해상력(분해능)은 현미경에서 구분해 낼 수 있는 두 점 사이의 거리를 말하며 빛의 파장과 개구수에 의해 결정된다.

52 소디움도데실설페이트-폴리아크릴아미드 겔 전기영동(Sodium dodecyl sulfate-polyacrylamide gelelectrophoresis ; SDS-PAGE)에 대한 다음 설명 중 틀린 것은?

① 분리할 단백질의 크기가 작을수록 폴리아크릴아미드의 농도를 높인다.
② SDS는 단백질을 선형으로 바꾸어 주는 역할을 한다.
③ 단백질은 단백질 고유의 전하량 차이에 따라 서로 분리된다.
④ 겔의 각 밴드(Band)에 단백질의 농도가 낮을 경우에는 쿠마시 염색(Coomassie staining) 대신 은 염색(Silverstaining)을 이용한다.

③ SDS-PAGE는 단백질 고유의 분자량 차이에 따라 서로 분리된다.

53 회수제품 폐기에 대한 설명으로 옳지 않은 것은?

① 폐기확인서를 작성하여 2년간 보관한다.
② 환경 관련 법령으로 정하는 바에 따라 폐기한다.
③ 폐기확인서의 원본은 관할 회수명령기관에 제출한다.
④ 회수의무자가 회수제품 폐기 시 관할 지방 식품의약품안전처의 소속 공무원이 입회한다.

③ 폐기확인서의 사본은 관할 회수명령기관에 제출한다.

54 CGMP에서 완제품 보관용 검체의 주요사항이 아닌 것은?

① 제품을 사용기한 중에 재검토할 때를 대비한 것이다.
② 시판용 제품의 포장형태와 동일해야 한다.
③ 사용기한 경과 후 2년간 보관한다.
④ 제품이 가장 안정한 조건에서 보관한다.

③ 사용기한까지 보관한다.

55 다음 ( ) 안에 알맞은 것은?

> Michaelis-Menten 상수(K_m)는 최대 반응속도의 ( )에 해당하는 반응속도를 나타낼 때의 기질 농도와 일치한다.

① 1/2
② 1/3
③ 1/5
④ 1/10

Michaelis-Menten 상수(K_m)는 최대 반응속도의 1/2에 해당하는 반응속도를 나타낼 때의 기질 농도와 일치한다.

56 다음 검체의 종류 중 공정연구, 밸리데이션, 조사, 재시험, 연구 등을 위한 검체로 옳은 것은?

① 공정 검체
② 보관용 검체
③ 잔량 검체
④ 추가 검체

> **해설**
> - 공정 검체 : 공정관리를 위한 검체로, 검체의 채취는 대상 물품 및 기타 중간제품 등의 오염을 방지할 수 있는 절차에 의해 실시한다.
> - 보관용 검체 : 완제품 제조단위에서 최종 포장이 완료된 검체로, 출하 후 생길 수 있는 문제에 대비하기 위한 식별을 목적으로 한다.
> - 잔량 검체 : 사용하고 남은 검체를 말한다.

57 아세트알데하이드 등과 같은 알데하이드류 물질의 유출 시에 가장 적합한 방재약품으로 옳은 것은?

① 묽은 염산
② 유화제
③ 하이포염소산염
④ 황산 수용액

> **해설**
> 유출물질별 방제약품
> - 알데하이드류 : 하이포염소산염, 건사, 건토, 비가연성 물질, 알칼리성 물질, 흙, 모래
> - 염기성 물질 : 묽은 염산, 황산 수용액
> - 기름 : 유화제

58 측정기기의 지시값과 측정대상의 양이나 농도를 맞추는 과정을 무엇이라 부르는가?

① 교 정
② 정량분석
③ 정성분석
④ 피펫팅

> **해설**
> 정량분석 : 물질을 구성하는 성분의 양적 관계를 측정하는 분석법으로 용량분석과 중량분석이 있다.

59 완충용액을 만드는 방법으로 알맞은 것은?

① 강염기와 강산을 섞어서 만든다.
② 강산과 그 짝염기를 섞어서 만든다.
③ 약염기와 그 짝산을 섞어서 만든다.
④ 약산과 약염기를 섞어서 만든다.

> **해설**
> ③ 완충용액은 약산과 그 짝염기 또는 약염기와 그 짝산을 혼합하여 만든다.

60 단백질의 정량적 분석을 위한 방법으로 적당한 것은?

① 전기영동(Electrophoresis)
② 브래드퍼드 분석(Bradford Assay)
③ Ni-NTA 분리
④ PCR(Polymerase Chain Reaction)

> **해설**
> 브래드퍼드 분석 : 쿠마시블루 G-250 염료가 단백질과 결합하여 생기는 흡광도 차이를 이용하는 방법으로, 시료에 단백질이 얼마나 포함되어 있는지 측정하는 방법이다.

61 다음 중 총 단백질 정량방법이 아닌 것은?

① HPLC

② Lowry

③ Biuret

④ UV

해설

HPLC(High Performance Liquid Chromatography) : 용액 속에 혼합된 시료 성분이 이동상과 고정상 사이를 흐르면서 흡착, 분배, 이온교환 또는 분자 크기 배제 작용 등에 의해 각각의 단일 성분으로 분리되는 것으로 주로 분리, 정성, 정량 등의 분석 목적에 사용한다.

62 아미노산 생산의 경우 발효 최종 산물에 의해 대사 경로 상의 초기 효소의 활성이 저해되기도 하는데, 이 현상을 지칭하는 것은?

① Catabolite Inhibition

② Feedback Inhibition

③ Catabolite Repression

④ Feedback Repression

해설

② Feedback Inhibition : 효소 작용 조절 메커니즘에서 최종 생산 물이 대사경로 상의 초기 반응을 촉매하는 효소 활성을 저해하는 것이다.

63 효모나 대장균에 존재하는 효소를 분리 · 정제할 때 다음 중 가장 적합한 온도는?

① −10℃

② 4℃

③ 30℃

④ 60℃

해설

효소의 분리 · 정제 시 안정화 조건은 0℃ 부근, pH 7.0, 효소 농도 3% 이상이다.

64 10^{-8}M HCl 수용액의 pH를 옳게 나타낸 것은?

① pH < 7

② pH = 7

③ 7 < pH < 8

④ pH = 8

해설

묽은 염산의 pH

HCl 수용액 안에는 두 가지 종류의 수소 이온이 존재한다.

• HCl의 이온화 : $HCl(aq) \rightarrow H^+(aq) + Cl^-(aq)$

• 물의 자동이온화 : $H_2O(l) \rightleftharpoons H^+(aq) + OH^-(aq)$

진한 HCl 용액에서는 물의 자동이온화 결과 생성된 수소 이온을 무시할 수 있으나, 묽은 HCl 용액에서는 이 농도를 무시할 수 없다.

$pH = -\log[H^+]$이므로, 물에 의한 $[H^+] = 10^{-7}$M을 고려하면,

$[H^+] = (10^{-8}) + (10^{-7}) = 1.1 \times 10^{-7}$M

$pH = -\log(1.1 \times 10^{-7}) = 6.9586 = 6.96$로 pH < 7이다.

65 $pK_{\alpha1} = 2.34$, $pK_{\alpha2} = 9.6$인 아미노산의 등전점은?

① 2.34

② 5.97

③ 9.6

④ 11.94

해설

$PI = (pK_{\alpha1} + pK_{\alpha2}) \div 2 = (2.34 + 9.6) \div 2 = 5.97$

66 0.2M 아세트산의 pH는 얼마인가?(단, 아세트산의 pK_a는 4.7이다)

① 2.18   ② 2.35

③ 2.54   ④ 2.70

해설

$HA = [H^+] + [A^-]$

$[H^+]$와 $[A^-]$를 x라 하면 HA는 $0.2 - x$이므로 $0.2 - x = x + x$

$pH = pK_a + \log \dfrac{[A^-]}{[HA]}$

$-\log x = 4.7 + (\log x - \log 0.2)$

$-2\log x = 5.4$

$-\log x = 2.7$

67 유전자변형생물체(LMO) 의료폐기물의 불활성화 조치 방법으로 틀린 것은?

① 화염멸균   ② 희석 후 폐기

③ 자외선 살균   ④ 고압증기멸균

해설

불활성화 조치법

• 고압증기멸균 : 121℃ 고온에서 15분간 처리(일반적 방법)하며 멸균하고자 하는 세균 및 바이러스의 특성에 따라 온도 및 시간을 조절한다.

• 자외선 살균

• 락스 등의 화학처리

• 화염멸균

68 부유균 중 세균의 배양조건으로 가장 적합한 것은?

① 35℃, 36시간

② 35℃, 72시간

③ 40℃, 36시간

④ 40℃, 72시간

해설

• 세균 : 30~35℃, 72시간

• 진균 : 20~25℃, 5일 이상

69 표면균 시험법 중 Contact Plate Method의 설명으로 옳지 않은 것은?

① 진균의 배양조건은 20~25℃, 5일 이상이다.

② 세균의 배양조건은 30~35℃, 48시간이다.

③ 시험대상은 작업자, 작업대, 장비, 공기 등이다.

④ 측정하고자 하는 표면에 배지의 전면이 닿게 한다.

해설

세균의 배양조건은 30~35℃, 72시간이다.

70 부유균 측정법에 대한 설명으로 옳지 않은 것은?

① 장비는 Air Sampler를 사용한다.

② 일정 부피의 공기를 채집하고 미생물 배지를 접촉시켜 공기 중의 미생물을 포집한 후 배양 조건 하에서 배양하여 균의 오염도를 측정한다.

③ 배양조건은 세균 20~25℃, 5일 이상, 진균 30~35℃, 72시간이다.

④ Sampling Grid를 121℃, 15분간 멸균한다.

해설

부유균 측정 시 배양조건

• 세균 : 30~35℃, 72시간

• 진균 : 20~25℃, 5일 이상

71 화학물질 안전관리에 대한 설명으로 옳지 않은 것은?

① 모든 화학물질에는 물질의 이름, 특성, 위험도 및 주의사항 등을 표시한다.

② 가연성 액체와 산화제는 같이 보관하되, 산과 염기는 분리하여 보관한다.

③ 위험 화학물질 사용 시 환기 후드에서 작업한다.

④ 불이 붙기 쉬운 화학물질의 저장은 방열 캐비닛에 저장한다.

해설
어떤 물질들이 서로 함께 있어서 다량의 에너지를 방출하거나 가연성 증기나 기체 또는 유독한 증기나 기체 등을 방출하여 위험을 초래할 수 있을 때, 이 물질들을 서로 공존할 수 없는 물질이라고 한다. 예를 들면 산화제와 환원제, 개시제(Initiator)는 다량체, 산과 알칼리는 떨어져 있어야 한다.

72 바이오화학제품 제조과정에서 청정도를 유지·관리하는 이유로 가장 옳은 것은?

① 제품의 오염을 방지하기 위함이다.

② 작업자의 건강을 지키기 위함이다.

③ 공기 중 미립자의 수를 알기 위함이다.

④ 구매자의 인식 개선을 위함이다.

해설
제품의 오염을 방지하기 위해 청정도를 유지·관리한다.

73 다음 중 표면균 시험법으로 옳은 것은?

① 전기영동법

② 공기측정법

③ 스왑법

④ 입자계수법

해설
표면균 시험법
• Contact Plate Method : 작업대, 벽면, 용기, 작업자의 장갑
• Swabbing Method : 작업대, 벽면, 용기 등(세균검출용 Plate로 Contact Test를 할 수 없는 곳)

74 표면균 시험 방법 중 세균검출용 Plate로 Contact Test를 할 수 없는 경우에 사용하는 방법은?

① Seed Culture

② Fermentation

③ Swabbing Method

④ Contact Plate Method

해설
Swabbing Method : 멸균된 생리 식염수 또는 완충액으로 적신 면봉, 탈지면 또는 거즈로 목적표면의 24~30cm^{2}를 문지른 후 미리 멸균해 놓은 적절한 침출액(생리식염수, 완충액 또는 티오글리콜산 배지 등)에 넣어 침출한 다음 이 액의 일정량을 취하여 페트리 검사에 넣고 그 위에 배지를 넣어 잘 혼합하거나 미리 굳힌 한천 평판배지 표면에 일정량의 침출액을 도말하여 배양한다. 고르지 못한 기계 표면에 대하여 적용하며 Contact Plates법을 보완하기 위한 목적으로 실시하는 경우도 있다.

75 효율적인 품질관리를 위해 검체 채취 방법, 시험방법, 시험결과의 평가 및 전달, 시험자료의 기록 및 보존 등에 관한 절차를 표준화하여 문서화하는 것은?

① 품질관리기준서

② 표준물질보고서

③ 부재료관리표준서

④ 재료품질 특성

해설
품질관리기준서에는 효율적 품질관리를 위해 검체 채취 방법, 시험 방법, 시험결과의 평가 및 전달, 시험 자료의 기록 및 보존 등에 관한 절차를 표준화하여 문서화한다.

76 LMO운영 기준에 따라 변형된 미생물을 폐기할 때 적절하지 않은 것은?

① 폐기 전 미생물 배양으로 불활성화 효과를 확인한다.
② 관리자의 판단에 따라 적절한 방법으로 불활성화한다.
③ 일반 쓰레기와 함께 밀봉하여 처리 시설로 운반한다.
④ 의료폐기물이나 지정폐기물은 정해진 용기에 구분하여 표지를 부착한다.

> **해설**
> ③ 변형된 미생물이 포함된 폐기물은 불활성화 조치를 해야 하며 일반 쓰레기와는 분리하여 처리한다.

77 바이오화학제품제조 현장에서 이산화탄소 소화설비의 설치 기준으로 옳지 않은 것은?(단, 이산화탄소 소화설비의 화재안전기준)

① 비상전원을 설치한다.
② 이산화탄소 소화약제 용기에 저장하는 이산화탄소 소화약제의 양은 용기의 80% 이상이 되도록 한다.
③ 이산화탄소 소화약제의 양은 방호대상물의 화재를 유효하게 소화할 수 있는 양 이상이 되도록 한다.
④ 이동식 이산화탄소 소화설비의 호스 접속구는 모든 방호대상물의 각 부분으로부터 하나의 호스 접속구까지의 수평거리가 15m 이하가 되도록 설치한다.

> **해설**
> ② 이산화탄소 소화약제 용기에 저장하는 이산화탄소 소화약제의 양은 방호대상물의 화재를 유효하게 소화할 수 있는 양 이상이 되도록 한다.

78 바이오화학제품 제조소 청정도 수행 중 낙하균 측정 시 유의사항으로 옳지 않은 것은?

① 공조 출구를 등지고 배지를 개방해야 한다.
② 배지 위쪽으로 지나가서는 안 된다.
③ 배지 옆을 통과할 때는 될 수 있는 한 천천히 다녀야 한다.
④ 배지를 열었을 때 손가락 등이 닿지 않도록 해야 한다.

> **해설**
> ① 기류가 불어오는 방향에서 배지를 개방한다.

79 발효공정에서 가열멸균으로 인해 유발될 수 있는 현상이 아닌 것은?

① 당 용액의 카라멜화   ② 단백질의 열화
③ 효소의 활성 증대   ④ 당과 아미노산의 반응

> **해설**
> 효소 구조는 가열하거나 화학적 변성 물질에 노출될 때 접힘이 풀리며(변성), 이러한 구조의 파괴는 전형적으로 효소 활성의 소실을 야기한다.

80 다음 멸균 방법 중 가장 낮은 온도 범위에서 시행되는 것은?

① 건열멸균   ② 고압증기멸균
③ 화염멸균   ④ 여과멸균

> **해설**
> 미생물의 멸균 방법
> • 화염멸균 : 미생물을 직접 화염에 접촉시켜 멸균
> • 건열멸균 : 오븐 등을 통하여 160℃ 이상 고온에서 1~2시간의 열처리를 통하여 멸균
> • 고압증기멸균 : 고압반응기를 활용하여 121℃에서 15분간 멸균 (일반적)
> • 여과멸균 : 특정 공극 크기를 가진 막을 이용하여 멸균, 열에 민감한 물질을 포함하고 있을 때 사용
> • 가스멸균 : 멸균 특성을 갖는 특정 화학물질을 가스 형태로 활용하는 멸균
> • 방사선멸균 : 감마선 등 방사선 조사를 통한 멸균

제1과목 배양준비

01 균주 보관 중 오염을 확인하는 방법으로 적절하지 않은 것은?

① 선택 배지를 사용하여 배양한다.
② PCR검사를 이용하여 유전자를 검출한다.
③ 특정 pH 지시약을 포함한 배지를 사용한다.
④ 현미경으로 직접 관찰한다.

> **해설**
> PCR검사는 DNA를 증폭하여 특정 유전자를 검출하는 기법으로 오염된 균주의 유전자 확인을 위해 사용되는 것은 아니며 균주의 오염 여부는 주로 미생물학적 방법을 사용한다.

02 동결보존 시 사용되는 보호제의 역할이 아닌 것은?

① 삼투압을 조절한다.
② 세포막을 안정화한다.
③ 얼음결정 형성을 억제한다.
④ pH 완충작용을 한다.

> **해설**
> 동결보존 시 사용되는 보호제의 역할은 삼투압 조절, 세포막 안정화, 얼음결정 형성의 억제 등이다.

03 미생물의 정상적 성장을 확인하는 방법이 아닌 것은?

① 염색체 관찰
② 흡광도 측정
③ 건조중량 측정
④ 집락 계수

> **해설**
> 미생물의 정상적인 성장을 확인하는 일반적인 방법은 흡광도 측정, 건조중량 측정, 집락 계수 등이 있고 염색체 관찰은 미생물의 유전적 특성을 확인하는 방법이다.

04 자외선 살균법의 특징으로 옳은 것은?

① 포자를 멸균할 수 있다.
② 열에 약한 물질의 살균에 적합하다.
③ 유기물이 있어도 효과가 동일하다.
④ 투과력이 강하다.

> **해설**
> 자외선 살균은 열에 약한 물질의 표면 살균에 적합하다.

05 미생물을 동결보존할 때 생존율에 영향을 미치는 요인으로 적절하지 않은 것은?

① 균체의 크기
② 냉각속도
③ 배지의 pH
④ 해동온도

> **해설**
> 미생물을 동결보존할 때 균체의 크기, 냉각속도, 해동온도, 보호제의 종류와 농도, 균체의 생리적 상태 등이 생존율에 영향을 미치는 주요 요인이며 배지의 pH는 중요한 배양조건이다.

1 ② 2 ④ 3 ① 4 ② 5 ③ **정답**

06 세포의 질량농도 결정 방법 중 간접법에 해당하는 것은?

① 세포 내 성분 측정법
② 건조 중량법
③ 충전 세포 부피법
④ 흡광도 측정법

해설

세포의 질량농도 측정법에는 직접법과 간접법이 있다.
- 직접법 : 건조 중량법, 충전 세포 부피법, 흡광도 측정법
- 간접법 : 세포 내 성분 측정법

07 동결건조에서 예비동결의 목적으로 적절한 것은?

① 삼투압을 조절한다.
② pH를 조절한다.
③ 결합수를 제거한다.
④ 시료의 구조를 유지한다.

해설

동결건조의 예비동결은 시료의 구조 유지와 효과적인 동결건조를 목적으로 하는 중요 단계이다.

08 미생물의 증식곡선에서 2차 대사산물을 생산하는 기간은?

① 지연기
② 대수기
③ 정지기
④ 사멸기

해설

미생물의 증식곡선
- 지연기(유도기) : 균이 환경에 적응하는 시기로 세포분열이 거의 일어나지 않는다. 배양조건에 따라 유도기간이 다르다. 세포의 구성물질과 효소의 합성이 왕성하고 호흡 활성도가 높다.
- 대수기(지수성장기) : 세포분열이 급속히 시작되고 최대속도로 성장하는 시기이다.
- 정지기 : 효소와 항생물질과 같은 2차 대사산물을 생산하며 영양분이 결핍되고 pH 변화 등으로 성장이 지연된다.
- 사멸기 : 대사상의 독성물질, 세포에너지 고갈 등으로 세포의 사멸과 생균수가 감소한다.

09 다음 중 항생제 감수성을 테스트하는 방법이 아닌 것은?

① 최소억제농도 결정법(MIC)
② 디스크 확산법
③ 희석배양법
④ 그람염색법

해설

미생물의 특성을 파악하기 위한 항생제 감수성 테스트는 디스크 확산법, 최소억제농도 결정법(MIC), 희석배양법과 같은 방법이 있다. 그람염색법은 세균 세포벽의 화학적 특성 및 물리적 특성을 이용하여 세균을 구별한다.

10 무균시료 채취 시 고려할 내용이 아닌 것은?

① 채취 도구의 멸균 상태
② 채취 환경의 온도
③ 시료의 채취 시간
④ 무균 작업대의 멸균 상태

해설

배양 시스템의 멸균 여부를 확인하기 위해 무균시료 채취가 필요하며 시료의 채취 시간은 고려할 내용이 아니다.

11 배양 시스템의 멸균 후 무균상태 유지를 위한 것이 아닌 것은?

① 항생물질 첨가
② 초음파 세척
③ 고온증기멸균
④ 자외선 조사

해설

멸균 후 무균상태 유지에는 고온증기멸균, 자외선 조사, 항생물질 첨가 등이 사용되며 초음파 세척은 오염 물질을 제거에 사용된다.

12 다음 중 비기계적인 세포 파쇄방법은?

① 볼 밀
② 균질화
③ 초음파 발생
④ 효소 이용법

해설

비기계적 파쇄법 : 삼투 충격법, 효소 이용법, 얼음 충격법

13 그람염색을 시행했을 때 그 결과가 다른 것은?

① 대장균
② 콜레라
③ 리스테리아
④ 살모넬라

해설

• 그람양성균 : 자주색으로 염색된다.
　예 젖산균, 연쇄상구균, 쌍구균, 리스테리아, 바실러스 속 등
• 그람음성균 : 적자색으로 염색된다.
　예 살모넬라, 캠필로박터, 대장균, 콜레라, 장염비브리오 등

14 동결건조의 사전처리 과정으로 옳지 않은 것은?

① 배양액의 농도를 조절한다.
② 균주에 열충격 처리를 한다.
③ 균주에 적합한 보호제를 첨가한다.
④ 배양된 균주의 세포 밀도를 조절한다.

해설

균주에 열충격 처리를 하는 것은 세포에 손상을 줄 수 있으며 일반적으로 동결건조 과정에서 시행되지 않는 과정이다. 동결건조의 사전처리 과정은 세포 보호와 생존율을 높이기 위함이 목적이다.

15 고체배양법에서 균주의 성장 촉진을 위해 사용하는 직접적인 방법이 아닌 것은?

① 진동배양을 한다.
② 산소 공급을 증가시킨다.
③ 영양소를 공급한다.
④ 습도를 높게 유지한다.

해설

진동배양은 고체배양법에서 균주의 성장에 직접적인 효과를 주지 않으며 액체배양법에서 주로 사용된다.

16 멸균기를 사용할 때 배지나 배양액이 받는 온도 변화에 대한 충격을 최소화하기 위한 방법은?

① 멸균기의 온도를 낮춘다.
② 배지의 pH를 조절한다.
③ 멸균기의 압력을 낮춘다.
④ 멸균기 가동 전에 예열을 한다.

해설

멸균기를 사용할 때 예열을 하면 배지나 배양액이 받는 온도 변화에 대한 충격을 최소화하고 갑자기 고온에 노출되는 것을 방지한다.

17 배지의 pH가 배양 효율에 미치는 영향으로 옳지 않은 것은?

① 강산이나 강알칼리성에서는 세포막 기능에 영향을 미칠 수 있다.
② 미생물의 대사산물은 배지의 pH를 변화시키지 않는다.
③ 특정 미생물은 산성이나 알칼리성 환경에서 성장이 촉진될 수 있다.
④ 세균의 최적 pH는 대부분 중성 부근이다.

해설

미생물의 대사산물은 배지의 pH를 변화시킬 수 있으며 배양 효율에 중요한 영향을 준다.

18 배지를 멸균하는 방법 중 가장 흔히 사용되는 것은?

① 건열 멸균
② 화염 살균
③ 고압증기멸균
④ 자외선 조사

해설

고압증기멸균은 오토클레이브를 사용하여 121℃, 15lb에서 15~20분간 실시하는 방법이다. 배지의 멸균법으로 이상적이며 배지 이외에도 유리기구나 수술기재, 붕대, 거즈 등의 멸균에도 이용할 수 있다.

19 무균상태에 대한 설명으로 옳은 것은?

① 살아있는 세포가 있는 상태
② 세포의 생물활성이 정지된 상태
③ 살아있는 세포가 전혀 없는 상태
④ 특정한 농도 이하로 세포들이 존재하는 상태

해설

무균상태 : 살아있는 미생물이 전혀 없는 상태를 의미한다.

20 진핵세포의 세포 소기관과 그 기능의 연결이 옳지 않은 것은?

① 조면소포체 - 당 합성
② 핵 - DNA 합성
③ 리보솜 - 단백질 합성
④ 액포 - 세포 폐기물 저장

해설

조면소포체: 리보솜으로 덮힌 소포체로 단백질 합성 및 변형의 기능을 한다.

21 다음 중 시료 채취 시 고려할 사항이 아닌 것은?

① 채취 장소의 온도 변화
② 채취 시간의 일관성
③ 시료의 pH값
④ 무균상태의 용기

해설

시료 채취 과정의 채취 시간의 일관성, 무균상태의 용기, 채취 장소의 온도는 중요 변수이다. 시료의 pH값은 시료 채취 전처리 과정에서 중요한 요소이다.

22 생산물의 농도 측정방법으로 가장 적합하지 않은 것은?

① 질량 측정
② 전기전도도 측정
③ 광학밀도 측정
④ 부피 측정

해설

전기전도도는 용액의 이온농도 측정에 사용되며 생산물의 농도나 순도 측정에는 적합하지 않다.

23 생산물 농도 측정방법 중 민감도가 가장 높은 것은?

① UV/VIS 분광광도법
② 굴절률 측정
③ 건조중량 측정
④ 고성능 액체 크로마토그래피(HPLC)

해설

고성능 액체 크로마토그래피(HPLC)는 생산물의 농도뿐만 아니라 순도까지도 동시에 측정할 수 있는 민감하고 정밀한 분석 기기이다.

24 배양기의 배양조건을 균일하게 유지하기 위한 필수 기능이 아닌 것은?

① 진동 조절
② 온도 조절
③ pH 조절
④ 광원 조절

해설

미생물 배양기는 일반적으로 온도, pH, 필요시 광원 조절이 중요하며 이 기능들은 미생물의 성장 및 대사에 직접적인 영향을 미친다. 진동 조절 기능은 대부분의 미생물 배양에 있어 필수 기능이 아니며 일부 특별한 경우에 필요하다.

25 균체 회수에서 원심분리기를 사용할 때 최적의 회수율을 얻기 위한 변수가 아닌 것은?

① 배양액의 전기전도도
② 분리기의 온도
③ 회전 시간
④ 원심력

해설

전기전도도는 용액의 이온 농도를 측정할 때 관련이 있다. 원심분리기를 이용하여 균체를 분리하는 데에는 영향을 주지 않는다.

26 CO_2 인큐베이터에서 세포를 배양할 때 가스 조성을 유지하는 장치는?

① 열전 대류팬
② 가스혼합밸브
③ HEPA필터
④ UV-C램프

해설

CO_2 인큐베이터에서 가스혼합밸브는 이산화탄소와 공기 비율을 조절하여 배양 매체의 pH를 안정적으로 유지한다.

27 균체 회수율의 증가를 위해 사용할 수 없는 방법은?

① 온도 조정
② 초음파 처리
③ pH 조정
④ 자기장 적용

해설

균체 회수율을 증가시키기 위한 방법으로, 온도 조정, 초음파 처리, pH 조정 등이 있다.

28 배양기의 요소 중 온도 조절 기능이 없는 부품은?

① 써모스탯
② 임펠러
③ 냉각코일
④ 히 터

해설

임펠러는 배양액의 미생물과 영양분을 균일하게 분포시키기 위해 사용되며 온도 조절 기능은 없다.

29 미생물 배양기에서 습도 조절 기능을 가진 부품은?

① 적외선 히터
② 가습 트레이
③ 냉각 코일
④ 탈습기

해설

가습 트레이는 미생물 배양기 내부에 물을 담아 습기를 공급해 상대습도를 조절한다.

30 균체량의 간접적 측정방법으로 가장 많이 사용되는 것은?

① 핵산을 추출한다.
② 광학밀도를 측정한다.
③ 효소활성도를 측정한다.
④ 전기전도도를 측정한다.

해설

광학밀도를 측정하는 것은 배양액 내의 균체 탁도를 기초로 한 간접적이며 신속하고 비파괴적인 균체량 측정방법이다.

31 원심분리기로 균체를 회수할 때 고려할 사항이 아닌 것은?

① 배양액의 pH값을 설정한다.
② 원심분리기의 온도를 설정한다.
③ 분리 시간을 설정한다.
④ 원심분리기의 RPM을 설정한다.

해설
배양액의 pH값 설정은 원심분리기로 균체를 회수하는 과정에서 직접적인 영향을 미치지는 않는다.

32 발효조의 산소전달 능력 향상법이 아닌 것은?

① 소포제를 첨가한다.
② 배지의 온도를 높인다.
③ 통기량을 증가시킨다.
④ 교반속도를 증가시킨다.

해설
배지의 온도를 높이면 산소의 용해도 저하로 산소전달 능력은 감소한다.

33 연속 배양 시 희석률 증가로 나타나는 현상은?

① 기질 농도 감소
② 균체 농도 증가
③ 기질 농도 증가
④ 세포생장 속도 감소

해설
연속 배양 시 희석률이 증가하면 새로운 배지 유입이 점차 늘어 배양조 내의 기질 농도가 증가하게 된다.

34 원심분리기로 균체를 회수할 때 회수율에 영향을 미치는 것이 아닌 것은?

① 배양액의 점도
② 균체의 크기와 밀도
③ 원심분리기의 회전반경
④ 배양액의 pH

해설
배양액의 pH는 원심분리기로 균체를 회수하는 효율에 영향을 주지 않는다.

35 회분식 배양의 특징이 아닌 것은?

① 배양 중 기질의 연속적 공급
② 배양액 조성의 시간에 따른 변화
③ 운전이 비교적 간단
④ 대사산물 축적

해설
회분식 배양은 시작할 때 모든 기질을 한꺼번에 공급하여 배양 중에 기질이 추가적으로 공급되지 않는다.

36 pH를 제어할 때 미생물 배양에 미치는 영향이 아닌 것은?

① 대사산물 생성에 영향
② 효소활성에 영향
③ 산소전달속도를 일정하게 유지
④ 세포막 투과성의 변화

해설

pH 변화에 따라 산소전달속도가 변화하며 직접적인 영향을 미친다.

37 배양기의 압력게이지 관리방법으로 옳지 않은 것은?

① 작동범위를 확인한다.
② 증류수로 세척한다.
③ 정기적으로 교정한다.
④ 글리세린을 충진한다.

해설

압력게이지를 증류수로 세척 시 부식 발생 가능성이 있어 전용 세척액을 사용한다.

38 종균 배양의 스케일 업 기준으로 알맞은 것은?

① 배양시간
② 교반속도
③ 통기량
④ 산소전달속도

해설

산소전달속도를 일정하게 유지하는 것이 중요하며 스케일 업의 중요한 기준이 된다.

39 균체 회수 시 여과법을 이용하기에 가장 적당한 것은?

① 나노 크기의 균체
② 용혈성 균체
③ 고점도의 배양액
④ 필라멘트형 균사체

해설

크기가 큰 필라멘트형 균사체는 여과법을 이용하여 회수할 수 있다.

40 원심분리기로 균체를 분리할 때 온도 조절이 필요한 이유는?

① 장비 수명 연장
② 전력 소비 감소
③ 세포의 자가분해 방지
④ 원심분리 속도 향상

해설

원심분리기로 균체를 분리할 때 온도 조절은 분리 과정에서 발생하는 열로 세포가 자가분해되는 것을 방지하기 위해 필요하다.

41 다음 중 분석기기로 품질 분석 시 가장 중요하지 않은 요소는?

① 분석 중 온도의 미세조절
② 시료의 정확한 취급과 준비
③ 기기의 정확한 교정
④ 분석 결과의 통계 처리

해설

분석기기로 품질을 분석할 때 시료의 정확한 취급과 준비, 기기의 정확한 교정, 분석 결과의 통계적 처리는 매우 중요하다. 분석 중 온도의 미세조철은 모든 분석에서 필수가 아니며 그 종류에 따라 달라진다.

42 품질 분석 시 품질규격에 포함되지 않는 것은?

① 제품의 포장 상태
② 제품의 생산 날짜
③ 제품의 순도
④ 제품의 용해도

해설

품질규격은 제품의 성능과 안전성 보장을 위한 기준이며 제품의 생산 날짜는 품질 관리를 위한 기록의 일부로 품질규격의 결정요인은 아니다.

43 표준품 관리 과정의 중요 절차가 아닌 것은?

① 표준품을 사용할 때마다 로트 번호와 사용량 기록
② 표준품을 일정한 시간마다 교체하여 신선도 유지
③ 표준품 사용 전후로 반드시 캘리브레이션 수행
④ 표준품의 유효기간과 보관조건 확인

해설

표준품 사용 전후로 캘리브레이션을 수행하는 것은 필수 절차가 아니다. 캘리브레이션은 측정 장비를 정기적으로 검증하고 필요시 수행하는 작업이다.

44 다음 검출기 중 HPLC 분석기 사용 시 샘플의 정성 분석에 옳지 않은 것은?

① 플루오레센스 검출기
② 질량분석기
③ UV 검출기
④ 굴절률 검출기(RI 검출기)

해설

굴절률 검출기(RI 검출기)는 정량분석에 더 적합하며 타 검출기에 비해 낮은 민감도와 분자 특정 구조에 대한 선택성이 없어 복잡한 혼합물의 특정 성분 식별이 어렵다.

45 시약의 품질유지 방법으로 옳지 않은 것은?

① 모든 시약은 냉장 보관한다.
② 사용 후 시약병의 뚜껑은 바로 닫는다.
③ 습기에 민감한 시약은 밀폐 용기에 보관한다.
④ 빛에 민감한 시약은 어두운 곳에 보관한다.

해설

냉장 보관이 필요하지 않거나 냉장 보관 시 품질을 해칠 수 있는 시약도 있다.

46 품질 데이터 분석 시 사용되지 않는 통계 방법은?

① 상관분석
② 열화시험
③ 회귀분석
④ 분산분석

해설
열화시험은 제품 수명 예측을 위한 시간에 따른 성능 변화를 관찰하는 시험법이다.

47 GC(Gas Chromatography)의 내부 표준법의 목적은?

① 분석 과정에서 발생할 수 있는 오류의 최소화
② 분석 대상의 농도 보정
③ 기기의 감도 증가
④ 분석 시간 단축

해설
내부 표준법은 분석 과정 중 발생할 수 있는 오류 보정이 목적이다. 기기의 감도 변화, 시료의 주입량 변동, 증발 손실 등의 변수를 교정하여 더 정확한 결과를 얻게 한다.

48 검체 채취 시 사용한 스왑의 처리 방법이 아닌 것은?

① 스왑을 냉장 보관한다.
② 스왑의 건조를 방지한다.
③ 스왑을 멸균 용기에 넣어 보관한다.
④ 사용 후 스왑을 공기 중에 노출시킨다.

해설
사용 후 스왑을 공기 중에 노출시키면 세균 오염의 위험이 커지므로 스왑은 멸균상태를 유지하고 오염 방지를 위해 적절한 보관이 필요하다.

49 품질관리의 유효성 확인에 사용되는 방법이 아닌 것은?

① 가속수명시험
② 신뢰성 분석
③ 순차분석
④ 교차검증

해설
순차분석은 데이터의 순차적 분석으로 조기에 검사가 종료될 수 있는지 여부를 결정하는 과정이다.

50 HPLC의 이동상으로 옳지 않은 것은?

① 헥 산
② 질 산
③ 메탄올
④ 아세토나이트릴

해설
HPLC의 이동상으로 질산은 부식성이 크고 컬럼에 손상을 줄 수 있어 적당하지 않다.

51 pH 미터 보정에서 완충용액의 순서는?

① 순서는 관련 없다.

② pH 3.0 → pH 7.0 → pH 11.0

③ pH 7.0 → pH 11.0 → pH 3.0

④ pH 11.0 → pH 7.0 → pH 3.0

해설
pH 미터의 완충용액은 중성 pH 7.0으로 먼저 보정한 후 알칼리성이나 산성 영역을 보정한다.

52 분석시료의 매질간섭을 확인하는 방법은?

① 검량선 작성

② 희석배수 변경

③ 반복 측정

④ 회수율 시험

해설
회수율 시험을 통해 매질이 분석물질 측정에 주는 영향을 평가한다.

53 용량분석용 표준용액 제조 시 가장 중요한 부분은?

① 광선차단

② 교반속도

③ 온도관리

④ 용기재질

해설
용액 부피에 온도가 직접적인 영향을 주기 때문에 정확한 농도를 위해 온도관리가 가장 중요하다.

54 검체 보관 시 온도의 영향을 가장 많이 받는 것은?

① 건조 시료

② 금속 시료

③ 무기물 시료

④ 미생물 검체

해설
미생물 검체는 온도에 따라 증식 또는 사멸이 일어날 수 있으므로 온도의 영향을 가장 많이 받는다.

55 검체 보관 방법 중 동결보존에 알맞지 않은 것은?

① 무기염류

② 미생물

③ 혈 액

④ 효 소

해설
무기염류는 동결보존의 필요가 없고 동결보존 시 용액의 농도 변화를 일으킬 가능성이 있다.

56 시료의 수분 함량 측정방법이 아닌 것은?

① 건조감량법
② 굴절률법
③ 열중량분석법
④ 칼피셔법

해설
굴절률법은 용액 농도 측정에 사용하는 방법이다.

57 원자흡광광도계의 광원으로 옳은 것은?

① 할로겐램프
② 텅스텐램프
③ 중공음극램프
④ 중수소램프

해설
중공음극램프는 원자흡광광도계의 광원이며 특정 원소의 특정 파장을 방출한다.

58 표준품을 보관할 때 가장 중요한 환경으로 옳은 것은?

① 광 선
② 기 압
③ 습 도
④ 온 도

해설
표준품 보관 시 변질과 분해에 습도는 직접적인 영향을 미친다.

59 다음 중 시료의 균질성 검증 방법으로 알맞은 것은?

① 상대표준편차를 확인한다.
② 육안으로 검사한다.
③ 색도를 측정한다.
④ 탁도를 측정한다.

해설
상대표준편차(RSD)를 확인하여 반복 측정값 변동성을 평가할 수 있다.

60 표준품 관리대장에 포함되지 않는 항목은?

① 제조방법
② 제조처
③ 유효기간
④ 제조일자

해설
제품 등록 시 작성하는 표준품 관리대장에는 표준품명, 표준품 관리번호, 제조처, 제조일자, 유효기간 등이 포함된다.

61 유전자변형생물체(LMO)를 안전하게 폐기하기 위한 설명으로 옳지 않은 것은?

① LMO 폐기 시 해당 규정에 따라 기록을 남긴다.
② LMO 폐기 시 일반쓰레기와 구분하여 별도 처리한다.
③ LMO 폐기 시 고온멸균 하여 불활성화한 후 폐기한다.
④ LMO 폐기 시 추가 처리없이 바로 일반 쓰레기통에 버린다.

해설

LMO는 환경보호와 생물 안전성을 위해 특별 처리해야 한다. 일반쓰레기로 취급 불가하며 고온멸균 등의 방법으로 불활성화한 후 폐기해야 한다.

62 작업장 내 부유균 시험에서 고려 사항이 아닌 것은?

① 공기 중 부유균 농도
② 작업장 조명 강도
③ 작업장 내 온도
④ 부유균 종류

해설

작업장의 조명 강도는 주로 시각적 작업 환경을 위한 요소이다. 공기 중 부유균의 농도, 부유균의 종류, 작업장 내 온도는 부유균의 존재와 활동에 영향을 미칠 수 있는 중요한 인자들이다.

63 생물반응기의 살균 과정에서 가장 고려하지 않는 요소는?

① 교반속도
② 시 간
③ 압 력
④ 온 도

해설

생물반응기의 살균 과정은 주로 고온과 압력을 사용한 스팀 살균이며 이 과정에서 교반속도는 살균 과정에 영향을 주지 않는다.

64 작업장의 낙하균 시험에서 사용되는 기준 미생물은?

① *Aspergillus Niger*
② *Bacillus subtilis*
③ *Escherichia coli*
④ *Staphylococcus aureus*

해설

*Bacillus subtilis*는 내열성 포자를 형성하며 공기 중 미생물 오염도 측정에 사용되는 표준 시험균주 중 하나로 환경 모니터링에 사용된다.

65 유틸리티 점검 시 고려할 사항이 아닌 것은?

① 비상 발전기의 연료가 충분한지 여부를 점검한다.
② 폐수 처리 시스템의 처리 용량 및 효율을 점검한다.
③ HVAC 시스템 필터의 정기적 교체 여부를 점검한다.
④ 모든 실험실 장비의 최근 보정 상태를 점검한다.

해설

유틸리티 점검은 건물이나 시설의 기본적 인프라에 집중되며 실험실 장비 보정 상태는 장비 관리에 속한다.

66 부유균 시험 시 사용하지 않는 것은?

① pH 미터
② 현미경
③ 에어샘플러
④ 페트리디시

해설

pH 미터는 용액의 산성도 혹은 알칼리도 측정에 사용된다.

67 낙하균 시험 시 공기 중의 입자 크기 측정에 사용하는 것은?

① 세균 배양접시
② 에어샘플러
③ 파티클카운터
④ 페트리필름

해설

파티클카운터는 공기 중 부유입자 크기 및 농도 측정 장치로 작업장 청정도 평가에 사용된다.

68 낙하균 시험 시 사용하는 대기 중 부유 입자 포집기구의 작동원리는?

① 여과법
② 원심분리법
③ 응축법
④ 충돌법

해설

낙하균 시험 시 충돌법을 이용한 에어샘플러가 대기 중 부유입자 포집기로 많이 사용된다. 에어샘플러는 강제로 공기를 통과시켜 미생물이 포함된 입자가 충돌하여 포집되는 원리이다.

69 크로마토그래피 장비의 유지 · 보수를 위해 주기적 교체가 불필요한 것은?

① 검출기램프
② 데이터로거
③ 컬럼패킹재료
④ 튜빙

해설

크로마토그래피 유지 · 보수를 위해 검출기램프, 컬럼패킹재료, 튜빙은 소모품으로 주기적으로 교체해야 한다. 데이터로거는 기록 장치로 주기적 교체 대상이 아니다.

70 pH 측정기의 교정주기로 옳은 것은?

① 연 1회
② 월 1회
③ 주 1회
④ 매 일

해설

pH 측정기의 정확도 유지를 위해 주 1회 교정한다.

71 부유균 시험 시 공기 채취량으로 알맞은 것은?

① 50L

② 100L

③ 150L

④ 200L

해설

부유균 시험 시 공기 100L를 채취하는 것이 표준 방법이다.

72 위험물안전관리법상 제4류 위험물이 아닌 것은?

① 다이에틸에터

② 아세톤

③ 질산에스터

④ 벤 젠

해설

• 제1류 위험물 : 산화성 고체로 무기과산화물, 아염소산염류, 염소산염류, 과염소산염류, 무기과산화물, 브롬산염류 등

• 제2류 위험물 : 가연성 고체로 황화린, 적린, 황, 철분, 금속분 등

• 제3류 위험물 : 자연발화성 및 금수성 물질로 칼륨, 나트륨, 황린 등

• 제4류 위험물 : 인화성 액체로 벤젠, 아세톤, 아세트산, 다이에틸에터 등

• 제5류 위험물 : 자기반응성 물질로 유기과산화물, 질산에스터류, 오조화합물, 다이아조화합물 등

• 제6류 위험물 : 산화성 액체로 과염소산, 질산, 과산화수소 등

73 화학물질 누출사고의 대처방법으로 옳지 않은 것은?

① 적절한 흡착제로 처리한다.

② 누출 물질의 MSDS를 확인한다.

③ 개인보호구 착용 후 대응한다.

④ 즉시 물로 희석하여 배수구로 방류한다.

해설

화학물질의 무분별한 배수구 방류는 환경오염을 초래할 수 있다.

74 다음 측정 항목 중 클린룸 시설 관리에서 가장 중요한 것은?

① 소 음

② 습 도

③ 조 도

④ 차 압

해설

클린룸의 청정도 유지에 가장 중요한 관리 항목은 차압이다.

75 낙하균 시험 시 가장 적절한 배지 노출시간은?

① 10분

② 15분

③ 20분

④ 25분

해설

낙하균 시험 시 표준 배지 노출시간은 15분으로 대표성 있는 결과를 얻을 수 있다.

76 작업장 표면 미생물 오염도 측정방법으로 옳지 않은 것은?

① 낙하균법
② 면봉채취법
③ 접촉배지법
④ ATP측정법

해설
낙하균법은 부유균 측정에 사용되는 방법이다.

77 생물안전작업대 사용 시 주의사항이 아닌 것은?

① 작업 시작 전 15분 이상 가동한다.
② 작업 종료 후 10분 이상 가동한다.
③ 작업대 내에서 Bunsen Burner를 사용한다.
④ 정기적인 필터 점검을 한다.

해설
생물안전작업대 내에서 Bunsen Burner를 사용하면 기류 교란과 필터 손상이 발생할 수 있다.

78 실험실 안전장비 점검주기로 옳지 않은 것은?

① 회비상발전기 연 1회
② 생물안전작업대 연 1회
③ 소화기 월 1회
④ 안전샤워기 주 1회

해설
생물안전작업대는 최소 6개월에 1회 점검한다.

79 표면균 시험방법으로 옳지 않은 것은?

① 침적법
② 스왑법
③ 스템프법
④ 접촉법

해설
침적법은 액체 시료 미생물 검사방법이다.

80 부유입자계수기의 샘플링 유량으로 알맞은 것은?

① 1.0L/min
② 10.0L/min
③ 28.3L/min
④ 50L/min

해설
28.3L/min(1CFM)이 클린룸 부유입자 측정의 샘플링 표준유량이다.

참 / 고 / 문 / 헌

- 고정삼, 김진현 외(2019), 개정판 생물공학, 유한문화사.
- 김남중(2009), GMP현장에서의 저울과 분동의 관리방법, ㈜서호 GMP 자료실.
- 김의용 외(2001), 생물반응공학, 유한문화사.
- 대한민국약전(2010), 일반시험법 제10호 미생물 한도시험용 표준미생물.
- 문무상, 안주형(2014), NCS분리 · 정제학습모듈(ISBN 978-89-6440-276-4), 한국폴리텍대학.
- 미생물학 실험교재 편찬위원회(2001), 미생물학 실험, 월드 사이언스.
- 방병호, 심상국, 채기수 외(2014), 식품미생물, 진로연구사.
- 배정민(2012), 그림으로 이해하는 닥터 배의 술술 보건의학통계, 한나래출판사.
- 서승교, 이웅수 편저(2008), 신편 미생물실험법, 보문각.
- 식품의약품안전처(2011), 의료기기 제조시설 청정도 관리 가이드라인.
- 식품의약품안전처(2012), 표준균주관리지침서.
- 식품의약품안전처(2018), 우수화장품 제조 및 품질관리기준(CGMP) 해설서(민원인 안내서) (제2개정).
- 식품의약품안전처(2020), 우수화장품 제조 및 품질관리기준.
- 염경철, 정영배(2008), 통계적 품질관리, 성안당.
- 유주현, 변유량 외(2007), 응용미생물학 실험, 도서출판 효일.
- 이용석(2018), 09~18년도 생물공학기사 필기 기출문제 풀이 및 해석, 동아대학교 출판부.
- 이현용(2012), 분리 및 정제기술 : 식품 및 바이오산업에의 응용, 월드사이언스.
- 이혜주(2014), 미생물학 실험 2판, 동아대학교 출판부.
- 한국미생물학회(1987), 미생물학 실험, 아카데미서적.
- 한국생물공학회(2000), 생물공학 실험서, 자유아카데미.
- Michael L. Shuler, Fikret Kargi, Matthew DeLisa(2018), 생물공정공학, 한티미디어.

[인터넷 사이트]
- 국가법령정보센터 (https://www.law.go.kr/)
- 한국산업인력공단 (https://www.hrdkorea.or.kr/)
- 라메디 (https://www.ramedi.kr/)

Win-Q 바이오화학제품제조산업기사 필기

개정6판1쇄 발행	2025년 06월 10일(인쇄 2025년 04월 18일)
초 판 발 행	2019년 10월 30일(인쇄 2019년 10월 17일)
발 행 인	박영일
책 임 편 집	이해욱
편 저	조은진
편 집 진 행	윤진영 · 김지은
표지디자인	권은경 · 길전홍선
편집디자인	정경일
발 행 처	(주)시대고시기획
출 판 등 록	제10-1521호
주 소	서울시 마포구 큰우물로 75 [도화동 538 성지 B/D] 9F
전 화	1600-3600
팩 스	02-701-8823
홈 페 이 지	www.sdedu.co.kr
I S B N	979-11-383-9177-1(13570)
정 가	29,000원

한눈에 이해할 수 있도록
체계적으로 정리한 핵심이론

철저한 시험유형 파악으로
만든 필수확인문제

국가직 · 지방직 등
최신 기출문제와 상세 해설

기술직 공무원 건축계획
별판 | 30,000원

기술직 공무원 전기이론
별판 | 23,000원

기술직 공무원 전기기기
별판 | 23,000원

기술직 공무원 생물
별판 | 20,000원

기술직 공무원 임업경영
별판 | 20,000원

기술직 공무원 조림
별판 | 20,000원

※도서의 이미지와 가격은 변경될 수 있습니다.